工信学术出版基金
Industry and Information Technology Academic Publishing Fund

大数据创新人才培养系列

Mathematical Foundations of Data Science

# 数据科学的数学基础



卢力 / 编著

人 民 邮 电 出 版 社
北 京

**图书在版编目（CIP）数据**

数据科学的数学基础 / 卢力编著. -- 北京 : 人民邮电出版社, 2021.12（2024.6重印）
（大数据创新人才培养系列）
ISBN 978-7-115-55288-4

Ⅰ. ①数… Ⅱ. ①卢… Ⅲ. ①数据处理 Ⅳ. ①TP274

中国版本图书馆CIP数据核字(2020)第225723号

## 内 容 提 要

数据科学是从单纯的“大”数据提炼出“智慧”的数据，以供人们发现新知识并辅助决策的综合交叉学科。本书简要阐述数据科学的数学基础。全书共 11 章，内容包括线性代数基础、线性空间与线性变换、向量与矩阵范数、矩阵分解、概率统计基础、随机过程、最优化基础、线性规划、常用无约束最优化方法、常用约束最优化方法以及综合案例。除第 11 章外，每章都有应用实例与该章内容紧密结合，以进一步加强读者对知识点的理解和掌握。所有的应用实例和第 11 章综合案例的代码都在 Windows 操作系统下利用 Python 3.7 编写，并在交互式解释器 IDLE 上调试通过。

本书可作为高等院校大数据、人工智能等相关专业的教材，也可供从事大数据、人工智能及相关领域教学、研究和应用开发的人员参考。

◆ 编　　著　卢　力
责任编辑　邹文波
责任印制　王　郁　马振武

◆ 人民邮电出版社出版发行　　北京市丰台区成寿寺路 11 号
邮编　100164　　电子邮件　315@ptpress.com.cn
网址　https://www.ptpress.com.cn
北京天宇星印刷厂印刷

◆ 开本：787×1092　1/16
印张：23.75　　2021 年 12 月第 1 版
字数：476 千字　　2024 年 6 月北京第 3 次印刷

定价：89.00 元

**读者服务热线：(010) 81055256　印装质量热线：(010) 81055316**
**反盗版热线：(010) 81055315**
**广告经营许可证：京东市监广登字 20170147 号**

# 前言

近年来，大数据与人工智能已经成为全球学术界和各国政府高度关注的热点，我国教育部指定大数据和人工智能为战略性新兴产业相关学科专业，已有多所高校相继开设了大数据和人工智能专业。

本书旨在为大数据与人工智能等相关专业的读者提供一些基本的数学知识，不会也不可能涵盖所有的数学知识。我们假设本书读者具有多元微积分基础并且有一些编程经验，如果学习过线性代数和概率统计知识，则可以跳过第 1 章和第 5 章的学习。没有学习过也没关系，我们试图让本书在内容上能够尽可能涵盖上述内容。学习本书重点在于理解，理解每一个知识点是什么，目的是什么，用于做什么，理解如何用计算机计算，如何用工具包计算。

本书的建议学时安排如下。

| 章 | 建议教学学时 | 建议实践学时 |
|---|---|---|
| 第 1 章　线性代数基础 | 4 | 2 |
| 第 2 章　线性空间与线性变换 | 6 | 2 |
| 第 3 章　向量与矩阵范数 | 2 | 2 |
| 第 4 章　矩阵分解 | 4 | 2 |
| 第 5 章　概率统计基础 | 4 | 2 |
| 第 6 章　随机过程 | 6 | 2 |
| 第 7 章　最优化基础 | 6 | 2 |
| 第 8 章　线性规划 | 6 | 2 |
| 第 9 章　常用无约束最优化方法 | 6 | 2 |
| 第 10 章　常用约束最优化方法 | 4 | 2 |
| 第 11 章　综合案例 | 0 | 8 |
| 总计 | 48 | 28 |

其中假定读者已具备第 1 章与第 5 章的知识基础，如若不然则在第 1 章和第 5 章中每章额外增加 16 学时。

本书中的 Python 实现代码及综合案例的数据集文件请到人邮教育社区（www.ryjiaoyu.com）的本书页面下载。

感谢陈传波教授为本书提出的合理化建议和帮助，感谢管乐博士对全书 Python 代码的优化，感谢我的硕士研究生为本书提供的应用实例和综合案例。教材的编写得到了华中科技大学教材建设项目的资助和人民邮电出版社的大力支持，在此一并表示衷心的感谢！

限于编者的水平，书中难免存在疏漏之处，敬请读者不吝指正。

编　者

2021 年 9 月于武汉

# 目录

# 第 1 章 线性代数基础

矩阵是数学中重要的基本概念之一，在很多领域中的一些数量关系都要用矩阵来描述。例如，在互联网等大数据应用场景中，许多分析对象都可以抽象地用矩阵来表示。矩阵是代数学的一个主要研究对象，也是数学很多分支的研究和应用的一个重要工具。矩阵是一种新的研究对象，读者在学习过程中要注意矩阵运算的一些特有的规律，并熟练地掌握它的各种基本运算，这对学好线性代数所研究的一些基本问题十分重要。

本章首先介绍行列式，然后介绍矩阵（矩阵的概念、运算、初等变换、秩等），最后介绍线性方程组、相似矩阵与二次型等。

## 1.1 行列式

行列式的理论源于解线性方程组，它在数学和其他科学，如物理学等，都有着广泛的应用。

### 1.1.1 行列式的概念

#### 1. $n$ 阶行列式的定义

为了研究利用行列式来求解 $n$ 元一次方程组，即 $n$ 元线性方程组，先给出 $n$ 阶行列式的定义。

**定义 1.1.1** 由 $n^2$ 个数 $a_{ij}$（$i,j=1,2,\cdots,n$）排成 $n$ 行 $n$ 列的式子

$$\begin{vmatrix} a_{11} & a_{12} & \cdots & a_{1n} \\ a_{21} & a_{22} & \cdots & a_{2n} \\ \vdots & \vdots & & \vdots \\ a_{n1} & a_{n2} & \cdots & a_{nn} \end{vmatrix} \tag{1.1.1}$$

称为 **$n$ 阶行列式**，记为 $D$ 或 $D_n$。$a_{ij}$（$i,j=1,2,\cdots,n$）称为 $n$ 阶行列式 $D$ 的第 $i$ 行第 $j$ 列上的**元素**。元素 $a_{11},a_{22},\cdots,a_{nn}$ 所在的对角线称为**主对角线**；元素 $a_{1n},a_{2,n-1},\cdots,a_{n1}$ 所在的对角线称为**副对角线或次对角线**。其中 $i,j=1,2,\cdots,n$ 是 $i=1,2,\cdots,n$；$j=1,2,\cdots,n$ 的简写。

**定义 1.1.2** 在 $n$ 阶行列式 $D$ 中划去元素 $a_{ij}$ 所在的第 $i$ 行与第 $j$ 列的元素，剩下的 $n-1$ 行 $n-1$ 列元素按原来位置顺序所组成的 $n-1$ 阶行列式，称为元素 $a_{ij}$ 的**余子式**，记作 $M_{ij}$，即

$$M_{ij}=\begin{vmatrix} a_{11} & \cdots & a_{1,j-1} & a_{1,j+1} & \cdots & a_{1n} \\ \vdots & & \vdots & \vdots & & \vdots \\ a_{i-1,1} & \cdots & a_{i-1,j-1} & a_{i-1,j+1} & \cdots & a_{i-1,n} \\ a_{i+1,1} & \cdots & a_{i+1,j-1} & a_{i+1,j+1} & \cdots & a_{i+1,n} \\ \vdots & & \vdots & \vdots & & \vdots \\ a_{n1} & \cdots & a_{n,j-1} & a_{n,j+1} & \cdots & a_{nn} \end{vmatrix} \tag{1.1.2}$$

其中，称 $A_{ij}=(-1)^{i+j}M_{ij}$ 为元素 $a_{ij}$ 的**代数余子式**，$i,j=1,2,\cdots,n$。

2. ***n* 阶行列式的值**

下面定义 $n$ 阶行列式的值。

**定义 1.1.3** $D$ 由式（1.1.1）给出，定义

$$D=\begin{cases} a_{11}, & n=1 \\ a_{11}A_{11}+a_{12}A_{12}+\cdots+a_{1n}A_{1n}, & n>1 \end{cases} \tag{1.1.3}$$

其中，$A_{1j}$ 是第 1 行元素 $a_{1j}$（$j=1,2,\cdots,n$）的代数余子式。

由定义知道，一个 $n$ 阶行列式代表一个数，并且这个数可由第 1 行所有元素与其相应的代数余子式乘积之和得到。我们常将定义 1.1.3 称为 $n$ 阶行列式 $D$ **按第 1 行展开**。

按照定义可得，二阶行列式的值为

$$\begin{vmatrix} a_{11} & a_{12} \\ a_{21} & a_{22} \end{vmatrix}=a_{11}a_{22}-a_{12}a_{21} \tag{1.1.4}$$

三阶行列式的值为

$$\begin{vmatrix} a_{11} & a_{12} & a_{13} \\ a_{21} & a_{22} & a_{23} \\ a_{31} & a_{32} & a_{33} \end{vmatrix}=a_{11}a_{22}a_{33}+a_{12}a_{23}a_{31}+a_{13}a_{21}a_{32}-a_{11}a_{23}a_{32}-a_{12}a_{21}a_{33}-a_{13}a_{22}a_{31} \tag{1.1.5}$$

式（1.1.5）右端中的六项也可按图 1.1.1 所示的方法，即**对角线法则**得到

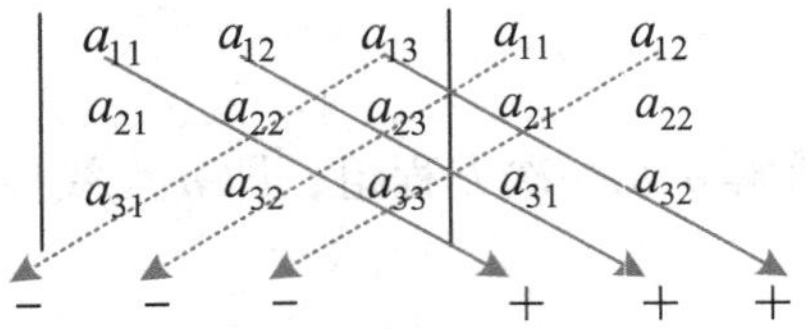


图 1.1.1

其中，每一条实线上的 3 个元素的乘积带正号，每一条虚线上的 3 个元素的乘积带负号，所得六项的代数和就是三阶行列式的值。

显然，二阶行列式也适用对角线法则。

**【例 1.1.1】**计算四阶行列式

$$D=\begin{vmatrix} 3 & 0 & 0 & -5 \\ -4 & 1 & 0 & 2 \\ 6 & 5 & 7 & 0 \\ -3 & 4 & -2 & -1 \end{vmatrix}$$

**解**：由 $n$ 阶行列式的定义，得

$$\begin{aligned}
D&=3\times(-1)^{1+1}\times\begin{vmatrix}1&0&2\\5&7&0\\4&-2&-1\end{vmatrix}+(-5)\times(-1)^{1+4}\times\begin{vmatrix}-4&1&0\\6&5&7\\-3&4&-2\end{vmatrix}\\
&=3\times\left[1\times(-1)^{1+1}\times\begin{vmatrix}7&0\\-2&-1\end{vmatrix}+2\times(-1)^{1+3}\times\begin{vmatrix}5&7\\4&-2\end{vmatrix}\right]\\
&\quad+5\times\left[(-4)\times(-1)^{1+1}\times\begin{vmatrix}5&7\\4&-2\end{vmatrix}+1\times(-1)^{1+2}\times\begin{vmatrix}6&7\\-3&-2\end{vmatrix}\right]\\
&=3\times[-7+2\times(-10-28)]+5\times[(-4)\times(-10-28)-(-12+21)]\\
&=466
\end{aligned}$$

通过此题的计算，我们体会到，第 1 行的零元素越多，按第 1 行展开时计算就越简便。

3. **几种特殊的行列式**

主对角线上方的元素全部为 0 的行列式

$$D=\begin{vmatrix}a_{11}&0&\cdots&0\\a_{21}&a_{22}&\cdots&0\\\vdots&\vdots&&\vdots\\a_{n1}&a_{n2}&\cdots&a_{nn}\end{vmatrix}$$

称为**下三角形行列式**，其值为其主对角线上元素的乘积，即

$$D=a_{11}a_{22}\cdots a_{nn}$$

同样，主对角线下方的元素全部为 0 的行列式称为**上三角形行列式**，其值也为其主对角线上元素的乘积，即

$$\begin{vmatrix}a_{11}&a_{12}&\cdots&a_{1n}\\0&a_{22}&\cdots&a_{2n}\\\vdots&\vdots&&\vdots\\0&0&\cdots&a_{nn}\end{vmatrix}=a_{11}a_{22}\cdots a_{nn}$$

特别地，主对角线外的元素都等于 0 的行列式称为**主对角线行列式**，简称**对角行列式**，其值仍为其主对角线上元素的乘积，即

$$\begin{vmatrix}a_{11}&0&\cdots&0\\0&a_{22}&\cdots&0\\\vdots&\vdots&&\vdots\\0&0&\cdots&a_{nn}\end{vmatrix}=a_{11}a_{22}\cdots a_{nn}$$

副对角线外的元素都等于 0 的行列式称为**副对角线行列式**，其值为

$$\begin{vmatrix}0&\cdots&0&a_{11}\\0&\cdots&a_{22}&0\\\vdots&&\vdots&\vdots\\a_{nn}&\cdots&0&0\end{vmatrix}=(-1)^{\frac{n(n-1)}{2}}a_{11}a_{22}\cdots a_{nn}$$

用数学归纳法可以证明

$$\begin{vmatrix} a_{11} & \cdots & a_{1s} & 0 & \cdots & 0 \\ \vdots & & \vdots & \vdots & & \vdots \\ a_{s1} & \cdots & a_{ss} & 0 & \cdots & 0 \\ c_{11} & \cdots & c_{1s} & b_{11} & \cdots & b_{1t} \\ \vdots & & \vdots & \vdots & & \vdots \\ c_{t1} & \cdots & c_{ts} & b_{t1} & \cdots & b_{tt} \end{vmatrix} = \begin{vmatrix} a_{11} & \cdots & a_{1s} \\ \vdots & & \vdots \\ a_{s1} & \cdots & a_{ss} \end{vmatrix} \cdot \begin{vmatrix} b_{11} & \cdots & b_{1t} \\ \vdots & & \vdots \\ b_{t1} & \cdots & b_{tt} \end{vmatrix}$$

按照 $n$ 阶行列式的定义，一个 $n$ 阶行列式 $D$ 可表示为 $n$ 个 $n–1$ 阶行列式的代数和，一个 $n–1$ 阶行列式可表示为 $n–1$ 个 $n–2$ 阶行列式的代数和……依此类推。当把行列式完全展开为元素形式时，一个 $n$ 阶行列式可表示为 $n!$ 项的代数和，其中每项是 $D$ 的不同行不同列 $n$ 个元素的乘积。

这是 $n$ 阶行列式的另外一种定义方法——逆序数法，感兴趣的读者可以阅读其他的教材。

## 1.1.2 行列式的性质

本小节讨论 $n$ 阶行列式的基本性质。利用这些性质，可以简化行列式的计算。

**定义 1.1.4** 将行列式 $D$ 的各行与同序号的列互换后所得的新行列式，称为 $D$ 的**转置行列式**，记为 $D^{\mathrm{T}}$ 或 $D'$，即

若 $D = \begin{vmatrix} a_{11} & a_{12} & \cdots & a_{1n} \\ a_{21} & a_{22} & \cdots & a_{2n} \\ \vdots & \vdots & & \vdots \\ a_{n1} & a_{n2} & \cdots & a_{nn} \end{vmatrix}$，则 $D^{\mathrm{T}} = \begin{vmatrix} a_{11} & a_{21} & \cdots & a_{n1} \\ a_{12} & a_{22} & \cdots & a_{n2} \\ \vdots & \vdots & & \vdots \\ a_{1n} & a_{2n} & \cdots & a_{nn} \end{vmatrix}$。

**性质 1.1.1** $n$ 阶行列式 $D$ 与它的转置行列式 $D^{\mathrm{T}}$ 相等，即 $D = D^{\mathrm{T}}$。

性质 1.1.1 说明，行列式的行和列具有同等的地位，行列式凡是对行成立的性质，对列也同样成立，反之亦然。

**推论 1.1.1** $n$ 阶行列式 $D$ 亦可按第 1 列展开，即

$$D = a_{11}A_{11} + a_{21}A_{21} + \cdots + a_{n1}A_{n1} = \sum_{i=1}^{n} a_{i1}A_{i1}$$

**性质 1.1.2** $n$ 阶行列式 $D$ 的任一行（列）的所有元素与其对应的代数余子式乘积之和等于 $D$，即

$$D = a_{i1}A_{i1} + a_{i2}A_{i2} + \cdots + a_{in}A_{in} = \sum_{j=1}^{n} a_{ij}A_{ij} \qquad (i = 1,2,\cdots,n) \qquad (1.1.6)$$

$$D = a_{1j}A_{1j} + a_{2j}A_{2j} + \cdots + a_{nj}A_{nj} = \sum_{i=1}^{n} a_{ij}A_{ij} \qquad (j = 1,2,\cdots,n) \qquad (1.1.7)$$

式（1.1.6）也称为行列式**按第 $i$ 行展开**；式（1.1.7）也称为行列式**按第 $j$ 列展开**。

性质 1.1.2 说明，行列式可按任一行（列）展开。

**推论 1.1.2** 若行列式某一行（列）的元素皆为 0，则该行列式的值为 0。

**性质 1.1.3** 交换行列式的两行（列）元素的位置，行列式反号。

**推论 1.1.3** 若行列式有两行（列）的对应元素相同，则该行列式的值为 0。

**性质 1.1.4** 用一个数 $k$ 乘 $n$ 阶行列式，等于将该行列式的某一行（列）中的所有元素都

乘以数 $k$，即

$$k\begin{vmatrix} a_{11} & a_{12} & \cdots & a_{1n} \\ \vdots & \vdots & & \vdots \\ a_{i1} & a_{i2} & \cdots & a_{in} \\ \vdots & \vdots & & \vdots \\ a_{n1} & a_{n2} & \cdots & a_{nn} \end{vmatrix} = \begin{vmatrix} a_{11} & a_{12} & \cdots & a_{1n} \\ \vdots & \vdots & & \vdots \\ ka_{i1} & ka_{i2} & \cdots & ka_{in} \\ \vdots & \vdots & & \vdots \\ a_{n1} & a_{n2} & \cdots & a_{nn} \end{vmatrix}$$

**推论 1.1.4**　行列式某一行（列）中的所有元素的公因子可以提到行列式符号外面。

**推论 1.1.5**　若行列式有两行（列）元素对应成比例，则该行列式的值为 0。

**性质 1.1.5**　若 $n$ 阶行列式中某一行（列）的所有元素都是两数之和，如第 $i$ 行的每个元素都是两数之和，$a_{ij}=b_j+c_j$（$j=1,2,\cdots,n$），则该行列式可表示为两个行列式之和，而且这两个行列式除了该行（列）以外，其余的元素与原来行列式的对应元素相同，即

$$\begin{vmatrix} a_{11} & a_{12} & \cdots & a_{1n} \\ \vdots & \vdots & & \vdots \\ b_1+c_1 & b_2+c_2 & \cdots & b_n+c_n \\ \vdots & \vdots & & \vdots \\ a_{n1} & a_{n2} & \cdots & a_{nn} \end{vmatrix} = \begin{vmatrix} a_{11} & a_{12} & \cdots & a_{1n} \\ \vdots & \vdots & & \vdots \\ b_1 & b_2 & \cdots & b_n \\ \vdots & \vdots & & \vdots \\ a_{n1} & a_{n2} & \cdots & a_{nn} \end{vmatrix} + \begin{vmatrix} a_{11} & a_{12} & \cdots & a_{1n} \\ \vdots & \vdots & & \vdots \\ c_1 & c_2 & \cdots & c_n \\ \vdots & \vdots & & \vdots \\ a_{n1} & a_{n2} & \cdots & a_{nn} \end{vmatrix}$$

**注意**：上式若从右向左，则常称为**行列式的加法**。

**性质 1.1.6**　把 $n$ 阶行列式 $D$ 的第 $j$ 行（列）元素乘以数 $k$ 后加到第 $i$ 行（列）的对应元素上，行列式的值不变，即

$$D=\begin{vmatrix} a_{11} & a_{12} & \cdots & a_{1n} \\ \vdots & \vdots & & \vdots \\ a_{i1}+ka_{j1} & a_{i2}+ka_{j2} & \cdots & a_{in}+ka_{jn} \\ \vdots & \vdots & & \vdots \\ a_{j1} & a_{j2} & \cdots & a_{jn} \\ \vdots & \vdots & & \vdots \\ a_{n1} & a_{n2} & \cdots & a_{nn} \end{vmatrix}$$

**性质 1.1.7**　$n$ 阶行列式 $D$ 的任一行（列）的元素与另一行（列）对应元素的代数余子式乘积之和为 0。即当 $i\neq j$ 时，

$$a_{i1}A_{j1}+a_{i2}A_{j2}+\cdots+a_{in}A_{jn}=\sum_{k=1}^{n}a_{ik}A_{jk}=0$$

$$a_{1i}A_{1j}+a_{2i}A_{2j}+\cdots+a_{ni}A_{nj}=\sum_{k=1}^{n}a_{ki}A_{kj}=0$$

$$(i,j=1,2,\cdots,n)$$

### 1.1.3　行列式的计算

常用的行列式的计算方法有以下两种。

方法①：**三角形法**

先应用行列式的性质，将行列式化为上（下）三角形行列式，然后再直接给出结果。

为方便起见，以 $r_i$ 表示第 $i$ 行，$c_j$ 表示第 $j$ 列，并引入如下表示方法。

（1）交换第 $i$、$j$ 两行（列）表示为：$r_i \leftrightarrow r_j$（$c_i \leftrightarrow c_j$）。

（2）第 $i$ 行（列）提取公因子 $k \neq 0$ 表示为：$r_i \div k$（$c_i \div k$）。

（3）把第 $j$ 行（列）的元素乘以数 $k$ 后加到第 $i$ 行（列）对应元素上表示为：$r_i + kr_j$（$c_i + kc_j$）。

习惯上将行的变换写在等号上方，将列的变换写在等号下方。

方法②：**降阶法**

先应用行列式的性质，将某一行（列）的元素尽可能多地化为 0，然后按该行（列）展开化为低一阶的行列式进行计算。

**【例 1.1.2】** 计算行列式

$$\begin{vmatrix} 1 & 0 & 1 & 2 \\ 1 & 2 & 3 & 4 \\ 3 & -1 & -1 & 0 \\ 1 & 2 & 0 & -5 \end{vmatrix}$$

**解 1：** 用三角形法计算

$$D \xlongequal[r_4 - r_1]{\substack{r_2 - r_1 \\ r_3 - 3r_1}} \begin{vmatrix} 1 & 0 & 1 & 2 \\ 0 & 2 & 2 & 2 \\ 0 & -1 & -4 & -6 \\ 0 & 2 & -1 & -7 \end{vmatrix} \xlongequal{r_2 \div 2} 2\begin{vmatrix} 1 & 0 & 1 & 2 \\ 0 & 1 & 1 & 1 \\ 0 & -1 & -4 & -6 \\ 0 & 2 & -1 & -7 \end{vmatrix}$$

$$\xlongequal{\substack{r_3 + r_2 \\ r_4 - 2r_2}} 2\begin{vmatrix} 1 & 0 & 1 & 2 \\ 0 & 1 & 1 & 1 \\ 0 & 0 & -3 & -5 \\ 0 & 0 & -3 & -9 \end{vmatrix} \xlongequal{r_4 - r_3} 2\begin{vmatrix} 1 & 0 & 1 & 2 \\ 0 & 1 & 1 & 1 \\ 0 & 0 & -3 & -5 \\ 0 & 0 & 0 & -4 \end{vmatrix}$$

$$= 2 \times 1 \times (-3) \times (-4) = 24$$

**解 2：** 用降阶法计算

$$D \xlongequal{\substack{r_2 - r_1 \\ r_3 - 3r_1 \\ r_4 - r_1}} \begin{vmatrix} 1 & 0 & 1 & 2 \\ 0 & 2 & 2 & 2 \\ 0 & -1 & -4 & -6 \\ 0 & 2 & -1 & -7 \end{vmatrix} \xlongequal[\text{按}c_1\text{展开}]{} 1 \times (-1)^{1+1}\begin{vmatrix} 2 & 2 & 2 \\ -1 & -4 & -6 \\ 2 & -1 & -7 \end{vmatrix}$$

$$\xlongequal{r_1 \div 2} 2\begin{vmatrix} 1 & 1 & 1 \\ -1 & -4 & -6 \\ 2 & -1 & -7 \end{vmatrix} \xlongequal{\substack{r_2 + r_1 \\ r_3 - 2r_1}} 2\begin{vmatrix} 1 & 1 & 1 \\ 0 & -3 & -5 \\ 0 & -3 & -9 \end{vmatrix}$$

$$\xlongequal[\text{按}c_1\text{展开}]{} 2\begin{vmatrix} -3 & -5 \\ -3 & -9 \end{vmatrix} = 2 \times (27 - 15) = 24$$

**注意：** 变换时按从上到下顺序执行。

## 1.1.4 克拉默法则

本小节讨论用 $n$ 阶行列式求解 $n$ 元线性方程组的克拉默（Gabriel Cramer，1704—1752，瑞士数学家）法则，并进一步给出 $n$ 元齐次线性方程组有非零解的必要条件。

设 $n$ 元线性方程组为

$$\begin{cases} a_{11}x_1 + a_{12}x_2 + \cdots + a_{1n}x_n = b_1 \\ a_{21}x_1 + a_{22}x_2 + \cdots + a_{2n}x_n = b_2 \\ \qquad \vdots \\ a_{n1}x_1 + a_{n2}x_2 + \cdots + a_{nn}x_n = b_n \end{cases} \tag{1.1.8}$$

简写为

$$\sum_{j=1}^{n} a_{ij}x_j = b_i \quad (i=1,2,\cdots,n)$$

方程组（1.1.8）的系数行列式为

$$D = \begin{vmatrix} a_{11} & a_{12} & \cdots & a_{1n} \\ a_{21} & a_{22} & \cdots & a_{2n} \\ \vdots & \vdots & & \vdots \\ a_{n1} & a_{n2} & \cdots & a_{nn} \end{vmatrix}$$

**定理 1.1.1（克拉默法则）** 若 $n$ 元线性方程组（1.1.8）的系数行列式 $D \neq 0$，则方程组（1.1.8）有唯一解，且解为

$$x_1 = \frac{D_1}{D}, x_2 = \frac{D_2}{D}, \cdots, x_n = \frac{D_n}{D} \tag{1.1.9}$$

其中 $D_j$（$j=1,2,\cdots,n$）是用方程组（1.1.8）中的常数项替换 $D$ 的第 $j$ 列的元素所得到的行列式，即

$$D_j = \begin{vmatrix} a_{11} & \cdots & a_{1,j-1} & b_1 & a_{1,j+1} & \cdots & a_{1n} \\ a_{21} & \cdots & a_{2,j-1} & b_2 & a_{2,j+1} & \cdots & a_{2n} \\ \vdots & & \vdots & \vdots & \vdots & & \vdots \\ a_{n1} & \cdots & a_{n,j-1} & b_n & a_{n,j+1} & \cdots & a_{nn} \end{vmatrix} \tag{1.1.10}$$

**【例 1.1.3】**用克拉默法则解线性方程组

$$\begin{cases} x_1 - 4x_2 + x_3 + 4x_4 = 1 \\ 2x_2 + 2x_3 + x_4 = 0 \\ x_1 + x_3 + 3x_4 = -1 \\ -2x_2 + 3x_3 + x_4 = 2 \end{cases}$$

**解：**因为系数行列式

$$D = \begin{vmatrix} 1 & -4 & 1 & 4 \\ 0 & 2 & 2 & 1 \\ 1 & 0 & 1 & 3 \\ 0 & -2 & 3 & 1 \end{vmatrix} = 14 \neq 0$$

所以方程组有唯一解。又

$$D_1 = \begin{vmatrix} 1 & -4 & 1 & 4 \\ 0 & 2 & 2 & 1 \\ -1 & 0 & 1 & 3 \\ 2 & -2 & 3 & 1 \end{vmatrix} = -30, \quad D_2 = \begin{vmatrix} 1 & 1 & 1 & 4 \\ 0 & 0 & 2 & 1 \\ 1 & -1 & 1 & 3 \\ 0 & 2 & 3 & 1 \end{vmatrix} = -6$$

$$D_3=\begin{vmatrix}1&-4&1&4\\0&2&0&1\\1&0&-1&3\\0&-2&2&1\end{vmatrix}=4,\quad D_4=\begin{vmatrix}1&-4&1&1\\0&2&2&0\\1&0&1&-1\\0&-2&3&2\end{vmatrix}=4$$

故方程组的唯一解为

$$x_1=-\frac{15}{7},\ x_2=-\frac{3}{7},\ x_3=\frac{2}{7},\ x_4=\frac{2}{7}$$

**定义 1.1.5** 当 $b_1,b_2,\cdots,b_n$ 不全为 0 时，方程组（1.1.8）称为 ***n* 元非齐次线性方程组**。当 $b_1,b_2,\cdots,b_n$ 全为 0 时，即

$$\begin{cases}a_{11}x_1+a_{12}x_2+\cdots+a_{1n}x_n=0\\a_{21}x_1+a_{22}x_2+\cdots+a_{2n}x_n=0\\\quad\vdots\\a_{n1}x_1+a_{n2}x_2+\cdots+a_{nn}x_n=0\end{cases}\tag{1.1.11}$$

方程组（1.1.11）称为 ***n* 元齐次线性方程组**。

齐次线性方程组（1.1.11）总是有解的，因为 $x_j=0$（$j=1,2,\cdots,n$）就是它的解，这组解称为**零解**。如果 $x_j$（$j=1,2,\cdots,n$）不全为 0 是齐次线性方程组（1.1.11）的解，则这组解称为**非零解**。故对齐次线性方程组（1.1.11）需讨论的不是它有没有解，而是有没有非零解。

应用克拉默法则于齐次线性方程组可得以下推论。

**推论 1.1.6** 若齐次线性方程组（1.1.11）的系数行列式 $D\neq 0$，那么它只有零解。

推论 1.1.6 说明，当 $D\neq 0$ 时，齐次线性方程组（1.1.11）只有零解而没有非零解。此推论的逆否命题如下。

**推论 1.1.7** 若齐次线性方程组（1.1.11）有非零解，则它的系数行列式 $D=0$。

推论 1.1.7 说明，齐次线性方程组（1.1.11）有非零解的必要条件是系数行列式为 0，至于它有非零解的充分条件（系数行列式等于 0），以及非零解如何去求，将在 1.3 节中讨论。

**【例 1.1.4】**$\lambda$取何值时，齐次线性方程组

$$\begin{cases}(5-\lambda)x_1+2x_2+2x_3=0\\2x_1+(6-\lambda)x_2=0\\2x_1+(4-\lambda)x_3=0\end{cases}$$

有非 0 解？

**解：** 由推论 1.1.7 知，若齐次线性方程组有非零解，则它的系数行列式为 0，而

$$D=\begin{vmatrix}5-\lambda&2&2\\2&6-\lambda&0\\2&0&4-\lambda\end{vmatrix}=(5-\lambda)(2-\lambda)(8-\lambda)$$

故由 $D=0$，得到$\lambda=2$，$\lambda=5$，$\lambda=8$。

应当指出，克拉默法则的主要优点在于，求出的线性方程组的解的表达式是由线性方程组的系数和常数项组成的行列式以清晰、简洁的公式表示的。这在理论上是非常重要的，它系统、一般地解决了有唯一解的 $n$ 元线性方程组的问题。但是用克拉默法则求解 $n$ 元线性方程组需要计算 $n+1$ 个 $n$ 阶行列式，尤其是当阶数 $n$ 较大时，计算量十分庞大，因此实际计算一般不采用这个法则。在 1.3 节中，我们将用矩阵来研究一般线性方程组的求解问题。

# 1.2 矩阵

矩阵的概念是在 19 世纪由凯莱（Arthur Cayley，1821—1895，英国数学家）首先提出的。作为求解线性方程组的工具，矩阵的研究历史悠久，其有关理论构成了线性代数的基本内容，并且在实际问题中得到了广泛的应用。本节简要介绍矩阵的概念和运算，以及逆矩阵、分块矩阵、矩阵的初等变换、矩阵的秩等基本知识。

## 1.2.1 矩阵的概念

和行列式一样，矩阵也是从研究线性方程组的问题引出来的。只不过行列式是从特殊的线性方程组（即未知数个数与方程个数相同，而且只有唯一解）引出来的，而矩阵是从一般的线性方程组引出来的，所以矩阵的应用更为广泛。

设 $n$ 个未知数 $m$ 个方程所组成的 $n$ 元线性方程组为

$$\begin{cases} a_{11}x_1+a_{12}x_2+\cdots+a_{1n}x_n=b_1 \\ a_{21}x_1+a_{22}x_2+\cdots+a_{2n}x_n=b_2 \\ \qquad\vdots \\ a_{m1}x_1+a_{m2}x_2+\cdots+a_{mn}x_n=b_m \end{cases} \tag{1.2.1}$$

**定义 1.2.1** 由 $m\times n$ 个数 $a_{ij}$（$i=1,2,\cdots,m$；$j=1,2,\cdots,n$）排成的 $m$ 行 $n$ 列的数表（用方括号或圆括号标识）

$$\begin{pmatrix} a_{11} & a_{12} & \cdots & a_{1n} \\ a_{21} & a_{22} & \cdots & a_{2n} \\ \vdots & \vdots & & \vdots \\ a_{m1} & a_{m2} & \cdots & a_{mn} \end{pmatrix} \tag{1.2.2}$$

称为 $m$ 行 $n$ 列的矩阵，简称为 $m\times n$ **矩阵**，记作 $\boldsymbol{A}$ 或 $\boldsymbol{A}=(a_{ij})$。有时为了指明矩阵的行数和列数，又记作 $\boldsymbol{A}_{m\times n}$ 或 $\boldsymbol{A}=(a_{ij})_{m\times n}$。其中 $a_{ij}$ 是矩阵 $\boldsymbol{A}$ 的第 $i$ 行第 $j$ 列交叉处的**元素**或**元**。元素是实数的矩阵称为**实矩阵**；元素是复数的矩阵称为**复矩阵**。本书主要研究实矩阵。

显然，在式（1.2.1）中，如果把未知数的系数按其在式（1.2.1）中原有的相对位置排成一个 $m$ 行 $n$ 列的矩形数表，就得到一个矩阵。

**注意**：矩阵与行列式在形式上有些类似，但在意义上完全不同。行列式是一个算式，可求其值，而矩阵仅是一个矩形数表。行列式的行数和列数必须相等，而矩阵的行数和列数可以不相等。

$m\times n$ 个元素都为 0 的矩阵称为**零矩阵**，记为 $\boldsymbol{O}_{m\times n}$ 或 $\boldsymbol{O}$。

当 $m=1$ 时，即只有一行的矩阵，称为**行矩阵**或 **$n$ 维行向量**，记为

$$\boldsymbol{A}=(a_1 \quad a_2 \quad \cdots \quad a_n) \text{或} \boldsymbol{A}=(a_1,a_2,\cdots,a_n)$$

当 $n=1$ 时，即只有一列的矩阵，称为**列矩阵**或 **$m$ 维列向量**，记为

$$\boldsymbol{A}=\begin{pmatrix} a_1 \\ a_2 \\ \vdots \\ a_m \end{pmatrix}$$

当 $m=n$ 时，即行数与列数相等的矩阵，称为 **$n$ 阶矩阵**或 **$n$ 阶方阵**，记作 $A_n$。

类似于行列式，在 $n$ 阶方阵中，我们将元素 $a_{11},a_{22},\cdots,a_{nn}$ 所在的直线称为**主对角线**；将元素 $a_{1n},a_{2,n-1},\cdots,a_{n1}$ 所在的直线称为**副对角线**或**次对角线**。

特别地，一阶方阵可看作一个数，可以不加方括号或圆括号。

一个矩阵是一张由数据列成的表。由于矩阵可以简明的形式表示数据，因此它的应用十分广泛。

**【例 1.2.1】**某商场 3 个分场两种商品一天的营业额（单位：万元）如表 1.2.1 所示。

表 1.2.1

| | 第一分场 | 第二分场 | 第三分场 |
|---|---|---|---|
| 彩电 | 8 | 6 | 5 |
| 冰箱 | 4 | 2 | 6 |

表 1.2.1 可以用矩阵表示为

$$\begin{pmatrix} 8 & 6 & 5 \\ 4 & 2 & 6 \end{pmatrix}$$

这里的行表示商品在 3 个分场一天的营业额，列表示分场两种商品一天的营业额。

**【例 1.2.2】**一个简单的通信网络（见图 1.2.1）中，$P_1$、$P_2$、$P_3$、$P_4$ 表示 4 个通信点，连接线表示 $P_i$ 点与 $P_j$ 点相互有联系，用 $a_{ij}=1$ 表示；若无联系，用 $a_{ij}=0$ 表示。假设点自身无联系，即 $a_{ii}=0$。该通信网络可用矩阵表示为

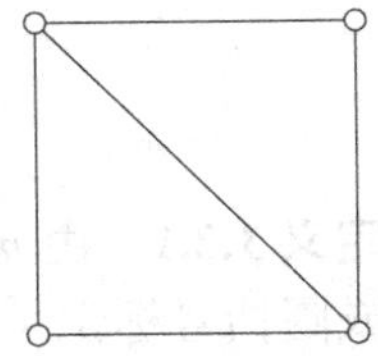

图 1.2.1

$$\begin{pmatrix} 0 & 1 & 1 & 1 \\ 1 & 0 & 1 & 0 \\ 1 & 1 & 0 & 1 \\ 1 & 0 & 1 & 0 \end{pmatrix}$$

**【例 1.2.3】**$n$ 个变量 $x_1,x_2,\cdots,x_n$ 与 $m$ 个变量 $y_1,y_2,\cdots,y_m$ 之间的关系式

$$\begin{cases} y_1 = a_{11}x_1 + a_{12}x_2 + \cdots + a_{1n}x_n \\ y_2 = a_{21}x_1 + a_{22}x_2 + \cdots + a_{2n}x_n \\ \quad\vdots \\ y_m = a_{m1}x_1 + a_{m2}x_2 + \cdots + a_{mn}x_n \end{cases} \tag{1.2.3}$$

称为从变量 $x_1,x_2,\cdots,x_n$ 到变量 $y_1,y_2,\cdots,y_m$ 的一个**线性变换**。其中，$a_{ij}$（$i=1,2,\cdots,m$；$j=1,2,\cdots,n$）为常数，称为线性变换（1.2.3）的**系数**；由这些系数构成的矩阵 $A=(a_{ij})_{m\times n}$，称为线性变换（1.2.3）的**系数矩阵**。

给定了线性变换（1.2.3），它的系数矩阵也就确定了。反之，如果给出一个矩阵作为线性变换的系数矩阵，则线性变换也就确定了。从这个意义上讲，线性变换与矩阵之间存在着一一对应的关系，从而可用线性变换来研究矩阵。

如线性变换

$$\begin{cases} y_1 = x_1 \\ y_2 = x_2 \\ \quad\vdots \\ y_n = x_n \end{cases}$$

常称为**恒等变换**，其系数矩阵

$$\begin{pmatrix} 1 & 0 & \cdots & 0 \\ 0 & 1 & \cdots & 0 \\ \vdots & \vdots & & \vdots \\ 0 & 0 & \cdots & 1 \end{pmatrix}$$

常称为 $n$ 阶**单位矩阵**，记为 $\boldsymbol{E}$ 或 $\boldsymbol{E}_n$，也记为 $\boldsymbol{I}$ 或 $\boldsymbol{I}_n$。其特点是主对角线上的元素全为 1，其他元素都是 0。

**【例 1.2.4】**线性方程组（1.2.1）与矩阵（称为线性方程组（1.2.1）的**增广矩阵**）

$$\begin{pmatrix} a_{11} & a_{12} & \cdots & a_{1n} & b_1 \\ a_{21} & a_{22} & \cdots & a_{2n} & b_2 \\ \vdots & \vdots & & \vdots & \vdots \\ a_{m1} & a_{m2} & \cdots & a_{mn} & b_m \end{pmatrix}$$

之间也存在着一一对应的关系，从而可用矩阵来研究线性方程组。

## 1.2.2　矩阵的运算

矩阵一般不是一个数，而是一个数表。对于这个新的研究对象，需要逐一给出其运算规则，从而使它成为进行理论研究和解决实际问题的工具。首先给出两个矩阵相等的概念。

**定义 1.2.2**　若两个矩阵的行数、列数分别相等，则称它们是**同型矩阵**。

**定义 1.2.3**　设 $\boldsymbol{A}$ 和 $\boldsymbol{B}$ 是两个同型矩阵，$\boldsymbol{A}=(a_{ij})_{m\times n}$，$\boldsymbol{B}=(b_{ij})_{m\times n}$，若它们的对应元素都相等，即

$$a_{ij}=b_{ij}\qquad (i=1,2,\cdots,m;\ j=1,2,\cdots,n)$$

则称矩阵 $\boldsymbol{A}$ 与 $\boldsymbol{B}$ **相等**，记作 $\boldsymbol{A}=\boldsymbol{B}$。

**注意**：两个行列式相等是指它们的值相等，尽管这两个行列式不一定同阶。

**1．矩阵的加法**

**定义 1.2.4**　设有两个 $m\times n$ 矩阵，$\boldsymbol{A}=(a_{ij})$，$\boldsymbol{B}=(b_{ij})$，那么矩阵 $\boldsymbol{A}$ 与 $\boldsymbol{B}$ 的**加法**，记为 $\boldsymbol{A}+\boldsymbol{B}$，定义为

$$\boldsymbol{A}+\boldsymbol{B}=(a_{ij}+b_{ij})$$

**注意**：只有当两个矩阵是同型矩阵时，这两个矩阵才能进行加法运算。两个同型矩阵相加就是把它们的对应元素相加，它们的和仍是同型矩阵。注意与行列式的加法（即性质 1.1.5）进行对比。

矩阵的加法满足下列运算规律（设 $\boldsymbol{A}$、$\boldsymbol{B}$、$\boldsymbol{C}$ 都是 $m\times n$ 矩阵）。

（1）交换律：$\boldsymbol{A}+\boldsymbol{B}=\boldsymbol{B}+\boldsymbol{A}$。

（2）结合律：$(\boldsymbol{A}+\boldsymbol{B})+\boldsymbol{C}=\boldsymbol{A}+(\boldsymbol{B}+\boldsymbol{C})$。

（3）$\boldsymbol{O}+\boldsymbol{A}=\boldsymbol{A}+\boldsymbol{O}=\boldsymbol{A}$，其中 $\boldsymbol{O}$ 是 $m\times n$ 零矩阵。

**定义 1.2.5**　设矩阵 $\boldsymbol{A}=(a_{ij})$，称 $(-a_{ij})$ 为 $\boldsymbol{A}$ 的**负矩阵**，记为 $-\boldsymbol{A}$。

**定义 1.2.6**　设有两个 $m\times n$ 矩阵，$\boldsymbol{A}=(a_{ij})$，$\boldsymbol{B}=(b_{ij})$，定义矩阵 $\boldsymbol{A}$ 与 $\boldsymbol{B}$ 的**减法**为

$$\boldsymbol{A}-\boldsymbol{B}=\boldsymbol{A}+(-\boldsymbol{B})$$

显然有

$$A - A = A + (-A) = O$$

**注意**：两个矩阵相减就是把它们的对应元素相减。同样，只有两个同型矩阵才能相减，其结果仍为同型矩阵。

**2. 数与矩阵的乘法（数乘）**

**定义 1.2.7** 数 $k$ 与矩阵 $A = (a_{ij})_{m\times n}$ 的乘法，定义为

$$\begin{pmatrix} ka_{11} & ka_{12} & \cdots & ka_{1n} \\ ka_{21} & ka_{22} & \cdots & ka_{2n} \\ \vdots & \vdots & & \vdots \\ ka_{m1} & ka_{m2} & \cdots & ka_{mn} \end{pmatrix} = \left(ka_{ij}\right)$$

记作 $kA$ 或 $Ak$。

换句话说，用一个数乘一个矩阵，就是用这个数乘矩阵的每一个元素。这与用一个数乘行列式是不同的，用一个数乘行列式等于用这个数乘行列式的某一行（列）的每一个元素，而不是乘行列式的所有元素。

矩阵的加法与数乘称为矩阵的**线性运算**，它们满足下列运算规律。

（1）分配律：$k(A+B) = kA + kB$，$(k+l)A = kA + lA$。

（2）结合律：$(kl)A = k(lA) = l(kA)$。

（3）$1A = A$，$(-1)A = -A$。

其中，$k$、$l$ 为实数，$A$、$B$ 为 $m\times n$ 矩阵。

**3. 矩阵的乘法**

**定义 1.2.8** 设矩阵

$$A = \begin{pmatrix} a_{11} & a_{12} & \cdots & a_{1n} \\ a_{21} & a_{22} & \cdots & a_{2n} \\ \vdots & \vdots & & \vdots \\ a_{m1} & a_{m2} & \cdots & a_{mn} \end{pmatrix}, \quad B = \begin{pmatrix} b_{11} & b_{12} & \cdots & b_{1p} \\ b_{21} & b_{22} & \cdots & b_{2p} \\ \vdots & \vdots & & \vdots \\ b_{n1} & b_{n2} & \cdots & b_{np} \end{pmatrix}$$

定义矩阵 $A$ 与 $B$ 的**乘积** $AB$ 是一个 $m\times p$ 矩阵 $C$：

$$C = AB = \begin{pmatrix} c_{11} & c_{12} & \cdots & c_{1p} \\ c_{21} & c_{22} & \cdots & c_{2p} \\ \vdots & \vdots & & \vdots \\ c_{m1} & c_{m2} & \cdots & c_{mp} \end{pmatrix}$$

其中 $C$ 的第 $i$ 行第 $j$ 列的元素 $c_{ij}$ 为

$$c_{ij} = a_{i1}b_{1j} + a_{i2}b_{2j} + \cdots + a_{in}b_{nj} = \sum_{k=1}^{n} a_{ik}b_{kj}$$

$$\left(i = 1,2,\cdots,m;\ j = 1,2,\cdots,p\right)$$

按定义 1.2.8，若

$$A = \left(a_1 \quad a_2 \quad \cdots \quad a_n\right), \quad B = \begin{pmatrix} b_1 \\ b_2 \\ \vdots \\ b_n \end{pmatrix}$$

分别是一个 $1 \times n$ 矩阵（即行矩阵）和一个 $n \times 1$ 矩阵（即列矩阵），则 $\boldsymbol{A}$ 与 $\boldsymbol{B}$ 的乘积是一个 $1 \times 1$ 的方阵，也就是一个数：

$$\boldsymbol{AB} = a_1 b_1 + a_2 b_2 + \cdots + a_n b_n = \sum_{i=1}^{n} a_i b_i$$

并称之为左行矩阵 $\boldsymbol{A}$ 与右列矩阵 $\boldsymbol{B}$ 的**行列积**。

由此可知，定义 1.2.8 中的 $c_{ij}$ 为左矩阵 $\boldsymbol{A}$ 的第 $i$ 行与右矩阵 $\boldsymbol{B}$ 的第 $j$ 列对应元素的乘积之和，所以矩阵相乘的"基本动作"是做行列积，可乘的条件是左矩阵的列数与右矩阵的行数相等。由于左矩阵 $\boldsymbol{A}$ 有 $m$ 行，右矩阵 $\boldsymbol{B}$ 有 $p$ 列，所有搭配起来，行列积共有 $m \times p$ 个，因此乘积 $\boldsymbol{AB}$ 是 $m \times p$ 矩阵。

矩阵乘法可用图 1.2.2 表示。

$$i\text{行}\begin{pmatrix} \cdots & \cdots & \cdots & \cdots \\ a_{i1} & a_{i2} & \cdots & a_{in} \\ \cdots & \cdots & \cdots & \cdots \end{pmatrix} \overset{j\text{列}}{\begin{pmatrix} \vdots & b_{1j} & \vdots \\ \vdots & b_{2j} & \vdots \\ \vdots & \vdots & \vdots \\ \vdots & b_{nj} & \vdots \end{pmatrix}} = \overset{j\text{列}}{\begin{pmatrix} & \vdots & \\ \cdots & c_{ij} & \cdots \\ & \vdots & \end{pmatrix}} i\text{行}$$

图 1.2.2

利用矩阵乘法，线性方程组

$$\begin{cases} a_{11}x_1 + a_{12}x_2 + \cdots + a_{1n}x_n = b_1 \\ a_{21}x_1 + a_{22}x_2 + \cdots + a_{2n}x_n = b_2 \\ \quad\vdots \\ a_{m1}x_1 + a_{m2}x_2 + \cdots + a_{mn}x_n = b_m \end{cases}$$

可表示成简洁的矩阵方程 $\boldsymbol{Ax} = \boldsymbol{b}$。其中

$$\boldsymbol{A} = \begin{pmatrix} a_{11} & a_{12} & \cdots & a_{1n} \\ a_{21} & a_{22} & \cdots & a_{2n} \\ \vdots & \vdots & & \vdots \\ a_{m1} & a_{m2} & \cdots & a_{mn} \end{pmatrix}, \quad \boldsymbol{x} = \begin{pmatrix} x_1 \\ x_2 \\ \vdots \\ x_n \end{pmatrix}, \quad \boldsymbol{b} = \begin{pmatrix} b_1 \\ b_2 \\ \vdots \\ b_m \end{pmatrix}$$

利用矩阵的乘法，容易得到下列结论。

（1）若矩阵 $\boldsymbol{A}$ 的第 $i$ 行是零行（该行的所有元都为 0），则乘积 $\boldsymbol{AB}$ 的第 $i$ 行也是零行。

（2）若矩阵 $\boldsymbol{B}$ 的第 $j$ 列是零列（该列的所有元都为 0），则乘积 $\boldsymbol{AB}$ 的第 $j$ 列也是零列。

（3）若 $\boldsymbol{A}$ 或 $\boldsymbol{B}$ 是零矩阵，则 $\boldsymbol{AB}$ 也是零矩阵。

矩阵乘法的运算律与数乘的运算律的区别体现在以下几点。

（1）矩阵乘法不满足交换律。这是矩阵乘法与数乘的重要区别之一。因此两个矩阵相乘时必须注意次序，$\boldsymbol{AB}$ 称为 $\boldsymbol{A}$ **左乘** $\boldsymbol{B}$，而 $\boldsymbol{BA}$ 称为 $\boldsymbol{A}$ **右乘** $\boldsymbol{B}$。

若 $\boldsymbol{AB} = \boldsymbol{BA}$，则称 $\boldsymbol{A}$ 与 $\boldsymbol{B}$ **可交换**。

（2）两个非零矩阵的乘积可能是零矩阵。这在数乘中是绝对不可能出现的。

（3）矩阵乘法不满足消去律。即由 $\boldsymbol{AB} = \boldsymbol{AC}$，$\boldsymbol{A} \neq \boldsymbol{O}$，得不到 $\boldsymbol{B} = \boldsymbol{C}$ 的结论。例如

$$A=\begin{pmatrix}1&2\\2&4\end{pmatrix},\ B=\begin{pmatrix}-1&3\\-2&1\end{pmatrix},\ C=\begin{pmatrix}-7&1\\1&2\end{pmatrix}$$

有 $A\neq O$，且

$$AB=AC=\begin{pmatrix}-5&5\\-10&10\end{pmatrix}$$

但 $B\neq C$。

下面是矩阵乘法与数乘相同或相似的运算律（假设运算都是可行的）。

（1）结合律：$(AB)C=A(BC)$。

（2）数乘结合律：$k(AB)=(kA)B=A(kB)$，$k$ 为实数。

（3）左乘分配律：$A(B+C)=AB+AC$。

（4）右乘分配律：$(B+C)A=BA+CA$。

（5）设 $A$ 是 $m\times n$ 矩阵，则 $E_mA_{m\times n}=A_{m\times n}$，$A_{m\times n}E_n=A_{m\times n}$。

（6）设 $A$ 是 $n$ 阶方阵，则 $E_nA=A$，$AE_n=A$。

由此可见，单位矩阵 $E$ 是矩阵乘法的单位元，它相当于数乘中的数 1。

对 $n$ 阶方阵还可以定义乘幂运算。

**定义 1.2.9** 设 $A$ 是 $n$ 阶方阵，$m$ 为正整数，则规定

$$A^1=A,\ A^2=AA,\ \cdots,\ A^{m+1}=A^mA$$

称 $A^m$ 为方阵 $A$ 的 $m$ 次**幂**，即 $m$ 个 $A$ 连乘。

由于矩阵乘法满足结合律，故有

$$A^kA^l=A^{k+l},\ (A^k)^l=A^{kl}$$

其中 $k$、$l$ 为任意正整数。

**注意**：由于矩阵乘法不满足交换律，因此一般地，

$$(AB)^k\neq A^kB^k$$

其中 $k$ 为任意正整数。

**定义 1.2.10** 设 $x$ 的 $m$ 次多项式为

$$f(x)=a_0x^m+a_1x^{m-1}+\cdots+a_{m-1}x+a_m \qquad (a_0\neq 0)$$

则定义

$$f(A)=a_0A^m+a_1A^{m-1}+\cdots+a_{m-1}A+a_mE$$

为 **$n$ 阶方阵 $A$ 的 $m$ 次多项式**。

**4. 矩阵的转置**

**定义 1.2.11** 将 $m\times n$ 矩阵 $A$ 的行与列互换且不改变原来各元素的顺序得到一个 $n\times m$ 的新矩阵，称为 $A$ 的**转置矩阵**，记为 $A^{\mathrm{T}}$ 或 $A'$，即

若 $A=\begin{pmatrix}a_{11}&a_{12}&\cdots&a_{1n}\\a_{21}&a_{22}&\cdots&a_{2n}\\\vdots&\vdots&&\vdots\\a_{m1}&a_{m2}&\cdots&a_{mn}\end{pmatrix}$，则 $A^{\mathrm{T}}=\begin{pmatrix}a_{11}&a_{21}&\cdots&a_{m1}\\a_{12}&a_{22}&\cdots&a_{m2}\\\vdots&\vdots&&\vdots\\a_{1n}&a_{2n}&\cdots&a_{mn}\end{pmatrix}$。

显然，$\boldsymbol{A}^{\mathrm{T}}$ 的第 $i$ 行第 $j$ 列的元素与矩阵 $\boldsymbol{A}$ 的第 $j$ 行第 $i$ 列的元素相等。

矩阵的转置满足下述运算规律。

（1）$(\boldsymbol{A}^{\mathrm{T}})^{\mathrm{T}}=\boldsymbol{A}$。

（2）$(\boldsymbol{A}+\boldsymbol{B})^{\mathrm{T}}=\boldsymbol{A}^{\mathrm{T}}+\boldsymbol{B}^{\mathrm{T}}$。

（3）$(k\boldsymbol{A})^{\mathrm{T}}=k\boldsymbol{A}^{\mathrm{T}}$（$k$ 为实数）。

（4）$(\boldsymbol{AB})^{\mathrm{T}}=\boldsymbol{B}^{\mathrm{T}}\boldsymbol{A}^{\mathrm{T}}$。

（2）和（4）显然可以推广到有限个矩阵的情形，即

$$\left(\boldsymbol{A}_1+\boldsymbol{A}_2+\cdots+\boldsymbol{A}_m\right)^{\mathrm{T}}=\boldsymbol{A}_1^{\mathrm{T}}+\boldsymbol{A}_2^{\mathrm{T}}+\cdots+\boldsymbol{A}_m^{\mathrm{T}}$$

$$\left(\boldsymbol{A}_1\boldsymbol{A}_2\cdots\boldsymbol{A}_m\right)^{\mathrm{T}}=\boldsymbol{A}_m^{\mathrm{T}}\cdots\boldsymbol{A}_2^{\mathrm{T}}\boldsymbol{A}_1^{\mathrm{T}}$$

上述运算规律可以通过比较等式两边矩阵的对应元素得到。

### 5. 方阵的行列式

**定义 1.2.12**　由 $n$ 阶方阵 $\boldsymbol{A}=(a_{ij})$的元素按照原来位置构成的行列式称为**方阵 $\boldsymbol{A}$ 的行列式**，记为 $\det\boldsymbol{A}$ 或$|\boldsymbol{A}|$。

方阵的行列式具有如下运算规律。

（1）设 $\boldsymbol{A}$ 为 $n$ 阶方阵，$k$ 为实数，则 $\det(k\boldsymbol{A})=k^n\det\boldsymbol{A}$。

（2）设 $\boldsymbol{A}$、$\boldsymbol{B}$ 为两个 $n$ 阶方阵，则 $\det(\boldsymbol{AB})=(\det\boldsymbol{A})(\det\boldsymbol{B})$。此性质常称为**方阵的行列式定理**。

（3）设 $\boldsymbol{A}$ 为 $n$ 阶方阵，则 $\det\boldsymbol{A}=\det(\boldsymbol{A}^{\mathrm{T}})$。

**注意**：一般地，$\det(\boldsymbol{A}+\boldsymbol{B})\neq\det\boldsymbol{A}+\det\boldsymbol{B}$。

### 6. 几类特殊矩阵

若未作特殊说明，以下的矩阵都指 $n$ 阶方阵。

**定义 1.2.13**　形如

$$\boldsymbol{A}=\begin{pmatrix} a_{11} & 0 & \cdots & 0 \\ 0 & a_{22} & \cdots & 0 \\ \vdots & \vdots & & \vdots \\ 0 & 0 & \cdots & a_{nn} \end{pmatrix}$$

的矩阵称为**对角矩阵**。对角矩阵中除了主对角线的元素外，其他元素均为0，简记为

$$\boldsymbol{A}=\mathrm{diag}(a_{11},a_{22},\cdots,a_{nn})$$

简单起见，我们常常将矩阵中的零元素（如主对角线下方或上方的元素均为 0）省略不写。如单位矩阵和对角矩阵可简写为

$$\begin{pmatrix} 1 & & & \\ & 1 & & \\ & & \ddots & \\ & & & 1 \end{pmatrix},\begin{pmatrix} a_{11} & & & \\ & a_{22} & & \\ & & \ddots & \\ & & & a_{nn} \end{pmatrix}$$

**定义 1.2.14**　主对角线上的元素全为同一个数 $k$ 的对角矩阵称为**数量矩阵**，记为 $k\boldsymbol{E}$。

对角矩阵的运算有以下简单的性质。

（1）同阶对角矩阵的和仍然是对角矩阵。

（2）数与对角矩阵的乘积仍然是对角矩阵。

（3）同阶对角矩阵的乘积仍然是对角矩阵，而且它们相乘满足交换律。

（4）对角矩阵 $\boldsymbol{A}$ 与它的转置矩阵 $\boldsymbol{A}^{\mathrm{T}}$ 相等，即 $\boldsymbol{A}^{\mathrm{T}}=\boldsymbol{A}$。

（5）$n$ 阶数量矩阵能够与所有的 $n$ 阶方阵可交换，即对任意一个 $n$ 阶方阵 $\boldsymbol{A}$ 都有

$$(k\boldsymbol{E})\boldsymbol{A}=\boldsymbol{A}(k\boldsymbol{E})$$

反之亦成立。

**定义 1.2.15** 形如

$$\boldsymbol{A}=\begin{pmatrix} a_{11} & a_{12} & \cdots & a_{1n} \\ & a_{22} & \cdots & a_{2n} \\ & & \ddots & \vdots \\ & & & a_{nn} \end{pmatrix}$$

的矩阵称为**上三角形矩阵**，即主对角线下方的元素全为 0 的方阵。

形如

$$\boldsymbol{B}=\begin{pmatrix} b_{11} & & & \\ b_{21} & b_{22} & & \\ \vdots & \vdots & \ddots & \\ b_{n1} & b_{n2} & \cdots & b_{nn} \end{pmatrix}$$

的矩阵称为**下三角形矩阵**，即主对角线上方的元素全为 0 的方阵。

上三角形矩阵和下三角形矩阵统称为**三角形矩阵**。

显然，两个同阶上（下）三角形矩阵的和、差以及乘积，仍然是同阶上（下）三角形矩阵。

**定义 1.2.16** 设 $\boldsymbol{A}$ 为 $n$ 阶方阵，如果 $\boldsymbol{A}^{\mathrm{T}}=\boldsymbol{A}$，则称 $\boldsymbol{A}$ 为**对称矩阵**。

$n$ 阶矩阵 $\boldsymbol{A}$ 是对称矩阵的充分必要条件是 $a_{ij}=a_{ji}(i,j=1,2,\cdots,n)$。

显然，对角矩阵、数量矩阵和单位矩阵都是对称矩阵。

**定义 1.2.17** 设 $\boldsymbol{A}$ 为 $n$ 阶方阵，如果 $\boldsymbol{A}^{\mathrm{T}}=-\boldsymbol{A}$，则称 $\boldsymbol{A}$ 为**反对称矩阵**。

$n$ 阶矩阵 $\boldsymbol{A}$ 是反对称矩阵的充分必要条件是 $a_{ij}=-a_{ji}(i,j=1,2,\cdots,n)$。

显然，反对称矩阵主对角线上的元素全为 0。

对称矩阵和反对称矩阵具有以下简单性质。

（1）对称（反对称）矩阵的和、差仍然是对称（反对称）矩阵。

（2）数乘对称（反对称）矩阵仍然是对称（反对称）矩阵。

（3）奇数阶反对称矩阵的行列式等于 0。

**注意：**两个对称（反对称）矩阵的乘积，不一定是对称（反对称）矩阵。

**【例 1.2.5】**对任意 $n$ 阶矩阵 $\boldsymbol{A}$，证明：（1）$\boldsymbol{A}+\boldsymbol{A}^{\mathrm{T}}$ 是对称矩阵，$\boldsymbol{A}-\boldsymbol{A}^{\mathrm{T}}$ 是反对称矩阵；（2）$\boldsymbol{A}$ 可以表示成一个对称矩阵与一个反对称矩阵之和。

**证：**（1）因为

$$(A+A^{\mathrm{T}})^{\mathrm{T}}=A^{\mathrm{T}}+(A^{\mathrm{T}})^{\mathrm{T}}=A^{\mathrm{T}}+A=A+A^{\mathrm{T}}$$

所以 $A+A^{\mathrm{T}}$ 是对称矩阵。又因为

$$(A-A^{\mathrm{T}})^{\mathrm{T}}=A^{\mathrm{T}}-(A^{\mathrm{T}})^{\mathrm{T}}=A^{\mathrm{T}}-A=-(A-A^{\mathrm{T}})$$

所以 $A-A^{\mathrm{T}}$ 是反对称矩阵。

（2）$A$ 可表示为

$$A=\frac{A+A^T}{2}+\frac{A-A^T}{2}$$

由（1）知

$$\left(\frac{A+A^T}{2}\right)^T=\frac{A+A^T}{2},\quad \left(\frac{A-A^T}{2}\right)^T=-\frac{A-A^T}{2}$$

所以 $\frac{A+A^{\mathrm{T}}}{2}$ 为对称矩阵，$\frac{A-A^{\mathrm{T}}}{2}$ 为反对称矩阵，从而命题成立。

## 1.2.3 逆矩阵

由矩阵的运算可知，零矩阵与任一同型矩阵相加，结果是原矩阵；单位矩阵与任一矩阵相乘（只要乘法可行），结果还是原矩阵。所以，可以说零矩阵有类似数 0 的作用，单位矩阵有类似数 1 的作用。

在数的运算中，设 $a$ 是任意一个非零数，即 $a\neq 0$，$a$ 是可逆的，且有唯一的逆 $\frac{1}{a}$，满足

$$a\cdot\frac{1}{a}=\frac{1}{a}\cdot a=1$$

在矩阵运算中，我们自然要问，对任意的矩阵 $A$，在什么条件下 $A$ 可逆？如果 $A$ 可逆，$A$ 的逆矩阵是否唯一？如何求它的逆矩阵？这些都是我们在本小节要解决的问题。

**1. 逆矩阵的概念**

**定义 1.2.18** 设 $A$ 是 $n$ 阶方阵，若存在 $n$ 阶方阵 $B$，使得

$$AB=BA=E \tag{1.2.4}$$

则称方阵 $A$ 是**可逆**的，简称 $A$ 可逆，并称 $B$ 为 $A$ 的**逆矩阵**，简称 $A$ 的逆阵。

定义中方阵 $A$ 和 $B$ 的“地位”是相同的，因而如果 $A$ 可逆，且 $B$ 是 $A$ 的逆阵，则 $B$ 也可逆，且 $A$ 是 $B$ 的逆阵。

若 $A$ 可逆，则 $A$ 的逆阵是唯一的，一般记为 $A^{-1}$。

**注意：**不能把 $A^{-1}$ 写成 $\frac{1}{A}$。

单位矩阵是可逆的，且 $E^{-1}=E$。零矩阵不可逆。

显然，若方阵 $A$ 可逆，则 $\det A\neq 0$。

对角矩阵 $A$ 可逆的充分必要条件是：$A$ 的主对角线上的元素全不为 0，此时

$$A^{-1}=\begin{pmatrix} a_{11}^{-1} & & & \\ & a_{22}^{-1} & & \\ & & \ddots & \\ & & & a_{nn}^{-1} \end{pmatrix}$$

2. 逆矩阵的性质

**性质 1.2.1** 设 $\boldsymbol{A}$、$\boldsymbol{B}$ 为同阶方阵，且都可逆，数$\lambda \neq 0$，则

（1）$\boldsymbol{A}^{-1}$也可逆，且$(\boldsymbol{A}^{-1})^{-1}=\boldsymbol{A}$，$\det(\boldsymbol{A}^{-1})=\dfrac{1}{\det \boldsymbol{A}}=(\det \boldsymbol{A})^{-1}$；

（2）$\lambda\boldsymbol{A}$也可逆，且$(\lambda\boldsymbol{A})^{-1}=\dfrac{1}{\lambda}\boldsymbol{A}^{-1}$；

（3）$\boldsymbol{AB}$也可逆，且$(\boldsymbol{AB})^{-1}=\boldsymbol{B}^{-1}\boldsymbol{A}^{-1}$；

（4）$\boldsymbol{A}^{\mathrm{T}}$也可逆，且$(\boldsymbol{A}^{\mathrm{T}})^{-1}=(\boldsymbol{A}^{-1})^{\mathrm{T}}$。

**注意：**性质 1.2.1（3）可推广到有限个同阶可逆矩阵相乘的情况。

**性质 1.2.2** 设 $\boldsymbol{A}$、$\boldsymbol{B}$、$\boldsymbol{C}$ 都是 $n$ 阶方阵，则

（1）若 $\boldsymbol{A}$ 可逆，且 $\boldsymbol{AB}=\boldsymbol{O}$，则 $\boldsymbol{B}=\boldsymbol{O}$；

（2）若 $\boldsymbol{A}$ 可逆，且 $\boldsymbol{AB}=\boldsymbol{AC}$，则 $\boldsymbol{B}=\boldsymbol{C}$。

当 $\boldsymbol{A}$ 可逆时，规定

$$\boldsymbol{A}^{-k}=(\boldsymbol{A}^{-1})^k,\ \boldsymbol{A}^0=\boldsymbol{E}$$

于是当 $\boldsymbol{A}$ 可逆时，对任意的整数 $k$ 和 $l$，有

$$\boldsymbol{A}^k\boldsymbol{A}^l=\boldsymbol{A}^{k+l},\ (\boldsymbol{A}^k)^l=\boldsymbol{A}^{kl}$$

3. 逆矩阵的求法

为求可逆矩阵的逆矩阵，下面先介绍方阵的伴随矩阵的概念。

**定义 1.2.19** 设 $n$ 阶方阵

$$\boldsymbol{A}=\begin{pmatrix} a_{11} & a_{12} & \cdots & a_{1n} \\ a_{21} & a_{22} & \cdots & a_{2n} \\ \vdots & \vdots & & \vdots \\ a_{n1} & a_{n2} & \cdots & a_{nn} \end{pmatrix}$$

由 $\boldsymbol{A}$ 的行列式 $\det \boldsymbol{A}$ 中的元素 $a_{ij}$ 的代数余子式 $A_{ij}$ 构成的如下 $n$ 阶方阵

$$\begin{pmatrix} A_{11} & A_{21} & \cdots & A_{n1} \\ A_{12} & A_{22} & \cdots & A_{n2} \\ \vdots & \vdots & & \vdots \\ A_{1n} & A_{2n} & \cdots & A_{nn} \end{pmatrix} \tag{1.2.5}$$

称为 $\boldsymbol{A}$ 的**伴随矩阵**，记为 $\boldsymbol{A}^*$。

这里特别要注意 $\boldsymbol{A}$ 的伴随矩阵 $\boldsymbol{A}^*$中元素的排列顺序，它是先将 $\boldsymbol{A}$ 的每个元素转换成其对应的代数余子式，然后转置得到的。

伴随矩阵具有如下非常重要的性质。

**定理 1.2.1** 若 $\boldsymbol{A}$ 是 $n$ 阶方阵，$\boldsymbol{A}^*$是 $\boldsymbol{A}$ 的伴随矩阵，则

$$\boldsymbol{AA}^*=\boldsymbol{A}^*\boldsymbol{A}=(\det \boldsymbol{A})\boldsymbol{E} \tag{1.2.6}$$

**定理 1.2.2**　若 $\boldsymbol{A}$ 是 $n$ 阶方阵，则 $\boldsymbol{A}$ 可逆的充分必要条件是：$\det \boldsymbol{A} \neq 0$，且

$$\boldsymbol{A}^{-1} = \frac{1}{\det \boldsymbol{A}} \boldsymbol{A}^* \tag{1.2.7}$$

**定义 1.2.20**　设 $\boldsymbol{A}$ 是 $n$ 阶方阵，若 $\det \boldsymbol{A} \neq 0$，则称 $\boldsymbol{A}$ 是**非奇异矩阵**，否则，称 $\boldsymbol{A}$ 是**奇异矩阵**。

**推论 1.2.1**　$\boldsymbol{A}$ 是可逆矩阵的充分必要条件是 $\boldsymbol{A}$ 是非奇异矩阵。

定理 1.2.2 不仅给出了判断一个方阵是否可逆的方法，还给出了求逆矩阵的一种方法——伴随矩阵法。

**【例 1.2.6】**判断方阵

$$\boldsymbol{A} = \begin{pmatrix} 2 & 1 & 1 \\ 3 & 1 & 2 \\ 1 & -1 & 0 \end{pmatrix}，\quad \boldsymbol{B} = \begin{pmatrix} 1 & 1 & 1 \\ 1 & 1 & 1 \\ 1 & 1 & 1 \end{pmatrix}$$

是否为可逆矩阵？若可逆求出其逆矩阵。

**解**：因为

$$\det \boldsymbol{A} = \begin{vmatrix} 2 & 1 & 1 \\ 3 & 1 & 2 \\ 1 & -1 & 0 \end{vmatrix} = \begin{vmatrix} 3 & 0 & 1 \\ 4 & 0 & 2 \\ 1 & -1 & 0 \end{vmatrix} = 2 \neq 0，\quad \det \boldsymbol{B} = \begin{vmatrix} 1 & 1 & 1 \\ 1 & 1 & 1 \\ 1 & 1 & 1 \end{vmatrix} = 0$$

所以 $\boldsymbol{A}$ 为可逆矩阵，$\boldsymbol{B}$ 是不可逆矩阵。

再由

$$A_{11} = (-1)^{1+1} \begin{vmatrix} 1 & 2 \\ -1 & 0 \end{vmatrix} = 2，\ A_{12} = (-1)^{1+2} \begin{vmatrix} 3 & 2 \\ 1 & 0 \end{vmatrix} = 2，\ A_{13} = -4，$$

$$A_{21} = -1，\ A_{22} = -1，\ A_{23} = 3，\ A_{31} = 1，\ A_{32} = -1，\ A_{33} = -1$$

得

$$\boldsymbol{A}^* = \begin{pmatrix} A_{11} & A_{21} & A_{31} \\ A_{12} & A_{22} & A_{32} \\ A_{13} & A_{23} & A_{33} \end{pmatrix} = \begin{pmatrix} 2 & -1 & 1 \\ 2 & -1 & -1 \\ -4 & 3 & -1 \end{pmatrix}$$

从而由定理 1.2.2 得 $\boldsymbol{A}$ 的逆阵为

$$\boldsymbol{A}^{-1} = \frac{1}{\det \boldsymbol{A}} \boldsymbol{A}^* = \frac{1}{2} \begin{pmatrix} 2 & -1 & 1 \\ 2 & -1 & -1 \\ -4 & 3 & -1 \end{pmatrix} = \begin{pmatrix} 1 & -1/2 & 1/2 \\ 1 & -1/2 & -1/2 \\ -2 & 3/2 & -1/2 \end{pmatrix}$$

下面给出判别一个矩阵是否可逆的更简单的方法。

**定理 1.2.3**　设 $\boldsymbol{A}$ 与 $\boldsymbol{B}$ 都是 $n$ 阶方阵，若 $\boldsymbol{AB} = \boldsymbol{E}$ 或 $\boldsymbol{BA} = \boldsymbol{E}$，则 $\boldsymbol{A}$ 与 $\boldsymbol{B}$ 均可逆，并且 $\boldsymbol{A}^{-1} = \boldsymbol{B}$，$\boldsymbol{B}^{-1} = \boldsymbol{A}$。

此定理说明，要验证方阵 $\boldsymbol{B}$ 是不是 $\boldsymbol{A}$ 的逆矩阵，只要验证 $\boldsymbol{AB} = \boldsymbol{E}$ 或 $\boldsymbol{BA} = \boldsymbol{E}$ 中的一个式子成立即可，这比直接用定义去判断要节省一半的计算量。

利用方阵的逆阵可以求解矩阵方程。

（1）若方阵 $\boldsymbol{A}$ 可逆，则矩阵方程 $\boldsymbol{AX}=\boldsymbol{C}$ 存在唯一解 $\boldsymbol{X}=\boldsymbol{A}^{-1}\boldsymbol{C}$。

（2）若方阵 $\boldsymbol{A}$ 可逆，则矩阵方程 $\boldsymbol{XA}=\boldsymbol{C}$ 存在唯一解 $\boldsymbol{X}=\boldsymbol{CA}^{-1}$。

（3）若方阵 $\boldsymbol{A}$、$\boldsymbol{B}$ 可逆，则矩阵方程 $\boldsymbol{AXB}=\boldsymbol{C}$ 存在唯一解 $\boldsymbol{X}=\boldsymbol{A}^{-1}\boldsymbol{CB}^{-1}$。

### 1.2.4 矩阵分块

阶数较高的矩阵计算起来很麻烦，计算量也较大，往往容易出错而又不易检查，如果采用“矩阵分块法”，把大矩阵的运算化为小矩阵的运算将会比较方便。

将矩阵用若干条横线和竖线分成许多小矩阵，每一个小矩阵称为原矩阵的**子块**，以子块为元素的矩阵称为**分块矩阵**。

将一个矩阵分块的方法很多，例如对三阶矩阵

$$\boldsymbol{A}=\begin{pmatrix} a_{11} & a_{12} & a_{13} \\ a_{21} & a_{22} & a_{23} \\ a_{31} & a_{32} & a_{33} \end{pmatrix}$$

可以采用下面的 3 种形式进行分块。

（1）$$\boldsymbol{A}=\left(\begin{array}{c|cc} a_{11} & a_{12} & a_{13} \\ a_{21} & a_{22} & a_{23} \\ \hline a_{31} & a_{32} & a_{33} \end{array}\right) \xRightarrow{\text{分块}} \boldsymbol{A}=\begin{pmatrix} \boldsymbol{A}_{11} & \boldsymbol{A}_{12} \\ \boldsymbol{A}_{21} & \boldsymbol{A}_{22} \end{pmatrix}$$，其中

$$\boldsymbol{A}_{11}=\begin{pmatrix} a_{11} \\ a_{21} \end{pmatrix},\quad \boldsymbol{A}_{12}=\begin{pmatrix} a_{12} & a_{13} \\ a_{22} & a_{23} \end{pmatrix},\quad \boldsymbol{A}_{21}=(a_{31}),\quad \boldsymbol{A}_{22}=(a_{32} \quad a_{33})$$

（2）$$\boldsymbol{A}=\left(\begin{array}{c|c|c} a_{11} & a_{12} & a_{13} \\ \hline a_{21} & a_{22} & a_{23} \\ a_{31} & a_{32} & a_{33} \end{array}\right) \xRightarrow{\text{分块}} \boldsymbol{A}=\begin{pmatrix} \boldsymbol{A}_{11} & \boldsymbol{A}_{12} & \boldsymbol{A}_{13} \\ \boldsymbol{A}_{21} & \boldsymbol{A}_{22} & \boldsymbol{A}_{23} \end{pmatrix}$$，其中

$$\boldsymbol{A}_{11}=(a_{11}),\quad \boldsymbol{A}_{12}=(a_{12}),\quad \boldsymbol{A}_{13}=(a_{13}),$$

$$\boldsymbol{A}_{21}=\begin{pmatrix} a_{21} \\ a_{31} \end{pmatrix},\quad \boldsymbol{A}_{22}=\begin{pmatrix} a_{22} \\ a_{32} \end{pmatrix},\quad \boldsymbol{A}_{23}=\begin{pmatrix} a_{23} \\ a_{33} \end{pmatrix}$$

（3）$$\boldsymbol{A}=\left(\begin{array}{c|c|c} a_{11} & a_{12} & a_{13} \\ a_{21} & a_{22} & a_{23} \\ a_{31} & a_{32} & a_{33} \end{array}\right) \xRightarrow{\text{分块}} \boldsymbol{A}=(\boldsymbol{A}_1 \quad \boldsymbol{A}_2 \quad \boldsymbol{A}_3)$$，其中

$$\boldsymbol{A}_1=\begin{pmatrix} a_{11} \\ a_{21} \\ a_{31} \end{pmatrix},\quad \boldsymbol{A}_2=\begin{pmatrix} a_{12} \\ a_{22} \\ a_{32} \end{pmatrix},\quad \boldsymbol{A}_3=\begin{pmatrix} a_{13} \\ a_{23} \\ a_{33} \end{pmatrix}$$

矩阵的分块方法非常灵活，究竟采用哪种分块法比较合理，要从两方面考虑：（1）要满足运算条件；（2）充分利用矩阵的特点分块，使表示简洁，运算简便。

下面是两种常见的分块法（设 $\boldsymbol{A}=(a_{ij})_{m\times n}$）。

（1）按行分块

$$A=\begin{pmatrix}\boldsymbol{\alpha}_1\\ \boldsymbol{\alpha}_2\\ \vdots\\ \boldsymbol{\alpha}_m\end{pmatrix}$$

称为**行分块矩阵**或**行向量矩阵**，其中$\boldsymbol{\alpha}_i=(a_{i1},a_{i2},\cdots,a_{in})$，$i=1,2,\cdots,m$。

（2）按列分块

$$\boldsymbol{A}=\begin{pmatrix}\boldsymbol{\beta}_1 & \boldsymbol{\beta}_2 & \cdots & \boldsymbol{\beta}_n\end{pmatrix}$$

称为**列分块矩阵**或**列向量矩阵**，其中$\boldsymbol{\beta}_j=(a_{1j},a_{2j},\cdots,a_{mj})^{\mathrm{T}}$，$j=1,2,\cdots,n$。

分块矩阵的运算与矩阵的运算类似，总的来说要满足：（1）每个子块作为一个元素参与运算要满足矩阵的运算规则；（2）每个子块之间的运算也要满足矩阵的运算规则。

**1. 分块矩阵的加法**

设$\boldsymbol{A}$、$\boldsymbol{B}$为同型矩阵，如果用相同方式把$\boldsymbol{A}$与$\boldsymbol{B}$分块为

$$\boldsymbol{A}=\begin{pmatrix}\boldsymbol{A}_{11} & \boldsymbol{A}_{12} & \cdots & \boldsymbol{A}_{1r}\\ \boldsymbol{A}_{21} & \boldsymbol{A}_{22} & \cdots & \boldsymbol{A}_{2r}\\ \vdots & \vdots & & \vdots\\ \boldsymbol{A}_{s1} & \boldsymbol{A}_{s2} & \cdots & \boldsymbol{A}_{sr}\end{pmatrix},\ \boldsymbol{B}=\begin{pmatrix}\boldsymbol{B}_{11} & \boldsymbol{B}_{12} & \cdots & \boldsymbol{B}_{1r}\\ \boldsymbol{B}_{21} & \boldsymbol{B}_{22} & \cdots & \boldsymbol{B}_{2r}\\ \vdots & \vdots & & \vdots\\ \boldsymbol{B}_{s1} & \boldsymbol{B}_{s2} & \cdots & \boldsymbol{B}_{sr}\end{pmatrix}$$

其中每一个$\boldsymbol{A}_{ij}$与$\boldsymbol{B}_{ij}$是同型子块矩阵，则分块矩阵$\boldsymbol{A}$与$\boldsymbol{B}$的**加法**为

$$\boldsymbol{A}+\boldsymbol{B}=\begin{pmatrix}\boldsymbol{A}_{11}+\boldsymbol{B}_{11} & \boldsymbol{A}_{12}+\boldsymbol{B}_{12} & \cdots & \boldsymbol{A}_{1r}+\boldsymbol{B}_{1r}\\ \boldsymbol{A}_{21}+\boldsymbol{B}_{21} & \boldsymbol{A}_{22}+\boldsymbol{B}_{22} & \cdots & \boldsymbol{A}_{2r}+\boldsymbol{B}_{2r}\\ \vdots & \vdots & & \vdots\\ \boldsymbol{A}_{s1}+\boldsymbol{B}_{s1} & \boldsymbol{A}_{s2}+\boldsymbol{B}_{s2} & \cdots & \boldsymbol{A}_{sr}+\boldsymbol{B}_{sr}\end{pmatrix}$$

**2. 分块矩阵的数量乘法**

设$k$为实数，分块矩阵

$$\boldsymbol{A}=\begin{pmatrix}\boldsymbol{A}_{11} & \boldsymbol{A}_{12} & \cdots & \boldsymbol{A}_{1r}\\ \boldsymbol{A}_{21} & \boldsymbol{A}_{22} & \cdots & \boldsymbol{A}_{2r}\\ \vdots & \vdots & & \vdots\\ \boldsymbol{A}_{s1} & \boldsymbol{A}_{s2} & \cdots & \boldsymbol{A}_{sr}\end{pmatrix}$$

则数$k$与分块矩阵$\boldsymbol{A}$的**数量乘法**为

$$k\boldsymbol{A}=\begin{pmatrix}k\boldsymbol{A}_{11} & k\boldsymbol{A}_{12} & \cdots & k\boldsymbol{A}_{1r}\\ k\boldsymbol{A}_{21} & k\boldsymbol{A}_{22} & \cdots & k\boldsymbol{A}_{2r}\\ \vdots & \vdots & & \vdots\\ k\boldsymbol{A}_{s1} & k\boldsymbol{A}_{s2} & \cdots & k\boldsymbol{A}_{sr}\end{pmatrix}$$

**3. 分块矩阵的乘法**

设$\boldsymbol{A}$为$m\times l$矩阵，$\boldsymbol{B}$为$l\times n$矩阵，分块为

$$\boldsymbol{A}=\begin{pmatrix}\boldsymbol{A}_{11} & \boldsymbol{A}_{12} & \cdots & \boldsymbol{A}_{1t}\\ \boldsymbol{A}_{21} & \boldsymbol{A}_{22} & \cdots & \boldsymbol{A}_{2t}\\ \vdots & \vdots & & \vdots\\ \boldsymbol{A}_{s1} & \boldsymbol{A}_{s2} & \cdots & \boldsymbol{A}_{st}\end{pmatrix},\ \boldsymbol{B}=\begin{pmatrix}\boldsymbol{B}_{11} & \boldsymbol{B}_{12} & \cdots & \boldsymbol{B}_{1r}\\ \boldsymbol{B}_{21} & \boldsymbol{B}_{22} & \cdots & \boldsymbol{B}_{2r}\\ \vdots & \vdots & & \vdots\\ \boldsymbol{B}_{t1} & \boldsymbol{B}_{t2} & \cdots & \boldsymbol{B}_{tr}\end{pmatrix}$$

其中，左矩阵 $\boldsymbol{A}$ 的列与右矩阵 $\boldsymbol{B}$ 的行都分成 $t$ 组，并且子块 $\boldsymbol{A}_{i1},\cdots,\boldsymbol{A}_{it}$（$i=1,2,\cdots,s$）的列数依次等于子块 $\boldsymbol{B}_{1j},\cdots,\boldsymbol{B}_{tj}$（$j=1,2,\cdots,r$）的行数，则分块矩阵 $\boldsymbol{A}$ 与 $\boldsymbol{B}$ 的**乘法**为

$$\boldsymbol{AB}=\begin{pmatrix}\boldsymbol{C}_{11} & \boldsymbol{C}_{12} & \cdots & \boldsymbol{C}_{1r}\\ \boldsymbol{C}_{21} & \boldsymbol{C}_{22} & \cdots & \boldsymbol{C}_{2r}\\ \vdots & \vdots & & \vdots\\ \boldsymbol{C}_{s1} & \boldsymbol{C}_{s2} & \cdots & \boldsymbol{C}_{sr}\end{pmatrix}$$

其中

$$\boldsymbol{C}_{ij}=\boldsymbol{A}_{i1}\boldsymbol{B}_{1j}+\boldsymbol{A}_{i2}\boldsymbol{B}_{2j}+\cdots+\boldsymbol{A}_{it}\boldsymbol{B}_{tj}=\sum_{k=1}^{t}\boldsymbol{A}_{ik}\boldsymbol{B}_{kj}$$
$$(i=1,2,\cdots,\ s;\ j=1,2,\cdots,r)$$

4. **分块矩阵的转置**

设 $\boldsymbol{A}=\begin{pmatrix}\boldsymbol{A}_{11} & \boldsymbol{A}_{12} & \cdots & \boldsymbol{A}_{1r}\\ \boldsymbol{A}_{21} & \boldsymbol{A}_{22} & \cdots & \boldsymbol{A}_{2r}\\ \vdots & \vdots & & \vdots\\ \boldsymbol{A}_{s1} & \boldsymbol{A}_{s2} & \cdots & \boldsymbol{A}_{sr}\end{pmatrix}$，则分块矩阵 $\boldsymbol{A}$ 的**转置矩阵**为

$$\boldsymbol{A}^{\mathrm{T}}=\begin{pmatrix}\boldsymbol{A}_{11}^{\mathrm{T}} & \boldsymbol{A}_{21}^{\mathrm{T}} & \cdots & \boldsymbol{A}_{s1}^{\mathrm{T}}\\ \boldsymbol{A}_{12}^{\mathrm{T}} & \boldsymbol{A}_{22}^{\mathrm{T}} & \cdots & \boldsymbol{A}_{s2}^{\mathrm{T}}\\ \vdots & \vdots & & \vdots\\ \boldsymbol{A}_{1r}^{\mathrm{T}} & \boldsymbol{A}_{2r}^{\mathrm{T}} & \cdots & \boldsymbol{A}_{sr}^{\mathrm{T}}\end{pmatrix}$$

5. **分块对角矩阵**

设 $\boldsymbol{A}$ 为方阵，$\boldsymbol{A}$ 的分块矩阵也是方阵，它除主对角线上有非零子块（且都是方阵）外，其余子块都是零矩阵，即

$$\boldsymbol{A}=\begin{pmatrix}\boldsymbol{A}_1 & \boldsymbol{O} & \cdots & \boldsymbol{O}\\ \boldsymbol{O} & \boldsymbol{A}_2 & \cdots & \boldsymbol{O}\\ \vdots & \vdots & & \vdots\\ \boldsymbol{O} & \boldsymbol{O} & \cdots & \boldsymbol{A}_s\end{pmatrix}$$

其中 $\boldsymbol{A}_1,\boldsymbol{A}_2,\cdots,\boldsymbol{A}_s$ 都是方阵，则称 $\boldsymbol{A}$ 为**分块对角矩阵**。

关于分块对角矩阵，有下面两个结论。

（1）分块对角矩阵的行列式为

$$\det\boldsymbol{A}=(\det\boldsymbol{A}_1)(\det\boldsymbol{A}_2)\ \cdots\ (\det\boldsymbol{A}_s)$$

（2）若 $\boldsymbol{A}_1,\boldsymbol{A}_2,\cdots,\boldsymbol{A}_s$ 都可逆，即 $\det\boldsymbol{A}_i\neq 0$（$i=1,2,\cdots,s$），则 $\det\boldsymbol{A}\neq 0$，从而得出 $\boldsymbol{A}$ 可逆，并有

$$\boldsymbol{A}^{-1}=\begin{pmatrix}\boldsymbol{A}_1^{-1} & \boldsymbol{O} & \cdots & \boldsymbol{O}\\ \boldsymbol{O} & \boldsymbol{A}_2^{-1} & \cdots & \boldsymbol{O}\\ \vdots & \vdots & & \vdots\\ \boldsymbol{O} & \boldsymbol{O} & \cdots & \boldsymbol{A}_s^{-1}\end{pmatrix}$$

**【例 1.2.7】**设 $\boldsymbol{A}_{11}$、$\boldsymbol{A}_{22}$ 分别是 $r$、$s$ 阶可逆矩阵，试证分块矩阵

$$A=\begin{pmatrix} A_{11} & O \\ A_{21} & A_{22} \end{pmatrix}$$

可逆，并求它的逆矩阵。

**证：** 由于 $A_{11}$、$A_{22}$ 是可逆矩阵，有 $\det A_{11} \neq 0$，$\det A_{22} \neq 0$，从而

$$\det A = (\det A_{11})(\det A_{22}) \neq 0$$

因此分块矩阵 $A$ 可逆。

设有 $r+s$ 阶方阵 $B$，将 $B$ 按与 $A$ 相同的分块法分块为

$$B=\begin{pmatrix} B_{11} & B_{12} \\ B_{21} & B_{22} \end{pmatrix}$$

其中 $B_{11}$、$B_{22}$ 分别是 $r$、$s$ 阶方阵。

令 $AB=E$，可得

$$\begin{pmatrix} A_{11} & O \\ A_{21} & A_{22} \end{pmatrix}\begin{pmatrix} B_{11} & B_{12} \\ B_{21} & B_{22} \end{pmatrix}=\begin{pmatrix} E_r & O \\ O & E_s \end{pmatrix}$$

即

$$\begin{pmatrix} A_{11}B_{11} & A_{11}B_{12} \\ A_{21}B_{11}+A_{22}B_{21} & A_{21}B_{12}+A_{22}B_{22} \end{pmatrix}=\begin{pmatrix} E_r & O \\ O & E_s \end{pmatrix}$$

得下面 4 个矩阵方程

$$\begin{cases} A_{11}B_{11}=E_r & (1) \\ A_{11}B_{12}=O & (2) \\ A_{21}B_{11}+A_{22}B_{21}=O & (3) \\ A_{21}B_{12}+A_{22}B_{22}=E_s & (4) \end{cases}$$

由方程（1）和方程（2）求得

$$B_{11}=A_{11}^{-1},\ B_{12}=O$$

代入方程（3）和方程（4）得

$$A_{21}A_{11}^{-1}+A_{22}B_{21}=O$$
$$A_{22}B_{22}=E_s$$

解得

$$B_{21}=-A_{22}^{-1}A_{21}A_{11}^{-1}$$
$$B_{22}=A_{22}^{-1}$$

从而有

$$B=\begin{pmatrix} A_{11}^{-1} & O \\ -A_{22}^{-1}A_{21}A_{11}^{-1} & A_{22}^{-1} \end{pmatrix}$$

### 1.2.5 矩阵的初等变换

矩阵的初等变换是矩阵的一种十分重要的运算，对解线性方程组、求逆矩阵，以及探讨矩阵理论等起着重要的作用。

### 1. 矩阵的初等变换的概念

**定义 1.2.21** 下面 3 种变换称为矩阵的**初等行变换**。

（1）互换矩阵任意两行的位置（称为**对换变换**）。

（2）用一个非零常数 $k$ 遍乘矩阵的某一行（称为**倍乘变换**）。

（3）将矩阵某一行遍乘常数 $k$ 后加到另一行上（称为**倍加变换**）。

如果把定义 1.2.21 中对矩阵“行”进行的 3 种变换，改为对“列”进行的变换，则称为矩阵的**初等列变换**。

矩阵的初等行变换和初等列变换统称为矩阵的**初等变换**。

下面我们主要运用矩阵的初等行变换。

**定义 1.2.22** 如果矩阵 $\boldsymbol{A}$ 经过有限次初等变换变成了矩阵 $\boldsymbol{B}$，则称矩阵 $\boldsymbol{A}$ 与 $\boldsymbol{B}$ **等价**，记作 $\boldsymbol{A}\to\boldsymbol{B}$。

特别地，如果矩阵 $\boldsymbol{A}$ 经过有限次初等行变换变成了矩阵 $\boldsymbol{B}$，则称矩阵 $\boldsymbol{A}$ 与 $\boldsymbol{B}$ **行等价**；如果矩阵 $\boldsymbol{A}$ 经过有限次初等列变换变成了矩阵 $\boldsymbol{B}$，则称矩阵 $\boldsymbol{A}$ 与 $\boldsymbol{B}$ **列等价**。

对矩阵进行初等行变换时，为了看清每一步的作用，每做一次初等行变换都标明是哪种变换，且写在箭头上方，表示方法如下。

互换第 $i$、$j$ 两行表示为：$r_i\leftrightarrow r_j$。

第 $i$ 行乘以非零常数 $k$ 表示为：$k\times r_i$ 或 $kr_i$。

把第 $j$ 行遍乘常数 $k$ 后加到第 $i$ 行上表示为：$r_i+kr_j$。

如果是做初等列变换，则只需将上述的 $r$ 换成 $c$ 即可，且一般写在箭头下方。

矩阵之间的等价具有下列性质。

对任意同型矩阵 $\boldsymbol{A}$、$\boldsymbol{B}$、$\boldsymbol{C}$，

（1）自反性：$\boldsymbol{A}\to\boldsymbol{A}$。

（2）对称性：若 $\boldsymbol{A}\to\boldsymbol{B}$，则 $\boldsymbol{B}\to\boldsymbol{A}$。

（3）传递性：若 $\boldsymbol{A}\to\boldsymbol{B}$，$\boldsymbol{B}\to\boldsymbol{C}$，则 $\boldsymbol{A}\to\boldsymbol{C}$。

数学上称具有上述 3 个性质的关系为**等价关系**。这种关系不仅适合于矩阵，也适合于向量组和线性方程组等。

### 2. 初等方阵

**定义 1.2.23** 对单位矩阵 $\boldsymbol{E}$ 进行一次初等变换所得到的矩阵，称为**初等方阵**。

对应于 3 种初等变换，有 3 种类型的初等方阵：**初等对换方阵**、**初等倍乘方阵**和**初等倍加方阵**。

（1）初等对换方阵 $\boldsymbol{P}_{i,j}$：由单位矩阵 $\boldsymbol{E}$ 的第 $i$、$j$ 两行互换得到。

$$P_{i,j}=\begin{pmatrix}1&&&&&&&&\\&\ddots&&&&&&&\\&&1&&&&&&\\&&&0&\cdots&1&&&\\&&&&1&&&&\\&&&\vdots&\ddots&\vdots&&&\\&&&&&1&&&\\&&&1&\cdots&0&&&\\&&&&&&1&&\\&&&&&&&\ddots&\\&&&&&&&&1\end{pmatrix}\begin{matrix}\\\\\\\leftarrow \text{第}i\text{行}\\\\\\\\\leftarrow \text{第}j\text{行}\\\\\\\\\end{matrix}$$

（2）初等倍乘方阵 $\boldsymbol{P}_{i(k)}$：由单位矩阵 $\boldsymbol{E}$ 的第 $i$ 行乘非 0 常数 $k$ 得到。

$$P_{i(k)}=\begin{pmatrix}1&&&&&\\&\ddots&&&&\\&&1&&&\\&&&k&&\\&&&&1&&\\&&&&&\ddots&\\&&&&&&1\end{pmatrix}\leftarrow \text{第}i\text{行，}k\neq 0$$

（3）初等倍加方阵 $\boldsymbol{P}_{i+j(k)}$：由单位矩阵 $\boldsymbol{E}$ 的第 $j$ 行遍乘常数 $k$ 后加到第 $i$ 行上得到。

$$P_{i+j(k)}=\begin{pmatrix}1&&&&&&\\&\ddots&&&&&\\&&1&&&&\\&&&1&\cdots&k&&\\&&&&\ddots&\vdots&&\\&&&&&1&&\\&&&&&&1&\\&&&&&&&\ddots&\\&&&&&&&&1\end{pmatrix}\begin{matrix}\\\\\\\leftarrow \text{第}i\text{行}\\\\\leftarrow \text{第}j\text{行}\\\\\\\\\end{matrix}$$

一般地，初等方阵具有如下性质。

**性质 1.2.3**　初等方阵是可逆矩阵，且其逆矩阵是同类型的初等方阵。

**性质 1.2.4**　有限个初等方阵之积是可逆矩阵。

利用初等方阵，可以把矩阵的初等变换通过矩阵乘法表示出来。

**定理 1.2.4**　对 $m\times n$ 矩阵 $\boldsymbol{A}$ 进行一次初等行（列）变换相当于对 $\boldsymbol{A}$ 左（右）乘相应的 $m$ 阶（$n$ 阶）初等方阵。

有以下几种情况。

（1）$\boldsymbol{A}$ 的第 $i$ 行（列）与第 $j$ 行（列）互换等同于 $\boldsymbol{P}_{i,j}\boldsymbol{A}$（$\boldsymbol{A}\boldsymbol{P}_{i,j}$）。

（2）$\boldsymbol{A}$ 的第 $i$ 行（列）遍乘常数 $k$ 等同于 $\boldsymbol{P}_{i(k)}\boldsymbol{A}$（$\boldsymbol{A}\boldsymbol{P}_{i(k)}$）。

（3）$\boldsymbol{A}$ 的第 $j$ 行（列）遍乘常数 $k$ 后加至第 $i$ 行（列）上等同于 $\boldsymbol{P}_{i+j(k)}\boldsymbol{A}$（$\boldsymbol{AP}_{i+j(k)}$）。

### 3. 矩阵的标准形

**定义 1.2.24** 满足下列两个条件的矩阵称为**（行）阶梯形矩阵**。

（1）从第一行开始，每行第一个非零元前面 0 的个数逐行增加。

（2）一旦出现零行，则后面各行（若还有的话）都是零行。

**定义 1.2.25** 满足下列两个条件的行阶梯形矩阵称为**行最简形矩阵**或**行标准形矩阵**。

（1）非零行的第一个非零元为 1。

（2）这些非零元所在的列的其他元素均为 0。

用归纳法不难证明以下性质。

**性质 1.2.5** 对任意一个矩阵 $\boldsymbol{A}=(a_{ij})_{m\times n}$，总可经过若干次初等行变换把 $\boldsymbol{A}$ 化成行阶梯形矩阵和行最简形矩阵。

用初等行变换把一个矩阵化为行阶梯形矩阵和行最简形矩阵，是一种很重要的运算，要求大家能熟练掌握。

对行最简形矩阵再施以初等列变换，可化成一种形状更简单的矩阵，称为**标准形矩阵**。它的左上角是一个单位矩阵，其余元素全为 0。

**【例 1.2.8】** 化矩阵 $\boldsymbol{A}=\begin{pmatrix}2 & -3 & 8 & 2\\ 2 & 12 & -2 & 12\\ 1 & 3 & 1 & 4\end{pmatrix}$ 为标准形矩阵。

**解：**（1）经过初等行变换将矩阵 $\boldsymbol{A}$ 变成行阶梯形矩阵：

$$\boldsymbol{A}\xrightarrow[r_3-2r_1]{\substack{r_1\leftrightarrow r_3\\ r_2-2r_1}}\begin{pmatrix}1 & 3 & 1 & 4\\ 0 & 6 & -4 & 4\\ 0 & -9 & 6 & -6\end{pmatrix}\xrightarrow{r_3+3/2r_2}\begin{pmatrix}1 & 3 & 1 & 4\\ 0 & 6 & -4 & 4\\ 0 & 0 & 0 & 0\end{pmatrix}$$

（2）对此行阶梯形矩阵实施初等行变换，将 $\boldsymbol{A}$ 化为行最简形矩阵：

$$\boldsymbol{A}\to\begin{pmatrix}1 & 3 & 1 & 4\\ 0 & 6 & -4 & 4\\ 0 & 0 & 0 & 0\end{pmatrix}\xrightarrow[r_1-3r_2]{1/6r_3}\begin{pmatrix}1 & 0 & 3 & 2\\ 0 & 1 & -2/3 & 2/3\\ 0 & 0 & 0 & 0\end{pmatrix}$$

（3）用初等列变换把该行最简形矩阵变成标准形矩阵：

$$\boldsymbol{A}\to\begin{pmatrix}1 & 0 & 3 & 2\\ 0 & 1 & -2/3 & 2/3\\ 0 & 0 & 0 & 0\end{pmatrix}\xrightarrow[\substack{c_3-3c_1\\ c_4-2c_1}]{}\begin{pmatrix}1 & 0 & 0 & 0\\ 0 & 1 & -2/3 & 2/3\\ 0 & 0 & 0 & 0\end{pmatrix}$$

$$\xrightarrow[\substack{c_3+2/3c_2\\ c_4-2/3c_2}]{}\begin{pmatrix}1 & 0 & 0 & 0\\ 0 & 1 & 0 & 0\\ 0 & 0 & 0 & 0\end{pmatrix}$$

**定理 1.2.5** 任意一个矩阵 $\boldsymbol{A}=(a_{ij})_{m\times n}$ 经过若干次初等变换可以化为标准形矩阵。

$$D=\begin{pmatrix}1 & & & & & \\ & \ddots & & & & \\ & & 1 & & & \\ & & & 0 & & \\ & & & & \ddots & \\ & & & & & 0\end{pmatrix} \leftarrow \text{第 } r \text{ 行}$$

即

$$D=\begin{pmatrix}E_r & O\\ O & O\end{pmatrix}$$

其中 $E_r$ 是 $r$ 阶单位矩阵。

下面介绍用初等行变换求可逆矩阵的逆矩阵的方法。

**4. 求逆矩阵的初等行变换法**

由于对 $A$ 进行初等变换化成标准形矩阵 $D$，相当于有初等矩阵 $P_1,P_2,\cdots,P_s$ 和 $G_1,G_2,\cdots,G_t$，使得

$$P_s\cdots P_2P_1AG_1G_2\cdots G_t=D \tag{1.2.8}$$

因此有以下定理和推论。

**定理 1.2.6**　如果方阵 $A$ 为可逆矩阵，则 $D=E$，即可逆矩阵的标准形矩阵为单位矩阵。

**推论 1.2.2**　方阵 $A$ 可逆的充分必要条件是：$A$ 可分解成有限个初等方阵的乘积。

**推论 1.2.3**　两个 $m\times n$ 矩阵 $A$ 与 $B$ 等价的充分必要条件是：存在 $m$ 阶可逆矩阵 $P$ 和 $n$ 阶可逆矩阵 $Q$，使得 $PAQ=B$。

根据推论 1.2.2，可得到求可逆矩阵 $A$ 的逆矩阵 $A^{-1}$ 的一种简便方法

$$(A\,|\,E)\xrightarrow{\text{初等行变换}}(E\,|\,A^{-1})$$

即在方阵 $A$ 的右边同时写出与 $A$ 同阶的单位矩阵 $E$，构成一个 $n\times 2n$ 矩阵$(A|E)$，然后对$(A|E)$进行初等行变换，当它的左块 $A$ 化成单位矩阵 $E$ 时，它的右块 $E$ 就化成 $A^{-1}$。

同样也可用初等列变换求可逆矩阵 $A$ 的逆矩阵 $A^{-1}$，即

$$\begin{pmatrix}A\\ \hline E\end{pmatrix}\xrightarrow{\text{初等列变换}}\begin{pmatrix}E\\ \hline A^{-1}\end{pmatrix}$$

矩阵求逆的初等行变换法也可用于判断一个方阵是否可逆，其过程与求逆类似，当左块在变形的过程中出现了全零行，则因其行列式为 0，因而矩阵不可逆。

矩阵求逆的初等行变换法还可用于求解矩阵方程 $AX=B$，其中 $A$ 为方阵。当方阵 $A$ 可逆时，由于

$$A^{-1}(A|B)=(E|A^{-1}B)$$

因此对矩阵$(A|B)$实施初等行变换，当左子块 $A$ 化成单位矩阵 $E$ 时，右子块 $B$ 就化成 $A^{-1}B$，即解 $X$。

特别地，当 $B=E$ 时，$A^{-1}B=A^{-1}E=A^{-1}$，此即前述的求 $A$ 的逆矩阵。

【例 1.2.9】求解矩阵方程 $\boldsymbol{AX}=\boldsymbol{B}$，其中

$$\boldsymbol{A}=\begin{pmatrix}1&2&1\\2&3&2\\2&2&1\end{pmatrix},\quad \boldsymbol{B}=\begin{pmatrix}1&1\\2&0\\2&3\end{pmatrix}$$

**解**：对矩阵$(\boldsymbol{A}|\boldsymbol{B})$实施初等行变换，得

$$(\boldsymbol{A}\mid\boldsymbol{B})=\left(\begin{array}{ccc|cc}1&2&1&1&1\\2&3&2&2&0\\2&2&1&2&3\end{array}\right)\xrightarrow[r_3-2r_1]{r_2-2r_1}\left(\begin{array}{ccc|cc}1&2&1&1&1\\0&-1&0&0&-2\\0&-2&-1&0&1\end{array}\right)$$

$$\xrightarrow[r_3-2r_2]{r_1+2r_2}\left(\begin{array}{ccc|cc}1&0&1&1&-3\\0&-1&0&0&-2\\0&0&-1&0&5\end{array}\right)\xrightarrow[\substack{(-1)r_2\\(-1)r_3}]{r_1+r_3}\left(\begin{array}{ccc|cc}1&0&0&1&2\\0&1&0&0&2\\0&0&1&0&-5\end{array}\right)$$

于是

$$\boldsymbol{X}=\boldsymbol{A}^{-1}\boldsymbol{B}=\begin{pmatrix}1&2\\0&2\\0&-5\end{pmatrix}$$

## 1.2.6 矩阵的秩

定理 1.2.5 指出，给定一个 $m\times n$ 矩阵 $\boldsymbol{A}$，它的标准形 $\boldsymbol{D}=\begin{pmatrix}\boldsymbol{E}_r&\boldsymbol{O}\\\boldsymbol{O}&\boldsymbol{O}\end{pmatrix}$ 由数 $r$ 完全确定，这个数是反映矩阵 $\boldsymbol{A}$ 的一个重要的数量特征，称为**矩阵的秩**。

### 1. 矩阵的秩的概念

为了建立矩阵的秩的概念，首先给出矩阵的子式的定义。

**定义 1.2.26** 在 $m\times n$ 矩阵 $\boldsymbol{A}$ 中任取 $k$ 行与 $k$ 列（$1\leqslant k\leqslant\min\{m,n\}$），位于这些行与列交叉处的元素按它们原来的次序组成的一个 $k$ 阶行列式，称为矩阵 $\boldsymbol{A}$ 的一个 $k$ 阶**子式**。

如果 $\boldsymbol{A}$ 是 $n$ 阶方阵，那么 $\boldsymbol{A}$ 的 $n$ 阶子式就是 $\boldsymbol{A}$ 的行列式 $\det\boldsymbol{A}$。

一般来说，$m\times n$ 矩阵 $\boldsymbol{A}$ 的 $k$ 阶子式共有 $\mathrm{C}_m^k\mathrm{C}_n^k$ 个。$\mathrm{C}_m^k$ 为从 $m$ 个不同元素中取出 $k$ 个元素的组合数。

**定义 1.2.27** 如果矩阵 $\boldsymbol{A}$ 中有一个 $k$ 阶子式 $D\neq0$，且所有的 $k+1$ 阶子式（如果存在的话）都等于 0，则称 $D$ 为 $\boldsymbol{A}$ 的一个**最高阶非零子式**。数 $k$ 称为矩阵 $\boldsymbol{A}$ 的**秩**，记作 $\mathrm{rank}(\boldsymbol{A})$，简记为 $r(\boldsymbol{A})$。并规定零矩阵的秩为 0。

用定义 1.2.27 求矩阵 $\boldsymbol{A}$ 的秩，对于低阶矩阵还是很方便的，但对于高阶矩阵，计算 $k$ 阶子式比较麻烦，而且计算量较大。下面介绍求矩阵的秩的初等行变换法。

### 2. 求矩阵的秩的初等行变换法

**性质 1.2.6** 行阶梯形矩阵的秩等于它的非零行的行数。

同样地，行最简形矩阵的秩也等于它的非零行的行数。标准形矩阵的秩等于它的左上角

1 的个数，即单位矩阵的阶数。

**性质 1.2.7**　初等行变换不改变矩阵的秩。

同样地，初等列变换也不改变矩阵的秩。总之，初等变换不改变矩阵的秩。

**性质 1.2.8**　$n$ 阶方阵 $\boldsymbol{A}$ 可逆的充分必要条件是：$r(\boldsymbol{A})=n$。

称 $r(\boldsymbol{A})=n$ 的 $n$ 阶方阵为**满秩矩阵**。

由于 $n$ 阶可逆矩阵的行最简形矩阵和标准形都是 $n$ 阶单位矩阵，因此有以下推论。

**推论 1.2.4**　$n$ 阶方阵 $\boldsymbol{A}$ 可逆的充分必要条件是：$\boldsymbol{A}\to\boldsymbol{E}$。

综上所述，用初等行变换求矩阵的秩的方法为：对矩阵进行初等行变换，将其化为行阶梯形矩阵，则这个行阶梯形矩阵的非零行的行数就是该矩阵的秩。

**3. 矩阵的秩的性质**

关于矩阵的秩，我们给出下面的定理。

**定理 1.2.7**　设 $\boldsymbol{A}$ 为 $m\times n$ 矩阵，则

（1）$0\leqslant r(\boldsymbol{A})\leqslant \min\{m,\ n\}$；

（2）$r(\boldsymbol{A})=r(\boldsymbol{A}^{\mathrm{T}})$，即矩阵与其转置矩阵的秩相等；

（3）若 $\boldsymbol{A}\to\boldsymbol{B}$，则 $r(\boldsymbol{A})=r(\boldsymbol{B})$。

由秩的定义易证上述结论成立。

**定理 1.2.8**　设 $\boldsymbol{A}$ 为 $m\times n$ 矩阵，$\boldsymbol{B}$ 为 $m$ 阶满秩矩阵，$\boldsymbol{C}$ 为 $n$ 阶满秩矩阵，则

$$r(\boldsymbol{A})=r(\boldsymbol{BA})=r(\boldsymbol{AC})$$

用分块矩阵及定理 1.2.8，可以证明两个矩阵乘积的秩的定理。

**定理 1.2.9**　设 $\boldsymbol{A}$ 为 $m\times n$ 矩阵，$\boldsymbol{B}$ 为 $n\times p$ 矩阵，则

$$r(\boldsymbol{AB})\leqslant \min\{r(\boldsymbol{A}),\ r(\boldsymbol{B})\}$$

关于两个矩阵和的秩有下面的定理。

**定理 1.2.10**　设 $\boldsymbol{A}$、$\boldsymbol{B}$ 为 $m\times n$ 矩阵，则

$$r(\boldsymbol{A}+\boldsymbol{B})\leqslant r(\boldsymbol{A})+r(\boldsymbol{B})$$

## 1.3　线性方程组

在科学和工程技术应用中，许多实际问题会涉及线性方程组，更有大量复杂的数学模型是靠简化为线性方程组来解决的，因而研究线性方程组的解法和解的理论具有十分重要的意义，其本身也是线性代数的一个重要课题。

本节针对一般线性方程组讨论以下 3 个问题。

（1）线性方程组在什么情况下有解？即解的存在问题。

（2）当线性方程组有解时，解是否唯一？如何求解？即求解问题。

（3）当线性方程组有解且解不唯一时，这些解之间又有什么联系？即解的结构问题。

为了从理论上系统地回答上述 3 个问题，我们引入向量空间中向量组的线性相关性、向量组的秩、空间的基等重要概念，以及有关的一些理论和方法。这些概念、理论和方法，既

是线性代数中的重点，也是学习线性代数的难点。

### 1.3.1 高斯消元法

含有 $m$ 个方程、$n$ 个未知数的一次方程组称为 **$n$ 元线性方程组**，简称**方程组**，其一般形式为

$$\begin{cases} a_{11}x_1 + a_{12}x_2 + \cdots + a_{1n}x_n = b_1 \\ a_{21}x_1 + a_{22}x_2 + \cdots + a_{2n}x_n = b_2 \\ \vdots \\ a_{m1}x_1 + a_{m2}x_2 + \cdots + a_{mn}x_n = b_m \end{cases} \tag{1.3.1}$$

方程组（1.3.1）中**系数** $a_{ij}$（$i=1,2,\cdots,m$；$j=1,2,\cdots,n$），**常数项** $b_i$（$i=1,2,\cdots,m$）都是已知数，$x_j$（$j=1,2,\cdots,n$）是**未知数**（也称为**元**）。当 $b_i$（$i=1,2,\cdots,m$）不全为 0 时，方程组（1.3.1）称为**非齐次线性方程组**；当 $b_i$（$i=1,2,\cdots,m$）全为 0 时，方程组

$$\begin{cases} a_{11}x_1 + a_{12}x_2 + \cdots + a_{1n}x_n = 0 \\ a_{21}x_1 + a_{22}x_2 + \cdots + a_{2n}x_n = 0 \\ \vdots \\ a_{m1}x_1 + a_{m2}x_2 + \cdots + a_{mn}x_n = 0 \end{cases} \tag{1.3.2}$$

称为**齐次线性方程组**。当方程组（1.3.1）与方程组（1.3.2）的左边完全一样时，方程组（1.3.2）也称为与方程组（1.3.1）**对应的齐次线性方程组**或**导出方程组**。

若记

$$\boldsymbol{A} = \begin{pmatrix} a_{11} & a_{12} & \cdots & a_{1n} \\ a_{21} & a_{22} & \cdots & a_{2n} \\ \vdots & \vdots & & \vdots \\ a_{m1} & a_{m2} & \cdots & a_{mn} \end{pmatrix},\ \boldsymbol{x} = \begin{pmatrix} x_1 \\ x_2 \\ \vdots \\ x_n \end{pmatrix},\ \boldsymbol{b} = \begin{pmatrix} b_1 \\ b_2 \\ \vdots \\ b_m \end{pmatrix}$$

则方程组（1.3.1）的矩阵表达式为 $\boldsymbol{Ax}=\boldsymbol{b}$，方程组（1.3.2）的矩阵表达式为 $\boldsymbol{Ax}=\boldsymbol{0}$。

称 $\boldsymbol{A}$ 为方程组（1.3.1）和方程组（1.3.2）的**系数矩阵**，$\boldsymbol{x}$ 为**未知数矩阵（向量）**，$\boldsymbol{b}$ 为**常数项矩阵（向量）**。矩阵

$$(\boldsymbol{A}|\boldsymbol{b}) = \left(\begin{array}{cccc|c} a_{11} & a_{12} & \cdots & a_{1n} & b_1 \\ a_{21} & a_{22} & \cdots & a_{2n} & b_2 \\ \vdots & \vdots & & \vdots & \vdots \\ a_{m1} & a_{m2} & \cdots & a_{mn} & b_m \end{array}\right) \tag{1.3.3}$$

称为方程组（1.3.1）的**增广矩阵**，也记为 $\overline{\boldsymbol{A}}$。

显然，方程组（1.3.1）完全由它的增广矩阵（1.3.3）所确定。

**定义 1.3.1** 若将一组数 $c_1,c_2,\cdots,c_n$ 分别代入方程组（1.3.1）中的 $x_1,x_2,\cdots,x_n$ 后，方程组（1.3.1）中的每个方程都成为恒等式，则称 $x_1=c_1,x_2=c_2,\cdots,x_n=c_n$ 为方程组（1.3.1）的一组**解**，写成矩阵形式为 $\boldsymbol{x} = \begin{pmatrix} x_1 \\ x_2 \\ \vdots \\ x_n \end{pmatrix} = \begin{pmatrix} c_1 \\ c_2 \\ \vdots \\ c_n \end{pmatrix}$，将其称为方程组（1.3.1）的一个**解向量**，简称解。方程

组（1.3.1）的全体解所构成的集合称为方程组（1.3.1）的**解集**或**通解**。

**定义 1.3.2**　如果两个方程组的解集相同，则称这两个方程组为**同解方程组**或称这两个**方程组同解**。

用高斯（Johann Carl Friedrich Gauss，1777—1855，德国数学家）消元法解线性方程组，实际上是反复对方程组实施如下 3 种变换。

（1）互换两个方程的位置。

（2）用一个非零常数乘一个方程。

（3）用一个常数（一般不为 0）乘一个方程后加到另一个方程上。

上述 3 种变换称为**线性方程组的初等变换**。

显然，线性方程组的初等变换与矩阵的初等行变换相同，因而线性方程组的求解可以由其增广矩阵的初等行变换求出。

**定理 1.3.1**　若将增广矩阵$(\boldsymbol{A}|\boldsymbol{b})$用初等行变换化为$(\boldsymbol{U}|\boldsymbol{v})$，则线性方程组 $\boldsymbol{Ax}=\boldsymbol{b}$ 与 $\boldsymbol{Ux}=\boldsymbol{v}$ 是同解方程组。

由定理 1.3.1 可知，用初等行变换将方程组（1.3.1）的增广矩阵化为行阶梯形矩阵或行最简形矩阵后，求出该矩阵所表达的方程组的解，则此解就是所求原方程组（1.3.1）的解。

方程组（1.3.1）有有解和无解两种情况。

**定义 1.3.3**　若方程组（1.3.1）有解，则称此方程组为**相容**的，否则称此方程组为**不相容**的。

方程组（1.3.1）在什么情况下有解，什么情况下无解呢？由高斯消元法可知，它与方程组（1.3.1）的增广矩阵的秩和系数矩阵的秩是否相等有关。

**定理 1.3.2**　方程组（1.3.1）相容的充分必要条件是：$r(\boldsymbol{A})=r(\boldsymbol{A}|\boldsymbol{b})$。

定理 1.3.2 已圆满地回答了本节开头提出的关于线性方程组的 3 个问题中的第 1 个问题。至于第 2 个问题，可由下面的定理得到回答。

**定理 1.3.3**　设方程组（1.3.1）满足 $r(\boldsymbol{A})=r(\boldsymbol{A}|\boldsymbol{b})=r$，则当 $r=n$ 时，方程组（1.3.1）有唯一解；当 $r<n$ 时，方程组（1.3.1）有无穷多解。

对齐次线性方程组（1.3.2），由于其增广矩阵的最后一列全为 0，因此满足定理 1.3.3 的条件，即齐次线性方程组总有解。由于所有未知数都为 0 时，总满足方程组（1.3.2），这样的解称为**零解**，也称为**平凡解**。因此，对于齐次线性方程组来说，重要的是如何判定它是否有非零解（**非平凡解**）。

由定理 1.3.3 可得如下定理。

**定理 1.3.4**　齐次线性方程组（1.3.2）有非零解的充分必要条件是：$r(\boldsymbol{A})<n$。

**推论 1.3.1**　齐次线性方程组（1.3.2）只有零解的充分必要条件是：$r(\boldsymbol{A})=n$。

由于当 $m=n$ 时，$\det \boldsymbol{A}=0$ 等价于 $r(\boldsymbol{A})<n$，因此有如下推论。

**推论 1.3.2** 若 $n$ 个方程的 $n$ 元齐次线性方程组 $\boldsymbol{Ax}=\boldsymbol{0}$ 的系数行列式 $\det \boldsymbol{A}=0$，则该方程组有非零解。

结合 1.1.4 小节中克拉默法则的推论可知，$n$ 个方程的 $n$ 元齐次线性方程组 $\boldsymbol{Ax}=\boldsymbol{0}$ 有非零解的充分必要条件是：系数行列式 $\det \boldsymbol{A}=0$。

**推论 1.3.3** 若齐次线性方程组（1.3.2）中方程的个数 $m$ 小于未知数的个数 $n$，则它必有非零解。

在线性方程组的系数或常数项含参数的情形中，讨论线性方程组的解，实际上就是讨论当参数取何值时，$r(\boldsymbol{A})=r(\boldsymbol{A}|\boldsymbol{b})$或 $r(\boldsymbol{A})<r(\boldsymbol{A}|\boldsymbol{b})$。当方程组中所含方程个数与未知数个数不相等时，一般用初等行变换将增广矩阵化为行阶梯形矩阵来判别其解的情况。但当方程组中所含方程个数与未知数个数相等的时候，可以有两种做法。第一种是用初等行变换将增广矩阵化为行阶梯形矩阵来判别其解的情况。第二种是先考虑线性方程组的系数矩阵的行列式 $\det \boldsymbol{A}$ 是否为 0。当 $\det \boldsymbol{A}\neq 0$ 时，由矩阵的秩的定义可知，$r(\boldsymbol{A}|\boldsymbol{b})=r(\boldsymbol{A})=n$，且由克拉默法则可知，它必只有唯一解；当 $\det \boldsymbol{A}=0$ 时，$r(\boldsymbol{A})<n$，由矩阵的秩的定义可知，或者 $r(\boldsymbol{A})<r(\boldsymbol{A}|\boldsymbol{b})$，或者 $r(\boldsymbol{A})=r(\boldsymbol{A}|\boldsymbol{b})<n$。此时，线性方程组或者无解，或者有无穷多解。

**【例 1.3.1】** $a$、$b$ 取何值时，非齐次线性方程组

$$\begin{cases} x_1+x_2+x_3+x_4=1 \\ x_2-x_3+2x_4=1 \\ 2x_1+3x_2+(a+2)x_3+4x_4=b+3 \\ 3x_1+5x_2+x_3+(a+8)x_4=5 \end{cases}$$

（1）有唯一解；（2）无解；（3）有无穷多解。

**解**：用初等行变换把增广矩阵转化为行阶梯形矩阵，过程如下：

$$\overline{\boldsymbol{A}}=\left(\begin{array}{cccc|c} 1 & 1 & 1 & 1 & 1 \\ 0 & 1 & -1 & 2 & 1 \\ 2 & 3 & a+2 & 4 & b+3 \\ 3 & 5 & 1 & a+8 & 5 \end{array}\right) \xrightarrow[r_4-3r_1]{r_3-2r_1} \left(\begin{array}{cccc|c} 1 & 1 & 1 & 1 & 1 \\ 0 & 1 & -1 & 2 & 1 \\ 0 & 1 & a & 2 & b+1 \\ 0 & 2 & -2 & a+5 & 2 \end{array}\right)$$

$$\xrightarrow[r_4-2r_2]{r_3-r_2} \left(\begin{array}{cccc|c} 1 & 1 & 1 & 1 & 1 \\ 0 & 1 & -1 & 2 & 1 \\ 0 & 0 & a+1 & 0 & b \\ 0 & 0 & 0 & a+1 & 0 \end{array}\right)$$

由此可知：

（1）当 $a\neq -1$ 时，$r(\boldsymbol{A})=r(\overline{\boldsymbol{A}})=4=n$，方程组有唯一解；

（2）当 $a=-1$，$b\neq 0$ 时，$r(\boldsymbol{A})=2$，$r(\overline{\boldsymbol{A}})=3$，即 $r(\boldsymbol{A})\neq r(\overline{\boldsymbol{A}})$，方程组无解；

（3）当 $a=-1$，$b=0$ 时，$r(\boldsymbol{A})=r(\overline{\boldsymbol{A}})=2<4=n$，方程组有无穷多解。

【例 1.3.2】当$\lambda$取何值时，下列齐次线性方程组有非零解？

$$\begin{cases} 3x_1 + x_2 - x_3 = 0 \\ 3x_1 + 2x_2 + 3x_3 = 0 \\ x_2 + \lambda x_3 = 0 \end{cases}$$

**解：**用初等行变换化系数矩阵为行阶梯形矩阵，过程如下

$$\boldsymbol{A} = \begin{pmatrix} 3 & 1 & -1 \\ 3 & 2 & 3 \\ 0 & 1 & \lambda \end{pmatrix} \xrightarrow{r_2 - r_1} \begin{pmatrix} 3 & 1 & -1 \\ 0 & 1 & 4 \\ 0 & 1 & \lambda \end{pmatrix} \xrightarrow{r_3 - r_2} \begin{pmatrix} 3 & 1 & -1 \\ 0 & 1 & 4 \\ 0 & 0 & \lambda - 4 \end{pmatrix}$$

由此可知，当$\lambda = 4$时，$r(\boldsymbol{A}) = 2 < 3$，方程组有非零解。

用高斯消元法解线性方程组是一个基本而实用的方法。为了更深入研究线性方程组，从理论上揭示线性方程组解的结构，我们需要向量空间的一些重要结论。下面将阐述向量空间的一些理论问题。

## 1.3.2 向量组的线性相关性

本小节将介绍 $n$ 维向量的基本概念及其运算，讨论 $n$ 维向量组的线性相关性，并利用矩阵的秩与有关知识来研究向量组的线性相关性。

**1. $n$ 维向量的基本概念及其运算**

**定义 1.3.4** 由 $n$ 个数 $a_1,a_2,\cdots,a_n$ 组成的有序数组，称为一个 **$n$ 维向量**。向量中的第 $i$ 个数 $a_i$（$i$=1,2,$\cdots$,$n$）称为向量的第 $i$ 个**分量**（或**坐标**）。向量所含分量的个数 $n$ 称为向量的**维数**。常用小写希腊字母$\boldsymbol{\alpha}$、$\boldsymbol{\beta}$、$\boldsymbol{\gamma}$ 等表示向量。

分量全为实数的向量称为**实向量**，至少有一个分量为复数的向量称为**复向量**。本书主要讨论实向量。

几何上的向量可以看作 $n$ 维向量的特殊情形。平面上的向量称为二维向量，空间上的向量称为三维向量。当 $n>3$ 时，$n$ 维向量没有直观的几何意义，之所以仍然称为向量，一方面是因为它包含几何上的向量，另一方面是因为它与几何上的向量有许多共同的性质。

写成一行形如$(a_1,a_2,\cdots,a_n)$或$(a_1 \quad a_2 \quad \cdots \quad a_n)$的向量，称为 **$n$ 维行向量**。写成一列形如 $\begin{pmatrix} a_1 \\ a_2 \\ \vdots \\ a_n \end{pmatrix}$ 的向量，则称为 **$n$ 维列向量**。为了书写上的方便，常使用转置符号，把列向量写成 $(a_1,a_2,\cdots,a_n)^{\mathrm{T}}$或$(a_1 \quad a_2 \quad \cdots \quad a_n)^{\mathrm{T}}$。

$n$ 维行向量与 $n$ 维列向量统称为 $n$ 维向量。行向量与列向量仅是同一个向量的不同写法，但对向量进行运算时其写法必须一致。

对于一个 $m \times n$ 矩阵 $\boldsymbol{A}=(a_{ij})$，其中的每一列都是一个 $m$ 维列向量，故 $\boldsymbol{A}$ 有 $n$ 个 $m$ 维列向量

$$\boldsymbol{\beta}_j = (a_{1j},a_{2j},\cdots,a_{mj})^{\mathrm{T}} \qquad (j = 1,2,\cdots,n)$$

我们把这 $n$ 个 $m$ 维列向量称为**矩阵 $\boldsymbol{A}$ 的列向量组**。类似地，$\boldsymbol{A}$ 中的每一行都是一个 $n$ 维行向

量，故 $\boldsymbol{A}$ 有 $m$ 个 $n$ 维行向量（称为**矩阵 $\boldsymbol{A}$ 的行向量组**）

$$\boldsymbol{\alpha}_i=(a_{i1},a_{i2},\cdots,a_{in})\qquad(i=1,2,\cdots,m)$$

由此可见，$n$ 维向量的概念是客观事物在数量上的一种抽象的产物。因为 $n$ 维列向量是 $n\times1$ 矩阵，$n$ 维行向量是 $1\times n$ 矩阵，所以矩阵的加法、数乘等运算和运算规律，都适用于 $n$ 维向量。

设两个 $n$ 维向量 $\boldsymbol{\alpha}=(a_1,a_2,\cdots,a_n)^{\mathrm{T}}$，$\boldsymbol{\beta}=(b_1,b_2,\cdots,b_n)^{\mathrm{T}}$，如果它们对应的分量都相等，即 $a_i=b_i$（$i=1,2,\cdots,n$），则称**向量 $\boldsymbol{\alpha}$ 与 $\boldsymbol{\beta}$ 相等**，记作 $\boldsymbol{\alpha}=\boldsymbol{\beta}$。

分量都是 0 的向量称为**零向量**，记作 $\mathbf{0}$，即 $\mathbf{0}=(0,0,\cdots,0)^{\mathrm{T}}$。

**注意**：维数不同的零向量是不相等的。

向量 $(-a_1,-a_2,\cdots,-a_n)^{\mathrm{T}}$ 称为 $\boldsymbol{\alpha}=(a_1,a_2,\cdots,a_n)^{\mathrm{T}}$ 的**负向量**，记作 $-\boldsymbol{\alpha}$。

显然，$-(-\boldsymbol{\alpha})=\boldsymbol{\alpha}$。

设 $\boldsymbol{\alpha}=(a_1,a_2,\cdots,a_n)^{\mathrm{T}}$，$\boldsymbol{\beta}=(b_1,b_2,\cdots,b_n)^{\mathrm{T}}$，则称 $(a_1+b_1,a_2+b_2,\cdots,a_n+b_n)^{\mathrm{T}}$ 为向量 $\boldsymbol{\alpha}$ 与 $\boldsymbol{\beta}$ 的**加法**，记作 $\boldsymbol{\alpha}+\boldsymbol{\beta}$，即

$$\boldsymbol{\alpha}+\boldsymbol{\beta}=(a_1+b_1,a_2+b_2,\cdots,a_n+b_n)^{\mathrm{T}}$$

利用负向量还可以定义向量 $\boldsymbol{\alpha}$ 与 $\boldsymbol{\beta}$ 的**减法**，即

$$\boldsymbol{\alpha}-\boldsymbol{\beta}=\boldsymbol{\alpha}+(-\boldsymbol{\beta})=(a_1-b_1,a_2-b_2,\cdots,a_n-b_n)^{\mathrm{T}}$$

设 $\boldsymbol{\alpha}=(a_1,a_2,\cdots,a_n)^{\mathrm{T}}$，$k$ 为实数，则称 $(ka_1,ka_2,\cdots,ka_n)^{\mathrm{T}}$ 为数 $k$ 与向量 $\boldsymbol{\alpha}$ 的**数乘**，记作 $k\boldsymbol{\alpha}$，即

$$k\boldsymbol{\alpha}=(ka_1,ka_2,\cdots,ka_n)^{\mathrm{T}}$$

显然，$(-1)\boldsymbol{\alpha}=-\boldsymbol{\alpha}$。

向量的加法和数乘运算统称为向量的**线性运算**。容易验证向量的线性运算具有下列运算规律。

（1）加法交换律：$\boldsymbol{\alpha}+\boldsymbol{\beta}=\boldsymbol{\beta}+\boldsymbol{\alpha}$。

（2）加法结合律：$(\boldsymbol{\alpha}+\boldsymbol{\beta})+\boldsymbol{\gamma}=\boldsymbol{\alpha}+(\boldsymbol{\beta}+\boldsymbol{\gamma})$。

（3）$\boldsymbol{\alpha}+\mathbf{0}=\boldsymbol{\alpha}$。

（4）$\boldsymbol{\alpha}+(-\boldsymbol{\alpha})=\mathbf{0}$。

（5）分配律：$k(\boldsymbol{\alpha}+\boldsymbol{\beta})=k\boldsymbol{\alpha}+k\boldsymbol{\beta}$。

（6）分配律：$(k+l)\boldsymbol{\alpha}=k\boldsymbol{\alpha}+l\boldsymbol{\alpha}$。

（7）数乘结合律：$k(l\boldsymbol{\alpha})=l(k\boldsymbol{\alpha})=(kl)\boldsymbol{\alpha}$。

（8）$1\boldsymbol{\alpha}=\boldsymbol{\alpha}$。

其中，$\boldsymbol{\alpha}$、$\boldsymbol{\beta}$、$\boldsymbol{\gamma}$、$\mathbf{0}$ 均为 $n$ 维向量，$k$、$l$ 均为实数。

此外，向量运算还具有以下性质。

（1）$0\boldsymbol{\alpha}=\mathbf{0}$。

（2）$k\mathbf{0}=\mathbf{0}$（$k\neq0$）。

（3）$(-k\boldsymbol{\alpha})=-k\boldsymbol{\alpha}$。

（4）若 $k\boldsymbol{\alpha}=\mathbf{0}$，则 $k=0$ 或 $\boldsymbol{\alpha}=\mathbf{0}$。或者，若 $k\neq 0$ 且 $\boldsymbol{\alpha}\neq\mathbf{0}$，则 $k\boldsymbol{\alpha}\neq\mathbf{0}$。

（5）向量方程 $\boldsymbol{\alpha}+\boldsymbol{\gamma}=\boldsymbol{\beta}$ 有唯一解 $\boldsymbol{\gamma}=\boldsymbol{\beta}-\boldsymbol{\alpha}$。

下面研究向量与向量之间的关系。

### 2. 线性相关性

以下称同维数的向量构成的集合为**向量组**。

**定义 1.3.5**　设有向量组 $\{\boldsymbol{\alpha}_1,\boldsymbol{\alpha}_2,\cdots,\boldsymbol{\alpha}_m,\boldsymbol{\alpha}\}$，如果有一组数 $k_1,k_2,\cdots,k_m$，使

$$\boldsymbol{\alpha}=k_1\boldsymbol{\alpha}_1+k_2\boldsymbol{\alpha}_2+\cdots+k_m\boldsymbol{\alpha}_m=\sum_{i=1}^{m}k_i\boldsymbol{\alpha}_i \qquad (1.3.4)$$

则称 $\boldsymbol{\alpha}$ 是向量组 $\{\boldsymbol{\alpha}_1,\boldsymbol{\alpha}_2,\cdots,\boldsymbol{\alpha}_m\}$ 的**线性组合**，或称 $\boldsymbol{\alpha}$ 能由向量组 $\{\boldsymbol{\alpha}_1,\boldsymbol{\alpha}_2,\cdots,\boldsymbol{\alpha}_m\}$ **线性表出**，且称这组数 $k_1,k_2,\cdots,k_m$ 为该线性组合的**组合系数**。

式（1.3.4）还可写成矩阵形式

$$\boldsymbol{\alpha}=(\boldsymbol{\alpha}_1,\boldsymbol{\alpha}_2,\cdots,\boldsymbol{\alpha}_m)\begin{pmatrix}k_1\\k_2\\\vdots\\k_m\end{pmatrix}=(k_1,k_2,\cdots,k_m)\begin{pmatrix}\boldsymbol{\alpha}_1\\\boldsymbol{\alpha}_2\\\vdots\\\boldsymbol{\alpha}_m\end{pmatrix}$$

通常称 $n$ 维向量组 $\{\boldsymbol{e}_1,\boldsymbol{e}_2,\cdots,\boldsymbol{e}_n\}$ 为**基本向量组**，其中

$$\boldsymbol{e}_1=(1,0,\cdots,0)^{\mathrm{T}},\ \boldsymbol{e}_2=(0,1,\cdots,0)^{\mathrm{T}},\ \cdots,\ \boldsymbol{e}_n=(0,0,\cdots,1)^{\mathrm{T}}$$

**定理 1.3.5**　向量 $\boldsymbol{\beta}$ 可以由向量组 $\{\boldsymbol{\alpha}_1,\boldsymbol{\alpha}_2,\cdots,\boldsymbol{\alpha}_n\}$ 线性表出的充分必要条件是：以 $\boldsymbol{\alpha}_1,\boldsymbol{\alpha}_2,\cdots,\boldsymbol{\alpha}_n$ 为系数列向量、以 $\boldsymbol{\beta}$ 为常数项向量的非齐次线性方程组有解，并且此方程组的一组解就是线性组合的一组组合系数。

**推论 1.3.4**　向量 $\boldsymbol{\beta}$ 可以由向量组 $\{\boldsymbol{\alpha}_1,\boldsymbol{\alpha}_2,\cdots,\boldsymbol{\alpha}_n\}$ 线性表出的充分必要条件是：$r(\boldsymbol{A})=r(\boldsymbol{B})$，其中矩阵 $\boldsymbol{A}=(\boldsymbol{\alpha}_1,\boldsymbol{\alpha}_2,\cdots,\boldsymbol{\alpha}_n)$，$\boldsymbol{B}=(\boldsymbol{\alpha}_1,\boldsymbol{\alpha}_2,\cdots,\boldsymbol{\alpha}_n,\boldsymbol{\beta})$。

由此可知，$n$ 维零向量可由任意一个含 $m$ 个 $n$ 维向量的向量组 $\{\boldsymbol{\alpha}_1,\boldsymbol{\alpha}_2,\cdots,\boldsymbol{\alpha}_m\}$ 线性表出，即有

$$\mathbf{0}=0\boldsymbol{\alpha}_1+0\boldsymbol{\alpha}_2+\cdots+0\boldsymbol{\alpha}_m$$

除了上面系数全为 0 的线性表出式外，是否存在系数不全为 0 的线性表出式？为此引进向量组的线性相关和线性无关的概念。

**定义 1.3.6**　对于向量组 $\{\boldsymbol{\alpha}_1,\boldsymbol{\alpha}_2,\cdots,\boldsymbol{\alpha}_m\}$，如果存在一组不全为 0 的数 $k_1,k_2,\cdots,k_m$，使得

$$k_1\boldsymbol{\alpha}_1+k_2\boldsymbol{\alpha}_2+\cdots+k_m\boldsymbol{\alpha}_m=\mathbf{0} \qquad (1.3.5)$$

则称向量组 $\{\boldsymbol{\alpha}_1,\boldsymbol{\alpha}_2,\cdots,\boldsymbol{\alpha}_m\}$ 是**线性相关**的，否则称向量组 $\{\boldsymbol{\alpha}_1,\boldsymbol{\alpha}_2,\cdots,\boldsymbol{\alpha}_m\}$ 是**线性无关**的。即若向量组 $\{\boldsymbol{\alpha}_1,\boldsymbol{\alpha}_2,\cdots,\boldsymbol{\alpha}_m\}$ 是线性无关的，则式（1.3.5）成立当且仅当 $k_1=k_2=\cdots=k_m=0$。

线性相关与线性无关统称为**线性相关性**。

由定义易知，包含零向量的向量组一定线性相关；只包含一个非零向量的向量组线性无关。基本向量组 $\{\boldsymbol{e}_1,\boldsymbol{e}_2,\cdots,\boldsymbol{e}_n\}$ 是线性无关的。

**定理 1.3.6**　向量组 $\{\boldsymbol{\alpha}_1,\boldsymbol{\alpha}_2,\cdots,\boldsymbol{\alpha}_m\}$ 线性相关的充分必要条件是：齐次线性方程组

$$x_1\boldsymbol{\alpha}_1+x_2\boldsymbol{\alpha}_2+\cdots+x_m\boldsymbol{\alpha}_m=\mathbf{0}，即 \boldsymbol{Ax}=\mathbf{0} \tag{1.3.6}$$

有非零解，其中 $\boldsymbol{A}=(\boldsymbol{\alpha}_1,\boldsymbol{\alpha}_2,\cdots,\boldsymbol{\alpha}_m)$。

**推论 1.3.5** 向量组$\{\boldsymbol{\alpha}_1,\boldsymbol{\alpha}_2,\cdots,\boldsymbol{\alpha}_m\}$线性无关的充分必要条件是：齐次线性方程组（1.3.6）只有唯一的零解。

**推论 1.3.6** 对 $n$ 个 $n$ 维向量构成的向量组，它们线性无关的充分必要条件是：其分量构成的行列式不为 0。

3. **线性相关性的判别**

下面再给出几个判别向量组的线性相关性的重要结论。

**定理 1.3.7** 给定向量组$\{\boldsymbol{\alpha}_1,\boldsymbol{\alpha}_2,\cdots,\boldsymbol{\alpha}_m\}$，设矩阵 $\boldsymbol{A}=(\boldsymbol{\alpha}_1,\boldsymbol{\alpha}_2,\cdots,\boldsymbol{\alpha}_m)$，若 $r(\boldsymbol{A})=m$，则向量组$\{\boldsymbol{\alpha}_1,\boldsymbol{\alpha}_2,\cdots,\boldsymbol{\alpha}_m\}$线性无关；若 $r(\boldsymbol{A})<m$，则向量组$\{\boldsymbol{\alpha}_1,\boldsymbol{\alpha}_2,\cdots,\boldsymbol{\alpha}_m\}$线性相关。

由于一个矩阵的秩不会大于矩阵的行数，因此有如下结论。

**推论 1.3.7** 若 $n$ 维向量的向量组中向量的个数超过 $n$，则该向量组一定线性相关。

**定理 1.3.8** 向量组$\{\boldsymbol{\alpha}_1,\boldsymbol{\alpha}_2,\cdots,\boldsymbol{\alpha}_m\}$（$m\geqslant 2$）线性相关的充分必要条件是：向量组中至少有一个向量可以由其余 $m-1$ 个向量线性表出。

**注意：**向量组$\{\boldsymbol{\alpha}_1,\boldsymbol{\alpha}_2,\cdots,\boldsymbol{\alpha}_m\}$（$m\geqslant 2$）线性相关，并不意味着只有一个向量可表示为其余 $m-1$ 个向量的线性组合，也不意味着任一向量均可表示为其余 $m-1$ 个向量的线性组合。

**推论 1.3.8** 向量组$\{\boldsymbol{\alpha}_1,\boldsymbol{\alpha}_2,\cdots,\boldsymbol{\alpha}_m\}$（$m\geqslant 2$）线性无关的充分必要条件是：其中任意一个向量都不能由其余 $m-1$ 个向量线性表出。

**注意：**在此推论中，若 $m=2$，即向量组$\{\boldsymbol{\alpha}_1,\boldsymbol{\alpha}_2\}$线性相关的充分必要条件是：这两个向量成比例。从几何上看，两个二维或三维向量构成的向量组线性相关表示这两个向量共线。

**定理 1.3.9** 若一个向量组的部分向量组线性相关，则这个向量组线性相关。简言之，部分相关则整体相关。

**推论 1.3.9** 若一个向量组线性无关，则这个向量组的任一部分向量组也线性无关。简言之，整体无关则部分无关。

**定理 1.3.10** 如果向量组$\{\boldsymbol{\alpha}_1,\boldsymbol{\alpha}_2,\cdots,\boldsymbol{\alpha}_m\}$线性无关，而向量组$\{\boldsymbol{\alpha}_1,\boldsymbol{\alpha}_2,\cdots,\boldsymbol{\alpha}_m,\boldsymbol{\beta}\}$线性相关，那么向量$\boldsymbol{\beta}$ 可由向量组$\{\boldsymbol{\alpha}_1,\boldsymbol{\alpha}_2,\cdots,\boldsymbol{\alpha}_m\}$线性表出，且表出方法唯一。

设$\boldsymbol{\alpha}_i=(a_{i1},a_{i2},\cdots,a_{in})^{\mathrm{T}}$（$i=1,2,\cdots,m$），添加 $r$ 个分量后为

$$\boldsymbol{\beta}_i=(a_{i1},a_{i2},\cdots,a_{in},a_{i,n+1},\cdots,a_{i,n+r})^{\mathrm{T}} \quad (i=1,2,\cdots,m) \tag{1.3.7}$$

**定理 1.3.11** 若 $n$ 维向量组$\{\boldsymbol{\alpha}_1,\boldsymbol{\alpha}_2,\cdots,\boldsymbol{\alpha}_m\}$线性无关，则在每一个向量上添加 $r$ 个分量所得到的 $n+r$ 维向量组$\{\boldsymbol{\beta}_1,\boldsymbol{\beta}_2,\cdots,\boldsymbol{\beta}_m\}$也线性无关。

**注意：**此定理的逆命题不成立。例如，设$\boldsymbol{\alpha}_1=(1,2)^{\mathrm{T}},\boldsymbol{\alpha}_2=(2,4)^{\mathrm{T}},\boldsymbol{\beta}_1=(1,2,0)^{\mathrm{T}},\boldsymbol{\beta}_2=(2,4,5)^{\mathrm{T}}$，显然向量组$\{\boldsymbol{\beta}_1,\boldsymbol{\beta}_2\}$线性无关，但向量组$\{\boldsymbol{\alpha}_1,\boldsymbol{\alpha}_2\}$却线性相关。此例也说明，若向量组$\{\boldsymbol{\alpha}_1,\boldsymbol{\alpha}_2,\cdots,\boldsymbol{\alpha}_m\}$线性相关，则在每一个向量上添加 $r$ 个分量所得到的向量组$\{\boldsymbol{\beta}_1,\boldsymbol{\beta}_2,\cdots,\boldsymbol{\beta}_m\}$不一定

线性相关。

**推论 1.3.10**　若由式（1.3.7）所确定的向量组$\{\beta_1,\beta_2,\cdots,\beta_m\}$线性相关，则向量组$\{\alpha_1,\alpha_2,\cdots,\alpha_m\}$必线性相关。

## 1.3.3　向量组的秩

### 1．向量组的等价

**定义 1.3.7**　设有两个 $n$ 维向量组 $A$：$\{\alpha_1,\alpha_2,\cdots,\alpha_r\}$和 $B$：$\{\beta_1,\beta_2,\cdots,\beta_s\}$，如果向量组 $A$ 中的每个向量都能由向量组 $B$ 线性表出，则称**向量组 $A$ 能由向量组 $B$ 线性表出**。如果向量组 $A$ 能由向量组 $B$ 线性表出，同时向量组 $B$ 能由向量组 $A$ 线性表出，则称**向量组 $A$ 与向量组 $B$ 等价**。

若 $n$ 维向量组 $A$：$\{\alpha_1,\alpha_2,\cdots,\alpha_r\}$可由向量组 $B$：$\{\beta_1,\beta_2,\cdots,\beta_s\}$线性表出，也就是存在一组数 $k_{ij}$（$i=1,2,\cdots,s$；$j=1,2,\cdots,r$），使

$$\alpha_j=k_{1j}\beta_1+k_{2j}\beta_2+\cdots+k_{sj}\beta_s \quad (j=1,2,\cdots,r) \tag{1.3.8}$$

记向量组 $A$ 与 $B$ 构成的矩阵分别为

$$\boldsymbol{A}=(\alpha_1,\alpha_2,\cdots,\alpha_r),\ \boldsymbol{B}=(\beta_1,\beta_2,\cdots,\beta_s)$$

且记 $\boldsymbol{K}=(k_{ij})_{s\times r}$（称为**两个向量组之间的表示矩阵**），则式（1.3.8）用矩阵表示为

$$(\alpha_1,\alpha_2,\cdots,\alpha_r)=(\beta_1,\beta_2,\cdots,\beta_s)\boldsymbol{K}，\ 即\ \boldsymbol{A}=\boldsymbol{BK}$$

反之，如果存在矩阵 $\boldsymbol{K}$，使 $\boldsymbol{A}=\boldsymbol{BK}$，则矩阵 $\boldsymbol{A}$ 的列向量组可由矩阵 $\boldsymbol{B}$ 的列向量组线性表出。

由此可得如下结论。

**定理 1.3.12**　$n$ 维向量组 $A$：$\{\alpha_1,\alpha_2,\cdots,\alpha_r\}$可由向量组 $B$：$\{\beta_1,\beta_2,\cdots,\beta_s\}$线性表出的充分必要条件是：存在 $s\times r$ 矩阵 $\boldsymbol{K}$，使 $\boldsymbol{A}=\boldsymbol{BK}$。其中 $\boldsymbol{A}=(\alpha_1,\alpha_2,\cdots,\alpha_r)$，$\boldsymbol{B}=(\beta_1,\beta_2,\cdots,\beta_s)$。

**推论 1.3.11**　向量组 $A$：$\{\alpha_1,\alpha_2,\cdots,\alpha_r\}$与向量组 $B$：$\{\beta_1,\beta_2,\cdots,\beta_s\}$等价的充分必要条件是：存在 $s\times r$ 矩阵 $\boldsymbol{K}$ 和 $r\times s$ 矩阵 $\boldsymbol{T}$，使 $\boldsymbol{A}=\boldsymbol{BK}$，$\boldsymbol{B}=\boldsymbol{AT}$。其中 $\boldsymbol{A}=(\alpha_1,\alpha_2,\cdots,\alpha_r)$，$\boldsymbol{B}=(\beta_1,\beta_2,\cdots,\beta_s)$。

向量组间的等价具有如下性质。

对任意向量组 $A$、$B$ 和 $C$，

（1）自反性：向量组 $A$ 与其自身等价。

（2）对称性：若向量组 $A$ 与向量组 $B$ 等价，则向量组 $B$ 也与向量组 $A$ 等价。

（3）传递性：若向量组 $A$ 与向量组 $B$ 等价，向量组 $B$ 与向量组 $C$ 等价，则向量组 $A$ 与向量组 $C$ 等价。

### 2．极大线性无关组

任意给定一个向量组 $S$，它不一定是线性无关的，但它的部分向量组却可能是线性无关的。现考察该向量组的那些构成线性无关的部分向量组，引进极大线性无关组的概念。

**定义 1.3.8**　设向量组$\{\alpha_1,\alpha_2,\cdots,\alpha_r\}$是向量组 $S$ 中的 $r$ 个向量，若

（1）$\{\boldsymbol{\alpha}_1,\boldsymbol{\alpha}_2,\cdots,\boldsymbol{\alpha}_r\}$是线性无关的，即无关性。

（2）$S$中的每个向量都可由$\{\boldsymbol{\alpha}_1,\boldsymbol{\alpha}_2,\cdots,\boldsymbol{\alpha}_r\}$线性表出，即极大性。

则称$\{\boldsymbol{\alpha}_1,\boldsymbol{\alpha}_2,\cdots,\boldsymbol{\alpha}_r\}$为向量组$S$的一个**极大线性无关组**，简称**极大无关组**。

上述定义中（2）又可换为（2′）：对于向量组$S$的任一向量$\boldsymbol{\beta}$，向量组$\{\boldsymbol{\alpha}_1,\boldsymbol{\alpha}_2,\cdots,\boldsymbol{\alpha}_r,\boldsymbol{\beta}\}$都线性相关。

一般来说，向量组的极大无关组不是唯一的。

由定义不难知道，一个线性无关向量组的极大无关组就是它自身；任一向量组与它的极大无关组等价，从而向量组的任意两个极大无关组等价。

一个向量组可以有不止一个极大无关组，但极大无关组中所包含的向量个数却是相同的。这个结论需要用下面的定理来证明。

**定理 1.3.13** 有两个$n$维向量组$A$：$\{\boldsymbol{\alpha}_1,\boldsymbol{\alpha}_2,\cdots,\boldsymbol{\alpha}_s\}$与$B$：$\{\boldsymbol{\beta}_1,\boldsymbol{\beta}_2,\cdots,\boldsymbol{\beta}_t\}$，若向量组$A$可由向量组$B$线性表出，且$t<s$，则向量组$A$线性相关。简述为：若大组可由小组线性表出，则大组必线性相关。

利用反证法不难证明如下结论。

**推论 1.3.12** 若向量组$A$：$\{\boldsymbol{\alpha}_1,\boldsymbol{\alpha}_2,\cdots,\boldsymbol{\alpha}_s\}$可由向量组$B$：$\{\boldsymbol{\beta}_1,\boldsymbol{\beta}_2,\cdots,\boldsymbol{\beta}_t\}$线性表出，且向量组$A$线性无关，则$s\leqslant t$。

**推论 1.3.13** 两个等价的线性无关向量组含有相同个数的向量。

**推论 1.3.14** 向量组的所有极大无关组中所含向量的个数相等。

**定义 1.3.9** 对于向量组$\{\boldsymbol{\alpha}_1，\boldsymbol{\alpha}_2,\cdots,\boldsymbol{\alpha}_m\}$，其极大无关组所含向量个数$r$称为**向量组的秩**，记为$r(\boldsymbol{\alpha}_1,\boldsymbol{\alpha}_2,\cdots,\boldsymbol{\alpha}_m)=r$。

由于只含零向量的向量组无极大无关组，因此规定，只含零向量的向量组的秩为0。

由定义可得向量组的秩具有以下性质。

（1）向量组线性无关的充分必要条件是：向量组的秩为该向量组所含向量的个数。

（2）向量组线性相关的充分必要条件是：向量组的秩小于该向量组所含向量的个数。

**定理 1.3.14** 设向量组$A$：$\{\boldsymbol{\alpha}_1,\boldsymbol{\alpha}_2,\cdots,\boldsymbol{\alpha}_s\}$的秩为$r_1$，向量组$B$：$\{\boldsymbol{\beta}_1,\boldsymbol{\beta}_2,\cdots,\boldsymbol{\beta}_t\}$的秩为$r_2$，若向量组$A$可由向量组$B$线性表出，则$r_1\leqslant r_2$。

**推论 1.3.15** 两个向量组等价，则它们的秩相等。

**定理 1.3.15** 若一个向量组的秩为$r$，则其中任意含$r$个线性无关向量的部分组均为一个极大无关组。

我们知道，任何一个$m\times n$矩阵$\boldsymbol{A}$的每一个行（列）都可视为一个行（列）向量，即得$\boldsymbol{A}$的行向量组或列向量组，既然它们是向量组，当然就可以讨论它们的秩。因此，可用向量组的秩来研究矩阵的秩。反之，如果向量组视为一个矩阵的行（列）向量组，就可以用它们作为行（列）构造一个矩阵，同样可以用矩阵的秩来讨论向量组的秩。

**定理 1.3.16** 矩阵$\boldsymbol{A}$的秩 = 矩阵$\boldsymbol{A}$的列向量组的秩 = 矩阵$\boldsymbol{A}$的行向量组的秩。

**定理 1.3.17** 列向量组通过初等行变换不改变其线性相关性。

有了定理 1.3.17，我们可把求一个向量组的秩转化为求矩阵的秩，而矩阵的秩易用矩阵的初等变换求出。

至此，我们可得如下结论。

（1）可以用初等行变换来求列向量组的秩和极大无关组。

（2）矩阵的秩就是矩阵列向量组的极大无关组中向量的个数。

求一个向量组的秩与极大无关组的具体步骤如下。

（1）将这些向量作为矩阵的列构成一个矩阵。

（2）用初等行变换将其转化为行阶梯形矩阵，则该行阶梯形矩阵中非零行的数目即为向量组的秩。

（3）所有非零行的第一个非零元所在列对应的原向量的向量组即为一个极大无关组。

**【例 1.3.3】** 设矩阵 $\boldsymbol{A}=(\boldsymbol{\alpha}_1,\boldsymbol{\alpha}_2,\boldsymbol{\alpha}_3,\boldsymbol{\alpha}_4,\boldsymbol{\alpha}_5,\boldsymbol{\alpha}_6,\boldsymbol{\alpha}_7)$，求 $\boldsymbol{A}$ 的列向量组的一个极大无关组，并求出其余列向量由此极大无关组线性表出的表达式。其中

$$\boldsymbol{\alpha}_1=\begin{pmatrix}1\\0\\0\\1\end{pmatrix},\boldsymbol{\alpha}_2=\begin{pmatrix}1\\0\\1\\0\end{pmatrix},\boldsymbol{\alpha}_3=\begin{pmatrix}3\\1\\1\\0\end{pmatrix},\boldsymbol{\alpha}_4=\begin{pmatrix}1\\0\\1\\1\end{pmatrix},\boldsymbol{\alpha}_5=\begin{pmatrix}2\\0\\3\\2\end{pmatrix},\boldsymbol{\alpha}_6=\begin{pmatrix}4\\2\\5\\2\end{pmatrix},\boldsymbol{\alpha}_7=\begin{pmatrix}4\\2\\6\\3\end{pmatrix}$$

**解：** 用初等行变换把 $\boldsymbol{A}$ 变成行最简形矩阵，过程如下

$$\boldsymbol{A}=\begin{pmatrix}1&1&3&1&2&4&4\\0&0&1&0&0&2&2\\0&1&1&1&3&5&6\\1&0&0&1&2&2&3\end{pmatrix}\to\begin{pmatrix}1&1&3&1&2&4&4\\0&0&1&0&0&2&2\\0&1&1&1&3&5&6\\0&-1&-3&0&0&-2&-1\end{pmatrix}$$

$$\to\begin{pmatrix}1&1&3&1&2&4&4\\0&0&1&0&0&2&2\\0&1&1&1&3&5&6\\0&0&-2&1&3&3&5\end{pmatrix}\to\begin{pmatrix}1&1&3&1&2&4&4\\0&0&1&0&0&2&2\\0&1&1&1&3&5&6\\0&0&0&1&3&7&9\end{pmatrix}$$

$$\to\begin{pmatrix}1&1&3&1&2&4&4\\0&1&1&1&3&5&6\\0&0&1&0&0&2&2\\0&0&0&1&3&7&9\end{pmatrix}\to\begin{pmatrix}1&1&3&0&-1&-3&-5\\0&1&1&0&0&-2&-3\\0&0&1&0&0&2&2\\0&0&0&1&3&7&9\end{pmatrix}$$

$$\to\begin{pmatrix}1&1&0&0&-1&-9&-11\\0&1&0&0&0&-4&-5\\0&0&1&0&0&2&2\\0&0&0&1&3&7&9\end{pmatrix}\to\begin{pmatrix}1&0&0&0&-1&-5&-6\\0&1&0&0&0&-4&-5\\0&0&1&0&0&2&2\\0&0&0&1&3&7&9\end{pmatrix}$$

由此可知，列向量组的秩为 4，而向量组$\{\boldsymbol{\alpha}_1,\boldsymbol{\alpha}_2,\boldsymbol{\alpha}_3,\boldsymbol{\alpha}_4\}$为一个极大无关组。

为求线性表出式，可逐个求解。令

$$\boldsymbol{\alpha}_5 = x_1\boldsymbol{\alpha}_1 + x_2\boldsymbol{\alpha}_2 + x_3\boldsymbol{\alpha}_3 + x_4\boldsymbol{\alpha}_4$$

即

$$\begin{pmatrix}2\\0\\3\\2\end{pmatrix} = x_1\begin{pmatrix}1\\0\\0\\1\end{pmatrix} + x_2\begin{pmatrix}1\\0\\1\\0\end{pmatrix} + x_3\begin{pmatrix}3\\1\\1\\0\end{pmatrix} + x_4\begin{pmatrix}1\\0\\1\\1\end{pmatrix}$$

解得 $x_1 = -1$，$x_2 = 0$，$x_3 = 0$，$x_4 = 3$，所以

$$\boldsymbol{\alpha}_5 = -\boldsymbol{\alpha}_1 + 3\boldsymbol{\alpha}_4$$

同理可得

$$\boldsymbol{\alpha}_6 = -5\boldsymbol{\alpha}_1 - 4\boldsymbol{\alpha}_2 + 2\boldsymbol{\alpha}_3 + 7\boldsymbol{\alpha}_4$$
$$\boldsymbol{\alpha}_7 = -6\boldsymbol{\alpha}_1 - 5\boldsymbol{\alpha}_2 + 2\boldsymbol{\alpha}_3 + 9\boldsymbol{\alpha}_4$$

经观察可以看出，$\boldsymbol{\alpha}_5$、$\boldsymbol{\alpha}_6$、$\boldsymbol{\alpha}_7$ 由极大无关组$\{\boldsymbol{\alpha}_1,\boldsymbol{\alpha}_2,\boldsymbol{\alpha}_3,\boldsymbol{\alpha}_4\}$表示的系数与 $\boldsymbol{A}$ 经初等行变换化成的行最简形矩阵中第 5、6、7 列中的元素对应相等。这不是偶然的，事实上有如下定理。

**定理 1.3.18** 初等行变换不改变列向量组的线性相关性和线性组合关系。

## 1.3.4 向量空间

向量空间是线性代数的一个重要概念，它是解析几何中三维空间的推广。本小节除了介绍向量空间这一概念外，还要引入向量空间的“基”与“维数”的概念。

**1. 向量空间的定义**

**定义 1.3.10** 设 $V$ 是 $n$ 维实向量的集合，如果 $V$ 非空且对向量加法运算和数乘运算满足：

（1）对任意$\boldsymbol{\alpha}\in V$，$\boldsymbol{\beta}\in V$，有$\boldsymbol{\alpha}+\boldsymbol{\beta}\in V$（称为**对加法运算封闭**）；

（2）对任意 $k\in\mathbf{R}$，$\boldsymbol{\alpha}\in V$，有 $k\boldsymbol{\alpha}\in V$（称为**对数乘运算封闭**）。

则称 $V$ 为**向量空间**。

全体实 $n$ 维向量组成的集合，记为 $\mathbf{R}^n$，显然 $\mathbf{R}^n$ 非空，且对向量加法运算和数乘运算封闭，故 $\mathbf{R}^n$ 构成一个向量空间。

只由 $n$ 维零向量构成的集合，也是一个向量空间，称为**零空间**。

设$\boldsymbol{\alpha}$、$\boldsymbol{\beta}$是两个已知的 $n$ 维向量，则集合

$$V(\boldsymbol{\alpha},\boldsymbol{\beta}) = \{\lambda\boldsymbol{\alpha} + \mu\boldsymbol{\beta} \mid \lambda,\ \mu\in\mathbf{R}\}$$

是一个向量空间，称为**由向量$\boldsymbol{\alpha}$、$\boldsymbol{\beta}$ 生成的向量空间**。

一般地，由向量组$\{\alpha_1,\alpha_2,\cdots,\alpha_m\}$生成的向量空间可表示为

$$V(\boldsymbol{\alpha}_1,\boldsymbol{\alpha}_2,\cdots,\boldsymbol{\alpha}_m) = \{\lambda_1\boldsymbol{\alpha}_1 + \lambda_2\boldsymbol{\alpha}_2 + \cdots + \lambda_m\boldsymbol{\alpha}_m \mid \lambda_1,\lambda_2,\cdots,\lambda_m\in\mathbf{R}\}$$

**定义 1.3.11**　设有两个 $n$ 维向量的集合 $V_1$ 与 $V_2$，若 $V_1 \subseteq V_2$，且 $V_1$ 与 $V_2$ 都是向量空间，则称 $V_1$ 是 $V_2$ 的一个**子空间**。

任何由 $n$ 维向量组成的向量空间 $V$，总有 $V \subseteq \mathbf{R}^n$，所以这样的向量空间 $V$ 总是 $\mathbf{R}^n$ 的子空间。

对于 $\boldsymbol{\alpha}_1,\boldsymbol{\alpha}_2,\cdots,\boldsymbol{\alpha}_m \in \mathbf{R}^n$，则

$$V(\boldsymbol{\alpha}_1,\boldsymbol{\alpha}_2,\cdots,\boldsymbol{\alpha}_m)=\{\lambda_1\boldsymbol{\alpha}_1+\lambda_2\boldsymbol{\alpha}_2+\cdots+\lambda_m\boldsymbol{\alpha}_m \mid \lambda_1,\lambda_2,\cdots,\lambda_m \in \mathbf{R}\}$$

是 $\mathbf{R}^n$ 的子空间。

$\mathbf{R}^n$ 和零子空间称为 $\mathbf{R}^n$ 的**平凡子空间**。除平凡子空间外的其他子空间称为 $\mathbf{R}^n$ 的**非平凡子空间**。

**2. 向量空间的基与维数**

向量空间的向量，一般有无穷多个，如何描述这些向量呢？这就需要了解向量空间“基”的概念。

**定义 1.3.12**　设 $V$ 为向量空间，若 $V$ 中存在 $r$ 个向量 $\boldsymbol{\alpha}_1,\boldsymbol{\alpha}_2,\cdots,\boldsymbol{\alpha}_r$ 满足：

（1）向量组 $\{\boldsymbol{\alpha}_1,\boldsymbol{\alpha}_2,\cdots,\boldsymbol{\alpha}_r\}$ 线性无关；

（2）$V$ 中任一向量 $\boldsymbol{\alpha}$ 都可由向量组 $\{\boldsymbol{\alpha}_1,\boldsymbol{\alpha}_2,\cdots,\boldsymbol{\alpha}_r\}$ 线性表出。

则称向量组 $\{\boldsymbol{\alpha}_1,\boldsymbol{\alpha}_2,\cdots,\boldsymbol{\alpha}_r\}$ 为 $V$ 的一组**基底**，简称**基**，数 $r$ 称为 $V$ 的**维数**，记作 $\dim V$，即 $\dim V = r$，并称 $V$ 为 **$r$ 维向量空间**。

如果向量空间 $V$ 没有基，那么 $V$ 的维数为 0。0 维向量空间只含一个零向量。

容易验证，基本向量组 $\{\boldsymbol{e}_1,\boldsymbol{e}_2,\cdots,\boldsymbol{e}_n\}$ 为向量空间 $\mathbf{R}^n$ 的一组基，所以 $\mathbf{R}^n$ 的维数是 $n$，并称之为 **$n$ 维向量空间**。

由定义可知，$r$ 维向量空间 $V$ 中，任意 $r+1$ 个向量线性相关，故任意 $r$ 个线性无关的向量，均可作为 $V$ 的基。

如果把向量空间 $V$ 看作一个向量组，则由定义可知，$V$ 的基就是向量组的一个极大无关组，$V$ 的维数就是向量组的秩，从而 $V$ 的基不唯一，但它的维数是唯一确定的。

若向量空间 $V$ 中每个向量是由 $r$ 个独立的任意常数所确定，则分别令一个任意常数取 1、其余全部取 0 所对应得到的 $r$ 个向量是线性无关的（由定理 1.3.11 所保证），它们构成 $V$ 的一组基，因而 $\dim V = r$。

另外，若向量空间 $V$ 是由向量组 $\{\boldsymbol{\alpha}_1,\boldsymbol{\alpha}_2,\cdots,\boldsymbol{\alpha}_m\}$ 所生成的，即

$$V(\boldsymbol{\alpha}_1,\boldsymbol{\alpha}_2,\cdots,\boldsymbol{\alpha}_m)=\{\lambda_1\boldsymbol{\alpha}_1+\lambda_2\boldsymbol{\alpha}_2+\cdots+\lambda_m\boldsymbol{\alpha}_m \mid \lambda_1,\ \lambda_2,\cdots,\lambda_m \in \mathbf{R}\}$$

则 $\{\boldsymbol{\alpha}_1,\boldsymbol{\alpha}_2,\cdots,\boldsymbol{\alpha}_m\}$ 的一个极大无关组就是 $V$ 的一组基。

需要强调的是，$n$ 维向量与 $n$ 维向量空间是两个完全不同的概念。前者说的是向量的分量的个数为 $n$，后者说的是向量空间的一组基所含向量的个数为 $n$。

由于超过 $n$ 个 $n$ 维向量的向量组一定线性相关，因此由 $n$ 维向量构成的向量空间的维数

不会超过 $n$。

**定义 1.3.13** 设$\{\boldsymbol{\alpha}_1,\boldsymbol{\alpha}_2,\cdots,\boldsymbol{\alpha}_r\}$为向量空间 $V$ 的基，对任何$\boldsymbol{\alpha}\in V$，其唯一表达式为

$$\boldsymbol{\alpha}=a_1\boldsymbol{\alpha}_1+a_2\boldsymbol{\alpha}_2+\cdots+a_r\boldsymbol{\alpha}_r$$

则称向量$(a_1,a_2,\cdots,a_r)^{\mathrm{T}}$为$\boldsymbol{\alpha}$在基$\{\boldsymbol{\alpha}_1,\boldsymbol{\alpha}_2,\cdots,\boldsymbol{\alpha}_r\}$下的**坐标向量**，称数 $a_1,a_2,\cdots,a_r$ 为向量$\boldsymbol{\alpha}$的**坐标分量**。

显然，任一 $n$ 维向量$\boldsymbol{\alpha}$在基$\{\boldsymbol{e}_1,\boldsymbol{e}_2,\cdots,\boldsymbol{e}_n\}$下的坐标向量为其自身。

一般地，同一个向量在不同的基下有不同的坐标向量。

## 1.3.5 线性方程组解的结构

下面我们用向量空间的理论来讨论线性方程组解的结构，并回答本节开头提出的第 3 个问题。

简单起见，若非特别说明，本小节所说的线性方程组均为 $n$ 元线性方程组。

### 1. 齐次线性方程组解的结构

设有齐次线性方程组

$$\boldsymbol{A}\boldsymbol{x}=\mathbf{0} \tag{1.3.9}$$

为了研究其解集合的结构，我们先讨论这些解的性质，并给出基础解系的概念。

**性质 1.3.1** 若 $\boldsymbol{x}_1$、$\boldsymbol{x}_2$ 为齐次线性方程组（1.3.9）的解，则 $\boldsymbol{x}_1+\boldsymbol{x}_2$ 亦为齐次线性方程组（1.3.9）的解，即齐次线性方程组任意两解之和仍为齐次线性方程组的解。

**性质 1.3.2** 若 $\boldsymbol{x}$ 为齐次线性方程组（1.3.9）的解，则对于任意实数 $k$，$k\boldsymbol{x}$ 亦为方程组（1.3.9）的解。

**推论 1.3.16** 如果$\boldsymbol{x}_1,\boldsymbol{x}_2,\cdots,\boldsymbol{x}_t$是齐次线性方程组（1.3.9）的解，则它们的线性组合

$$k_1\boldsymbol{x}_1+k_2\boldsymbol{x}_2+\cdots+k_t\boldsymbol{x}_t$$

仍是齐次线性方程组（1.3.9）的解，其中 $k_1,k_2,\cdots,k_t$ 为任意常数。

根据向量空间的定义，我们有如下定理。

**定理 1.3.19** 齐次线性方程组（1.3.9）的所有解向量的集合构成一个向量空间，称之为齐次线性方程组（1.3.9）的**解空间**。

显然，齐次线性方程组（1.3.9）的解空间是 $\mathbf{R}^n$ 的一个子空间。由 1.3.4 小节向量空间可知，要掌握向量空间中的所有向量，只要掌握向量空间的一组基即可，因为由基向量的所有线性组合即可得到向量空间的全部向量。因此，要掌握齐次线性方程组（1.3.9）的所有解，只要掌握其解空间的一组基即可。

下面，我们给齐次线性方程组（1.3.9）的解空间的基一个专用名称——基础解系。

**定义 1.3.14** 齐次线性方程组（1.3.9）的解空间的基（如果存在的话）称为齐次线性方程组（1.3.9）的**基础解系**，即齐次线性方程组（1.3.9）的一组解向量满足下列两个条件：

（1）这一组解向量线性无关；

（2）齐次线性方程组（1.3.9）的任何一个解都可由这一组解向量线性表出。

齐次线性方程组（1.3.9）的解空间的维数是多少呢？我们有下面的定理。

**定理 1.3.20** 设 $n$ 元齐次线性方程组（1.3.9）有非零解（即 $r(\boldsymbol{A})=r<n$），则它必有基础解系，且基础解系恰含有 $n-r$ 个解向量，即齐次线性方程组（1.3.9）的**解空间的维数**为 $n-r$。

显然，解空间的维数（即基础解系中的向量个数）就是高斯消元法中的自由元个数。

若$\{\boldsymbol{\alpha}_1,\boldsymbol{\alpha}_2,\cdots,\boldsymbol{\alpha}_{n-r}\}$为齐次线性方程组（1.3.9）的基础解系，则

$$k_1\boldsymbol{\alpha}_1+k_2\boldsymbol{\alpha}_2+\cdots+k_{n-r}\boldsymbol{\alpha}_{n-r} \tag{1.3.10}$$

为方程组（1.3.9）的全部解，其中 $k_1,k_2,\cdots,k_{n-r}$ 为任意常数。

称式（1.3.10）为齐次线性方程组（1.3.9）的**通解**。

**注意：** 当 $\boldsymbol{A}$ 为 $m\times n$ 矩阵，且 $r(\boldsymbol{A})=r=n$ 时，齐次线性方程组（1.3.9）的所有解向量构成 $\mathbf{R}^n$ 的一个 0 维向量子空间，即仅有零解，没有基础解系。

求齐次线性方程组（1.3.9）通解的一般步骤如下：

（1）写出系数矩阵 $\boldsymbol{A}$；

（2）对 $\boldsymbol{A}$ 实施初等行变换转化为行最简形矩阵；

（3）把行最简形矩阵中所有非零行的第一个非零元所在列对应的 $r$ 个变量作为基本元，其余 $n-r$ 个变量作为自由元，写出对应的同解方程组；

（4）分别令一个自由元为 1，其余全为 0，求得 $n-r$ 个解向量，这 $n-r$ 个解向量即构成 $\boldsymbol{Ax}=\mathbf{0}$ 的基础解系；

（5）由基础解系求出 $\boldsymbol{Ax}=\mathbf{0}$ 的通解。

### 2. 非齐次线性方程组解的结构

设有非齐次线性方程组

$$\boldsymbol{Ax}=\boldsymbol{b} \tag{1.3.11}$$

其导出方程组为（1.3.9），即 $\boldsymbol{Ax}=\mathbf{0}$。

非齐次线性方程组（1.3.11）的解与其导出方程组（1.3.9）的解之间有着密切的联系。

**性质 1.3.3** 若 $\boldsymbol{x}_1$、$\boldsymbol{x}_2$ 为 $\boldsymbol{Ax}=\boldsymbol{b}$ 的解，则 $\boldsymbol{x}_1-\boldsymbol{x}_2$ 必为 $\boldsymbol{Ax}=\mathbf{0}$ 的解。即非齐次线性方程组的任意两解之差是其导出方程组的解。

**注意：** 非齐次线性方程组的任意两解之和不再是该方程组的解！于是，非齐次线性方程组的所有解向量的集合不构成 $\mathbf{R}^n$ 的向量子空间。

**性质 1.3.4** 若 $\boldsymbol{x}_0$ 为 $\boldsymbol{Ax}=\boldsymbol{b}$ 的解，$\boldsymbol{x}_c$ 为 $\boldsymbol{Ax}=\mathbf{0}$ 的解，则 $\boldsymbol{x}_0+\boldsymbol{x}_c$ 必为 $\boldsymbol{Ax}=\boldsymbol{b}$ 的解。

利用性质 1.3.3 和性质 1.3.4 可以得到如下定理。

**定理 1.3.21** 设 $\boldsymbol{x}_0$ 为非齐次线性方程组 $\boldsymbol{Ax}=\boldsymbol{b}$ 的解，则方程组 $\boldsymbol{Ax}=\boldsymbol{b}$ 的任意一个解 $\boldsymbol{x}$ 可以表示成 $\boldsymbol{x}_0$ 与其导出方程组 $\boldsymbol{Ax}=\mathbf{0}$ 的某个解 $\boldsymbol{x}_c$ 之和，即 $\boldsymbol{x}=\boldsymbol{x}_0+\boldsymbol{x}_c$。

综合上述讨论，非齐次线性方程组 $\boldsymbol{Ax}=\boldsymbol{b}$ 的解的结构如下。

**定理 1.3.22** 当 $r(\boldsymbol{A})=r(\boldsymbol{A}|\boldsymbol{b})=r<n$ 时，若 $\boldsymbol{\alpha}_0$ 为非齐次线性方程组 $\boldsymbol{Ax}=\boldsymbol{b}$ 的一个特解，$\{\boldsymbol{\alpha}_1,\boldsymbol{\alpha}_2,\cdots,\boldsymbol{\alpha}_{n-r}\}$ 为其导出方程组 $\boldsymbol{Ax}=\boldsymbol{0}$ 的基础解系，则方程组 $\boldsymbol{Ax}=\boldsymbol{b}$ 的全部解为

$$\boldsymbol{\alpha}_0+k_1\boldsymbol{\alpha}_1+k_2\boldsymbol{\alpha}_2+\cdots+k_{n-r}\boldsymbol{\alpha}_{n-r} \tag{1.3.12}$$

其中 $k_1,k_2,\cdots,k_{n-r}$ 为任意常数。

称式（1.3.12）为非齐次线性方程组 $\boldsymbol{Ax}=\boldsymbol{b}$ 的**通解**。

简言之，非齐次线性方程组 $\boldsymbol{Ax}=\boldsymbol{b}$ 的一个特解加上其导出方程组 $\boldsymbol{Ax}=\boldsymbol{0}$ 的通解即为 $\boldsymbol{Ax}=\boldsymbol{b}$ 的通解。

求非齐次线性方程组 $\boldsymbol{Ax}=\boldsymbol{b}$（其中 $\boldsymbol{A}$ 为 $m\times n$ 矩阵）通解的一般步骤如下：

（1）将增广矩阵通过初等行变换化为行最简形矩阵；

（2）当 $r(\boldsymbol{A})=r(\boldsymbol{A}|\boldsymbol{b})=r<n$ 时，把行最简形矩阵中所有非零行的第一个非零元所在列对应的 $r$ 个变量作为基本元，其余的 $n-r$ 个变量作为自由元，写出对应的同解方程组；

（3）令所有自由元为 0，求得 $\boldsymbol{Ax}=\boldsymbol{b}$ 的一个特解 $\boldsymbol{\alpha}_0$；

（4）不计常数列，分别令一个自由元为 1，其余自由元为 0，得到 $\boldsymbol{Ax}=\boldsymbol{0}$ 的基础解系 $\{\boldsymbol{\alpha}_1,\boldsymbol{\alpha}_2,\cdots,\boldsymbol{\alpha}_{n-r}\}$；

（5）写出非齐次线性方程组 $\boldsymbol{Ax}=\boldsymbol{b}$ 的通解

$$\boldsymbol{x}=\boldsymbol{\alpha}_0+k_1\boldsymbol{\alpha}_1+k_2\boldsymbol{\alpha}_2+\cdots+k_{n-r}\boldsymbol{\alpha}_{n-r}$$

其中 $k_1,k_2,\cdots,k_{n-r}$ 为任意常数。

**【例 1.3.4】** $\lambda$ 为何值时，线性方程组

$$\begin{cases}\lambda x_1+x_2+x_3=1\\x_1+\lambda x_2+x_3=\lambda\\x_1+x_2+\lambda x_3=\lambda^2\end{cases}$$

（1）有唯一解；（2）无解；（3）有无穷多解，并求其解。

**解：** 方程组的系数行列式为

$$\det\boldsymbol{A}=\begin{vmatrix}\lambda&1&1\\1&\lambda&1\\1&1&\lambda\end{vmatrix}=\lambda^3-3\lambda+2=(\lambda-1)^2(\lambda+2)$$

（1）当 $\lambda\neq1$ 且 $\lambda\neq-2$ 时，$\det\boldsymbol{A}\neq0$，$r(\boldsymbol{A})=r(\overline{\boldsymbol{A}})=3$，所以方程组有唯一解。

（2）当 $\lambda=-2$ 时，对增广矩阵实施初等行变换，即

$$\overline{\boldsymbol{A}}=\left(\begin{array}{ccc|c}-2&1&1&1\\1&-2&1&-2\\1&1&-2&4\end{array}\right)\to\left(\begin{array}{ccc|c}1&-2&1&-2\\0&-3&3&-3\\0&3&-3&6\end{array}\right)\to\left(\begin{array}{ccc|c}1&-2&1&-2\\0&-3&3&-3\\0&0&0&3\end{array}\right)$$

因为 $r(\boldsymbol{A})=2\neq r(\overline{\boldsymbol{A}})=3$，所以方程组无解。

（3）当$\lambda=1$时，对增广矩阵实施初等行变换如下：

$$\overline{A}=\left(\begin{array}{ccc|c}1&1&1&1\\1&1&1&1\\1&1&1&1\end{array}\right)\rightarrow\left(\begin{array}{ccc|c}1&1&1&1\\0&0&0&0\\0&0&0&0\end{array}\right)$$

因为$r(A)=r(\overline{A})=1$，所以方程组有无穷多解。此时同解方程组为

$$x_1=1-x_2-x_3$$

改写为

$$\begin{cases}x_1=1-x_2-x_3\\x_2=x_2\\x_3=x_3\end{cases}$$

于是，所求方程组的通解为

$$\begin{pmatrix}x_1\\x_2\\x_3\end{pmatrix}=\begin{pmatrix}1\\0\\0\end{pmatrix}+k_1\begin{pmatrix}-1\\1\\0\end{pmatrix}+k_2\begin{pmatrix}-1\\0\\1\end{pmatrix}\qquad(k_1,\ k_2\in\mathbf{R})$$

# 1.4　相似矩阵与二次型

在前文中，我们主要利用矩阵的初等变换讨论了以线性方程组为中心的行列式、矩阵和向量空间的理论，通过矩阵的初等变换解决了线性方程组的求解、求逆矩阵及求向量组的秩和极大无关组等问题。

本节首先把几何空间$\mathbf{R}^3$中数量积的概念推广到$n$维向量空间$\mathbf{R}^n$中，以使$\mathbf{R}^n$中能有向量长度、正交等概念。然后研究矩阵在相似变换下能否化为对角矩阵的问题，以及与此相关的矩阵的特征值、特征向量的理论。最后讨论用正交变换与一般非奇异线性变换化实二次型为标准形的方法，并在惯性定理的基础上讨论二次型与实对称矩阵的正定性。

## 1.4.1　正交矩阵

### 1．向量的内积

**定义 1.4.1**　设有两个$n$维向量

$$\boldsymbol{\alpha}=(a_1,a_2,\cdots,a_n)^{\mathrm{T}},\ \boldsymbol{\beta}=(b_1,b_2,\cdots,b_n)^{\mathrm{T}}$$

记

$$(\boldsymbol{\alpha},\boldsymbol{\beta})=a_1b_1+a_2b_2+\cdots+a_nb_n\qquad(1.4.1)$$

则称$(\boldsymbol{\alpha},\boldsymbol{\beta})$为向量$\boldsymbol{\alpha}$与$\boldsymbol{\beta}$的**内积**。

当$n=3$时，$(\boldsymbol{\alpha},\boldsymbol{\beta})=a_1b_1+a_2b_2+a_3b_3$。由此可知，$\mathbf{R}^n$中两个向量的内积是几何空间$\mathbf{R}^3$中两个向量的数量积在维数上的推广。

内积是向量的一种运算。如果用矩阵表示，向量的内积可写成

$$(\boldsymbol{\alpha},\boldsymbol{\beta})=\boldsymbol{\alpha}^{\mathrm{T}}\boldsymbol{\beta} \tag{1.4.2}$$

由定义易证，向量的内积具有下列性质。

（1）交换性：$(\boldsymbol{\alpha},\boldsymbol{\beta})=(\boldsymbol{\beta},\boldsymbol{\alpha})$。

（2）线性性：$(\lambda\boldsymbol{\alpha},\boldsymbol{\beta})=\lambda(\boldsymbol{\alpha},\boldsymbol{\beta})$；$(\boldsymbol{\alpha}+\boldsymbol{\beta},\boldsymbol{\gamma})=(\boldsymbol{\alpha},\boldsymbol{\gamma})+(\boldsymbol{\beta},\boldsymbol{\gamma})$。

（3）非负性：$(\boldsymbol{\alpha},\boldsymbol{\alpha})=\sum\limits_{i=1}^{n}a_i^2\geqslant 0$，且$(\boldsymbol{\alpha},\boldsymbol{\alpha})=0$的充分必要条件是$\boldsymbol{\alpha}=\mathbf{0}$。

其中$\boldsymbol{\alpha}$、$\boldsymbol{\beta}$、$\boldsymbol{\gamma}$是$n$维向量，$\lambda$为实数。

类似于几何空间，定义$\mathbf{R}^n$中向量的长度概念。

**定义 1.4.2**　设有$n$维向量$\boldsymbol{\alpha}$，记

$$\|\boldsymbol{\alpha}\|=\sqrt{(\boldsymbol{\alpha},\boldsymbol{\alpha})}=\sqrt{a_1^2+a_2^2+\cdots+a_n^2} \tag{1.4.3}$$

则称$\|\boldsymbol{\alpha}\|$为向量$\boldsymbol{\alpha}$的**长度**或**模**。

向量的长度具有下列性质。

（1）非负性：$\|\boldsymbol{\alpha}\|\geqslant 0$，且$\|\boldsymbol{\alpha}\|=0$的充分必要条件是$\boldsymbol{\alpha}=\mathbf{0}$。

（2）齐次性：$\|\lambda\boldsymbol{\alpha}\|=|\lambda|\cdot\|\boldsymbol{\alpha}\|$。

（3）三角不等性：$\|\boldsymbol{\alpha}+\boldsymbol{\beta}\|\leqslant\|\boldsymbol{\alpha}\|+\|\boldsymbol{\beta}\|$。

其中$\boldsymbol{\alpha}$、$\boldsymbol{\beta}$是$n$维向量，$\lambda$为实数。

当$\|\boldsymbol{\alpha}\|=1$时，称向量$\boldsymbol{\alpha}$为**单位向量**。例如，向量$\begin{pmatrix}-1\\0\\0\end{pmatrix}$、$\begin{pmatrix}0\\1/\sqrt{2}\\1/\sqrt{2}\end{pmatrix}$、$\begin{pmatrix}1/\sqrt{3}\\1/\sqrt{3}\\1/\sqrt{3}\end{pmatrix}$都是三维单位向量。

若向量$\boldsymbol{\alpha}\neq\mathbf{0}$，则$\dfrac{\boldsymbol{\alpha}}{\|\boldsymbol{\alpha}\|}$为单位向量。从非零向量$\boldsymbol{\alpha}$到单位向量$\dfrac{\boldsymbol{\alpha}}{\|\boldsymbol{\alpha}\|}$的过程称为向量$\boldsymbol{\alpha}$的**单位化**。

### 2. 正交向量组

**定义 1.4.3**　如果向量$\boldsymbol{\alpha}$与$\boldsymbol{\beta}$满足$(\boldsymbol{\alpha},\boldsymbol{\beta})=0$，则称$\boldsymbol{\alpha}$与$\boldsymbol{\beta}$**正交**或**垂直**。

显然，零向量与任何同维向量都正交。

**定义 1.4.4**　一组两两正交的非零向量组称为**正交向量组**。

正交向量组具有下列结论。

**定理 1.4.1**　若向量组$\{\boldsymbol{\alpha}_1,\boldsymbol{\alpha}_2,\cdots,\boldsymbol{\alpha}_s\}$是正交向量组，则向量组$\{\boldsymbol{\alpha}_1,\boldsymbol{\alpha}_2,\cdots,\boldsymbol{\alpha}_s\}$是线性无关的向量组，即正交向量组必线性无关。

**注意：**定理 1.4.1 的逆命题不成立，即线性无关的向量组不一定是正交向量组。例如，向量组$\{\boldsymbol{\alpha}_1,\boldsymbol{\alpha}_2,\boldsymbol{\alpha}_3\}$线性无关，其中

$$\boldsymbol{\alpha}_1=\begin{pmatrix}1\\0\\0\end{pmatrix},\ \boldsymbol{\alpha}_2=\begin{pmatrix}1\\1\\0\end{pmatrix},\ \boldsymbol{\alpha}_3=\begin{pmatrix}1\\1\\1\end{pmatrix}$$

但由于$(\boldsymbol{\alpha}_1,\boldsymbol{\alpha}_2)=1$，$(\boldsymbol{\alpha}_2,\boldsymbol{\alpha}_3)=2$，$(\boldsymbol{\alpha}_1,\boldsymbol{\alpha}_3)=1$，因此$\{\boldsymbol{\alpha}_1,\boldsymbol{\alpha}_2,\boldsymbol{\alpha}_3\}$不为正交向量组。

**定义 1.4.5** 由单位向量构成的正交向量组称为**规范正交向量组**或**标准正交向量组**。

**定理 1.4.2** 向量组$\{\boldsymbol{\alpha}_1,\boldsymbol{\alpha}_2,\cdots,\boldsymbol{\alpha}_s\}$为规范正交向量组的充分必要条件是：

$$(\boldsymbol{\alpha}_i,\ \boldsymbol{\alpha}_j)=\begin{cases}1, & i=j\\0, & i\neq j\end{cases}\qquad (i,\ j=1,2,\cdots,s)\tag{1.4.4}$$

例如，$n$ 维单位向量组$\{\boldsymbol{e}_1,\boldsymbol{e}_2,\cdots,\boldsymbol{e}_s\}$是规范正交向量组，其中 $1\leqslant s\leqslant n$。

**3. 向量组的规范正交化**

虽然线性无关的向量组$\{\boldsymbol{\alpha}_1,\boldsymbol{\alpha}_2,\cdots,\boldsymbol{\alpha}_s\}$不一定是正交向量组，但通过它们的线性组合可以构造出一组两两正交的单位向量组$\{\boldsymbol{\gamma}_1,\boldsymbol{\gamma}_2,\cdots,\boldsymbol{\gamma}_s\}$，这一过程称为将向量组$\{\boldsymbol{\alpha}_1,\boldsymbol{\alpha}_2,\cdots,\boldsymbol{\alpha}_s\}$**规范正交化**或**标准正交化**。

下面介绍将线性无关的向量组$\{\boldsymbol{\alpha}_1,\boldsymbol{\alpha}_2,\cdots,\boldsymbol{\alpha}_s\}$规范正交化的方法，该方法是由施密特（Erhard Schmidt，1876—1959，德国数学家）提出的，故称为**施密特方法**。

设向量组$\{\boldsymbol{\alpha}_1,\boldsymbol{\alpha}_2,\cdots,\boldsymbol{\alpha}_s\}$线性无关，首先取

$$\boldsymbol{\beta}_1=\boldsymbol{\alpha}_1\tag{1.4.5}$$

再取

$$\boldsymbol{\beta}_2=\boldsymbol{\alpha}_2-\frac{(\boldsymbol{\alpha}_2,\boldsymbol{\beta}_1)}{(\boldsymbol{\beta}_1,\boldsymbol{\beta}_1)}\boldsymbol{\beta}_1\tag{1.4.6}$$

类似地，再取

$$\boldsymbol{\beta}_3=\boldsymbol{\alpha}_3-\frac{(\boldsymbol{\alpha}_3,\boldsymbol{\beta}_1)}{(\boldsymbol{\beta}_1,\boldsymbol{\beta}_1)}\boldsymbol{\beta}_1-\frac{(\boldsymbol{\alpha}_3,\boldsymbol{\beta}_2)}{(\boldsymbol{\beta}_2,\boldsymbol{\beta}_2)}\boldsymbol{\beta}_2\tag{1.4.7}$$

将这个过程继续下去，最后得到

$$\boldsymbol{\beta}_s=\boldsymbol{\alpha}_s-\frac{(\boldsymbol{\alpha}_s,\boldsymbol{\beta}_1)}{(\boldsymbol{\beta}_1,\boldsymbol{\beta}_1)}\boldsymbol{\beta}_1-\frac{(\boldsymbol{\alpha}_s,\boldsymbol{\beta}_2)}{(\boldsymbol{\beta}_2,\boldsymbol{\beta}_2)}\boldsymbol{\beta}_2-\cdots-\frac{(\boldsymbol{\alpha}_s,\boldsymbol{\beta}_{s-1})}{(\boldsymbol{\beta}_{s-1},\boldsymbol{\beta}_{s-1})}\boldsymbol{\beta}_{s-1}\tag{1.4.8}$$

可以证明这样得到的正交向量组$\{\boldsymbol{\beta}_1,\boldsymbol{\beta}_2,\cdots,\boldsymbol{\beta}_s\}$与向量组$\{\boldsymbol{\alpha}_1,\boldsymbol{\alpha}_2,\cdots,\boldsymbol{\alpha}_s\}$等价。

再将正交向量组$\{\boldsymbol{\beta}_1,\boldsymbol{\beta}_2,\cdots,\boldsymbol{\beta}_s\}$单位化，得

$$\gamma_1=\frac{\boldsymbol{\beta}_1}{\|\boldsymbol{\beta}_1\|},\gamma_2=\frac{\boldsymbol{\beta}_2}{\|\boldsymbol{\beta}_2\|},\cdots,\gamma_s=\frac{\boldsymbol{\beta}_s}{\|\boldsymbol{\beta}_s\|}\tag{1.4.9}$$

于是得到，$\{\boldsymbol{\gamma}_1,\boldsymbol{\gamma}_2,\cdots,\boldsymbol{\gamma}_s\}$是规范正交向量组，且与$\{\boldsymbol{\alpha}_1,\boldsymbol{\alpha}_2,\cdots,\boldsymbol{\alpha}_s\}$等价。

**注意**：与$\{\boldsymbol{\alpha}_1,\boldsymbol{\alpha}_2,\cdots,\boldsymbol{\alpha}_s\}$等价的规范正交向量组并不唯一。如果正交化过程中所取向量的次序不同，则所得结果不同，计算的难易也不同。

**定义 1.4.6** 设 $n$ 维向量组$\{\boldsymbol{\alpha}_1,\boldsymbol{\alpha}_2,\cdots,\boldsymbol{\alpha}_s\}$是向量空间 $V$ 的一个基（即 $V$ 的一个极大无关

组），如果$\{\boldsymbol{\alpha}_1,\boldsymbol{\alpha}_2,\cdots,\boldsymbol{\alpha}_s\}$是规范正交向量组，则称$\{\boldsymbol{\alpha}_1,\boldsymbol{\alpha}_2,\cdots,\boldsymbol{\alpha}_s\}$为 $V$ 的一个**规范正交基**或**标准正交基**。

要求向量空间 $V$ 的一个规范正交基，只要对 $V$ 的一个基规范正交化即可。

4\. 正交矩阵

**定义 1.4.7** 如果方阵 $\boldsymbol{A}$ 满足

$$\boldsymbol{A}^{\mathrm{T}}\boldsymbol{A}=\boldsymbol{A}\boldsymbol{A}^{\mathrm{T}}=\boldsymbol{E} \tag{1.4.10}$$

则称 $\boldsymbol{A}$ 为**正交矩阵**。

例如，矩阵

$$\begin{pmatrix}1 & 0\\ 0 & 1\end{pmatrix},\begin{pmatrix}\sqrt{3}/2 & -1/2\\ 1/2 & \sqrt{3}/2\end{pmatrix},\begin{pmatrix}\cos\alpha & -\sin\alpha\\ \sin\alpha & \cos\alpha\end{pmatrix}$$

都是正交矩阵。

由定义可知，正交矩阵具有下列性质。

（1）方阵 $\boldsymbol{A}$ 为正交矩阵的充分必要条件是 $\boldsymbol{A}^{-1}=\boldsymbol{A}^{\mathrm{T}}$。

（2）方阵 $\boldsymbol{A}$ 为正交矩阵的充分必要条件是 $\boldsymbol{A}^{\mathrm{T}}\boldsymbol{A}=\boldsymbol{E}$。

（3）若 $\boldsymbol{A}$ 为正交矩阵，则 $\det\boldsymbol{A}=1$ 或 $\det\boldsymbol{A}=-1$。

（4）若 $\boldsymbol{A}$ 为正交矩阵，则 $\boldsymbol{A}^{\mathrm{T}}$（即 $\boldsymbol{A}^{-1}$）也是正交矩阵。

（5）若 $\boldsymbol{A}$、$\boldsymbol{B}$ 都是 $n$ 阶正交矩阵，则 $\boldsymbol{AB}$ 也是正交矩阵。

（6）$n$ 阶正交矩阵 $\boldsymbol{A}=(a_{ij})$的元具有以下特征：

$$\boldsymbol{\alpha}_i^{\mathrm{T}}\boldsymbol{\alpha}_j=a_{1i}a_{1j}+a_{2i}a_{2j}+\cdots+a_{ni}a_{nj}=\begin{cases}0, & (i\neq j)\\ 1, & (i=j)\end{cases}$$

$$(i,j=1,2,\cdots,\ n)$$

由（2）可知，要证明 $\boldsymbol{A}$ 为正交矩阵，只需验证 $\boldsymbol{A}^{\mathrm{T}}\boldsymbol{A}=\boldsymbol{E}$ 或 $\boldsymbol{A}\boldsymbol{A}^{\mathrm{T}}=\boldsymbol{E}$ 其中一个等式成立即可。

**推论 1.4.1** 方阵 $\boldsymbol{A}$ 为正交矩阵的充分必要条件是 $\boldsymbol{A}$ 的列向量组是规范正交向量组。

由于 $\boldsymbol{A}^{\mathrm{T}}\boldsymbol{A}=\boldsymbol{E}$ 的充分必要条件是 $\boldsymbol{A}\boldsymbol{A}^{\mathrm{T}}=\boldsymbol{E}$，因此上述结论对方阵 $\boldsymbol{A}$ 的行向量组也成立。由此，我们可以直观地判断方阵 $\boldsymbol{A}$ 是否为正交矩阵。

## 1.4.2 矩阵的特征值与特征向量

### 1. 特征值与特征向量

工程技术中的一些问题，如振动问题和稳定性问题，常可归结为求一个矩阵的特征值和特征向量的问题，在其他学科中也常有类似的问题存在。下面我们就来研究矩阵的特征值理论。

**定义 1.4.8** 设 $\boldsymbol{A}$ 为 $n$ 阶方阵，若存在数$\lambda$和 $n$ 维非零列向量 $\boldsymbol{x}$，使得

$$\boldsymbol{A}\boldsymbol{x}=\lambda\boldsymbol{x} \tag{1.4.11}$$

则称数$\lambda$为矩阵 $\boldsymbol{A}$ 的**特征值**，称非零列向量 $\boldsymbol{x}$ 为矩阵 $\boldsymbol{A}$ 的对应于或属于特征值$\lambda$的**特征向量**。

若 $\boldsymbol{x}$ 为 $\boldsymbol{A}$ 的对应于特征值$\lambda$的特征向量，则由

$$\boldsymbol{A}(k\boldsymbol{x}) = k(\boldsymbol{A}\boldsymbol{x}) = k(\lambda\boldsymbol{x}) = \lambda(k\boldsymbol{x})$$

可知，$k\boldsymbol{x}$（$k \neq 0$）也是 $\boldsymbol{A}$ 的对应于特征值$\lambda$的特征向量。这说明特征向量不是被特征值唯一决定的。但是特征值是被特征向量唯一决定的。因此，一个特征向量只能属于一个特征值。

同样地，若 $\boldsymbol{x}_1$、$\boldsymbol{x}_2$ 均为 $\boldsymbol{A}$ 的对应于特征值$\lambda$的特征向量，则由

$$\boldsymbol{A}(\boldsymbol{x}_1 + \boldsymbol{x}_2) = \boldsymbol{A}\boldsymbol{x}_1 + \boldsymbol{A}\boldsymbol{x}_2 = \lambda\boldsymbol{x}_1 + \lambda\boldsymbol{x}_2 = \lambda(\boldsymbol{x}_1 + \boldsymbol{x}_2)$$

可知，当 $\boldsymbol{x}_1 + \boldsymbol{x}_2 \neq \boldsymbol{0}$ 时，$\boldsymbol{x}_1 + \boldsymbol{x}_2$ 亦为 $\boldsymbol{A}$ 的对应于特征值$\lambda$的特征向量。

由此，我们得到两个重要结论：

（1）矩阵 $\boldsymbol{A}$ 对应于特征值$\lambda_0$的特征向量乘以非零常数 $k$ 仍为对应于$\lambda_0$的特征向量；

（2）矩阵 $\boldsymbol{A}$ 对应于同一个特征值$\lambda_0$的两个特征向量之和，若为非零向量，则仍为对应于$\lambda_0$的特征向量。

式（1.4.11）也可写成

$$(\lambda\boldsymbol{E} - \boldsymbol{A})\boldsymbol{x} = \boldsymbol{0} \tag{1.4.12}$$

这是一个含 $n$ 个未知数的齐次线性方程组。根据定义 1.4.8，$\boldsymbol{A}$ 的特征值就是使方程组（1.4.12）有非零解的$\lambda$，而方程组（1.4.12）有非零解的充分必要条件是

$$\det(\lambda\boldsymbol{E} - \boldsymbol{A}) = 0 \tag{1.4.13}$$

方程（1.4.13）的左端 $\det(\lambda\boldsymbol{E} - \boldsymbol{A})$为$\lambda$的 $n$ 次多项式，因此 $\boldsymbol{A}$ 的特征值就是方程（1.4.13）的根。

**定义 1.4.9** 设矩阵 $\boldsymbol{A}$ 为

$$\boldsymbol{A} = \begin{pmatrix} a_{11} & a_{12} & \cdots & a_{1n} \\ a_{21} & a_{22} & \cdots & a_{2n} \\ \vdots & \vdots & & \vdots \\ a_{n1} & a_{n2} & \cdots & a_{nn} \end{pmatrix}$$

（1）矩阵

$$\lambda\boldsymbol{E} - \boldsymbol{A} = \begin{pmatrix} \lambda - a_{11} & -a_{12} & \cdots & -a_{1n} \\ -a_{21} & \lambda - a_{22} & \cdots & -a_{2n} \\ \vdots & \vdots & & \vdots \\ -a_{n1} & -a_{n2} & \cdots & \lambda - a_{nn} \end{pmatrix} \tag{1.4.14}$$

称为矩阵 $\boldsymbol{A}$ 的**特征矩阵**；

（2）特征矩阵的行列式

$$\det(\lambda\boldsymbol{E} - \boldsymbol{A}) = \begin{vmatrix} \lambda - a_{11} & -a_{12} & \cdots & -a_{1n} \\ -a_{21} & \lambda - a_{22} & \cdots & -a_{2n} \\ \vdots & \vdots & & \vdots \\ -a_{n1} & -a_{n2} & \cdots & \lambda - a_{nn} \end{vmatrix} \tag{1.4.15}$$

称为矩阵 $\boldsymbol{A}$ 的**特征多项式**；

（3）方程（1.4.13）称为矩阵 $\boldsymbol{A}$ 的**特征方程**。

为求矩阵 $\boldsymbol{A}$ 对应于特征值$\lambda_0$的特征向量，利用式（1.4.12），只要将$\lambda=\lambda_0$代入式（1.4.12），求出的该齐次线性方程组的所有非零解就均为对应于$\lambda_0$的特征向量。

综合上述讨论，得出下面的定理。

**定理 1.4.3** 设 $\boldsymbol{A}$ 为 $n$ 阶方阵，则

（1）数$\lambda_0$为 $\boldsymbol{A}$ 的特征值的充分必要条件是：$\lambda_0$是 $\boldsymbol{A}$ 的特征方程 $\det(\lambda\boldsymbol{E}-\boldsymbol{A})=0$ 的根；

（2）$n$ 维向量$\boldsymbol{\alpha}$是 $\boldsymbol{A}$ 的对应于特征值$\lambda_0$的特征向量的充分必要条件是：$\boldsymbol{\alpha}$是齐次线性方程组$(\lambda_0\boldsymbol{E}-\boldsymbol{A})\boldsymbol{x}=\boldsymbol{0}$的非零解。

**2. 特征值与特征向量的求法**

求 $n$ 阶方阵 $\boldsymbol{A}$ 的特征值与特征向量的步骤如下：

（1）计算矩阵 $\boldsymbol{A}$ 的特征多项式 $\det(\lambda\boldsymbol{E}-\boldsymbol{A})$；

（2）求出特征方程 $\det(\lambda\boldsymbol{E}-\boldsymbol{A})=0$ 的全部解（根），这些解就是 $\boldsymbol{A}$ 的全部特征值；

（3）对于 $\boldsymbol{A}$ 的每一个特征值$\lambda_0$，求出齐次线性方程组$(\lambda_0\boldsymbol{E}-\boldsymbol{A})\boldsymbol{x}=\boldsymbol{0}$ 的一个基础解系$\{\boldsymbol{\alpha}_1,\boldsymbol{\alpha}_2,\cdots,\boldsymbol{\alpha}_t\}$，则对于不全为 0 的任意常数 $k_1,k_2,\cdots,k_t$，

$$k_1\boldsymbol{\alpha}_1+k_2\boldsymbol{\alpha}_2+\cdots+k_t\boldsymbol{\alpha}_t$$

就是 $\boldsymbol{A}$ 的对应于特征值$\lambda_0$的全部特征向量。

**3. 矩阵的特征值与特征向量的性质**

**定义 1.4.10** 称 $n$ 阶方阵 $\boldsymbol{A}=(a_{ij})$的主对角线上所有元素之和为 $\boldsymbol{A}$ 的**迹**，记作 $\mathrm{tr}\boldsymbol{A}$，即

$$\mathrm{tr}\boldsymbol{A}=a_{11}+a_{22}+\cdots+a_{nn}$$

**定理 1.4.4** 设 $n$ 阶方阵 $\boldsymbol{A}=(a_{ij})$的 $n$ 个特征值为$\lambda_1,\lambda_2,\cdots,\lambda_n$，则

（1）$\lambda_1\lambda_2\cdots\lambda_n=\det\boldsymbol{A}$；

（2）$\lambda_1+\lambda_2+\cdots+\lambda_n=\mathrm{tr}\boldsymbol{A}$。

**推论 1.4.2** $\boldsymbol{A}$ 是奇异矩阵的充分必要条件是：$\boldsymbol{A}$ 有零特征值。

**定理 1.4.5** 矩阵 $\boldsymbol{A}$ 的属于不同特征值的特征向量是线性无关的。

**定理 1.4.6** 若 $\boldsymbol{x}$ 是 $\boldsymbol{A}$ 的对应于特征值$\lambda_0$的特征向量，$f(\boldsymbol{A})$是矩阵多项式，即

$$f\left(\boldsymbol{A}\right)=a_0\boldsymbol{A}^m+a_1\boldsymbol{A}^{m-1}+\cdots+a_{m-1}\boldsymbol{A}+a_m\boldsymbol{E}$$

则矩阵多项式$f(\boldsymbol{A})$有特征值

$$f(\lambda_0)=a_0\lambda_0^m+a_1\lambda_0^{m-1}+\cdots+a_{m-1}\lambda_0+a_m$$

且对应的特征向量为 $\boldsymbol{x}$。

**【例 1.4.1】**设三阶矩阵 $\boldsymbol{A}$ 的 3 个特征值分别为 2、3、7，求行列式 $\det(5\boldsymbol{A}+\boldsymbol{E})$。

**解：**当$\lambda$是矩阵 $\boldsymbol{A}$ 的特征值时，由定理 1.4.6 可知，$5\lambda+1$ 是矩阵 $5\boldsymbol{A}+\boldsymbol{E}$ 的特征值，因此矩阵 $5\boldsymbol{A}+\boldsymbol{E}$ 有特征值 $5\times2+1$、$5\times3+1$、$5\times7+1$。于是

$$\det(5\boldsymbol{A}+\boldsymbol{E})=(5\times2+1)\times(5\times3+1)\times(5\times7+1)=6336$$

**定理 1.4.7** 矩阵 $\boldsymbol{A}$ 和 $\boldsymbol{A}^{\mathrm{T}}$ 具有相同的特征值。

### 1.4.3 相似矩阵

1. 相似矩阵的概念

**定义 1.4.11** 设 $\boldsymbol{A}$、$\boldsymbol{B}$ 都是 $n$ 阶方阵，若存在 $n$ 阶可逆矩阵 $\boldsymbol{P}$，使得 $\boldsymbol{P}^{-1}\boldsymbol{A}\boldsymbol{P}=\boldsymbol{B}$，则称 $\boldsymbol{A}$ **相似于 $\boldsymbol{B}$ 或 $\boldsymbol{A}$ 与 $\boldsymbol{B}$ 相似**，可逆矩阵 $\boldsymbol{P}$ 称为由 $\boldsymbol{A}$ 到 $\boldsymbol{B}$ 的**相似变换矩阵**。

方阵的相似也是一种等价关系，具有如下 3 个性质。

对任意的 $n$ 阶方阵 $\boldsymbol{A}$、$\boldsymbol{B}$、$\boldsymbol{C}$，

（1）自反性：$\boldsymbol{A}$ 与 $\boldsymbol{A}$ 相似。

（2）对称性：若 $\boldsymbol{A}$ 与 $\boldsymbol{B}$ 相似，则 $\boldsymbol{B}$ 与 $\boldsymbol{A}$ 相似。

（3）传递性：若 $\boldsymbol{A}$ 与 $\boldsymbol{B}$ 相似，且 $\boldsymbol{B}$ 与 $\boldsymbol{C}$ 相似，则 $\boldsymbol{A}$ 与 $\boldsymbol{C}$ 相似。

除此之外，相似矩阵还有其他一些性质。

**性质 1.4.1** 若 $\boldsymbol{A}$ 与 $\boldsymbol{B}$ 相似，则 $\boldsymbol{A}$ 与 $\boldsymbol{B}$ 等价，进而 $r(\boldsymbol{A})=r(\boldsymbol{B})$。即相似矩阵具有相同的秩。

**性质 1.4.2** 相似矩阵有相同的行列式。

**推论 1.4.3** 相似矩阵具有相同的可逆性。

**性质 1.4.3** 若可逆矩阵相似，则它们的逆矩阵也相似。

**性质 1.4.4** 相似矩阵具有相同的特征多项式和特征值。

**定理 1.4.8** 设 $\boldsymbol{A}$、$\boldsymbol{B}$ 都是 $n$ 阶方阵，则 $\mathrm{tr}(\boldsymbol{AB})=\mathrm{tr}(\boldsymbol{BA})$。

**性质 1.4.5** 相似矩阵具有相同的迹。

此外，相似矩阵还有如下运算规律。

（1）若 $\boldsymbol{B}_1=\boldsymbol{P}^{-1}\boldsymbol{A}_1\boldsymbol{P}$，$\boldsymbol{B}_2=\boldsymbol{P}^{-1}\boldsymbol{A}_2\boldsymbol{P}$，则有：

① $\boldsymbol{B}_1+\boldsymbol{B}_2=\boldsymbol{P}^{-1}(\boldsymbol{A}_1+\boldsymbol{A}_2)\boldsymbol{P}$；

② $\boldsymbol{B}_1\boldsymbol{B}_2=\boldsymbol{P}^{-1}(\boldsymbol{A}_1\boldsymbol{A}_2)\boldsymbol{P}$；

③ $k\boldsymbol{B}_1=\boldsymbol{P}^{-1}(k\boldsymbol{A}_1)\boldsymbol{P}$，$k$ 为常数。

（2）相似矩阵的 $k$ 次幂亦相似，即若 $\boldsymbol{A}$ 与 $\boldsymbol{B}$ 相似，则 $\boldsymbol{A}^k$ 与 $\boldsymbol{B}^k$ 相似，$k$ 为正整数。

（3）若 $\boldsymbol{A}$ 与 $\boldsymbol{B}$ 相似，则 $f(\boldsymbol{A})$ 与 $f(\boldsymbol{B})$ 相似，其中 $f(x)$ 为实数系数多项式。

关于矩阵相似问题，由于形式最简单的矩阵是对角矩阵，因此我们关心的是，是否任意一个方阵都能相似于一个对角矩阵？如果能，如何对 $n$ 阶方阵 $\boldsymbol{A}$，寻求相似变换矩阵 $\boldsymbol{P}$，使 $\boldsymbol{P}^{-1}\boldsymbol{A}\boldsymbol{P}$ 为对角矩阵？

如果方阵 $\boldsymbol{A}$ 能相似于对角矩阵，则称 $\boldsymbol{A}$ **可相似对角化**，简称 $\boldsymbol{A}$ **可对角化**。

2. 矩阵可相似对角化的条件

**定理 1.4.9** $n$ 阶方阵 $\boldsymbol{A}$ 可对角化的充分必要条件是：$\boldsymbol{A}$ 有 $n$ 个线性无关的特征向量。

**注意：**若 $n$ 阶方阵 $\boldsymbol{A}$ 与对角矩阵相似，则对角矩阵的主对角线上的 $n$ 个元素恰是 $\boldsymbol{A}$ 的 $n$ 个特征值，而可逆矩阵 $\boldsymbol{P}$ 的 $n$ 个列向量正是 $\boldsymbol{A}$ 的 $n$ 个线性无关的特征向量。另外，矩阵 $\boldsymbol{P}$ 的列向量的顺序与对角矩阵的主对角线上元素的顺序要一致！

前面我们已经证明过，同一个方阵对应于不同特征值的特征向量是线性无关的，因此由定理 1.4.6 可得以下结论。

**定理 1.4.10** 若 $n$ 阶方阵 $\boldsymbol{A}$ 有 $n$ 个互不相同的特征值，则 $\boldsymbol{A}$ 可对角化。

该定理给出了 $\boldsymbol{A}$ 相似于对角矩阵的一个充分条件。

若一个有重特征值的 $n$ 阶方阵 $\boldsymbol{A}$ 相似于对角矩阵，那么 $\boldsymbol{A}$ 的 $t_i$ 重特征值一定得对应 $t_i$ 个线性无关的特征向量，以保证 $\boldsymbol{A}$ 有 $n$ 个线性无关的特征向量。

**推论 1.4.4** $n$ 阶方阵 $\boldsymbol{A}$ 相似于对角矩阵的充分必要条件是：$\boldsymbol{A}$ 的每一个 $t_i$ 重特征值 $\lambda_i$ 对应 $t_i$ 个线性无关的特征向量。

特征多项式相同或特征值相同的两个矩阵未必相似。

并不是任意一个方阵都能对角化的。在许多实际问题中，我们碰到的是实对称矩阵的对角化问题，因此下面我们着重加以讨论。

**3. 实对称矩阵的相似对角化**

如果矩阵是实对称矩阵，则可得到下面的结论。

**定理 1.4.11** 设 $\boldsymbol{A}$ 为实对称矩阵，则有

（1）$\boldsymbol{A}$ 的特征值都是实数；

（2）$\boldsymbol{A}$ 的对应于不同特征值的特征向量相互正交。

由于正交向量组一定是线性无关的向量组，因此由定理 1.4.11 可得下面的结论。

**推论 1.4.5** 实对称矩阵 $\boldsymbol{A}$ 的对应于不同特征值的特征向量是线性无关的。

**定理 1.4.12** 设 $\lambda$ 是实对称矩阵 $\boldsymbol{A}$ 的 $r$ 重特征值，则对应于特征值 $\lambda$ 恰有 $r$ 个线性无关的特征向量。

**定理 1.4.13** 对称矩阵 $\boldsymbol{A}$ 一定可对角化，即存在正交矩阵 $\boldsymbol{T}$，使得 $\boldsymbol{T}^{-1}\boldsymbol{AT}$ 为对角矩阵，且对角矩阵以 $\boldsymbol{A}$ 的特征值为主对角元。

将 $n$ 阶实对称矩阵 $\boldsymbol{A}$ 相似对角化的一般步骤如下：

（1）计算 $\boldsymbol{A}$ 的特征多项式，求出 $\boldsymbol{A}$ 的全部特征值；

（2）对应 $\boldsymbol{A}$ 的每一个特征值 $\lambda_0$，求出齐次线性方程组 $(\lambda_0\boldsymbol{E}-\boldsymbol{A})\boldsymbol{x}=\boldsymbol{0}$ 的一个基础解系，如果它们不是规范正交的，则通过施密特方法将它们正交化、单位化；

（3）以这 $n$ 个规范正交化的特征向量作为列向量所得到的 $n$ 阶方阵即为所求的正交矩阵 $\boldsymbol{T}$，以相应的特征值作为主对角元的对角矩阵即为所求的 $\boldsymbol{T}^{-1}\boldsymbol{AT}$。

## 1.4.4 二次型

二次型的理论源于解析几何中对二次曲线和二次曲面的研究，它在线性系统理论和工程技术等许多领域中都有应用。

在解析几何中，$\mathbf{R}^2$ 上的二次曲线的方程为

$$ax^2+by^2+2cxy+dx+ey+f=0$$

$\mathbf{R}^3$ 上的二次曲面的方程为

$$ax^2 + by^2 + cz^2 + 2dxy + 2exz + 2fyz + gx + hy + kz + l = 0$$

其中的二次齐次多项式部分

$$ax^2 + by^2 + 2cxy \text{ 与 } ax^2 + by^2 + cz^2 + 2dxy + 2exz + 2fyz$$

分别称为**二元二次型**与**三元二次型**。

二次齐次多项式不仅在几何中出现，而且在数学的其他分支以及物理学中也出现，本小节我们着重介绍它的一些性质。

**1. 二次型的概念及矩阵表示**

**定义 1.4.12** 含有 $n$ 个变量 $x_1$，$x_2,\cdots,x_n$ 的二次齐次多项式

$$f(x_1, x_2, \cdots, x_n) = a_{11}x_1^2 + a_{22}x_2^2 + \cdots + a_{nn}x_n^2 + 2a_{12}x_1x_2 + 2a_{13}x_1x_3 + \cdots + 2a_{n-1,n}x_{n-1}x_n \tag{1.4.16}$$

称为 ***n* 元二次型**，简称**二次型**。当 $a_{ij}$ 都是实数时，该二次型称为**实二次型**。当 $a_{ij}$ 中有一个是复数时，该二次型称为**复二次型**。本小节只讨论实二次型。

在式（1.4.16）中，规定 $a_{ij} = a_{ji}$，并注意到其中的项 $2a_{ij}x_ix_j = a_{ij}x_ix_j + a_{ji}x_jx_i$，所以二次型（1.4.16）又可表示为

$$f(x_1, x_2, \cdots, x_n) = \sum_{i=1}^{n}\sum_{j=1}^{n} a_{ij}x_ix_j$$

方便起见，在利用二次型讨论问题时，我们常常将二次型用矩阵表示，为此对二次型（1.4.16）进行如下恒等变形：

$$\begin{aligned}
f(x_1, x_2, \cdots, x_n) &= a_{11}x_1^2 + a_{22}x_2^2 + \cdots + a_{nn}x_n^2 + 2a_{12}x_1x_2 + 2a_{13}x_1x_3 + \cdots \\
&\quad + 2a_{n-1,n}x_{n-1}x_n \\
&= x_1(a_{11}x_1 + a_{12}x_2 + \cdots + a_{1n}x_n) \\
&\quad + x_2(a_{21}x_1 + a_{22}x_2 + \cdots + a_{2n}x_n) + \cdots + x_n(a_{n1}x_1 \\
&\quad + a_{n2}x_2 + \cdots + a_{nn}x_n) \\
&= (x_1, x_2, \cdots, x_n)\begin{pmatrix} a_{11}x_1 + a_{12}x_2 + \cdots + a_{1n}x_n \\ a_{21}x_1 + a_{22}x_2 + \cdots + a_{2n}x_n \\ \vdots \\ a_{n1}x_1 + a_{n2}x_2 + \cdots + a_{nn}x_n \end{pmatrix} \\
&= (x_1, x_2, \cdots, x_n)\begin{pmatrix} a_{11} & a_{12} & \cdots & a_{1n} \\ a_{21} & a_{22} & \cdots & a_{2n} \\ \vdots & \vdots & & \vdots \\ a_{n1} & a_{n2} & \cdots & a_{nn} \end{pmatrix}\begin{pmatrix} x_1 \\ x_2 \\ \vdots \\ x_n \end{pmatrix}
\end{aligned}$$

记

$$A=\begin{pmatrix}a_{11} & a_{12} & \cdots & a_{1n}\\ a_{21} & a_{22} & \cdots & a_{2n}\\ \vdots & \vdots & & \vdots\\ a_{n1} & a_{n2} & \cdots & a_{nn}\end{pmatrix},\quad x=\begin{pmatrix}x_1\\ x_2\\ \vdots\\ x_n\end{pmatrix}$$

则**二次型**（1.4.16）**的矩阵表示式**为

$$f(x_1,x_2,\cdots,x_n)=\boldsymbol{x}^{\mathrm{T}}\boldsymbol{A}\boldsymbol{x} \tag{1.4.17}$$

其中 $\boldsymbol{A}$ 为对称矩阵，称为**二次型** $f(x_1,x_2,\cdots,x_n)$**的矩阵**，也称 $f(x_1,x_2,\cdots,x_n)$为**对称矩阵** $\boldsymbol{A}$ **的二次型**。

对称矩阵 $\boldsymbol{A}$ 与二次型 $f(x_1,x_2,\cdots,x_n)=\boldsymbol{x}^{\mathrm{T}}\boldsymbol{A}\boldsymbol{x}$ 之间具有一一对应的关系。即任意给定一个二次型 $f(x_1,x_2,\cdots,x_n)$，就有唯一确定的实对称矩阵 $\boldsymbol{A}$ 和它对应；反之，任意给定一个实对称矩阵 $\boldsymbol{A}$，就有唯一确定的二次型 $f(x_1,x_2,\cdots,x_n)$和它对应。

**2. 化二次型为标准形**

在平面解析几何中，为了便于研究二次曲线

$$ax^2+by^2+2cxy=1$$

的几何性质，只要通过适当的旋转变换

$$\begin{cases}x=x'\cos\alpha-y'\sin\alpha\\ y=x'\sin\alpha+y'\cos\alpha\end{cases}$$

就可将曲线方程化成标准方程

$$a'(x')^2+b'(y')^2=1$$

的形式，由此确定其图形是圆、椭圆还是双曲线，从而可方便地讨论原来曲线的图形和性质。在二次曲面的研究中，也有类似的问题。

这里，旋转变换是线性变换，且变换的系数矩阵是非奇异的。

设线性变换 $\boldsymbol{x}=\boldsymbol{C}\boldsymbol{y}$ 为

$$\begin{cases}x_1=c_{11}y_1+c_{12}y_2+\cdots+c_{1n}y_n\\ x_2=c_{21}y_1+c_{22}y_2+\cdots+c_{2n}y_n\\ \qquad\vdots\\ x_n=c_{n1}y_1+c_{n2}y_2+\cdots+c_{nn}y_n\end{cases} \tag{1.4.18}$$

如果系数矩阵 $\boldsymbol{C}$ 是非奇异的，则称线性变换（1.4.18）为**非奇异线性变换**或**可逆线性变换**。

对于一般的二次型，我们主要也是讨论如何通过适当的非奇异线性变换 $\boldsymbol{x}=\boldsymbol{C}\boldsymbol{y}$，使二次型中的非平方项都消去，而化成平方项的和

$$d_1y_1^2+d_2y_2^2+\cdots+d_ny_n^2 \tag{1.4.19}$$

这种形式的二次型称为二次型的**标准形**或**法式**。

显然，标准形（1.4.19）的矩阵是对角矩阵

$$\begin{pmatrix} d_1 & & & \\ & d_2 & & \\ & & \ddots & \\ & & & d_n \end{pmatrix}$$

为了得到变量 $x_1,x_2,\cdots,x_n$ 经过非奇异线性变换 $\boldsymbol{x}=\boldsymbol{C}\boldsymbol{y}$ 变到新的变量 $y_1,y_2,\cdots,y_n$ 后二次型的矩阵表示式，只要将 $\boldsymbol{x}=\boldsymbol{C}\boldsymbol{y}$ 代入二次型（1.4.17）中，即得

$$f(x_1,x_2,\cdots,x_n)=\boldsymbol{x}^{\mathrm{T}}\boldsymbol{A}\boldsymbol{x}=(\boldsymbol{C}\boldsymbol{y})^{\mathrm{T}}\boldsymbol{A}(\boldsymbol{C}\boldsymbol{y})=\boldsymbol{y}^{\mathrm{T}}\boldsymbol{C}^{\mathrm{T}}\boldsymbol{A}\boldsymbol{C}\boldsymbol{y} \tag{1.4.20}$$

即同一个二次型若用变量 $\boldsymbol{y}$ 表示，其对应的矩阵就成为

$$\boldsymbol{B}=\boldsymbol{C}^{\mathrm{T}}\boldsymbol{A}\boldsymbol{C} \tag{1.4.21}$$

由矩阵 $\boldsymbol{A}$ 为对称矩阵，可推出矩阵 $\boldsymbol{B}=\boldsymbol{C}^{\mathrm{T}}\boldsymbol{A}\boldsymbol{C}$ 也为对称矩阵。

**定义 1.4.13** 如果存在非奇异矩阵 $\boldsymbol{C}$ 使 $\boldsymbol{C}^{\mathrm{T}}\boldsymbol{A}\boldsymbol{C}=\boldsymbol{B}$，则称矩阵 $\boldsymbol{A}$ 与 $\boldsymbol{B}$ 是**合同**的。

由上面的讨论得到以下结论。

**定理 1.4.14** 若二次型在变量 $x_1,x_2,\cdots,x_n$ 下的矩阵为 $\boldsymbol{A}$，则通过非奇异线性变换 $\boldsymbol{x}=\boldsymbol{C}\boldsymbol{y}$，在新变量 $y_1,y_2,\cdots,y_n$ 下的矩阵 $\boldsymbol{B}$ 与 $\boldsymbol{A}$ 是合同的，且 $\boldsymbol{B}=\boldsymbol{C}^{\mathrm{T}}\boldsymbol{A}\boldsymbol{C}$。

矩阵的合同也是一个等价关系，它具有下面的性质。

对任意的 $n$ 阶方阵 $\boldsymbol{A}$、$\boldsymbol{B}$、$\boldsymbol{C}$，

（1）自反性：$\boldsymbol{A}$ 与 $\boldsymbol{A}$ 是合同的。

（2）对称性：若 $\boldsymbol{A}$ 与 $\boldsymbol{B}$ 是合同的，则 $\boldsymbol{B}$ 与 $\boldsymbol{A}$ 是合同的。

（3）传递性：若 $\boldsymbol{A}$ 与 $\boldsymbol{B}$ 是合同的，$\boldsymbol{B}$ 与 $\boldsymbol{C}$ 是合同的，则 $\boldsymbol{A}$ 与 $\boldsymbol{C}$ 是合同的。

由于任何矩阵乘以非奇异矩阵不改变矩阵的秩，因此矩阵 $\boldsymbol{C}^{\mathrm{T}}\boldsymbol{A}\boldsymbol{C}$ 的秩等于矩阵 $\boldsymbol{A}$ 的秩，即有以下结论。

**推论 1.4.6** 经过非奇异线性变换，二次型的矩阵的秩不变。

**定义 1.4.14** 称二次型的矩阵的秩为**二次型的秩**。

因为对角矩阵的秩等于其主对角线上非零元的个数，所以二次型的标准形中的项数就等于二次型的秩。

**注意：**矩阵之间的合同关系与相似关系是两个不同的关系。如设

$$\boldsymbol{A}=\begin{pmatrix} 1 & 0 \\ 0 & 1 \end{pmatrix},\ \boldsymbol{B}=\begin{pmatrix} 1 & 0 \\ 0 & 4 \end{pmatrix},\ \boldsymbol{C}=\begin{pmatrix} 1 & 0 \\ 0 & 2 \end{pmatrix}$$

则可逆矩阵 $\boldsymbol{C}$ 使得 $\boldsymbol{C}^{\mathrm{T}}\boldsymbol{A}\boldsymbol{C}=\boldsymbol{B}$，即 $\boldsymbol{A}$ 与 $\boldsymbol{B}$ 是合同的，但由于它们的特征值不同，因此 $\boldsymbol{A}$ 与 $\boldsymbol{B}$ 不相似。

但若 $\boldsymbol{A}$ 与 $\boldsymbol{B}$ 是合同的，则 $\boldsymbol{A}$ 与 $\boldsymbol{B}$ 是等价的。

由定理 1.4.14 可知，化二次型 $f(x_1,x_2,\cdots,x_n)=\boldsymbol{x}^{\mathrm{T}}\boldsymbol{A}\boldsymbol{x}$ 为标准形，就是对实对称矩阵 $\boldsymbol{A}$，寻找一个非奇异矩阵 $\boldsymbol{C}$，使得 $\boldsymbol{C}^{\mathrm{T}}\boldsymbol{A}\boldsymbol{C}$ 为对角矩阵。这样，二次型 $f(x_1,x_2,\cdots,x_n)=\boldsymbol{x}^{\mathrm{T}}\boldsymbol{A}\boldsymbol{x}$ 经非奇异线性变换 $\boldsymbol{x}=\boldsymbol{C}\boldsymbol{y}$ 一定可以化为标准形。

下面我们介绍两种化二次型为标准形的方法。

（1）用配方法化二次型为标准形

把二次型化为标准形常用的方法之一就是初等代数中的配方法，它是利用代数公式将二次型配成完全平方式的方法。为简便起见，下面用例题加以说明。

**【例 1.4.2】** 化二次型 $f(x_1,x_2,x_3)=x_1x_2+x_1x_3+2x_2x_3$ 为标准形，并求所用的变换矩阵。

**解：** 因为二次型中没有平方项，所以先做一次非奇异线性变换，使其出现平方项。根据平方差公式，令

$$\begin{cases} x_1=y_1+y_2 \\ x_2=y_1-y_2 \\ x_3=y_3 \end{cases}$$

代入二次型，得

$$\begin{aligned} f(x_1,x_2,x_3)&=(y_1+y_2)(y_1-y_2)+(y_1+y_2)y_3+2(y_1-y_2)y_3 \\ &=y_1^2+3y_1y_3-y_2^2-y_2y_3 \end{aligned}$$

再配方可得

$$\begin{aligned} f(x_1,x_2,x_3)&=[(y_1^2+3y_1y_3+\frac{9}{4}y_3^2)-\frac{9}{4}y_3^2]-y_2^2-y_2y_3 \\ &=(y_1+\frac{3}{2}y_3)^2-y_2^2-y_2y_3-\frac{9}{4}y_3^2 \\ &=(y_1+\frac{3}{2}y_3)^2-[(y_2^2+y_2y_3+\frac{1}{4}y_3^2)-\frac{1}{4}y_3^2)]-\frac{9}{4}y_3^2 \\ &=(y_1+\frac{3}{2}y_3)^2-(y_2+\frac{1}{2}y_3)^2-2y_3^2 \end{aligned}$$

令

$$\begin{cases} z_1=y_1+\frac{3}{2}y_3 \\ z_2=y_2+\frac{1}{2}y_3 \\ z_3=y_3 \end{cases}，即\begin{cases} y_1=z_1-\frac{3}{2}z_3 \\ y_2=z_2-\frac{1}{2}z_3 \\ y_3=z_3 \end{cases}$$

就把二次型化为标准形

$$f(x_1,x_2,x_3)=z_1^2-z_2^2-2z_3^2$$

所用变换矩阵为可逆矩阵

$$\boldsymbol{C}=\begin{pmatrix} 1 & 1 & 0 \\ 1 & -1 & 0 \\ 0 & 0 & 1 \end{pmatrix}\begin{pmatrix} 1 & 0 & -3/2 \\ 0 & 1 & -1/2 \\ 0 & 0 & 1 \end{pmatrix}=\begin{pmatrix} 1 & 1 & -2 \\ 1 & -1 & -1 \\ 0 & 0 & 1 \end{pmatrix}$$

由于配方法总是可行的，因此有如下结论。

**定理 1.4.15** 任何一个二次型都可化为标准形，即任何一个对称矩阵 $\boldsymbol{A}$，总能找到可逆矩阵 $\boldsymbol{C}$，使得 $\boldsymbol{C}^{\mathrm{T}}\boldsymbol{A}\boldsymbol{C}$ 为对角矩阵。

（2）用正交变换化二次型为标准形

在几何空间中，实际问题需要所取线性变换能保持图形的几何形状不变，因此要求在变换下向量的长度不变。具有上述性质的线性变换就是**正交变换**（即非奇异线性变换 $\boldsymbol{x}=\boldsymbol{C}\boldsymbol{y}$ 的系数矩阵为正交矩阵）。

如果非奇异线性变换 $\boldsymbol{x}=\boldsymbol{C}\boldsymbol{y}$ 为正交变换，则二次型 $\boldsymbol{x}^{\mathrm{T}}\boldsymbol{A}\boldsymbol{x}$ 在新变量 $\boldsymbol{y}$ 下的矩阵 $\boldsymbol{C}^{\mathrm{T}}\boldsymbol{A}\boldsymbol{C}$ 又可写成 $\boldsymbol{C}^{-1}\boldsymbol{A}\boldsymbol{C}$。

**定理 1.4.16** 设 $\boldsymbol{x}=\boldsymbol{C}\boldsymbol{y}$ 为正交变换，若 $\boldsymbol{x}_1=\boldsymbol{C}\boldsymbol{y}_1$，$\boldsymbol{x}_2=\boldsymbol{C}\boldsymbol{y}_2$，则$(\boldsymbol{x}_1,\boldsymbol{x}_2)=(\boldsymbol{y}_1,\boldsymbol{y}_2)$，即正交变换保持向量的内积不变。

**推论 1.4.7** 正交变换保持向量的长度不变（从而三角形的形状保持不变）。

由 1.4.3 小节定理 1.4.13 得下面的定理。

**定理 1.4.17** 对于任何一个二次型 $f(x_1,x_2,\cdots,x_n)$，一定能找到一个正交矩阵 $\boldsymbol{T}$，使得经过正交变换 $\boldsymbol{x}=\boldsymbol{T}\boldsymbol{y}$，把它化为标准形

$$\lambda_1 y_1^2+\lambda_2 y_2^2+\cdots+\lambda_n y_n^2$$

其中$\lambda_1,\lambda_2,\cdots,\lambda_n$是二次型$f(x_1,x_2,\cdots,x_n)$的矩阵 $\boldsymbol{A}$ 的全部特征值。

**【例 1.4.3】** 求一个正交变换 $\boldsymbol{x}=\boldsymbol{T}\boldsymbol{y}$，把二次型

$$f(x_1,x_2,x_3)=\frac{1}{2}x_1^2-x_1x_2+2x_1x_3+\frac{1}{2}x_2^2+2x_2x_3-x_3^2$$

化为标准形。

**解：** 二次型的矩阵为

$$\boldsymbol{A}=\begin{pmatrix}1/2 & -1/2 & 1\\ -1/2 & 1/2 & 1\\ 1 & 1 & -1\end{pmatrix}$$

它的特征多项式为

$$\det(\lambda\boldsymbol{E}-\boldsymbol{A})=\begin{vmatrix}\lambda-1/2 & 1/2 & -1\\ 1/2 & \lambda-1/2 & -1\\ -1 & -1 & \lambda+1\end{vmatrix}\overset{c_1+c_2}{=\!=\!=}\begin{vmatrix}\lambda & 1/2 & -1\\ \lambda & \lambda-1/2 & -1\\ -2 & -1 & \lambda+1\end{vmatrix}$$

$$\overset{r_2-r_1}{=\!=\!=}\begin{vmatrix}\lambda & 1/2 & -1\\ 0 & \lambda-1 & 0\\ -2 & -1 & \lambda+1\end{vmatrix}=(\lambda-1)\begin{vmatrix}\lambda & -1\\ -2 & \lambda+1\end{vmatrix}=(\lambda-1)^2(\lambda+2)$$

于是 $\boldsymbol{A}$ 的特征值为 $\lambda_1=\lambda_2=1,\lambda_3=-2$。

当$\lambda_1=\lambda_2=1$时，解齐次线性方程组$(1\boldsymbol{E}-\boldsymbol{A})\boldsymbol{x}=\boldsymbol{0}$，由

$$\boldsymbol{E}-\boldsymbol{A}=\begin{pmatrix}1/2 & 1/2 & -1\\ 1/2 & 1/2 & -1\\ -1 & -1 & 2\end{pmatrix}\to\begin{pmatrix}1 & 1 & -2\\ 0 & 0 & 0\\ 0 & 0 & 0\end{pmatrix}$$

得基础解系

$$\boldsymbol{\alpha}_1=\begin{pmatrix}-1\\ 1\\ 0\end{pmatrix},\boldsymbol{\alpha}_2=\begin{pmatrix}2\\ 0\\ 1\end{pmatrix}$$

正交化，取

$$\boldsymbol{\beta}_1=\boldsymbol{\alpha}_1=\begin{pmatrix}-1\\ 1\\ 0\end{pmatrix},\boldsymbol{\beta}_2=\boldsymbol{\alpha}_2-\frac{(\boldsymbol{\alpha}_2,\boldsymbol{\beta}_1)}{(\boldsymbol{\beta}_1,\boldsymbol{\beta}_1)}\boldsymbol{\beta}_1=\begin{pmatrix}2\\ 0\\ 1\end{pmatrix}-\frac{-2}{2}\begin{pmatrix}-1\\ 1\\ 0\end{pmatrix}=\begin{pmatrix}1\\ 1\\ 1\end{pmatrix}$$

再单位化，得

$$\boldsymbol{\gamma}_1=\begin{pmatrix}-1/\sqrt{2}\\ 1/\sqrt{2}\\ 0\end{pmatrix},\boldsymbol{\gamma}_2=\begin{pmatrix}1/\sqrt{3}\\ 1/\sqrt{3}\\ 1/\sqrt{3}\end{pmatrix}$$

当$\lambda_3=-2$时，解齐次线性方程组$(-2\boldsymbol{E}-\boldsymbol{A})\boldsymbol{x}=\boldsymbol{0}$，由

$$-2\boldsymbol{E}-\boldsymbol{A}=\begin{pmatrix}-5/2 & 1/2 & -1\\ 1/2 & -5/2 & -1\\ -1 & -1 & -1\end{pmatrix}\to\begin{pmatrix}-1 & -1 & -1\\ 1 & -5 & -2\\ 5 & -1 & 2\end{pmatrix}$$

$$\to\begin{pmatrix}-1 & -1 & -1\\ 0 & -6 & -3\\ 0 & -6 & -3\end{pmatrix}\to\begin{pmatrix}1 & 1 & 1\\ 0 & 1 & 1/2\\ 0 & 0 & 0\end{pmatrix}\to\begin{pmatrix}1 & 0 & 1/2\\ 0 & 1 & 1/2\\ 0 & 0 & 0\end{pmatrix}$$

得基础解系

$$\boldsymbol{\alpha}_3=\begin{pmatrix}1\\ 1\\ -2\end{pmatrix}$$

单位化，得

$$\boldsymbol{\gamma}_3=\begin{pmatrix}1/\sqrt{6}\\ 1/\sqrt{6}\\ -2/\sqrt{6}\end{pmatrix}$$

设

$$T=\begin{pmatrix}-1/\sqrt{2} & 1/\sqrt{3} & 1/\sqrt{6}\\ 1/\sqrt{2} & 1/\sqrt{3} & 1/\sqrt{6}\\ 0 & 1/\sqrt{3} & -2/\sqrt{6}\end{pmatrix}$$

则经正交变换 $\boldsymbol{x}=\boldsymbol{Ty}$，二次型化成的标准形为

$$f(x_1,x_2,x_3)=y_1^2+y_2^2-2y_3^2$$

### 3. 惯性定理与正定二次型

（1）惯性定理

以上我们分别用配方法和正交变换，把一个二次型化为标准形。一般来说，用不同的方法化同一个二次型为标准形，其结果通常都是不同的。即便用同一种方法去化同一个二次型为标准形，也可能得到不同的结果，即二次型的标准形一般不是唯一的。

但下面的定理告诉我们，无论用什么方法，所得二次型的标准形中所含正平方项的项数和负平方项的项数都是唯一确定的。

**定理 1.4.18** 设二次型 $f(x_1,x_2,\cdots,x_n)$的秩为 $r$，分别经过非奇异线性变换 $\boldsymbol{x}=\boldsymbol{Cy}$ 和 $\boldsymbol{x}=\boldsymbol{Pz}$，化为标准形

$$f(x_1,x_2,\cdots,x_n)=k_1y_1^2+k_2y_2^2+\cdots+k_ry_r^2 \qquad (k_1k_2\cdots k_r\neq 0)$$

和

$$f(x_1,x_2,\cdots,x_n)=\lambda_1z_1^2+\lambda_2z_2^2+\cdots+\lambda_rz_r^2 \qquad (\lambda_1\lambda_2\cdots\lambda_r\neq 0)$$

则 $k_1,k_2,\cdots,k_r$ 中正（负）数的个数与 $\lambda_1$，$\lambda_2,\cdots,\lambda_r$ 中正（负）数的个数相等。

这个定理称为**惯性定理**。

**定义 1.4.15** 二次型 $f(x_1,x_2,\cdots,x_n)$的标准形中，正平方项的项数称为二次型的**正惯性指数**；负平方项的项数称为二次型的**负惯性指数**。

显然，二次型的正、负惯性指数之和为二次型的秩。

惯性定理反映在几何上，就是通过非奇异线性变换把二次曲线化为标准方程时，方程的系数和所做的线性变换有关，但曲线的类型（椭圆型、双曲型）是不会因所做线性变换的不同而有所改变的。

（2）正定二次型的概念

实二次型 $f(x_1,x_2,\cdots,x_n)=\boldsymbol{x}^{\mathrm{T}}\boldsymbol{Ax}$ 是关于 $n$ 个变量 $x_1,x_2,\cdots,x_n$ 的二次齐次多项式，当 $x_1,x_2,\cdots,x_n$ 全取 0 时，二次型的值为 0；当 $x_1,x_2,\cdots,x_n$ 取一组不全为 0 的数时，二次型的值为实数。二次型的正定性要讨论的是，当 $x_1,x_2,\cdots,x_n$ 任取一组不全为 0 的数 $c_1,c_2,\cdots,c_n$ 时，二次型 $f(c_1,c_2,\cdots,c_n)$ 是否恒取正值的问题。

**定义 1.4.16** 设二次型 $f(x_1,x_2,\cdots,x_n)=\boldsymbol{x}^{\mathrm{T}}\boldsymbol{Ax}$，如果对任意一个 $n$ 维非零向量 $\boldsymbol{c}$ 或任意一组不全为 0 的实数 $c_1,c_2,\cdots,c_n$，都有

$$\boldsymbol{c}^{\mathrm{T}}\boldsymbol{Ac} \text{ 或 } f(c_1,c_2,\cdots,c_n)>0 \qquad (f(c_1,c_2,\cdots,c_n)<0)$$

则称二次型 $f(x_1,x_2,\cdots,x_n)$为**正定（负定）二次型**，并称正定（负定）二次型的矩阵 $\boldsymbol{A}$ 为**正定（负定）矩阵**，记为 $\boldsymbol{A}>0$（$\boldsymbol{A}<0$）。

显然，若二次型 $f(x_1,x_2,\cdots,x_n)$负定，则二次型 $-f(x_1,x_2,\cdots,x_n)$正定。

**定义 1.4.17** 设二次型 $f(x_1,x_2,\cdots,x_n)=\boldsymbol{x}^{\mathrm{T}}\boldsymbol{A}\boldsymbol{x}$，如果对任意一个 $n$ 维向量 $\boldsymbol{c}$ 或任意一组实数 $c_1,c_2,\cdots,c_n$，都有

$$\boldsymbol{c}^{\mathrm{T}}\boldsymbol{A}\boldsymbol{c} \text{ 或 } f(c_1,c_2,\cdots,c_n)\geqslant 0 \qquad (f(c_1,c_2,\cdots,c_n)\leqslant 0)$$

则称二次型 $f(x_1,x_2,\cdots,x_n)$为**半正定（半负定）二次型**，或**非负定（非正定）二次型**，并称半正定（半负定）二次型的矩阵 $\boldsymbol{A}$ 为**半正定（半负定）矩阵**，或**非负定（非正定）矩阵**，记为 $\boldsymbol{A}\geqslant 0$（$\boldsymbol{A}\leqslant 0$）。

显然，若二次型 $f(x_1,x_2,\cdots,x_n)$半负定，则二次型 $-f(x_1,x_2,\cdots,x_n)$半正定。

一般地，对 $n$ 阶对称矩阵 $\boldsymbol{A}$ 和 $\boldsymbol{B}$，（1）如果 $\boldsymbol{B}-\boldsymbol{A}>0$，则 $\boldsymbol{A}<\boldsymbol{B}$；（2）如果 $\boldsymbol{B}-\boldsymbol{A}\geqslant 0$，则 $\boldsymbol{A}\leqslant\boldsymbol{B}$。

下面主要讨论正定二次型。

（3）正定二次型的判别

给出一个二次型，可用定义来判断它的正定性，但一般来说，这种判别方法是比较麻烦的。下面介绍几个判别定理。

首先给出最简单的二次型，来判断它是否正定。

**定理 1.4.19** 二次型

$$f(x_1,x_2,\cdots,x_n)=a_1x_1^2+a_2x_2^2+\cdots+a_nx_n^2$$

是正定的充分必要条件是：$a_1,a_2,\cdots,a_n$ 全大于 0。

由于任何一个二次型都可以经过非奇异线性变换化为标准形，我们自然希望通过二次型的标准形是否正定来判定原二次型是否正定，而这就需要先来研究非奇异线性变换会不会改变二次型的正定性。

**定理 1.4.20** 非奇异线性变换不改变二次型的正定性。

**定理 1.4.21** $n$ 元二次型 $f(x_1,x_2,\cdots,x_n)$正定的充分必要条件是：它的正惯性指数等于 $n$。

下面研究由正定二次型的矩阵的特征值来判别二次型的正定性。

**定理 1.4.22** $n$ 元二次型 $f(x_1,x_2,\cdots,x_n)$正定的充分必要条件是：它的矩阵 $\boldsymbol{A}$ 的特征值全大于 0。

**推论 1.4.8** 正定矩阵是可逆矩阵。

如果对称矩阵 $\boldsymbol{A}$ 为正定矩阵，则 $\boldsymbol{A}$ 的行列式大于 0。反之，如果一个对称矩阵 $\boldsymbol{A}$ 的行列式大于 0，那么 $\boldsymbol{A}$ 不一定是正定矩阵。

例如，对称矩阵 $\boldsymbol{A}=\begin{pmatrix}-1 & 0\\ 0 & -1\end{pmatrix}$的行列式为 1>0，但是二次型 $\boldsymbol{x}^{\mathrm{T}}\boldsymbol{A}\boldsymbol{x}=-x_1^2-x_2^2$ 显然不是正定的（根据定理 1.4.19）。

那么一个行列式大于 0 的对称矩阵 $\boldsymbol{A}$，还应该满足什么条件才能是正定矩阵呢？

为此，给出方阵的主子式和顺序主子式的概念。

**定义 1.4.18**　在 $n$ 阶方阵 $\boldsymbol{A}$ 中，取第 $i_1,i_2,\cdots,i_k$ 行及第 $i_1$，$i_2,\cdots,i_k$ 列（即行标与列标相同）所得到的 $k$ 阶子式（$k\leqslant n$）称为 $\boldsymbol{A}$ 的 $k$ 阶**主子式**。特别地，取第 $1,2,\cdots,k$ 行及第 $1,2,\cdots,k$ 列所得到的 $k$ 阶子式（$k\leqslant n$）称为 $\boldsymbol{A}$ 的 $k$ 阶**顺序主子式**。

**定理 1.4.23**　对称矩阵 $\boldsymbol{A}$ 为正定矩阵的充分必要条件是：$\boldsymbol{A}$ 的各阶顺序主子式都为正，即

$$a_{11}>0,\begin{vmatrix}a_{11}&a_{12}\\a_{21}&a_{22}\end{vmatrix}>0,\cdots,\det\boldsymbol{A}=\begin{vmatrix}a_{11}&\cdots&a_{1n}\\\vdots&&\vdots\\a_{n1}&\cdots&a_{nn}\end{vmatrix}>0$$

对称矩阵 $\boldsymbol{A}$ 为负定矩阵的充分必要条件是：$\boldsymbol{A}$ 的奇数阶顺序主子式都为负，偶数阶顺序主子式都为正。即

$$(-1)^k\begin{vmatrix}a_{11}&\cdots&a_{1k}\\\vdots&&\vdots\\a_{k1}&\cdots&a_{kk}\end{vmatrix}>0\qquad(k=1,2,\cdots,n)$$

这个定理称为**西尔维斯特**（James Joseph Sylvester，1814—1897，英国数学家）**定理**。

**【例 1.4.4】**若 $\boldsymbol{A}$ 是正定矩阵，证明 $\boldsymbol{A}^{-1}$ 也是正定矩阵。

**证**：因为 $\boldsymbol{A}$ 是对称矩阵，所以 $\boldsymbol{A}^{-1}$ 也是对称矩阵。这是因为

$$(\boldsymbol{A}^{-1})^{\mathrm{T}}=(\boldsymbol{A}^{\mathrm{T}})^{-1}=\boldsymbol{A}^{-1}$$

由于 $\boldsymbol{A}$ 是正定矩阵，因此 $\boldsymbol{A}$ 的所有特征值$\lambda_1,\lambda_2,\cdots,\lambda_n$ 全大于 0，从而 $\boldsymbol{A}^{-1}$ 的所有特征值 $1/\lambda_1,1/\lambda_2,\cdots,1/\lambda_n$ 也全大于 0。

综合即知，$\boldsymbol{A}^{-1}$ 也是正定矩阵。

**【例 1.4.5】**设 $\boldsymbol{A}$ 为 $n$ 阶矩阵，证明 $\boldsymbol{E}+\boldsymbol{A}^{\mathrm{T}}\boldsymbol{A}$ 为正定的。

**证**：因为

$$(\boldsymbol{E}+\boldsymbol{A}^{\mathrm{T}}\boldsymbol{A})^{\mathrm{T}}=\boldsymbol{E}^{\mathrm{T}}+(\boldsymbol{A}^{\mathrm{T}}\boldsymbol{A})^{\mathrm{T}}=\boldsymbol{E}+\boldsymbol{A}^{\mathrm{T}}\boldsymbol{A}$$

所以 $\boldsymbol{E}+\boldsymbol{A}^{\mathrm{T}}\boldsymbol{A}$ 是对称矩阵。

对任意的 $n$ 维列向量 $\boldsymbol{x}\neq\boldsymbol{0}$，都有

$$\boldsymbol{x}^{\mathrm{T}}\boldsymbol{E}\boldsymbol{x}=\boldsymbol{x}^{\mathrm{T}}\boldsymbol{x}>0$$

$$\boldsymbol{x}^{\mathrm{T}}(\boldsymbol{A}^{\mathrm{T}}\boldsymbol{A})\boldsymbol{x}=(\boldsymbol{A}\boldsymbol{x})^{\mathrm{T}}(\boldsymbol{A}\boldsymbol{x})\geqslant 0$$

所以

$$\boldsymbol{x}^{\mathrm{T}}(\boldsymbol{E}+\boldsymbol{A}^{\mathrm{T}}\boldsymbol{A})\boldsymbol{x}>0$$

故 $\boldsymbol{E}+\boldsymbol{A}^{\mathrm{T}}\boldsymbol{A}$ 为正定的。

# 1.5　应用实例

## 1.5.1　Python 简介

Python 是一种解释型、面向对象、动态数据类型的高级程序设计语言，由罗苏姆（Guido van Rossum，1956—，荷兰计算机科学家，Python 之父）于 1989 年底创立。

由于 Python 的简洁性、易读性以及可扩展性，用 Python 做科学计算的研究机构日益增多，一些大学已经采用 Python 来教授程序设计课程。例如，卡内基梅隆大学的编程基础、麻省理工学院的计算机科学及编程导论就使用 Python 讲授。众多开源的科学计算软件包都提供了 Python 的调用接口，例如，著名的计算机视觉库 OpenCV、三维可视化库 VTK、医学图像处理库 ITK 等。而 Python 专用的科学计算扩展库就更多了，例如，十分经典的 3 个科学计算扩展库：NumPy、SciPy 和 Matplotlib，它们分别为 Python 提供了快速数组处理、数值运算以及绘图功能。因此，Python 及其众多的扩展库所构成的开发环境十分适合工程技术人员和科研人员处理实验数据、制作图表，甚至开发科学计算应用程序。

Python 灵活、易学、适用场景多，实现程序快捷，早已成为科研项目和工程技术普遍使用的工具。Python 更是人工智能、机器学习、数据挖掘、深度学习等新技术的实现手段。

#### 1. 下载和安装 Python

从 Python 官网下载相应版本的 Python 安装包，如 Windows 版本 python-3.7.3-amd64.exe，下载完成后双击安装包，在运行界面中勾选最下方的 Add Python 3.7 to PATH，然后选择第一项 Install Now 或第二项 Customize installation 进行安装，安装完成后就可以开启 Python 之旅了。

#### 2. 运行 Python

在 Windows 操作系统中，Python 可用以下 3 种方式运行。

（1）使用 Python 自带的 IDLE

安装 Python 一般都会有一个交互式解释器 IDLE，在开始→程序→Python 3.7（视你安装的版本而不同）中找到 IDLE（Python 3.7 64-bit），打开后的界面如图 1.5.1 所示。

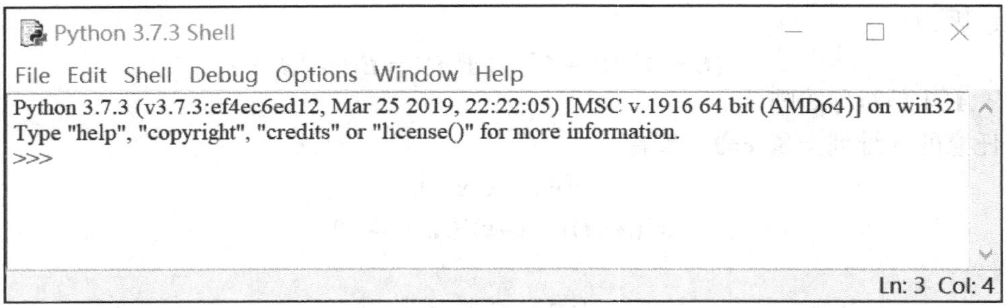


图 1.5.1

在>>>提示符后直接输入任何 Python 代码，按 Enter 键后会立刻得到执行结果。如果输入 exit()并按 Enter 键，就可以退出 Python 交互式环境（直接关闭命令行窗口也可以）。

但需要注意的是，如果我们将其关闭，刚才写的代码就会丢失。此时，我们可以新建一个文本文件，输入 print("Hello World")，然后将文件名改为 hello.py（注意扩展名是.py，文件存放在 Python 的安装目录下）。然后，我们打开 IDLE，通过 File→Open 打开刚才写的文件 hello.py，界面如图 1.5.2 所示。

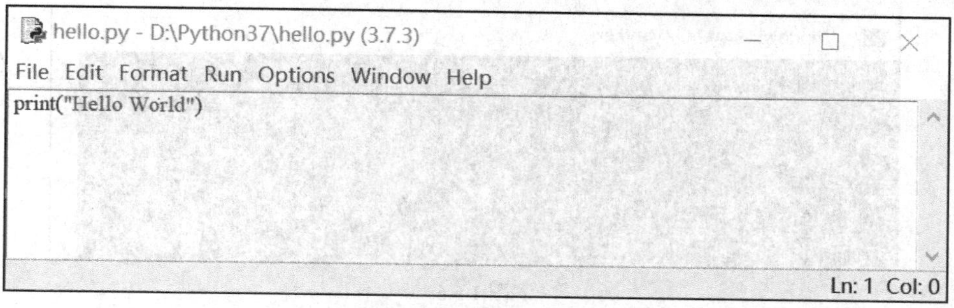


图 1.5.2

此时，可以单击 Run→Run Module，或者直接按 F5 键，运行代码，运行成功并输出结果，如图 1.5.3 所示。

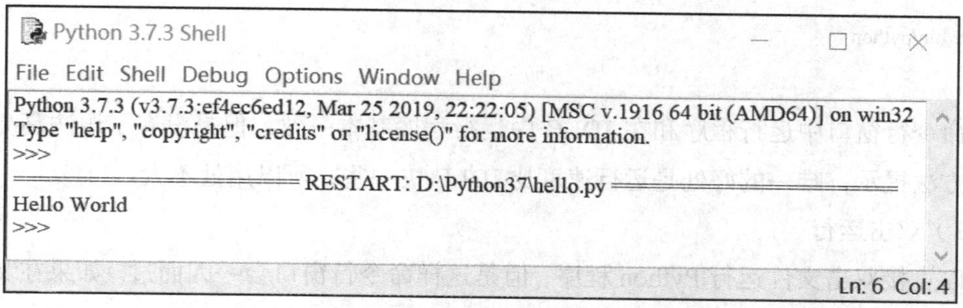


图 1.5.3

IDLE 支持语法高亮，支持自动缩进，支持方法提示，不过提示得很慢。

（2）在命令行窗口中运行

在 Python 的安装目录中找到 hello.py 文件，我们直接在上面的文件地址栏中输入 cmd，如图 1.5.4 所示。

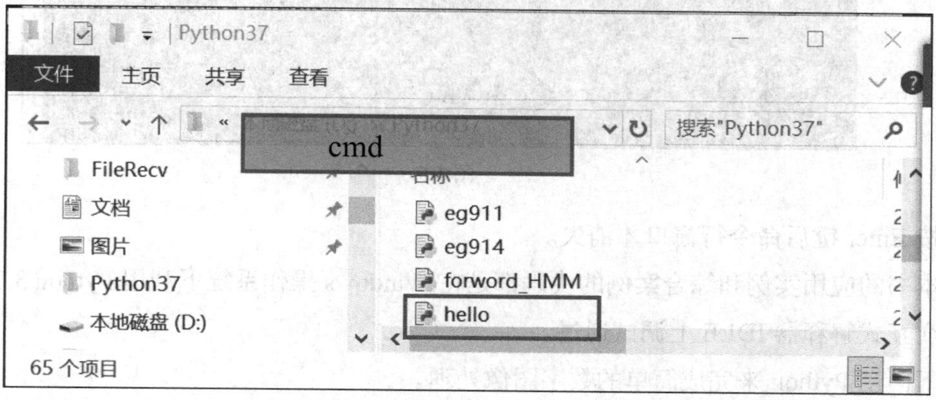


图 1.5.4

然后按 Enter 键，可以看到，cmd 直接就定位到了对应的目录上，如图 1.5.5 所示。

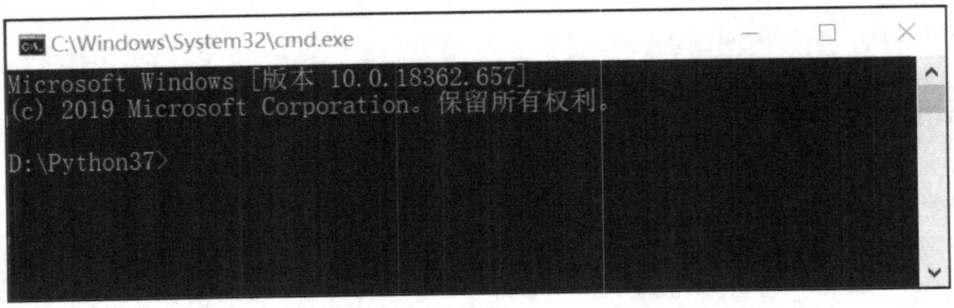


图 1.5.5

在提示符后输入 python hello.py 或 hello.py，可以运行程序。输入 exit 并按 Enter 键可以退出。

如果你的计算机无法运行程序，可以在代码的第一行加入

```
#!usr/bin/python
```

试试。

在命令行窗口中运行程序和在 IDLE 中运行程序基本一致，但是没有了语法高亮、自动缩进、方法提示，唯一的好处是运行速度比 IDLE 快一些，所以用处不大。

（3）双击运行

可以直接双击文件运行 Python 程序，但是这样命令行窗口会一闪而过。如果在文件的最后增加语句：

```
input("press <enter>")
```

此时再双击文件，会发现命令行窗口没有消失，如图 1.5.6 所示。

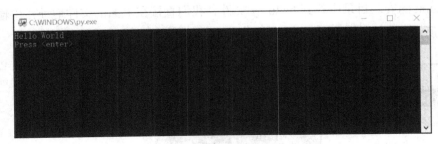

图 1.5.6

按 Enter 键后命令行窗口才消失。

本书的应用实例和综合案例的代码都是在 Windows 操作系统下利用 Python 3.7 编写的，并在交互式解释器 IDLE 上调试通过。

下面用 Python 来完成简单的数字图像处理。

## 1.5.2 背景与问题

在数据科学中有一类重要的数据就是数字图像。将图像信号转换成数字信号，并利用计算机对其进行处理的过程称为数字图像处理。数字图像处理过程中，可以通过对数字图像进

行各种加工以改善图像的视觉效果，并为自动识别打下基础，或对数字图像进行压缩编码以减少其所需存储空间或传输时间，满足给定传输通路的要求等。

一幅数字图像是由有限个像素（图像元素的简称）构成的集合，每个像素由一个像素点（即几何坐标构成的点）和该像素点的灰度值（简称像素值）组成。因此，一幅数字图像是一个有固定宽度和高度的表格结构，每个单元格有用于表示灰度图像的 1 个像素值或表示彩色图像的 3 个像素值。

与数字图像相关的操作，如裁剪、缩放、剪切、旋转、对比度增强等，都是使用线性代数的符号和运算来描述的。

### 1.5.3 模型与求解

给定一幅数字图像 $f$，其空间分辨率为 $m \times n$（如 $256 \times 256$），灰度分辨率为 $G$（一般为 2 的正整数次幂，如 $2^8 = 256$ 级灰度），则 $f$ 可用 $m \times n$ 矩阵表示为

$$\boldsymbol{f} = \begin{pmatrix} f(0,0) & f(0,1) & \cdots & f(0,n-1) \\ f(1,0) & f(1,1) & \cdots & f(1,n-1) \\ \vdots & \vdots & & \vdots \\ f(m-1,0) & f(m-1,1) & \cdots & f(m-1,n-1) \end{pmatrix}$$

一般称矩阵 $\boldsymbol{f}$ 为图像 $f$ 的灰度矩阵，其中，$f(i,j) \in \{0,1,2,\cdots,G-1\}, i=0,1,2,\cdots,m-1$；$j = 0,1,2,\cdots,n-1$。

对一幅数字图像可以进行以下简单的加工处理。

（1）裁剪图像

对图像 $f$ 进行裁剪（截取图像中的一个矩形区域），或者调整图像的大小，实质上是取矩阵 $\boldsymbol{f}$ 的一个子矩阵。

（2）缩放图像

设 $(i_0,j_0)$ 是缩放后的坐标，$(i,j)$ 是缩放前的坐标，$s_1$ 和 $s_2$ 为缩放因子，则有

$$\begin{pmatrix} i_0 & j_0 & 1 \end{pmatrix} = \begin{pmatrix} i & j & 1 \end{pmatrix} \begin{pmatrix} s_1 & 0 & 0 \\ 0 & s_2 & 0 \\ 0 & 0 & 1 \end{pmatrix}$$

（3）旋转图像

设 $(i_0,j_0)$ 是旋转后的坐标，$(i,j)$ 是旋转前的坐标，$\alpha$ 为旋转的角度，旋转中心一般取图像的中心，则有

$$\begin{pmatrix} i_0 & j_0 & 1 \end{pmatrix} = \begin{pmatrix} i & j & 1 \end{pmatrix} \begin{pmatrix} \cos\alpha & -\sin\alpha & 0 \\ \sin\alpha & \cos\alpha & 0 \\ 0 & 0 & 1 \end{pmatrix}$$

（4）双线性内插法

在图像的缩放和旋转等操作过程中，需要计算新图像像素点在原图像中的位置，如果计算的位置不是整数，就需要用到图像的插值。采用寻找在原图像中最近的像素点赋值给新的

像素点的最近邻插值法，虽然简单且计算量较小，但可能会造成插值生成的图像灰度上的不连续，在灰度变化的地方可能出现明显的锯齿状。更实用的方法则是双线性内插法。

设 $i+u$、$j+v$（$i$、$j$ 为非负整数，$0<u,v<1$）为待求像素点的坐标，则待求像素点的灰度值为 $f(i+u,j+v)$。双线性内插法利用待求像素点的 4 个邻像素点 $(i,j)$、$(i,j+1)$、$(i+1,j)$、$(i+1,j+1)$ 的灰度值在两个坐标方向上做线性内插。

首先在 $y$ 方向进行线性内插，得到

$$f(i,j+v)=[f(i,j+1)-f(i,j)]v+f(i,j)$$

$$f(i+1,j+v)=[f(i+1,j+1)-f(i+1,j)]v+f(i+1,j)$$

然后利用 $f(i,j+v)$ 和 $f(i+1,j+v)$ 在 $x$ 方向上进行线性内插，得到

$$f(i+u,j+v)=[f(i+1,j+v)-f(i,j+v)]u+f(i,j+v)$$

综合即得双线性内插最后的结果为

$$f(i+u,j+v)=(1-u)(1-v)f(i,j)+(1-u)vf(i,j+1)+$$
$$u(1-v)f(i+1,j)+uvf(i+1,j+1)$$

即

$$f(i+u,j+v)=(f(i,j)\quad f(i,j+1)\quad f(i+1,j)\quad f(i+1,j+1))$$
$$((1-u)(1-v)\quad (1-u)v\quad u(1-v)\quad uv)^{\mathrm{T}}$$

双线性内插法要比最近邻插值法复杂且计算量大，但没有灰度不连续的缺点，结果比较令人满意。

（5）增强图像

增强图像的方法很多，这里以线性变换为例。

设 $f(i,j)$ 为输入图像在像素点 $(i,j)$ 的灰度值，$g(i,j)$ 为输出图像在像素点 $(i,j)$ 的灰度值，则线性变换的表达式为

$$g(i,j)=af(i,j)+b \qquad (a、b\ 为实数，i=0,1,2,\cdots,m-1；\ j=0,1,2,\cdots,n-1)$$

写成矩阵形式为

$$\begin{pmatrix} g(0,0) & g(0,1) & \cdots & g(0,n-1) \\ g(1,0) & g(1,1) & \cdots & g(1,n-1) \\ \vdots & \vdots & & \vdots \\ g(m-1,0) & g(m-1,1) & \cdots & g(m-1,n-1) \end{pmatrix}$$

$$=a\begin{pmatrix} f(0,0) & f(0,1) & \cdots & f(0,n-1) \\ f(1,0) & f(1,1) & \cdots & f(1,n-1) \\ \vdots & \vdots & & \vdots \\ f(m-1,0) & f(m-1,1) & \cdots & f(m-1,n-1) \end{pmatrix}+b\begin{pmatrix} 1 & 1 & \cdots & 1 \\ 1 & 1 & \cdots & 1 \\ \vdots & \vdots & & \vdots \\ 1 & 1 & \cdots & 1 \end{pmatrix}$$

其中

当 $a=1$，$b>0$ 时，图像整体变亮；

当 $a=1$，$b<0$ 时，图像整体变暗；

当 $a>1$，$b=0$ 时，图像对比度增强；

当 $0<a<1$，$b=0$ 时，图像对比度下降；

当 $a=-1$，$b=G-1$ 时，得到负像。

### 1.5.4 Python 实现

PythonWare 公司提供了数字图像处理工具包 PIL，PIL 是 Python 一个强大、方便的图像处理库，不过只支持 Python 2.7。Pillow 是 PIL 的一个派生分支，但如今已经发展成为比 PIL 更具活力的图像处理库。给 Python 安装 Pillow 非常简单，使用 pip 或 easy_install 只要一行代码即可。

在命令行窗口使用 pip 安装：

```
pip install Pillow
```

或在命令行窗口使用 easy_install 安装：

```
easy_install Pillow
```

安装完成后，使用 from PIL import Image 就可以引用和使用该库了。该库提供了基本的图像处理功能，如：改变图像大小、旋转图像、图像格式转换、色场空间转换、图像增强、直方图处理、插值和滤波，等等。

Pillow 提供了丰富的功能模块：Image、ImageChops、ImageDraw、ImageEnhance、ImageFilter 等。下面利用 Image 模块和 ImageEnhance 模块来进行简单的数字图像处理。

#### 1. Image 模块

Image 模块是 Pillow 最基本的模块，其中导出了 Image 类，一个 Image 类实例对象就对应一幅图像。同时，Image 模块还提供了很多有用的方法。

（1）打开并显示一幅图像

Image 模块中的 open()方法用于打开一个数字图像文件，show()方法用于显示一幅数字图像。

打开并显示一幅图像的代码如下：

```
from PIL import Image   #引入 Image 模块
img = Image.open("lena256.jpg")   #读入图像文件 lena256.jpg
img.show()   #显示图像
```

这将返回一个 Image 类实例对象（img），后面所有的操作都是在 img 上完成的。显示读入的图像如图 1.5.7 所示。

需要说明的是，图像文件 lena256.jpg 需要存放在 Python 的安装目录中，否则需要指明该图像文件的存放路径。

（2）裁剪图像

使用 Image 模块中的 crop()方法可以从一幅图像中裁剪指定区域，该区域使用四元组来指定，四元组的坐标依次是（左，上，右，下），PIL 中指定坐标系的左上角坐标为（0,0）。

裁剪一幅图像指定区域的代码如下：

```
from PIL import Image
img = Image.open("lena256.jpg")
box = (100,100,200,200)
region_img = img.crop(box)  # 裁剪图像
region_img.save("img_region.jpg")  #保存结果图像
region_img.show()
```

显示保存的 img_region.jpg 的图像如图 1.5.8 所示。

图 1.5.7

图 1.5.8

（3）调整图像大小

调整一幅图像大小的代码如下：

```
from PIL import Image
img = Image.open("lena256.jpg")
new_img = img.resize((128,128),Image.BILINEAR)  #改变图像的大小
new_img.save("img_new.jpg")  #保存结果图像
new_img.show()
```

原来的图像大小是 256 像素 × 256 像素，现在，保存的 img_new.jpg 的大小是 128 像素 × 128 像素，其图像如图 1.5.9 所示。

需要说明的是，Image.BILINEAR 指定采用双线性内插法对像素点插值。

（4）旋转图像

绕图像中心点逆时针旋转一幅图像（如把刚才调整过大小的图像旋转 45 度）的代码如下：

```
from PIL import Image
img = Image.open("lena256.jpg")
new_img = img.resize((128,128),Image.BILINEAR)
rot_img = new_img.rotate(45)  #将图像绕其中心点逆时针旋转 45 度
rot_img.save("img_rot.jpg")
```

显示保存的 img_rot.jpg 的图像如图 1.5.10 所示。

图 1.5.9

图 1.5.10

（5）格式转换

假如我们要把上面生成的 img_rot.jpg 转换成 BMP 格式图像，只需要在上面的代码后面添加下面一行代码即可：

```
rot_img.save("img_rot.bmp")
```

如果不指定保存格式，PIL 将自动根据文件扩展名完成格式之间的转换。

（6）直方图统计

Image 类实例的 histogram()方法能够对直方图数据进行统计，并将结果作为一个列表（list）返回。例如，我们要对上面旋转后生成的图像进行直方图统计，其代码如下：

```
from PILimport Image
img = Image.open("lena256.jpg")
new_img = img.resize((128,128),Image.BILINEAR)
rot_img = new_img.rotate(45)
rot_img.histogram()   #输出图像直方图数据统计结果
```

运行之后将输出所有 256（0~255）个灰度级像素点个数的统计值：

```
[2812,0,0,0,0,0,0,0,0,0,0,0,0,0,0,0,0,0,0,0,0,0,0,0,0,0,0,0,0,0,0,0,0,0,0,0,9,3,6,14,11,22,29,31,60,90,76,103,96,95,123,124,
111,136,104,92,82,67,82,69,70,75,57,67,52,44,66,56,45,58,53,43,53,39,35,43,65,54,52,53,50,41,46,43,43,38,43,53,51,54,47,49,
55,65,75,76,69,110,133,118,106,114,86,70,71,80,72,49,58,93,78,75,69,80,92,78,78,66,67,81,77,102,83,119,123,128,123,146,163,
163,160,117,140,108,103,93,121,111,122,144,136,134,111,126,146,148,145,119,129,123,117,114,144,160,143,158,135,102,126,
103,67,86,73,65,66,65,52,67,66,50,43,52,94,70,57,64,75,60,48,56,37,43,46,35,36,36,42,35,51,41,52,52,37,48,68,55,64,44,55,42,
39,44,40,57,43,50,50,63,47,52,47,43,53,34,36,19,13,8,12,3,9,3,2,3,3,0,1,1,0,0,0,0,0,0,0,0,0,0,0,0,0,0,0,0,0,0,0,0,0,0,0,0,0,0,0,0]
```

## 2. ImageEnhance 模块

ImageEnhance 模块提供了一个常用的图像增强工具箱，可以用来进行图像亮度增强、图像尖锐化、图像对比度增强、色彩增强等增强操作。所有操作都有相同形式的接口——通过相应类的 enhance()方法实现：图像亮度增强通过 Brightness 类的 enhance()方法实现；图像尖锐化通过 Sharpness 类的 enhance()方法实现；图像对比度增强通过 Contrast 类的 enhance()方法实现；图像色彩增强通过 Color 类的 enhance()方法实现。所有的操作都需要向类的构造函数传递一个 Image 对象作为参数，这个参数定义了增强作用的对象。同时所有的操作都返回一个新的 Image 对象。如果传给 enhance()方法的参数是 1.0，则不对原图像做任何改变，直接返回原图像的一个副本。下面我们通过几个简单的例子进行说明。

（1）图像亮度增强

具体的代码如下：

```
from PIL import Image,ImageEnhance
img = Image.open("lena256.jpg")
brightness = ImageEnhance.Brightness(img)
bright_img = brightness.enhance(2.0)
bright_img.save("img_bright.jpg")
bright_img.show()
```

需要说明的是，brightness = ImageEnhance.Brightness(img)这一行把 img 传给 Brightness 类，得到一个 Brightness 类实例；bright_img = brightness.enhance(2.0)这一行调用 brightness 实例的 enhance()方法，传入的参数指定将亮度增强 2 倍。

增强前后的效果如图 1.5.11 所示。

（a）　　（b）

图 1.5.11

图 1.5.11（a）是增强之前的原图像，两者的亮度差别是很大的。

（2）图像尖锐化

具体的代码如下：

```
from PIL import Image,ImageEnhance
img = Image.open("lena256.jpg")
sharpness = ImageEnhance.Sharpness(img)
sharp_img = sharpness.enhance(7.0)
sharp_img.save("img_sharp.jpg")
sharp_img.show()
```

这段代码和上面的代码基本类似，增强前后的效果如图 1.5.12 所示。

（a）　　（b）

图 1.5.12

图 1.5.12（a）是增强之前的原图像，两者的尖锐化程度是很不一样的。

（3）图像对比度增强

具体的代码如下：

```
from PIL import Image,ImageEnhance
img = Image.open("lena256.jpg")
contrast = ImageEnhance.Contrast(img)
contrast_img = contrast.enhance(2.0)
contrast_img.save("img_contrast.jpg")
```

同上，增强前后的效果如图 1.5.13 所示。

（a）

（b）

图 1.5.13

很明显，增强之后的图 1.5.13（b）比原来的图 1.5.13（a）对比度高。

## 习题 1

求解下列问题。

1. 小李的朋友给小李发来一封密信，它是一个三阶方阵 $\begin{pmatrix} 207 & 210 & 135 \\ 231 & 318 & 135 \\ 244 & 161 & 175 \end{pmatrix}$，他们约定消息的每一个英文字母用一个整数来表示，.表示 0，即 A→1，B→2，…，Y→25，Z→26，.→0，约定好的加密矩阵是 $\begin{pmatrix} 4 & 3 & 7 \\ 9 & 0 & 10 \\ 0 & 7 & 6 \end{pmatrix}$，问小李的朋友发的密信内容。

2. 某农场饲养的一种动物可能的最长寿命为 6 岁，将其分成 3 个年龄段组，第 1 年龄组为 0~2 岁，第 2 年龄组为 3~4 岁，第 3 年龄组为 5~6 岁，动物从第 2 年龄组开始繁殖后代。经长期统计，第 2 年龄组的动物在其年龄段内平均繁殖 5 个后代，第 3 年龄组的动物在其年龄段内平均繁殖 3 个后代，第 1 年龄组和第 2 年龄组能顺利进入下一个年龄组的存活率分别是 2/3 和 1/3。现农场有 3 个年龄段的动物各 90 只，问饲养 6 年之后，农场 3 个年龄段的动物各有多少只。

3. 1202 年，斐波那契在一本书中提出一个问题：如果一对兔子出生一个月后开始繁殖，每个月生出一对后代。假定兔子只繁殖没有死亡，计算每月月初会有多少只兔子。

# 第 2 章 线性空间与线性变换

线性空间与线性变换的概念对数据科学来说至关重要，因为现实世界的数据总是包含许许多多的维数，利用线性变换可以降低数据的维数。

在第 1 章中我们学习过 $n$ 维实向量空间 $\mathbf{R}^n$ 和线性变换的概念。本章我们将主要讨论抽象的线性空间与线性变换的概念、性质及其与矩阵的关系等。

## 2.1 线性空间

线性空间是向量空间 $\mathbf{R}^n$ 的推广。

### 2.1.1 线性空间的概念

**定义 2.1.1** 设 $V$ 是一个非空集合，$F$ 是一个数域。在 $V$ 中定义了两种代数运算（合称**线性运算**），一种是加法"+"，对任意$\boldsymbol{\alpha},\boldsymbol{\beta}\in V$，都有唯一的元素$\boldsymbol{\gamma}\in V$与它们对应，称为$\boldsymbol{\alpha}$与$\boldsymbol{\beta}$的和，记为$\boldsymbol{\gamma}=\boldsymbol{\alpha}+\boldsymbol{\beta}$；另一种是数乘"·"，对任意$\boldsymbol{\alpha}\in V$和$k\in F$，都有唯一的元素$\boldsymbol{\delta}\in V$与它们对应，称为 $k$ 与$\boldsymbol{\alpha}$的数乘，记为$\boldsymbol{\delta}=k\cdot\boldsymbol{\alpha}$ 或$\boldsymbol{\delta}=k\boldsymbol{\alpha}$。如果对任意元素$\boldsymbol{\alpha},\boldsymbol{\beta},\boldsymbol{\gamma}\in V$以及任意数 $k,l\in F$，这两种运算满足以下运算规律：

（1）$\boldsymbol{\alpha}+\boldsymbol{\beta}=\boldsymbol{\beta}+\boldsymbol{\alpha}$；

（2）$(\boldsymbol{\alpha}+\boldsymbol{\beta})+\boldsymbol{\gamma}=\boldsymbol{\alpha}+(\boldsymbol{\beta}+\boldsymbol{\gamma})$；

（3）存在元素 $\mathbf{0}\in V$，使对任意$\boldsymbol{\alpha}\in V$，有$\boldsymbol{\alpha}+\mathbf{0}=\boldsymbol{\alpha}$，称 $\mathbf{0}$ 为 $V$ 的**零元素**；

（4）对任意$\boldsymbol{\alpha}\in V$，存在$\boldsymbol{\beta}\in V$，使得$\boldsymbol{\alpha}+\boldsymbol{\beta}=\mathbf{0}$，称$\boldsymbol{\beta}$ 是$\boldsymbol{\alpha}$的**负元素**，记为$\boldsymbol{\beta}=-\boldsymbol{\alpha}$；

（5）存在单位数 $1\in F$，使得 $1\boldsymbol{\alpha}=\boldsymbol{\alpha}$；

（6）$(kl)\boldsymbol{\alpha}=k(l\boldsymbol{\alpha})$；

（7）$k(\boldsymbol{\alpha}+\boldsymbol{\beta})=k\boldsymbol{\alpha}+k\boldsymbol{\beta}$；

（8）$(k+l)\boldsymbol{\alpha}=k\boldsymbol{\alpha}+l\boldsymbol{\alpha}$。

则称 $V$ 为数域 $F$ 上的**线性空间**，记为 $V=V(F)$。常称线性空间为**向量空间**，其元素也称为**向量**。

若 $F$ 为实数域 $\mathbf{R}$，则称 $V$ 为**实线性空间**；若 $F$ 为复数域 $\mathbf{C}$，则称 $V$ 为**复线性空间**。

**注意：**（1）设 $F$ 是一个由复数构成的集合，若 $F$ 中包含 0 与 1，并且 $F$ 中任意两个数的和、差、积、商（约定除数不为 0）都仍在 $F$ 中，则称 $F$ 为一个**数域**。显然，所有实数构成的集合 $\mathbf{R}$ 是实数域，所有复数构成的集合 $\mathbf{C}$ 是复数域。

（2）定义 2.1.1 中的加法运算和数乘运算在 $V$ 中是封闭的。

（3）只含零元素的线性空间$\{\mathbf{0}\}$称为**零空间**。

定义 2.1.1 中没有涉及 $V$ 中元素及其运算的具体规定，使得线性空间具有丰富的内涵。下面列举一些线性空间的例子。

**【例 2.1.1】**对给定的数域 $F$，集合 $F^n=\{\boldsymbol{x}=(x_1,x_2,\cdots,x_n)^{\mathrm{T}}\mid x_i\in F,i=1,2,\cdots,n\}$按通常的向量加法与数乘向量运算构成数域 $F$ 上的线性空间。

特别地，$\mathbf{R}^n$（$\mathbf{C}^n$）为所有 $n$ 维实（复）向量构成的向量空间；当 $n=1$ 时，数域 $F$ 按照数的加法与乘法运算构成一个 $F$ 上的线性空间。

**【例 2.1.2】**对给定的数域 $F$，集合 $F^{m\times n}=\{\boldsymbol{A}=(a_{ij})\mid a_{ij}\in F,\ i=1,2,\cdots,m;\ j=1,2,\cdots,n\}$按通常的矩阵加法和数乘矩阵运算构成数域 $F$ 上的线性空间，常称为**矩阵空间**。

特别地，$\mathbf{R}^{m\times n}$（$\mathbf{C}^{m\times n}$）为由一切 $m\times n$ 的实（复）矩阵构成的矩阵空间。

**【例 2.1.3】**实数域 $\mathbf{R}$ 上关于文字 $x$ 的所有次数小于 $n$ 的多项式（含零多项式）组成的集合

$$P_n[x]=\{p(x)=a_{n-1}x^{n-1}+a_{n-2}x^{n-2}+\cdots+a_1x+a_0\mid a_i\in\mathbf{R},\ i=1,2,\cdots,n\}$$

按通常的多项式加法和数乘多项式运算构成实数域 $\mathbf{R}$ 上的线性空间，常称为**多项式空间**。

**注意：**所有次数为 $n-1$ 的实多项式组成的集合，不能按通常的多项式加法和数乘多项式运算构成实数域 $\mathbf{R}$ 上的线性空间。

**【例 2.1.4】**定义在区间$[a,b]$上的一切连续实函数的集合 $C[a,b]=\{f(x)\mid f(x)在[a,b]上连续\}$，按通常的函数加法与数乘函数运算构成实数域 $\mathbf{R}$ 上的线性空间，常称为**连续函数空间**。

类似地，有**可导函数空间** $D[a,b]$和**可积函数空间** $S[a,b]$。

**【例 2.1.5】**$n$ 阶线性齐次微分方程

$$y^{(n)}(x)+a_{n-1}y^{(n-1)}(x)+\cdots+a_1y'(x)+a_0y(x)=0$$

的所有解的集合，按通常的函数加法和数乘函数运算构成复数域 $\mathbf{C}$ 上的线性空间。

**【例 2.1.6】**设 $\mathbf{R}^+$为所有正实数的集合，在其上定义加法运算$\oplus$和数乘运算$\odot$为

$$a\oplus b=ab,k\odot a=a^k\quad(a,b\in\mathbf{R}^+,k\in\mathbf{R})$$

则 $\mathbf{R}^+$对上述加法和数乘运算构成实数域 $\mathbf{R}$ 上的线性空间。其中 $\mathbf{R}^+$中的零元素是数 1，$\mathbf{R}^+$中元素 $a$ 的负元素为 $a^{-1}$。

从上述线性空间的例子中可以看到，许多常见的研究对象都可以在线性空间中作为向量来研究。另外，线性空间中定义的加法和数乘不一定是通常意义上的加法和数乘，只是人为地把这两种运算称为加法与数乘而已。

**定理 2.1.1** 线性空间 $V(F)$具有以下性质。

（1）零向量是唯一的。

（2）任一向量的负向量是唯一的。

（3）对任意的$\boldsymbol{\alpha}\in V(F)$，有 $0\cdot\boldsymbol{\alpha}=\mathbf{0}$，$(-1)\cdot\boldsymbol{\alpha}=-\boldsymbol{\alpha}$；而对任意的数 $k\in F$，有 $k\cdot\mathbf{0}=\mathbf{0}$。

（4）若 $k\cdot\boldsymbol{\alpha}=\mathbf{0}$，则 $k=0$ 或$\boldsymbol{\alpha}=\mathbf{0}$。

（5）若$\boldsymbol{\alpha}+\boldsymbol{\beta}=\boldsymbol{\alpha}+\boldsymbol{\gamma}$，则$\boldsymbol{\beta}=\boldsymbol{\gamma}$。

**注意**：由（3）可定义向量$\boldsymbol{\alpha}$与$\boldsymbol{\beta}$ 的差为$\boldsymbol{\alpha}+(-\boldsymbol{\beta})$，记作$\boldsymbol{\alpha}-\boldsymbol{\beta}$。

## 2.1.2 线性空间的基、维数及向量的坐标

有关实向量空间 $\mathbf{R}^n$ 中向量组的线性相关性可以推广到一般的线性空间 $V(F)$中。

**定义 2.1.2** 设$\{\boldsymbol{\alpha},\boldsymbol{\alpha}_1,\boldsymbol{\alpha}_2,\cdots,\boldsymbol{\alpha}_m\}$是线性空间 $V(F)$的一个向量组，如果存在一组数 $k_1,k_2,\cdots,k_m\in F$，使得

$$\boldsymbol{\alpha}=k_1\boldsymbol{\alpha}_1+k_2\boldsymbol{\alpha}_2+\cdots+k_m\boldsymbol{\alpha}_m$$

则称向量$\boldsymbol{\alpha}$可由向量$\boldsymbol{\alpha},\boldsymbol{\alpha}_1,\boldsymbol{\alpha}_2,\cdots,\boldsymbol{\alpha}_m$向量组$\{\boldsymbol{\alpha}_1,\boldsymbol{\alpha}_2,\cdots,\boldsymbol{\alpha}_m\}$**线性表出**，或$\boldsymbol{\alpha}$是$\boldsymbol{\alpha}_1,\boldsymbol{\alpha}_2,\cdots,\boldsymbol{\alpha}_m$的**线性组合**。

如果存在一组不全为 0 的数 $k_1,k_2,\cdots,k_m\in F$，使得

$$k_1\boldsymbol{\alpha}_1+k_2\boldsymbol{\alpha}_2+\cdots+k_m\boldsymbol{\alpha}_m=\mathbf{0} \tag{2.1.1}$$

则称向量组$\{\boldsymbol{\alpha}_1,\boldsymbol{\alpha}_2,\cdots,\boldsymbol{\alpha}_m\}$是**线性相关**的，否则称其是**线性无关**的，即仅当 $k_1=k_2=\cdots=k_m=0$ 时式（2.1.1）才成立。

**注意**：向量组的线性相关性与数域 $F$ 的选择有关。例如，向量组$\{1,\mathrm{i}\}$，在实数域 $\mathbf{R}$ 上线性无关（$k_1\cdot1+k_2\cdot\mathrm{i}=0\Leftrightarrow k_1=k_2=0$），在复数域 $\mathbf{C}$ 上却线性相关（$1\cdot1+\mathrm{i}\cdot\mathrm{i}=0$），其中 i 为虚数单位。

与实向量空间 $\mathbf{R}^n$ 类似，在线性空间 $V(F)$中下述结论成立。

（1）单个向量$\boldsymbol{\alpha}$ 线性相关的充分必要条件是$\boldsymbol{\alpha}=\mathbf{0}$。

（2）向量组$\{\boldsymbol{\alpha}_1,\boldsymbol{\alpha}_2,\cdots,\boldsymbol{\alpha}_m\}$（$m\geqslant2$）线性相关的充分必要条件是其中至少有一个向量可由其余的向量线性表出。

（3）若向量组的某个部分向量组线性相关，则该向量组线性相关；若向量组线性无关，则其任意非空部分向量组也线性无关。

（4）若向量组$\{\boldsymbol{\alpha}_1,\boldsymbol{\alpha}_2,\cdots,\boldsymbol{\alpha}_m\}$线性无关，而向量组$\{\boldsymbol{\alpha}_1,\boldsymbol{\alpha}_2,\cdots,\boldsymbol{\alpha}_m,\boldsymbol{\beta}\}$线性相关，则向量$\boldsymbol{\beta}$可由$\{\boldsymbol{\alpha}_1,\boldsymbol{\alpha}_2,\cdots,\boldsymbol{\alpha}_m\}$唯一线性表出。

**定义 2.1.3** 设$\{\boldsymbol{\alpha}_1,\boldsymbol{\alpha}_2,\cdots,\boldsymbol{\alpha}_m\}$是线性空间 $V(F)$的一个向量组，如果其部分向量组$\{\boldsymbol{\beta}_1,\boldsymbol{\beta}_2,\cdots,\boldsymbol{\beta}_r\}$满足：

（1）$\{\boldsymbol{\beta}_1,\boldsymbol{\beta}_2,\cdots,\boldsymbol{\beta}_r\}$是线性无关的；

（2）$\{\boldsymbol{\alpha}_1,\boldsymbol{\alpha}_2,\cdots,\boldsymbol{\alpha}_m\}$中任一向量都可由$\{\boldsymbol{\beta}_1,\boldsymbol{\beta}_2,\cdots,\boldsymbol{\beta}_r\}$线性表出。

则称向量组$\{\boldsymbol{\beta}_1,\boldsymbol{\beta}_2,\cdots,\boldsymbol{\beta}_r\}$为$\{\boldsymbol{\alpha}_1,\boldsymbol{\alpha}_2,\cdots,\boldsymbol{\alpha}_m\}$的一个**极大线性无关组**，其所含向量的个数称为$\{\boldsymbol{\alpha}_1,\boldsymbol{\alpha}_2,\cdots,\boldsymbol{\alpha}_m\}$的**秩**，记为 $\mathrm{rank}(\{\boldsymbol{\alpha}_1,\boldsymbol{\alpha}_2,\cdots,\boldsymbol{\alpha}_m\})$。

**定义 2.1.4**　在线性空间 $V(F)$中，如果向量组$\{\boldsymbol{\alpha}_1,\boldsymbol{\alpha}_2,\cdots,\boldsymbol{\alpha}_n\}$满足：

（1）$\{\boldsymbol{\alpha}_1,\boldsymbol{\alpha}_2,\cdots,\boldsymbol{\alpha}_n\}$是线性无关的；

（2）$V(F)$中每个向量$\boldsymbol{\alpha}$都可由$\{\boldsymbol{\alpha}_1,\boldsymbol{\alpha}_2,\cdots,\boldsymbol{\alpha}_n\}$线性表出。

则称向量组$\{\boldsymbol{\alpha}_1,\boldsymbol{\alpha}_2,\cdots,\boldsymbol{\alpha}_n\}$是 $V(F)$的一个**基**，$\boldsymbol{\alpha}_i\ (i=1,2,\cdots,n)$称为第 $i$ 个**基向量**，基中所含向量的个数 $n$ 称为 $V(F)$的**维数**，记为 $\dim V(F)=n$。

维数是 $n$ 的线性空间 $V(F)$称为 $n$ 维线性空间，简记为 $V_n(F)$，也称为**有限维线性空间**。若对于任何正整数 $n$，在 $V(F)$中均可找到 $n$ 个线性无关的向量，则称 $V(F)$为**无限维线性空间**（例如连续函数空间 $C[a,b]$）。只含零向量的线性空间的维数规定为 0，即 $\dim\{\mathbf{0}\}=0$。

**注意**：（1）由基的定义可知，基不过是线性空间中的一个极大线性无关组而已。

（2）线性空间 $V(F)$的维数与数域 $F$ 有关。例如，如果把复数域 $\mathbf{C}$ 看作复制域 $\mathbf{C}$ 上的线性空间，那么它是一维的，$\{1\}$是它的一个基；但是若把复制域 $\mathbf{C}$ 看作实数域 $\mathbf{R}$ 上的线性空间，则它是二维的，且$\{1,\mathrm{i}\}$是它的一个基。

矩阵理论主要研究有限维线性空间的问题，因此，如果没有特别说明，今后所涉及的线性空间均为有限维线性空间。

**【例 2.1.7】**向量组$\{\boldsymbol{e}_1=(1,0,0,\cdots,0)^{\mathrm{T}},\boldsymbol{e}_2=(0,1,0,\cdots,0)^{\mathrm{T}},\cdots,\boldsymbol{e}_n=(0,0,\cdots,0,1)^{\mathrm{T}}\}$是向量空间 $F^n$ 的一个基，$\dim F^n=n$。这个基是向量空间 $\mathbf{R}^n$ 和 $\mathbf{C}^n$ 的一个自然基。

**【例 2.1.8】**求矩阵空间 $\mathbf{R}^{2\times2}$ 的维数与一个基。

**解**：任取矩阵 $\boldsymbol{A}=\begin{pmatrix}a_{11} & a_{12}\\ a_{21} & a_{22}\end{pmatrix}$，有

$$\boldsymbol{A}=a_{11}\begin{pmatrix}1&0\\0&0\end{pmatrix}+a_{12}\begin{pmatrix}0&1\\0&0\end{pmatrix}+a_{21}\begin{pmatrix}0&0\\1&0\end{pmatrix}+a_{22}\begin{pmatrix}0&0\\0&1\end{pmatrix}$$

因此 $\mathbf{R}^{2\times2}$ 中任何一个向量都可由向量组$\{\boldsymbol{E}_{11}，\boldsymbol{E}_{12}，\boldsymbol{E}_{21}，\boldsymbol{E}_{22}\}$线性表出，其中

$$\boldsymbol{E}_{11}=\begin{pmatrix}1&0\\0&0\end{pmatrix},\quad \boldsymbol{E}_{12}=\begin{pmatrix}0&1\\0&0\end{pmatrix},\quad \boldsymbol{E}_{21}=\begin{pmatrix}0&0\\1&0\end{pmatrix},\quad \boldsymbol{E}_{22}=\begin{pmatrix}0&0\\0&1\end{pmatrix}$$

又任取数 $k_i\in\mathbf{R}$，$i=1,2,3,4$，由

$$k_1\boldsymbol{E}_{11}+k_2\boldsymbol{E}_{12}+k_3\boldsymbol{E}_{21}+k_4\boldsymbol{E}_{22}=\begin{pmatrix}k_1&k_2\\k_3&k_4\end{pmatrix}=\boldsymbol{O}$$

得 $k_i=0$，$i=1,2,3,4$，故$\{\boldsymbol{E}_{11},\boldsymbol{E}_{12},\boldsymbol{E}_{21},\boldsymbol{E}_{22}\}$线性无关。

因此$\{\boldsymbol{E}_{11},\boldsymbol{E}_{12},\boldsymbol{E}_{21},\boldsymbol{E}_{22}\}$是 $\mathbf{R}^{2\times2}$ 的一个基，$\dim\mathbf{R}^{2\times2}=4$。

类似地，$\{\boldsymbol{E}_{ij}\mid i=1,2,\cdots,m;j=1,2,\cdots,n\}$是矩阵空间 $\mathbf{R}^{m\times n}$ 的一个自然基，$\dim\mathbf{R}^{m\times n}=mn$。

**【例 2.1.9】**设 $V=\{\boldsymbol{A}_{3\times3}\mid\boldsymbol{A}^{\mathrm{T}}=\boldsymbol{A}\}$是所有三阶实对称矩阵的集合，按照矩阵加法和数乘，$V$ 构成实数域 $\mathbf{R}$ 上的线性空间。对 $V$ 中的任意矩阵 $\boldsymbol{A}=(a_{ij})$，有

$$A = a_{11}\begin{pmatrix}1&0&0\\0&0&0\\0&0&0\end{pmatrix} + a_{12}\begin{pmatrix}0&1&0\\1&0&0\\0&0&0\end{pmatrix} + a_{13}\begin{pmatrix}0&0&1\\0&0&0\\1&0&0\end{pmatrix} +$$

$$a_{22}\begin{pmatrix}0&0&0\\0&1&0\\0&0&0\end{pmatrix} + a_{23}\begin{pmatrix}0&0&0\\0&0&1\\0&1&0\end{pmatrix} + a_{33}\begin{pmatrix}0&0&0\\0&0&0\\0&0&1\end{pmatrix}$$

且向量组$\left\{\begin{pmatrix}1&0&0\\0&0&0\\0&0&0\end{pmatrix},\begin{pmatrix}0&1&0\\1&0&0\\0&0&0\end{pmatrix},\begin{pmatrix}0&0&1\\0&0&0\\1&0&0\end{pmatrix},\begin{pmatrix}0&0&0\\0&1&0\\0&0&0\end{pmatrix},\begin{pmatrix}0&0&0\\0&0&1\\0&1&0\end{pmatrix},\begin{pmatrix}0&0&0\\0&0&0\\0&0&1\end{pmatrix}\right\}$线性无关，故 $\dim V = 6$。

**【例 2.1.10】** 向量组$\{1,x,x^2,\cdots,x^{n-1}\}$是线性空间 $P_n[x]$的一个自然基，$\dim P_n[x] = n$。

**【例 2.1.11】** 验证向量组$\{1,1+x,1+x+x^2,\cdots,1+x+x^2+\cdots+x^{n-1}\}$也是线性空间 $P_n[x]$的一个基。

**解：** 设有一组数 $k_0,k_1,\cdots,k_{n-1}\in\mathbf{R}$，使

$$k_0\cdot 1 + k_1(1+x) + k_2(1+x+x^2)+\cdots+k_{n-1}(1+x+x^2+\cdots+x^{n-1}) = 0$$

成立，整理得到线性方程组

$$\begin{cases} k_0 + k_1 + \cdots + k_{n-1} = 0 \\ \qquad k_1 + \cdots + k_{n-1} = 0 \\ \qquad\qquad \vdots \\ \qquad\qquad k_{n-1} = 0 \end{cases}$$

因该方程组只有零解，故向量组$\{1,1+x,1+x+x^2,\cdots,1+x+x^2+\cdots+x^{n-1}\}$线性无关。

又对 $P_n[x]$中的任意向量 $p(x) = a_0 + a_1x + a_2x^2+\cdots+a_{n-1}x^{n-1}$，设

$$p(x) = k_0\cdot 1 + k_1(1+x) + k_2(1+x+x^2)+\cdots+k_{n-1}(1+x+x^2+\cdots+x^{n-1})$$

则有

$$\begin{cases} k_0 + k_1 + \cdots + k_{n-1} = a_0 \\ \qquad k_1 + \cdots + k_{n-1} = a_1 \\ \qquad\qquad \vdots \\ \qquad\qquad k_{n-1} = a_{n-1} \end{cases}$$

求解得

$$k_0 = a_0 - a_1, k_1 = a_1 - a_2, \cdots, k_{n-2} = a_{n-2} - a_{n-1}, k_{n-1} = a_{n-1}$$

因此 $p(x)$可表示成$\{1,1+x,1+x+x^2,\cdots,1+x+x^2+\cdots+x^{n-1}\}$的线性组合。

综上所述，$\{1,1+x,1+x+x^2,\cdots,1+x+x^2+\cdots+x^{n-1}\}$是线性空间 $P_n[x]$的一个基。

由例 2.1.10 和例 2.1.11 可知，在线性空间 $V_n(F)$中基不是唯一的。

**定理 2.1.2** 线性空间 $V_n(F)$中任意 $n$ 个线性无关的向量构成的向量组都是 $V_n(F)$的基。

**定理 2.1.3（扩基定理）** 设$\{\boldsymbol{\alpha}_1,\boldsymbol{\alpha}_2,\cdots,\boldsymbol{\alpha}_m\}$（$m\leqslant n$）是线性空间 $V_n(F)$的一个线性无关的向量组，则$\{\boldsymbol{\alpha}_1,\boldsymbol{\alpha}_2,\cdots,\boldsymbol{\alpha}_m\}$一定可以扩充成 $V_n(F)$的一个基，即存在 $V_n(F)$中的向量$\{\boldsymbol{\alpha}_{m+1},\cdots,\boldsymbol{\alpha}_n\}$，

使得$\{\boldsymbol{\alpha}_1,\boldsymbol{\alpha}_2,\cdots,\boldsymbol{\alpha}_n\}$为$V_n(F)$的一个基。

在解析几何中，坐标是研究向量的重要工具。在研究有限维线性空间时，向量的坐标也起着同样的作用。

**定义 2.1.5**　设$\{\boldsymbol{\alpha}_1,\boldsymbol{\alpha}_2,\cdots,\boldsymbol{\alpha}_n\}$是线性空间$V_n(F)$的一个基，$\boldsymbol{\alpha}$是$V_n(F)$中的一个向量，且

$$\boldsymbol{\alpha}=x_1\boldsymbol{\alpha}_1+x_2\boldsymbol{\alpha}_2+\cdots+x_n\boldsymbol{\alpha}_n=\begin{pmatrix}\boldsymbol{\alpha}_1 & \boldsymbol{\alpha}_2 & \cdots & \boldsymbol{\alpha}_n\end{pmatrix}\begin{pmatrix}x_1\\x_2\\\vdots\\x_n\end{pmatrix} \tag{2.1.2}$$

则称$\boldsymbol{x}=(x_1,x_2,\cdots,x_n)^{\mathrm{T}}$为向量$\boldsymbol{\alpha}$在基$\{\boldsymbol{\alpha}_1,\boldsymbol{\alpha}_2,\cdots,\boldsymbol{\alpha}_n\}$下的**坐标**。

显然$\boldsymbol{x}\in F^n$。

由于任一向量均可由基唯一表示，因此有下面的定理。

**定理 2.1.4**　在线性空间$V_n(F)$中，任一向量在一个基下的坐标是唯一的。

为了进一步讨论线性空间$V_n(F)$与向量空间$F^n$之间的内在联系，下面介绍映射的相关内容。

**定义 2.1.6**　设$A$和$B$是两个非空集合，如果按照某种法则$f$，使对任意的$\boldsymbol{\alpha}\in A$都有唯一确定的元素$\boldsymbol{\beta}\in B$与之对应，则称$f$为从$A$到$B$的一个**映射**，记作$f$：$A\to B$，或$f(\boldsymbol{\alpha})=\boldsymbol{\beta}$，并称$\boldsymbol{\beta}$为$\boldsymbol{\alpha}$在$f$下的**像**，$\boldsymbol{\alpha}$为$\boldsymbol{\beta}$在$f$下的**像源**或**原像**。

特别地，当$A=B$时，称$f$：$A\to A$是$A$上的一个**变换**。

$A$在$f$下的像的集合记作$f(A)=\{f(\boldsymbol{\alpha})\mid\boldsymbol{\alpha}\in A\}$。显然$f(A)\subseteq B$。

设$f$和$g$都是从$A$到$B$的映射，如果对任意的$\boldsymbol{\alpha}\in A$，都有$f(\boldsymbol{\alpha})=g(\boldsymbol{\alpha})$，则称映射$f$和$g$是相等的，记作$f=g$。

设$f$为从$A$到$B$的一个映射，

（1）如果对任意的$\boldsymbol{\alpha}_1,\boldsymbol{\alpha}_2\in A$，当$\boldsymbol{\alpha}_1\neq\boldsymbol{\alpha}_2$时都有$f(\boldsymbol{\alpha}_1)\neq f(\boldsymbol{\alpha}_2)$，或当$f(\boldsymbol{\alpha}_1)=f(\boldsymbol{\alpha}_2)$时都有$\boldsymbol{\alpha}_1=\boldsymbol{\alpha}_2$，则称$f$是**单射**或**一对一**的；

（2）如果对任意的$\boldsymbol{\beta}\in B$，都存在$\boldsymbol{\alpha}\in A$，使得$f(\boldsymbol{\alpha})=\boldsymbol{\beta}$（或$f(A)=B$），则称$f$是**满射**或**映上**的；

（3）如果$f$既是单射又是满射，则称$f$是**双射**或**一一对应**的。

**定义 2.1.7**　设$V_n(F)$与$V_n^*(F)$同为数域$F$上的两个线性空间，若存在双射$T$：$V_n(F)\to V_n^*(F)$，使得对任意的$\boldsymbol{\alpha},\boldsymbol{\beta}\in V_n(F)$和$k\in F$，都有

$$T(\boldsymbol{\alpha}+\boldsymbol{\beta})=T(\boldsymbol{\alpha})+T(\boldsymbol{\beta})$$
$$T(k\boldsymbol{\alpha})=kT(\boldsymbol{\alpha})$$

则称线性空间$V_n(F)$与$V_n^*(F)$是同构的，并且称$T$是$V_n(F)$与$V_n^*(F)$的**同构映射**。

**定理 2.1.5**　数域$F$上的任何$n$维线性空间$V_n(F)$都与向量空间$F^n$同构。

**推论 2.1.1**　设$\{\boldsymbol{\beta}_1,\boldsymbol{\beta}_2,\cdots,\boldsymbol{\beta}_m\}$是线性空间$V_n(F)$的任一向量组，它们在一个基$\{\boldsymbol{\alpha}_1,\boldsymbol{\alpha}_2,\cdots,\boldsymbol{\alpha}_n\}$下的坐标向量组为$\{\boldsymbol{x}_1,\boldsymbol{x}_2,\cdots,\boldsymbol{x}_m\}$，则$\{\boldsymbol{\beta}_1,\boldsymbol{\beta}_2,\cdots,\boldsymbol{\beta}_m\}$在$V_n(F)$中线性相关的充分必要条件是$\{\boldsymbol{x}_1,\boldsymbol{x}_2,\cdots,\boldsymbol{x}_m\}$在$F^n$中线性相关。

因此，当线性空间 $V_n(F)$中的基确定之后，可以借助于向量空间 $F^n$ 中已有的结论和方法来研究一般线性空间 $V_n(F)$的线性关系。例如，在 $V_n(F)$中进行向量之间的代数运算时，可以考虑在与其同构的线性空间 $F^n$ 中进行对应坐标向量的代数运算。

**【例 2.1.12】** 设在 $\mathbf{R}^{2\times 2}$ 中有向量组$\{\boldsymbol{A}_1,\boldsymbol{A}_2,\boldsymbol{A}_3,\boldsymbol{A}_4\}$，其中

$$\boldsymbol{A}_1=\begin{pmatrix}1&1\\1&2\end{pmatrix},\boldsymbol{A}_2=\begin{pmatrix}0&2\\1&3\end{pmatrix},\boldsymbol{A}_3=\begin{pmatrix}3&1\\0&1\end{pmatrix},\boldsymbol{A}_4=\begin{pmatrix}2&-4\\-3&-7\end{pmatrix}$$

（1）求该向量组的秩和极大线性无关组；

（2）把其余的向量表示成极大线性无关组的线性组合。

**解：** 向量组$\{\boldsymbol{A}_1,\boldsymbol{A}_2,\boldsymbol{A}_3,\boldsymbol{A}_4\}$在自然基$\{\boldsymbol{E}_{11},\boldsymbol{E}_{12},\boldsymbol{E}_{21},\boldsymbol{E}_{22}\}$下的坐标向量分别为 $\boldsymbol{x}_1,\boldsymbol{x}_2,\boldsymbol{x}_3,\boldsymbol{x}_4$，构成矩阵 $\boldsymbol{A}$。利用矩阵的初等行变换将矩阵 $\boldsymbol{A}$ 化为如下行最简形矩阵

$$\boldsymbol{A}=(\boldsymbol{x}_1\ \boldsymbol{x}_2\ \boldsymbol{x}_3\ \boldsymbol{x}_4)=\begin{pmatrix}1&0&3&2\\1&2&1&-4\\1&1&0&-3\\2&3&1&-7\end{pmatrix}\to\begin{pmatrix}1&0&0&-1\\0&1&0&-2\\0&0&1&1\\0&0&0&0\end{pmatrix}$$

于是

（1）向量组的秩为 3，向量组$\{\boldsymbol{A}_1,\boldsymbol{A}_2,\boldsymbol{A}_3,\boldsymbol{A}_4\}$线性相关，$\{\boldsymbol{A}_1,\boldsymbol{A}_2,\boldsymbol{A}_3\}$为一极大线性无关组（$\{\boldsymbol{A}_1,\boldsymbol{A}_2,\boldsymbol{A}_4\}$也为一极大线性无关组）；

（2）$\boldsymbol{A}_4=-\boldsymbol{A}_1-2\boldsymbol{A}_2+\boldsymbol{A}_3$。

## 2.1.3 基变换与坐标变换

在线性空间 $V_n(F)$中，基的选择不是唯一的，而向量的坐标依赖于基的选择，因此，同一个向量在不同基下的坐标一般是不相同的。那么，$V_n(F)$中的两个基之间以及同一个向量在不同基下的坐标之间有何联系呢？

**定义 2.1.8** 设$\{\boldsymbol{\alpha}_1,\boldsymbol{\alpha}_2,\cdots,\boldsymbol{\alpha}_n\}$和$\{\boldsymbol{\beta}_1,\boldsymbol{\beta}_2,\cdots,\boldsymbol{\beta}_n\}$是线性空间 $V_n(F)$中的两个基，且

$$\begin{cases}\boldsymbol{\beta}_1=p_{11}\boldsymbol{\alpha}_1+p_{21}\boldsymbol{\alpha}_2+\cdots+p_{n1}\boldsymbol{\alpha}_n\\ \boldsymbol{\beta}_2=p_{12}\boldsymbol{\alpha}_1+p_{22}\boldsymbol{\alpha}_2+\cdots+p_{n2}\boldsymbol{\alpha}_n\\ \quad\vdots\\ \boldsymbol{\beta}_n=p_{1n}\boldsymbol{\alpha}_1+p_{2n}\boldsymbol{\alpha}_2+\cdots+p_{nn}\boldsymbol{\alpha}_n\end{cases}$$

改写成矩阵形式为

$$(\boldsymbol{\beta}_1,\boldsymbol{\beta}_2,\cdots,\boldsymbol{\beta}_n)=(\boldsymbol{\alpha}_1,\boldsymbol{\alpha}_2,\cdots,\boldsymbol{\alpha}_n)\begin{pmatrix}p_{11}&p_{12}&\cdots&p_{1n}\\p_{21}&p_{22}&\cdots&p_{2n}\\\vdots&\vdots&&\vdots\\p_{n1}&p_{n2}&\cdots&p_{nn}\end{pmatrix}\tag{2.1.3}$$

则式（2.1.3）称为由基$\{\boldsymbol{\alpha}_1,\boldsymbol{\alpha}_2,\cdots,\boldsymbol{\alpha}_n\}$到基$\{\boldsymbol{\beta}_1,\boldsymbol{\beta}_2,\cdots,\boldsymbol{\beta}_n\}$的**基变换公式**，矩阵 $\boldsymbol{P}=(p_{ij})$称为由基$\{\boldsymbol{\alpha}_1,\boldsymbol{\alpha}_2,\cdots,\boldsymbol{\alpha}_n\}$到基$\{\boldsymbol{\beta}_1,\boldsymbol{\beta}_2,\cdots,\boldsymbol{\beta}_n\}$的**变换矩阵**（也称为**过渡矩阵**）。

**注意：** 过渡矩阵 $\boldsymbol{P}$ 的第 $j$ 列是 $\{\boldsymbol{\beta}_1,\boldsymbol{\beta}_2,\cdots,\boldsymbol{\beta}_n\}$ 中向量 $\boldsymbol{\beta}_j$（$j=1,2,\cdots,n$）在基 $\{\boldsymbol{\alpha}_1,\boldsymbol{\alpha}_2,\cdots,\boldsymbol{\alpha}_n\}$ 下的坐标向量。

**定理 2.1.6**　设线性空间 $V_n(F)$ 的向量 $\boldsymbol{\alpha}$，在基 $\{\boldsymbol{\alpha}_1,\boldsymbol{\alpha}_2,\cdots,\boldsymbol{\alpha}_n\}$ 下的坐标是 $\boldsymbol{x}=(x_1,x_2,\cdots,x_n)^{\mathrm{T}}$，在基 $\{\boldsymbol{\beta}_1,\boldsymbol{\beta}_2,\cdots,\boldsymbol{\beta}_n\}$ 下的坐标是 $\boldsymbol{y}=(y_1,y_2,\cdots,y_n)^{\mathrm{T}}$，且由基 $\{\boldsymbol{\alpha}_1,\boldsymbol{\alpha}_2,\cdots,\boldsymbol{\alpha}_n\}$ 到基 $\{\boldsymbol{\beta}_1,\boldsymbol{\beta}_2,\cdots,\boldsymbol{\beta}_n\}$ 的基变换矩阵为 $\boldsymbol{P}$，则 $\boldsymbol{P}$ 是可逆的，且

$$\boldsymbol{x}=\boldsymbol{P}\boldsymbol{y} \text{ 或 } \boldsymbol{y}=\boldsymbol{P}^{-1}\boldsymbol{x} \tag{2.1.4}$$

式（2.1.4）称为**坐标变换公式**。

**证明**　如果 $\boldsymbol{P}$ 是不可逆的，则线性方程组 $\boldsymbol{P}\boldsymbol{x}=\boldsymbol{0}$ 有非零解，即存在 $\boldsymbol{x}_0=(x_{10},x_{20},\cdots,x_{n0})^{\mathrm{T}}\neq\boldsymbol{0}$，使得 $\boldsymbol{P}\boldsymbol{x}_0=\boldsymbol{0}$。由于

$$(\boldsymbol{\beta}_1\quad\boldsymbol{\beta}_2\quad\cdots\quad\boldsymbol{\beta}_n)=(\boldsymbol{\alpha}_1\quad\boldsymbol{\alpha}_2\quad\cdots\quad\boldsymbol{\alpha}_n)\boldsymbol{P}$$

因此

$$x_{10}\boldsymbol{\beta}_1+x_{20}\boldsymbol{\beta}_2+\cdots+x_{n0}\boldsymbol{\beta}_n=(\boldsymbol{\beta}_1\ \boldsymbol{\beta}_2\ \cdots\ \boldsymbol{\beta}_n)\boldsymbol{x}_0=(\boldsymbol{\alpha}_1\quad\boldsymbol{\alpha}_2\quad\cdots\quad\boldsymbol{\alpha}_n)\boldsymbol{P}\boldsymbol{x}_0=\boldsymbol{0}$$

此与 $\{\boldsymbol{\beta}_1,\boldsymbol{\beta}_2,\cdots,\boldsymbol{\beta}_n\}$ 线性无关（因为是基）矛盾，故 $\boldsymbol{P}$ 是可逆的。

因为

$$\boldsymbol{\alpha}=(\boldsymbol{\alpha}_1\ \boldsymbol{\alpha}_2\ \cdots\ \boldsymbol{\alpha}_n)\boldsymbol{x},\ \boldsymbol{\alpha}=(\boldsymbol{\beta}_1\ \boldsymbol{\beta}_2\ \cdots\ \boldsymbol{\beta}_n)\boldsymbol{y}$$

所以

$$\boldsymbol{\alpha}=(\boldsymbol{\beta}_1\ \boldsymbol{\beta}_2\ \cdots\ \boldsymbol{\beta}_n)\boldsymbol{y}=(\boldsymbol{\alpha}_1\ \boldsymbol{\alpha}_2\ \cdots\ \boldsymbol{\alpha}_n)\boldsymbol{P}\boldsymbol{y}=(\boldsymbol{\alpha}_1\ \boldsymbol{\alpha}_2\ \cdots\ \boldsymbol{\alpha}_n)\boldsymbol{x}$$

由于 $\{\boldsymbol{\alpha}_1,\boldsymbol{\alpha}_2,\cdots,\boldsymbol{\alpha}_n\}$ 是基，而 $\boldsymbol{\alpha}$ 在该基下的坐标唯一，因此 $\boldsymbol{x}=\boldsymbol{P}\boldsymbol{y}$。

**推论 2.1.2**　如果由基 $\{\boldsymbol{\alpha}_1,\boldsymbol{\alpha}_2,\cdots,\boldsymbol{\alpha}_n\}$ 到基 $\{\boldsymbol{\beta}_1,\boldsymbol{\beta}_2,\cdots,\boldsymbol{\beta}_n\}$ 的过渡矩阵为 $\boldsymbol{P}$，那么由基 $\{\boldsymbol{\beta}_1,\boldsymbol{\beta}_2,\cdots,\boldsymbol{\beta}_n\}$ 到基 $\{\boldsymbol{\alpha}_1,\boldsymbol{\alpha}_2,\cdots,\boldsymbol{\alpha}_n\}$ 的过渡矩阵为 $\boldsymbol{P}^{-1}$。

**【例 2.1.13】** 在线性空间 $\mathbf{R}^{2\times2}$ 中，求从基 $\{\boldsymbol{A}_1,\boldsymbol{A}_2,\boldsymbol{A}_3,\boldsymbol{A}_4\}$ 到基 $\{\boldsymbol{B}_1,\boldsymbol{B}_2,\boldsymbol{B}_3,\boldsymbol{B}_4\}$ 的过渡矩阵 $\boldsymbol{P}$，其中

$$\boldsymbol{A}_1=\begin{pmatrix}2&1\\0&1\end{pmatrix},\ \boldsymbol{A}_2=\begin{pmatrix}0&1\\2&2\end{pmatrix},\ \boldsymbol{A}_3=\begin{pmatrix}-2&1\\1&2\end{pmatrix},\ \boldsymbol{A}_4=\begin{pmatrix}1&3\\1&2\end{pmatrix}$$

$$\boldsymbol{B}_1=\begin{pmatrix}1&2\\-1&0\end{pmatrix},\ \boldsymbol{B}_2=\begin{pmatrix}1&-1\\1&1\end{pmatrix},\ \boldsymbol{B}_3=\begin{pmatrix}-1&2\\1&1\end{pmatrix},\ \boldsymbol{B}_4=\begin{pmatrix}-1&-1\\0&1\end{pmatrix}$$

**解：** 取 $\mathbf{R}^{2\times2}$ 中的自然基 $\{\boldsymbol{E}_{11},\boldsymbol{E}_{12},\boldsymbol{E}_{21},\boldsymbol{E}_{22}\}$。设 $\boldsymbol{P}_1,\boldsymbol{P}_2$ 分别为从自然基到基 $\{\boldsymbol{A}_1,\boldsymbol{A}_2,\boldsymbol{A}_3,\boldsymbol{A}_4\}$ 和从自然基到基 $\{\boldsymbol{B}_1,\boldsymbol{B}_2,\boldsymbol{B}_3,\boldsymbol{B}_4\}$ 的过渡矩阵，即

$$(\boldsymbol{A}_1\quad\boldsymbol{A}_2\quad\boldsymbol{A}_3\quad\boldsymbol{A}_4)=(\boldsymbol{E}_{11}\quad\boldsymbol{E}_{12}\quad\boldsymbol{E}_{21}\quad\boldsymbol{E}_{22})\boldsymbol{P}_1$$
$$(\boldsymbol{B}_1\quad\boldsymbol{B}_2\quad\boldsymbol{B}_3\quad\boldsymbol{B}_4)=(\boldsymbol{E}_{11}\quad\boldsymbol{E}_{12}\quad\boldsymbol{E}_{21}\quad\boldsymbol{E}_{22})\boldsymbol{P}_2$$

其中

$$\boldsymbol{P}_1=\begin{pmatrix}2&0&-2&1\\1&1&1&3\\0&2&1&1\\1&2&2&2\end{pmatrix},\boldsymbol{P}_2=\begin{pmatrix}1&1&-1&-1\\2&-1&2&-1\\-1&1&1&0\\0&1&1&1\end{pmatrix}$$

则有

$$(\boldsymbol{B}_1\quad \boldsymbol{B}_2\quad \boldsymbol{B}_3\quad \boldsymbol{B}_4)=(\boldsymbol{E}_{11}\quad \boldsymbol{E}_{12}\quad \boldsymbol{E}_{21}\quad \boldsymbol{E}_{22})\boldsymbol{P}_2=(\boldsymbol{A}_1\quad \boldsymbol{A}_2\quad \boldsymbol{A}_3\quad \boldsymbol{A}_4)\boldsymbol{P}_1^{-1}\boldsymbol{P}_2$$

所以从基$\{\boldsymbol{A}_1,\boldsymbol{A}_2,\boldsymbol{A}_3,\boldsymbol{A}_4\}$到基$\{\boldsymbol{B}_1,\boldsymbol{B}_2,\boldsymbol{B}_3,\boldsymbol{B}_4\}$的过渡矩阵为

$$\boldsymbol{P}=\boldsymbol{P}_1^{-1}\boldsymbol{P}_2=\begin{pmatrix}0&1&-1&1\\-1&1&0&0\\0&0&0&1\\1&-1&1&-1\end{pmatrix}$$

**【例 2.1.14】** 在线性空间 $V_4(F)$中有两个基$\{\boldsymbol{\alpha}_1,\boldsymbol{\alpha}_2,\boldsymbol{\alpha}_3,\boldsymbol{\alpha}_4\}$和$\{\boldsymbol{\beta}_1,\boldsymbol{\beta}_2,\boldsymbol{\beta}_3,\boldsymbol{\beta}_4\}$，并且

$$\boldsymbol{\alpha}_1+2\boldsymbol{\alpha}_2=\boldsymbol{\beta}_3,\boldsymbol{\alpha}_2+2\boldsymbol{\alpha}_3=\boldsymbol{\beta}_4,\ \boldsymbol{\beta}_1+2\boldsymbol{\beta}_2=\boldsymbol{\alpha}_3,\boldsymbol{\beta}_2+2\boldsymbol{\beta}_3=\boldsymbol{\alpha}_4$$

求从$\{\boldsymbol{\alpha}_1,\boldsymbol{\alpha}_2,\boldsymbol{\alpha}_3,\boldsymbol{\alpha}_4\}$到$\{\boldsymbol{\beta}_1,\boldsymbol{\beta}_2,\boldsymbol{\beta}_3,\boldsymbol{\beta}_4\}$的过渡矩阵 $\boldsymbol{P}$，并求向量$\boldsymbol{\alpha}=\boldsymbol{\alpha}_1+2\boldsymbol{\alpha}_2-\boldsymbol{\alpha}_4$ 在基$\{\boldsymbol{\beta}_1,\boldsymbol{\beta}_2,\boldsymbol{\beta}_3,\boldsymbol{\beta}_4\}$下的坐标。

**解：** 由已知条件得

$$\boldsymbol{\beta}_1=4\boldsymbol{\alpha}_1+8\boldsymbol{\alpha}_2+\boldsymbol{\alpha}_3-2\boldsymbol{\alpha}_4,\boldsymbol{\beta}_2=-2\boldsymbol{\alpha}_1-4\boldsymbol{\alpha}_2+\boldsymbol{\alpha}_4,\boldsymbol{\beta}_3=\boldsymbol{\alpha}_1+2\boldsymbol{\alpha}_2,\boldsymbol{\beta}_4=\boldsymbol{\alpha}_2+2\boldsymbol{\alpha}_3$$

所以从基$\{\boldsymbol{\alpha}_1,\boldsymbol{\alpha}_2,\boldsymbol{\alpha}_3,\boldsymbol{\alpha}_4\}$到基$\{\boldsymbol{\beta}_1,\boldsymbol{\beta}_2,\boldsymbol{\beta}_3,\boldsymbol{\beta}_4\}$的过渡矩阵为

$$\boldsymbol{P}=\begin{pmatrix}4&-2&1&0\\8&-4&2&1\\1&0&0&2\\-2&1&0&0\end{pmatrix}$$

显然，向量$\boldsymbol{\alpha}=\boldsymbol{\alpha}_1+2\boldsymbol{\alpha}_2-\boldsymbol{\alpha}_4$ 在基$\{\boldsymbol{\alpha}_1,\ \boldsymbol{\alpha}_2,\ \boldsymbol{\alpha}_3,\ \boldsymbol{\alpha}_4\}$下的坐标是$\boldsymbol{x}=(1,\ 2,\ 0,\ -1)^{\mathrm{T}}$。根据定理 2.1.6，$\boldsymbol{\alpha}$在基$\{\boldsymbol{\beta}_1,\ \boldsymbol{\beta}_2,\ \boldsymbol{\beta}_3,\ \boldsymbol{\beta}_4\}$下的坐标为

$$\boldsymbol{y}=\begin{pmatrix}4&-2&1&0\\8&-4&2&1\\1&0&0&2\\-2&1&0&0\end{pmatrix}^{-1}\begin{pmatrix}1\\2\\0\\-1\end{pmatrix}=\begin{pmatrix}0\\-1\\-1\\0\end{pmatrix}$$

# 2.2 线性子空间

本节将对线性空间的子空间的概念和子空间之间的关系进行介绍。

## 2.2.1 子空间的概念

**定义 2.2.1** 设 $W$ 是线性空间 $V(F)$的一个非空子集，如果 $W$ 对 $V(F)$中所定义的加法和数乘运算封闭，即满足以下条件：

（1）对任意的$\boldsymbol{\alpha},\boldsymbol{\beta}\in W$，有$\boldsymbol{\alpha}+\boldsymbol{\beta}\in W$；

（2）对任意的$\boldsymbol{\alpha}\in W$，$k\in F$，有 $k\boldsymbol{\alpha}\in W$。

则称 $W$ 是线性空间 $V(F)$的**线性子空间**，简称**子空间**。

定义中的（1）（2）可合二为一，即对任意的$\boldsymbol{\alpha},\boldsymbol{\beta}\in W$ 和 $k,l\in F$，都有 $k\boldsymbol{\alpha}+l\boldsymbol{\beta}\in W$。

**注意**：（1）线性子空间 $W$ 也是线性空间，因为它除了对 $V(F)$中所定义的加法和数乘运算封闭以外，还满足相应的运算规律。

（2）线性空间 $V(F)$和零空间$\{\mathbf{0}\}$都是 $V(F)$的线性子空间，称它们为**平凡子空间**或**假子空间**，其他的子空间称为**非平凡子空间**或**真子空间**。

既然线性子空间也是线性空间，那么在线性子空间中也有基、维数等概念。

**【例 2.2.1】**$\mathbf{R}^{3\times3}$ 中所有反对称矩阵的集合 $W_1=\{\boldsymbol{A}\mid \boldsymbol{A}^{\mathrm{T}}=-\boldsymbol{A}\}$是 $\mathbf{R}^{3\times3}$ 的一个子空间。对 $W_1$ 中任意矩阵 $\boldsymbol{A}=(a_{ij})$，有

$$\boldsymbol{A}=\begin{pmatrix}0&a_{12}&a_{13}\\-a_{12}&0&a_{23}\\-a_{13}&-a_{23}&0\end{pmatrix}=a_{12}\begin{pmatrix}0&1&0\\-1&0&0\\0&0&0\end{pmatrix}+a_{13}\begin{pmatrix}0&0&1\\0&0&0\\-1&0&0\end{pmatrix}+a_{23}\begin{pmatrix}0&0&0\\0&0&1\\0&-1&0\end{pmatrix}$$

且$\begin{pmatrix}0&1&0\\-1&0&0\\0&0&0\end{pmatrix}$、$\begin{pmatrix}0&0&1\\0&0&0\\-1&0&0\end{pmatrix}$、$\begin{pmatrix}0&0&0\\0&0&1\\0&-1&0\end{pmatrix}$线性无关，构成 $W_1$ 的一个基，故 $\dim W_1=3$。

**【例 2.2.2】**$\mathbf{R}^3$ 的子集 $W_2=\{(x_1,x_2,x_3)^{\mathrm{T}}\mid x_1-2x_2=0\}$是 $\mathbf{R}^3$ 的一个子空间。对 $W_2$ 中的任意向量$(x_1,x_1/2,x_3)^{\mathrm{T}}$，有

$$(x_1,x_1/2,x_3)^{\mathrm{T}}=x_1(1,1/2,0)^{\mathrm{T}}+x_3(0,0,1)^{\mathrm{T}}$$

且$(1,1/2,0)^{\mathrm{T}}$、$(0,0,1)^{\mathrm{T}}$线性无关，构成 $W_2$ 的一个基，故 $\dim W_2=2$。

**【例 2.2.3】**$\mathbf{R}^{n\times n}$ 中所有正交矩阵的集合 $W_3=\{\boldsymbol{A}\mid \boldsymbol{A}^{\mathrm{T}}\boldsymbol{A}=\boldsymbol{E}\}$不是 $\mathbf{R}^{n\times n}$ 的子空间，其中 $\boldsymbol{E}$ 为同阶的单位矩阵。

常用下面的方法得到子空间。

**1. 向量组生成的子空间**

设$\{\boldsymbol{\alpha}_1,\boldsymbol{\alpha}_2,\cdots,\boldsymbol{\alpha}_m\}$是线性空间 $V(F)$中的一个向量组，可以证明它的所有线性组合构成的集合

$$W=\{k_1\boldsymbol{\alpha}_1+k_2\boldsymbol{\alpha}_2+\cdots+k_m\boldsymbol{\alpha}_m\mid k_i\in F,i=1,2,\cdots,m\}$$

是 $V(F)$的子空间，称为由 $V(F)$中向量$\{\boldsymbol{\alpha}_1,\boldsymbol{\alpha}_2,\cdots,\boldsymbol{\alpha}_m\}$**生成的子空间**，记为

$$L(\boldsymbol{\alpha}_1,\boldsymbol{\alpha}_2,\cdots,\boldsymbol{\alpha}_m)\text{或 }\mathrm{span}\{\boldsymbol{\alpha}_1,\boldsymbol{\alpha}_2,\cdots,\boldsymbol{\alpha}_m\}$$

其中$\boldsymbol{\alpha}_1,\boldsymbol{\alpha}_2,\cdots,\boldsymbol{\alpha}_m$ 称为子空间 $W$ 的**一组生成元**。

**定理 2.2.1**　设$\{\boldsymbol{\alpha}_1,\boldsymbol{\alpha}_2,\cdots,\boldsymbol{\alpha}_m\}$是线性空间 $V(F)$中的一个向量组，则

$$\dim L(\alpha_1,\alpha_2,\cdots,\alpha_m)=\operatorname{rank}\{\alpha_1,\alpha_2,\cdots,\alpha_m\}$$

**推论 2.2.1** 如果$\{\alpha_1,\alpha_2,\cdots,\alpha_n\}$是 $V_n(F)$的一个基，则 $V_n(F)=L(\alpha_1,\alpha_2,\cdots,\alpha_n)$。

**【例 2.2.4】** $P_n[x]=L(1,x,x^2,\cdots,x^{n-1})=L(1,1+x,1+x+x^2,\cdots,1+x+x^2+\cdots+x^{n-1})$。

2. **矩阵的像空间与零空间**

设矩阵 $\boldsymbol{A}=(\boldsymbol{A}_1,\boldsymbol{A}_2,\cdots,\boldsymbol{A}_n)\in F^{m\times n}$，其中 $\boldsymbol{A}_j\in F^m$ 是 $\boldsymbol{A}$ 的第 $j$ 个列向量，$j=1,2,\cdots,n$，记

$$R(\boldsymbol{A})=\{\boldsymbol{y}\mid \boldsymbol{y}=\boldsymbol{A}\boldsymbol{x},\boldsymbol{x}\in F^n\}$$
$$N(\boldsymbol{A})=\{\boldsymbol{x}\mid \boldsymbol{A}\boldsymbol{x}=\boldsymbol{0},\boldsymbol{x}\in F^n\}$$

根据通常向量的加法和数乘，集合 $R(\boldsymbol{A})$是 $m$ 维向量空间 $F^m$ 的一个子空间，集合 $N(\boldsymbol{A})$是 $n$ 维向量空间 $F^n$ 的一个子空间，且 $\dim R(\boldsymbol{A})+\dim N(\boldsymbol{A})=n$。

事实上，因为 $\boldsymbol{0}\in F^n$，所以 $\boldsymbol{0}=\boldsymbol{A}\boldsymbol{0}\in F^m$，$R(\boldsymbol{A})$非空。对任意的 $\boldsymbol{x}=(x_1,x_2,\cdots,x_n)^{\mathrm{T}}\in F^n$，因为 $\boldsymbol{y}=\boldsymbol{A}\boldsymbol{x}=x_1\boldsymbol{A}_1+x_2\boldsymbol{A}_2+\cdots+x_n\boldsymbol{A}_n$，所以

$$R(\boldsymbol{A})=\{x_1\boldsymbol{A}_1+x_2\boldsymbol{A}_2+\cdots+x_n\boldsymbol{A}_n\}=L(\boldsymbol{A}_1,\boldsymbol{A}_2,\cdots,\boldsymbol{A}_n)$$

由此 $R(\boldsymbol{A})$是 $F^m$ 的一个子空间，称为矩阵 $\boldsymbol{A}$ 的**像空间**或**列空间**。

同理可证，$N(\boldsymbol{A})$是 $F^n$ 的一个子空间。显然，$N(\boldsymbol{A})$是齐次线性方程组 $\boldsymbol{A}\boldsymbol{x}=\boldsymbol{0}$ 的解空间，也称为矩阵 $\boldsymbol{A}$ 的**零空间**或**核空间**。

由于 $\dim R(\boldsymbol{A})=\operatorname{rank}(\boldsymbol{A})$，$\dim N(\boldsymbol{A})=n-\operatorname{rank}(\boldsymbol{A})$，因此 $\dim R(\boldsymbol{A})+\dim N(\boldsymbol{A})=n$。

**【例 2.2.5】** 求矩阵 $\boldsymbol{A}=\begin{pmatrix}1&0&2&-1\\2&1&3&-2\\-1&2&-4&1\\0&3&-3&0\end{pmatrix}$的像空间和零空间。

**解：** 利用矩阵的初等行变换将 $\boldsymbol{A}$ 化简为

$$\begin{pmatrix}1&0&2&-1\\0&1&-1&0\\0&0&0&0\\0&0&0&0\end{pmatrix}$$

故 $R(\boldsymbol{A})=L(\boldsymbol{A}_1,\boldsymbol{A}_2,\boldsymbol{A}_3,\boldsymbol{A}_4)=L(\boldsymbol{A}_1,\boldsymbol{A}_2)\subseteq\mathbf{R}^4$，且 $\dim R(\boldsymbol{A})=2$。

解齐次线性方程组 $\boldsymbol{A}\boldsymbol{x}=\boldsymbol{0}$，得到两个线性无关的解

$$\boldsymbol{x}^{(1)}=(-2,1,1,0)^{\mathrm{T}},\ \boldsymbol{x}^{(2)}=(1,0,0,1)^{\mathrm{T}}$$

故

$$N(\boldsymbol{A})=L(\boldsymbol{x}^{(1)},\boldsymbol{x}^{(2)})\subseteq\mathbf{R}^4,\ \dim N(\boldsymbol{A})=2$$

### 2.2.2 子空间的交、和与直和

本小节讨论通过已知子空间的运算来构造一些新子空间的问题。

1. 子空间的交

**定理 2.2.2** 设 $W_1$ 和 $W_2$ 是线性空间 $V(F)$的两个子空间，则它们的交

$$W_1 \cap W_2 = \{\boldsymbol{\alpha} \mid \boldsymbol{\alpha} \in W_1 \text{ 且 } \boldsymbol{\alpha} \in W_2\}$$

也是 $V(F)$的子空间，称为 $W_1$ 和 $W_2$ 的**交空间**。

**推论 2.2.2** 设 $W_1 = L(\boldsymbol{\alpha}_1,\boldsymbol{\alpha}_2,\cdots,\boldsymbol{\alpha}_s)$，$W_2 = L(\boldsymbol{\beta}_1,\boldsymbol{\beta}_2,\cdots,\boldsymbol{\beta}_t)$是线性空间 $V(F)$的两个子空间，则它们的交空间为

$$W_1 \cap W_2 = L(\boldsymbol{\gamma}_1, \boldsymbol{\gamma}_2,\cdots,\boldsymbol{\gamma}_r) \qquad (r \leqslant s,\ t)$$

其中$\{\boldsymbol{\gamma}_1,\boldsymbol{\gamma}_2,\cdots,\boldsymbol{\gamma}_r\}$为向量组$\{\boldsymbol{\alpha}_1,\boldsymbol{\alpha}_2,\cdots,\boldsymbol{\alpha}_s,\boldsymbol{\beta}_1,\boldsymbol{\beta}_2,\cdots,\boldsymbol{\beta}_t\}$的一个极大线性无关组，即 $W_1 \cap W_2$ 的一个基。

2. 子空间的和

**定理 2.2.3** 设 $W_1$ 和 $W_2$ 是线性空间 $V(F)$的两个子空间，则它们的和

$$W_1 + W_2 = \{\boldsymbol{\alpha}_1 + \boldsymbol{\alpha}_2 \mid \boldsymbol{\alpha}_1 \in W_1, \boldsymbol{\alpha}_2 \in W_2\}$$

也是 $V(F)$的子空间，称为 $W_1$ 和 $W_2$ 的**和空间**。

**推论 2.2.3** 设 $W_1 = L(\boldsymbol{\alpha}_1,\boldsymbol{\alpha}_2,\cdots,\boldsymbol{\alpha}_s)$，$W_2 = L(\boldsymbol{\beta}_1,\boldsymbol{\beta}_2,\cdots,\boldsymbol{\beta}_t)$是线性空间 $V(F)$的两个子空间，则它们的和空间为

$$W_1 + W_2 = L(\boldsymbol{\alpha}_1,\boldsymbol{\alpha}_2,\cdots,\boldsymbol{\alpha}_s,\boldsymbol{\beta}_1,\boldsymbol{\beta}_2,\cdots,\boldsymbol{\beta}_t)$$

**注意：**$W_1 \cup W_2$ 不是 $V(F)$的子空间。

**【例 2.2.6】**$W_1 = L(\boldsymbol{e}_1,\boldsymbol{e}_2)$（$xOy$ 坐标面），$W_2 = L(\boldsymbol{e}_1,\boldsymbol{e}_3)$（$xOz$ 坐标面）是 $\mathbf{R}^3$ 的两个子空间，则 $W_1 \cap W_2 = L(\boldsymbol{e}_1)$（$x$ 轴），$W_1 + W_2 = L(\boldsymbol{e}_1,\boldsymbol{e}_2,\boldsymbol{e}_3) = \mathbf{R}^3$ 仍为 $\mathbf{R}^3$ 的子空间。但 $W_1 \cup W_2$ 却不是 $\mathbf{R}^3$ 的子空间。事实上，$\boldsymbol{e}_1,\boldsymbol{e}_2 \in W_1 \cup W_2$，但 $\boldsymbol{e}_1 + \boldsymbol{e}_2 \notin W_1 \cup W_2$，即 $W_1 \cup W_2$ 对加法运算没有封闭性。

3. 子空间及其交与和的维数公式

由于线性子空间 $W$ 中不可能比在整个线性空间 $V$ 中有更多数目的线性无关的向量，因此 $\dim W \leqslant \dim V$。

设 $W_1$ 和 $W_2$ 是 $V_n(F)$的两个线性子空间，则显然有以下包含关系

$$W_1 \cap W_2 \subseteq W_i \subseteq W_1 + W_2 \subseteq V_n(F) \qquad (i = 1,2)$$

故

$$\dim(W_1 \cap W_2) \leqslant \dim(W_i) \leqslant \dim(W_1 + W_2) \leqslant n \qquad (i = 1,2)$$

在例 2.2.6 中，$\dim W_1 = 2$，$\dim W_2 = 2$，$\dim(W_1 \cap W_2) = 1$，$\dim(W_1 + W_2) = 3$，它们之间存在关系

$$\dim W_1 + \dim W_2 = \dim(W_1 + W_2) + \dim(W_1 \cap W_2)$$

这个关系也适用于有限维线性空间任意两个子空间及其交与和之间的维数。

**定理 2.2.4（维数公式）** 设 $W_1$ 和 $W_2$ 是 $V_n(F)$的两个线性子空间，则

$$\dim W_1 + \dim W_2 = \dim(W_1 + W_2) + \dim(W_1 \cap W_2) \tag{2.2.1}$$

**注意：**维数公式的证明过程，也提供了寻找交空间与和空间的基与维数的方法。

**【例 2.2.7】**设 $W_1 = L(\boldsymbol{\alpha}_1,\boldsymbol{\alpha}_2,\boldsymbol{\alpha}_3)$，$W_2 = L(\boldsymbol{\beta}_1,\boldsymbol{\beta}_2)$是 $\mathbf{R}^4$ 的两个子空间，其中

$\boldsymbol{\alpha}_1 = (1,2,1,0)^{\mathrm{T}}$，$\boldsymbol{\alpha}_2 = (-1,1,1,1)^{\mathrm{T}}$，$\boldsymbol{\alpha}_3 = (0,3,2,1)^{\mathrm{T}}$，$\boldsymbol{\beta}_1 = (2,-1,0,1)^{\mathrm{T}}$，$\boldsymbol{\beta}_2 = (1,-1,3,7)^{\mathrm{T}}$

求 $W_1+W_2$、$W_1 \cap W_2$ 及其维数。

**解：**$W_1 + W_2 = L(\boldsymbol{\alpha}_1,\boldsymbol{\alpha}_2,\boldsymbol{\alpha}_3) + L(\boldsymbol{\beta}_1,\boldsymbol{\beta}_2) = L(\boldsymbol{\alpha}_1,\boldsymbol{\alpha}_2,\boldsymbol{\alpha}_3,\boldsymbol{\beta}_1,\boldsymbol{\beta}_2)$，因为

$$(\boldsymbol{\alpha}_1\ \ \boldsymbol{\alpha}_2\ \ \boldsymbol{\alpha}_3\ \ \boldsymbol{\beta}_1\ \ \boldsymbol{\beta}_2) = \begin{pmatrix} 1 & -1 & 0 & 2 & 1 \\ 2 & 1 & 3 & -1 & -1 \\ 1 & 1 & 2 & 0 & 3 \\ 0 & 1 & 1 & 1 & 7 \end{pmatrix} \to \begin{pmatrix} 1 & -1 & 0 & 2 & 1 \\ 0 & 1 & 1 & 1 & 7 \\ 0 & 0 & 0 & 1 & 3 \\ 0 & 0 & 0 & 0 & 0 \end{pmatrix}$$

所以$\{\boldsymbol{\alpha}_1,\boldsymbol{\alpha}_2,\boldsymbol{\beta}_1\}$是 $W_1 + W_2$ 的一个基，由此，$W_1 + W_2 = L(\boldsymbol{\alpha}_1,\boldsymbol{\alpha}_2,\boldsymbol{\beta}_1)$，且 $\dim(W_1 + W_2) = 3$。

由于$\boldsymbol{\alpha}_3 = \boldsymbol{\alpha}_1 + \boldsymbol{\alpha}_2$，而$\{\boldsymbol{\alpha}_1,\boldsymbol{\alpha}_2\}$线性无关，因此$\{\boldsymbol{\alpha}_1,\boldsymbol{\alpha}_2\}$是 $W_1$ 的一个基，$W_1 = L(\boldsymbol{\alpha}_1,\boldsymbol{\alpha}_2)$。

由于$\{\boldsymbol{\beta}_1,\boldsymbol{\beta}_2\}$线性无关，因此$\{\boldsymbol{\beta}_1,\boldsymbol{\beta}_2\}$是 $W_2$ 的一个基，$W_2 = L(\boldsymbol{\beta}_1,\boldsymbol{\beta}_2)$。

$\forall \boldsymbol{\alpha} \in W_1 \cap W_2$，则存在 $x_i \in \mathbf{R}$，$i= 1,2,3,4$，使得

$$\boldsymbol{\alpha} = x_1\boldsymbol{\alpha}_1 + x_2\boldsymbol{\alpha}_2 = x_3\boldsymbol{\beta}_1 + x_4\boldsymbol{\beta}_2$$

化简得

$$x_1\boldsymbol{\alpha}_1 + x_2\boldsymbol{\alpha}_2 - x_3\boldsymbol{\beta}_1 - x_4\boldsymbol{\beta}_2 = \mathbf{0}$$

解齐次线性方程组$(\boldsymbol{\alpha}_1\ \boldsymbol{\alpha}_2 - \boldsymbol{\beta}_1 - \boldsymbol{\beta}_2)\boldsymbol{x} = \mathbf{0}$，得一个基础解系为

$$\boldsymbol{x} = (-1,4,-3,1)^{\mathrm{T}}$$

故

$$W_1 \cap W_2 = L(-\boldsymbol{\alpha}_1 + 4\boldsymbol{\alpha}_2)\text{或 } L(-3\boldsymbol{\beta}_1 + \boldsymbol{\beta}_2)$$

### 4. 子空间的直和

由维数公式，因为 $\dim(W_1 \cap W_2) \geqslant 0$，所以 $\dim(W_1 + W_2) \leqslant \dim W_1 + \dim W_2$。为使 $\dim(W_1 + W_2) = \dim W_1 + \dim W_2$，要且只要 $\dim(W_1 \cap W_2) = 0$，即 $W_1 \cap W_2 = \{\mathbf{0}\}$。

**定义 2.2.2** 设 $W_1$ 和 $W_2$ 是线性空间 $V_n(F)$的两个子空间，如果 $W_1 \cap W_2 = \{\mathbf{0}\}$，则称 $W_1 + W_2$ 是 $W_1$、$W_2$ 的**直和**，记为 $W_1 \oplus W_2$。

**定理 2.2.5** 设 $W_1$ 和 $W_2$ 是线性空间 $V_n(F)$的两个子空间，则 $W_1 + W_2 = W_1 \oplus W_2$ 的充分必要条件是下列条件之一成立：

（1）$W_1 \cap W_2 = \{\mathbf{0}\}$。

（2）$\forall \boldsymbol{\alpha} \in W_1 + W_2$，$\boldsymbol{\alpha}$的分解式$\boldsymbol{\alpha} = \boldsymbol{\alpha}_1 + \boldsymbol{\alpha}_2\ (\boldsymbol{\alpha}_1 \in W_1，\boldsymbol{\alpha}_2 \in W_2)$唯一。

（3）$W_1 + W_2$ 中零向量的分解式 $\mathbf{0} = \mathbf{0}_1 + \mathbf{0}_2\ (\mathbf{0}_1 \in W_1，\mathbf{0}_2 \in W_2)$唯一。

（4）$\dim(W_1 + W_2) = \dim W_1 + \dim W_2$。

**推论 2.2.4**　如果$\{\boldsymbol{\alpha}_1,\boldsymbol{\alpha}_2,\cdots,\boldsymbol{\alpha}_s\}$是 $W_1$ 的基，$\{\boldsymbol{\beta}_1,\boldsymbol{\beta}_2,\cdots,\boldsymbol{\beta}_t\}$是 $W_2$ 的基，且 $W_1+W_2$ 是直和，那么$\{\boldsymbol{\alpha}_1,\cdots,\boldsymbol{\alpha}_s,\boldsymbol{\beta}_1,\cdots,\boldsymbol{\beta}_t\}$是 $W_1+W_2$ 的基。

**定义 2.2.3**　设 $W_1$ 是线性空间 $V_n(F)$的子空间，若存在 $V_n(F)$的子空间 $W_2$，使 $V_n(F)=W_1+W_2$，则称 $W_2$ 为 $V_n(F)$关于 $W_1$ 的**补空间**。

显然，若 $W_2$ 为 $V_n(F)$关于 $W_1$ 的补空间，则 $W_1$ 也为 $V_n(F)$关于 $W_2$ 的补空间。常称 $W_1$ 和 $W_2$ 为 $V_n(F)$的**互补的子空间**。

**定理 2.2.6**　设 $W_1$ 是线性空间 $V_n(F)$的一个子空间，则必存在 $V_n(F)$的子空间 $W_2$，使得 $V_n(F)=W_1\oplus W_2$，并称 $W_2$ 为 $W_1$ 的**直和补子空间**。

**证明**　如果 $W_1=V_n(F)$，则取 $W_2=\{\mathbf{0}\}$。如果 $W_1=\{\mathbf{0}\}$，则取 $W_2=V_n(F)$。

如果 $W_1\neq V_n(F)$且 $W_1\neq\{\mathbf{0}\}$，取 $W_1$ 的基$\{\boldsymbol{\alpha}_1,\boldsymbol{\alpha}_2,\cdots,\boldsymbol{\alpha}_m\}(m<n)$，则由扩基定理将$\{\boldsymbol{\alpha}_1,\boldsymbol{\alpha}_2,\cdots,\boldsymbol{\alpha}_m\}$扩充为 $V_n(F)$的一个基$\{\boldsymbol{\alpha}_1,\cdots,\boldsymbol{\alpha}_m,\boldsymbol{\alpha}_{m+1},\cdots,\boldsymbol{\alpha}_n\}$。令 $W_2=L(\boldsymbol{\alpha}_{m+1},\cdots,\boldsymbol{\alpha}_n)$，则 $W_1\cap W_2=L(\mathbf{0})$，且 $V_n(F)=W_1\oplus W_2$。

【**例 2.2.8**】设$\{\boldsymbol{\alpha}_1,\boldsymbol{\alpha}_2,\boldsymbol{\alpha}_3,\boldsymbol{\alpha}_4\}$是向量空间 $\mathbf{R}^4$ 的一个基，$W_1=L(2\boldsymbol{\alpha}_1+\boldsymbol{\alpha}_2,\boldsymbol{\alpha}_1)$，$W_2=L(\boldsymbol{\alpha}_3-\boldsymbol{\alpha}_4,\boldsymbol{\alpha}_1+\boldsymbol{\alpha}_4)$，证明：$\mathbf{R}^4=W_1\oplus W_2$。

**证**：$W_1+W_2=L(2\boldsymbol{\alpha}_1+\boldsymbol{\alpha}_2,\boldsymbol{\alpha}_1,\boldsymbol{\alpha}_3-\boldsymbol{\alpha}_4,\boldsymbol{\alpha}_1+\boldsymbol{\alpha}_4)$。经过初等列变换，有

$$(2\boldsymbol{\alpha}_1+\boldsymbol{\alpha}_2\quad \boldsymbol{\alpha}_1\quad \boldsymbol{\alpha}_3-\boldsymbol{\alpha}_4\quad \boldsymbol{\alpha}_1+\boldsymbol{\alpha}_4)\to(\boldsymbol{\alpha}_2\quad \boldsymbol{\alpha}_1\quad \boldsymbol{\alpha}_3+\boldsymbol{\alpha}_1\quad \boldsymbol{\alpha}_1+\boldsymbol{\alpha}_4)\to(\boldsymbol{\alpha}_1\quad \boldsymbol{\alpha}_2\quad \boldsymbol{\alpha}_3\quad \boldsymbol{\alpha}_4)$$

故

$$W_1+W_2=L(2\boldsymbol{\alpha}_1+\boldsymbol{\alpha}_2,\boldsymbol{\alpha}_1,\boldsymbol{\alpha}_3-\boldsymbol{\alpha}_4,\boldsymbol{\alpha}_1+\boldsymbol{\alpha}_4)=L(\boldsymbol{\alpha}_1,\boldsymbol{\alpha}_2,\boldsymbol{\alpha}_3,\boldsymbol{\alpha}_4)=\mathbf{R}^4$$

因$\{2\boldsymbol{\alpha}_1+\boldsymbol{\alpha}_2,\boldsymbol{\alpha}_1,\boldsymbol{\alpha}_3-\boldsymbol{\alpha}_4,\boldsymbol{\alpha}_1+\boldsymbol{\alpha}_4\}$线性无关，故有 $\dim W_1=\dim W_2=2$，$\dim(W_1+W_2)=4$，因而 $\dim(W_1\cap W_2)=2+2-4=0$。于是，$\mathbf{R}^4=W_1\oplus W_2$。

**注意**：（1）可以将子空间的交、和与直和的概念推广到有限多个子空间的情形。

（2）如果能将一个线性空间分解成若干个子空间的直和，则可将该线性空间的研究转化为对这些较简单的子空间的研究。

【**例 2.2.9**】线性空间 $W_1=L(\boldsymbol{e}_1),W_2=L(\boldsymbol{e}_2),W_3=L(\boldsymbol{e}_3)$是 $\mathbf{R}^3$ 的 3 个子空间，而且

$$W_i\cap W_j=L(\mathbf{0})\qquad(i\neq j,i,j=1,2,3)$$

故

$$\mathbf{R}^3=W_1\oplus W_2\oplus W_3$$

# 2.3　线性变换

线性变换是线性空间自身的一种最简单也最重要的变换，它在数学的各个分支中都是重要的工具。本节仅讨论有限维线性空间的线性变换，主要借助于矩阵来表示并刻画它们的各

种性质。

## 2.3.1 线性变换的概念及其性质

### 1. 线性映射和线性变换的定义

**定义 2.3.1** 设 $V_n(F)$和 $V_m(F)$是两个线性空间，如果映射 $T$：$V_n(F) \to V_m(F)$满足

（1）$\forall \boldsymbol{\alpha}$，$\boldsymbol{\beta} \in V_n(F)$，有 $T(\boldsymbol{\alpha}+\boldsymbol{\beta}) = T(\boldsymbol{\alpha}) + T(\boldsymbol{\beta})$；

（2）$\forall \boldsymbol{\alpha} \in V_n(F)$，$\forall k \in F$，有 $T(k\boldsymbol{\alpha}) = kT(\boldsymbol{\alpha})$。

则称 $T$ 为从 $V_n(F)$到 $V_m(F)$的一个**线性映射**或**线性算子**。

特别地，当 $V_n(F) = V_m(F)$时，称 $T$：$V_n(F) \to V_n(F)$是 $V_n(F)$上的一个**线性变换**。

可将条件（1）（2）合二为一，即对任意的$\boldsymbol{\alpha}$，$\boldsymbol{\beta} \in V_n(F)$和 $k$，$l \in F$，都有

$$T(k\boldsymbol{\alpha} + l\boldsymbol{\beta}) = kT(\boldsymbol{\alpha}) + lT(\boldsymbol{\beta})$$

满足上述公式的映射称为“保持线性性质的映射”。一般地

$$T(k_1\boldsymbol{\alpha}_1 + k_2\boldsymbol{\alpha}_2 + \cdots + k_m\boldsymbol{\alpha}_m) = k_1T(\boldsymbol{\alpha}_1) + k_2T(\boldsymbol{\alpha}_2) + \cdots + k_mT(\boldsymbol{\alpha}_m)$$

即任意一组向量的线性组合求像等同于它们求像再做同样的线性组合。

在 $V_n(F)$上的线性变换中存在以下两个特殊的变换：

（1）如果对任意的$\boldsymbol{\alpha} \in V_n(F)$，恒有 $T(\boldsymbol{\alpha}) = \mathbf{0}$，则称 $T$ 是**零变换**，记为 $O$；

（2）如果对任意的$\boldsymbol{\alpha} \in V_n(F)$，恒有 $T(\boldsymbol{\alpha}) = \boldsymbol{\alpha}$，则称 $T$ 是**恒等变换**，记为 $I$。

**【例 2.3.1】** 在 $xOy$ 平面上的正投影映射 $T_1((x,y,z)^{\mathrm{T}}) = (x,y,0)^{\mathrm{T}}$ 是 $\mathbf{R}^3$ 上的一个线性变换。

**【例 2.3.2】** 设 $\boldsymbol{w}$ 是平面$\pi$的一个单位法矢量，则 $T_2(\boldsymbol{\alpha}) = \boldsymbol{\alpha} - \boldsymbol{w}\boldsymbol{w}^{\mathrm{T}}\boldsymbol{\alpha}$是 $\mathbf{R}^3$ 上的一个线性变换。

**【例 2.3.3】** 以 $xOy$ 平面为镜子的镜像映射 $T_3((x,y,z)^{\mathrm{T}}) = (x,y,-z)^{\mathrm{T}}$ 是 $\mathbf{R}^3$ 上的一个线性变换。一般地，$\mathbf{R}^3$ 上以平面$\pi$为镜子的镜像映射为 $T(\boldsymbol{\alpha}) = \boldsymbol{\alpha} - 2\boldsymbol{w}\boldsymbol{w}^{\mathrm{T}}\boldsymbol{\alpha}$，$\boldsymbol{w}$ 同例 2.3.2。

**【例 2.3.4】** 把 $\mathbf{R}^2$ 的所有向量均绕着坐标原点以逆时针方向旋转$\theta$度的变换 $T_4$ 是 $\mathbf{R}^2$ 上的一个线性变换

$$T_4\begin{pmatrix} x \\ y \end{pmatrix} = \begin{pmatrix} \cos\theta & \sin\theta \\ -\sin\theta & \cos\theta \end{pmatrix}\begin{pmatrix} x \\ y \end{pmatrix}$$

**【例 2.3.5】** 微分映射 $T_5(f(t)) = Df(t) = f'(t)$是线性空间 $P_n[t]$上的一个线性变换，其中 $D$ 为微分算子。

**【例 2.3.6】** 设矩阵 $\boldsymbol{A} \in \mathbf{R}^{m\times n}$，$T_6(\boldsymbol{x}) = \boldsymbol{A}\boldsymbol{x}$ 是 $\mathbf{R}^n$ 到 $\mathbf{R}^m$ 的一个线性映射。

**【例 2.3.7】** 设$\boldsymbol{\alpha} \in \mathbf{R}^2$,$T_7(\boldsymbol{x}) = \boldsymbol{x} + \boldsymbol{\alpha}$不是 $\mathbf{R}^2$ 上的线性变换。

### 2. 线性变换的简单性质

**定义 2.3.2** 设 $T_1$，$T_2$ 是 $V_n(F) \to V_m(F)$的两个线性映射，若对任意$\boldsymbol{\alpha} \in V_n(F)$，都有 $T_1(\boldsymbol{\alpha}) = T_2(\boldsymbol{\alpha})$，则称 $T_1$ 与 $T_2$ **相等**，记作 $T_1 = T_2$。

**定理 2.3.1**　设$\{\boldsymbol{\alpha}_1,\boldsymbol{\alpha}_2,\cdots,\boldsymbol{\alpha}_n\}$是线性空间 $V_n(F)$的一个基，则 $V_n(F)$上的线性变换 $T_1 = T_2$ 的充分必要条件是 $T_1(\boldsymbol{\alpha}_i) = T_2(\boldsymbol{\alpha}_i)$，$i=1,2,\cdots,n$。

**定理 2.3.2**　线性空间 $V_n(F)$上的线性变换 $T$ 具有以下性质。

（1）$T(\mathbf{0}) = \mathbf{0}$，即线性变换将零向量变成零向量。

（2）$T(-\boldsymbol{\alpha}) = -T(\boldsymbol{\alpha}),\forall \boldsymbol{\alpha}\in V_n(F)$。

（3）若向量组$\{\boldsymbol{\alpha}_1,\boldsymbol{\alpha}_2,\cdots,\boldsymbol{\alpha}_m\}$线性相关，则像向量组$\{T(\boldsymbol{\alpha}_1),T(\boldsymbol{\alpha}_2),\cdots,T(\boldsymbol{\alpha}_m)\}$也线性相关，但反之不然。

（4）若线性变换 $T$ 是一个单射，且向量组$\{\boldsymbol{\alpha}_1,\boldsymbol{\alpha}_2,\cdots,\boldsymbol{\alpha}_m\}$线性无关，则像向量组$\{T(\boldsymbol{\alpha}_1),T(\boldsymbol{\alpha}_2),\cdots,T(\boldsymbol{\alpha}_m)\}$也线性无关。

### 3. 线性变换的值域与核

**定义 2.3.3**　设 $T$ 是线性空间 $V_n(F)$上的线性变换，$V_n(F)$中所有元素在 $T$ 下的像构成的集合称为 $T$ 的**值域**，记为 $R(T)$，即

$$R(T) = T(V_n) = \{T(\boldsymbol{\alpha}) \mid \boldsymbol{\alpha}\in V_n(F)\} \tag{2.3.1}$$

$V_n(F)$中所有被 $T$ 变成零向量的向量构成的集合称为 $T$ 的**核**，记为 $N(T)$或 $\ker(T)$，即

$$N(T) = \ker(T) = \{\boldsymbol{\alpha} \mid T(\boldsymbol{\alpha}) = \mathbf{0},\ \boldsymbol{\alpha}\in V_n(F)\} \tag{2.3.2}$$

**定理 2.3.3**　设 $T$ 是线性空间 $V_n(F)$上的线性变换，则 $R(T)$和 $N(T)$都是 $V_n(F)$的子空间，分别称为 $T$ 的**像空间**和**零空间**（或**核空间**），且 $\dim V_n(F) = \dim R(T) + \dim N(T)$。

称 $\dim R(T)$为线性变换 $T$ 的**秩**，$\dim N(T)$为线性变换 $T$ 的**零度**。

如果 $\dim V_n(F) = \dim R(T) + \dim N(T)$，那么是否有 $V_n(F) = R(T) + N(T)$?

在 $P_{n-1}[x]$中，令 $T(p) = p'$，则 $R(T) = P_{n-2}[x]$，$N(T) = \mathbf{R}$。显然，$R(T) + N(T) \neq P_{n-1}[x]$。

**推论 2.3.1**　设$\{\boldsymbol{\alpha}_1,\boldsymbol{\alpha}_2,\cdots,\boldsymbol{\alpha}_n\}$是线性空间 $V_n(F)$的一个基，$T$ 是 $V_n(F)$上的线性变换，则

$$R(T) = L(T(\boldsymbol{\alpha}_1),T(\boldsymbol{\alpha}_2),\cdots,T(\boldsymbol{\alpha}_n))$$

**【例 2.3.8】** 在 $\mathbf{R}^3$ 上定义 $T\boldsymbol{x} = \boldsymbol{A}\boldsymbol{x}$，其中 $\boldsymbol{A} = \begin{pmatrix}1&1&0\\1&1&0\\0&0&1\end{pmatrix}$，求线性变换 $T$ 的值域和核，并确定其秩与零度。

**解：** 令 $\boldsymbol{A} = (\boldsymbol{A}_1,\boldsymbol{A}_2,\boldsymbol{A}_3)$，$\boldsymbol{x} = (x_1,x_2,x_3)^{\mathrm{T}}$，则有

$$R(T) = \{x_1\boldsymbol{A}_1 + x_2\boldsymbol{A}_2 + x_3\boldsymbol{A}_3\} = L(\boldsymbol{A}_1,\boldsymbol{A}_3)$$

其中 $\boldsymbol{A}_1 = (1,1,0)^{\mathrm{T}} = \boldsymbol{A}_2$，$\boldsymbol{A}_3 = (0,0,1)^{\mathrm{T}}$。

或者由 $T(\boldsymbol{e}_1) = (1,1,0)^{\mathrm{T}} = \boldsymbol{A}_1 = T(\boldsymbol{e}_2)$，$T(\boldsymbol{e}_3) = (0,0,1)^{\mathrm{T}} = \boldsymbol{A}_3$ 得

$$R(T) = L(T(\boldsymbol{e}_1),T(\boldsymbol{e}_2),T(\boldsymbol{e}_3)) = L(\boldsymbol{A}_1,\boldsymbol{A}_3)$$

满足 $\boldsymbol{A}\boldsymbol{x} = \mathbf{0}$ 的 $\boldsymbol{x} = k(1,-1,0)^{\mathrm{T}} = k\boldsymbol{\alpha}$（$k$ 为任意实数），所以 $N(T) = L(\boldsymbol{\alpha}), \boldsymbol{\alpha}=(1,-1,0)^{\mathrm{T}}$。

由此得到，$T$ 的秩为 $\dim R(T) = 2$，$T$ 的零度为 $\dim N(T) = 1$。

## 2.3.2 线性变换的运算

当线性空间 $V_n(F)$上定义有多个线性变换时，常常通过它们的运算得到一些新的线性变换。

**定义 2.3.4** 设 $S$、$T$ 是线性空间 $V_n(F)$上的两个线性变换，定义它们的运算如下。

（1）线性变换的**和**

$$(S+T)(\boldsymbol{\alpha})=S(\boldsymbol{\alpha})+T(\boldsymbol{\alpha}),\ \forall\boldsymbol{\alpha}\in V_n(F)$$

（2）线性变换的**数乘**

$$(kT)(\boldsymbol{\alpha})=kT(\boldsymbol{\alpha}),\ \forall\boldsymbol{\alpha}\in V_n(F)\text{和 } k\in F$$

（3）线性变换的**乘积**

$$(ST)(\boldsymbol{\alpha})=S(T(\boldsymbol{\alpha})),\ \forall\boldsymbol{\alpha}\in V_n(F)$$

（4）线性变换的**逆变换**

对线性变换 $S$，如果存在线性变换 $T$，使得 $ST=TS=I$（恒等变换），则称 $S$ 是可逆的变换，并称 $T$ 为 $S$ 的逆变换，记作 $T=S^{-1}$。

**注意：**（1）线性变换的和、数乘、乘积、逆变换仍是线性变换。

（2）线性变换可逆的充分必要条件是该线性变换为双射。

（3）按上面定义的加法和数乘运算，线性空间 $V(F)$上的所有线性变换的集合构成数域 $F$ 上的线性空间。

（4）线性变换的乘积一般不满足交换律。例如，对任意的$\boldsymbol{\alpha}=(x,y)^{\mathrm{T}}\in\mathbf{R}^2$，定义线性变换 $S$、$T$ 如下：

$$S(\boldsymbol{\alpha})=(y,x)^{\mathrm{T}},\ T(\boldsymbol{\alpha})=(x,0)^{\mathrm{T}}$$

因为

$$(ST)(\boldsymbol{\alpha})=S(T(\boldsymbol{\alpha}))=(0,x)^{\mathrm{T}}$$
$$(TS)(\boldsymbol{\alpha})=T(S(\boldsymbol{\alpha}))=(y,0)^{\mathrm{T}}$$

所以，$ST\neq TS$。

关于 $V_n(F)$上的线性变换 $T$ 的**幂运算**可定义如下：

$$T^0=I,\ T^n=T^{n-1}T\text{（称为 }T\text{ 的 }n\text{ 次幂）},\ T^{-n}=(T^{-1})^n\text{（当 }T^{-1}\text{存在时）}$$

其中 $n$ 为正整数。

类似于矩阵的情形，满足 $T^2=T$ 的线性变换 $T$ 称为**幂等变换**；满足 $T^k=O$（$k$ 为正整数）的线性变换 $T$ 称为**幂零变换**。

**【例 2.3.9】** 对任意的$\boldsymbol{\alpha}=(x_1,x_2,\cdots,x_n)^{\mathrm{T}}\in\mathbf{R}^n$，定义

$$S(\boldsymbol{\alpha})=(x_1,0,\cdots,0)^{\mathrm{T}},\ T(\boldsymbol{\alpha})=(0,x_2,\cdots,x_n)^{\mathrm{T}}$$

则 $S$ 和 $T$ 均为 $\mathbf{R}^n$ 上的线性变换，且 $S$ 和 $T$ 都是幂等变换，而 $ST$ 与 $TS$ 都是幂零变换。

设 $T$ 是线性空间 $V(F)$上的线性变换，$p(x)=a_mx^m+\cdots+a_1x+a_0$ 为数域 $F$ 上的多项式，令

$$p(T)=a_mT^m+\cdots+a_1T+a_0I$$

显然，$p(T)$是一个线性变换，称之为线性变换 $T$ 的**多项式**。

易证，如果 $f(t)$和 $g(t)$都是多项式，且 $p(t)=f(t)+g(t)$，$q(t)=f(t)g(t)$，则

$$p(T)=f(T)+g(T),\ q(T)=f(T)g(T)$$

特别地，$f(T)g(T)=g(T)f(T)$，即同一线性变换的多项式相乘可交换。

### 2.3.3 线性变换的矩阵

在有限维线性空间中，可以用坐标来具体表示一个抽象的向量，这里要用矩阵来表示一个抽象的线性变换，从而把抽象的线性变换用具体的矩阵来处理。

设$\{\boldsymbol{\alpha}_1,\boldsymbol{\alpha}_2,\cdots,\boldsymbol{\alpha}_n\}$是线性空间 $V_n(F)$的一个基，$T$ 是 $V_n(F)$上的一个线性变换，由于基向量$\boldsymbol{\alpha}_j$的像 $T(\boldsymbol{\alpha}_j)\in V_n(F)$，因此 $T(\boldsymbol{\alpha}_j)$可以由这个基线性表出为

$$T(\boldsymbol{\alpha}_j)=a_{1j}\boldsymbol{\alpha}_1+a_{2j}\boldsymbol{\alpha}_2+\cdots+a_{nj}\boldsymbol{\alpha}_n \qquad (j=1,2,\cdots,n)$$

记

$$T(\boldsymbol{\alpha}_1\ \ \boldsymbol{\alpha}_2\ \ \cdots\ \ \boldsymbol{\alpha}_n)=(T(\boldsymbol{\alpha}_1)\ \ T(\boldsymbol{\alpha}_2)\ \ \cdots\ \ T(\boldsymbol{\alpha}_n)),\ \boldsymbol{A}=(a_{ij})$$

写成矩阵形式为

$$T(\boldsymbol{\alpha}_1\ \ \boldsymbol{\alpha}_2\ \ \cdots\ \ \boldsymbol{\alpha}_n)=(\boldsymbol{\alpha}_1\ \ \boldsymbol{\alpha}_2\ \ \cdots\ \ \boldsymbol{\alpha}_n)\boldsymbol{A}$$

**定义 2.3.5** 设$\{\boldsymbol{\alpha}_1,\boldsymbol{\alpha}_2,\cdots,\boldsymbol{\alpha}_n\}$是线性空间 $V_n(F)$的一个基，$T$ 是 $V_n(F)$上的一个线性变换，若存在 $n$ 阶方阵 $\boldsymbol{A}\in F^{m\times n}$，使得

$$T(\boldsymbol{\alpha}_1\ \ \boldsymbol{\alpha}_2\ \ \cdots\ \ \boldsymbol{\alpha}_n)=(\boldsymbol{\alpha}_1\ \ \boldsymbol{\alpha}_2\ \ \cdots\ \ \boldsymbol{\alpha}_n)\boldsymbol{A} \qquad (2.3.3)$$

则称 $\boldsymbol{A}$ 为线性变换 $T$ 在基$\{\boldsymbol{\alpha}_1,\boldsymbol{\alpha}_2,\cdots,\boldsymbol{\alpha}_n\}$下的**矩阵**，简称 $\boldsymbol{A}$ 是 $T$ 的矩阵。

**注意**：（1）矩阵 $\boldsymbol{A}$ 的第 $j$ 列 $\boldsymbol{A}_j$ 由 $T(\boldsymbol{\alpha}_j)$在基$\{\boldsymbol{\alpha}_1,\boldsymbol{\alpha}_2,\cdots,\boldsymbol{\alpha}_n\}$下的坐标构成，其中 $j=1,2,\cdots,n$。

（2）式（2.3.3）说明，线性空间 $V_n(F)$上的一个线性变换 $T$ 在给定的基$\{\boldsymbol{\alpha}_1,\boldsymbol{\alpha}_2,\cdots,\boldsymbol{\alpha}_n\}$下可以唯一地确定一个矩阵 $\boldsymbol{A}$。反之，给定矩阵 $\boldsymbol{A}=(\boldsymbol{A}_1,\boldsymbol{A}_2,\cdots,\boldsymbol{A}_n)\in F^{n\times n}$，若定义基$\{\boldsymbol{\alpha}_1,\boldsymbol{\alpha}_2,\cdots,\boldsymbol{\alpha}_n\}$的像为 $T(\boldsymbol{\alpha}_j)=(\boldsymbol{\alpha}_1\ \ \boldsymbol{\alpha}_2\ \ \cdots\ \ \boldsymbol{\alpha}_n)\boldsymbol{A}_j$，$j=1,2,\cdots,n$，则 $\boldsymbol{A}$ 决定了 $V_n(F)$上的一个线性变换 $T$，满足式（2.3.3）。因此，通过线性空间的一个基，我们在线性变换与矩阵之间建立了一个一一对应关系。

**定理 2.3.4** 设 $\boldsymbol{A}$ 与 $\boldsymbol{B}$ 分别为线性空间 $V_n(F)$上的线性变换 $S$ 与 $T$ 在基$\{\boldsymbol{\alpha}_1,\boldsymbol{\alpha}_2,\cdots,\boldsymbol{\alpha}_n\}$下的矩阵，则在这个基下有：

（1）$S+T$ 的矩阵是 $\boldsymbol{A}+\boldsymbol{B}$；

（2）$kS$ 的矩阵是 $k\boldsymbol{A}$，$k\in F$；

（3）$ST$ 的矩阵是 $\boldsymbol{AB}$；

（4）若 $S$ 可逆，则 $S^{-1}$ 的矩阵是 $\boldsymbol{A}^{-1}$。

给定 $V_n(F)$的一个基之后，向量$\boldsymbol{\alpha}$与其像 $T(\boldsymbol{\alpha})$在这个基下的坐标之间有什么关系呢？

**定理 2.3.5** 设线性空间 $V_n(F)$ 上的线性变换 $T$ 在基 $\{\boldsymbol{\alpha}_1,\boldsymbol{\alpha}_2,\cdots,\boldsymbol{\alpha}_n\}$ 下的矩阵为 $\boldsymbol{A}$，向量 $\boldsymbol{\alpha}$ 在该基下的坐标为 $\boldsymbol{x}$，则其像 $T(\boldsymbol{\alpha})$ 在该基下的坐标为 $\boldsymbol{y}=\boldsymbol{A}\boldsymbol{x}$。

**证明** 因为

$$\boldsymbol{\alpha}=(\boldsymbol{\alpha}_1\quad \boldsymbol{\alpha}_2\quad \cdots\quad \boldsymbol{\alpha}_n)\boldsymbol{x} \tag{2.3.4}$$

$$T(\boldsymbol{\alpha})=(\boldsymbol{\alpha}_1\quad \boldsymbol{\alpha}_2\quad \cdots\quad \boldsymbol{\alpha}_n)\boldsymbol{y} \tag{2.3.5}$$

则由式（2.3.3）得

$$T(\boldsymbol{\alpha})=T((\boldsymbol{\alpha}_1\quad \boldsymbol{\alpha}_2\quad \cdots\quad \boldsymbol{\alpha}_n)\boldsymbol{x})=(\boldsymbol{\alpha}_1\quad \boldsymbol{\alpha}_2\quad \cdots\quad \boldsymbol{\alpha}_n)\boldsymbol{A}\boldsymbol{x}$$

与式（2.3.5）对比得

$$\boldsymbol{y}=\boldsymbol{A}\boldsymbol{x}$$

从而定理得证。

定理 2.3.5 给出了在给定基下，向量 $\boldsymbol{\alpha}$ 与其像 $T(\boldsymbol{\alpha})$ 的坐标的变换公式。进一步地，线性变换的矩阵是如何随着基的变化而变化的呢？

**定理 2.3.6** 设 $T$ 是线性空间 $V_n(F)$ 上的线性变换，$T$ 在 $V_n(F)$ 的两个基 $\{\boldsymbol{\xi}_1,\boldsymbol{\xi}_2,\cdots,\boldsymbol{\xi}_n\}$ 和 $\{\boldsymbol{\eta}_1,\boldsymbol{\eta}_2,\cdots,\boldsymbol{\eta}_n\}$ 下的矩阵分别为 $\boldsymbol{A}$ 和 $\boldsymbol{B}$，且由基 $\{\boldsymbol{\xi}_1,\boldsymbol{\xi}_2,\cdots,\boldsymbol{\xi}_n\}$ 到基 $\{\boldsymbol{\eta}_1,\boldsymbol{\eta}_2,\cdots,\boldsymbol{\eta}_n\}$ 的过渡矩阵为 $\boldsymbol{P}$，则 $\boldsymbol{B}=\boldsymbol{P}^{-1}\boldsymbol{A}\boldsymbol{P}$，即矩阵 $\boldsymbol{A}$ 和 $\boldsymbol{B}$ 相似。

**【例 2.3.10】** 已知 $\mathbf{R}^3$ 中的线性变换 $T$：$T\begin{pmatrix}x\\y\\z\end{pmatrix}=\begin{pmatrix}x+y\\y+z\\z+x\end{pmatrix}$，求 $T$ 在基 $\boldsymbol{e}_1$、$\boldsymbol{e}_2$、$\boldsymbol{e}_3$ 下的矩阵 $\boldsymbol{A}$ 和在基 $\boldsymbol{\alpha}_1=(1,2,-1)^{\mathrm{T}}$、$\boldsymbol{\alpha}_2=(0,1,1)^{\mathrm{T}}$、$\boldsymbol{\alpha}_3=(1,1,0)^{\mathrm{T}}$ 下的矩阵 $\boldsymbol{B}$。

**解：** 因为

$$T(\boldsymbol{e}_1)=(1,0,1)^{\mathrm{T}},\ T(\boldsymbol{e}_2)=(1,1,0)^{\mathrm{T}},\ T(\boldsymbol{e}_3)=(0,1,1)^{\mathrm{T}}$$

所以 $T$ 在基 $\{\boldsymbol{e}_1,\boldsymbol{e}_2,\boldsymbol{e}_3\}$ 下的矩阵为

$$\boldsymbol{A}=\begin{pmatrix}1&1&0\\0&1&1\\1&0&1\end{pmatrix}$$

再由

$$\boldsymbol{\alpha}_1=\boldsymbol{e}_1+2\boldsymbol{e}_2-\boldsymbol{e}_3,\ \boldsymbol{\alpha}_2=\boldsymbol{e}_2+\boldsymbol{e}_3,\ \boldsymbol{\alpha}_3=\boldsymbol{e}_1+\boldsymbol{e}_2$$

可知，由基 $\{\boldsymbol{e}_1,\boldsymbol{e}_2,\boldsymbol{e}_3\}$ 到基 $\{\boldsymbol{\alpha}_1,\boldsymbol{\alpha}_2,\boldsymbol{\alpha}_3\}$ 的过渡矩阵为

$$\boldsymbol{P}=\begin{pmatrix}1&0&1\\2&1&1\\-1&1&0\end{pmatrix}$$

于是 $T$ 在基 $\{\boldsymbol{\alpha}_1,\boldsymbol{\alpha}_2,\boldsymbol{\alpha}_3\}$ 下的矩阵为

$$B = P^{-1}AP = \begin{pmatrix} -1 & 0 & -1 \\ -1 & 1 & 0 \\ 4 & 1 & 3 \end{pmatrix}$$

## 2.3.4　线性变换的对角化

对于一个给定的线性变换，适当选择线性空间 $V_n(F)$的一个基，使得该线性变换在此基下的矩阵最为简单，这是我们接下来要讨论的问题。当然，对角矩阵是最为简单的。

### 1．线性变换的特征值与特征向量的概念和性质

设 $T$ 是线性空间 $V_n(F)$上的一个线性变换，$\{\boldsymbol{\alpha}_1,\boldsymbol{\alpha}_2,\cdots,\boldsymbol{\alpha}_n\}$是 $V_n(F)$的一个基，如果 $T$ 在该基下的矩阵是对角矩阵 $\mathrm{diag}(\lambda_1,\lambda_2,\cdots,\lambda_n)$，其中$\lambda_i\in F(i=1,2,\cdots,n)$，即 $T$ 满足

$$T(\boldsymbol{\alpha}_1\ \boldsymbol{\alpha}_2\ \cdots\ \boldsymbol{\alpha}_n) = (\boldsymbol{\alpha}_1\ \boldsymbol{\alpha}_2\ \cdots\ \boldsymbol{\alpha}_n)\begin{pmatrix} \lambda_1 & & & \\ & \lambda_2 & & \\ & & \ddots & \\ & & & \lambda_n \end{pmatrix}$$

写成向量的形式

$$\big(T(\boldsymbol{\alpha}_1)\ T(\boldsymbol{\alpha}_2)\cdots\ T(\boldsymbol{\alpha}_n)\big) = (\lambda_1\boldsymbol{\alpha}_1\ \lambda_2\boldsymbol{\alpha}_2\ \cdots\ \lambda_n\boldsymbol{\alpha}_n)$$

那么，每个基向量$\boldsymbol{\alpha}_i$在线性变换 $T$ 下满足：$T(\boldsymbol{\alpha}_i) = \lambda_i\boldsymbol{\alpha}_i$，$i = 1,2,\cdots,n$。

**定义 2.3.6**　设 $T$ 是线性空间 $V(F)$上的线性变换，如果存在 $F$ 中的数$\lambda$和 $V(F)$中的非零向量$\xi$，使得 $T(\xi) = \lambda\xi$，则称$\lambda$为 $T$ 的一个**特征值**，$\xi$为 $T$ 的对应于（或属于）特征值$\lambda$的**特征向量**。

如果$\xi$是 $T$ 的属于特征值$\lambda$的特征向量，则 $k\xi(k\neq 0)$也是 $T$ 的属于$\lambda$的特征向量，其中 $k\in F$，即若 $T(\xi)=\lambda\xi$，就有 $T(k\xi)=kT(\xi)=\lambda(k\xi)$。这说明特征向量不是由特征值唯一决定的。但是，特征值却被特征向量唯一决定，因此每一个特征向量只属于一个特征值。

**定理 2.3.7**　线性变换的属于不同特征值的特征向量是线性无关的。

**定理 2.3.8**　如果$\lambda_1,\lambda_2,\cdots,\lambda_s$是线性变换 $T$ 的互异的特征值，而$\xi_{i1},\cdots,\xi_{ir_i}$是属于特征值$\lambda_i$的线性无关的特征向量，其中 $i = 1,2,\cdots,s$，那么向量组

$$\{\xi_{11},\cdots,\xi_{1r_1},\xi_{21},\cdots,\xi_{2r_2},\cdots,\xi_{s1},\cdots,\xi_{sr_s}\}$$

也线性无关。

这个定理的证明与定理 2.3.7 的证明相仿，也是对 $s$ 用数学归纳法加以证明。

根据这个定理，对于一个线性变换，求出属于每个特征值的线性无关的特征向量，把求出的特征向量合在一起还是线性无关的。

可以证明，对于线性空间 $V_n(F)$的线性变换 $T$ 的任一特征值$\lambda_0$，全部满足条件 $T(\xi) = \lambda_0\xi$ 的向量$\xi$所构成的集合，即 $T$ 的属于$\lambda_0$的全部特征向量再添加上零向量构成的集合

$$V_{\lambda_0} = \{\xi \mid T(\xi) = \lambda_0\xi,\ \xi\in V_n(F)\}$$

是 $V_n(F)$的一个子空间。

**定义 2.3.7** 设 $T$ 是线性空间 $V_n(F)$上的线性变换，$\lambda_0$ 是 $T$ 的一个特征值，称 $V_n(F)$的子空间 $V_{\lambda_0}$ 是 $T$ 的属于 $\lambda_0$ 的**特征子空间**，$\dim(V_{\lambda_0})$ 是属于 $\lambda_0$ 的线性无关特征向量的个数，常称为 $\lambda_0$ 的**几何重数**。

**2. 线性变换的特征值与特征向量的求法**

下面讨论有限维线性空间上线性变换的特征值与特征向量的求法。

设$\{\boldsymbol{\alpha}_1,\boldsymbol{\alpha}_2,\cdots,\boldsymbol{\alpha}_n\}$为线性空间 $V_n(F)$的一个基，$V_n(F)$上的线性变换 $T$ 在该基下的矩阵为 $\boldsymbol{A}$，若$\boldsymbol{\xi}$是 $T$ 的一个属于特征值$\lambda$的特征向量，则有 $T(\boldsymbol{\xi}) = \lambda\boldsymbol{\xi}$，并且由于

$$\boldsymbol{\xi} = x_1\boldsymbol{\alpha}_1 + x_2\boldsymbol{\alpha}_2 + \cdots + x_n\boldsymbol{\alpha}_n = (\boldsymbol{\alpha}_1\ \boldsymbol{\alpha}_2 \cdots \boldsymbol{\alpha}_n)\begin{pmatrix} x_1 \\ x_2 \\ \vdots \\ x_n \end{pmatrix}$$

因此

$$T(\boldsymbol{\xi}) = T(\boldsymbol{\alpha}_1\ \boldsymbol{\alpha}_2 \cdots \boldsymbol{\alpha}_n)\begin{pmatrix} x_1 \\ x_2 \\ \vdots \\ x_n \end{pmatrix} = (\boldsymbol{\alpha}_1\ \boldsymbol{\alpha}_2 \cdots \boldsymbol{\alpha}_n)\boldsymbol{A}\begin{pmatrix} x_1 \\ x_2 \\ \vdots \\ x_n \end{pmatrix}$$

$$\lambda\boldsymbol{\xi} = (\boldsymbol{\alpha}_1\ \boldsymbol{\alpha}_2 \cdots \boldsymbol{\alpha}_n)\lambda\begin{pmatrix} x_1 \\ x_2 \\ \vdots \\ x_n \end{pmatrix}$$

将它们代入 $T(\boldsymbol{\xi}) = \lambda\boldsymbol{\xi}$中，得

$$(\boldsymbol{\alpha}_1\ \boldsymbol{\alpha}_2 \cdots \boldsymbol{\alpha}_n)\boldsymbol{A}\begin{pmatrix} x_1 \\ x_2 \\ \vdots \\ x_n \end{pmatrix} = (\boldsymbol{\alpha}_1\ \boldsymbol{\alpha}_2 \cdots \boldsymbol{\alpha}_n)\lambda\begin{pmatrix} x_1 \\ x_2 \\ \vdots \\ x_n \end{pmatrix} \tag{2.3.6}$$

因为$\{\boldsymbol{\alpha}_1,\boldsymbol{\alpha}_2,\cdots,\boldsymbol{\alpha}_n\}$是 $V_n(F)$的一个基，所以式（2.3.6）等价于

$$\boldsymbol{Ax} = \lambda\boldsymbol{x} \text{ 或} (\boldsymbol{A} - \lambda\boldsymbol{I})\boldsymbol{x} = \boldsymbol{0} \tag{2.3.7}$$

其中 $\boldsymbol{x} = (x_1,x_2,\cdots,x_n)^{\mathrm{T}}$ 是特征向量$\boldsymbol{\xi}$在基$\{\boldsymbol{\alpha}_1,\boldsymbol{\alpha}_2,\cdots,\boldsymbol{\alpha}_n\}$下的坐标，$\boldsymbol{I}$ 为单位矩阵。

因为$\boldsymbol{\xi} \neq \boldsymbol{0}$，所以 $\boldsymbol{x}$ 是非零向量，$\boldsymbol{x}\in F^n$，齐次线性方程组（2.3.7）有非零解 $\boldsymbol{x}$，于是 $\det(\lambda\boldsymbol{I} - \boldsymbol{A}) = 0$。

反之，若$\lambda\in F$ 满足 $\det(\lambda\boldsymbol{I} - \boldsymbol{A}) = 0$，则齐次线性方程组$(\lambda\boldsymbol{I} - \boldsymbol{A})\boldsymbol{x} = \boldsymbol{0}$ 有非零解。若$(x_1,x_2,\cdots,x_n)^{\mathrm{T}}$是$(\lambda\boldsymbol{I} - \boldsymbol{A})\boldsymbol{x} = \boldsymbol{0}$ 的一个非零解，则向量

$$\boldsymbol{\xi} = x_1\boldsymbol{\alpha}_1 + x_2\boldsymbol{\alpha}_2 + \cdots + x_n\boldsymbol{\alpha}_n$$

就是 $T$ 的属于$\lambda$的一个特征向量。

求线性变换的特征值和特征向量的一般步骤如下：

（1）在线性空间 $V_n(F)$中任取一个基$\{\boldsymbol{\alpha}_1,\boldsymbol{\alpha}_2,\cdots,\boldsymbol{\alpha}_n\}$，求出 $T$ 在这个基下的矩阵 $\boldsymbol{A}$；

（2）求 $\boldsymbol{A}$ 的特征多项式 $\det(\lambda\boldsymbol{I} - \boldsymbol{A})$在 $F$ 上的全部根，它们就是 $T$ 的全部特征值；

（3）将求得的特征值逐个代入齐次线性方程组$(\boldsymbol{A}-\lambda\boldsymbol{I})\boldsymbol{x}=\boldsymbol{0}$中求出一组基础解系，它们就是$\boldsymbol{A}$的属于该特征值的全部线性无关的特征向量；

（4）以$\boldsymbol{A}$的属于每个特征值的特征向量为$V_n(F)$中取定基的坐标，就得到$T$的特征向量。

**【例 2.3.11】** $T$是线性空间$V_3(F)$上的线性变换，$\{\boldsymbol{\alpha}_1,\boldsymbol{\alpha}_2,\boldsymbol{\alpha}_3\}$是$V_3(F)$的一个基，并且$T$满足：

$$\begin{aligned}T(\boldsymbol{\alpha}_1)&=2\boldsymbol{\alpha}_1+\boldsymbol{\alpha}_2+\boldsymbol{\alpha}_3\\T(\boldsymbol{\alpha}_2)&=\boldsymbol{\alpha}_1+2\boldsymbol{\alpha}_2+\boldsymbol{\alpha}_3\\T(\boldsymbol{\alpha}_3)&=\boldsymbol{\alpha}_1+\boldsymbol{\alpha}_2+2\boldsymbol{\alpha}_3\end{aligned}$$

求$T$的特征值和特征向量。

**解：**（1）因为

$$T(\boldsymbol{\alpha}_1\ \boldsymbol{\alpha}_2\ \boldsymbol{\alpha}_3)=(\boldsymbol{\alpha}_1\ \boldsymbol{\alpha}_2\ \boldsymbol{\alpha}_3)\begin{pmatrix}2&1&1\\1&2&1\\1&1&2\end{pmatrix}$$

所以$T$在基$\{\boldsymbol{\alpha}_1,\boldsymbol{\alpha}_2,\boldsymbol{\alpha}_3\}$下的矩阵为

$$\boldsymbol{A}=\begin{pmatrix}2&1&1\\1&2&1\\1&1&2\end{pmatrix}$$

（2）由于

$$\det(\lambda\boldsymbol{I}-\boldsymbol{A})=\begin{vmatrix}\lambda-2&-1&-1\\-1&\lambda-2&-1\\-1&-1&\lambda-2\end{vmatrix}=(\lambda-1)^2(\lambda-4)$$

因此$T$的特征值为$\lambda_1=\lambda_2=1$，$\lambda_3=4$。

（3）将$\lambda_1=\lambda_2=1$代入齐次线性方程组$(\boldsymbol{A}-\lambda\boldsymbol{I})\boldsymbol{x}=\boldsymbol{0}$，得一个基础解系

$$\boldsymbol{x}_1=\begin{pmatrix}-1\\1\\0\end{pmatrix},\ \boldsymbol{x}_2=\begin{pmatrix}-1\\0\\1\end{pmatrix}$$

则$\boldsymbol{x}_1$、$\boldsymbol{x}_2$是$\boldsymbol{A}$的属于特征值 1 的两个线性无关的特征向量。

类似地，对$\lambda_3=4$得到$\boldsymbol{A}$的属于它的线性无关的特征向量$\boldsymbol{x}_3=\begin{pmatrix}1\\1\\1\end{pmatrix}$。

（4）令$\boldsymbol{\xi}_1=-\boldsymbol{\alpha}_1+\boldsymbol{\alpha}_2$，$\boldsymbol{\xi}_2=-\boldsymbol{\alpha}_1+\boldsymbol{\alpha}_3$，则$\boldsymbol{\xi}_1$、$\boldsymbol{\xi}_2$是$T$的属于$\lambda_1=\lambda_2=1$的线性无关的特征向量，其全部的特征向量为$k_1\boldsymbol{\xi}_1+k_2\boldsymbol{\xi}_2=-(k_1+k_2)\boldsymbol{\alpha}_1+k_1\boldsymbol{\alpha}_2+k_2\boldsymbol{\alpha}_3$，其中$k_1$、$k_2$为$F$中不同时为 0 的数。

令$\xi_3=\boldsymbol{\alpha}_1+\boldsymbol{\alpha}_2+\boldsymbol{\alpha}_3$，则$\xi_3$是$T$的属于$\lambda_3=4$的线性无关的特征向量，其全部的特征向量为$k_3\xi_3=k_3\boldsymbol{\alpha}_1+k_3\boldsymbol{\alpha}_2+k_3\boldsymbol{\alpha}_3$，其中$k_3$为$F$中不为0的数。

本例中线性变换$T$有两个特征子空间$V_1=L(\xi_1,\xi_2)$和$V_4=L(\xi_3)$，其维数分别是$\dim V_1=2$和$\dim V_4=1$。

**注意：**因为相似矩阵具有相同的特征多项式，从而具有相同的特征值，所以求线性变换的特征值时不会因为所取的基不同（在不同的基下的矩阵不同但相似）而得出另外一组特征值。当然，从不同的基下的矩阵出发求得的特征向量的坐标是与所选择的基有关的。

### 3. 线性变换的对角化

**定义 2.3.8** 设$T$是线性空间$V_n(F)$上的线性变换，如果存在$V_n(F)$的一个基，使得$T$在这个基下的矩阵为对角矩阵，则称线性变换$T$**可对角化**。

根据矩阵对角化的条件可以得出线性变换可对角化的条件。

**定理 2.3.9** 设$T$是线性空间$V_n(F)$上的线性变换，则$T$可对角化的充分必要条件是$T$有$n$个线性无关的特征向量。

**推论 2.3.2** 设$T$是线性空间$V_n(F)$上的线性变换，如果在数域$F$中$T$有$n$个不同的特征值，则$T$可对角化。

推论 2.3.2 可以由定理 2.3.7 和定理 2.3.9 推出。

**推论 2.3.3** 设$\lambda_1,\lambda_2,\cdots,\lambda_s$是线性空间$V_n(F)$上线性变换$T$的所有互不相同的特征值，其（代数）重数分别为$r_1,r_2,\cdots,r_s$。若对应$r_i$重特征值$\lambda_i$有$r_i$个线性无关的特征向量，即代数重数 = 几何重数，$i=1,2,\cdots,s$，则$\boldsymbol{A}$可对角化。

推论 2.3.3 可以由定理 2.3.8 和定理 2.3.9 推出。

在例 2.3.11 中，$\boldsymbol{x}_1$、$\boldsymbol{x}_2$、$\boldsymbol{x}_3$是线性变换$T$在基$\{\boldsymbol{\alpha}_1,\boldsymbol{\alpha}_2,\boldsymbol{\alpha}_3\}$下对应矩阵$\boldsymbol{A}$的3个特征向量，从而是$T$的特征向量$\xi_1$、$\xi_2$、$\xi_3$的坐标，于是

$$T(\xi_1\ \xi_2\ \xi_3)=(\xi_1\ \xi_2\ \xi_3)\begin{pmatrix}1&0&0\\0&1&0\\0&0&4\end{pmatrix}$$

$\boldsymbol{P}=(\boldsymbol{x}_1\ \ \boldsymbol{x}_2\ \ \boldsymbol{x}_3)$就是由基$\{\boldsymbol{\alpha}_1,\boldsymbol{\alpha}_2,\boldsymbol{\alpha}_3\}$到基$\{\xi_1,\xi_2,\xi_3\}$的过渡矩阵，即线性变换$T$是可对角化的。

## 2.3.5 线性变换的不变子空间

研究线性变换的不变子空间是为了简化线性变换的矩阵。

**定义 2.3.9** 设$T$是线性空间$V(F)$上的线性变换，$W$是$V(F)$的子空间，如果对任意$\boldsymbol{\alpha}\in W$，都有$T(\boldsymbol{\alpha})\in W$（或$T(W)\subseteq W$），则称$W$是$T$的**不变子空间**，简称**$T$-子空间**。

例如，线性空间$V(F)$和零空间是$T$的不变子空间，称为$T$的**平凡不变子空间**；线性变换

$T$ 的值域和核是 $T$ 的不变子空间；特征空间 $V_{\lambda_0}$ 是线性变换 $T$ 的不变子空间。

**【例 2.3.12】** 设 $W = L(\boldsymbol{\alpha}_1,\boldsymbol{\alpha}_2,\cdots,\boldsymbol{\alpha}_t)$，试证 $W$ 是 $T$ 的不变子空间的充分必要条件是 $T(\boldsymbol{\alpha}_j) \in W$，$j = 1,2,\cdots,t$。

**证：** 必要性显然，只需证明充分性。

对任意的 $\boldsymbol{\alpha}\in W$ 有 $\boldsymbol{\alpha} = x_1\boldsymbol{\alpha}_1 + x_2\boldsymbol{\alpha}_2 + \cdots + x_t\boldsymbol{\alpha}_t$，因为 $T(\boldsymbol{\alpha}_j) \in W$，$j = 1,2,\cdots,t$，所以

$$T(\boldsymbol{\alpha}) = T(x_1\boldsymbol{\alpha}_1 + x_2\boldsymbol{\alpha}_2 + \cdots + x_t\boldsymbol{\alpha}_t) = x_1T(\boldsymbol{\alpha}_1) + x_2T(\boldsymbol{\alpha}_2) + \cdots + x_tT(\boldsymbol{\alpha}_t)\in W$$

由 $\boldsymbol{\alpha}$ 的任意性可知，$W$ 是 $T$ 的不变子空间。

**【例 2.3.13】** 设 $T$ 是线性空间 $V(F)$ 上的线性变换，试证 $T$ 的不变子空间的交与和仍是 $T$ 的不变子空间。

**证：** 设 $W_1$ 和 $W_2$ 是 $T$ 的两个不变子空间。

对任意的 $\boldsymbol{\alpha}\in W_1 \cap W_2$，都有 $\boldsymbol{\alpha}\in W_1$ 且 $\boldsymbol{\alpha}\in W_2$。由于 $W_1$ 和 $W_2$ 是 $T$ 的两个不变子空间，因此 $T(\boldsymbol{\alpha}) \in W_1$ 且 $T(\boldsymbol{\alpha}) \in W_2$，$T(\boldsymbol{\alpha}) \in W_1 \cap W_2$。故 $W_1 \cap W_2$ 是 $T$ 的不变子空间。

对任意的 $\boldsymbol{\alpha} = \boldsymbol{\alpha}_1 + \boldsymbol{\alpha}_2 \in W_1 + W_2$，其中 $\boldsymbol{\alpha}_1 \in W_1$，$\boldsymbol{\alpha}_2 \in W_2$。由于 $W_1$ 和 $W_2$ 是 $T$ 的两个不变子空间，因此 $T(\boldsymbol{\alpha}_1) \in W_1$ 且 $T(\boldsymbol{\alpha}_2) \in W_2$，$T(\boldsymbol{\alpha}) = T(\boldsymbol{\alpha}_1) + T(\boldsymbol{\alpha}_2) \in W_1 + W_2$。故 $W_1 + W_2$ 也是 $T$ 的不变子空间。

**定理 2.3.10** 设 $\{\boldsymbol{\alpha}_1,\boldsymbol{\alpha}_2,\cdots,\boldsymbol{\alpha}_r\}$ 是线性空间 $V_n(F)$ 的子空间 $W$ 的一个基，将它扩充为 $V_n(F)$ 的一个基 $\{\boldsymbol{\alpha}_1,\boldsymbol{\alpha}_2,\cdots,\boldsymbol{\alpha}_r,\boldsymbol{\alpha}_{r+1},\cdots,\boldsymbol{\alpha}_n\}$，$V_n(F)$ 上的线性变换 $T$ 在此基下的矩阵为 $\boldsymbol{A}$，则 $W$ 是 $T$ 的不变子空间的充分必要条件是 $\boldsymbol{A}=\begin{pmatrix} \boldsymbol{A}_1 & \boldsymbol{A}_2 \\ \boldsymbol{O} & \boldsymbol{A}_3 \end{pmatrix}$（上三角形分块矩阵），其中子矩阵 $\boldsymbol{A}_1\in F^{r\times r}$，$\boldsymbol{A}_2\in F^{r\times(n-r)}$，$\boldsymbol{A}_3\in F^{(n-r)\times(n-r)}$，$\boldsymbol{O}\in F^{(n-r)\times r}$。

**推论 2.3.4** 设 $T$ 是线性空间 $V_n(F)$ 上的线性变换，若 $\lambda_0$ 是 $T$ 的 $s$ 重特征值，且有 $r$ 个属于特征值 $\lambda_0$ 的线性无关的特征向量，则 $1 \leqslant r \leqslant s$。

**推论 2.3.5** 设 $T$ 是线性空间 $V_n(F)$ 上的线性变换，$T$ 可对角化的充分必要条件是 $T$ 的每一个特征值的代数重数等于几何重数，即所有特征值的几何重数之和为 $n$。

**推论 2.3.6** 设 $T$ 是线性空间 $V_n(F)$ 上的线性变换，且 $V_n(F)$ 可分解为 $s$ 个 $T$-子空间的直和

$$V_n(F) = V_1\oplus V_2\oplus\cdots\oplus V_s$$

在每一个 $T$-子空间 $V_i$ 中取基 $\left\{\boldsymbol{\alpha}_{i1},\cdots,\boldsymbol{\alpha}_{in_i}\right\}$（$i = 1,2,\cdots,s$），其中 $n_1 + n_2 + \cdots + n_s = n$，将这些基向量集中起来就是 $V_n(F)$ 的基，则线性变换 $T$ 在该基下的矩阵 $\boldsymbol{A}$ 是准对角矩阵

$$\boldsymbol{A} = \begin{pmatrix} \boldsymbol{A}_1 & & & \\ & \boldsymbol{A}_2 & & \\ & & \ddots & \\ & & & \boldsymbol{A}_s \end{pmatrix}$$

其中 $\boldsymbol{A}_i$（$i = 1,2,\cdots,s$）是将 $T$ 视作 $V_i$ 上的线性变换时在 $V_i$ 的基 $\left\{\boldsymbol{\alpha}_{i1},\cdots,\boldsymbol{\alpha}_{in_i}\right\}$ 下的矩阵。

特别地，若所有 $V_i$ 都是一维的，则 $n_i = 1$，$s = n$，矩阵 $\boldsymbol{A}$ 简化为对角矩阵。

由此可见，将线性变换 $T$ 的矩阵简化为准对角矩阵与将线性空间分解为若干个 $T$-子空间的直和是相当的。

## 2.3.6 线性变换的若当标准型

下面对线性变换在一组基下的矩阵进行讨论。由 2.3.4 小节的知识可知，一个 $n$ 阶方阵可对角化需要具备一定的条件，也就是说，不是每个方阵都是可对角化的，但都能化成一种较简单的矩阵——若当（Camille Jordan，1838—1922，法国数学家）标准型。

### 1. 若当标准型的概念

**定义 2.3.10** 形如

$$\boldsymbol{J}_i=\begin{pmatrix}\lambda_i & 1 & & \\ & \lambda_i & \ddots & \\ & & \ddots & 1 \\ & & & \lambda_i\end{pmatrix}_{r_i\times r_i} \tag{2.3.8}$$

的矩阵称为 $r_i$ 阶**若当块**，其中 $\lambda_i\in\mathbf{C}$。由若干个（含单个）若当块构成的分块对角矩阵

$$\boldsymbol{J}=\begin{pmatrix}\boldsymbol{J}_1 & & & \\ & \boldsymbol{J}_2 & & \\ & & \ddots & \\ & & & \boldsymbol{J}_s\end{pmatrix} \tag{2.3.9}$$

称为 $n$ 阶**若当矩阵**，其中 $\boldsymbol{J}_i$（$i=1,2,\cdots,s$）是 $r_i$ 阶若当块，并且 $\sum\limits_{i=1}^{s}r_i=n$。

**注意：**（1）若当块由主对角线元素 $\lambda_i$ 和阶数 $r_i$ 确定。若当块中与主对角线平行的上面一条线上的元素全都是 1。

（2）若当块本身是一个若当矩阵。对角矩阵也是一个若当矩阵，其中的每个若当块都是一阶的。

（3）若当矩阵与对角矩阵的差别仅在于它的与主对角线平行的上面一条线上的元素是 1 或 0，因此若当矩阵是一个特殊的上三角形矩阵。

**【例 2.3.14】** 矩阵

$$\boldsymbol{J}_1=(2),\ \boldsymbol{J}_2=\begin{pmatrix}\mathrm{i} & 1\\ 0 & \mathrm{i}\end{pmatrix},\ \boldsymbol{J}_3=\begin{pmatrix}0 & 1 & 0\\ 0 & 0 & 1\\ 0 & 0 & 0\end{pmatrix},\ \boldsymbol{J}_4=\begin{pmatrix}1+\mathrm{i} & 1 & 0 & 0\\ 0 & 1+\mathrm{i} & 1 & 0\\ 0 & 0 & 1+\mathrm{i} & 1\\ 0 & 0 & 0 & 1+\mathrm{i}\end{pmatrix}$$

分别是 1 阶、2 阶、3 阶和 4 阶的若当块。如果把它们看作单个若当块的方阵，则它们也都是若当矩阵。

矩阵 $\begin{pmatrix}1 & 1\\ 0 & 2\end{pmatrix}$ 与 $\begin{pmatrix}4 & 1 & 0\\ 0 & 4 & 0\\ 0 & 0 & 4\end{pmatrix}$ 不是若当块。

【例 2.3.15】设

$$J=\left(\begin{array}{cc:cc:c:ccc} 2 & 1 & & & & & & \\ & 2 & & & & & & \\ \hdashline & & 2 & 1 & & & & \\ & & & 2 & & & & \\ \hdashline & & & & 2 & & & \\ \hdashline & & & & & -\mathrm{i} & 1 & \\ & & & & & & -\mathrm{i} & 1 \\ & & & & & & & -\mathrm{i} \end{array}\right)=\begin{pmatrix} J_1 & & & \\ & J_2 & & \\ & & J_3 & \\ & & & J_4 \end{pmatrix}$$

则 $J$ 是一个 8 阶的若当矩阵，其中

$$J_1=J_2=\begin{pmatrix} 2 & 1 \\ 0 & 2 \end{pmatrix},\ J_3=(2),\ J_4=\begin{pmatrix} -\mathrm{i} & 1 & 0 \\ 0 & -\mathrm{i} & 1 \\ 0 & 0 & -\mathrm{i} \end{pmatrix}$$

是 4 个若当块。

**注意：**（1）并非构成若当矩阵的那些若当块之间的主对角线元素都不同。如例 2.3.15 中 $J_1$、$J_2$ 和 $J_3$ 这 3 个若当块的主对角线元素都是 2。

（2）若当矩阵的特征值是其主对角线元素。

**定理 2.3.11**　在复数域 $\mathbf{C}$ 上，每个 $n$ 阶矩阵 $A$ 都与一个若当矩阵 $J$ 相似，即存在可逆矩阵 $P$ 使得 $P^{-1}AP=J$。这个若当矩阵 $J$ 除其中若当块的排列顺序外完全由矩阵 $A$ 唯一决定。称 $J$ 为 $A$ 的**若当标准型**。

**推论 2.3.7**　两个矩阵相似的充分必要条件是它们具有相同的若当标准型。

此推论可直接由矩阵相似关系的对称性和传递性得出。

对于给定的矩阵，如何求它的若当标准型和相似变换矩阵呢？

### 2. 若当标准型的求法

因为相似矩阵有相同的特征值，所以矩阵 $A$ 的若当标准型 $J$ 的主对角线元素 $\lambda_1,\lambda_2,\cdots,\lambda_s$ 就是 $A$ 的特征值。

设 $\det(\lambda I-A)=(\lambda-\lambda_1)^{r_1}(\lambda-\lambda_2)^{r_2}\cdots(\lambda-\lambda_s)^{r_s}$，其中 $r_1+r_2+\cdots+r_s=n$，且设

$$J=\begin{pmatrix} J_1 & & & \\ & J_2 & & \\ & & \ddots & \\ & & & J_s \end{pmatrix},\ J_i=\begin{pmatrix} J_{i1}(\lambda_i) & & & \\ & J_{i2}(\lambda_i) & & \\ & & \ddots & \\ & & & J_{it_i}(\lambda_i) \end{pmatrix}$$

其中 $J_i$ 为同一个特征值 $\lambda_i$ 的 $t_i$ 个若当块放在一起构成的 $r_i$ 阶若当矩阵，$i=1,2,\cdots,s$。

将矩阵 $P$ 按列分块（与 $J$ 相同）为 $P=(P_1^*\ \ P_2^*\ \ \cdots\ \ P_s^*)$，则由 $P^{-1}AP=J$，得

$$A\left(P_1^* \ P_2^* \ \cdots \ P_s^*\right)=\left(P_1^* \ P_2^* \ \cdots \ P_s^*\right)\begin{pmatrix} J_1 & & & \\ & J_2 & & \\ & & \ddots & \\ & & & J_s \end{pmatrix}$$

即

$$\left(AP_1^* AP_2^* \cdots AP_s^*\right)=\left(P_1^* J_1 \ P_2^* J_2 \cdots P_s^* J_s\right)$$

故

$$AP_i^* = P_i^* J_i \qquad (i=1,2,\cdots,s)$$

简单起见，下面以特征值$\lambda_1$为例进行讨论。

对特征值$\lambda_1$，$J_1 = \begin{pmatrix} J_{11}(\lambda_1) & & & \\ & J_{12}(\lambda_1) & & \\ & & \ddots & \\ & & & J_{1t_1}(\lambda_1) \end{pmatrix}$。进一步对$P_1^*$按列分块（与$J_1$相同）为$P_1^* = \left(P_1^{(1)} \ P_1^{(2)} \cdots \ P_1^{(t_1)}\right)$，则由$AP_1^* = P_1^* J_1$得

$$AP_1^{(j)} = P_1^{(j)} J_{1j}(\lambda_1) \qquad (j=1,2,\cdots,t_1)$$

设$J_{1j}(\lambda_1)$的阶为$n_j$，令$P_1^{(j)}$的$n_j$个列依次为$\alpha_1$，$\beta^{(2)}$，$\beta^{(3)}$,…，$\beta^{(n_j)}$，则由上式有

$$A\left(\alpha_1 \ \beta^{(2)} \ \beta^{(3)} \ \cdots \ \beta^{(n_j)}\right)=\left(\alpha_1 \ \beta^{(2)} \ \beta^{(3)} \ \cdots \ \beta^{(n_j)}\right)\begin{pmatrix} \lambda_1 & 1 & & \\ & \lambda_1 & \ddots & \\ & & \ddots & 1 \\ & & & \lambda_1 \end{pmatrix}$$

即

$$\begin{cases} A\alpha_1 = \lambda_1\alpha_1 \\ A\beta^{(2)} = \lambda_1\beta^{(2)} + \alpha_1 \\ A\beta^{(3)} = \lambda_1\beta^{(3)} + \beta^{(2)} \\ \quad\vdots \\ A\beta^{(n_j)} = \lambda_1\beta^{(n_j)} + \beta^{(n_j-1)} \end{cases}$$

变形得

$$\begin{cases} (A-\lambda_1 I)\alpha_1 = 0 \\ (A-\lambda_1 I)\beta^{(2)} = \alpha_1 \\ (A-\lambda_1 I)\beta^{(3)} = \beta^{(2)} \\ \quad\vdots \\ (A-\lambda_1 I)\beta^{(n_j)} = \beta^{(n_j-1)} \end{cases} \tag{2.3.10}$$

称$\left\{\alpha_1,\beta^{(2)},\beta^{(3)},\cdots,\beta^{(n_j)}\right\}$为与特征值$\lambda_1$对应的一个**广义特征向量组**，或称为$\lambda_1$的一个**若当链**，链长$n_j$，链头$\alpha_1$是对应于$\lambda_1$的一个特征向量。

因此，对$\lambda_1$，每一个若当块$J_{1j}(\lambda_1)$对应着一条若当链$\left\{\alpha_1,\beta^{(2)},\beta^{(3)},\cdots,\beta^{(n_j)}\right\}$（$j=1,2,\cdots,t_1$），共有$t_1$个，并由此构造$P_1^*=\left(P_1^{(1)}\ P_1^{(2)}\cdots\ P_1^{(t_1)}\right)$和$J_1$。需注意矩阵$P_1^*$与$J_1$中块的对应。

其他特征值的讨论类似。

矩阵$A$的若当标准型的求解步骤如下：

（1）求矩阵$A$的所有相异特征值$\lambda_i$及其代数重数$r_i$（$i=1,2,\cdots,s$）；由特征值$\lambda_i$的代数重数$r_i$确定$A$的若当标准型中主对角线元素是$\lambda_i$的若当矩阵$J_i(\lambda_i)$的阶数为$r_i$；

（2）求$A$的与特征值$\lambda_i$对应的线性无关的特征向量；由特征值$\lambda_i$对应的线性无关的特征向量的个数，即特征值$\lambda_i$的几何重数$t_i$确定$J_i(\lambda_i)$中若当块的个数为$t_i$；

（3）求每个特征向量为链头的若当链；由每个特征向量求得的若当链的长度确定若当块中对应的若当子块的阶数；

（4）所有链中的向量合起来构成可逆矩阵$P$，对应的若当块构成$J$。

**【例 2.3.16】**设矩阵$A=\begin{pmatrix}-1&1&0\\-4&3&0\\1&0&2\end{pmatrix}$，求$P$和$J$，使得$P^{-1}AP=J$。

**解：**由$\det(\lambda I-A)=\det(\lambda I-J)=(\lambda-2)(\lambda-1)^2=0$，求得$A$的特征值为$\lambda_1=2$，$\lambda_2=\lambda_3=1$。

对$\lambda_1=2$，求解$(A-2I)x=0$，即$\begin{pmatrix}-3&1&0\\-4&1&0\\1&0&0\end{pmatrix}\begin{pmatrix}x_1\\x_2\\x_3\end{pmatrix}=\begin{pmatrix}0\\0\\0\end{pmatrix}$，得通解$k_1\begin{pmatrix}0\\0\\1\end{pmatrix}$（$k_1\in F$）。取$\alpha_1=(0\ \ 0\ \ 1)^{\mathrm{T}}$，此为$A$的与$\lambda_1=2$对应的线性无关的特征向量。

对$\lambda_2=\lambda_3=1$，求解$(A-I)x=0$，即$\begin{pmatrix}-2&1&0\\-4&2&0\\1&0&1\end{pmatrix}\begin{pmatrix}x_1\\x_2\\x_3\end{pmatrix}=\begin{pmatrix}0\\0\\0\end{pmatrix}$，得通解$k_2\begin{pmatrix}1\\2\\-1\end{pmatrix}$（$k_2\in F$）。取$\alpha_2=(1\ \ 2\ \ -1)^{\mathrm{T}}$，此为$A$的与$\lambda_2=\lambda_3=1$对应的线性无关的特征向量。

因为与 2 重特征值 1 对应的线性无关的特征向量只有 1 个，所以$A$不能对角化。

求解$(A-I)x=\alpha_2$，即$\begin{pmatrix}-2&1&0\\-4&2&0\\1&0&1\end{pmatrix}\begin{pmatrix}x_1\\x_2\\x_3\end{pmatrix}=\begin{pmatrix}1\\2\\-1\end{pmatrix}$，得广义特征向量$\beta^{(2)}=\begin{pmatrix}0\\1\\-1\end{pmatrix}$。

若继续求解$(A-I)x=\beta^{(2)}$，即$\begin{pmatrix}-2&1&0\\-4&2&0\\1&0&1\end{pmatrix}\begin{pmatrix}x_1\\x_2\\x_3\end{pmatrix}=\begin{pmatrix}0\\1\\-1\end{pmatrix}$，则无解。

所求变换矩阵为$P=\begin{pmatrix}0&1&0\\0&2&1\\1&-1&-1\end{pmatrix}$，若当标准型为$J=\begin{pmatrix}2&0&0\\0&1&1\\0&0&1\end{pmatrix}$。

**【例 2.3.17】**定义线性变换$T$：$R_3[t]\to R_3[t]$为$T(p(t))=-p(t)-p'(t)$，求$R_3[t]$的一个基，使得$T$在此基下的矩阵是若当标准型。

**解**：取$\{1,t,t^2\}$为$R_3[t]$的一个基，有

$$T(1)=-1，T(t)=-1-t，T(t^2)=-2t-t^2$$

故$T$在基$\{1,t,t^2\}$下的矩阵是

$$\boldsymbol{A}=\begin{pmatrix}-1 & -1 & 0\\ 0 & -1 & -2\\ 0 & 0 & -1\end{pmatrix}$$

由$\det(\lambda \boldsymbol{I}-\boldsymbol{A})=(\lambda+1)^3=0$，求得$\boldsymbol{A}$的特征值为$\lambda_1=\lambda_2=\lambda_3=-1$。

对$\lambda=-1$，求解$(\boldsymbol{A}+\boldsymbol{I})\boldsymbol{x}=\boldsymbol{0}$，即$\begin{pmatrix}0 & -1 & 0\\ 0 & 0 & -2\\ 0 & 0 & 0\end{pmatrix}\begin{pmatrix}x_1\\ x_2\\ x_3\end{pmatrix}=\begin{pmatrix}0\\ 0\\ 0\end{pmatrix}$，得通解$k_1\begin{pmatrix}1\\ 0\\ 0\end{pmatrix}$（$k_1\in F$）。取$\boldsymbol{\alpha}=(1\ \ 0\ \ 0)^{\mathrm{T}}$，此为$\boldsymbol{A}$的与$\lambda=-1$对应的线性无关的特征向量。

因为与3重特征值$-1$对应的线性无关的特征向量只有1个，所以$\boldsymbol{A}$不能对角化。

求解$(\boldsymbol{A}+\boldsymbol{I})\boldsymbol{x}=\boldsymbol{\alpha}$，即$\begin{pmatrix}0 & -1 & 0\\ 0 & 0 & -2\\ 0 & 0 & 0\end{pmatrix}\begin{pmatrix}x_1\\ x_2\\ x_3\end{pmatrix}=\begin{pmatrix}1\\ 0\\ 0\end{pmatrix}$，得广义特征向量$\boldsymbol{\beta}^{(2)}=\begin{pmatrix}1\\ -1\\ 0\end{pmatrix}$。

求解$(\boldsymbol{A}+\boldsymbol{I})\boldsymbol{x}=\boldsymbol{\beta}^{(2)}$，即$\begin{pmatrix}0 & -1 & 0\\ 0 & 0 & -2\\ 0 & 0 & 0\end{pmatrix}\begin{pmatrix}x_1\\ x_2\\ x_3\end{pmatrix}=\begin{pmatrix}1\\ -1\\ 0\end{pmatrix}$，得广义特征向量$\boldsymbol{\beta}^{(3)}=\begin{pmatrix}1\\ -1\\ 1/2\end{pmatrix}$。

取$\boldsymbol{P}=(\boldsymbol{\alpha}\,\boldsymbol{\beta}^{(2)}\,\boldsymbol{\beta}^{(3)})$，则有

$$\boldsymbol{P}^{-1}\boldsymbol{A}\boldsymbol{P}=\boldsymbol{J}=\begin{pmatrix}-1 & 1 & 0\\ 0 & -1 & 1\\ 0 & 0 & -1\end{pmatrix}$$

令

$$(\xi_1\ \xi_2\ \xi_3)=(1\ x\ x^2)\boldsymbol{P}=(1\ x\ x^2)\begin{pmatrix}1 & 1 & 1\\ 0 & -1 & -1\\ 0 & 0 & 1/2\end{pmatrix}$$

因此

$$\{\xi_1,\xi_2,\xi_3\}=\left\{1,1-x,1-x+\frac{1}{2}x^2\right\}$$

$T$在基$\{\xi_1,\xi_2,\xi_3\}$下的矩阵为若当标准型$\boldsymbol{J}$。

**【例 2.3.18】**设矩阵$\boldsymbol{A}=\begin{pmatrix}2 & -1 & -1\\ 2 & -1 & -2\\ -1 & 1 & 2\end{pmatrix}$，求$\boldsymbol{P}$和$\boldsymbol{J}$使得$\boldsymbol{P}^{-1}\boldsymbol{A}\boldsymbol{P}=\boldsymbol{J}$。

**解：** 由 $\det(\lambda\boldsymbol{I}-\boldsymbol{A})=(\lambda-1)^3=0$，求得 $\boldsymbol{A}$ 的特征值为 $\lambda_1=\lambda_2=\lambda_3=1$。

对 $\lambda=1$，求解 $(\boldsymbol{A}-\boldsymbol{I})\boldsymbol{x}=\boldsymbol{0}$，即 $\begin{pmatrix}1&-1&-1\\2&-2&-2\\-1&1&1\end{pmatrix}\begin{pmatrix}x_1\\x_2\\x_3\end{pmatrix}=\begin{pmatrix}0\\0\\0\end{pmatrix}$，得通解 $k_1\begin{pmatrix}1\\1\\0\end{pmatrix}+k_2\begin{pmatrix}1\\0\\1\end{pmatrix}$（$k_1,k_2\in F$）。

取 $\boldsymbol{\alpha}_1=(1\ 1\ 0)^{\mathrm{T}}$，$\boldsymbol{\alpha}_2=(1\ 0\ 1)^{\mathrm{T}}$，此为 $\boldsymbol{A}$ 的与 $\lambda=1$ 对应的线性无关的特征向量。

因为与 3 重特征值 1 对应的线性无关的特征向量的个数为 2，所以 $\boldsymbol{A}$ 不能对角化。

由于 $(\boldsymbol{A}-\boldsymbol{I})\boldsymbol{x}=\boldsymbol{\alpha}_1$ 与 $(\boldsymbol{A}-\boldsymbol{I})\boldsymbol{x}=\boldsymbol{\alpha}_2$ 无解，因此以 $\boldsymbol{\alpha}_1$ 和 $\boldsymbol{\alpha}_2$ 为链头的若当链是不合适的。

由于链头都是 $\lambda=1$ 对应的特征向量，因此链头 $\boldsymbol{\alpha}$ 应如下选取：

$$\boldsymbol{\alpha}=k_1\boldsymbol{\alpha}_1+k_2\boldsymbol{\alpha}_2=\begin{pmatrix}k_1+k_2\\k_1\\k_2\end{pmatrix}，k_1、k_2\text{ 不同时为 }0\text{（待定）}$$

求解 $(\boldsymbol{A}+\boldsymbol{I})\boldsymbol{x}=\boldsymbol{\alpha}$，即 $\begin{pmatrix}1&-1&-1\\2&-2&-2\\-1&1&1\end{pmatrix}\begin{pmatrix}x_1\\x_2\\x_3\end{pmatrix}=\begin{pmatrix}k_1+k_2\\k_1\\k_2\end{pmatrix}$，因为

$$\left(\begin{array}{ccc|c}1&-1&-1&k_1+k_2\\2&-2&-2&k_1\\-1&1&1&k_2\end{array}\right)\to\left(\begin{array}{ccc|c}1&-1&-1&k_1+k_2\\0&0&0&k_1+2k_2\\0&0&0&0\end{array}\right)$$

所以方程组有解的充分必要条件是 $k_1+2k_2=0$。

不妨取 $k_1=2$，$k_2=-1$，则 $\boldsymbol{\alpha}=(1\ \ 2\ \ -1)^{\mathrm{T}}$，求得广义特征向量 $\boldsymbol{\beta}=(1\ \ 0\ \ 0)^{\mathrm{T}}$。

由于 $\boldsymbol{\alpha}_1$、$\boldsymbol{\alpha}_2$ 都与 $\{\boldsymbol{\alpha},\boldsymbol{\beta}\}$ 线性无关，因此所求变换矩阵为

$$\boldsymbol{P}=\begin{pmatrix}1&1&1\\1&2&0\\0&-1&0\end{pmatrix}\text{或}\begin{pmatrix}1&1&1\\0&2&0\\1&-1&0\end{pmatrix}$$

若当标准型为

$$\boldsymbol{J}=\begin{pmatrix}1&0&0\\0&1&1\\0&0&1\end{pmatrix}$$

## 2.4　内积空间

为了在线性空间中寻找像几何空间中向量的长度、夹角等度量性质，以及向量正交性等概念，我们引入内积的概念。

### 2.4.1 内积空间的概念

**定义 2.4.1** 设 $V(F)$是一个线性空间，如果函数$(\boldsymbol{\alpha},\boldsymbol{\beta})$：$V(F)\times V(F)\to F$ 满足以下条件：

（1）正定性：对任意的$\boldsymbol{\alpha}\in V(F)$，有$(\boldsymbol{\alpha},\boldsymbol{\alpha})\geqslant 0$，并且$\boldsymbol{\alpha}=\mathbf{0}$ 当且仅当$(\boldsymbol{\alpha},\boldsymbol{\alpha})=0$；

（2）共轭对称性：对任意的$\boldsymbol{\alpha}$，$\boldsymbol{\beta}\in V(F)$，有$(\boldsymbol{\alpha},\boldsymbol{\beta})=\overline{(\boldsymbol{\beta},\boldsymbol{\alpha})}$；

（3）第一变元的线性性：对任意的$\boldsymbol{\alpha},\boldsymbol{\beta},\boldsymbol{\gamma}\in V(F)$和 $k\in F$，有

$$(\boldsymbol{\alpha}+\boldsymbol{\beta},\boldsymbol{\gamma})=(\boldsymbol{\alpha},\boldsymbol{\gamma})+(\boldsymbol{\beta},\boldsymbol{\gamma}),\ (k\boldsymbol{\alpha},\boldsymbol{\gamma})=k(\boldsymbol{\alpha},\boldsymbol{\gamma})$$

则称$(\boldsymbol{\alpha},\boldsymbol{\beta})$为向量$\boldsymbol{\alpha}$和$\boldsymbol{\beta}$的**内积**。

定义了内积的线性空间称为**内积空间**，记为$[V(F);(\boldsymbol{\alpha},\boldsymbol{\beta})]$。有限维的实内积空间称为**欧几里得**（Euclid，约公元前 330 年—公元前 275 年，古希腊数学家）**空间**或**欧氏空间**，有限维的复内积空间称为**酉空间**。

由定义易知，对任意的$\boldsymbol{\alpha},\boldsymbol{\beta},\boldsymbol{\gamma}\in V(F)$和任意的 $k\in F$，有

（1）$(\boldsymbol{\alpha},k\boldsymbol{\beta})=\bar{k}(\boldsymbol{\alpha},\boldsymbol{\beta})$；

（2）$(\boldsymbol{\gamma},\boldsymbol{\alpha}+\boldsymbol{\beta})=(\boldsymbol{\gamma},\boldsymbol{\alpha})+(\boldsymbol{\gamma},\boldsymbol{\beta})$。

**【例 2.4.1】** 在 $n$ 维实线性空间 $\mathbf{R}^n$ 中，对于任意向量 $\boldsymbol{x}=\begin{pmatrix}x_1\\x_2\\\vdots\\x_n\end{pmatrix}$，$\boldsymbol{y}=\begin{pmatrix}y_1\\y_2\\\vdots\\y_n\end{pmatrix}$，定义

$$(\boldsymbol{x},\boldsymbol{y})=\boldsymbol{y}^{\mathrm{T}}\boldsymbol{x}=\boldsymbol{x}^{\mathrm{T}}\boldsymbol{y}=x_1y_1+x_2y_2+\cdots+x_ny_n \tag{2.4.1}$$

容易验证它满足内积的 3 个条件。因此式（2.4.1）是内积，$[\mathbf{R}^n;(\boldsymbol{x},\boldsymbol{y})=\boldsymbol{x}^{\mathrm{T}}\boldsymbol{y}]$是欧氏空间，并仍以 $\mathbf{R}^n$ 表示。

**注意**：对于同一个线性空间可以引入不同的内积，如例 2.4.1 中若定义

$$(\boldsymbol{x},\boldsymbol{y})=x_1y_1+2x_2y_2+\cdots+nx_ny_n$$

则它也是 $\mathbf{R}^n$ 中的一个内积。

**【例 2.4.2】** 在 $n$ 维复线性空间 $\mathbf{C}^n$ 中，对于任意向量 $\boldsymbol{x}=\begin{pmatrix}x_1\\x_2\\\vdots\\x_n\end{pmatrix}$，$\boldsymbol{y}=\begin{pmatrix}y_1\\y_2\\\vdots\\y_n\end{pmatrix}$，定义

$$(\boldsymbol{x},\boldsymbol{y})=\overline{\boldsymbol{y}^{\mathrm{T}}}\boldsymbol{x}=\boldsymbol{y}^{\mathrm{H}}\boldsymbol{x}=x_1\overline{y}_1+x_2\overline{y}_2+\cdots+x_n\overline{y}_n \tag{2.4.2}$$

其中，$\boldsymbol{y}^{\mathrm{H}}$ 表示 $\boldsymbol{y}$ 的共轭转置，即 $\boldsymbol{y}^{\mathrm{H}}=(\overline{y}_1,\overline{y}_2,\cdots,\overline{y}_n)$。

容易验证它满足内积的 3 个条件。因此式（2.4.2）是内积，$[\mathbf{C}^n;(\boldsymbol{x},\boldsymbol{y})=\boldsymbol{y}^{\mathrm{H}}\boldsymbol{x}]$是酉空间，并仍以 $\mathbf{C}^n$ 表示。

**注意**：（1）在式（2.4.2）中如果不取共轭则不能保证定义中的正定性。

（2）式（2.4.1）不是复线性空间 $\mathbf{C}^n$ 的内积，因为定义中的条件（1）不成立。

【例 2.4.3】在连续函数空间 $C[a,b]$中，对于任意的 $f$ 和 $g$，定义

$$(f,g)=\int_a^b f(t)g(t)\mathrm{d}t \tag{2.4.3}$$

因为 $f(t)g(t)\in C[a,b]$，所以$(f,g)$是唯一的实数。

对任意的 $f,g,h\in C[a,b]$和 $k\in\mathbf{R}$，有

（1）$(f,f)=\int_a^b f^2(t)\mathrm{d}t\geqslant 0$，当且仅当 $f(t)=0$ 时，$(f,f)=\int_a^b 0\mathrm{d}t=0$；

（2）$(f,g)=\int_a^b f(t)g(t)\mathrm{d}t=\int_a^b g(t)f(t)\mathrm{d}t=(g,f)$；

（3）$$(f+g,h)=\int_a^b [f(t)+g(t)]h(t)\mathrm{d}t$$
$$=\int_a^b f(t)h(t)\mathrm{d}t+\int_a^b g(t)h(t)\mathrm{d}t=(f,h)+(g,h)，$$

$$(kf,h)=\int_a^b [kf(t)]h(t)\mathrm{d}t=k\int_a^b f(t)h(t)\mathrm{d}t=k(f,h)。$$

它满足内积的 3 个条件，因此式（2.4.3）是内积，$[C[a,b];\ (f,g)]$是内积空间。

**注意**：由于$[C[a,b];\ (f,g)]$不是有限维空间，因此不能称其为欧氏空间。

【例 2.4.4】在矩阵空间 $\mathbf{C}^{m\times n}$ 中，对于任意的 $\boldsymbol{A}=(a_{ij})$，$\boldsymbol{B}=(b_{ij})$，定义

$$(\boldsymbol{A},\boldsymbol{B})=\sum_{i=1}^{m}\sum_{j=1}^{n}a_{ij}\overline{b_{ij}} \tag{2.4.4}$$

容易验证，$(\boldsymbol{A},\ \boldsymbol{B})$满足内积的 3 个条件，构成 $\mathbf{C}^{m\times n}$ 的内积。在这种内积的定义下，$[\mathbf{C}^{m\times n};\ (\boldsymbol{A},\ \boldsymbol{B})]$是酉空间。

## 2.4.2　向量的度量

有了内积的概念就可以定义向量的一些度量了。

**定义 2.4.2**　设$[V(F);\ (\boldsymbol{\alpha},\boldsymbol{\beta})]$是一个内积空间，对于任意向量$\boldsymbol{\alpha}\in V(F)$，称非负实数$\sqrt{(\boldsymbol{\alpha},\boldsymbol{\alpha})}$为向量$\boldsymbol{\alpha}$的**长度**或**模**，记为$\|\boldsymbol{\alpha}\|$，即$\|\boldsymbol{\alpha}\|=\sqrt{(\boldsymbol{\alpha},\boldsymbol{\alpha})}$。长度为 1 的向量称为**单位向量**。当$\boldsymbol{\alpha}\neq 0$ 时，$\dfrac{\boldsymbol{\alpha}}{\|\boldsymbol{\alpha}\|}$ 是单位向量，称之为非零向量$\boldsymbol{\alpha}$的**单位化**或**规范化**。

显然，$\|k\boldsymbol{\alpha}\|=\sqrt{(k\boldsymbol{\alpha},k\boldsymbol{\alpha})}=\sqrt{k\bar{k}}\sqrt{(\boldsymbol{\alpha},\boldsymbol{\alpha})}=|k|\cdot\|\boldsymbol{\alpha}\|$。

**定理 2.4.1**　设$[V(F);\ (\boldsymbol{\alpha},\boldsymbol{\beta})]$是一个内积空间，对任意向量$\boldsymbol{\alpha},\boldsymbol{\beta}\in V(F)$，恒有

$$|(\boldsymbol{\alpha},\ \boldsymbol{\beta})|\leqslant\|\boldsymbol{\alpha}\|\cdot\|\boldsymbol{\beta}\| \tag{2.4.5}$$

且等号成立的充分必要条件是$\boldsymbol{\alpha}$ 和$\boldsymbol{\beta}$ 线性相关。

式（2.4.5）称为**柯西-许瓦兹**（Augustin Louis Cauchy，1789—1857，法国数学家；Hermann Amandus Schwarz，1843—1921，法国数学家）**不等式**。

**证明** 即证明

$$|(\alpha,\beta)|^2 \leqslant (\alpha,\alpha)\cdot(\beta,\beta) \tag{2.4.6}$$

若$\beta=\mathbf{0}$，则式（2.4.6）中等式显然成立。

假设$\beta\neq\mathbf{0}$，则

$$0\leqslant\|\alpha-k\beta\|^2=(\alpha-k\beta,\alpha-k\beta)=(\alpha,\alpha)-\bar{k}(\alpha,\beta)-k(\beta,\alpha)+k\bar{k}(\beta,\beta)$$

在上式中，令$k=\dfrac{(\alpha,\beta)}{(\beta,\beta)}$，得到$0\leqslant(\alpha,\alpha)-\dfrac{|(\alpha,\beta)|^2}{(\beta,\beta)}$，即$|(\alpha,\beta)|^2\leqslant(\alpha,\alpha)\cdot(\beta,\beta)$。

由上述证明过程可知，$|(\alpha,\beta)|^2=(\alpha,\alpha)\cdot(\beta,\beta)$的充分必要条件是存在某个常数$k\in F$，使得$\|\alpha-k\beta\|=0$，即$\alpha-k\beta=\mathbf{0}$，因此$\alpha$和$\beta$线性相关。

**推论 2.4.1** 设$[V(F);(\alpha,\beta)]$是一个内积空间，对任意向量$\alpha$，$\beta\in V(F)$，恒有

（1）$\|\alpha+\beta\|\leqslant\|\alpha\|+\|\beta\|$；

（2）$\|\alpha-\beta\|\geqslant\|\alpha\|-\|\beta\|$。

**定义 2.4.3** 设$[V(F);(\alpha,\beta)]$是一个内积空间，对任意非零向量$\alpha,\beta\in V(F)$，称

$$<\alpha,\beta>=\arccos\frac{(\alpha,\beta)}{\|\alpha\|\cdot\|\beta\|}\quad(<\alpha,\beta>\in[0,\pi]) \tag{2.4.7}$$

为$\alpha$与$\beta$的**夹角**。

如果$(\alpha,\beta)=0$或$<\alpha,\beta>=\pi/2$，则称$\alpha$与$\beta$是**正交的**，记为$\alpha\perp\beta$。方便起见，规定：零向量与任意向量正交。因此除零向量外，任一向量都不与其自身正交。

易证，当$\alpha$与$\beta$ 正交时，$\|\alpha+\beta\|^2=\|\alpha\|^2+\|\beta\|^2$。

**定义 2.4.4** 设$[V(F);(\alpha,\beta)]$是一个内积空间，对于其中任意非零向量$\alpha$、$\beta$，称$\|\beta\|\cos<\alpha,\beta>$为向量$\beta$在向量$\alpha$上的**投影**。

由定义可知，一个向量$\beta$在另一个向量$\alpha$上的投影是一个数。当$<\alpha,\beta>$为锐角时，它是正值；当$<\alpha,\beta>$为直角时，它是0；当$<\alpha,\beta>$为钝角时，它是负值；当$<\alpha,\beta>=0$时，它等于$\|\beta\|$；当$<\alpha,\beta>=\pi$时，它等于$-\|\beta\|$。

**定义 2.4.5** 设$[V(F);(\alpha,\beta)]$是一个内积空间，对于其中任意向量$\alpha,\beta$，称非负数$\|\alpha-\beta\|$为向量$\alpha$与$\beta$之间的**距离**，记作$d(\alpha,\beta)=\|\alpha-\beta\|$。

显然，距离具有以下性质：

（1）$d(\alpha,\alpha)=0$，$d(\alpha,\beta)\geqslant 0$；

（2）$d(\alpha,\beta)=d(\beta,\alpha)$；

（3）$d(\alpha,\beta)+d(\beta,\gamma)\geqslant d(\alpha,\gamma)$。

其中$\alpha,\beta,\gamma\in V(F)$。

## 2.4.3 标准正交基

**定义 2.4.6** 内积空间$[V(F);(\alpha,\beta)]$中的一个不含零向量的向量组$\{\alpha_1,\alpha_2,\cdots,\alpha_m\}$，如果它

们两两正交，则称之为 $V(F)$中的**正交向量组**。特别地，如果其中每个向量都是单位向量，则称之为**单位正交向量组**，也称**标准正交向量组**。

易证，正交向量组是线性无关的向量组。

**定义 2.4.7**　在 $n$ 维内积空间$[V_n(F);\ (\boldsymbol{\alpha},\boldsymbol{\beta})]$中，由 $n$ 个向量组成的正交向量组称为该空间的一个**正交基**；由单位向量组成的正交基称为**标准正交基**。

易证，内积空间$[V_n(F);\ (\boldsymbol{\alpha},\boldsymbol{\beta})]$中的向量组$\{\boldsymbol{\varepsilon}_1,\boldsymbol{\varepsilon}_2,\cdots,\boldsymbol{\varepsilon}_n\}$为标准正交基的充分必要条件是

$$(\boldsymbol{\varepsilon}_i,\boldsymbol{\varepsilon}_j)=\delta_{ij}=\begin{cases}1, & i=j\\0, & i\neq j\end{cases}\qquad (i,j=1,2,\cdots,n) \tag{2.4.8}$$

其中$\delta_{ij}$称为**克罗内克**（Leopold Kronecker，1823—1891，德国数学家）**符号**。

每个有限维的内积空间是否有标准正交基呢?

**定理 2.4.2**　对于有限维内积空间$[V_n(F);\ (\boldsymbol{\alpha},\boldsymbol{\beta})]$中的任意一个基$\{\boldsymbol{\alpha}_1,\boldsymbol{\alpha}_2,\cdots,\boldsymbol{\alpha}_n\}$，存在一个标准正交基$\{\boldsymbol{\varepsilon}_1,\boldsymbol{\varepsilon}_2,\cdots,\boldsymbol{\varepsilon}_n\}$，使得 $L(\boldsymbol{\alpha}_1,\boldsymbol{\alpha}_2,\cdots,\boldsymbol{\alpha}_i)=L(\boldsymbol{\varepsilon}_1,\boldsymbol{\varepsilon}_2,\cdots,\boldsymbol{\varepsilon}_i)$，$i=1,2,\cdots,n$。

定理中由一个线性无关基求标准正交基的方法通常称为**施密特正交化方法**。其过程为

$$\boldsymbol{\beta}_1=\boldsymbol{\alpha}_1,\boldsymbol{\varepsilon}_1=\frac{\boldsymbol{\beta}_1}{\|\boldsymbol{\beta}_1\|}$$

$$\boldsymbol{\beta}_m=\boldsymbol{\alpha}_m-(\boldsymbol{\alpha}_m,\boldsymbol{\varepsilon}_1)\boldsymbol{\varepsilon}_1-(\boldsymbol{\alpha}_m,\boldsymbol{\varepsilon}_2)\boldsymbol{\varepsilon}_2-\cdots-(\boldsymbol{\alpha}_m,\boldsymbol{\varepsilon}_{m-1})\boldsymbol{\varepsilon}_{m-1}$$

$$\boldsymbol{\varepsilon}_m=\frac{\boldsymbol{\beta}_m}{\|\boldsymbol{\beta}_m\|}\qquad (m=2,3,\cdots,n)$$

或先正交化再单位化

$$\boldsymbol{\beta}_1=\boldsymbol{\alpha}_1,\boldsymbol{\beta}_m=\boldsymbol{\alpha}_m-\frac{(\boldsymbol{\alpha}_m,\boldsymbol{\beta}_1)}{(\boldsymbol{\beta}_1,\boldsymbol{\beta}_1)}\boldsymbol{\beta}_1-\frac{(\boldsymbol{\alpha}_m,\boldsymbol{\beta}_2)}{(\boldsymbol{\beta}_2,\boldsymbol{\beta}_2)}\boldsymbol{\beta}_2-\cdots-\frac{(\boldsymbol{\alpha}_m,\boldsymbol{\beta}_{m-1})}{(\boldsymbol{\beta}_{m-1},\boldsymbol{\beta}_{m-1})}\boldsymbol{\beta}_{m-1}$$

$$\boldsymbol{\varepsilon}_1=\frac{\boldsymbol{\beta}_1}{\|\boldsymbol{\beta}_1\|},\boldsymbol{\varepsilon}_m=\frac{\boldsymbol{\beta}_m}{\|\boldsymbol{\beta}_m\|}\qquad (m=2,3,\cdots,n)$$

可表示为

$$\begin{aligned}&(\boldsymbol{\alpha}_1,\boldsymbol{\alpha}_2,\cdots,\boldsymbol{\alpha}_n)\\&=(\boldsymbol{\varepsilon}_1,\boldsymbol{\varepsilon}_2,\cdots,\boldsymbol{\varepsilon}_n)\begin{pmatrix}\|\boldsymbol{\beta}_1\| & (\boldsymbol{\alpha}_2,\boldsymbol{\varepsilon}_1) & \cdots & (\boldsymbol{\alpha}_{n-1},\boldsymbol{\varepsilon}_1) & (\boldsymbol{\alpha}_n,\boldsymbol{\varepsilon}_1)\\ & \|\boldsymbol{\beta}_2\| & (\boldsymbol{\alpha}_3,\boldsymbol{\varepsilon}_2) & \cdots & (\boldsymbol{\alpha}_n,\boldsymbol{\varepsilon}_2)\\ & & \ddots & \ddots & \vdots\\ & & & \|\boldsymbol{\beta}_{n-1}\| & (\boldsymbol{\alpha}_n,\boldsymbol{\varepsilon}_{n-1})\\ & & & & \|\boldsymbol{\beta}_n\|\end{pmatrix}\end{aligned}$$

标准正交基可以给内积空间中的有关计算带来很大的便利。

（1）设$\{\boldsymbol{\varepsilon}_1,\boldsymbol{\varepsilon}_2,\cdots,\boldsymbol{\varepsilon}_n\}$是内积空间$[V_n(F);\ (\boldsymbol{\alpha},\boldsymbol{\beta})]$的一个基，则对任意的$\boldsymbol{\alpha}\in V_n(F)$，

$$\boldsymbol{\alpha}=x_1\boldsymbol{\varepsilon}_1+x_2\boldsymbol{\varepsilon}_2+\cdots+x_n\boldsymbol{\varepsilon}_n$$

如果这个基是一个标准正交基，则 $x_i=(\boldsymbol{\alpha},\boldsymbol{\varepsilon}_i)$，$i=1,2,\cdots,n$，即

$$\boldsymbol{\alpha}=(\boldsymbol{\alpha},\varepsilon_1)\varepsilon_1+(\boldsymbol{\alpha},\varepsilon_2)\varepsilon_2+\cdots+(\boldsymbol{\alpha},\varepsilon_n)\varepsilon_n$$

事实上，用向量 $\boldsymbol{\alpha}=x_1\boldsymbol{\varepsilon}_1+x_2\boldsymbol{\varepsilon}_2+\cdots+x_n\boldsymbol{\varepsilon}_n$ 与每一个基向量 $\boldsymbol{\varepsilon}_i$ 做内积，得到

$$(\boldsymbol{\alpha},\varepsilon_i)=(x_1\boldsymbol{\varepsilon}_1+x_2\boldsymbol{\varepsilon}_2+\cdots+x_n\boldsymbol{\varepsilon}_n,\boldsymbol{\varepsilon}_i)=x_i(\boldsymbol{\varepsilon}_i,\boldsymbol{\varepsilon}_i)=x_i$$

因此

$$\boldsymbol{\alpha}=\sum_{i=1}^{n}(\boldsymbol{\alpha},\boldsymbol{\varepsilon}_i)\boldsymbol{\varepsilon}_i$$

（2）设 $\{\boldsymbol{\varepsilon}_1,\boldsymbol{\varepsilon}_2,\cdots,\boldsymbol{\varepsilon}_n\}$ 是内积空间 $[V_n(F);\ (\boldsymbol{\alpha},\boldsymbol{\beta})]$ 的一个基，对任意的 $\boldsymbol{\alpha},\boldsymbol{\beta}\in V_n(F)$，则

$$\boldsymbol{\alpha}=x_1\boldsymbol{\varepsilon}_1+x_2\boldsymbol{\varepsilon}_2+\cdots+x_n\boldsymbol{\varepsilon}_n,\ \boldsymbol{\beta}=y_1\boldsymbol{\varepsilon}_1+y_2\boldsymbol{\varepsilon}_2+\cdots+y_n\boldsymbol{\varepsilon}_n$$

从而

$$\begin{aligned}(\boldsymbol{\alpha},\ \boldsymbol{\beta})&=(x_1\boldsymbol{\varepsilon}_1+x_2\boldsymbol{\varepsilon}_2+\cdots+x_n\boldsymbol{\varepsilon}_n,\ y_1\boldsymbol{\varepsilon}_1+y_2\boldsymbol{\varepsilon}_2+\cdots+y_n\boldsymbol{\varepsilon}_n)\\&=x_1\overline{y_1}(\boldsymbol{\varepsilon}_1,\boldsymbol{\varepsilon}_1)+x_1\overline{y_2}(\boldsymbol{\varepsilon}_1,\boldsymbol{\varepsilon}_2)+\cdots+x_1\overline{y_n}(\boldsymbol{\varepsilon}_1,\boldsymbol{\varepsilon}_n)+\\&\quad x_2\overline{y_1}(\boldsymbol{\varepsilon}_2,\boldsymbol{\varepsilon}_1)+x_2\overline{y_2}(\boldsymbol{\varepsilon}_2,\boldsymbol{\varepsilon}_2)+\cdots+x_2\overline{y_n}(\boldsymbol{\varepsilon}_2,\boldsymbol{\varepsilon}_n)+\\&\quad\cdots+x_n\overline{y_1}(\boldsymbol{\varepsilon}_n,\boldsymbol{\varepsilon}_1)+x_n\overline{y_2}(\boldsymbol{\varepsilon}_n,\boldsymbol{\varepsilon}_2)+\cdots+x_n\overline{y_n}(\boldsymbol{\varepsilon}_n,\boldsymbol{\varepsilon}_n)\end{aligned}$$

$$=\begin{pmatrix}\overline{y_1} & \overline{y_2} & \cdots & \overline{y_n}\end{pmatrix}\begin{pmatrix}(\boldsymbol{\varepsilon}_1,\boldsymbol{\varepsilon}_1) & (\boldsymbol{\varepsilon}_1,\boldsymbol{\varepsilon}_2) & \cdots & (\boldsymbol{\varepsilon}_1,\boldsymbol{\varepsilon}_n)\\(\boldsymbol{\varepsilon}_2,\boldsymbol{\varepsilon}_1) & (\boldsymbol{\varepsilon}_2,\boldsymbol{\varepsilon}_2) & \cdots & (\boldsymbol{\varepsilon}_2,\boldsymbol{\varepsilon}_n)\\\vdots & \vdots & & \vdots\\(\boldsymbol{\varepsilon}_n,\boldsymbol{\varepsilon}_1) & (\boldsymbol{\varepsilon}_n,\boldsymbol{\varepsilon}_2) & \cdots & (\boldsymbol{\varepsilon}_n,\boldsymbol{\varepsilon}_n)\end{pmatrix}\begin{pmatrix}x_1\\x_2\\\vdots\\x_n\end{pmatrix}=\begin{pmatrix}\overline{y_1} & \overline{y_2} & \cdots & \overline{y_n}\end{pmatrix}\boldsymbol{G}\begin{pmatrix}x_1\\x_2\\\vdots\\x_n\end{pmatrix}$$

显然，$\boldsymbol{G}=((\boldsymbol{\varepsilon}_i,\boldsymbol{\varepsilon}_j))$ 仅与 $V_n(F)$ 中的基有关，与 $\boldsymbol{\alpha}$、$\boldsymbol{\beta}$ 无关。称方阵 $\boldsymbol{G}$ 为基 $\{\boldsymbol{\varepsilon}_1,\boldsymbol{\varepsilon}_2,\cdots,\boldsymbol{\varepsilon}_n\}$ 的**度量矩阵**或 **Gram 矩阵**。

如果这个基是一个标准正交基，则 $\boldsymbol{G}=\boldsymbol{I}$ 是单位矩阵。因而

$$(\boldsymbol{\alpha},\ \boldsymbol{\beta})=\begin{pmatrix}\overline{y_1} & \overline{y_2} & \cdots & \overline{y_n}\end{pmatrix}\begin{pmatrix}x_1\\x_2\\\vdots\\x_n\end{pmatrix}$$

$$\|\boldsymbol{\alpha}\|=\sqrt{(\boldsymbol{\alpha},\ \boldsymbol{\alpha})}=\sqrt{|x_1|^2+|x_2|^2+\cdots+|x_n|^2}$$

它们正是几何空间中向量的内积在直角坐标系中坐标表达式的推广。

下面讨论标准正交基到标准正交基的过渡矩阵的性质。

**定义 2.4.8** 设 $\boldsymbol{A}\in\mathbf{C}^{n\times n}$ 且 $\boldsymbol{A}^{\mathrm{H}}\boldsymbol{A}=\boldsymbol{I}$ 或 $\boldsymbol{A}^{-1}=\boldsymbol{A}^{\mathrm{H}}$，则称 $\boldsymbol{A}$ 为**酉矩阵**。其中 $\boldsymbol{A}^{\mathrm{H}}$ 为 $\boldsymbol{A}$ 的共轭转置矩阵。

显然，当 $\boldsymbol{A}$ 为实方阵时，酉矩阵就是**正交矩阵**。酉矩阵具有如下性质。

**定理 2.4.3** 设 $\boldsymbol{A},\boldsymbol{B}\in\mathbf{C}^{n\times n}$，

（1）若 $\boldsymbol{A}$ 是酉矩阵，则 $\boldsymbol{A}^{\mathrm{T}}$、$\boldsymbol{A}^{*}$、$\boldsymbol{A}^{-1}$ 也是酉矩阵；

（2）若 $\boldsymbol{A}$、$\boldsymbol{B}$ 是酉矩阵，则 $\boldsymbol{AB}$ 也是酉矩阵；

（3）若 $\boldsymbol{A}$ 是酉矩阵，则 $|\det\boldsymbol{A}|=1$；

（4）若 $\boldsymbol{A}$ 是酉矩阵，$\lambda$是 $\boldsymbol{A}$ 的特征值，则 $|\lambda|=1$；

（5）$A$ 是酉矩阵的充分必要条件是 $\boldsymbol{A}$ 的 $n$ 个列向量组是单位正交向量组。

**定理 2.4.4**　设$\{\boldsymbol{\varepsilon}_1,\boldsymbol{\varepsilon}_2,\cdots,\boldsymbol{\varepsilon}_n\}$和$\{\boldsymbol{\varepsilon}_1',\boldsymbol{\varepsilon}_2',\cdots,\boldsymbol{\varepsilon}_n'\}$是内积空间$[V_n(F);(\boldsymbol{\alpha},\boldsymbol{\beta})]$中的两个标准正交基，则从基$\{\boldsymbol{\varepsilon}_1,\boldsymbol{\varepsilon}_2,\cdots,\boldsymbol{\varepsilon}_n\}$到基$\{\boldsymbol{\varepsilon}_1',\boldsymbol{\varepsilon}_2',\cdots,\boldsymbol{\varepsilon}_n'\}$的过渡矩阵为酉矩阵。

## 2.4.4　子空间的正交补空间

在内积空间$[V_n(F);\ (\boldsymbol{\alpha},\boldsymbol{\beta})]$中，两个向量$\boldsymbol{\alpha}$、$\boldsymbol{\beta}$正交是指$(\boldsymbol{\alpha},\boldsymbol{\beta})=0$。在 $V_n(F)$的两个子空间之间，我们也可以建立正交的概念。

**定义 2.4.9**　设 $W_1$ 和 $W_2$ 是内积空间$[V_n(F);\ (\boldsymbol{\alpha},\boldsymbol{\beta})]$的两个子空间，$\boldsymbol{\alpha}$是 $V_n(F)$的一个向量。如果对任意向量$\boldsymbol{\beta}\in W_1$，都有$(\boldsymbol{\alpha},\boldsymbol{\beta})=0$，则称$\boldsymbol{\alpha}$与子空间 $W_1$ **正交**，记为$\boldsymbol{\alpha}\perp W_1$。如果对任意向量$\boldsymbol{\beta}\in W_1$ 和$\boldsymbol{\gamma}\in W_2$，都有$(\boldsymbol{\beta},\boldsymbol{\gamma})=0$，则称子空间 $W_1$ 与 $W_2$ **正交**，记为 $W_1\perp W_2$。

**定理 2.4.5**　设 $W_1$ 和 $W_2$ 是内积空间$[V_n(F);\ (\boldsymbol{\alpha},\boldsymbol{\beta})]$的两个子空间，$W_1=L(\boldsymbol{\beta}_1,\boldsymbol{\beta}_2,\cdots,\boldsymbol{\beta}_r)$，$W_2=L(\boldsymbol{\gamma}_1,\boldsymbol{\gamma}_2,\cdots,\boldsymbol{\gamma}_s)$，$\boldsymbol{\alpha}\in V_n(F)$，则

（1）$\boldsymbol{\alpha}\perp W_1$ 的充分必要条件是$(\boldsymbol{\alpha},\boldsymbol{\beta}_i)=0$（$i=1,2,\cdots,r$）；

（2）$W_1\perp W_2$ 的充分必要条件是$(\boldsymbol{\beta}_i,\boldsymbol{\gamma}_j)=0$（$i=1,2,\cdots,r$；$j=1,2,\cdots,s$）。

**推论 2.4.2**　内积空间$[V_n(F);\ (\boldsymbol{\alpha},\boldsymbol{\beta})]$中的向量与它的一个子空间 $W$ 正交的充分必要条件是这个向量与 $W$ 中的每一个基向量正交。

因此，在考虑一个向量与一个子空间正交时，只需考虑这个向量与子空间的任一个基向量组中每一个基向量正交即可。

在内积空间$[V_n(F);\ (\boldsymbol{\alpha},\boldsymbol{\beta})]$中，所有与其子空间 $W$ 正交的向量构成一个集合，记为 $W^{\perp}$，即

$$W^{\perp}=\{\boldsymbol{\alpha}\mid(\boldsymbol{\alpha},\boldsymbol{\beta})=0,\boldsymbol{\alpha}\in V_n(F),\boldsymbol{\beta}\in W\}\qquad(2.4.9)$$

可以证明，$W^{\perp}$也构成 $V_n(F)$的一个子空间。事实上，对于任意的$\boldsymbol{\beta}$，$\boldsymbol{\gamma}\in W^{\perp}$和$\boldsymbol{\alpha}\in W$，都有

$$(\boldsymbol{\beta}+\gamma,\boldsymbol{\alpha})=\overline{(\boldsymbol{\alpha},\boldsymbol{\beta}+\gamma)}=\overline{(\boldsymbol{\alpha},\boldsymbol{\beta})}+\overline{(\boldsymbol{\alpha},\gamma)}=0,\quad(k\boldsymbol{\beta},\boldsymbol{\alpha})=k(\boldsymbol{\beta},\boldsymbol{\alpha})=0$$

即$\boldsymbol{\beta}+\boldsymbol{\gamma}\in W^{\perp}$，$k\boldsymbol{\beta}\in W^{\perp}$，所以 $W^{\perp}$构成 $V_n(F)$的一个线性子空间。

**定义 2.4.10**　内积空间$[V_n(F);\ (\boldsymbol{\alpha},\boldsymbol{\beta})]$中所有与其子空间 $W$ 正交的向量构成的集合 $W^{\perp}$是 $V_n(F)$的一个线性子空间，称为 $W$ 的**正交补子空间**，简称**正交补**。

**定理 2.4.6**　任一内积空间$[V_n(F);\ (\boldsymbol{\alpha},\boldsymbol{\beta})]$是其子空间 $W$ 与其正交补 $W^{\perp}$的直和，即 $V_n(F)=W\oplus W^{\perp}$。

定理表明，任一子空间 $W$ 都有正交补 $W^{\perp}$，只需将 $W$ 的一个标准正交基$\{\boldsymbol{\varepsilon}_1,\boldsymbol{\varepsilon}_2,\cdots,\boldsymbol{\varepsilon}_m\}$扩充成 $V_n(F)$的一个标准正交基$\{\boldsymbol{\varepsilon}_1,\boldsymbol{\varepsilon}_2,\cdots,\boldsymbol{\varepsilon}_m,\boldsymbol{\varepsilon}_{m+1},\cdots,\boldsymbol{\varepsilon}_n\}$，就有 $W^{\perp}=L(\boldsymbol{\varepsilon}_{m+1},\cdots,\boldsymbol{\varepsilon}_n)$。

**推论 2.4.3** 设 $W_1$ 和 $W_2$ 是内积空间$[V_n(F);\ (\alpha,\beta)]$的两个子空间，且 $W_1 \perp W_2$，则 $W_1 \cap W_2 = \{\mathbf{0}\}$。

**【例 2.4.5】** 设$\{\varepsilon_1,\varepsilon_2,\varepsilon_3,\varepsilon_4\}$是欧氏空间 $\mathbf{R}^4$ 中的一个标准正交基，$W = L(\alpha_1,\alpha_2)$是 $\mathbf{R}^4$ 中的一个子空间，其中$\alpha_1 = \varepsilon_1 + \varepsilon_2$，$\alpha_2 = \varepsilon_1 + \varepsilon_2 - \varepsilon_3$，试求 $W$ 的正交补空间 $W^{\perp}$。

**解：** 设$\beta = x_1\varepsilon_1 + x_2\varepsilon_2 + x_3\varepsilon_3 + x_4\varepsilon_4 \in W^{\perp}$，因为$(\alpha_i,\beta) = 0$（$i = 1,2$），所以

$$\begin{cases} x_1 + x_2 = 0 \\ x_1 + x_2 - x_3 = 0 \end{cases}$$

求得基础解系为

$$\begin{cases} \beta_1 = (1, -1, 0, 0)^{\mathrm{T}} \\ \beta_2 = (0, 0, 0, 1)^{\mathrm{T}} \end{cases}$$

因此 $W^{\perp} = L(\beta_1,\beta_2)$，且 $\mathbf{R}^4 = W \oplus W^{\perp}$。

# 2.5 应用实例

## 2.5.1 背景与问题

在机器学习中常用到向量间的距离。如图 2.5.1 所示，每个点代表一个样本（在这里是指一个学生）：横、纵坐标代表了特征（到课率、作业质量），不同的形状代表了不同的类别（正方形代表 A（优秀），圆形代表 D（不及格））。例如，点(10,20)代表在数学课上，某个学生到课率是 10%，作业质量是 20，最终导致了他期末考试得了 D。同理，这 6 个点也就代表了 6 个往届学生的平时状态和最终成绩。

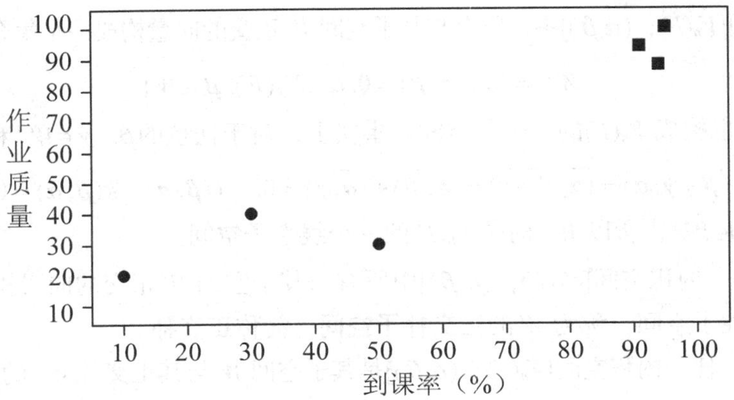


图 2.5.1

现在有一个学生张三想知道自己考得怎么样，他在数学老师那里查到了自己的到课率是 85%，作业质量是 90，那么他该如何进行预测呢？将张三看作(85,90)这个点（测试样本）。首

先，计算张三到其他 6 位同学（训练样本）的距离，一般用欧氏距离，再选取前 $k$ 个最近的距离，如选择 $k=3$，那么我们就找出距离最近的 3 个样本分别属于哪个类别。此例中，距离最近的 3 个样本都是 A，所以可预测出张三的数学期末成绩可能是 A（优秀）。

最近邻（K-Nearest Neighbor，KNN）算法原理：存在一个样本数据集，也称为训练样本集，并且样本集中每个数据都存在标签，即样本集中每一数据与所属分类对应的关系。输入没有标签的数据后，将新数据中的每个特征与样本集中数据对应的特征进行比较，提取样本集中特征最相似数据（最近邻）的分类标签。

## 2.5.2　模型与求解

KNN 算法的流程如下。

（1）计算测试数据与各个训练数据之间的距离。

在向量空间 $\mathbf{R}^n$ 中，主要使用的距离是欧氏距离，但也可以使用更一般的闵可夫斯基（Hermann Minkowski，1864—1909，德国数学家）距离，即 $L_p$ 距离。

在特征空间中，给定两个特征 $\boldsymbol{x}$、$\boldsymbol{y}$，它们分别是 $n$ 维的特征向量，则 $\boldsymbol{x}$ 与 $\boldsymbol{y}$ 的闵可夫斯基距离为

$$L_p(\boldsymbol{x},\boldsymbol{y})=\left(\sum_{l=1}^{n}\left|x_l-y_l\right|^p\right)^{\frac{1}{p}}\ (p\geqslant 1)$$

其中 $x_l$ 表示 $\boldsymbol{x}$ 的第 $l$ 个分量（$l=1,2,\cdots,n$）。从上式可以看出，欧氏距离和曼哈顿距离分别是闵可夫斯基距离在 $p=2$ 与 $p=1$ 时的特殊情况。

（2）按照距离的递增关系进行排序；选取距离最小的 $k$ 个点。

（3）确定前 $k$ 个点所在类别的出现频率。

（4）返回前 $k$ 个点中出现频率最高的类别作为测试数据的预测分类。

图 2.5.2 给出了 KNN 算法中 $k$ 值选取的规则。

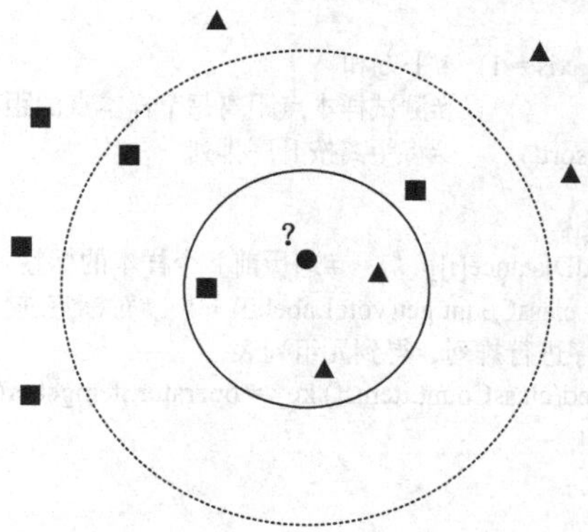


图 2.5.2

图 2.5.2 中的数据集是良好的数据，即都有对应的标签。一类是正方形，一类是三角形，圆形是待分类的数据。

当取 $k=3$ 时，范围内三角形多，这个待分类点属于三角形。

当取 $k=5$ 时，范围内正方形多，这个待分类点属于正方形。

如何选择一个最佳的 $k$ 值取决于数据。一般情况下，在分类时较大的 $k$ 值能够减小噪声的影响，但会使类别之间的界限变得模糊。因此 $k$ 的取值一般比较小（$k<20$）。

## 2.5.3 Python 实现

NumPy 是 Python 的一个扩展程序库，支持多维数组与矩阵运算，此外也针对数组运算提供大量的数学函数库。和使用 Pillow 一样，需要给 Python 安装 NumPy 模块，在命令行窗口使用 pip 安装：

```
pip install NumPy
```

具体的程序代码如下：

```
from numpy import * #导入 NumPy 科学计算包
import operator        #导入运算符模块

#加载数据的方法，返回样本数据（每一行是一个样本）和样本标签
def createDataSet():
    group = array([[90,100],[88,90],[85,95],[10,20],[30,40],[50,30]])       #样本点数据
    labels = ['A','A','A','D','D','D']

    print("Points in class A:")
    print(group[:3,:])
    print("Points in class D:")
    print(group[3:,:])

    return group,labels

#分类方法，传入的 dataSet 需是 array 数组
def classify0(inX,dataSet,labels,k):   #inX 为输入样本，例如[85,90]
    dataSetSize = dataSet.shape[0]     #求出输入数据矩阵的行数（样本个数）
    diffMat = tile(inX,(dataSetSize,1)) - dataSet   #求矩阵差
    sqDiffMat = diffMat ** 2
    sqDistance = sqDiffMat.sum(axis = 1)   #平方和
    distance = sqDistance ** 0.5            #测试样本点距离每个样本点的距离
    sortedDistance = distance.argsort()     #将距离按升序排列
    classCount = {}
    for i in range(k):
        voteLabel = labels[sortedDistance[i]]        #遍历前 k 个样本的标签
        classCount[voteLabel] = classCount.get(voteLabel,0) + 1   #对标签进行计数，即每一类出现的次数
        #将计数后的标签按降序进行排列，得到元组列表
        sortedClassCount = sorted(classCount.items(),key = operator.itemgetter(1),reverse = True)
    return sortedClassCount[0][0]

if __name__ == '__main__':
    # 创建数据集
    group,labels = createDataSet()
```

```
# 测试集
test = [85,90]
#KNN 分类
test_class = classify0(test,group,labels,6)
# 输出分类结果
print("Point {} belongs to class {}".format(test,test_class))
```

代码运行结果：

```
Points in class A:
[[90 100]
  [88 90]
  [85 95]]
Points in class D:
[[10 20]
  [30 40]
  [50 30]]
Point [85,90] belongs to class A
```

测试数据(85,90)，代表到课率是 85%，作业质量是 90。Python 代码运行结果显示程序判断测试数据为 A（优秀）。

## 习题 2

利用 Python 求解下列问题。

1. 设 $\mathbf{R}^3$ 中的线性变换为

$$T\begin{pmatrix} x \\ y \\ z \end{pmatrix} = \begin{pmatrix} x+2y+2z \\ 2x+y+2z \\ 2x+2y+z \end{pmatrix}$$

求一组基，使 $T$ 在此基下的矩阵为对角矩阵，并求出此对角矩阵。

2. 用向量 $\boldsymbol{\alpha}_1=(1,2,1,2)^{\mathrm{T}}$，$\boldsymbol{\alpha}_2=(2,1,2,1)^{\mathrm{T}}$，$\boldsymbol{\alpha}_3=(1,1,1,1)^{\mathrm{T}}$ 生成子空间 $V$，求 $V$ 的正交补空间 $V^{\perp}$。

3. 在复数域上求下列矩阵的若当标准型 $\boldsymbol{J}$，并求出可逆矩阵 $\boldsymbol{P}$，使得 $\boldsymbol{P}^{-1}\boldsymbol{AP}=\boldsymbol{J}$。

（1）$\boldsymbol{A}=\begin{pmatrix} -1 & 0 & 1 \\ 1 & 2 & 0 \\ -4 & 0 & 3 \end{pmatrix}$；（2）$\boldsymbol{A}=\begin{pmatrix} 2 & -1 & -1 \\ 2 & -1 & -2 \\ -1 & 1 & 2 \end{pmatrix}$。

# 第3章 向量与矩阵范数

在2.4节中，我们用内积定义了向量的长度，它是几何空间中向量长度概念的一种推广。本章采用公理化的方法把向量长度的概念做进一步推广，主要讨论向量范数、矩阵范数及其应用。

## 3.1 向量范数

本节重点讨论常用的向量空间 $\mathbf{C}^n$ 的情况。

### 3.1.1 向量范数的概念

在三维几何空间中，一个向量 $\boldsymbol{x}=(x_1,x_2,x_3)^{\mathrm{T}}$ 的长度定义为其分量平方和的算术平方根，它具有正定性、齐次性和三角不等式这3个基本性质，向量范数也如此。

**定义 3.1.1** 对数域 $F$（$\mathbf{C}$ 或 $\mathbf{R}$）上的线性空间 $V(F)$，若有实值函数 $f$: $V(F)\to\mathbf{R}$ 满足：

（1）正定性：$\forall \boldsymbol{x}\in V(F)$，有 $f(\boldsymbol{x})\geqslant 0$，且 $f(\boldsymbol{x})=0$ 当且仅当 $\boldsymbol{x}=\mathbf{0}$；

（2）齐次性：$\forall \lambda\in F$ 和 $\boldsymbol{x}\in V(F)$，有 $f(\lambda\boldsymbol{x})=|\lambda|f(\boldsymbol{x})$；

（3）三角不等式：$\forall \boldsymbol{x}$，$\boldsymbol{y}\in V(F)$，有 $f(\boldsymbol{x}+\boldsymbol{y})\leqslant f(\boldsymbol{x})+f(\boldsymbol{y})$。

则称 $f(\boldsymbol{x})$为 $V(F)$中向量 $\boldsymbol{x}$ 的范数，简称为**向量范数**，一般记为$\|\boldsymbol{x}\|$。

定义了范数$\|\cdot\|$的线性空间 $V(F)$，称为**赋范线性空间**，记为$[V(F);\ \|\cdot\|]$。

在赋范线性空间$[V(F);\ \|\cdot\|]$中，向量 $\boldsymbol{x}$ 与 $\boldsymbol{y}$ 之间的距离 $d(\boldsymbol{x},\boldsymbol{y})$可定义为

$$d(\boldsymbol{x},\boldsymbol{y})=\|\boldsymbol{x}-\boldsymbol{y}\| \tag{3.1.1}$$

在这个意义下的距离 $d$ 具有平移不变性，即若 $\boldsymbol{z}\in V(F)$，则

$$d(\boldsymbol{x}+\boldsymbol{z},\boldsymbol{y}+\boldsymbol{z})=d(\boldsymbol{x},\boldsymbol{y})$$

容易推出 $d(\boldsymbol{x},\mathbf{0})=d(\boldsymbol{x}+\boldsymbol{z},\boldsymbol{z})$，此式表明 $\boldsymbol{x}$ 与 $\mathbf{0}$ 的距离和 $\boldsymbol{x}+\boldsymbol{z}$ 与 $\boldsymbol{z}$ 之间的距离是相等的。

由定义可得到向量范数具有如下性质。

**性质 3.1.1** （1）$\|-\boldsymbol{x}\|=\|\boldsymbol{x}\|$；（2）$\big|\|\boldsymbol{x}\|-\|\boldsymbol{y}\|\big|\leqslant\|\boldsymbol{x}-\boldsymbol{y}\|$。

性质（2）表明，当 $\boldsymbol{y}$ 趋向于 $\boldsymbol{x}$ 时，$\|\boldsymbol{y}\|$趋向于$\|\boldsymbol{x}\|$，因此，$\|\boldsymbol{x}\|$是 $\boldsymbol{x}$ 的连续函数。

下面是几种常用的向量范数。

**【例 3.1.1】** 对任意的向量 $\boldsymbol{x}=(x_1,x_2,\cdots,x_n)^{\mathrm{T}}\in\mathbf{C}^n$，按如下方式定义的函数是 $\mathbf{C}^n$ 的范数：

（1）$\|\boldsymbol{x}\|_1=\sum_{k=1}^{n}|x_k|$；（2）$\|\boldsymbol{x}\|_2=(\sum_{k=1}^{n}|x_k|^2)^{1/2}$；（3）$\|\boldsymbol{x}\|_\infty=\max_{1\leqslant k\leqslant n}\{|x_k|\}$。

**证：** 这里只证明（2），（1）和（3）的证明留给读者练习。

容易验证 $\|x\|_2$ 满足范数的前两个性质，下面证明它满足第 3 个性质。

$$(\|\boldsymbol{x}+\boldsymbol{y}\|_2)^2=\sum_{k=1}^{n}|x_k+y_k|^2\leqslant\sum_{k=1}^{n}|x_k|^2+\sum_{k=1}^{n}|y_k|^2+2\sum_{k=1}^{n}|x_k||y_k|$$

由柯西-许瓦兹不等式可知

$$\sum_{k=1}^{n}|x_k||y_k|\leqslant\sqrt{\sum_{k=1}^{n}|x_k|^2}\sqrt{\sum_{k=1}^{n}|y_k|^2}$$

所以

$$\|\boldsymbol{x}+\boldsymbol{y}\|_2\leqslant\|\boldsymbol{x}\|_2+\|\boldsymbol{y}\|_2$$

例 3.1.1 定义的 $\mathbf{C}^n$ 中的 3 种范数分别称为向量的 **1-范数**、**2-范数**和 **∞-范数**。向量的 1-范数有时称为**曼哈顿范数**。向量的 2-范数有时称为**欧氏范数**，它是三维几何空间中向量长度的推广。更一般地，$\mathbf{C}^n$ 中的 ***p*-范数**或**霍尔德**（Otto Ludwig Hölder，1859—1937，德国数学家）**范数**为

$$\|\boldsymbol{x}\|_p=(\sum_{k=1}^{n}|x_k|^p)^{1/p}\quad(p\geqslant1)\tag{3.1.2}$$

显然，当 $p=1,2$ 时，$p$-范数就是 1-范数与 2-范数，且 $\lim_{p\to+\infty}\|\boldsymbol{x}\|_p=\|\boldsymbol{x}\|_\infty$。

**注意：** 当 $0<p<1$ 时，式（3.1.2）定义的 $\|\boldsymbol{x}\|_p$ 不是 $\mathbf{C}^n$ 中的向量范数，可取 $\mathbf{C}^n$ 的基 $\{\boldsymbol{e}_1,\boldsymbol{e}_2,\cdots,\boldsymbol{e}_n\}$ 中任意两个不同的基向量进行验证。

**【例 3.1.2】** 对任意的 $f(x)\in C[a,b]$，按如下方式定义的函数是 $C[a,b]$ 的范数：

$$\|f\|_1=\int_a^b|f(x)|\,\mathrm{d}x\,,\ \|f\|_2=[\int_a^b|f(x)|^2\,\mathrm{d}x]^{1/2}\,,\ \|f\|_\infty=\max_{x\in[a,b]}|f(x)|$$

由例 3.1.1 与例 3.1.2 可知，在一个线性空间中，可以定义多种向量范数。

**【例 3.1.3】** 设 $\boldsymbol{A}$ 是 $n$ 阶非奇异矩阵，$\|\cdot\|$ 是 $\mathbf{C}^n$ 中向量的任意一种范数。$\forall\boldsymbol{x}\in\mathbf{C}^n$，定义 $\|\boldsymbol{x}\|_A=\|\boldsymbol{Ax}\|$，则 $\|\boldsymbol{x}\|_A$ 是 $\mathbf{C}^n$ 的一种向量范数。

**证：**（1）当 $\boldsymbol{x}\neq\boldsymbol{0}$ 时，由于 $\boldsymbol{A}$ 是非奇异矩阵，因此 $\boldsymbol{Ax}\neq\boldsymbol{0}$，于是 $\|\boldsymbol{x}\|_A=\|\boldsymbol{Ax}\|>0$。

当 $\boldsymbol{x}=\boldsymbol{0}$ 时，$\boldsymbol{Ax}=\boldsymbol{0}$，因此 $\|\boldsymbol{x}\|_A=\|\boldsymbol{Ax}\|=\|\boldsymbol{0}\|=0$；反过来，若 $\|\boldsymbol{x}\|_A=\|\boldsymbol{Ax}\|=0$，则 $\boldsymbol{Ax}=\boldsymbol{0}$，由于 $\boldsymbol{A}$ 是非奇异矩阵，因此 $\boldsymbol{x}=\boldsymbol{0}$。

（2）$\forall\lambda\in\mathbf{C}$，则 $\|\lambda\boldsymbol{x}\|_A=\|\boldsymbol{A}(\lambda\boldsymbol{x})\|=\|\lambda(\boldsymbol{Ax})\|=|\lambda|\,\|\boldsymbol{Ax}\|_A=|\lambda|\,\|\boldsymbol{x}\|_A$。

（3）$\forall \boldsymbol{x},\boldsymbol{y} \in \mathbf{C}^n$，则

$$\|\boldsymbol{x}+\boldsymbol{y}\|_A=\|\boldsymbol{A}(\boldsymbol{x}+\boldsymbol{y})\|=\|\boldsymbol{Ax}+\boldsymbol{Ay}\| \leqslant \|\boldsymbol{Ax}\|+\|\boldsymbol{Ay}\|=\|\boldsymbol{x}\|_A+\|\boldsymbol{y}\|_A$$

因此$\|\boldsymbol{x}\|_A$是$\mathbf{C}^n$的一种向量范数。

本例为我们提供了由一个已知的向量范数构造新的向量范数的一种方法。由于$n$阶非奇异矩阵有无穷多个，因此由一个已知的向量范数可构造出无穷多个新的向量范数。

## 3.1.2 向量范数的连续性和等价性

同一向量的不同范数可能是不同的，但它们之间却具有密切的联系。在揭示向量范数之间的内在联系之前，先介绍如下定义。

**定义 3.1.2** 设$\|\cdot\|_s$和$\|\cdot\|_t$是线性空间$V(F)$中的两种向量范数，如果存在实数$b \geqslant a>0$，使得对任意的$\boldsymbol{x}\in V(F)$，都有

$$a\|\boldsymbol{x}\|_s \leqslant \|\boldsymbol{x}\|_t \leqslant b\|\boldsymbol{x}\|_s \tag{3.1.3}$$

则称向量范数$\|\cdot\|_s$与$\|\cdot\|_t$是**等价的**。

易证向量范数的等价具有自反性、对称性和可传递性。

**定理 3.1.1** 对任意的$\boldsymbol{x}\in\mathbf{C}^n$，都有

（1）$\|\boldsymbol{x}\|_2\leqslant\|\boldsymbol{x}\|_1\leqslant\sqrt{n}\|\boldsymbol{x}\|_2$；（2）$\dfrac{1}{\sqrt{n}}\|\boldsymbol{x}\|_2\leqslant\|\boldsymbol{x}\|_\infty\leqslant\|\boldsymbol{x}\|_2$。

**证明** 下面只证明（1），（2）留给读者证明。由于

$$\sum_{k=1}^{n}|x_k|^2 \leqslant (\sum_{k=1}^{n}|x_k|)^2$$

两边开根号，得

$$\|\boldsymbol{x}\|_2 \leqslant \|\boldsymbol{x}\|_1$$

再由柯西-许瓦兹不等式可知

$$\sum_{k=1}^{n}(1\times|x_k|)\leqslant(\sum_{k=1}^{n}1^2)^{1/2}\times[\sum_{k=1}^{n}(|x_k|)^2]^{1/2}$$

因此

$$\|\boldsymbol{x}\|_1\leqslant\sqrt{n}\|\boldsymbol{x}\|_2$$

从而定理得证。

定理 3.1.1 说明$\mathbf{C}^n$的范数$\|\cdot\|_1$、$\|\cdot\|_2$、$\|\cdot\|_\infty$之间彼此等价。

**定理 3.1.2** 设$\|\cdot\|$是线性空间$V_n(F)$的任一向量范数，$\{\boldsymbol{\alpha}_1,\boldsymbol{\alpha}_2,\cdots,\boldsymbol{\alpha}_n\}$是$V_n(F)$的一组基，$V_n(F)$中任意向量$\boldsymbol{\alpha}$在该基下的坐标为$\boldsymbol{x}=(x_1,x_2,\cdots,x_n)^{\mathrm{T}}$，则$\|\boldsymbol{\alpha}\|$是$\boldsymbol{x}$的连续函数。

定理 3.1.2 说明向量范数是向量坐标的连续函数。

由向量范数的连续性可以将定理 3.1.1 的结论推广到一般范数情形。

**定理 3.1.3** 有限维线性空间$V_n(F)$的所有向量范数都是等价的。

定理 3.1.3 的结论不能推广到无限维线性空间，因为在无限维线性空间中$\|\boldsymbol{x}\|_\infty$可能没有意义。

## 3.1.3　向量序列的收敛性

有了向量范数等价性的概念后，在研究向量序列的收敛问题时就有了度量向量收敛的工具。同时向量范数的等价性极大地方便了讨论。

**定义 3.1.3**　设$\left\{\boldsymbol{x}^{(k)}=\left(x_1^{(k)},x_2^{(k)},\cdots,x_n^{(k)}\right)^{\mathrm{T}}\right\}$是 $\mathbf{C}^n$ 空间的一个**向量序列**，如果它的 $n$ 个分量数列$\{x_j^{(k)}\}$都收敛，即$\lim\limits_{k\to\infty}x_j^{(k)}=x_j$（$j=1,2,\cdots,n$），则称向量序列$\{\boldsymbol{x}^{(k)}\}$**按分量数列收敛**于$\boldsymbol{x}=(x_1,x_2,\cdots,x_n)^{\mathrm{T}}$，并称 $\boldsymbol{x}$ 为$\{\boldsymbol{x}^{(k)}\}$的**极限**，记为$\lim\limits_{k\to\infty}\boldsymbol{x}^{(k)}=\boldsymbol{x}$或$\boldsymbol{x}^{(k)}\to\boldsymbol{x}$（$k\to\infty$）。不收敛的向量序列是**发散的**。

**定义 3.1.4**　设$\{\boldsymbol{x}^{(k)}\}$是 $\mathbf{C}^n$ 空间的一个向量序列，$\|\cdot\|$是 $\mathbf{C}^n$ 空间的一个向量范数，如果存在向量 $\boldsymbol{x}\in\mathbf{C}^n$，使得$\lim\limits_{k\to\infty}\|\boldsymbol{x}^{(k)}-\boldsymbol{x}\|=0$，则称向量序列$\{\boldsymbol{x}^{(k)}\}$**依范数收敛**于 $\boldsymbol{x}$。

**【例 3.1.4】**设序列$\left\{\boldsymbol{x}^{(k)}=\left(1,2+\dfrac{1}{k},\dfrac{3}{k^2},\ \mathrm{e}^{-k}\sin k\right)^{\mathrm{T}}\right\}$，易知此序列收敛于$\boldsymbol{x}=(1,2,0,0)^{\mathrm{T}}$。

观察$\|\boldsymbol{x}^{(k)}-\boldsymbol{x}\|_\infty$的变化情况。

$$\left\|\boldsymbol{x}^{(k)}-\boldsymbol{x}\right\|_\infty=\max\left\{|0|,\left|\frac{1}{k}\right|,\left|\frac{3}{k^2}\right|,|\mathrm{e}^{-k}\sin k|\right\}$$

当 $k$ 足够大时，$\|\boldsymbol{x}^{(k)}-\boldsymbol{x}\|_\infty=\dfrac{1}{k}$；

当 $k\to\infty$时，$\dfrac{1}{k}\to 0$，因此$\|\boldsymbol{x}^{(k)}-\boldsymbol{x}\|_\infty\to 0$（$k\to\infty$）。

由定理 3.1.2 可知，$\|\boldsymbol{x}\|_2\leqslant\sqrt{n}\,\|\boldsymbol{x}\|_\infty$，因此

$$\|\boldsymbol{x}^{(k)}-\boldsymbol{x}\|_2\leqslant\sqrt{n}\,\|\boldsymbol{x}^{(k)}-\boldsymbol{x}\|_\infty\to 0\quad(k\to\infty)$$

即

$$\|\boldsymbol{x}^{(k)}-\boldsymbol{x}\|_2\to 0\qquad(k\to\infty)$$

由向量范数的等价性可知，对任一向量范数$\|\cdot\|$都有

$$\|\boldsymbol{x}^{(k)}-\boldsymbol{x}\|\to 0\qquad(k\to\infty)$$

从这个例子可以得出$\{\boldsymbol{x}^{(k)}\}$收敛于 $\boldsymbol{x}$ 与$\{\|\boldsymbol{x}^{(k)}-\boldsymbol{x}\|\}$收敛于 0 等价这一结论。

**定理 3.1.4**　设$\{\boldsymbol{x}^{(k)}\}$是 $\mathbf{C}^n$ 空间的一个向量序列，它按分量数列收敛的充分必要条件是它按 $\mathbf{C}^n$ 中的任意一个向量范数收敛。

定理 3.1.4 表明，尽管 $\mathbf{C}^n$ 中不同的向量范数可能具有不同的大小，但在各种范数下考虑向量序列的收敛问题时却表现出简洁性和一致性。如果要讨论向量序列$\{\boldsymbol{x}^{(k)}\}$是否收敛于 $\boldsymbol{x}$，不必讨论分量数列$\{x_j^{(k)}\}$（$j=1,2,\cdots,n$）的收敛性，而只需讨论对某种范数$\|\cdot\|$序列$\|\boldsymbol{x}^{(k)}-\boldsymbol{x}\|$的收敛性。同时向量序列$\{\boldsymbol{x}^{(k)}\}$对某种范数收敛，则对其他范数也收敛。

与数列收敛类似，向量序列的收敛具有以下性质。

**性质 3.1.2** 设$\{x^{(k)}\}$和$\{y^{(k)}\}$是 $\mathbf{C}^n$ 中的两个向量序列，$k$ 和 $l$ 是两个复常数，$A\in\mathbf{C}^{m\times n}$，且 $\lim\limits_{k\to\infty} x^{(k)}=x$，$\lim\limits_{k\to\infty} y^{(k)}=y$，则

（1）$\lim\limits_{k\to\infty}(kx^{(k)}+ly^{(k)})=kx+ly$；

（2）$\lim\limits_{k\to\infty} Ax^{(k)}=Ax$。

# 3.2 矩阵范数

本节重点讨论常用的矩阵空间 $\mathbf{C}^{m\times n}$ 的情况。

## 3.2.1 矩阵范数的概念

**定义 3.2.1** 对数域 $F$（$\mathbf{C}$ 或 $\mathbf{R}$）上的线性空间 $F^{m\times n}$，若有实值函数 $f$: $F^{m\times n}\to\mathbf{R}$ 满足：

（1）正定性：$\forall A\in F^{m\times n}$，有 $f(A)\geqslant 0$，且 $f(A)=0$ 当且仅当 $A=O$；

（2）齐次性：$\forall\lambda\in F$ 和 $A\in F^{m\times n}$，有 $f(\lambda A)=|\lambda|f(A)$；

（3）三角不等式：$f(A+B)\leqslant f(A)+f(B)$，$\forall A, B\in F^{m\times n}$；

（4）相容性：$\forall A\in F^{m\times n}$，当 $A=BC$ 时，有 $f(A)\leqslant f(B)f(C)$。

则称 $f(A)$为 $F^{m\times n}$ 中矩阵 $A$ 的范数，简称为**矩阵范数**，一般记为$\|A\|$。

**注意**：设 $B\in F^{m\times s}$，$C\in F^{s\times n}$，则（4）中出现的 $f(B)$实为满足（1）~（3）的实值函数：$F^{m\times s}\to\mathbf{R}$。$f(C)$类似。

类似于向量之间距离的定义，矩阵 $A$ 与 $B$ 之间的距离可定义为

$$d(A, B)=\|A-B\|,\ A, B\in F^{s\times n}$$

【**例 3.2.1**】对任意 $A=(a_{ij})\in\mathbf{C}^{m\times n}$，定义

$$\|A\|_F=(\sum_{i=1}^{m}\sum_{j=1}^{n}|a_{ij}|^2)^{1/2} \tag{3.2.1}$$

则$\|A\|_F$是 $\mathbf{C}^{m\times n}$空间的一个矩阵范数，称为矩阵的**弗罗贝尼乌斯**（Ferdinand Georg Frobenius，1849—1917，德国数学家）**范数**，简称 ***F*-范数**。

**证**：易证$\|A\|_F$满足正定性、齐次性和三角不等式。下面证明它满足相容性。

$\forall A\in F^{m\times n}$，若 $A=BC$，且 $B\in\mathbf{C}^{m\times s}$，$C\in\mathbf{C}^{s\times n}$，则

$$\|A\|_F=\sqrt{\sum_{i=1}^{m}\sum_{j=1}^{n}|\sum_{k=1}^{s}b_{ik}c_{kj}|^2}\leqslant\sqrt{\sum_{i=1}^{m}\sum_{j=1}^{n}(\sum_{k=1}^{s}|b_{ik}||c_{kj}|)^2}\leqslant\sqrt{\sum_{i=1}^{m}\sum_{j=1}^{n}[(\sum_{k=1}^{s}|b_{ik}|^2)(\sum_{k=1}^{s}|c_{kj}|^2)]}$$

$$=\sqrt{\sum_{i=1}^{m}\sum_{k=1}^{s}|b_{ik}|^2}\cdot\sqrt{\sum_{j=1}^{n}\sum_{k=1}^{s}|c_{kj}|^2}=\|B\|_F\|C\|_F$$

因此$\| \boldsymbol{A} \|_F$是 $\mathbf{C}^{m\times n}$ 上的一个矩阵范数。

易知，$\| \boldsymbol{A} \|_F$是将矩阵 $\boldsymbol{A}$ 拉直后看作 $\mathbf{C}^{mn}$ 中的向量并由该向量的 2-范数而得的，且

$$\| \boldsymbol{A} \|_F = (tr(\boldsymbol{A}^H \boldsymbol{A}))^{1/2} = (\boldsymbol{A}^H \boldsymbol{A}\text{的所有特征值的和})^{1/2}$$

在矩阵范数的定义中，由于前 3 个性质与向量范数定义中一致，因此矩阵范数与向量范数具有类似的性质。

**性质 3.2.1**　（1）$\| -\boldsymbol{A} \| = \| \boldsymbol{A} \|$；（2）$| \| \boldsymbol{A} \| - \| \boldsymbol{B} \| | \leqslant \| \boldsymbol{A}-\boldsymbol{B} \|$。

**定理 3.2.1**　设$\| \cdot \|_m$是 $\mathbf{C}^{m\times n}$ 上的矩阵范数，$\boldsymbol{A} = (a_{ij}) \in \mathbf{C}^{m\times n}$，则

（1）$\| \boldsymbol{A} \|_m$是 $\boldsymbol{A}$ 的连续函数；

（2）$\mathbf{C}^{m\times n}$ 上任意两个矩阵范数等价。

**【例 3.2.2】**对 $\mathbf{C}^{n\times n}$ 空间的任何矩阵范数$\| \cdot \|$，有

（1）$\| \boldsymbol{I} \| \geqslant 1$；

（2）$\| \boldsymbol{A}^k \| \leqslant \| \boldsymbol{A} \|^k$，$k$ 为正整数；

（3）若 $\boldsymbol{A}$ 可逆，则$\| \boldsymbol{A}^{-1} \| \geqslant \dfrac{1}{\| \boldsymbol{A} \|}$。

**证：**（1）因 $\boldsymbol{I} \neq \boldsymbol{O}$，故$\| \boldsymbol{I} \| > 0$。由于 $\| \boldsymbol{I} \| = \| \boldsymbol{I} \cdot \boldsymbol{I} \| \leqslant \| \boldsymbol{I} \| \cdot \| \boldsymbol{I} \|$，因此$\| \boldsymbol{I} \| \geqslant 1$。

（2）由数学归纳法和矩阵范数的相容性易证。

（3）若 $\boldsymbol{A}$ 可逆，则$\| \boldsymbol{A} \| > 0$。由（1）可知，$1 \leqslant \| \boldsymbol{I} \| = \| \boldsymbol{A}\boldsymbol{A}^{-1} \| \leqslant \| \boldsymbol{A} \| \cdot \| \boldsymbol{A}^{-1} \|$，故$\| \boldsymbol{A}^{-1} \| \geqslant \dfrac{1}{\| \boldsymbol{A} \|}$。

## 3.2.2　矩阵的诱导范数

同向量范数一样，矩阵范数也是多种多样的。在计算过程中，矩阵范数与向量范数常常混合在一起使用，因此很自然会想到是否可以类似于$\| \lambda \boldsymbol{x} \| = | \lambda | \| \boldsymbol{x} \|$，从$\| \boldsymbol{A}\boldsymbol{x} \|$中将$\| \boldsymbol{A} \|$提取出来呢？这可由矩阵范数与向量范数相容的概念来实现。

**定义 3.2.2**　设$\| \cdot \|_m$是一个矩阵范数，$\| \cdot \|_v$是一个向量范数，如果对任意的 $\boldsymbol{A} \in \mathbf{C}^{m\times n}$ 和 $\boldsymbol{x} \in \mathbf{C}^n$，都有

$$\| \boldsymbol{A}\boldsymbol{x} \|_v \leqslant \| \boldsymbol{A} \|_m \cdot \| \boldsymbol{x} \|_v$$

则称矩阵范数$\| \cdot \|_m$与向量范数$\| \cdot \|_v$是**相容的**。

**定理 3.2.2**　设$\| \cdot \|_v$是一个向量范数，定义 $\mathbf{C}^{m\times n}$ 空间上的实值函数为：$\forall \boldsymbol{A} \in \mathbf{C}^{m\times n}$，

$$\| \boldsymbol{A} \| = \max_{\boldsymbol{x} \neq \boldsymbol{0}} \frac{\| \boldsymbol{A}\boldsymbol{x} \|_v}{\| \boldsymbol{x} \|_v} \tag{3.2.2}$$

则$\| \boldsymbol{A} \|$是与向量范数$\| \cdot \|_v$相容的矩阵范数，称该矩阵范数为由向量范数$\| \cdot \|_v$诱导出的矩阵范数或从属于向量范数$\| \cdot \|_v$的矩阵范数，简称为**诱导范数**或**从属范数**。

**推论 3.2.1**　$\| \boldsymbol{A} \| = \max\limits_{\| \boldsymbol{x} \|_v = 1} \| \boldsymbol{A}\boldsymbol{x} \|_v$。

【例 3.2.3】设$\|\cdot\|_m$是 $\mathbf{C}^{m\times n}$ 空间的一个矩阵范数，$\boldsymbol{y}\in\mathbf{C}^n\ (\boldsymbol{y}\neq\mathbf{0})$，证明

$$\|\boldsymbol{x}\|_v=\|\boldsymbol{x}\boldsymbol{y}^{\mathrm{H}}\|_m$$

是 $\mathbf{C}^m$ 空间的一个向量范数，且矩阵范数$\|\cdot\|_m$与向量范数$\|\cdot\|_v$相容。

**证**：要证明$\|\cdot\|_v$是向量范数，只需证明它满足 3 个基本性质。

（1）正定性：当 $\boldsymbol{x}\neq\mathbf{0}$ 时，$\boldsymbol{x}\boldsymbol{y}^{\mathrm{H}}\neq\boldsymbol{O}$，从而$\|\boldsymbol{x}\|_v=\|\boldsymbol{x}\boldsymbol{y}^{\mathrm{H}}\|_m>0$；

当 $\boldsymbol{x}=\mathbf{0}$ 时，$\boldsymbol{x}\boldsymbol{y}^{\mathrm{H}}=\boldsymbol{O}$，从而$\|\boldsymbol{x}\|_v=\|\boldsymbol{O}\|_m=0$。

反过来，若$\|\boldsymbol{x}\|_v=\|\boldsymbol{O}\|_m=0$，则 $\boldsymbol{x}\boldsymbol{y}^{\mathrm{H}}=\boldsymbol{O}$。由于 $\boldsymbol{y}\neq\mathbf{0}$，因此 $\boldsymbol{x}=\mathbf{0}$。

（2）齐次性：$\forall\lambda\in\mathbf{C}$，$\|\lambda\boldsymbol{x}\|_v=\|\lambda\boldsymbol{x}\boldsymbol{y}^{\mathrm{H}}\|_m=|\lambda|\,\|\boldsymbol{x}\boldsymbol{y}^{\mathrm{H}}\|_m=|\lambda|\,\|\boldsymbol{x}\|_v$。

（3）三角不等式：$\forall\boldsymbol{x}_1,\boldsymbol{x}_2\in\mathbf{C}^m$，有

$$\begin{aligned}\|\boldsymbol{x}_1+\boldsymbol{x}_2\|_v&=\|(\boldsymbol{x}_1+\boldsymbol{x}_2)\boldsymbol{y}^{\mathrm{H}}\|_m=\|\boldsymbol{x}_1\boldsymbol{y}^{\mathrm{H}}+\boldsymbol{x}_2\boldsymbol{y}^{\mathrm{H}}\|_m\\&\leqslant\|\boldsymbol{x}_1\boldsymbol{y}^{\mathrm{H}}\|_m+\|\boldsymbol{x}_2\boldsymbol{y}^{\mathrm{H}}\|_m=\|\boldsymbol{x}_1\|_v+\|\boldsymbol{x}_2\|_v\end{aligned}$$

由上面的分析可知，$\|\boldsymbol{x}\|_v$是 $\mathbf{C}^m$ 空间的一个向量范数。

下面证明$\|\cdot\|_v$与$\|\cdot\|_m$相容。

$\forall\boldsymbol{A}\in\mathbf{C}^{m\times n}$，$\boldsymbol{x}\in\mathbf{C}^n$，则

$$\|\boldsymbol{A}\boldsymbol{x}\|_v=\|(\boldsymbol{A}\boldsymbol{x})\boldsymbol{y}^{\mathrm{H}}\|_m=\|\boldsymbol{A}(\boldsymbol{x}\boldsymbol{y}^{\mathrm{H}})\|_m\leqslant\|\boldsymbol{A}\|_m\|\boldsymbol{x}\boldsymbol{y}^{\mathrm{H}}\|_m=\|\boldsymbol{A}\|_m\|\boldsymbol{x}\|_v$$

因此$\|\cdot\|_v$与$\|\cdot\|_m$相容。

定理 3.2.2 的结论说明，给定一个向量范数，可以由此向量范数确定矩阵的一个诱导范数与之相容。例 3.2.3 则说明，给定一个矩阵范数，也可以由此矩阵范数确定向量的一个诱导范数与之相容。

【例 3.2.4】对 $\mathbf{C}^{n\times n}$ 空间的任何诱导范数$\|\cdot\|$，有

（1）$\|\boldsymbol{I}\|=1$；

（2）$\|\boldsymbol{A}\boldsymbol{x}\|_v\leqslant\|\boldsymbol{A}\|\,\|\boldsymbol{x}\|_v$，且在某点 $\boldsymbol{x}$ 等式成立；

（3）若 $\boldsymbol{A}$ 可逆，则 $\min\limits_{\|\boldsymbol{x}\|_v=1}\|\boldsymbol{A}\boldsymbol{x}\|_v=\dfrac{1}{\|\boldsymbol{A}^{-1}\|}$；

（4）若 $\boldsymbol{A}$ 可逆，则$\|\boldsymbol{A}\boldsymbol{x}\|_v\geqslant\dfrac{1}{\|\boldsymbol{A}^{-1}\|}\|\boldsymbol{x}\|_v$。

**证**：（1）$\|\boldsymbol{I}\|=\max\limits_{\boldsymbol{x}\neq\mathbf{0}}\dfrac{\|\boldsymbol{I}\boldsymbol{x}\|_v}{\|\boldsymbol{x}\|_v}=\max\limits_{\boldsymbol{x}\neq\mathbf{0}}\dfrac{\|\boldsymbol{x}\|_v}{\|\boldsymbol{x}\|_v}=1$。

（2）前面已经证明了$\|\cdot\|$与向量范数$\|\cdot\|_v$相容，即$\|\boldsymbol{A}\boldsymbol{x}\|_v\leqslant\|\boldsymbol{A}\|\,\|\boldsymbol{x}\|_v$。

设 $f(\boldsymbol{x})=\dfrac{\|\boldsymbol{A}\boldsymbol{x}\|_v}{\|\boldsymbol{x}\|_v}=\left\|\boldsymbol{A}\dfrac{\boldsymbol{x}}{\|\boldsymbol{x}\|_v}\right\|_v$，令 $\boldsymbol{u}=\dfrac{\boldsymbol{x}}{\|\boldsymbol{x}\|_v}$，则

$$f(\boldsymbol{x})=\|\boldsymbol{A}\boldsymbol{u}\|_v=f(\boldsymbol{u})\text{，且 }\|\boldsymbol{u}\|_v=1$$

$f(\boldsymbol{u})$在闭区间$\{\boldsymbol{u}\mid\|\boldsymbol{u}\|_v=1\}$上可达到极大值，因此在极大值点等式成立。

（3）对任意满足$\|\boldsymbol{x}\|_v=1$ 的 $\boldsymbol{x}$ 有

$$1=\|\boldsymbol{x}\|_v=\|\boldsymbol{A}^{-1}\boldsymbol{A}\boldsymbol{x}\|_v\leqslant\|\boldsymbol{A}^{-1}\|\cdot\|\boldsymbol{A}\boldsymbol{x}\|_v$$

由（2）可知，在某点 $\boldsymbol{x}$ 等式成立。由于 $\dfrac{1}{\|\boldsymbol{A}^{-1}\|}\leqslant\|\boldsymbol{A}\boldsymbol{x}\|_v$，因此 $\dfrac{1}{\|\boldsymbol{A}^{-1}\|}=\min\limits_{\|\boldsymbol{x}\|_v=1}\|\boldsymbol{A}\boldsymbol{x}\|_v$。

（4）$\|\boldsymbol{x}\|_v=\|\boldsymbol{A}^{-1}\boldsymbol{A}\boldsymbol{x}\|_v\leqslant\|\boldsymbol{A}^{-1}\|\cdot\|\boldsymbol{A}\boldsymbol{x}\|_v$，$\|\boldsymbol{A}\boldsymbol{x}\|_v\geqslant\dfrac{1}{\|\boldsymbol{A}^{-1}\|}\|\boldsymbol{x}\|_v$。

由诱导范数的定义直接计算矩阵范数是比较困难的，下面给出几种特殊情况的计算。

**定理 3.2.3**　设 $\boldsymbol{A}\in\mathbf{C}^{m\times n}$，分别由向量范数 $\|\cdot\|_1$、$\|\cdot\|_2$、$\|\cdot\|_\infty$ 诱导出的矩阵范数为：

（1）$\|\boldsymbol{A}\|_1=\max\limits_j\sum\limits_{k=1}^{m}|a_{kj}|$；

（2）$\|\boldsymbol{A}\|_\infty=\max\limits_i\sum\limits_{k=1}^{n}|a_{ik}|$；

（3）$\|\boldsymbol{A}\|_2=(\lambda_{\max}(\boldsymbol{A}^{\mathrm{H}}\boldsymbol{A}))^{1/2}$，其中 $\lambda_{\max}(\boldsymbol{A}^{\mathrm{H}}\boldsymbol{A})$ 为 $\boldsymbol{A}^{\mathrm{H}}\boldsymbol{A}$ 的最大特征值。

常称 $\|\boldsymbol{A}\|_1$ 为**列和范数**，$\|\boldsymbol{A}\|_\infty$ 为**行和范数**，$\|\boldsymbol{A}\|_2$ 为**谱范数**。

**【例 3.2.5】** 设 $\boldsymbol{A}=\begin{pmatrix}-1&0&2&\mathrm{i}\\3+\mathrm{i}&5&1+\mathrm{i}&0\\2&\mathrm{i}&2&-4\end{pmatrix}$，$\boldsymbol{x}=\begin{pmatrix}-1\\2\\0\\-\mathrm{i}\end{pmatrix}$，求 $\|\boldsymbol{A}\boldsymbol{x}\|_1$、$\|\boldsymbol{A}\boldsymbol{x}\|_2$、$\|\boldsymbol{A}\boldsymbol{x}\|_\infty$、$\|\boldsymbol{A}\|_1$、$\|\boldsymbol{A}\|_\infty$。

**解：** $\boldsymbol{A}\boldsymbol{x}=(2,\ 7-\mathrm{i},\ -2+6\mathrm{i})^{\mathrm{T}}$，则

$$\|\boldsymbol{A}\boldsymbol{x}\|_1=2+\sqrt{50}+\sqrt{40},\ \|\boldsymbol{A}\boldsymbol{x}\|_2=\sqrt{4+50+40}=\sqrt{94},\ \|\boldsymbol{A}\boldsymbol{x}\|_\infty=\sqrt{50},$$

$$\|\boldsymbol{A}\|_1=\max\{3+\sqrt{10},6,4+\sqrt{2},5\}=3+\sqrt{10},$$

$$\|\boldsymbol{A}\|_\infty=\max\{4,\sqrt{10}+\sqrt{2}+5,9\}=5+\sqrt{2}+\sqrt{10}$$

又

$$\boldsymbol{A}^{\mathrm{H}}\boldsymbol{A}=\begin{pmatrix}13+6\mathrm{i}&15+7\mathrm{i}&4+4\mathrm{i}&-8-\mathrm{i}\\15+7\mathrm{i}&24&5+7\mathrm{i}&-4\mathrm{i}\\4+4\mathrm{i}&5+7\mathrm{i}&8+2\mathrm{i}&-8+2\mathrm{i}\\-8-\mathrm{i}&-4\mathrm{i}&-8+2\mathrm{i}&15\end{pmatrix}$$

计算矩阵 $\boldsymbol{A}$ 的 2-范数比较困难，因此当需要从 $\|\boldsymbol{A}\boldsymbol{x}\|_2$ 中将 $\boldsymbol{A}$ 提取出来时，可以应用弗罗贝尼乌斯范数。矩阵的 $F$-范数与 2-范数的关系如下。

**定理 3.2.4**　设 $\boldsymbol{A}\in\mathbf{C}^{m\times n}$，则

（1）$\|\boldsymbol{A}\boldsymbol{x}\|_2\leqslant\|\boldsymbol{A}\|_F\|\boldsymbol{x}\|_2$；

（2）$\|\boldsymbol{A}\|_2\leqslant\|\boldsymbol{A}\|_F$。

**证明** （1）$\| Ax\|_2^2=\sum_{i=1}^{m}|\sum_{j=1}^{n}a_{ij}x_j|^2\leqslant\sum_{i=1}^{m}(\sum_{j=1}^{n}|a_{ij}|^2\sum_{j=1}^{n}|x_j|^2)$

$$=(\sum_{i=1}^{m}\sum_{j=1}^{n}|a_{ij}|^2)(\sum_{j=1}^{n}|x_j|^2)=\| A\|_F^2\| x\|_2^2$$

因此

$$\| Ax\|_2\leqslant\| A\|_F\| x\|_2$$

（2）设$\lambda$是矩阵$A^{\mathrm{H}}A$的特征值，$x$是对应的特征向量，即$A^{\mathrm{H}}Ax=\lambda x$，那么

$$\|\lambda x\|_2^2=|\lambda|^2\| x\|_2^2=\| A^{\mathrm{H}}Ax\|_2^2\leqslant\| A^{\mathrm{H}}\|_F^2\| Ax\|_2^2\leqslant\| A^{\mathrm{H}}\|_F^2\| A\|_F^2\| x\|_2^2$$

从而有$|\lambda|^2\leqslant\| A^{\mathrm{H}}\|_F^2\| A\|_F^2=\| A\|_F^4$。

由于$\| A\|_2=(\lambda_{\max}(A^{\mathrm{H}}A))^{1/2}$，因此$\| A\|_2\leqslant\| A\|_F$。

$F$-范数不是诱导范数，诱导范数都具备$\| I\|=1$的特性，但$\| I\|_F=n^{1/2}$。然而由于$F$-范数的性质和它的易于计算的特点，使得它的应用非常广泛。下面介绍它的酉不变性（正交不变性）。

**定理 3.2.5** 设$A\in\mathbf{C}^{n\times n}$，且$P$，$Q\in\mathbf{C}^{n\times n}$都是酉矩阵，则

$$\| PA\|_F=\| A\|_F=\| AQ\|_F=\| PAQ\|_F$$

**证明** 设$A=(\alpha_1,\alpha_2,\cdots,\alpha_n)$，则

$$\| PA\|_F^2=\| P(\alpha_1,\alpha_2,\cdots,\alpha_n)\|_F^2=\|(P\alpha_1,P\alpha_2,\cdots,P\alpha_n)\|_F^2$$

$$=\sum_{j=1}^{n}\| P\alpha_j\|_F^2=\sum_{j=1}^{n}\alpha_j^{\mathrm{H}}P^{\mathrm{H}}P\alpha_j=\sum_{j=1}^{n}\alpha_j^{\mathrm{H}}\alpha_j=\sum_{j=1}^{n}\|\alpha_j\|_2^2=\| A\|_F^2$$

即

$$\| PA\|_F=\| A\|_F$$
$$\| AQ\|_F=\|(AQ)^{\mathrm{H}}\|_F=\| Q^{\mathrm{H}}A^{\mathrm{H}}\|_F=\| A^{\mathrm{H}}\|_F=\| A\|_F$$
$$\| PAQ\|_F=\| AQ\|_F=\| A\|_F$$

从而定理得证。

由定理 3.2.5 可知，与$A$酉相似的矩阵$B$的$F$-范数与$A$的$F$-范数是相同的。

**【例 3.2.6】**设$A=\begin{pmatrix}1&-3\\2&4\end{pmatrix}$、$P=\begin{pmatrix}1/\sqrt{2}&1/\sqrt{2}\\-1/\sqrt{2}&1/\sqrt{2}\end{pmatrix}$是正交矩阵，验证$F$-范数的正交不变性。

**解：** $B=P^{-1}AP=\begin{pmatrix}3&-4\\1&2\end{pmatrix}$与$A$正交相似，通过计算得到$\| B\|_F=\sqrt{30}=\| A\|_F$。

### 3.2.3 矩阵序列的收敛性

**定义 3.2.3** 设$\{A^{(k)}=(a_{ij}^{(k)})\}$是$\mathbf{C}^{m\times n}$空间的一个矩阵序列，如果对所有的$i=1,2,\cdots,m$；

$j=1,2,\cdots,n$，都有 $\lim\limits_{k\to\infty} a_{ij}^{(k)}=a_{ij}$，则称矩阵序列$\{\boldsymbol{A}^{(k)}\}$**按元素数列收敛**于矩阵 $\boldsymbol{A}=(a_{ij})_{m\times n}$，并称 $\boldsymbol{A}$ 为$\{\boldsymbol{A}^{(k)}\}$的**极限**，记为 $\boldsymbol{A}^{(k)}\to\boldsymbol{A}$（$k\to\infty$）或 $\lim\limits_{k\to\infty}\boldsymbol{A}^{(k)}=\boldsymbol{A}$。若矩阵序列不收敛，则称矩阵序列**发散**。

由定义可知，矩阵序列收敛要求 $m\times n$ 个常数数列同时收敛。

**【例 3.2.7】**令 $\boldsymbol{A}^{(k)}=\begin{pmatrix}1 & \dfrac{1}{k}\\ -\dfrac{1}{k^2} & \left(1+\dfrac{1}{k}\right)^k\end{pmatrix}$（$k=1,2,\cdots$），求矩阵序列$\{\boldsymbol{A}^{(k)}\}$的极限。

**解**：因为 $\lim\limits_{k\to\infty}1=1,\lim\limits_{k\to\infty}\dfrac{1}{k}=0,\lim\limits_{k\to\infty}-\dfrac{1}{k^2}=0,\lim\limits_{k\to\infty}\left(1+\dfrac{1}{k}\right)^k=\mathrm{e}$，所以根据定义 3.2.3，有

$$\lim_{k\to\infty}\boldsymbol{A}^{(k)}=\begin{pmatrix}1 & 0\\ 0 & \mathrm{e}\end{pmatrix}$$

**定义 3.2.4**　设$\{\boldsymbol{A}^{(k)}\}$是 $\mathbf{C}^{m\times n}$ 空间的一个矩阵序列，$\|\cdot\|$是 $\mathbf{C}^{m\times n}$ 空间的一个矩阵范数，如果存在矩阵 $\boldsymbol{A}\in\mathbf{C}^{m\times n}$，使得 $\lim\limits_{k\to\infty}\|\boldsymbol{A}^{(k)}-\boldsymbol{A}\|=0$，则称矩阵序列$\{\boldsymbol{A}^{(k)}\}$**按范数收敛**于矩阵 $\boldsymbol{A}$。

**定理 3.2.6**　设$\{\boldsymbol{A}^{(k)}\}$是 $\mathbf{C}^{m\times n}$ 中的矩阵序列，它按元素数列收敛的充分必要条件是它按 $\mathbf{C}^{m\times n}$ 的任一矩阵范数$\|\cdot\|$收敛。

与数列收敛类似，矩阵序列的收敛具有以下性质。

**性质 3.2.2**　设$\{\boldsymbol{A}^{(k)}\}$和$\{\boldsymbol{B}^{(k)}\}$是 $\mathbf{C}^{m\times n}$ 中的两个矩阵序列，$k$ 和 $l$ 是两个复常数，$\boldsymbol{A},\boldsymbol{B}\in\mathbf{C}^{m\times n}$，且 $\lim\limits_{k\to\infty}\boldsymbol{A}^{(k)}=\boldsymbol{A}$，$\lim\limits_{k\to\infty}\boldsymbol{B}^{(k)}=\boldsymbol{B}$，则 $\lim\limits_{k\to\infty}(k\boldsymbol{A}^{(k)}+l\boldsymbol{B}^{(k)})=k\boldsymbol{A}+l\boldsymbol{B}$。

**性质 3.2.3**　设 $\mathbf{C}^{m\times s}$ 中的矩阵序列$\{\boldsymbol{A}^{(k)}\}$收敛于 $\boldsymbol{A}$，且 $\mathbf{C}^{s\times n}$ 中的矩阵序列$\{\boldsymbol{B}^{(k)}\}$收敛于 $\boldsymbol{B}$，则 $\lim\limits_{k\to\infty}\boldsymbol{A}^{(k)}\boldsymbol{B}^{(k)}=\boldsymbol{AB}$。

**推论 3.2.2**　设$\{\boldsymbol{A}^{(k)}\}$是收敛于 $\boldsymbol{A}$ 的 $m\times n$ 矩阵序列，$\boldsymbol{P}$、$\boldsymbol{Q}$ 分别为 $m\times m$ 和 $n\times n$ 的矩阵，则 $\lim\limits_{k\to\infty}\boldsymbol{PA}^{(k)}\boldsymbol{Q}=\boldsymbol{PAQ}$。

此推论可由性质 3.2.3 推证。

**推论 3.2.3**　设$\{\boldsymbol{A}^{(k)}\}$是 $\mathbf{C}^{m\times n}$ 中的矩阵序列，$\boldsymbol{A}\in\mathbf{C}^{m\times n}$，$\lim\limits_{k\to\infty}\boldsymbol{A}^{(k)}=\boldsymbol{A}$，$\|\cdot\|$是 $\mathbf{C}^{m\times n}$ 中的任一矩阵范数，则 $\lim\limits_{k\to\infty}\|\boldsymbol{A}^{(k)}\|=\|\boldsymbol{A}\|$。

此推论可由$\big|\,\|\boldsymbol{A}^{(k)}\|-\|\boldsymbol{A}\|\,\big|\leqslant\|\boldsymbol{A}^{(k)}-\boldsymbol{A}\|$推证。

**注意**：推论 3.2.3 的逆命题不成立。例如，令

$$\boldsymbol{A}^{(k)}=\begin{pmatrix}0 & 1\\ \dfrac{1}{k} & (-1)^k\end{pmatrix}\ (k=1,2,\cdots),\quad \boldsymbol{A}=\begin{pmatrix}0 & 1\\ 0 & 1\end{pmatrix}$$

则

$$\lim_{k\to\infty}\|A^{(k)}\|_F=\lim_{k\to\infty}\sqrt{2+\frac{1}{k^2}}=\sqrt{2}\text{，}\|A\|_F=\sqrt{2}$$

即

$$\lim_{k\to\infty}\|A^{(k)}\|_F=\|A\|_F$$

但显然$\{A^{(k)}\}$不收敛。

**定理 3.2.7** 设 $\lim\limits_{k\to\infty}A^{(k)}=A$，其中 $A^{(k)},A\in\mathbf{C}^{n\times n}$，且 $A$、$A^{(k)}$均可逆，$k=1,2,\cdots$，则 $\lim\limits_{k\to\infty}(A^{(k)})^{-1}=A^{-1}$。

**注意：**定理 3.2.7 中可逆的条件是必不可少的。

例如，$A^{(k)}=\begin{pmatrix}1 & 1\\ 1 & 1+\frac{1}{k}\end{pmatrix}$（$k=1,2,\cdots$）可逆，但 $\lim\limits_{k\to\infty}(A^{(k)})^{-1}=\lim\limits_{k\to\infty}\begin{pmatrix}1+k & -k\\ -k & k\end{pmatrix}$不存在。因为 $\lim\limits_{k\to\infty}A^{(k)}=A=\begin{pmatrix}1 & 1\\ 1 & 1\end{pmatrix}$不可逆。

# 3.3 矩阵的谱半径

本节讨论矩阵的谱半径及其与矩阵范数之间的关系。

**定义 3.3.1** 设矩阵 $A\in\mathbf{C}^{n\times n}$，$A$ 的所有相异特征值的集合$\{\lambda_1,\lambda_2,\cdots,\lambda_s\}$称为 $A$ 的**谱**，记为$\sigma_A$，$\rho(A)=\max\{|\lambda_j|\}$称为 $A$ 的**谱半径**。

例如，对于方阵 $A=\begin{pmatrix}1-\mathrm{i} & 3\\ -1 & 1+\mathrm{i}\end{pmatrix}$，由于 $\det(\lambda I-A)=(\lambda-1)^2+4$，因此 $A$ 有两个相异特征值$\lambda_{1,2}=1\pm2\mathrm{i}$，且

$$\sigma_A=\{1+2\mathrm{i}，1-2\mathrm{i}\}，\rho(A)=\sqrt{5}$$

由谱半径的定义可知，方阵 $A$ 的所有特征值分布在复平面上以原点为中心、$\rho(A)$为半径的圆上。

关于矩阵的谱半径有如下结论。

**定理 3.3.1** 设 $A\in\mathbf{C}^{n\times n}$，则

（1）$\rho(A^k)=(\rho(A))^k$；

（2）$\rho(A^{\mathrm{H}}A)=\rho(AA^{\mathrm{H}})=(\|A\|_2)^2$；

（3）当 $A$ 是**正规矩阵**，即 $A$ 满足 $A^{\mathrm{H}}A=AA^{\mathrm{H}}$ 时，$\rho(A)=\|A\|_2$。

**证明** （1）设 $\boldsymbol{A}$ 的 $n$ 个特征值为 $\lambda_1,\lambda_2,\cdots,\lambda_n$，则 $\boldsymbol{A}^k$ 的特征值为 $(\lambda_1)^k,(\lambda_2)^k,\cdots,(\lambda_n)^k$，于是

$$\rho(\boldsymbol{A}^k)=\max\{|(\lambda_j)^k|\}=\max\{|\lambda_j|^k\}=\{\max\{|\lambda_j|\}\}^k=(\rho(\boldsymbol{A}))^k$$

（2）因为 $\boldsymbol{A}^{\mathrm{H}}\boldsymbol{A}$ 与 $\boldsymbol{A}\boldsymbol{A}^{\mathrm{H}}$ 有相同的非零特征值，所以 $\rho(\boldsymbol{A}^{\mathrm{H}}\boldsymbol{A})=\rho(\boldsymbol{A}\boldsymbol{A}^{\mathrm{H}})=(\|\boldsymbol{A}\|_2)^2$。

（3）因为 $\boldsymbol{A}$ 是正规矩阵，所以 $\boldsymbol{A}$ 酉相似于对角矩阵，存在酉矩阵 $\boldsymbol{U}$，使

$$\boldsymbol{U}^{\mathrm{H}}\boldsymbol{A}\boldsymbol{U}=\mathrm{diag}\left(\lambda_1,\lambda_2,\cdots,\lambda_n\right)，\boldsymbol{U}^{\mathrm{H}}\boldsymbol{A}^{\mathrm{H}}\boldsymbol{U}=\mathrm{diag}\left(\overline{\lambda_1},\overline{\lambda_2},\cdots,\overline{\lambda_n}\right)$$

其中 $\lambda_1,\lambda_2,\cdots,\lambda_n$ 为 $\boldsymbol{A}$ 的 $n$ 个特征值。因此

$$\begin{aligned}\boldsymbol{U}^{\mathrm{H}}\boldsymbol{A}^{\mathrm{H}}\boldsymbol{A}\boldsymbol{U}=\boldsymbol{U}^{\mathrm{H}}\boldsymbol{A}^{\mathrm{H}}\boldsymbol{U}\boldsymbol{U}^{\mathrm{H}}\boldsymbol{A}\boldsymbol{U}&=\mathrm{diag}\left(\overline{\lambda_1}\lambda_1,\overline{\lambda_2}\lambda_2,\cdots,\overline{\lambda_n}\lambda_n\right)\\&=\mathrm{diag}\left(|\lambda_1|^2,|\lambda_2|^2,\cdots,|\lambda_n|^2\right)\end{aligned}$$

此即说明 $\boldsymbol{A}^{\mathrm{H}}\boldsymbol{A}$ 的特征值为 $|\lambda_1|^2,|\lambda_2|^2,\cdots,|\lambda_n|^2$，故

$$\|\boldsymbol{A}\|_2=\sqrt{\boldsymbol{A}^{\mathrm{H}}\boldsymbol{A}\text{的最大特征值}}=\sqrt{\max_{1\leqslant j\leqslant n}\{|\lambda_j|^2\}}=\max_{1\leqslant j\leqslant n}\{|\lambda_j|\}=\rho(\boldsymbol{A})$$

从而定理得证。

矩阵的谱半径不同于矩阵范数，它没有正定性、三角不等式和相容性，但两者之间存在一定的联系。

**定理 3.3.2** 设 $\boldsymbol{A}\in\boldsymbol{C}^{n\times n}$，$\|\cdot\|_m$ 是 $\boldsymbol{C}^{n\times n}$ 上的任一矩阵范数，则 $\rho(\boldsymbol{A})\leqslant\|\boldsymbol{A}\|_m$。

**证明** 设 $\lambda$ 是 $\boldsymbol{A}$ 的任一特征值，$\boldsymbol{x}$ 是 $\boldsymbol{A}$ 的属于 $\lambda$ 的特征向量，即 $\boldsymbol{A}\boldsymbol{x}=\lambda\boldsymbol{x}$，其中 $\boldsymbol{x}\neq\boldsymbol{0}$。

设 $\|\cdot\|_v$ 是 $\boldsymbol{C}^n$ 上与矩阵范数 $\|\cdot\|_m$ 相容的向量范数，则

$$|\lambda|\,\|\boldsymbol{x}\|_v=\|\lambda\boldsymbol{x}\|_v=\|\boldsymbol{A}\boldsymbol{x}\|_v\leqslant\|\boldsymbol{A}\|_m\|\boldsymbol{x}\|_v$$

因为 $\boldsymbol{x}\neq\boldsymbol{0}$，所以 $\|\boldsymbol{x}\|_v>0$，于是

$$|\lambda|\leqslant\|\boldsymbol{A}\|_m$$

因此

$$\max\{|\lambda_j|\}\leqslant\|\boldsymbol{A}\|_m$$

进一步

$$\rho(\boldsymbol{A})\leqslant\|\boldsymbol{A}\|_m$$

从而定理得证。

**【例 3.3.1】** 设矩阵 $\boldsymbol{A}\in\boldsymbol{C}^{n\times n}$，若 $\|\boldsymbol{A}\|<1$，则 $\lim\limits_{k\to\infty}\boldsymbol{A}^k=\boldsymbol{O}$。

**解：** 因为 $\|\boldsymbol{A}^k\|\leqslant\|\boldsymbol{A}\|^k$，所以 $\lim\limits_{k\to\infty}\|\boldsymbol{A}^k\|\leqslant\lim\limits_{k\to\infty}\|\boldsymbol{A}\|^k=0$，即 $\lim\limits_{k\to\infty}\|\boldsymbol{A}^k\|=0$，故

$$\lim_{k\to\infty}\boldsymbol{A}^k=\boldsymbol{O}$$

**注意：** 该结论反过来不成立。

**【例 3.3.2】** 设矩阵 $\boldsymbol{A}\in\boldsymbol{C}^{n\times n}$，则 $\lim\limits_{k\to\infty}\boldsymbol{A}^k=\boldsymbol{O}$ 的充分必要条件是 $\rho(\boldsymbol{A})<1$。

**证：** 对矩阵 $\boldsymbol{A}\in\boldsymbol{C}^{n\times n}$，存在可逆矩阵 $\boldsymbol{P}\in\boldsymbol{C}^{n\times n}$，使得 $\boldsymbol{P}^{-1}\boldsymbol{A}\boldsymbol{P}=\boldsymbol{J}$，其中 $\boldsymbol{J}$ 是 $\boldsymbol{A}$ 的若当标准型。由此 $\boldsymbol{A}^k=\boldsymbol{P}\boldsymbol{J}^k\boldsymbol{P}^{-1}$，于是 $\lim\limits_{k\to\infty}\boldsymbol{A}^k=\boldsymbol{O}\Leftrightarrow\lim\limits_{k\to\infty}\boldsymbol{J}^k=\boldsymbol{O}$。又

$$\boldsymbol{J}^k=\begin{pmatrix}\boldsymbol{J}_1^k(\lambda_1) & & & \\ & \boldsymbol{J}_2^k(\lambda_2) & & \\ & & \ddots & \\ & & & \boldsymbol{J}_s^k(\lambda_s)\end{pmatrix}$$

而

$$\boldsymbol{J}_i^k(\lambda_i)=\begin{pmatrix}\lambda_i^k & \mathrm{C}_k^1\lambda_i^{k-1} & \cdots & \dfrac{\mathrm{C}_k^{r_i-1}\lambda_i^{k-r_i+1}}{(r_i-1)!} \\ & \lambda_i^k & \ddots & \vdots \\ & & \ddots & \mathrm{C}_k^1\lambda_i^{k-1} \\ & & & \lambda_i^k\end{pmatrix}_{r_i\times r_i}$$

因而

$$\lim_{k\to\infty}\boldsymbol{J}^k=\boldsymbol{O}\Leftrightarrow\rho(\boldsymbol{A})<1$$

由此可得

$$\lim_{k\to\infty}\boldsymbol{A}^k=\boldsymbol{O}\Leftrightarrow\rho(\boldsymbol{A})<1$$

**【例 3.3.3】** 设 $\boldsymbol{A}=\begin{pmatrix}1 & 1\\ -1 & 1\end{pmatrix}$，计算$\|\boldsymbol{A}\|_1$、$\|\boldsymbol{A}\|_2$、$\|\boldsymbol{A}\|_\infty$和$\rho(\boldsymbol{A})$。

**解：** $\|\boldsymbol{A}\|_1=\max\{|1|+|-1|,\ |1|+|1|\}=2$，

$\|\boldsymbol{A}\|_\infty=\max\{|1|+|1|,\ |-1|+|1|\}=2$，

$\|\boldsymbol{A}\|_2=\sqrt{\lambda_{\max}(\boldsymbol{A}^{\mathrm{H}}\boldsymbol{A})}=\sqrt{2}$。

通过计算可知 $\boldsymbol{A}$ 的特征值分别是 $1+\mathrm{i}$ 和 $1-\mathrm{i}$，则 $\rho(\boldsymbol{A})=\sqrt{2}$。

例 3.3.3 验证了定理 3.3.2 的结论，且$\rho(\boldsymbol{A})=\|\boldsymbol{A}\|_2$，这预示着存在某种范数等于或接近于谱半径。

**定理 3.3.3** 设 $\boldsymbol{A}\in\mathbf{C}^{n\times n}$，$\forall\varepsilon>0$，则存在某一矩阵范数$\|\cdot\|_*$满足

$$\rho(\boldsymbol{A})\leqslant\|\boldsymbol{A}\|_*\leqslant\rho(\boldsymbol{A})+\varepsilon$$

范数的一个重要用处是可以度量向量序列的收敛速度。设向量序列$\{\boldsymbol{x}^{(k)}\}$是按如下方式产生的序列

$$\boldsymbol{x}^{(k+1)}=\boldsymbol{A}\boldsymbol{x}^{(k)}+\boldsymbol{b}\qquad(k=1,2,\cdots)$$

其中 $\boldsymbol{A}\in\mathbf{R}^{n\times n}$，$\boldsymbol{b}\in\mathbf{R}^{n\times 1}$。若 $\boldsymbol{A}$ 的某种范数小于 1，即存在某种矩阵范数$\|\cdot\|$，有$\|\boldsymbol{A}\|<1$，则由定理 3.3.1 可知$\rho(\boldsymbol{A})<1$，容易证明向量序列 $\boldsymbol{x}^{(1)},\boldsymbol{x}^{(2)},\cdots$收敛。设序列收敛到 $\boldsymbol{x}$，在迭代公式的两边取极限，得到

$$\boldsymbol{x}=\boldsymbol{A}\boldsymbol{x}+\boldsymbol{b}$$

从而 $\boldsymbol{x}^{(k+1)}-\boldsymbol{x}=\boldsymbol{A}(\boldsymbol{x}^{(k)}-\boldsymbol{x})$，$\|\boldsymbol{x}^{(k+1)}-\boldsymbol{x}\|\leqslant\|\boldsymbol{A}\|\|\boldsymbol{x}^{(k)}-\boldsymbol{x}\|$。

上式说明 $\boldsymbol{x}^{(k+1)}$与 $\boldsymbol{x}$ 的距离不超过 $\boldsymbol{x}^{(k)}$与 $\boldsymbol{x}$ 的距离的$\|\boldsymbol{A}\|$倍，即每次迭代序列与 $\boldsymbol{x}$ 的距离

至少以$\|A\|$的比例缩小。由定理 3.3.2 可知这个比例要么是$\rho(A)$，要么接近于$\rho(A)$。

## 3.4 应用实例

范数的本质是距离，其意义是为了实现比较。计算向量、矩阵的范数可为后续学习深度学习打下坚实的基础，因为深度学习里的最小损失函数的求解就用到了 2-范数。

使用 Python 的 NumPy 模块计算向量和矩阵的范数，调用的函数为

x_norm = np.linalg.norm(x,ord = None,axis = None,keepdims = False)

其中 linalg = linear（线性） + algebra（代数），norm 则表示范数；x 表示向量或矩阵，ord 表示范数类型，axis 表示处理类型：

axis = 1 表示按行向量处理，求多个行向量的范数；

axis = 0 表示按列向量处理，求多个列向量的范数；

axis = None 表示矩阵范数。

keepdims 表示是否保持矩阵的二维特性：True 表示保持矩阵的二维特性，False 相反。

### 3.4.1 向量范数的计算

假设向量 $\boldsymbol{x}=(x_1,x_2,\cdots,x_n)^{\mathrm{T}}$，那么 $\boldsymbol{x}$ 的 $p$-范数的计算公式如下：

$$\|\boldsymbol{x}\|_p=\sqrt[p]{\sum_{i=1}^{n}|x_i|^p}\ (p\geqslant 1)$$

即 $\boldsymbol{x}$ 的各元素绝对值的 $p$ 次方之和的 $p$ 方根。

依据范数的定义，可以计算各阶的范数。机器学习领域内常见、常用的范数如下。

（1）1-范数，即向量所有元素的绝对值之和。

$$\|\boldsymbol{x}\|_1=\sum_{i=1}^{n}|x_i|$$

（2）2-范数，与欧氏距离相同，即向量各元素的平方和的平方根。

$$\|\boldsymbol{x}\|_2=\sqrt{\sum_{i=1}^{n}|x_i|^2}$$

（3）+∞-范数，即向量所有元素绝对值中的最大值。

$$\|\boldsymbol{x}\|_{+\infty}=\max_i\{|x_i|\}$$

（4）0-范数，即向量中非零元素的个数。

（5）−∞-范数，即向量所有元素绝对值中的最小值。

$$\|\boldsymbol{x}\|_{-\infty}=\min_i\{|x_i|\}$$

下面以向量[3,0,−4]为例，分别计算以上的 5 种向量范数，具体代码如下：

```
import numpy as np
x = np.array([3,0,-4])
n1 = np.linalg.norm(x,ord = 1)          # ord = 1 表示向量的 1-范数
n2 = np.linalg.norm(x,ord = 2)          # ord = 2 表示向量的 2-范数，系统默认
n3 = np.linalg.norm(x,ord = np.inf)     # ord = np.inf 表示向量的+∞-范数
n4 = np.linalg.norm(x,ord = 0)          # ord = 0 表示向量的 0-范数
n5 = np.linalg.norm(x,ord = -np.inf)    # ord = -np.inf 表示向量的-∞-范数
print('norm_1    ',n1)
print('norm_2    ',n2)
print('norm_∞    ',n3)
print('norm_0    ',n4)
print('norm_-∞   ',n5)
```

代码运行结果如下：

```
norm_1    7.0
norm_2    5.0
norm_∞    4.0
norm_0    2.0
norm_-∞   0.0
```

### 3.4.2 矩阵范数的计算

和向量的范数一样，矩阵也有范数，假设矩阵 $\boldsymbol{A}$ 的大小为 $m\times n$，即 $m$ 行 $n$ 列。

（1）1-范数，又称列和范数，即矩阵列向量中元素绝对值之和的最大值。

$$\|\boldsymbol{A}\|_1=\max_j\left\{\sum_{i=1}^{m}|a_{ij}|\right\}$$

（2）2-范数，即由方程$|\lambda\boldsymbol{E}-\boldsymbol{A}^{\mathrm{T}}\boldsymbol{A}|=0$ 求得的最大特征值的算术平方根。

（3）∞-范数，又称行和范数，即矩阵行向量中元素绝对值之和的最大值。

$$\|\boldsymbol{A}\|_\infty=\max_i\left\{\sum_{j=1}^{n}|a_{ij}|\right\}$$

下面以矩阵$\begin{pmatrix}0&3&4\\1&6&4\end{pmatrix}$为例，分别计算以上的 3 种矩阵范数，具体代码如下：

```
import numpy as np
x = np.array([
    [0,3,4],
    [1,6,4]])
#默认参数 ord=None，axis=None，keepdims=False
print("默认参数（矩阵整体元素平方和开根号，不保留矩阵二维特性）：",np.linalg.norm(x))
print("矩阵整体元素平方和开根号，保留矩阵二维特性：",np.linalg.norm(x,keepdims = True))
print("矩阵每个行向量求向量的 2-范数：",np.linalg.norm(x,axis = 1,keepdims = True))
print("矩阵每个列向量求向量的 2-范数：",np.linalg.norm(x,axis = 0,keepdims = True))
print("矩阵 1-范数：",np.linalg.norm(x,ord = 1,keepdims = True))
print("矩阵 2-范数：",np.linalg.norm(x,ord = 2,keepdims = True))
print("矩阵∞-范数：",np.linalg.norm(x,ord = np.inf,keepdims = True))
print("矩阵每个行向量求向量的 1-范数：",np.linalg.norm(x,ord = 1,axis = 1,keepdims = True))
```

代码运行结果如下：

```
默认参数（矩阵整体元素平方和开根号，不保留矩阵二维特性）： 8.831760866327848
矩阵整体元素平方和开根号，保留矩阵二维特性： [[8.83176087]]
矩阵每个行向量求向量的 2-范数： [[5.        ]
 [7.28010989]]
矩阵每个列向量求向量的 2-范数： [[1.         6.70820393 5.65685425]]
矩阵 1-范数： [[9.]]
矩阵 2-范数： [[8.70457079]]
矩阵∞-范数： [[11.]]
矩阵每个行向量求向量的 1-范数： [[ 7.]
 [11.]]
```

# 习题 3

利用 Python 求解下列问题。

1. 已知矩阵

$$A=\begin{pmatrix}-1 & 0 & 2 & \mathrm{i}\\ 3 & 5 & -1 & 0\\ 1 & 2 & 0 & -1\\ 7 & -\mathrm{i} & 2 & -4\end{pmatrix},\ \mathrm{i}^2=-1$$

计算$\|A\|_1$和$\|A\|_\infty$。如果$x=(-1,2,0,1-\mathrm{i})^{\mathrm{T}}$，计算$\|Ax\|_1$和$\|Ax\|_\infty$。

2. 计算下列矩阵序列的极限：

（1）

$$\lim_{k\to\infty}\begin{pmatrix}\dfrac{1}{k} & \dfrac{k+1}{k}\\ -\dfrac{k}{k+1} & \mathrm{e}^{-k}\end{pmatrix}$$

（2）

$$\lim_{k\to\infty}\begin{pmatrix}\left(1+\dfrac{1}{k}\right)^k & 0\\ \dfrac{k-1}{k+1} & \sqrt[k]{k}\end{pmatrix}$$

# 第4章 矩阵分解

在很多需要数据挖掘技术的实际应用中需要利用矩阵分解，例如信息检索、机器视觉和模式识别等。矩阵分解是指将一个矩阵表示为结构简单或具有特殊性质的若干矩阵之积，在矩阵理论的研究和应用中具有十分重要的意义。通过将矩阵分解成一些较为简单的矩阵的乘积，可以了解原矩阵的很多特性，如奇异性、正定性和特征值等，同时分解的过程也提供一些数值计算的方法。

本章介绍几种常用的矩阵分解方法及其应用。

## 4.1 矩阵的满秩分解

本节介绍矩阵的满秩分解，即将矩阵分解成一个列满秩矩阵与一个行满秩矩阵的乘积。

**定义 4.1.1** 设矩阵 $\boldsymbol{A}\in\mathbf{C}^{m\times n}$，$\mathrm{rank}(\boldsymbol{A})=r$，若存在矩阵 $\boldsymbol{B}\in\mathbf{C}^{m\times r}$，$\boldsymbol{C}\in\mathbf{C}^{r\times n}$，且 $\mathrm{rank}(\boldsymbol{B})=\mathrm{rank}(\boldsymbol{C})=r$，即 $\boldsymbol{B}$ 是列满秩矩阵，$\boldsymbol{C}$ 是行满秩矩阵，使得

$$\boldsymbol{A}=\boldsymbol{BC} \tag{4.1.1}$$

则称矩阵 $\boldsymbol{A}$ **可以满秩分解**，并称式（4.1.1）为 $\boldsymbol{A}$ 的**满秩分解**，也称为**最大秩分解**。

**定理 4.1.1** 设矩阵 $\boldsymbol{A}\in\mathbf{C}^{m\times n}$，$\mathrm{rank}(\boldsymbol{A})=r$，则 $\boldsymbol{A}$ 可以满秩分解。

**证明** 由于 $\mathrm{rank}(\boldsymbol{A})=r$，因此存在可逆矩阵 $\boldsymbol{P}\in\mathbf{C}^{m\times m}$，$\boldsymbol{Q}\in\mathbf{C}^{n\times n}$，使得

$$\boldsymbol{PAQ}=\begin{pmatrix}\boldsymbol{I}_r & \boldsymbol{O}\\ \boldsymbol{O} & \boldsymbol{O}\end{pmatrix}_{m\times n} \quad 即\ \boldsymbol{A}=\boldsymbol{P}^{-1}\begin{pmatrix}\boldsymbol{I}_r & \boldsymbol{O}\\ \boldsymbol{O} & \boldsymbol{O}\end{pmatrix}_{m\times n}\boldsymbol{Q}^{-1}$$

又

$$\begin{pmatrix}\boldsymbol{I}_r & \boldsymbol{O}\\ \boldsymbol{O} & \boldsymbol{O}\end{pmatrix}_{m\times n}=\begin{pmatrix}\boldsymbol{I}_r\\ \boldsymbol{O}_{(m-r)\times r}\end{pmatrix}\begin{pmatrix}\boldsymbol{I}_r & \boldsymbol{O}_{r\times(n-r)}\end{pmatrix}$$

于是

$$\boldsymbol{A}=\boldsymbol{P}^{-1}\begin{pmatrix}\boldsymbol{I}_r\\ \boldsymbol{O}_{(m-r)\times r}\end{pmatrix}\begin{pmatrix}\boldsymbol{I}_r & \boldsymbol{O}_{r\times(n-r)}\end{pmatrix}\boldsymbol{Q}^{-1}=\boldsymbol{BC}$$

其中 $B=P^{-1}\begin{pmatrix}I_r\\O_{(m-r)\times r}\end{pmatrix}$（取 $P^{-1}$ 的前 $r$ 列），$C=(I_r\ O_{r\times(n-r)})Q^{-1}$（取 $Q^{-1}$ 的前 $r$ 行）。

定理的证明过程给出了 $B$、$C$ 的求法，但较麻烦，为此先给出下面的定义。

**定义 4.1.2**　设矩阵 $H\in\mathbf{C}^{m\times n}$，$\mathrm{rank}(H)=r$，且满足

（1）$H$ 的前 $r$ 行中每行至少含一个非零元素且第一个非零元素是 1，后 $m-r$ 行元素皆为 0；

（2）若 $H$ 的第 $i$ 行的第一个非零元素在第 $j_i$ 列（$i=1,2,\cdots,r$），则 $j_1<j_2<\cdots<j_r$；

（3）$H$ 中的 $j_1,j_2,\cdots,j_r$ 列为单位矩阵 $I_m$ 的前 $r$ 列。

则称 $H$ 为**厄尔米特**（Charles Hermite，1822—1901，法国数学家）**标准型**，即**行最简形矩阵**。

显然，对任意的矩阵 $A\in\mathbf{C}^{m\times n}$，$\mathrm{rank}(A)=r$，都可由初等行变换将 $A$ 化为厄尔米特标准型，且使 $H$ 的前 $r$ 行组成的向量组线性无关。

**定理 4.1.2**　设矩阵 $A\in\mathbf{C}^{m\times n}$，$\mathrm{rank}(A)=r$，且 $A$ 的厄尔米特标准型为 $H$，那么在 $A$ 的满秩分解式（4.1.1）中，$B$ 可取由 $A$ 的第 $j_1,j_2,\cdots,j_r$ 列构成的 $m\times r$ 矩阵，$C$ 为由 $H$ 的前 $r$ 行构成的 $r\times n$ 矩阵。

**【例 4.1.1】**求矩阵 $A=\begin{pmatrix}1&1&2&2\\0&2&4&-2\\0&3&6&0\end{pmatrix}$ 的满秩分解。

**解：**将矩阵 $A$ 化为如下厄尔米特标准型：

$$A\to\begin{pmatrix}1&1&2&2\\0&1&2&-1\\0&1&2&0\end{pmatrix}\to\begin{pmatrix}1&1&2&2\\0&1&2&-1\\0&0&0&1\end{pmatrix}\to\begin{pmatrix}1&0&0&3\\0&1&2&-1\\0&0&0&1\end{pmatrix}\to\begin{pmatrix}1&0&0&0\\0&1&2&0\\0&0&0&1\end{pmatrix}$$

于是存在矩阵

$$B=\begin{pmatrix}1&1&2\\0&2&-2\\0&3&0\end{pmatrix},\quad C=\begin{pmatrix}1&0&0&0\\0&1&2&0\\0&0&0&1\end{pmatrix}$$

使得 $A=BC$。

**注意：**矩阵的满秩分解一般不唯一。事实上，若矩阵 $A$ 有满秩分解 $A=BC$，$\mathrm{rank}(A)=r$，则对任意 $r$ 阶可逆矩阵 $P$，都有 $A=(BP)(P^{-1}C)=B_1C_1$，其中 $B_1\in\mathbf{C}^{m\times r}$，$C_1\in\mathbf{C}^{r\times n}$，$\mathrm{rank}(B_1)=\mathrm{rank}(C_1)=r$。

# 4.2　矩阵的 LU 分解

4.1 节讨论的是一般的满秩分解，本节介绍矩阵的一种特殊的满秩分解，即方阵的三角分解或 LU 分解，可用于求行列式、逆矩阵以及解线性方程组等。

**定义 4.2.1** 设矩阵 $\boldsymbol{A}\in\mathbf{C}^{n\times n}$，若有 $\boldsymbol{L}$，$\boldsymbol{U}\in\mathbf{C}^{n\times n}$ 分别是下三角形矩阵和上三角形矩阵，使得 $\boldsymbol{A}=\boldsymbol{L}\boldsymbol{U}$，则称 $\boldsymbol{A}$ **可以三角分解**，并称 $\boldsymbol{A}=\boldsymbol{L}\boldsymbol{U}$ 为 $\boldsymbol{A}$ 的**三角分解**或 **LU 分解**。

特别地，若 $\boldsymbol{L}$ 是单位下三角形矩阵时，称之为 $\boldsymbol{A}$ 的**杜利特尔**（Myrick Hascall Doolittlee，1830—1913）**分解**；若 $\boldsymbol{U}$ 为单位上三角形矩阵时，称之为 $\boldsymbol{A}$ 的**克劳特**（Prescott Durand Crout，1907—1984，美国数学家）**分解**。

在第 1 章中我们已经学过应用高斯消元法求解 $n$ 元线性方程组 $\boldsymbol{A}\boldsymbol{x}=\boldsymbol{b}$，其中

$$\boldsymbol{A}=(a_{ij})_{n\times n},\ \boldsymbol{x}=(x_1,x_2,\cdots,x_n)^{\mathrm{T}},\ \boldsymbol{b}=(b_1,b_2,\cdots,b_n)^{\mathrm{T}}$$

高斯消元法的基本思路是将系数矩阵化为上三角形矩阵，或将增广矩阵化为行阶梯形矩阵，而后回代求解。

现在应用选主元素法来完成高斯消元法的消去过程，至于回代过程我们不做讨论。

设 $\boldsymbol{A}^{(0)}=\boldsymbol{A}$，其元素 $a_{ij}^{(0)}=a_{ij}$（$i,j=1,2,\cdots,n$），记 $\boldsymbol{A}$ 的 $k$ 阶顺序主子式为$\Delta_k$（$k=1,2,\cdots,n$）。

如果 $\Delta_1=a_{11}^{(0)}\neq 0$，则可以做一系列初等行变换——倍加变换，将 $\boldsymbol{A}^{(0)}$的第 1 列中除 $a_{11}^{(0)}$ 以外的元素变成 0，即令

$$\boldsymbol{L}_1=\begin{pmatrix}1 & & & \\ -\dfrac{a_{21}^{(0)}}{a_{11}^{(0)}} & 1 & & \\ \vdots & & \ddots & \\ -\dfrac{a_{n1}^{(0)}}{a_{11}^{(0)}} & & & 1\end{pmatrix}，其逆为\ \boldsymbol{L}_1^{-1}=\begin{pmatrix}1 & & & \\ \dfrac{a_{21}^{(0)}}{a_{11}^{(0)}} & 1 & & \\ \vdots & & \ddots & \\ \dfrac{a_{n1}^{(0)}}{a_{11}^{(0)}} & & & 1\end{pmatrix}$$

有

$$\boldsymbol{L}_1\boldsymbol{A}^{(0)}=\begin{pmatrix}a_{11}^{(0)} & a_{12}^{(0)} & \cdots & a_{1n}^{(0)}\\ 0 & a_{22}^{(1)} & \cdots & a_{2n}^{(1)}\\ \vdots & \vdots & & \vdots\\ 0 & a_{n2}^{(1)} & \cdots & a_{nn}^{(1)}\end{pmatrix}=\boldsymbol{A}^{(1)}$$

故

$$\boldsymbol{A}^{(0)}=\boldsymbol{L}_1^{-1}\boldsymbol{A}^{(1)}$$

因为上述初等行变换不改变矩阵 $\boldsymbol{A}$ 的行列式的值，所以由 $\boldsymbol{A}^{(1)}$得 $\boldsymbol{A}$ 的二阶顺序主子式是 $\Delta_2=a_{11}^{(0)}a_{22}^{(1)}$。

如果 $\Delta_2\neq 0$，则必有 $a_{22}^{(1)}\neq 0$。如上采取初等行变换，将 $\boldsymbol{A}^{(1)}$的第 2 列中除前面两个元素以外的元素全部变成 0。如此继续下去，直到第 $r$–1 步，如果 $\Delta_{r-1}\neq 0$，得到

$$\boldsymbol{A}^{(r-1)}=\begin{pmatrix}a_{11}^{(0)} & \cdots & a_{1,r-1}^{(0)} & a_{1r}^{(0)} & \cdots & a_{1n}^{(0)}\\ & \ddots & \vdots & \vdots & & \vdots\\ & & a_{r-1,r-1}^{(r-2)} & a_{r-1,r}^{(r-2)} & \cdots & a_{r-1,n}^{(r-2)}\\ & & & a_{rr}^{(r-1)} & \cdots & a_{rn}^{(r-1)}\\ & & & \vdots & & \vdots\\ & & & a_{nr}^{(r-1)} & \cdots & a_{nn}^{(r-1)}\end{pmatrix}$$

$$\Delta_r=a_{11}^{(0)}a_{22}^{(1)}\cdots a_{rr}^{(r-1)}$$

对于第 $r$ 步，如果 $\Delta_r \neq 0$，则必有 $a_{rr}^{(r-1)} \neq 0$。令

$$
\boldsymbol{L}_r = \begin{pmatrix}
1 & & & & & & \\
& \ddots & & & & & \\
& & 1 & & & & \\
& & & 1 & & & \\
& & & -\dfrac{a_{r+1,r}^{(r-1)}}{a_{rr}^{(r-1)}} & 1 & & \\
& & & \vdots & & \ddots & \\
& & & -\dfrac{a_{nr}^{(r-1)}}{a_{rr}^{(r-1)}} & & & 1
\end{pmatrix}
$$

其逆为

$$
\boldsymbol{L}_r^{-1} = \begin{pmatrix}
1 & & & & & & \\
& \ddots & & & & & \\
& & 1 & & & & \\
& & & 1 & & & \\
& & & \dfrac{a_{r+1,r}^{(r-1)}}{a_{rr}^{(r-1)}} & 1 & & \\
& & & \vdots & & \ddots & \\
& & & \dfrac{a_{nr}^{(r-1)}}{a_{rr}^{(r-1)}} & & & 1
\end{pmatrix}
$$

有

$$
\boldsymbol{L}_r \boldsymbol{A}^{(r-1)} = \begin{pmatrix}
a_{11}^{(0)} & \cdots & a_{1,r}^{(0)} & a_{1,r+1}^{(0)} & \cdots & a_{1n}^{(0)} \\
& \ddots & \vdots & \vdots & & \vdots \\
& & a_{rr}^{(r-1)} & a_{r,r+1}^{(r-1)} & \cdots & a_{rn}^{(r-1)} \\
& & & a_{r+1,r+1}^{(r)} & \cdots & a_{r+1,n}^{(r)} \\
& & & \vdots & & \vdots \\
& & & a_{n,r+1}^{(r)} & \cdots & a_{nn}^{(r)}
\end{pmatrix} = \boldsymbol{A}^{(r)}
$$

故

$$
\boldsymbol{A}^{(r-1)} = \boldsymbol{L}_r^{-1} \boldsymbol{A}^{(r)}
$$

由 $\boldsymbol{A}^{(r)}$易得 $\boldsymbol{A}$ 的 $r+1$ 阶顺序主子式是 $\Delta_{r+1} = a_{11}^{(0)} a_{22}^{(1)} \cdots a_{rr}^{(r-1)} a_{r+1,r+1}^{(r)}$。

依此类推，在第 $n-1$ 步之后（假设$\Delta_{n-1} \neq 0$）得到

$$
\boldsymbol{L}_{n-1} \boldsymbol{A}^{(n-2)} = \begin{pmatrix}
a_{11}^{(0)} & a_{12}^{(0)} & \cdots & a_{1n}^{(0)} \\
& a_{22}^{(1)} & \cdots & a_{2n}^{(1)} \\
& & \ddots & \\
& & & a_{nn}^{(n-1)}
\end{pmatrix} = \boldsymbol{A}^{(n-1)} \text{（上三角形矩阵）}
$$

$$\boldsymbol{L}_{n-1}=\begin{pmatrix}1&&&\\&\ddots&&\\&&1&\\&&-\dfrac{a_{n,n-1}^{(n-2)}}{a_{n-1,n-1}^{(n-2)}}&1\end{pmatrix}，其逆为\boldsymbol{L}_{n-1}^{-1}=\begin{pmatrix}1&&&\\&\ddots&&\\&&1&\\&&\dfrac{a_{n,n-1}^{(n-2)}}{a_{n-1,n-1}^{(n-2)}}&1\end{pmatrix}$$

故

$$\boldsymbol{A}^{(n-2)}=\boldsymbol{L}_{n-1}^{-1}\boldsymbol{A}^{(n-1)}$$

上述过程能够进行到底的充分必要条件是，所有的 $a_{11}^{(0)},\cdots,a_{n-1,n-1}^{(n-2)}$ 都不为 0，即$\Delta_k\neq 0$（$k=1,2,\cdots,n-1$），此时

$$\boldsymbol{A}=\boldsymbol{A}^{(0)}=\boldsymbol{L}_1^{-1}\boldsymbol{A}^{(1)}=\boldsymbol{L}_1^{-1}\boldsymbol{L}_2^{-1}\boldsymbol{A}^{(2)}=\cdots=\boldsymbol{L}_1^{-1}\cdots\boldsymbol{L}_{n-1}^{-1}\boldsymbol{A}^{(n-1)}$$

若令

$$\boldsymbol{L}=\boldsymbol{L}_1^{-1}\cdots\boldsymbol{L}_{n-1}^{-1}=\begin{pmatrix}1&&&&\\\dfrac{a_{21}^{(0)}}{a_{11}^{(0)}}&1&&&\\\dfrac{a_{31}^{(0)}}{a_{11}^{(0)}}&\dfrac{a_{32}^{(1)}}{a_{22}^{(1)}}&1&&\\\vdots&\vdots&\ddots&\ddots&\\\dfrac{a_{n1}^{(0)}}{a_{11}^{(0)}}&\dfrac{a_{n2}^{(1)}}{a_{22}^{(1)}}&\cdots&\dfrac{a_{n,n-1}^{(n-2)}}{a_{n-1,n-1}^{(n-2)}}&1\end{pmatrix}，\boldsymbol{U}=\boldsymbol{A}^{(n-1)}$$

则得 $\boldsymbol{A}=\boldsymbol{LU}$。于是 $\boldsymbol{A}$ 被分解成一个单位下三角形矩阵 $\boldsymbol{L}$ 与一个上三角形矩阵 $\boldsymbol{U}$ 的乘积。

**定理 4.2.1** 设矩阵 $\boldsymbol{A}\in\mathbf{C}^{n\times n}$，则 $\boldsymbol{A}$ 存在唯一的杜立特尔分解或克劳特分解的充分必要条件是，$\boldsymbol{A}$ 的顺序主子式$\Delta_k\neq 0$（$k=1,2,\cdots,n-1$）。

**注意：**（1）不是每一个非奇异矩阵都存在三角分解的，例如矩阵$\begin{pmatrix}0&1\\1&0\end{pmatrix}$。

（2）矩阵的三角分解不唯一。事实上，设 $\boldsymbol{A}=\boldsymbol{LU}$ 是 $\boldsymbol{A}$ 的一个三角分解，取 $\boldsymbol{D}$ 为任意一个与 $\boldsymbol{A}$ 同阶的可逆对角矩阵，则有

$$\boldsymbol{A}=\boldsymbol{LU}=(\boldsymbol{LD})(\boldsymbol{D}^{-1}\boldsymbol{U})=\boldsymbol{L}_1\boldsymbol{U}_1$$

其中，$\boldsymbol{L}_1=\boldsymbol{LD}$ 为下三角形矩阵，而 $\boldsymbol{U}_1=\boldsymbol{D}^{-1}\boldsymbol{U}$ 为上三角形矩阵，所以 $\boldsymbol{L}_1\boldsymbol{U}_1$ 也是 $\boldsymbol{A}$ 的一个三角分解。

设 $\boldsymbol{U}$ 为非奇异的上三角形矩阵，则有

$$\boldsymbol{U}=\begin{pmatrix}u_{11}&u_{12}&\cdots&u_{1n}\\&u_{22}&\cdots&u_{2n}\\&&\ddots&\vdots\\&&&u_{nn}\end{pmatrix}=\begin{pmatrix}u_{11}&&&\\&u_{22}&&\\&&\ddots&\\&&&u_{nn}\end{pmatrix}\begin{pmatrix}1&u_{12}/u_{11}&\cdots&u_{1n}/u_{11}\\&1&\cdots&u_{2n}/u_{22}\\&&\ddots&\vdots\\&&&1\end{pmatrix}$$

因此有下面的定理。

**定理 4.2.2** 设矩阵 $\boldsymbol{A}\in\mathbf{C}^{n\times n}$，则当且仅当 $\boldsymbol{A}$ 的顺序主子式$\Delta_k\neq 0$（$k=1,2,\cdots,n-1$）时，$\boldsymbol{A}$ 可以唯一地分解成

$$A = LDU \tag{4.2.1}$$

其中 $\boldsymbol{L}$ 是单位下三角形矩阵，$\boldsymbol{U}$ 是单位上三角形矩阵，$\boldsymbol{D}=\mathrm{diag}(d_1,d_2,\cdots,d_n)$是对角矩阵，且

$$d_k = \Delta_k / \Delta_{k-1}\ (k=1,2,\cdots,n),\ \Delta_0 = 1$$

分解式（4.2.1）被称为 $\boldsymbol{A}$ 的 **LDU 分解**。

**推论 4.2.1**　非奇异矩阵 $\boldsymbol{A}\in\mathbf{C}^{n\times n}$ 存在三角分解的充分必要条件是，$\boldsymbol{A}$ 的顺序主子式$\Delta_k\neq 0$（$k=1,2,\cdots,n-1$）。

下面介绍用分块矩阵的方法求矩阵 $\boldsymbol{A}$ 的 LDU 分解。

设 $\boldsymbol{A}_k=\begin{pmatrix} a_{11} & \cdots & a_{1k} \\ \vdots & & \vdots \\ a_{k1} & \cdots & a_{kk}\end{pmatrix}$已分解成 $\boldsymbol{L}_k\boldsymbol{D}_k\boldsymbol{U}_k$。记 $\boldsymbol{c}_{k+1}=\begin{pmatrix} a_{1,k+1} \\ \vdots \\ a_{k,k+1}\end{pmatrix}$，$\boldsymbol{y}_{k+1}=\begin{pmatrix} a_{k+1,1} \\ \vdots \\ a_{k+1,k}\end{pmatrix}$，则由

$$\boldsymbol{A}_{k+1}=\begin{pmatrix} \boldsymbol{A}_k & \boldsymbol{c}_{k+1} \\ \boldsymbol{y}_{k+1}^{\mathrm{T}} & a_{k+1,k+1}\end{pmatrix}=\begin{pmatrix} \boldsymbol{L}_k & \boldsymbol{0} \\ \boldsymbol{l}_{k+1}^{\mathrm{T}} & 1\end{pmatrix}\begin{pmatrix} \boldsymbol{D}_k & \boldsymbol{0} \\ \boldsymbol{0} & d_{k+1}\end{pmatrix}\begin{pmatrix} \boldsymbol{U}_k & \boldsymbol{u}_{k+1} \\ \boldsymbol{0} & 1\end{pmatrix}=\begin{pmatrix} \boldsymbol{L}_k\boldsymbol{D}_k\boldsymbol{U}_k & \boldsymbol{L}_k\boldsymbol{D}_k\boldsymbol{u}_{k+1} \\ \boldsymbol{l}_{k+1}^{\mathrm{T}}\boldsymbol{D}_k\boldsymbol{U}_k & d_{k+1}+\boldsymbol{l}_{k+1}^{\mathrm{T}}\boldsymbol{D}_k\boldsymbol{u}_{k+1}\end{pmatrix}$$

得

$$\begin{cases} \boldsymbol{c}_{k+1}=\boldsymbol{L}_k\boldsymbol{D}_k\boldsymbol{u}_{k+1} \\ \boldsymbol{y}_{k+1}^{\mathrm{T}}=\boldsymbol{l}_{k+1}^{\mathrm{T}}\boldsymbol{D}_k\boldsymbol{U}_k \\ a_{k+1,k+1}=d_{k+1}+\boldsymbol{l}_{k+1}^{\mathrm{T}}\boldsymbol{D}_k\boldsymbol{u}_{k+1}\end{cases}$$

即

$$\begin{cases} \boldsymbol{u}_{k+1}=\boldsymbol{D}_k^{-1}\boldsymbol{L}_k^{-1}\boldsymbol{c}_{k+1} \\ \boldsymbol{l}_{k+1}^{\mathrm{T}}=\boldsymbol{y}_{k+1}^{\mathrm{T}}\boldsymbol{U}_k^{-1}\boldsymbol{D}_k^{-1} \\ d_{k+1}=a_{k+1,k+1}-(\boldsymbol{y}_{k+1}^{\mathrm{T}}\boldsymbol{U}_k^{-1}\boldsymbol{D}_k^{-1})\boldsymbol{D}_k(\boldsymbol{D}_k^{-1}\boldsymbol{L}_k^{-1}\boldsymbol{c}_{k+1}) \\ \quad\ \ =a_{k+1,k+1}-\boldsymbol{y}_{k+1}^{\mathrm{T}}\boldsymbol{A}_k^{-1}\boldsymbol{c}_{k+1}\end{cases} \tag{4.2.2}$$

如何将非奇异矩阵 $\boldsymbol{A}$ 化为顺序主子式$\Delta_k\neq 0$（$k=1,2,\cdots,n-1$）的矩阵 $\boldsymbol{B}$?

因为 $\boldsymbol{A}$ 非奇异，所以前 $n$–1 列线性无关，只需要经过初等行变换就可将 $\boldsymbol{A}$ 化为第 $n$–1 阶顺序主子式非零的矩阵 $\boldsymbol{B}_1$，即存在矩阵 $\boldsymbol{P}_1$，使得

$$\boldsymbol{P}_1\boldsymbol{A}=\left(\begin{array}{c|c} \boldsymbol{A}_{n-1}^{(1)} & * \\ \hline * & *\end{array}\right)=\boldsymbol{B}_1,\quad \det\boldsymbol{A}_{n-1}^{(1)}\neq 0$$

同理，存在矩阵 $\boldsymbol{P}_2$，使得

$$\boldsymbol{P}_2\boldsymbol{P}_1\boldsymbol{A}=\left(\begin{array}{c|c} \boldsymbol{A}_{n-2}^{(2)} & * \\ \hline * & *\end{array}\right)=\boldsymbol{B}_2,\quad \det\boldsymbol{A}_{n-2}^{(2)}\neq 0$$

如此继续下去即可。

**【例 4.2.1】** 求矩阵 $\boldsymbol{A}=\begin{pmatrix} 2 & -1 & 3 \\ 1 & 2 & 1 \\ 2 & 4 & 2\end{pmatrix}$ 的 LDU 分解。

**解**：因为$\Delta_1=2$，$\Delta_2=5$，它们均不为 0，所以 $\boldsymbol{A}$ 有唯一的 LDU 分解。

【方法一】按照高斯消元法计算如下：

$$A\xrightarrow[r_3-r_1]{r_2-\frac{1}{2}r_1}\begin{pmatrix}2&-1&3\\0&5/2&-1/2\\0&5&-1\end{pmatrix}\xrightarrow{r_3-2r_2}\begin{pmatrix}2&-1&3\\0&5/2&-1/2\\0&0&0\end{pmatrix}$$

$$=\begin{pmatrix}2&0&0\\0&5/2&0\\0&0&0\end{pmatrix}\begin{pmatrix}1&-1/2&3/2\\0&1&-1/5\\0&0&1\end{pmatrix}$$

令 $L=\begin{pmatrix}1&0&0\\1/2&1&0\\1&2&1\end{pmatrix}$，$D=\begin{pmatrix}2&0&0\\0&5/2&0\\0&0&0\end{pmatrix}$，$U=\begin{pmatrix}1&-1/2&3/2\\0&1&-1/5\\0&0&1\end{pmatrix}$，则 $A=LDU$。

【方法二】由式（4.2.2）计算分解矩阵 $L$、$D$、$U$ 如下：

$$A_1=(2)=(1)(2)(1)，\ L_1=(1)，\ D_1=(2)，\ U_1=(1)$$

由 $A_2=\begin{pmatrix}2&-1\\1&2\end{pmatrix}=\begin{pmatrix}A_1&c_2\\y_2^{\mathrm{T}}&a_{22}\end{pmatrix}$，知 $c_2=(-1)$，$y_2=(1)$，$a_{22}=2$，故

$u_2=(1/2)(1)(-1)=(-1/2)$，$l_2^{\mathrm{T}}=(1)(1)(1/2)=(1/2)$，$d_2=2-(1)(1/2)(-1)=5/2$

于是

$$L_2=\begin{pmatrix}1&0\\1/2&1\end{pmatrix}，\ D_2=\begin{pmatrix}2&0\\0&5/2\end{pmatrix}，\ U_2=\begin{pmatrix}1&-1/2\\0&1\end{pmatrix}$$

又由 $A_3=\begin{pmatrix}2&-1&3\\1&2&1\\2&4&2\end{pmatrix}=\begin{pmatrix}A_2&c_3\\y_3^{\mathrm{T}}&a_{33}\end{pmatrix}$，知 $c_3=\begin{pmatrix}3\\1\end{pmatrix}$，$y_3^{\mathrm{T}}=(2\quad 4)$，$a_{33}=2$，故

$$u_3=\begin{pmatrix}1/2&0\\0&2/5\end{pmatrix}\begin{pmatrix}1&0\\-1/2&1\end{pmatrix}\begin{pmatrix}3\\1\end{pmatrix}=\begin{pmatrix}3/2\\-1/5\end{pmatrix}$$

$$l_3^{\mathrm{T}}=(2\quad 4)\begin{pmatrix}1&1/2\\0&1\end{pmatrix}\begin{pmatrix}1/2&0\\0&2/5\end{pmatrix}=(1\quad 2)$$

$$d_3=2-(2\quad 4)\begin{pmatrix}2/5&1/5\\-1/5&2/5\end{pmatrix}\begin{pmatrix}3\\1\end{pmatrix}=0$$

于是 $A=L_3D_3U_3$，其中

$$L_3=\begin{pmatrix}1&&\\1/2&1&\\1&2&1\end{pmatrix}，\ D_3=\begin{pmatrix}2&&\\&5/2&\\&&0\end{pmatrix}，\ U_3=\begin{pmatrix}1&-1/2&3/2\\&1&-1/5\\&&1\end{pmatrix}$$

**定义 4.2.2** 设矩阵 $A\in\mathbf{C}^{n\times n}$，若 $A^{\mathrm{H}}=A$，则称 $A$ 是厄尔米特矩阵。

显然，厄尔米特矩阵是实对称矩阵的推广。

**定理 4.2.3** 设 $A\in \mathbf{C}^{n\times n}$ 是厄尔米特正定矩阵（即 $A$ 的所有特征值都大于 0），若存在具有正对角线元素的下三角形矩阵 $L$，使得

$$A = LL^{\mathrm{H}} \tag{4.2.3}$$

则称分解式（4.2.3）为 $A$ 的**楚列斯基**（André-Louis Cholesky，1875—1918，法国数学家）**分解**，也称为**平方根分解**或**对称三角分解**。

**证明** 由于 $A$ 是对称正定矩阵，其全部顺序主子式都大于 0，因此存在一个单位下三角形矩阵 $\widetilde{L}$ 和上三角形矩阵 $U$，使得 $A=\widetilde{L}U$。令

$$D=\mathrm{diag}(u_{11},u_{22},\cdots,u_{nn}),\quad \widetilde{U}=D^{-1}U$$

则有

$$A=\widetilde{L}D\widetilde{U}$$

$$\widetilde{U}^{\mathrm{H}}D\widetilde{L}^{\mathrm{H}}=A^{\mathrm{H}}=A=\widetilde{L}D\widetilde{U}$$

由分解的唯一性可知，$\widetilde{U}^{\mathrm{H}}=\widetilde{L}$，$D^{\mathrm{H}}=D$，$\widetilde{L}^{\mathrm{H}}=\widetilde{U}$，从而 $A=\widetilde{L}D\widetilde{L}^{\mathrm{H}}$。

由于 $A$ 是对称正定矩阵，因此 $D$ 的对角线元素都是正数，令

$$L=\tilde{L}\mathrm{diag}\left(\sqrt{u_{11}},\sqrt{u_{22}},\cdots,\sqrt{u_{nn}}\right)$$

则

$$A=LL^{\mathrm{H}}$$

且 $L$ 的对角线元素 $l_{ii}=\sqrt{u_{ii}}>0$（$i=1,2,\cdots,n$）。

因为 $\widetilde{L}$ 为单位下三角形矩阵，所以 $L$ 为具有正对角线元素的下三角形矩阵。

【**例 4.2.2**】求对称正定矩阵 $A=\begin{pmatrix}1&2&1&-3\\2&5&0&-5\\1&0&14&1\\-3&-5&1&15\end{pmatrix}$ 的楚列斯基分解。

**解：**将矩阵 $A$ 化为如下行阶梯形矩阵：

$$A\xrightarrow[r_4+3r_1]{\substack{r_2-2r_1\\ r_3-r_1}}\begin{pmatrix}1&2&1&-3\\0&1&-2&1\\0&-2&13&7\\0&1&4&6\end{pmatrix}\xrightarrow[r_4-r_2]{r_3+2r_2}\begin{pmatrix}1&2&1&-3\\0&1&-2&1\\0&0&9&9\\0&0&6&5\end{pmatrix}\xrightarrow{r_4-\frac{2}{3}r_3}\begin{pmatrix}1&2&1&-3\\0&1&-2&1\\0&0&9&9\\0&0&0&1\end{pmatrix}$$

因此

$$\widetilde{L}=\begin{pmatrix}1&0&0&0\\2&1&0&0\\1&-2&1&0\\-3&1&2/3&1\end{pmatrix},\quad D=\begin{pmatrix}1&0&0&0\\0&1&0&0\\0&0&9&0\\0&0&0&1\end{pmatrix}$$

$$L=\widetilde{L}\operatorname{diag}(1,1,3,1)=\begin{pmatrix}1&0&0&0\\2&1&0&0\\1&-2&3&0\\-3&1&2&1\end{pmatrix}$$

**定理 4.2.4** 设 $\boldsymbol{A}$ 是非奇异实（复）矩阵，则存在正交（酉）矩阵 $\boldsymbol{Q}$ 与非奇异实（复）上三角形矩阵 $\boldsymbol{R}$，使得

$$\boldsymbol{A}=\boldsymbol{Q}\boldsymbol{R} \tag{4.2.4}$$

分解式（4.2.4）称为矩阵 $\boldsymbol{A}$ 的 **QR 分解**或**正交（酉）分解**。

**证明** 设 $n$ 阶方阵 $\boldsymbol{A}=(\boldsymbol{\alpha}_1\quad\boldsymbol{\alpha}_2\quad\cdots\quad\boldsymbol{\alpha}_n)$非奇异，则列向量组$\{\boldsymbol{\alpha}_1,\boldsymbol{\alpha}_2,\cdots,\boldsymbol{\alpha}_n\}$线性无关，将它们正交化为

$$\begin{cases}\boldsymbol{\beta}_1=\boldsymbol{\alpha}_1\\ \boldsymbol{\beta}_2=\boldsymbol{\alpha}_2-\dfrac{(\boldsymbol{\alpha}_2,\boldsymbol{\beta}_1)}{(\boldsymbol{\beta}_1,\boldsymbol{\beta}_1)}\boldsymbol{\beta}_1\\ \quad\vdots\\ \boldsymbol{\beta}_n=\boldsymbol{\alpha}_n-\dfrac{(\boldsymbol{\alpha}_n,\boldsymbol{\beta}_1)}{(\boldsymbol{\beta}_1,\boldsymbol{\beta}_1)}\boldsymbol{\beta}_1-\dfrac{(\boldsymbol{\alpha}_n,\boldsymbol{\beta}_2)}{(\boldsymbol{\beta}_2,\boldsymbol{\beta}_2)}\boldsymbol{\beta}_2-\cdots-\dfrac{(\boldsymbol{\alpha}_n,\boldsymbol{\beta}_{n-1})}{(\boldsymbol{\beta}_{n-1},\boldsymbol{\beta}_{n-1})}\boldsymbol{\beta}_{n-1}\end{cases}$$

即

$$\begin{cases}\boldsymbol{\alpha}_1=\|\boldsymbol{\beta}_1\|\dfrac{\boldsymbol{\beta}_1}{\|\boldsymbol{\beta}_1\|}\\ \boldsymbol{\alpha}_2=\dfrac{(\boldsymbol{\alpha}_2,\boldsymbol{\beta}_1)}{\|\boldsymbol{\beta}_1\|}\dfrac{\boldsymbol{\beta}_1}{\|\boldsymbol{\beta}_1\|}+\|\boldsymbol{\beta}_2\|\dfrac{\boldsymbol{\beta}_2}{\|\boldsymbol{\beta}_2\|}\\ \quad\vdots\\ \boldsymbol{\alpha}_n=\dfrac{(\boldsymbol{\alpha}_n,\boldsymbol{\beta}_1)}{\|\boldsymbol{\beta}_1\|}\dfrac{\boldsymbol{\beta}_1}{\|\boldsymbol{\beta}_1\|}+\cdots+\dfrac{(\boldsymbol{\alpha}_n,\boldsymbol{\beta}_{n-1})}{\|\boldsymbol{\beta}_{n-1}\|}\dfrac{\boldsymbol{\beta}_{n-1}}{\|\boldsymbol{\beta}_{n-1}\|}+\|\boldsymbol{\beta}_n\|\dfrac{\boldsymbol{\beta}_n}{\|\boldsymbol{\beta}_n\|}\end{cases}$$

令 $\boldsymbol{\varepsilon}_i=\dfrac{\boldsymbol{\beta}_i}{\|\boldsymbol{\beta}_i\|}$（$i=1,2,\cdots,n$），则$\{\boldsymbol{\varepsilon}_1,\boldsymbol{\varepsilon}_2,\cdots,\boldsymbol{\varepsilon}_n\}$为标准正交的向量组，于是

$$\boldsymbol{A}=(\boldsymbol{\alpha}_1\ \ \boldsymbol{\alpha}_2\cdots\boldsymbol{\alpha}_n)=(\boldsymbol{\varepsilon}_1\ \ \boldsymbol{\varepsilon}_2\cdots\boldsymbol{\varepsilon}_n)\begin{pmatrix}\|\boldsymbol{\beta}_1\| & \dfrac{(\boldsymbol{\alpha}_2,\boldsymbol{\beta}_1)}{\|\boldsymbol{\beta}_1\|} & \cdots & \dfrac{(\boldsymbol{\alpha}_n,\boldsymbol{\beta}_1)}{\|\boldsymbol{\beta}_1\|}\\ & \ddots & \ddots & \vdots\\ & & \ddots & \dfrac{(\boldsymbol{\alpha}_n,\boldsymbol{\beta}_{n-1})}{\|\boldsymbol{\beta}_{n-1}\|}\\ & & & \|\boldsymbol{\beta}_n\|\end{pmatrix}\triangleq\boldsymbol{Q}\boldsymbol{R}$$

从而定理得证（$\triangleq$为常用符号，表示“记为”或“定义为”）。

**【例 4.2.3】** 求矩阵 $\boldsymbol{A}=\begin{pmatrix}1&2&2\\2&1&2\\1&2&1\end{pmatrix}$ 的 QR 分解。

**解**：因为 $\det\boldsymbol{A}=3\neq 0$，所以矩阵 $\boldsymbol{A}$ 是非奇异的矩阵，可以进行 QR 分解。

将 $\boldsymbol{\alpha}_1=\begin{pmatrix}1\\2\\1\end{pmatrix}$，$\boldsymbol{\alpha}_2=\begin{pmatrix}2\\1\\2\end{pmatrix}$，$\boldsymbol{\alpha}_3=\begin{pmatrix}2\\2\\1\end{pmatrix}$ 正交化为

$$\begin{cases}\boldsymbol{\beta}_1=\begin{pmatrix}1\\2\\1\end{pmatrix}\\ \boldsymbol{\beta}_2=\begin{pmatrix}2\\1\\2\end{pmatrix}-\dfrac{6}{6}\begin{pmatrix}1\\2\\1\end{pmatrix}=\begin{pmatrix}1\\-1\\1\end{pmatrix}\\ \boldsymbol{\beta}_3=\begin{pmatrix}2\\2\\1\end{pmatrix}-\dfrac{7}{6}\begin{pmatrix}1\\2\\1\end{pmatrix}-\dfrac{1}{3}\begin{pmatrix}1\\-1\\1\end{pmatrix}=\begin{pmatrix}1/2\\0\\-1/2\end{pmatrix}\end{cases}，即\begin{cases}\boldsymbol{\alpha}_1=\begin{pmatrix}1\\2\\1\end{pmatrix}\\ \boldsymbol{\alpha}_2=\dfrac{6}{6}\begin{pmatrix}1\\2\\1\end{pmatrix}+\begin{pmatrix}1\\-1\\1\end{pmatrix}\\ \boldsymbol{\alpha}_3=\dfrac{7}{6}\begin{pmatrix}1\\2\\1\end{pmatrix}+\dfrac{1}{3}\begin{pmatrix}1\\-1\\1\end{pmatrix}+\begin{pmatrix}1/2\\0\\-1/2\end{pmatrix}\end{cases}$$

故 $\boldsymbol{A}=\boldsymbol{QR}$，$\boldsymbol{Q}=\begin{pmatrix}1/\sqrt{6}&1/\sqrt{3}&1/\sqrt{2}\\2/\sqrt{6}&-1/\sqrt{3}&0\\1/\sqrt{6}&1/\sqrt{3}&-1/\sqrt{2}\end{pmatrix}$，$\boldsymbol{R}=\begin{pmatrix}\sqrt{6}&\sqrt{6}&7/\sqrt{6}\\&\sqrt{3}&1/\sqrt{3}\\&&1/\sqrt{2}\end{pmatrix}$。

$\boldsymbol{R}$ 也可用下面方法计算为

$$\boldsymbol{R}=\boldsymbol{Q}^{-1}\boldsymbol{A}=\boldsymbol{Q}^{\mathrm{T}}\boldsymbol{A}=\begin{pmatrix}\sqrt{6}&\sqrt{6}&7/\sqrt{6}\\&\sqrt{3}&1/\sqrt{3}\\&&1/\sqrt{2}\end{pmatrix}$$

定理 4.2.4 的结论可以推广到一般的满秩矩阵上。

**定理 4.2.5** 设矩阵 $\boldsymbol{A}\in\mathbf{C}^{m\times n}$，$\mathrm{rank}(\boldsymbol{A})=n$，则 $\boldsymbol{A}$ 可以唯一分解为 $\boldsymbol{A}=\boldsymbol{QR}$，其中 $\boldsymbol{Q}\in\mathbf{C}^{m\times n}$ 且满足 $\boldsymbol{Q}^{\mathrm{H}}\boldsymbol{Q}=\boldsymbol{I}$，$\boldsymbol{R}\in\mathbf{C}^{n\times n}$ 是具有正对角线元素的上三角形矩阵。

矩阵的 LU 分解最常应用于求解线性方程组 $\boldsymbol{Ax}=\boldsymbol{b}$，其中 $\boldsymbol{A}\in\mathbf{C}^{n\times n}$ 为非奇异矩阵。首先分解 $\boldsymbol{A}=\boldsymbol{LU}$，然后求解线性方程组 $\boldsymbol{LUx}=\boldsymbol{b}$，求解过程分两步进行。

（1）解线性方程组 $\boldsymbol{Ly}=\boldsymbol{b}$，可得 $\boldsymbol{y}=\boldsymbol{L}^{-1}\boldsymbol{b}$（由上到下，先求 $y_1$，再求 $y_2,\cdots,y_n$）。

（2）计算原线性方程组的解 $\boldsymbol{x}=\boldsymbol{U}^{-1}\boldsymbol{y}$，即求解方程组 $\boldsymbol{Ux}=\boldsymbol{y}$（由下往上，先求 $x_n$，再求 $x_{n-1},\cdots,x_1$）。

矩阵的 QR 分解同样也可以应用于求解线性方程组 $\boldsymbol{Ax}=\boldsymbol{b}$，其步骤同上，只是在第 2 步中改求逆为求转置。

# 4.3 矩阵的舒尔分解

**定义 4.3.1** 设矩阵 $\boldsymbol{U}\in\mathbf{C}^{n\times n}$，若 $\boldsymbol{U}^{\mathrm{H}}\boldsymbol{U}=\boldsymbol{U}\boldsymbol{U}^{\mathrm{H}}=\boldsymbol{I}$，则称 $\boldsymbol{U}$ 为**酉矩阵**（若 $\boldsymbol{U}\in\mathbf{R}^{n\times n}$，则称 $\boldsymbol{U}$ 为**实正交矩阵**）。

**定理 4.3.1** 酉矩阵具有以下基本性质：

（1）$\boldsymbol{U}^{-1}=\boldsymbol{U}^{\mathrm{H}}$；

（2）$n$ 个列（行）向量标准正交；

（3）若 $\boldsymbol{U}_1$、$\boldsymbol{U}_2$ 为酉矩阵，则 $\boldsymbol{U}_1\boldsymbol{U}_2$ 也为酉矩阵；

（4）若 $\boldsymbol{U}$ 为酉矩阵，$\boldsymbol{x}\in\mathbf{C}^n$，且 $\boldsymbol{y}=\boldsymbol{U}\boldsymbol{x}$（称变换 $\boldsymbol{y}=\boldsymbol{U}\boldsymbol{x}$ 为**酉变换**），那么 $\boldsymbol{y}^{\mathrm{H}}\boldsymbol{y}=\boldsymbol{x}^{\mathrm{H}}\boldsymbol{x}$。

**定义 4.3.2** 若存在酉矩阵 $\boldsymbol{U}$，使得 $\boldsymbol{U}^{\mathrm{H}}\boldsymbol{A}\boldsymbol{U}=\boldsymbol{B}$，则称 $\boldsymbol{A}$ 与 $\boldsymbol{B}$ **酉相似**。

**定理 4.3.2** 设矩阵 $\boldsymbol{A}\in\mathbf{C}^{n\times n}$，一定存在酉矩阵 $\boldsymbol{U}$，使得 $\boldsymbol{A}$ 相似于上三角形矩阵 $\boldsymbol{T}$，即

$$\boldsymbol{U}^{\mathrm{H}}\boldsymbol{A}\boldsymbol{U}=\boldsymbol{T}=\begin{pmatrix}\lambda_1 & t_{12} & \cdots & t_{1n}\\ & \lambda_2 & \ddots & \vdots\\ & & \ddots & t_{n-1,n}\\ & & & \lambda_n\end{pmatrix}\tag{4.3.1}$$

其中$\lambda_1,\lambda_2,\cdots,\lambda_n$为 $\boldsymbol{A}$ 的特征值。称

$$\boldsymbol{A}=\boldsymbol{U}\begin{pmatrix}\lambda_1 & t_{12} & \cdots & t_{1n}\\ & \lambda_2 & \ddots & \vdots\\ & & \ddots & t_{n-1,n}\\ & & & \lambda_n\end{pmatrix}\boldsymbol{U}^{\mathrm{H}}\tag{4.3.2}$$

为矩阵 $\boldsymbol{A}$ 的**舒尔**（Issai Schur，1875—1941，德国数学家）**分解**。

**证明** 用数学归纳法证明。

设 $n=1$，$\boldsymbol{A}=(a)$。显然有 $(1)\boldsymbol{A}(1)=(a)$，定理成立。

假设 $n=k$ 时定理成立，当 $n=k+1$ 时，$\boldsymbol{A}=(a_{ij})_{(k+1)\times(k+1)}$。

设 $\boldsymbol{x}_1$ 是 $\boldsymbol{A}$ 的对应于$\lambda_1$的单位特征向量。将 $\boldsymbol{x}_1$ 扩充为 $\mathbf{C}^{k+1}$ 上的标准正交基 $\boldsymbol{x}_1,\boldsymbol{\varepsilon}_2,\cdots,\boldsymbol{\varepsilon}_{k+1}$。令

$$\boldsymbol{U}_1=\left(\boldsymbol{x}_1\,\boldsymbol{\varepsilon}_2\cdots\boldsymbol{\varepsilon}_{k+1}\right)$$

这是一个酉矩阵，使

$$\boldsymbol{U}_1^{\mathrm{H}}\boldsymbol{A}\boldsymbol{U}_1=\begin{pmatrix}\boldsymbol{x}_1^{\mathrm{H}}\boldsymbol{A}\boldsymbol{x}_1 & \boldsymbol{x}_1^{\mathrm{H}}\boldsymbol{A}\boldsymbol{\varepsilon}_2 & \cdots & \boldsymbol{x}_1^{\mathrm{H}}\boldsymbol{A}\boldsymbol{\varepsilon}_{k+1}\\ \boldsymbol{\varepsilon}_2^{\mathrm{H}}\boldsymbol{A}\boldsymbol{x}_1 & \boldsymbol{\varepsilon}_2^{\mathrm{H}}\boldsymbol{A}\boldsymbol{\varepsilon}_2 & \cdots & \boldsymbol{\varepsilon}_2^{\mathrm{H}}\boldsymbol{A}\boldsymbol{\varepsilon}_{k+1}\\ \vdots & \vdots & & \vdots\\ \boldsymbol{\varepsilon}_{k+1}^{\mathrm{H}}\boldsymbol{A}\boldsymbol{x}_1 & \boldsymbol{\varepsilon}_{k+1}^{\mathrm{H}}\boldsymbol{A}\boldsymbol{\varepsilon}_2 & \cdots & \boldsymbol{\varepsilon}_{k+1}^{\mathrm{H}}\boldsymbol{A}\boldsymbol{\varepsilon}_{k+1}\end{pmatrix}$$

由于

$$Ax_1=\lambda_1 x_1,\ \|x_1\|_2=1,\ x_1^{\mathrm{H}}\varepsilon_j=\varepsilon_j^{\mathrm{H}}x_1=0,\ j\neq 1$$

因此

$$U_1^{\mathrm{H}}AU_1=\left(\begin{array}{c|c}\lambda_1 & * \\ \hline 0 & A_1\end{array}\right)\ （A_1 为 k 阶矩阵）$$

由归纳假设可知，存在 $k$ 阶酉矩阵 $U_2$，使得 $U_2^{\mathrm{H}}A_1U_2=T_1$ 为上三角形矩阵。令 $U=U_1\begin{pmatrix}1 & 0\\ 0 & U_2\end{pmatrix}$，显然，$U$ 为酉矩阵，且

$$\begin{aligned}U^{\mathrm{H}}AU&=\begin{pmatrix}1 & 0\\ 0 & U_2^{\mathrm{H}}\end{pmatrix}\begin{pmatrix}\lambda_1 & *\\ 0 & A_1\end{pmatrix}\begin{pmatrix}1 & 0\\ 0 & U_2\end{pmatrix}\\ &=\begin{pmatrix}\lambda_1 & *\\ 0 & U_2^{\mathrm{H}}A_1\end{pmatrix}\begin{pmatrix}1 & 0\\ 0 & U_2\end{pmatrix}=\begin{pmatrix}\lambda_1 & *U_2\\ 0 & U_2^{\mathrm{H}}A_1U_2\end{pmatrix}=\begin{pmatrix}\lambda_1 & *U_2\\ 0 & T_1\end{pmatrix}\end{aligned}$$

是上三角形矩阵。

由归纳假设原理可知定理成立。

**推论 4.3.1** 如果 $A$ 是厄尔米特矩阵，则存在酉矩阵 $U$，使得 $U^{\mathrm{H}}AU=\mathrm{diag}(\lambda_1,\lambda_2,\cdots,\lambda_n)$。

**推论 4.3.2** 如果 $A$ 是实对称矩阵，则存在正交矩阵 $Q$，使得 $Q^{-1}AQ=\mathrm{diag}(\lambda_1,\lambda_2,\cdots,\lambda_n)$。

**注意：**（1）若 $A$ 为实方阵，则不一定有正交矩阵 $C$，使得

$$C^{-1}AC=\begin{pmatrix}\lambda_1 & & *\\ & \ddots & \\ & & \lambda_n\end{pmatrix}$$

因为 $A$ 可能有复特征值。

（2）若 $A$ 为实方阵，则存在正交矩阵 $Q$，使得 $A$ 相似于分块上三角形矩阵

$$Q^{-1}AQ=\begin{pmatrix}\lambda_1 & & & & & *\\ & \ddots & & & & \\ & & \lambda_r & & & \\ & & & A_1 & & \\ & & & & \ddots & \\ & & & & & A_k\end{pmatrix}$$

其中 $A_1,\cdots,A_k$ 为 $A$ 的复特征值对应的二阶子矩阵。

**【例 4.3.1】**证明：（1）若 $A=(a_{ij})_{n\times n}$ 与 $B=(b_{ij})_{n\times n}$ 酉相似，则 $\sum\limits_{i=1}^{n}\sum\limits_{j=1}^{n}|a_{ij}|^2=\sum\limits_{i=1}^{n}\sum\limits_{j=1}^{n}|b_{ij}|^2$；

（2）设 $A$ 的特征值为 $\lambda_1,\lambda_2,\cdots,\lambda_n$，则 $\sum\limits_{i=1}^{n}\sum\limits_{j=1}^{n}|a_{ij}|^2\geqslant\sum\limits_{j=1}^{n}|\lambda_i|^2$。

**证：**（1）设存在酉矩阵 $U$，使得 $U^{\mathrm{H}}AU=B$。

由于$\sum_{i=1}^{n}\sum_{j=1}^{n}|a_{ij}|^2=\mathrm{tr}(\boldsymbol{A}^{\mathrm{H}}\boldsymbol{A})$、$\sum_{i=1}^{n}\sum_{j=1}^{n}|b_{ij}|^2=\mathrm{tr}(\boldsymbol{B}^{\mathrm{H}}\boldsymbol{B})$，以及迹是相似不变量，因此

$$\mathrm{tr}(\boldsymbol{B}^{\mathrm{H}}\boldsymbol{B})=\mathrm{tr}(\boldsymbol{U}^{\mathrm{H}}\boldsymbol{A}^{\mathrm{H}}\boldsymbol{U}\boldsymbol{U}^{\mathrm{H}}\boldsymbol{A}\boldsymbol{U})=\mathrm{tr}(\boldsymbol{U}^{\mathrm{H}}\boldsymbol{A}^{\mathrm{H}}\boldsymbol{A}\boldsymbol{U})=\mathrm{tr}(\boldsymbol{A}^{\mathrm{H}}\boldsymbol{A})$$

从而结论成立。

（2）因为

$$\boldsymbol{U}^{\mathrm{H}}\boldsymbol{A}\boldsymbol{U}=\boldsymbol{T}=\begin{pmatrix}\lambda_1 & t_{12} & \cdots & t_{1n}\\ & \lambda_2 & \ddots & \vdots\\ & & \ddots & t_{n-1,n}\\ & & & \lambda_n\end{pmatrix}$$

所以

$$\sum_{i=1}^{n}\sum_{j=1}^{n}|a_{ij}|^2=\sum_{j=1}^{n}|\lambda_i|^2+\sum_{i=1}^{n-1}\sum_{j=i+1}^{n}|t_{ij}|^2\geqslant\sum_{j=1}^{n}|\lambda_i|^2$$

例如，对矩阵$\boldsymbol{A}=\begin{pmatrix}3 & 2\\ -1 & 0\end{pmatrix}$，$\boldsymbol{B}=\begin{pmatrix}1 & 1\\ 0 & 2\end{pmatrix}$，由于它们的特征值都是 1 和 2，因此它们相似，但由于$\sum_{i=1}^{2}\sum_{j=1}^{2}|a_{ij}|^2=14$与$\sum_{i=1}^{2}\sum_{j=1}^{2}|b_{ij}|^2=6$不相等，因此它们不酉相似。

因此酉相似蕴含相似，反之不成立。

## 4.4 正规矩阵及其谱分解

正规矩阵是讨论酉相似时自然产生的一类矩阵，它在整个矩阵分析中是很重要的，并且它还推广了酉矩阵、实对称矩阵和厄尔米特矩阵。

**定义 4.4.1** 设$\boldsymbol{A}\in\mathbf{C}^{n\times n}$，若$\boldsymbol{A}^{\mathrm{H}}\boldsymbol{A}=\boldsymbol{A}\boldsymbol{A}^{\mathrm{H}}$，则称$\boldsymbol{A}$为**正规矩阵**。

以下是几个典型的正规矩阵：

（1）酉矩阵（$\boldsymbol{A}^{\mathrm{H}}\boldsymbol{A}=\boldsymbol{A}\boldsymbol{A}^{\mathrm{H}}=\boldsymbol{I}$）是正规矩阵；

（2）实正交矩阵（$\boldsymbol{A}^{\mathrm{T}}\boldsymbol{A}=\boldsymbol{A}\boldsymbol{A}^{\mathrm{T}}=\boldsymbol{I}$）是正规矩阵；

（3）实对称矩阵（$\boldsymbol{A}^{\mathrm{T}}=\boldsymbol{A}$）、实反对称矩阵（$\boldsymbol{A}^{\mathrm{T}}=-\boldsymbol{A}$）都是正规矩阵；

（4）厄尔米特矩阵（$\boldsymbol{A}^{\mathrm{H}}=\boldsymbol{A}$）、反厄尔米特矩阵（$\boldsymbol{A}^{\mathrm{H}}=-\boldsymbol{A}$）都是正规矩阵；

（5）设$\boldsymbol{A}=\begin{pmatrix}1 & -1\\ 1 & 1\end{pmatrix}$，则$\boldsymbol{A}^{\mathrm{H}}=\begin{pmatrix}1 & 1\\ -1 & 1\end{pmatrix}$，因为$\boldsymbol{A}^{\mathrm{H}}\boldsymbol{A}=\boldsymbol{A}\boldsymbol{A}^{\mathrm{H}}=\begin{pmatrix}2 & 0\\ 0 & 2\end{pmatrix}$，所以$\boldsymbol{A}$是正规矩阵。

**定理 4.4.1** 正规矩阵具有以下基本性质：

（1）若$\boldsymbol{A}$为正规矩阵，则$\boldsymbol{A}^{\mathrm{H}}$也是正规矩阵；

（2）若$\boldsymbol{A}$为正规矩阵，则$\boldsymbol{A}^{k}$也是正规矩阵；

（3）若$\boldsymbol{A}$为正规矩阵且酉相似于$\boldsymbol{B}$，则$\boldsymbol{B}$也是正规矩阵；

（4）若 $\boldsymbol{A}$ 为正规矩阵，$g(\lambda)$是多项式，则 $g(\boldsymbol{A})$也是正规矩阵。

**定义 4.4.2** 若 $\boldsymbol{A}$ 酉相似于一个对角矩阵，则称 $\boldsymbol{A}$ **可酉对角化**。

**定理 4.4.2** 如果 $\boldsymbol{A}=(a_{ij})\in\mathbf{C}^{n\times n}$ 有特征值$\lambda_1,\lambda_2,\cdots,\lambda_n$，那么下述命题等价：

（1）$\boldsymbol{A}$ 是正规矩阵；

（2）$\boldsymbol{A}$ 可酉对角化，即存在酉矩阵 $\boldsymbol{U}\in\mathbf{C}^{n\times n}$，使得 $\boldsymbol{U}^{\mathrm{H}}\boldsymbol{A}\boldsymbol{U}=\mathrm{diag}(\lambda_1,\lambda_2,\cdots,\lambda_n)$；

（3）$\sum\limits_{i=1}^{n}\sum\limits_{j=1}^{n}|a_{ij}|^2=\sum\limits_{j=1}^{n}|\lambda_i|^2$；

（4）$\boldsymbol{A}$ 存在 $n$ 个标准正交的特征向量。

**证明** （1）⇒（2）

由舒尔分解定理可知，对于矩阵 $\boldsymbol{A}$，存在酉矩阵 $\boldsymbol{U}$，使得

$$\boldsymbol{U}^{\mathrm{H}}\boldsymbol{A}\boldsymbol{U}=\boldsymbol{T}=\begin{pmatrix}\lambda_1 & t_{12} & \cdots & t_{1n}\\ & \lambda_2 & \ddots & \vdots\\ & & \ddots & t_{n-1,n}\\ & & & \lambda_n\end{pmatrix}$$

因而

$$\boldsymbol{T}^{\mathrm{H}}\boldsymbol{T}=(\boldsymbol{U}^{\mathrm{H}}\boldsymbol{A}^{\mathrm{H}}\boldsymbol{U})(\boldsymbol{U}^{\mathrm{H}}\boldsymbol{A}\boldsymbol{U})=\boldsymbol{U}^{\mathrm{H}}\boldsymbol{A}^{\mathrm{H}}\boldsymbol{A}\boldsymbol{U}，\boldsymbol{T}\boldsymbol{T}^{\mathrm{H}}=(\boldsymbol{U}^{\mathrm{H}}\boldsymbol{A}\boldsymbol{U})(\boldsymbol{U}^{\mathrm{H}}\boldsymbol{A}^{\mathrm{H}}\boldsymbol{U})=\boldsymbol{U}^{\mathrm{H}}\boldsymbol{A}\boldsymbol{A}^{\mathrm{H}}\boldsymbol{U}$$

由于 $\boldsymbol{A}$ 是正规矩阵，即有 $\boldsymbol{A}^{\mathrm{H}}\boldsymbol{A}=\boldsymbol{A}\boldsymbol{A}^{\mathrm{H}}$，因此 $\boldsymbol{T}^{\mathrm{H}}\boldsymbol{T}=\boldsymbol{T}\boldsymbol{T}^{\mathrm{H}}$（$\boldsymbol{T}$ 也是正规矩阵）。比较等式

$$\begin{pmatrix}\overline{\lambda_1} & & & \\ \overline{t_{12}} & \overline{\lambda_2} & & \\ \vdots & \ddots & \ddots & \\ \overline{t_{1n}} & \cdots & \overline{t_{n-1,n}} & \overline{\lambda_n}\end{pmatrix}\begin{pmatrix}\lambda_1 & t_{12} & \cdots & t_{1n}\\ & \lambda_2 & \ddots & \vdots\\ & & \ddots & t_{n-1,n}\\ & & & \lambda_n\end{pmatrix}$$

$$=\begin{pmatrix}\lambda_1 & t_{12} & \cdots & t_{1n}\\ & \lambda_2 & \ddots & \vdots\\ & & \ddots & t_{n-1,n}\\ & & & \lambda_n\end{pmatrix}\begin{pmatrix}\overline{\lambda_1} & & & \\ \overline{t_{12}} & \overline{\lambda_2} & & \\ \vdots & \ddots & \ddots & \\ \overline{t_{1n}} & \cdots & \overline{t_{n-1,n}} & \overline{\lambda_n}\end{pmatrix}$$

两边主对角线上的元素，有 $t_{ij}=0$（$i\neq j$），即 $\boldsymbol{T}$ 为对角矩阵 $\mathrm{diag}(\lambda_1,\lambda_2,\cdots,\lambda_n)$。

（2）⇒（1）

因为对角矩阵是正规矩阵，所以由定理 4.4.1 可知，$\boldsymbol{A}$ 也是正规矩阵。

（2）⇒（3）

由 4.3 节例 4.3.1 可知，$\sum\limits_{i=1}^{n}\sum\limits_{j=1}^{n}|a_{ij}|^2=\sum\limits_{j=1}^{n}|\lambda_i|^2$。

（3）⇒（2）

由 4.3 节例 4.3.1 和舒尔分解定理可得。

（2）⇒（4）

由 $\boldsymbol{U}^{\mathrm{H}}\boldsymbol{A}\boldsymbol{U}=\mathrm{diag}(\lambda_1,\lambda_2,\cdots,\lambda_n)$ 得 $\boldsymbol{A}\boldsymbol{U}=\boldsymbol{U}\mathrm{diag}(\lambda_1,\lambda_2,\cdots,\lambda_n)$。

设 $\boldsymbol{U}=(\boldsymbol{u}_1\quad \boldsymbol{u}_2\quad \cdots\quad \boldsymbol{u}_n)$，代入上式得 $\boldsymbol{A}\boldsymbol{u}_i=\lambda_i\boldsymbol{u}_i$，即 $\boldsymbol{u}_i$ 为 $\boldsymbol{A}$ 的属于$\lambda_i$的特征向量，$i=1,2,\cdots,n$，而 $\boldsymbol{U}^{\mathrm{H}}\boldsymbol{U}=\boldsymbol{I}$，即

$$\boldsymbol{u}_i^{\mathrm{H}}\boldsymbol{u}_j=\begin{cases}1, & i=j\\ 0, & i\neq j\end{cases}\qquad (i,j=1,2,\cdots,n)$$

故 $\boldsymbol{A}$ 存在 $n$ 个标准正交的特征向量。

（4）⇒（2）显然成立。

从而定理得证。

**推论 4.4.1** 正规矩阵中属于不同特征值的特征向量彼此正交。

**证明** 设 $\boldsymbol{A}=(a_{ij})\in\mathbf{C}^{n\times n}$ 是正规矩阵，则存在酉矩阵 $\boldsymbol{U}$，使得 $\boldsymbol{U}^{\mathrm{H}}\boldsymbol{A}\boldsymbol{U}=\mathrm{diag}(\lambda_1,\lambda_2,\cdots,\lambda_n)$，即 $\boldsymbol{A}=\boldsymbol{U}\mathrm{diag}(\lambda_1,\lambda_2,\cdots,\lambda_n)\boldsymbol{U}^{\mathrm{H}}$，其中$\lambda_1,\lambda_2,\cdots,\lambda_n$为 $\boldsymbol{A}$ 的特征值。

设 $\boldsymbol{A}\boldsymbol{x}=\lambda\boldsymbol{x}$，$\boldsymbol{A}\boldsymbol{y}=\mu\boldsymbol{y}$，$\lambda\neq\mu$，且 $\boldsymbol{U}^{\mathrm{H}}\boldsymbol{x}=\boldsymbol{x}^{(1)}$，$\boldsymbol{U}^{\mathrm{H}}\boldsymbol{y}=\boldsymbol{y}^{(1)}$，则有

$$\mathrm{diag}(\lambda_1,\lambda_2,\cdots,\lambda_n)\boldsymbol{x}^{(1)}=\lambda\boldsymbol{x}^{(1)},\ \mathrm{diag}(\lambda_1,\lambda_2,\cdots,\lambda_n)\boldsymbol{y}^{(1)}=\mu\boldsymbol{y}^{(1)}$$

当$\lambda\neq\lambda_i$时，令 $\boldsymbol{x}^{(1)}=\left(x_1^{(1)},x_2^{(1)},\cdots,x_n^{(1)}\right)^{\mathrm{T}}$，则 $x_i^{(1)}=0$。

当$\mu\neq\lambda_j$时，令 $\boldsymbol{y}^{(1)}=\left(y_1^{(1)},y_2^{(1)},\cdots,y_n^{(1)}\right)^{\mathrm{T}}$，则 $y_j^{(1)}=0$。

不妨设$\lambda_1=\lambda_2=\cdots=\lambda_r,\lambda_{r+1}=\lambda_{r+2}=\cdots=\lambda_t$，$\lambda_r\neq\lambda_{r+1},\cdots$，而$\lambda=\lambda_1$，$\mu=\lambda_{r+1}$，则有

$$\boldsymbol{x}^{(1)}=\left(x_1^{(1)},\cdots,x_r^{(1)},0,\cdots,0\right)^{\mathrm{T}}$$

$$\boldsymbol{y}^{(1)}=\left(0,\cdots,0,y_{r+1}^{(1)},\cdots,y_t^{(1)},0,\cdots,0\right)^{\mathrm{T}}$$

显然 $\boldsymbol{x}^{(1)}$与 $\boldsymbol{y}^{(1)}$正交。

因此

$$\boldsymbol{x}^{\mathrm{H}}\boldsymbol{y}=(\boldsymbol{U}\boldsymbol{x}^{(1)})^{\mathrm{H}}(\boldsymbol{U}\boldsymbol{y}^{(1)})=(\boldsymbol{x}^{(1)})^{\mathrm{H}}(\boldsymbol{U}^{\mathrm{H}}\boldsymbol{U})\boldsymbol{y}^{(1)}=(\boldsymbol{x}^{(1)})^{\mathrm{H}}\boldsymbol{y}^{(1)}=0$$

从而推论得证。

**推论 4.4.2** （1）若 $\boldsymbol{A}$ 为实对称矩阵或厄尔米特矩阵，则 $\boldsymbol{A}$ 的特征值为实数；

（2）若 $\boldsymbol{A}$ 为正交矩阵或酉矩阵，则 $\boldsymbol{A}$ 的特征值的模长为 1；

（3）若 $\boldsymbol{A}$ 为实反对称矩阵或反厄尔米特矩阵，则 $\boldsymbol{A}$ 的特征值为 0 或纯虚数。

**证明** 若 $\boldsymbol{A}$ 为正规矩阵，则存在酉矩阵 $\boldsymbol{U}$，使得 $\boldsymbol{U}^{\mathrm{H}}\boldsymbol{A}\boldsymbol{U}=\mathrm{diag}(\lambda_1,\lambda_2,\cdots,\lambda_n)$，其中$\lambda_1,\lambda_2,\cdots,\lambda_n$为 $\boldsymbol{A}$ 的特征值。

（1）由于 $\boldsymbol{A}^{\mathrm{H}}=\boldsymbol{A}$，因此

$$\boldsymbol{U}^{\mathrm{H}}\boldsymbol{A}\boldsymbol{U}=\begin{pmatrix}\lambda_1 & & & \\ & \lambda_2 & & \\ & & \ddots & \\ & & & \lambda_n\end{pmatrix}=\boldsymbol{U}^{\mathrm{H}}\boldsymbol{A}^{\mathrm{H}}\boldsymbol{U}=\begin{pmatrix}\overline{\lambda_1} & & & \\ & \overline{\lambda_2} & & \\ & & \ddots & \\ & & & \overline{\lambda_n}\end{pmatrix}$$

从而 $\lambda_i=\overline{\lambda_i}$，即$\lambda_i$（$i=1,2,\cdots,n$）为实数。

（2）由于 $A^{\mathrm{H}}A=I$，因此

$$U^{\mathrm{H}}A^{\mathrm{H}}AU=\begin{pmatrix}\lambda_1\overline{\lambda_1} & & & \\ & \lambda_2\overline{\lambda_2} & & \\ & & \ddots & \\ & & & \lambda_n\overline{\lambda_n}\end{pmatrix}=I$$

从而 $\lambda_i\overline{\lambda_i}=1$，即 $|\lambda_i|=1$（$i=1,2,\cdots,n$）。

若 $\lambda$ 为 $A$ 的特征值，则 $\lambda\overline{\lambda}$ 即 $|\lambda|^2$ 为 $A^{\mathrm{H}}A$ 的特征值。

（3）由于 $A^{\mathrm{H}}=-A$，因此

$$-U^{\mathrm{H}}AU=\begin{pmatrix}-\lambda_1 & & & \\ & -\lambda_2 & & \\ & & \ddots & \\ & & & -\lambda_n\end{pmatrix}=U^{\mathrm{H}}A^{\mathrm{H}}U=\begin{pmatrix}\overline{\lambda_1} & & & \\ & \overline{\lambda_2} & & \\ & & \ddots & \\ & & & \overline{\lambda_n}\end{pmatrix}$$

从而 $-\lambda_i=\overline{\lambda_i}$，即 $\lambda_i$（$i=1,2,\cdots,n$）为 0 或纯虚数。

**定理 4.4.3（正规矩阵的谱分解）**　设 $A\in\mathbf{C}^{n\times n}$，$A$ 的谱为 $\{\lambda_1,\lambda_2,\cdots,\lambda_s\}$（$A$ 的所有相异特征值的集合），$s\leqslant n$，则 $A$ 是正规矩阵的充分必要条件是 $A$ 有如下谱分解

$$A=\sum_{i=1}^{s}\lambda_iP_i$$

其中 $P_i\in\mathbf{C}^{n\times n}$，且满足如下条件：

（1）$P_i^2=P_i$，$P_i^{\mathrm{H}}=P_i$　　$(i=1,2,\cdots,s)$，即 $P_i$ 既是幂等矩阵又是厄尔米特矩阵；

（2）$P_iP_j=O$　　$(i\neq j)$；

（3）$\sum\limits_{i=1}^{s}P_i=I$；

（4）$\operatorname{rank}(P_i)=r_i$，其中 $r_i$ 为 $\lambda_i$ 的代数重数；

（5）$P_i$ 唯一$(i=1,2,\cdots,s)$。

**证明**　若 $P_i$ 满足以上条件，则有

$$AA^{\mathrm{H}}=(\sum_{i=1}^{s}\lambda_iP_i)(\sum_{j=1}^{s}\overline{\lambda_j}P_j^{\mathrm{H}})=\sum_{i=1}^{s}|\lambda_i|^2\ P_i=A^{\mathrm{H}}A$$

故 $A$ 为正规矩阵，充分性得证。下面证明必要性。

设 $\lambda_i$ 为 $A$ 的 $r_i$ 重特征值，$r_1+r_2+\cdots+r_s=n$。由于 $A$ 为正规矩阵，因此存在酉矩阵 $U$，使得

$$A=U\begin{pmatrix}\lambda_1I_{r_1} & & \\ & \ddots & \\ & & \lambda_sI_{r_s}\end{pmatrix}U^{\mathrm{H}}=\sum_{i=1}^{s}\lambda_iU\begin{pmatrix}0 & & & & & & \\ & \ddots & & & & & \\ & & 0 & & & & \\ & & & I_{r_i} & & & \\ & & & & 0 & & \\ & & & & & \ddots & \\ & & & & & & 0\end{pmatrix}U^{\mathrm{H}}$$

令

$$P_i = U\begin{pmatrix} 0 & & & & & & \\ & \ddots & & & & & \\ & & 0 & & & & \\ & & & I_{r_i} & & & \\ & & & & 0 & & \\ & & & & & \ddots & \\ & & & & & & 0 \end{pmatrix}U^{\mathrm{H}}$$

则 $P_i$ 满足条件（1）~（5），且 $A = \sum_{i=1}^{s}\lambda_i P_i$ 。

**【例 4.4.1】** 求矩阵 $A = \begin{pmatrix} 0 & 1 & 1 & -1 \\ 1 & 0 & -1 & 1 \\ 1 & -1 & 0 & 1 \\ -1 & 1 & 1 & 0 \end{pmatrix}$ 的谱分解。

**解：** 因为 $A$ 为实对称矩阵，所以 $A$ 是正规矩阵，可进行谱分解。

由 $\det(\lambda I - A) = (\lambda-1)^3(\lambda+3) = 0$，求得 $A$ 的特征值为 $\lambda_1 = \lambda_2 = \lambda_3 = 1$，$\lambda_4 = -3$。

对于 $\lambda_1 = \lambda_2 = \lambda_3 = 1$，求解线性方程组 $(A-I)x = 0$，得其线性无关的特征向量为

$$\alpha_1 = (1,1,0,0)^{\mathrm{T}},\ \alpha_2 = (1,0,1,0)^{\mathrm{T}},\ \alpha_3 = (-1,0,0,1)^{\mathrm{T}}$$

对于 $\lambda_4 = -3$，求解线性方程组 $(A+3I)x = 0$，得其线性无关的特征向量为

$$\alpha_4 = (-1,-1,-1,1)^{\mathrm{T}}$$

将 $\alpha_1$、$\alpha_2$、$\alpha_3$ 标准正交化及 $\alpha_4$ 标准化得

$$\varepsilon_1 = \begin{pmatrix} 1/\sqrt{2} \\ 1/\sqrt{2} \\ 0 \\ 0 \end{pmatrix},\quad \varepsilon_2 = \begin{pmatrix} 1/\sqrt{6} \\ 1/\sqrt{6} \\ 2/\sqrt{6} \\ 0 \end{pmatrix},\quad \varepsilon_3 = -\begin{pmatrix} 1/\sqrt{12} \\ 1/\sqrt{12} \\ 1/\sqrt{12} \\ 3/\sqrt{12} \end{pmatrix},\quad \varepsilon_4 = \begin{pmatrix} 1/2 \\ -1/2 \\ -1/2 \\ 1/2 \end{pmatrix}$$

记 $U_1 = (\varepsilon_1\ \varepsilon_2\ \varepsilon_3)$，$U_2 = (\varepsilon_4)$，$U = (\varepsilon_1\ \varepsilon_2\ \varepsilon_3\ \varepsilon_4) = (U_1\ U_2)$，则

$$P_1 = U_1U_1^{\mathrm{H}} = (\varepsilon_1\ \varepsilon_2\ \varepsilon_3)\begin{pmatrix} \varepsilon_1^{\mathrm{H}} \\ \varepsilon_2^{\mathrm{H}} \\ \varepsilon_3^{\mathrm{H}} \end{pmatrix} = \varepsilon_1\varepsilon_1^{\mathrm{H}} + \varepsilon_2\varepsilon_2^{\mathrm{H}} + \varepsilon_3\varepsilon_3^{\mathrm{H}} = \frac{1}{4}\begin{pmatrix} 3 & 1 & 1 & -1 \\ 1 & 3 & -1 & 1 \\ 1 & -1 & 3 & 1 \\ -1 & 1 & 1 & 3 \end{pmatrix}$$

$$P_2 = U_2U_2^{\mathrm{H}} = \varepsilon_4\varepsilon_4^{\mathrm{T}} = \frac{1}{4}\begin{pmatrix} 1 & -1 & -1 & 1 \\ -1 & 1 & 1 & -1 \\ -1 & 1 & 1 & -1 \\ 1 & -1 & -1 & 1 \end{pmatrix}$$

于是 $A = \lambda_1 P_1 + \lambda_4 P_2 = P_1 - 3P_2$。

# 4.5 矩阵的奇异值分解

若当标准型在矩阵分解中有重要地位，但它仅局限于方阵的分解，而且若当标准型为上三角形矩阵，不如使用对角矩阵分解方便。

本节介绍一般矩阵（非方阵）酉等价于对角矩阵，即矩阵的奇异值分解。奇异值分解可用于计算线性方程组的最小二乘解、广义逆、子空间和矩阵的秩等，在优化、统计等领域有广泛的应用。

**定理 4.5.1** 设矩阵 $\boldsymbol{A}\in\mathbf{C}^{m\times n}$，则

（1）$\text{rank}(\boldsymbol{A}^{\text{H}}\boldsymbol{A})=\text{rank}(\boldsymbol{A}\boldsymbol{A}^{\text{H}})=\text{rank}(\boldsymbol{A})$；

（2）$\boldsymbol{A}^{\text{H}}\boldsymbol{A}$、$\boldsymbol{A}\boldsymbol{A}^{\text{H}}$ 的特征值均为非负实数；

（3）$\boldsymbol{A}^{\text{H}}\boldsymbol{A}$ 与 $\boldsymbol{A}\boldsymbol{A}^{\text{H}}$ 的非零特征值相同，且非零特征值的个数为 $\text{rank}(\boldsymbol{A})$。

**证明** （1）的证明留给读者，只证（2）和（3）。

（2）因为 $\boldsymbol{A}^{\text{H}}\boldsymbol{A}$、$\boldsymbol{A}\boldsymbol{A}^{\text{H}}$ 为厄尔米特矩阵，所以它们的特征值均为实数。

设$\lambda$为 $\boldsymbol{A}^{\text{H}}\boldsymbol{A}$ 的特征值，$\boldsymbol{x}$ 是对应于$\lambda$的特征向量，即$(\boldsymbol{A}^{\text{H}}\boldsymbol{A})\boldsymbol{x}=\lambda\boldsymbol{x}$，$\boldsymbol{x}\neq\boldsymbol{0}$，则

$$(\boldsymbol{Ax},\boldsymbol{Ax})=(\boldsymbol{Ax})^{\text{H}}(\boldsymbol{Ax})=\boldsymbol{x}^{\text{H}}(\boldsymbol{A}^{\text{H}}\boldsymbol{Ax})=(\boldsymbol{x},\boldsymbol{A}^{\text{H}}\boldsymbol{Ax})=(\boldsymbol{x},\lambda\boldsymbol{x})=\lambda(\boldsymbol{x},\boldsymbol{x})\geqslant 0$$

因为 $\boldsymbol{x}\neq\boldsymbol{0}$，有$(\boldsymbol{x},\boldsymbol{x})>0$，所以$\lambda\geqslant 0$，即 $\boldsymbol{A}^{\text{H}}\boldsymbol{A}$ 的特征值为非负实数。

同理可证，$\boldsymbol{A}\boldsymbol{A}^{\text{H}}$ 的特征值也为非负实数。

（3）设$\lambda$为 $\boldsymbol{A}^{\text{H}}\boldsymbol{A}$ 的非零特征值，$\boldsymbol{x}\neq\boldsymbol{0}$ 为对应的特征向量，则由（2）的结论可知$\lambda>0$，且有

$$\boldsymbol{A}\boldsymbol{A}^{\text{H}}(\boldsymbol{Ax})=\boldsymbol{A}(\boldsymbol{A}^{\text{H}}\boldsymbol{Ax})=\boldsymbol{A}(\lambda\boldsymbol{x})=\lambda(\boldsymbol{Ax})$$

根据（2）的证明过程可知，$\boldsymbol{Ax}\neq\boldsymbol{0}$，因此，$\lambda$也是 $\boldsymbol{A}\boldsymbol{A}^{\text{H}}$ 的非零特征值。

反之亦然。故 $\boldsymbol{A}^{\text{H}}\boldsymbol{A}$ 与 $\boldsymbol{A}\boldsymbol{A}^{\text{H}}$ 有相同的非零特征值。

【另证】不妨设 $m\geqslant n$，且 $\text{rank}(\boldsymbol{A})=r$，则存在可逆矩阵 $\boldsymbol{P}\in\mathbf{C}^{m\times m}$，$\boldsymbol{Q}\in\mathbf{C}^{n\times n}$，使得

$$\boldsymbol{PAQ}=\begin{pmatrix}\boldsymbol{I}_r & \boldsymbol{O}\\ \boldsymbol{O} & \boldsymbol{O}\end{pmatrix}$$

令 $\boldsymbol{Q}^{-1}\boldsymbol{A}^{\text{H}}\boldsymbol{P}^{-1}=\begin{pmatrix}\boldsymbol{B}_1 & \boldsymbol{B}_2\\ \boldsymbol{B}_3 & \boldsymbol{B}_4\end{pmatrix}$，其中 $\boldsymbol{B}_1$ 是 $r$ 阶方阵，则

$$(\boldsymbol{PAQ})(\boldsymbol{Q}^{-1}\boldsymbol{A}^{\text{H}}\boldsymbol{P}^{-1})=\boldsymbol{PA}\boldsymbol{A}^{\text{H}}\boldsymbol{P}^{-1}=\begin{pmatrix}\boldsymbol{I}_r & \boldsymbol{O}\\ \boldsymbol{O} & \boldsymbol{O}\end{pmatrix}\begin{pmatrix}\boldsymbol{B}_1 & \boldsymbol{B}_2\\ \boldsymbol{B}_3 & \boldsymbol{B}_4\end{pmatrix}=\begin{pmatrix}\boldsymbol{B}_1 & \boldsymbol{B}_2\\ \boldsymbol{O} & \boldsymbol{O}\end{pmatrix}_{m\times m}$$

$$(\boldsymbol{Q}^{-1}\boldsymbol{A}^{\text{H}}\boldsymbol{P}^{-1})(\boldsymbol{PAQ})=\boldsymbol{Q}^{-1}\boldsymbol{A}^{\text{H}}\boldsymbol{AQ}=\begin{pmatrix}\boldsymbol{B}_1 & \boldsymbol{B}_2\\ \boldsymbol{B}_3 & \boldsymbol{B}_4\end{pmatrix}\begin{pmatrix}\boldsymbol{I}_r & \boldsymbol{O}\\ \boldsymbol{O} & \boldsymbol{O}\end{pmatrix}=\begin{pmatrix}\boldsymbol{B}_1 & \boldsymbol{O}\\ \boldsymbol{B}_3 & \boldsymbol{O}\end{pmatrix}_{n\times n}$$

于是

$$\det(\lambda \boldsymbol{I}_m - \boldsymbol{A}\boldsymbol{A}^{\mathrm{H}}) = \det(\lambda \boldsymbol{I}_m - \begin{pmatrix} \boldsymbol{B}_1 & \boldsymbol{B}_2 \\ \boldsymbol{O} & \boldsymbol{O} \end{pmatrix}) = \lambda^{m-r}\det(\lambda \boldsymbol{I}_r - \boldsymbol{B}_1)$$

$$\det(\lambda \boldsymbol{I}_n - \boldsymbol{A}^{\mathrm{H}}\boldsymbol{A}) = \det(\lambda \boldsymbol{I}_n - \begin{pmatrix} \boldsymbol{B}_1 & \boldsymbol{O} \\ \boldsymbol{B}_3 & \boldsymbol{O} \end{pmatrix}) = \lambda^{n-r}\det(\lambda \boldsymbol{I}_r - \boldsymbol{B}_1)$$

所以 $\det(\lambda \boldsymbol{I}_m - \boldsymbol{A}\boldsymbol{A}^{\mathrm{H}}) = \lambda^{m-n}\det(\lambda \boldsymbol{I}_n - \boldsymbol{A}^{\mathrm{H}}\boldsymbol{A})$，即 $\boldsymbol{A}^{\mathrm{H}}\boldsymbol{A}$ 与 $\boldsymbol{A}\boldsymbol{A}^{\mathrm{H}}$ 有相同的非零特征值。

由于 $\dim V_\lambda = n-\mathrm{rank}(\boldsymbol{A}^{\mathrm{H}}\boldsymbol{A})$，因此 $\boldsymbol{A}^{\mathrm{H}}\boldsymbol{A}$ 的非零特征值的个数为 $n-(n-\mathrm{rank}(\boldsymbol{A}^{\mathrm{H}}\boldsymbol{A})) = \mathrm{rank}(\boldsymbol{A}^{\mathrm{H}}\boldsymbol{A})$，即 $\mathrm{rank}(\boldsymbol{A})$。

**定义 4.5.1** 设 $\boldsymbol{A} \in \mathbf{C}^{m\times n}$，$\boldsymbol{A}^{\mathrm{H}}\boldsymbol{A}$ 的特征值为

$$\lambda_1 \geqslant \lambda_2 \geqslant \cdots \geqslant \lambda_r > \lambda_{r+1} = \cdots = \lambda_n = 0$$

则称 $\sigma_i = \sqrt{\lambda_i}$（$i = 1,2,\cdots,n$）为 $\boldsymbol{A}$ 的**奇异值**，称 $\sigma_i = \sqrt{\lambda_i}$（$i = 1,2,\cdots,r$）为 $\boldsymbol{A}$ 的**正奇异值**，其中 $r = \mathrm{rank}(\boldsymbol{A})$。

**定义 4.5.2** 设 $\boldsymbol{A},\boldsymbol{B} \in \mathbf{C}^{m\times n}$，若存在 $m$ 阶酉矩阵 $\boldsymbol{U}$ 和 $n$ 阶酉矩阵 $\boldsymbol{V}$，使得 $\boldsymbol{U}^{\mathrm{H}}\boldsymbol{A}\boldsymbol{V} = \boldsymbol{B}$，则称 $\boldsymbol{A}$ 与 $\boldsymbol{B}$ **酉等价**。

**定理 4.5.2** 若 $\boldsymbol{A},\boldsymbol{B} \in \mathbf{C}^{m\times n}$ 酉等价，则 $\boldsymbol{A}$ 与 $\boldsymbol{B}$ 有相同的奇异值。

**证明** 因为 $\boldsymbol{A}$ 与 $\boldsymbol{B}$ 酉等价，所以存在 $m$ 阶酉矩阵 $\boldsymbol{U}$ 和 $n$ 阶酉矩阵 $\boldsymbol{V}$，使得 $\boldsymbol{U}^{\mathrm{H}}\boldsymbol{A}\boldsymbol{V} = \boldsymbol{B}$，从而

$$\boldsymbol{B}^{\mathrm{H}}\boldsymbol{B} = (\boldsymbol{V}^{\mathrm{H}}\boldsymbol{A}^{\mathrm{H}}\boldsymbol{U})(\boldsymbol{U}^{\mathrm{H}}\boldsymbol{A}\boldsymbol{V}) = \boldsymbol{V}^{\mathrm{H}}\boldsymbol{A}^{\mathrm{H}}\boldsymbol{A}\boldsymbol{V}$$

这说明 $\boldsymbol{B}^{\mathrm{H}}\boldsymbol{B}$ 与 $\boldsymbol{A}^{\mathrm{H}}\boldsymbol{A}$ 是酉相似的，它们有相同的特征值，故 $\boldsymbol{A}$ 与 $\boldsymbol{B}$ 有相同的奇异值。

下面给出 $\boldsymbol{A}$ 的奇异值分解定理。

**定理 4.5.3** 设 $\boldsymbol{A} \in \mathbf{C}^{m\times n}$，$\mathrm{rank}(\boldsymbol{A}) = r$，则

（1）存在酉矩阵 $\boldsymbol{U} \in \mathbf{C}^{m\times m}$，$\boldsymbol{V} \in \mathbf{C}^{n\times n}$，使得

$$\boldsymbol{A} = \boldsymbol{U}\begin{pmatrix} \boldsymbol{\Sigma}_r & \boldsymbol{O} \\ \boldsymbol{O} & \boldsymbol{O} \end{pmatrix}\boldsymbol{V}^{\mathrm{H}} \tag{4.5.1}$$

其中 $\boldsymbol{\Sigma}_r = \mathrm{diag}(\sigma_1,\sigma_2,\cdots,\sigma_r)$，$\sigma_1,\sigma_2,\cdots,\sigma_r$ 是 $\boldsymbol{A}$ 的全部正奇异值。

（2）$\boldsymbol{A} = \sigma_1\boldsymbol{u}_1\boldsymbol{v}_1^{\mathrm{H}} + \sigma_2\boldsymbol{u}_2\boldsymbol{v}_2^{\mathrm{H}} + \cdots + \sigma_r\boldsymbol{u}_r\boldsymbol{v}_r^{\mathrm{H}}$，其中 $\boldsymbol{U} = (\boldsymbol{u}_1 \quad \boldsymbol{u}_2 \quad \cdots \quad \boldsymbol{u}_m)$，$\boldsymbol{V} = (\boldsymbol{v}_1 \quad \boldsymbol{v}_2 \quad \cdots \quad \boldsymbol{v}_n)$。

称式（4.5.1）为 $\boldsymbol{A}$ 的**奇异值分解式**。

**证明** （1）由于 $\boldsymbol{A}^{\mathrm{H}}\boldsymbol{A}$ 是厄尔米特矩阵，且 $\mathrm{rank}(\boldsymbol{A}^{\mathrm{H}}\boldsymbol{A}) = r$，因此其特征值均为实数，记为

$$\lambda_1 \geqslant \lambda_2 \geqslant \cdots \geqslant \lambda_r \geqslant \lambda_{r+1} = \cdots = \lambda_n = 0$$

由舒尔分解定理可知，存在酉矩阵 $\boldsymbol{V} \in \mathbf{C}^{n\times n}$，使得

$$\boldsymbol{V}^{\mathrm{H}}\boldsymbol{A}^{\mathrm{H}}\boldsymbol{A}\boldsymbol{V} = \mathrm{diag}(\lambda_1,\cdots,\lambda_r,0,\cdots,0) = \boldsymbol{D}，即 (\boldsymbol{A}\boldsymbol{V})^{\mathrm{H}}\boldsymbol{A}\boldsymbol{V} = \boldsymbol{D}$$

令 $\boldsymbol{W} = \boldsymbol{A}\boldsymbol{V} = (\boldsymbol{w}_1 \quad \boldsymbol{w}_2 \quad \cdots \quad \boldsymbol{w}_n)$，则有 $\boldsymbol{W}^{\mathrm{H}}\boldsymbol{W} = \boldsymbol{D}$，即

$$(\boldsymbol{w}_1 \quad \boldsymbol{w}_2 \quad \cdots \quad \boldsymbol{w}_n)^{\mathrm{H}}(\boldsymbol{w}_1 \quad \boldsymbol{w}_2 \quad \cdots \quad \boldsymbol{w}_n) = \mathrm{diag}(\lambda_1,\cdots,\lambda_r,0,\cdots,0)$$

由此可知

$$\boldsymbol{w}_i^{\mathrm{H}}\boldsymbol{w}_j=\begin{cases}\lambda_i & (i=j\text{且}i\leqslant r)\\ 0 & (\text{其他})\end{cases}$$

上式表明矩阵 $\boldsymbol{W}$ 的前 $r$ 列是两两正交的，且列向量的长度是 $\sigma_i$（$i=1,2,\cdots,r$）。令

$$\boldsymbol{u}_i=\frac{1}{\sigma_i}\boldsymbol{w}_i\ (i=1,2,\cdots,r)$$

则 $\boldsymbol{u}_1,\boldsymbol{u}_2,\cdots,\boldsymbol{u}_r$ 是两两正交的单位向量。将 $\boldsymbol{u}_1,\boldsymbol{u}_2,\cdots,\boldsymbol{u}_r$ 扩展为 $\mathbf{C}^m$ 中的一组标准正交基 $\boldsymbol{u}_1,\cdots,\boldsymbol{u}_r,\boldsymbol{u}_{r+1},\cdots,\boldsymbol{u}_m$。令 $\boldsymbol{U}=(\boldsymbol{u}_1\ \ \boldsymbol{u}_2\ \ \cdots\ \ \boldsymbol{u}_m)$，$\boldsymbol{V}=(\boldsymbol{v}_1\ \ \boldsymbol{v}_2\ \ \cdots\ \ \boldsymbol{v}_n)$，由于

$$\boldsymbol{A}\boldsymbol{v}_i=\boldsymbol{w}_i=\sigma_i\boldsymbol{u}_i\quad(i=1,2,\cdots,r)$$

$$\boldsymbol{A}\boldsymbol{v}_i=\boldsymbol{0}\quad(i=r+1,\cdots,n)$$

因此

$$\boldsymbol{A}\boldsymbol{V}=\left(\boldsymbol{A}\boldsymbol{v}_1\ \cdots\ \boldsymbol{A}\boldsymbol{v}_r\ \ \boldsymbol{A}\boldsymbol{v}_{r+1}\ \cdots\ \boldsymbol{A}\boldsymbol{v}_n\right)=\left(\sigma_1\boldsymbol{u}_1\ \cdots\ \sigma_r\boldsymbol{u}_r\ \ 0\ \cdots\ 0\right)$$

$$=\left(\boldsymbol{u}_1\ \cdots\ \boldsymbol{u}_r\ \ \boldsymbol{u}_{r+1}\ \cdots\ \boldsymbol{u}_m\right)\begin{pmatrix}\sigma_1 & & & & & \\ & \ddots & & & & \\ & & \sigma_r & & & \\ & & & 0 & & \\ & & & & \ddots & \\ & & & & & 0\end{pmatrix}$$

$$=\boldsymbol{U}\begin{pmatrix}\boldsymbol{\Sigma}_r & \boldsymbol{O}\\ \boldsymbol{O} & \boldsymbol{O}\end{pmatrix}$$

其中 $\boldsymbol{\Sigma}_r=\operatorname{diag}(\sigma_1,\sigma_2,\cdots,\sigma_r)$，从而

$$\boldsymbol{A}=\boldsymbol{U}\begin{pmatrix}\boldsymbol{\Sigma}_r & \boldsymbol{O}\\ \boldsymbol{O} & \boldsymbol{O}\end{pmatrix}\boldsymbol{V}^{\mathrm{H}}$$

（2）

$$\boldsymbol{A}=\left(\boldsymbol{u}_1\ \cdots\ \boldsymbol{u}_m\right)\begin{pmatrix}\sigma_1 & & & & & \\ & \ddots & & & & \\ & & \sigma_r & & & \\ & & & 0 & & \\ & & & & \ddots & \\ & & & & & 0\end{pmatrix}\left(\boldsymbol{v}_1\ \cdots\ \boldsymbol{v}_n\right)^{\mathrm{H}}$$

$$=\left(\sigma_1\boldsymbol{u}_1\ \cdots\ \sigma_r\boldsymbol{u}_r\ \ \boldsymbol{0}\ \cdots\ \boldsymbol{0}\right)\begin{pmatrix}\boldsymbol{v}_1^{\mathrm{H}}\\ \vdots\\ \boldsymbol{v}_n^{\mathrm{H}}\end{pmatrix}=\sigma_1\boldsymbol{u}_1\boldsymbol{v}_1^{\mathrm{H}}+\cdots+\sigma_r\boldsymbol{u}_r\boldsymbol{v}_n^{\mathrm{H}}$$

从而定理得证。

**推论 4.5.1**　设 $\boldsymbol{A}\in\mathbf{C}^{n\times n}$ 是非奇异矩阵，则存在酉矩阵 $\boldsymbol{U},\boldsymbol{V}\in\mathbf{C}^{n\times n}$，使得

$$\boldsymbol{U}^{\mathrm{H}}\boldsymbol{A}\boldsymbol{V}=\operatorname{diag}(\sigma_1,\sigma_2,\cdots,\sigma_n)$$

其中 $\sigma_i>0$（$i=1,2,\cdots,n$）为 $\boldsymbol{A}$ 的 $n$ 个正奇异值。

**【例 4.5.1】** 求矩阵 $\boldsymbol{A}=\begin{pmatrix}1&1\\1&1\\0&0\end{pmatrix}$ 的奇异值分解。

**解：** 第一步计算 $\boldsymbol{V}$。$\boldsymbol{V}$ 是将 $\boldsymbol{A}^{\mathrm{T}}\boldsymbol{A}$ 相似变换为对角矩阵的正交矩阵。

$$\boldsymbol{A}^{\mathrm{T}}\boldsymbol{A}=\begin{pmatrix}1&1&0\\1&1&0\end{pmatrix}\begin{pmatrix}1&1\\1&1\\0&0\end{pmatrix}=\begin{pmatrix}2&2\\2&2\end{pmatrix}$$

由 $\det(\lambda\boldsymbol{I}-\boldsymbol{A}^{\mathrm{T}}\boldsymbol{A})=\lambda(\lambda-4)=0$，得 $\boldsymbol{A}^{\mathrm{T}}\boldsymbol{A}$ 的特征值为 $\lambda_1=4$，$\lambda_2=0$。

通过计算可得到属于 $\lambda_1=4$ 的特征向量 $\boldsymbol{v}_1=(-1/\sqrt{2},-1/\sqrt{2})^{\mathrm{T}}$，属于 $\lambda_2=0$ 的特征向量 $\boldsymbol{v}_2=(-1/\sqrt{2},1/\sqrt{2})^{\mathrm{T}}$，因此

$$\boldsymbol{V}=(\boldsymbol{v}_1\ \boldsymbol{v}_2)=\begin{pmatrix}-1/\sqrt{2}&-1/\sqrt{2}\\-1/\sqrt{2}&1/\sqrt{2}\end{pmatrix},\quad \boldsymbol{D}=\begin{pmatrix}\lambda_1&\\&\lambda_2\end{pmatrix}=\begin{pmatrix}4&0\\0&0\end{pmatrix}$$

第二步计算 $\begin{pmatrix}\boldsymbol{\Sigma}_r&\boldsymbol{O}\\\boldsymbol{O}&\boldsymbol{O}\end{pmatrix}$。由于 $\lambda_1=4$，$\lambda_2=0$，因此 $\sigma_1=2$，$\sigma_2=0$，则

$$\begin{pmatrix}\boldsymbol{\Sigma}_r&\boldsymbol{O}\\\boldsymbol{O}&\boldsymbol{O}\end{pmatrix}=\begin{pmatrix}2&0\\0&0\\0&0\end{pmatrix}$$

第三步计算 $\boldsymbol{U}$。

$$\boldsymbol{u}_1=\frac{1}{\sigma_1}\boldsymbol{A}\boldsymbol{v}_1=\frac{1}{2}\begin{pmatrix}1&1\\1&1\\0&0\end{pmatrix}\begin{pmatrix}-1/\sqrt{2}\\-1/\sqrt{2}\end{pmatrix}=\begin{pmatrix}-1/\sqrt{2}\\-1/\sqrt{2}\\0\end{pmatrix}$$

将 $\boldsymbol{u}_1$ 扩展为 $\mathbf{R}^3$ 的一组标准正交基

$$\boldsymbol{u}_2=\frac{1}{\sqrt{2}}(-1,1,0)^{\mathrm{T}},\quad \boldsymbol{u}_3=(0,0,1)^{\mathrm{T}}$$

则

$$\boldsymbol{U}=\begin{pmatrix}-1/\sqrt{2}&-1/\sqrt{2}&0\\-1/\sqrt{2}&1/\sqrt{2}&0\\0&0&1\end{pmatrix},\quad \boldsymbol{A}=\boldsymbol{U}\begin{pmatrix}\boldsymbol{\Sigma}_r&\boldsymbol{O}\\\boldsymbol{O}&\boldsymbol{O}\end{pmatrix}\boldsymbol{V}^{\mathrm{H}}$$

**注意：** 奇异值分解并不唯一，这是由于将矩阵 $\boldsymbol{A}^{\mathrm{T}}\boldsymbol{A}$ 对角化的矩阵 $\boldsymbol{V}$ 是不唯一的，而且将 $\boldsymbol{u}_i$（$i=1,2,\cdots,r$）扩展为一个基的结果也是不唯一的。

奇异值分解在矩阵计算中有广泛的应用。

## 4.5.1　求矛盾线性方程组的最小二乘解

设 $\boldsymbol{A}$ 是 $m\times n$ 矩阵，$\boldsymbol{b}$ 是 $m$ 维列向量，考虑线性方程组 $\boldsymbol{Ax}=\boldsymbol{b}$。在很多条件下，此方程组没有解（称无解的线性方程组为矛盾线性方程组），因此退而求其次，计算其最小二乘解，即求使得 $\|\boldsymbol{Ax}-\boldsymbol{b}\|_2$ 最小的 $\boldsymbol{x}$。

**定义 4.5.3**　设 $\boldsymbol{A}\in\mathbf{C}^{m\times n}$，$\boldsymbol{b}\in\mathbf{C}^m$，如果存在 $\boldsymbol{x}_0\in\mathbf{C}^n$，使得 $\forall\boldsymbol{x}\in\mathbf{C}^n$，有

$$\|\boldsymbol{Ax}_0-\boldsymbol{b}\|^2\leqslant\|\boldsymbol{Ax}-\boldsymbol{b}\|^2$$

则称 $\boldsymbol{x}_0$ 是矛盾线性方程组 $\boldsymbol{Ax}=\boldsymbol{b}$ 的一个**最小二乘解**，其中 $\|\cdot\|$ 为向量 2-范数，即欧氏范数。

设 $\boldsymbol{A}$ 的奇异值分解为 $\boldsymbol{A}=\boldsymbol{U}\begin{pmatrix}\boldsymbol{\Sigma}_r & \boldsymbol{O}\\ \boldsymbol{O} & \boldsymbol{O}\end{pmatrix}\boldsymbol{V}^{\mathrm{H}}$，其中 $\boldsymbol{U}$、$\boldsymbol{V}$ 是酉矩阵。可以证明 2-范数具有酉不变性，因此

$$\|\boldsymbol{Ax}-\boldsymbol{b}\|_2=\left\|\boldsymbol{U}\begin{pmatrix}\boldsymbol{\Sigma}_r & \boldsymbol{O}\\ \boldsymbol{O} & \boldsymbol{O}\end{pmatrix}\boldsymbol{V}^{\mathrm{H}}\boldsymbol{x}-\boldsymbol{b}\right\|_2=\left\|\begin{pmatrix}\boldsymbol{\Sigma}_r & \boldsymbol{O}\\ \boldsymbol{O} & \boldsymbol{O}\end{pmatrix}\boldsymbol{V}^{\mathrm{H}}\boldsymbol{x}-\boldsymbol{U}^{\mathrm{H}}\boldsymbol{b}\right\|_2$$

由此可知，$\boldsymbol{Ax}=\boldsymbol{b}$ 的最小二乘解即 $\begin{pmatrix}\boldsymbol{\Sigma}_r & \boldsymbol{O}\\ \boldsymbol{O} & \boldsymbol{O}\end{pmatrix}\boldsymbol{V}^{\mathrm{H}}\boldsymbol{x}=\boldsymbol{U}^{\mathrm{H}}\boldsymbol{b}$ 的最小二乘解。

令 $\boldsymbol{y}=\boldsymbol{V}^{\mathrm{H}}\boldsymbol{x}$，$\boldsymbol{c}=\boldsymbol{U}^{\mathrm{H}}\boldsymbol{b}$，则 $\begin{pmatrix}\boldsymbol{\Sigma}_r & \boldsymbol{O}\\ \boldsymbol{O} & \boldsymbol{O}\end{pmatrix}\boldsymbol{y}=\boldsymbol{c}$，即

$$\begin{cases}\sigma_1 y_1=c_1\\ \quad\vdots\\ \sigma_r y_r=c_r\\ \quad 0=c_{r+1}\\ \quad\vdots\\ \quad 0=c_m\end{cases}$$

要使上述方程组的左右两端尽可能相等，只需令

$$\begin{cases}y_1=c_1/\sigma_1\\ \quad\vdots\\ y_r=c_r/\sigma_r\\ y_{r+1}=0\\ \quad\vdots\\ y_n=0\end{cases}$$

即可，因此

$$\boldsymbol{V}^{\mathrm{H}}\overline{\boldsymbol{x}}=\begin{pmatrix}c_1/\sigma_1\\ \vdots\\ c_r/\sigma_r\\ 0\\ \vdots\\ 0\end{pmatrix},\quad \overline{\boldsymbol{x}}=\boldsymbol{V}\begin{pmatrix}c_1/\sigma_1\\ \vdots\\ c_r/\sigma_r\\ 0\\ \vdots\\ 0\end{pmatrix}$$

$\bar{\boldsymbol{x}}$ 是线性方程组 $\boldsymbol{Ax}=\boldsymbol{b}$ 的最小二乘解。

在上面的讨论中，令 $y_{r+1}=\cdots=y_n=0$。其实 $y_{r+1},\cdots,y_n$ 是自由变量，可取任意值，不同的取值都能使 $\boldsymbol{x}=\boldsymbol{Vy}$ 是 $\boldsymbol{Ax}=\boldsymbol{b}$ 的最小二乘解，都满足 $\|\boldsymbol{Ax}-\boldsymbol{b}\|_2=\|\boldsymbol{A}\bar{\boldsymbol{x}}-\boldsymbol{b}\|_2=\min\limits_{x\in \mathbf{C}^n}\|\boldsymbol{Ax}-\boldsymbol{b}\|_2$，不同的是，$\bar{\boldsymbol{x}}$ 是这些最小二乘解中范数最小的解。

**【例 4.5.2】** 求解线性方程组 $\boldsymbol{Ax}=\boldsymbol{b}$，其中 $\boldsymbol{A}=\begin{pmatrix}1 & -1\\ 2 & -2\end{pmatrix}$，$\boldsymbol{b}=\begin{pmatrix}2\\ 2\end{pmatrix}$。

**解：** 因为

$$(\boldsymbol{A}|\boldsymbol{b})=\left(\begin{array}{cc|c}1 & -1 & 2\\ 2 & -2 & 2\end{array}\right)\to\left(\begin{array}{cc|c}1 & -1 & 2\\ 0 & 0 & 2\end{array}\right)$$

显然 $\mathrm{rank}(\boldsymbol{A}|\boldsymbol{b})\neq\mathrm{rank}(\boldsymbol{A})$，所以线性方程组 $\boldsymbol{Ax}=\boldsymbol{b}$ 没有解，为矛盾线性方程组。

下面求该矛盾线性方程组的最小二乘解，先求 $\boldsymbol{A}$ 的奇异值分解

$$\boldsymbol{A}=\boldsymbol{U}\begin{pmatrix}\boldsymbol{\Sigma}_r & \boldsymbol{O}\\ \boldsymbol{O} & \boldsymbol{O}\end{pmatrix}\boldsymbol{V}^{\mathrm{T}}$$

通过计算可得

$$\boldsymbol{V}=\begin{pmatrix}-1/\sqrt{2} & 1/\sqrt{2}\\ 1/\sqrt{2} & 1/\sqrt{2}\end{pmatrix},\ \begin{pmatrix}\boldsymbol{\Sigma}_r & \boldsymbol{O}\\ \boldsymbol{O} & \boldsymbol{O}\end{pmatrix}=\begin{pmatrix}\sqrt{10} & 0\\ 0 & 0\end{pmatrix},\ \boldsymbol{U}=\begin{pmatrix}-1/\sqrt{5} & 2/\sqrt{5}\\ -2/\sqrt{5} & -1/\sqrt{5}\end{pmatrix}$$

为求矛盾线性方程组的最小二乘解，先在方程组的两端都左乘 $\boldsymbol{U}^{\mathrm{T}}$ 得

$$\begin{pmatrix}\sqrt{10} & 0\\ 0 & 0\end{pmatrix}\boldsymbol{V}^{\mathrm{T}}\boldsymbol{x}=\boldsymbol{U}^{\mathrm{T}}\boldsymbol{b}$$

令 $\boldsymbol{y}=\boldsymbol{V}^{\mathrm{T}}\boldsymbol{x}$，则

$$\begin{cases}\sqrt{10}y_1=-6/\sqrt{5}\\ 0y_2=2/\sqrt{5}\end{cases}$$

令 $y_2=0$，$y_1=-3\sqrt{2}/5$，由 $\boldsymbol{y}=\boldsymbol{V}^{\mathrm{T}}\boldsymbol{x}$ 得

$$\bar{\boldsymbol{x}}=\boldsymbol{Vy}=\begin{pmatrix}3/5\\ -3/5\end{pmatrix}$$

$\boldsymbol{A}\bar{\boldsymbol{x}}=\begin{pmatrix}6/5\\ 12/5\end{pmatrix}$ 是离 $\boldsymbol{b}$ 点最近的点。

下面验证 $\bar{\boldsymbol{x}}=\begin{pmatrix}3/5\\ -3/5\end{pmatrix}$ 是所有最小二乘解中范数最小的解。设 $y_2=a$，则 $\boldsymbol{y}=(-3\sqrt{2}/5,a)^{\mathrm{T}}$，

因此

$$\boldsymbol{x}=\boldsymbol{Vy}=\begin{pmatrix}-1/\sqrt{2} & 1/\sqrt{2}\\ 1/\sqrt{2} & 1/\sqrt{2}\end{pmatrix}\begin{pmatrix}-3\sqrt{2}/5\\ a\end{pmatrix}=\begin{pmatrix}3/5+a/\sqrt{2}\\ -3/5+a/\sqrt{2}\end{pmatrix}$$

且

$$Ax-b=\begin{pmatrix}-4/5\\2/5\end{pmatrix}=A\bar{x}-b$$

$$\|x\|_2^2=(\frac{3}{5}+\frac{a}{\sqrt{2}})^2+(-\frac{3}{5}+\frac{a}{\sqrt{2}})^2=\frac{18}{25}+\frac{a^2}{2}\geqslant\frac{18}{25}=\|x\|_2^2$$

从而可知 $\bar{x}$ 是最小二乘解中范数最小的解。

### 4.5.2　求矩阵的值空间和零空间

通常，矩阵的值空间和零空间并不会通过矩阵的奇异值分解来计算，但如果已经有了矩阵的奇异值分解，则可以方便地得到矩阵的值空间和零空间。

设 $A$ 是 $m\times n$ 矩阵，$A$ 的奇异值分解为

$$A=U\begin{pmatrix}\Sigma_r & O\\O & O\end{pmatrix}V^{\mathrm{H}}$$

设 $U=(u_1\quad u_2\quad\cdots\quad u_m)$，$V=(v_1\quad v_2\quad\cdots\quad v_n)$，由于

$$A\begin{pmatrix}v_1 & \cdots & v_n\end{pmatrix}=\begin{pmatrix}u_1 & \cdots & u_m\end{pmatrix}\begin{pmatrix}\sigma_1 & & & & & \\ & \ddots & & & & \\ & & \sigma_r & & & \\ & & & 0 & & \\ & & & & \ddots & \\ & & & & & 0\end{pmatrix}$$

其中 $r$ 是矩阵 $A$ 的秩，从而

$$Av_i=\sigma_i u_i\ (i=1,2,\cdots,r)$$
$$Av_i=\mathbf{0}\ (i=r+1,r+2,\cdots,n)$$

因此

$$R(A)=L(u_1,\cdots,u_r)$$
$$N(A)=L(v_{r+1},\cdots,v_n)$$
$$R(A^{\mathrm{H}})=L(v_1,\cdots,v_r\}$$
$$N(A^{\mathrm{H}})=L(u_{r+1},\cdots,u_m\}$$

**【例 4.5.3】** 设 $A=\begin{pmatrix}1 & 1\\1 & 1\\0 & 0\end{pmatrix}$，求 $R(A)$、$N(A)$、$R(A^{\mathrm{T}})$和 $N(A^{\mathrm{T}})$。

**解：** 由例 4.5.1 可知 $A$ 的奇异值分解为 $A=U\begin{pmatrix}\Sigma_r & O\\O & O\end{pmatrix}V^{\mathrm{T}}$，其中

$$\begin{pmatrix}\Sigma_r & O\\O & O\end{pmatrix}=\begin{pmatrix}2 & 0\\0 & 0\\0 & 0\end{pmatrix},\ U=\begin{pmatrix}-1/\sqrt{2} & -1/\sqrt{2} & 0\\-1/\sqrt{2} & 1/\sqrt{2} & 0\\0 & 0 & 1\end{pmatrix},\ V=\begin{pmatrix}-1/\sqrt{2} & -1/\sqrt{2}\\-1/\sqrt{2} & 1/\sqrt{2}\end{pmatrix}$$

则

$R(A)=L(u_1)=L(-1/\sqrt{2},-1/\sqrt{2},0)^{\mathrm{T}})$ 是 $\mathbf{R}^3$ 中的一条直线。

$N(A)=L(v_2)=L((-1/\sqrt{2},1/\sqrt{2})^{\mathrm{T}})$ 是 $\mathbf{R}^2$ 中的一条直线。

$R(A^{\mathrm{T}})=L(v_1)=L((-1/\sqrt{2},-1/\sqrt{2})^{\mathrm{T}})$ 是 $\mathbf{R}^2$ 中的一条直线。

$N(A^{\mathrm{T}})=L(u_2,u_3)=L((-1/\sqrt{2},1/\sqrt{2},0)^{\mathrm{T}},(0,0,1)^{\mathrm{T}})$ 是 $\mathbf{R}^3$ 中的一个平面。

# 4.6 应用实例

## 4.6.1 背景与问题

半导体是在一些较为先进的工厂中制造出来的。设备的生命周期有限，并且花费极其巨大。虽然能够通过各种方法进行测试来发现有瑕疵的产品，但仍有一些存在瑕疵的产品会通过测试。如果我们通过机器学习技术发现瑕疵产品，就会为制造商节省大量的资金。具体来说，产品拥有 590 个特征，能否对这些特征进行降维处理？对于数据的缺失值的问题，将缺失值非数（Not a Number，NaN）全部用均值来替代。

主成分分析（Principal Component Analysis，PCA）是一种分析、简化数据集的技术，经常用于减少数据集的维数，同时保持数据集中对方差贡献最大的特征。其主要是通过对数据集的协方差矩阵进行特征分解，以得出数据的主成分（即特征向量）与权值（即特征值），保留前 $N$ 个最大的特征值对应的特征向量，将数据集转换到所得到的 $N$ 个特征向量构建的新空间中，即能实现特征压缩。

## 4.6.2 模型与求解

引入下列矩阵。

$\boldsymbol{X}$：原始数据集矩阵，每一个列向量表示一条样本记录。

$\boldsymbol{Y}$：降维后的数据集矩阵。

$\boldsymbol{P}$：一组基向量按行组成的矩阵（降维过程）。

在线性代数中，PCA 问题可以描述为：寻找一组正交基组成的矩阵 $\boldsymbol{P}$，有 $\boldsymbol{Y}=\boldsymbol{PX}$，使得 $\boldsymbol{C_Y}=\frac{1}{n-1}\boldsymbol{YY}^{\mathrm{T}}$ 是对角矩阵，则 $\boldsymbol{P}$ 的行向量（也就是一组正交基）就是数据 $\boldsymbol{X}$ 的主元向量。

对 $\boldsymbol{C_Y}$ 进行如下推导：

$$\begin{aligned}\boldsymbol{C_Y}&=\frac{1}{n-1}\boldsymbol{YY}^{\mathrm{T}}=\frac{1}{n-1}(\boldsymbol{PX})(\boldsymbol{PX})^{\mathrm{T}}=\frac{1}{n-1}(\boldsymbol{PX})\left(\boldsymbol{X}^{\mathrm{T}}\boldsymbol{P}^{\mathrm{T}}\right)\\&=\frac{1}{n-1}\boldsymbol{P}\left(\boldsymbol{XX}^{\mathrm{T}}\right)\boldsymbol{P}^{\mathrm{T}}=\frac{1}{n-1}\boldsymbol{PAP}^{\mathrm{T}}\end{aligned}$$

其中 $A = XX^T$，显然 $A$ 是一个对称矩阵。对 $A$ 进行对角化，求得

$$A = QDQ^T$$

其中 $D$ 是一个对角矩阵，而 $Q$ 是对称矩阵 $A$ 的特征向量排成的矩阵。

这里要注意的是，$A$ 是一个 $m \times m$ 的矩阵，而它有 $r$（$r \leqslant m$）个特征向量，其中 $r$ 是矩阵 $A$ 的秩。如果 $r < m$，则 $A$ 为退化矩阵，此时分解出的特征向量不能覆盖整个 $m$ 维空间。此时只需要在保证基的正交性的前提下，在剩余的空间中任意取得 $m–r$ 维正交向量填充 $r$ 个空格即可，它们将不对结果造成影响。因为此时对应于这些特征向量的特征值，也就是方差值为 0。

求出特征向量矩阵后，我们取 $P = Q^T$，则 $A = P^TDP$。由线性代数可知，$P$ 矩阵有性质 $P^{-1} = P^T$，从而进行如下计算：

$$C_Y = \frac{1}{n-1}PAP^T = \frac{1}{n-1}P\left(P^TDP\right)P^T = \frac{1}{n-1}\left(PP^T\right)D\left(PP^T\right)$$
$$= \frac{1}{n-1}\left(PP^{-1}\right)D\left(PP^{-1}\right) = \frac{1}{n-1}D$$

可知此时的 $P$ 就是我们需要求的变换基。至此，我们可以得到 PCA 的结果。

（1）$X$ 的主元即 $XX^T$ 的特征向量，也就是矩阵 $P$ 的行向量。

（2）矩阵 $C_Y$ 对角线上第 $i$ 个元素是数据矩阵 $X$ 在方向 $P_i$ 的方差。

PCA 求解的一般步骤如下。

（1）采集数据形成 $m \times n$ 的矩阵，其中 $m$ 为观测变量个数，$n$ 为采样点个数。

（2）在每个观测变量（矩阵行向量）上减去该观测变量的平均值得到矩阵 $X$。

（3）对 $XX^T$ 进行特征分解，求取特征向量及其所对应的特征根。

### 4.6.3　Python 实现

Matplotlib 是一个 Python 的 2D 绘图库，它以各种硬拷贝格式和跨平台的交互式环境生成出版质量级别的图形。

通过 Matplotlib，开发者仅需要编写少量的代码，便可以生成绘图、直方图、功率谱、条形图、错误图、散点图等。

要使用 Matplotlib 模块，在命令行窗口使用 pip 安装：

```
pip install matplotlib
```

即可。

程序代码如下：

```
'''
主成分分析  Principal Component Analysis  PCA
先求解 协方差矩阵
再求解 协方差矩阵的特征值和特征向量
'''
from numpy import *
from matplotlib import pyplot as plt
```

```
'''加载数据集'''
def loadDataSet(fileName,delim='\t'):
    fr = open(fileName)
    stringArr = [line.strip().split(delim) for line in fr.readlines()]
    # datArr = [map(float,line) for line in stringArr]
    datArr = [list(map(float,line)) for line in stringArr]
    # 注意这里和 Python 2 的区别，需要在 map()函数外加一个 list()，否则显示结果为 map at 0x3fed1d0
    return mat(datArr)

'''
    PCA 算法
    cov 协方差=[(x1-x 均值)*(y1-y 均值)+(x2-x 均值)*(y2-y 均值)+…+(xn-x 均值)*(yn-y 均值)]/(n-1)
    Args:
        dataMat    原数据集矩阵
        topNfeat   应用的 N 个特征
    Returns:
        lowDDataMat  降维后数据集
        reconMat     新的数据集空间
'''
def pca(dataMat,topNfeat=9999999):
    # 计算每一列的均值
    meanVals = mean(dataMat,axis=0)
    # print('meanVals',meanVals)
    # 每个向量同时减去均值
    meanRemoved = dataMat - meanVals
    # print('meanRemoved=',meanRemoved)
    # rowvar=0，传入的数据一行代表一个样本，若非 0，传入的数据一列代表一个样本
    covMat = cov(meanRemoved,rowvar=0)
    # eigVals 为特征值，eigVects 为特征向量
    eigVals,eigVects = linalg.eig(mat(covMat))
    # print('eigVals=',eigVals)
    # print('eigVects=',eigVects)

    # 对特征值进行从小到大的排序，返回从小到大的 index 序号
    # 通过特征值的逆序就可以得到 topNfeat 个最大的特征向量
    eigValInd = argsort(eigVals)
    # print('eigValInd1=',eigValInd)
    # -1 表示倒序，返回 topN 的特征值[-1 到-(topNfeat+1)，不包括-(topNfeat+1)]
    eigValInd = eigValInd[:-(topNfeat+1):-1]
    # print('eigValInd2=',eigValInd)
    # 重组 eigVects，最大到最小
    redEigVects = eigVects[:,eigValInd]
    # print('redEigVects=',redEigVects.T)

    # 将数据转换到新空间
    # print( "---",shape(meanRemoved),shape(redEigVects))
    lowDDataMat = meanRemoved * redEigVects
    reconMat = (lowDDataMat * redEigVects.T) + meanVals
    # print('lowDDataMat=',lowDDataMat)
    # print('reconMat=',reconMat)
    return lowDDataMat,reconMat

'''将数据集中的 NaN 替换成平均值函数'''
def replaceNanWithMean():
    datMat = loadDataSet('secom.data',' ')
    numFeat = shape(datMat)[1]
    for i in range(numFeat):
        # 对 value 不为 NaN 的值求均值
        # .A 返回矩阵基于的数组
        meanVal = mean(datMat[nonzero(~isnan(datMat[:,i].A))[0],i])
        # 将 value 为 NaN 的值赋值为均值
```

```
            datMat[nonzero(isnan(datMat[:,i].A))[0],i] = meanVal
        return datMat

    '''降维后的数据和原始数据可视化'''
    def show_picture(dataMat,reconMat):
        fig = plt.figure()
        ax = fig.add_subplot(111)
        ax.scatter(dataMat[:,0].flatten().A[0],dataMat[:,1].flatten().A[0],marker='^',s=90,c='gray')
        ax.scatter(reconMat[:,0].flatten().A[0],reconMat[:,1].flatten().A[0],marker='o',s=50,c='black')
        plt.show()

    '''分析数据'''
    def analyse_data(dataMat):
        datMat = replaceNanWithMean()
        meanVals = mean(dataMat,axis=0)
        meanRemoved = dataMat-meanVals
        covMat = cov(meanRemoved,rowvar=0)
        eigvals,eigVects = linalg.eig(mat(covMat))
        eigValInd = argsort(eigvals)

        topNfeat = 20
        eigValInd = eigValInd[:-(topNfeat+1):-1]
        cov_all_score = float(sum(eigvals))
        sum_cov_score = 0
        for i in range(0,len(eigValInd)):
            line_cov_score = float(eigvals[eigValInd[i]])
            sum_cov_score += line_cov_score
            print('主成分：%s,方差占比：%s%%,累积方差占比：%s%%' % (format(i+1,'2.0f'),format(line_cov_score/
cov_all_score*100,'4.2f'),format(sum_cov_score/cov_all_score*100,'4.1f')))


        # 主成分分析降维特征向量设置
        lowDmat,reconMat = pca(dataMat,20)
        print(shape(lowDmat))
        # 将降维后的数据和原始数据一起可视化
        show_picture(dataMat,reconMat)

    if __name__ == "__main__":
        datMat = replaceNanWithMean()
        analyse_data(datMat)
```

程序运行后，降维后的数据（黑色）和原始数据（灰色）可视化如图 4.6.1 所示。

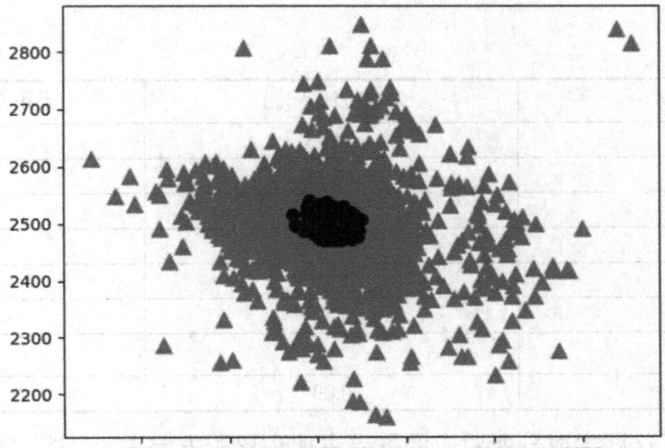


图 4.6.1

数据分析结果如下：

主成分： 1，方差占比：59.25%，累积方差占比：59.3%

主成分： 2，方差占比：24.12%，累积方差占比：83.4%

主成分： 3，方差占比：9.15%，累积方差占比：92.5%

主成分： 4，方差占比：2.30%，累积方差占比：94.8%

主成分： 5，方差占比：1.46%，累积方差占比：96.3%

主成分： 6，方差占比：0.52%，累积方差占比：96.8%

主成分： 7，方差占比：0.32%，累积方差占比：97.1%

主成分： 8，方差占比：0.31%，累积方差占比：97.4%

主成分： 9，方差占比：0.26%，累积方差占比：97.7%

主成分：10，方差占比：0.23%，累积方差占比：97.9%

主成分：11，方差占比：0.22%，累积方差占比：98.2%

主成分：12，方差占比：0.21%，累积方差占比：98.4%

主成分：13，方差占比：0.17%，累积方差占比：98.5%

主成分：14，方差占比：0.13%，累积方差占比：98.7%

主成分：15，方差占比：0.12%，累积方差占比：98.8%

主成分：16，方差占比：0.11%，累积方差占比：98.9%

主成分：17，方差占比：0.11%，累积方差占比：99.0%

主成分：18，方差占比：0.09%，累积方差占比：99.1%

主成分：19，方差占比：0.09%，累积方差占比：99.2%

主成分：20，方差占比：0.09%，累积方差占比：99.3%

根据实验结果我们得到半导体数据中前几个主要成分所对应的方差占比和累积方差占比如表 4.6.1 所示。

表 4.6.1

| 主成分 | 方差占比（%） | 累积方差占比（%） |
|---|---|---|
| 1 | 59.25 | 59.3 |
| 2 | 24.12 | 83.4 |
| 3 | 9.15 | 92.5 |
| 4 | 2.30 | 94.8 |
| 5 | 1.46 | 96.3 |
| 6 | 0.52 | 96.8 |
| … | … | … |
| 20 | 0.09 | 99.3 |

表 4.6.1 给出了这些主成分所对应的方差占比和累积方差占比。浏览“累积方差占比(%)”这一列就会注意到，前 6 个主成分覆盖了数据 96.8%的方差，而前 20 个主成分覆盖了 99.3%

的方差。这就表明了，如果保留前 6 个而去除后 584 个主成分，我们就可以实现大概 100∶1 的压缩比。另外，由于舍弃了噪声的主成分，将后面的主成分去除便可以使数据更加干净。

上述分析能够得到所用到的主成分数目，然后我们可以将该数目输入 PCA 算法中，最后得到约简后的数据就可以在分类器中使用了。

# 习题 4

利用 Python 求解下列问题。

1. 求矩阵 $\boldsymbol{A}$ 的 LU 分解，并利用 $\boldsymbol{A}$ 的 LU 分解求解线性方程组 $\boldsymbol{Ax}=\boldsymbol{b}$，其中

$$\boldsymbol{A}=\begin{pmatrix}2 & 1 & -5 & 1\\ 1 & -3 & 0 & -6\\ 0 & 2 & -1 & 2\\ 1 & 4 & -7 & 6\end{pmatrix},\ \boldsymbol{b}=\begin{pmatrix}8\\ 9\\ -5\\ 0\end{pmatrix}$$

2. 求下列矩阵的 QR 分解：

（1）$\boldsymbol{A}=\begin{pmatrix}0 & 1 & 1\\ 1 & 1 & 0\\ 1 & 0 & 1\end{pmatrix}$；（2）$\boldsymbol{A}=\begin{pmatrix}0 & 3 & 1\\ 0 & 4 & -2\\ 2 & 1 & 2\end{pmatrix}$。

3. 求下列矩阵的奇异值分解：

（1）$\boldsymbol{A}=\begin{pmatrix}1 & 0 & 1\\ 0 & 1 & 1\\ 0 & 0 & 0\end{pmatrix}$；（2）$\boldsymbol{A}=\begin{pmatrix}1 & 2\\ 0 & 0\\ 0 & 0\end{pmatrix}$。

4. 设矩阵 $\boldsymbol{A}=\begin{pmatrix}1 & 0 & 0\\ 1 & 0 & -2\\ -1 & 1 & -3\end{pmatrix}$，证明 $\boldsymbol{A}$ 为可对角化矩阵，并求 $\boldsymbol{A}$ 的谱分解式。

# 第5章 概率统计基础

概率论及以它为基础的数理统计和随机过程都是研究随机现象（个别试验中，其结果呈现出不确定性；大量重复试验中，其结果具有统计规律性的特征）的数学分支，是既互相关联又自成体系的3门严谨的数学学科，其应用几乎渗透科学技术的各个领域。例如，在机器学习中就大量使用了概率论的理论和方法，因为机器学习常常处理的是不确定量或随机量；在人工智能（Artificial Intelligence，AI）领域，一方面概率法则告诉我们AI系统应该如何推理，另一方面我们可以用概率统计从理论上分析我们提出的AI系统的行为。

本章主要介绍概率统计中的一些基本概念和理论，包括随机事件的概率、贝叶斯公式、随机变量及其分布、随机变量的独立性、随机变量的数字特征、大数定律和中心极限定理、统计量与参数的点估计等。

## 5.1 随机事件和概率

贝叶斯（Thomas Bayes，1702—1761，英国数学家）公式贯穿了机器学习中随机问题分析的全过程。从文本分类到概率图模型，其基本分类方法都基于贝叶斯公式。

### 5.1.1 随机事件的概念

在自然界和人类社会中出现的各种现象大致可以分为两类，一类是在一定的条件下必然出现的现象，如生命体要呼吸等，称为**必然现象**；另一类是在相同的条件下可能出现也可能不出现的现象，如抛掷一枚硬币出现正面等，称为**随机现象**。为了研究和揭示随机现象的统计规律性，我们需要对随机现象进行大量重复观察、测量或实验，方便起见，将它们统称为**试验**。

**定义 5.1.1** 若一个试验满足下列3个条件：

（1）可重复性：可以在相同的条件下重复进行；

（2）可观测性：每一次试验的所有可能结果是明确可知的，且不止一个；

（3）随机性：进行一次试验之前无法确定哪一个结果会出现。

则称这样的试验为**随机试验**，记为 $E$。

随机试验 $E$ 的所有可能结果组成的集合，称为 $E$ 的**样本空间**，记为 $S$ 或 $\Omega$。随机试验 $E$ 的每一个可能结果，即 $S$ 中的每一个元素，称为**样本点**，用 $e$ 或 $\omega$ 表示。

只有有限个样本点的样本空间称为**有限样本空间**，否则称为**无限样本空间**。

**定义 5.1.2**　称随机试验 $E$ 的样本空间 $S$ 的子集为 $E$ 的**随机事件**，简称**事件**。在每次试验中，当且仅当这一子集中的某个样本点出现时，称这一**事件发生**。

事件常用大写英文字母 $A,B,\cdots$ 或带下标的大写字母 $A_1,A_2,\cdots$ 表示。

只包含一个样本点的事件称为**基本事件**，常用其样本点表示。一个样本点都不包含的事件称为**不可能事件**，记为 $\Phi$。包含所有样本点的事件称为**必然事件**，记为 $S$。

**注意：**不可能事件和必然事件不是随机事件，但为了讨论方便，把它们当成一种特殊的随机事件。从集合上来看，不可能事件是空集，必然事件是全集，即样本空间。

因为随机事件是样本空间的子集，所以随机事件间的关系与运算的定义同集合间的关系与运算的定义一样，其运算性质也一样。

**定义 5.1.3**　设随机试验 $E$ 的样本空间为 $S$，$A$、$B$ 是 $E$ 的事件。

（1）若事件 $A$ 发生必然导致事件 $B$ 发生，则称事件 $B$ **包含**事件 $A$，又称事件 $A$ **含于**事件 $B$，记为 $A\subseteq B$ 或 $B\supseteq A$。

（2）若 $A\subseteq B$ 且 $B\subseteq A$，则称事件 $A$ 与事件 $B$ **相等**或**等价**，即事件 $A$ 与事件 $B$ 为同一事件，记为 $A=B$。

显然，对任意事件 $A$，有 $\Phi\subseteq A\subseteq S$。

**定义 5.1.4**　设随机试验 $E$ 的样本空间为 $S$，$A$、$B$、$A_k$（$k$=1,2,⋯）是 $E$ 的事件。

（1）称事件“$A$ 与 $B$ 中至少有一个发生”为事件 $A$ 与事件 $B$ 的**和**事件或**并**事件，记为 $A\cup B$。

类似地，$\bigcup\limits_{k=1}^{n}A_k$ 为 $n$ 个事件 $A_1,A_2,\cdots,A_n$ 的和事件；$\bigcup\limits_{k=1}^{+\infty}A_k$ 为无穷个事件 $A_1,A_2,\cdots$ 的和事件。

（2）称事件“$A$ 与 $B$ 同时发生”为事件 $A$ 与事件 $B$ 的**积**事件或**交**事件，记为 $A\cap B$。$A\cap B$ 常简记为 $AB$。

类似地，$\bigcup\limits_{k=1}^{n}A_k$ 为 $n$ 个事件 $A_1,A_2,\cdots,A_n$ 的积事件；$\bigcup\limits_{k=1}^{+\infty}A_k$ 为无穷个事件 $A_1,A_2,\cdots$ 的积事件。

（3）称事件“$A$ 发生而 $B$ 不发生”为事件 $A$ 与事件 $B$ 的**差**事件，记为 $A-B$。

（4）若事件 $A$ 与事件 $B$ 不能同时发生，即 $A\cap B=\Phi$，则称事件 $A$ 与 $B$ 是**互不相容的**或**互斥的**。

若对任意的 $i,j$=1,2,⋯且 $i\neq j$，都有 $A_i\cap A_j=\Phi$，则称事件 $A_1,A_2,\cdots$ 是**两两互不相容的**。

（5）若事件 $A$ 与 $B$ 中必有一个且仅有一个发生，即 $A\cup B=S$ 且 $A\cap B=\Phi$，则称事件 $A$ 与 $B$ 互为**对立**事件或**逆**事件。$A$ 的对立事件记为 $\overline{A}$，且 $\overline{A}=S-A$。

事件间的关系和运算可用维恩图直观表示，如图 5.1.1 所示。

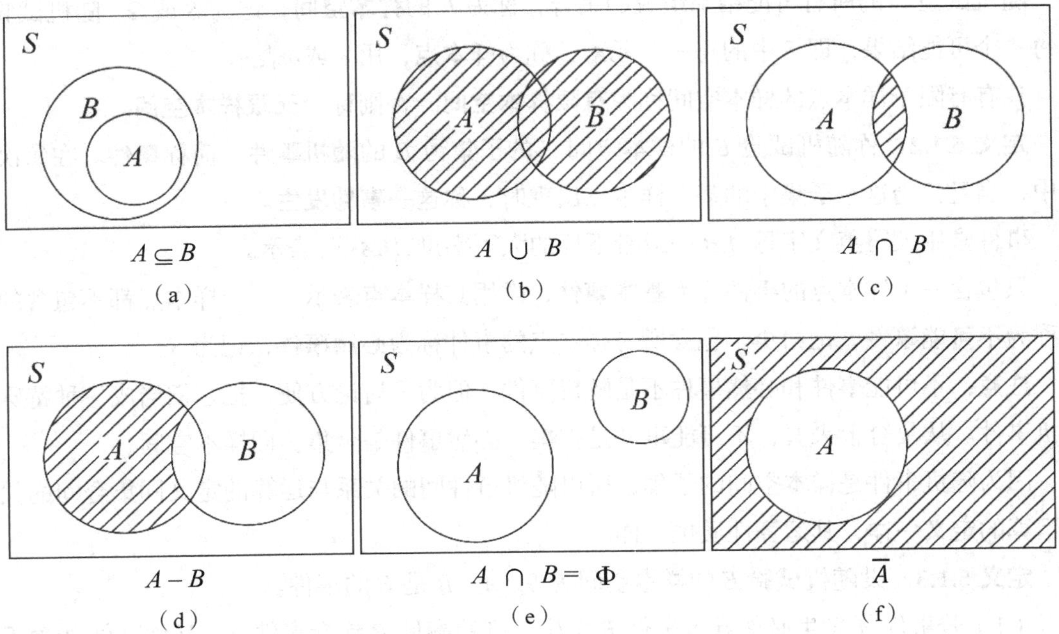


图 5.1.1

设随机试验 $E$ 的样本空间为 $S$，$A$、$B$、$C$ 为 $E$ 的任意事件，则事件之间的运算满足下列运算规律。

（1）交换律：$A\cup B=B\cup A$，$A\cap B=B\cap A$。

（2）结合律：$A\cup(B\cup C)=(A\cup B)\cup C$，$A\cap(B\cap C)=(A\cap B)\cap C$。

（3）分配律：$A\cap(B\cup C)=(A\cap B)\cup(A\cap C)$，$A\cup(B\cap C)=(A\cup B)\cap(A\cup C)$。

（4）同一律：$A\cup\Phi=A$，$A\cap S=A$。

（5）互补律：$A\cup\overline{A}=S$（排中律），$A\cap\overline{A}=\Phi$（矛盾律）。

（6）对合律：$\overline{(\overline{A})}=A$（双重否定律）。

（7）幂等律：$A\cup A=A$，$A\cap A=A$。

（8）零一律：$A\cup S=S$，$A\cap\Phi=\Phi$。

（9）吸收律：$A\cup(A\cap B)=A$，$A\cap(A\cup B)=A$。

（10）德·摩根（A. De Morgan，1806—1871，英国数学家）律：$\overline{A\cup B}=\overline{A}\cap\overline{B}$，$\overline{A\cap B}=\overline{A}\cup\overline{B}$。

易证 $A-B=A\cap\overline{B}=A-(A\cap B)$。

## 5.1.2 随机事件的概率

一个随机事件在一次试验中是否发生，具有随机性，似乎没有规律。但是在大量的重复试验中（条件相同）会发现，有的事件发生的可能性较大，有的事件发生的可能性较小，有的事件发生的可能性大致相同，这些事件发生的可能性大小呈现出一定的规律性。因此，一个事件发生的可能性大小是它本身固有的一种客观的度量。为了描述随机事件在一次试验中发生的可能性大小，引入随机事件的概率。

1. 统计定义

**定义 5.1.5**　设在相同的条件下进行的 $n$ 次试验中，事件 $A$ 发生了 $n_A$ 次，则称 $n_A$ 为事件 $A$ 发生的**频数**，称比值 $n_A/n$ 为事件 $A$ 发生的**频率**，记为 $f_n(A)$，即

$$f_n(A)=n_A/n$$

频率具有如下基本性质。

（1）非负性：对任意事件 $A$，有 $0\leqslant f_n(A)\leqslant 1$。

（2）归一性：对必然事件 $S$，有 $f_n(S)=1$。

（3）有限可加性：若事件 $A_1,A_2,\cdots,A_m$ 两两互不相容，则

$$f_n(A_1\cup A_2\cup\cdots\cup A_m)=f_n(A_1)+f_n(A_2)+\cdots+f_n(A_m)$$

为验证频率的稳定性，历史上有许多统计学家做过抛掷硬币的试验，其结果如表 5.1.1 所示。

表 5.1.1

| 试验者 | 抛掷次数 $n$ | 出现正面的次数 $m$ | 出现正面的频率 $m/n$ |
|---|---|---|---|
| 德·摩根 | 2048 | 1061 | 0.5181 |
| 蒲丰 | 4040 | 2048 | 0.5069 |
| 皮尔逊 | 12000 | 6019 | 0.5016 |
| 皮尔逊 | 24000 | 12012 | 0.5005 |
| 罗曼诺夫斯基 | 80640 | 40941 | 0.5077 |

注：蒲丰（Georges-Louis Leclerc,Comte de Buffon，1707—1788，法国数学家），皮尔逊（Karl Pearson，1857—1936，英国数学家），罗曼诺夫斯基（Vsevolod Ivanovich Romanovsky，1879—1954，俄罗斯数学家）。

从表 5.1.1 中可以看出，硬币出现正面的频率在 0.5 附近波动。类似的例子可以举出很多。这说明随机事件的频率在大量重复试验中呈现出稳定于某一数值附近的客观规律性，即随机事件的频率在大量的试验中具有稳定性。因此，可用随机事件的频率估计其概率。

**定义 5.1.6**　设在相同的条件下进行 $n$ 次试验，当试验次数 $n$ 充分大时，事件 $A$ 发生的频率 $n_A/n$ 稳定到[0，1]区间上的某一个常数 $p$，则称这个常数 $p$ 为事件 $A$ 在一次试验中发生的**概率**，记为 $P(A)$，即

$$P(A)=p$$

定义 5.1.6 称为**概率的统计定义**。按此定义，抛掷一枚硬币时出现正面和反面的概率相同，均为 1/2；掷一颗骰子时出现 $i$（$i$=1,2,3,4,5,6）点的概率均为 1/6，而出现奇数点和偶数点的概率均为 1/2。

定义 5.1.6 给出了确定事件概率的近似方法，即当试验次数 $n$ 充分大时，可用 $n_A/n$ 作为该事件概率的近似值。在许多实际问题中，当事件的概率不易计算时，往往就是这样考虑的，这正是 1946 年冯・诺依曼（John von Neumann，1903—1957，美籍匈牙利数学家）和乌拉姆（Stanisław Marcin Ulam，1909—1984，美籍波兰数学家）所建立的蒙特卡洛方法的基本思想。

虽然频率反映了概率的特征，但用它来定义概率显然是不合适的，因为在实际问题中几乎不可能做大量的重复试验。1933 年，柯尔莫哥洛夫（Andrey Nikolaevich Kolmogorov，1903—1987，苏联数学家）综合已有的研究成果后，提出了概率论的公理化体系，这一公理化体系迅速得到公认，使得概率论成为严谨的数学分支。公理化体系的提出是概率论发展史上的一个里程碑事件。

2. 公理化定义

**定义 5.1.7** 设随机试验 $E$ 的样本空间为 $S$，如果对于 $E$ 的每一个事件 $A$，有唯一的实数 $P(A)$与之对应，并且集合函数 $P(x)$（$x$ 为 $S$ 的子集）满足下列条件：

（1）非负性：对任意事件 $A$，有 $0 \leqslant P(A) \leqslant 1$；

（2）归一性：对必然事件 $S$，有 $P(S)=1$；

（3）可列可加性：若事件 $A_1, A_2, \cdots$ 两两互不相容，则

$$P(A_1 \cup A_2 \cup \cdots) = P(A_1) + P(A_2) + \cdots$$

则称$P(A)$为事件 $A$ 的**概率**。

定义 5.1.7 称为**概率的公理化定义**。按此定义，可以推得概率的一些重要性质。下面的定理介绍的是概率的有限可加性。

**定理 5.1.1（加法公式）** 对任意事件 $A$、$B$，有

$$P(A \cup B) = P(A) + P(B) - P(AB) \tag{5.1.1}$$

**推论 5.1.1** 对任意互不相容的事件 $A$、$B$，有

$$P(A \cup B) = P(A) + P(B)$$

**推论 5.1.2** 对任意事件 $A_1, A_2, \cdots, A_n$，有

$$P(A_1 \cup A_2 \cup \cdots \cup A_n) = \sum_{i=1}^{n} P(A_i) - \sum_{1 \leqslant i < j \leqslant n} P(A_i A_j) + \sum_{1 \leqslant i < j < k \leqslant n} P(A_i A_j A_k) + \cdots + (-1)^{n-1} P(A_1 A_2 \cdots A_n) \tag{5.1.2}$$

加法公式一般称为**容斥原理**，也称为多退少补原理。

**推论 5.1.3** 对任意两两互不相容的事件 $A_1, A_2, \cdots, A_n$，有

$$P(A_1 \cup A_2 \cup \cdots \cup A_n) = \sum_{i=1}^{n} P(A_i)$$

此推论称为**概率的有限可加性**。

易证，$P(\Phi)=0$。

设 $A$、$B$ 是两个事件，若 $A\subseteq B$，则有

（1）$P(B-A)=P(B)-P(A)$；

（2）$P(B)\geqslant P(A)$。

对任意事件 $A$，有 $P(\overline{A})=1-P(A)$。

3. **古典定义**

概率的公理化定义中要求概率必须满足非负性、归一性和可列可加性这 3 个条件，但在处理实际问题时，按照此定义很难求出相应的概率值。下面介绍一类简单的随机试验，它曾经是概率论发展初期的主要研究对象。

**定义 5.1.8**　若随机试验 $E$ 满足以下两个条件：

（1）有限性：$E$ 的样本空间 $S$ 只含有限个元素；

（2）等可能性：$E$ 的每个基本事件发生的可能性相同。

则称该试验为**古典型随机试验**，简称**古典概型**。

定义 5.1.8 称为**概率的古典定义**。古典概型中事件 $A$ 的概率称为事件 $A$ 的**古典概率**，其计算公式为

$$P(A)=\frac{A\text{包含的基本事件数}}{S\text{包含的基本事件总数}}$$

易证，古典概率满足概率的公理化定义的 3 个条件。

4. **几何定义**

在古典概型中利用等可能性计算了一类问题的概率，但样本空间只含有限个样本点。假定保留古典概型中的等可能性条件，而试验的结果是无限多个，且可用一个有度量（长度、面积、体积）的几何区域来表示，则得到几何概型（借助于几何度量确定事件的概率）。

**定义 5.1.9**　若随机试验 $E$ 满足以下两个条件：

（1）$E$ 的样本空间 $S$ 含无限个元素，且每一个元素都可用一个有度量的几何区域来表示；

（2）$E$ 的每个基本事件发生是等可能的。

则称该试验为**几何型随机试验**，简称**几何概型**。

定义 5.1.9 称为概率的**几何定义**。几何概型中事件 $A$ 的概率称为事件 $A$ 的**几何概率**，其计算公式为

$$P(A)=\frac{A\text{的度量}}{S\text{的度量}}$$

在几何概型中，“等可能”应理解为对应每个试验结果的质点落入某区域内的可能性大小仅与该区域的度量成正比，而与该区域的位置和形状无关，即质点落在 $S$ 中任意两个度量相等的子区域内的可能性是一样的。

例如，在区间[0,1]上随机地产生一个数 $x$，则 $x$ 不大于 1/3 的概率为 1/3，$x$ 在区间[1/3, 1/2]内的概率为 1/6。

易证，几何概率满足概率的公理化定义的 3 个条件。

**【例 5.1.1】**平面上画有距离均为 $d$ 的一族平行线，如图 5.1.2 所示（为表示方便，图中仅画了两条线）。向此平面任意投掷一长为 $l$（$l<d$）的针，求针与平行线相交的概率。

**解**：记 $A$ 为“针与平行线相交”，因为 $l<d$，所以针至多与这些平行线中的一条相交，问题转为只需考虑针与某一条平行线之间的情况。相对最靠近针的一条平行线 $l_1$ 而言，针是否与 $l_1$ 相交，可以用针的中点 $M$ 到 $l_1$ 的距离 $x$ 和针与 $l_1$ 的交角 $\theta$ 两个变量来描述。于是，每一个试验结果可表示为$(\theta,x)$，$0\leqslant\theta\leqslant\pi$，$0\leqslant x\leqslant d/2$，所有可能的结果可表示为

$$S=\{(\theta,x)|0\leqslant\theta\leqslant\pi,0\leqslant x\leqslant d/2\}$$

要针与 $l_1$ 相交，必须满足条件 $x\leqslant(l\sin\theta)/2$，所以

$$A=\{(\theta,x)|x\leqslant(l\sin\theta)/2,0\leqslant\theta\leqslant\pi,0\leqslant x\leqslant d/2\}$$

如图 5.1.3 所示。从而

$$P(A)=\frac{A\text{的面积}}{S\text{的面积}}=\frac{\int_0^{\pi}\frac{l}{2}\sin\theta\mathrm{d}\theta}{\frac{d}{2}\pi}=\frac{2l}{d\pi}$$

由于最后答案与π有关，因此历史上有不少学者曾利用它来计算π的近似值。其方法是：投掷针 $n$ 次，记录针与平行线相交的次数 $n_A$，再以频率值 $n_A/n$ 作为概率 $P(A)=\frac{2l}{d\pi}$ 的近似值，就有

$$\pi\approx\frac{2ln}{dn_A}$$

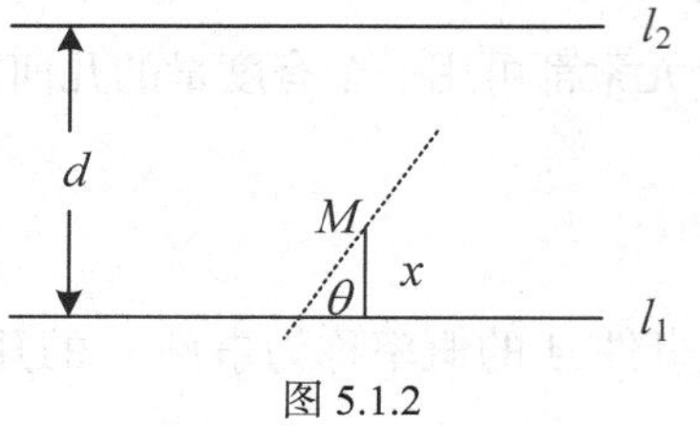


图 5.1.2

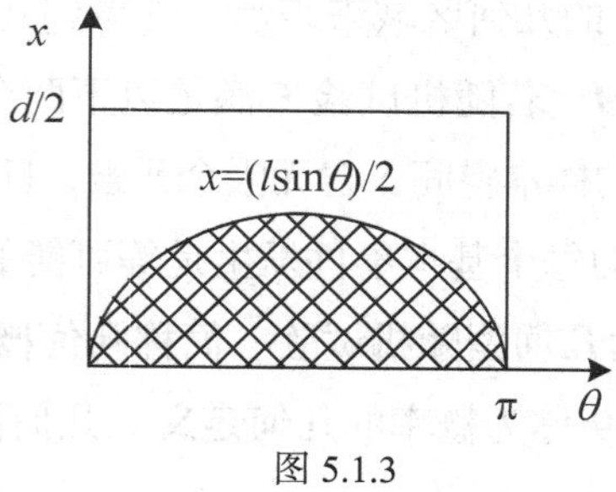


图 5.1.3

这种用统计试验的结果确定问题解的方法就是前文提到过的蒙特卡洛方法。

## 5.1.3 条件概率

很多情况下，我们感兴趣的是某个事件在给定其他事件发生时出现的概率，这种概率为条件概率。

例如，假设一个班 30 人中有男生 25 人，在微积分期末考试中有 1 人排在全班最后，则

每个人认为那个人是自己的概率为 1/30。若已知该生是男生，则男生认为那个人是自己的概率为 1/25（女生则变为 0 了）。显然

$$\frac{1}{25}=\frac{1/30}{25/30}$$

**定义 5.1.10** 设 $A$、$B$ 是随机试验 $E$ 的两个事件，且 $P(A)>0$，则称 $P(AB)/P(A)$ 为在事件 $A$ 发生的条件下事件 $B$ 发生的**条件概率**，记为 $P(B|A)$，即

$$P(B|A)=\frac{P(AB)}{P(A)}$$

条件概率符合概率的公理化定义的 3 个条件，即条件概率是概率，因此概率的性质适用于条件概率。

**定理 5.1.2（乘法公式）** 设 $P(A)>0$，则有

$$P(AB)=P(A)P(B|A) \tag{5.1.3}$$

一般地，设 $A_1,A_2,\cdots,A_n$ 为 $n$ 个事件，$n\geqslant 2$，且 $P(A_1A_2\cdots A_{n-1})>0$，则有

$$P(A_1A_2\cdots A_n)=P(A_1)P(A_2|A_1)P(A_3|A_1A_2)\cdots P(A_n|A_1A_2\cdots A_{n-1}) \tag{5.1.4}$$

## 5.1.4 全概率公式和贝叶斯公式

在计算比较复杂的事件的概率时，我们常常将复杂事件分解成互不相容的比较简单的事件之并，分别计算出这些简单事件的概率后，利用概率的可加性得到所求的概率。

**定义 5.1.11** 设随机试验 $E$ 的样本空间为 $S$，$B_1,B_2,\cdots,B_n$ 为 $E$ 的 $n$ 个事件，若

（1）$B_i\cap B_j=\Phi \quad (i\neq j,\ i,j=1,2,\cdots,n)$；

（2）$B_1\cup B_2\cup\cdots\cup B_n=S$。

则称 $\{B_1,B_2,\cdots,B_n\}$ 为样本空间 $S$ 的一个**划分**，或称 $\{B_1,B_2,\cdots,B_n\}$ 为**完备事件组**。

若 $\{B_1,B_2,\cdots,B_n\}$ 为样本空间 $S$ 的一个划分，则对每次试验，事件 $B_1,B_2,\cdots,B_n$ 中必有一个且仅有一个发生。

**定理 5.1.3（全概率公式）** 设随机试验 $E$ 的样本空间为 $S$，$A$ 为 $E$ 的事件，$\{B_1,B_2,\cdots,B_n\}$ 为 $S$ 的一个划分，且 $P(B_i)>0$，$i=1,2,\cdots,n$，则有

$$P(A)=\sum_{i=1}^{n}P(B_i)P(A|B_i) \tag{5.1.5}$$

**注意**：（1）全概率公式似乎把问题复杂化了，其实不然。在实际问题中，如果事件 $A$ 比较复杂不容易计算其概率，而 $P(B_i)$ 和 $P(A|B_i)$ 都比较容易计算，那么应用全概率公式就容易把概率 $P(A)$ 计算出来。

（2）运用全概率公式的关键在于找到满足定理中条件的完备事件组 $\{B_1,B_2,\cdots,B_n\}$。一般来说，完备事件组 $\{B_1,B_2,\cdots,B_n\}$ 是可能导致事件 $A$ 发生的全部“原因”。

应用全概率公式解决的问题是借助于与事件 $A$ 相关的完备事件组 $\{B_1,B_2,\cdots,B_n\}$ 来计算该

事件的概率。下面的公式恰好与此相反，是已知发生了某一事件 $A$，求完备事件组中某个 $B_i$ 发生的条件概率。

**定理 5.1.4（贝叶斯公式）** 设随机试验 $E$ 的样本空间为 $S$，$A$ 为 $E$ 的事件，$\{B_1,B_2,\cdots,B_n\}$ 为 $S$ 的一个划分，且 $P(A)>0$，$P(B_i)>0$，$i=1,2,\cdots,n$，则

$$P(B_i \mid A)=\frac{P(B_i)P(A \mid B_i)}{\sum_{j=1}^{n} P(B_j)P(A \mid B_j)} \quad (i=1,2,\cdots,n) \tag{5.1.6}$$

贝叶斯公式的实际背景是，把事件 $B_1,B_2,\cdots,B_n$ 看成事件 $A$ 发生的“原因”，已知出现了试验“结果”$A$，要求推断哪一种“原因”产生“结果”的可能性大。方法步骤如下。

（1）计算每一个 $P(B_j)$，$j=1,2,\cdots,n$，它反映出各种“原因”发生的可能性大小，一般可以从以往的经验得到，在试验之初就已知道，称为**先验概率**。

（2）计算 $P(A \mid B_j)$，$j=1,2,\cdots,n$，它表示在“原因”$B_j$ 发生的条件下产生“结果”$A$ 的概率。

（3）计算 $P(B_i \mid A)$，$i=1,2,\cdots,n$，它表示在“结果”$A$ 已经发生的条件下“原因”$B_i$ 发生的概率。因为它是在试验后确定的，所以称为**后验概率**。

（4）比较各个 $P(B_i \mid A)$ 的大小，若 $P(B_k \mid A)$ 是其中最大的，则表明产生“结果”$A$ 的最可能“原因”是 $B_k$。

贝叶斯为我们提供了这种可以利用先验概率计算后验概率的方法，使得我们在试验之后对各种原因发生的可能性大小有进一步的了解。

## 5.1.5 事件的独立性

一般来说，一个事件的发生对另一个事件发生的概率是有影响的。如果事件 $A$ 的发生不影响事件 $B$ 发生的概率，即 $P(B|A) = P(B)$，则由乘法公式有 $P(AB) = P(A)P(B)$。我们把具有这种性质的两个事件 $A$ 和 $B$ 称为是相互独立的。

**定义 5.1.12** 设 $A$、$B$ 是两个事件，如果有

$$P(AB)=P(A)P(B)$$

则称事件 $A$、$B$ **相互独立**，简称 $A$、$B$ **独立**。

一般地，设 $A_1,A_2,\cdots,A_n$ 为$n$个事件，$n\geqslant 2$，对任意的$1\leqslant i<j<k<\cdots\leqslant n$，如果以下等式均成立

$$\begin{cases} P(A_iA_j)=P(A_i)P(A_j) \\ P(A_iA_jA_k)=P(A_i)P(A_j)P(A_k) \\ \quad\vdots \\ P(A_1A_2\cdots A_n)=P(A_1)P(A_2)\cdots P(A_n) \end{cases}$$

则称 $A_1,A_2,\cdots,A_n$ 相互独立。

由定义可得以下定理。

**定理 5.1.5**　若事件 $A_1,A_2,\cdots,A_n$ 相互独立，则其中任意 $k(2\leqslant k\leqslant n)$ 个事件也相互独立。特别对 $k=2$ 的情形，称 $A_1,A_2,\cdots,A_n$ **两两独立**。

相互独立一定两两独立，反之则不一定。

**定理 5.1.6**　若事件 $A_1,A_2,\cdots,A_n$ 相互独立，则其中任意 $k(1\leqslant k\leqslant n)$ 个事件换成各自的对立事件后，所得的 $n$ 个事件也相互独立。

在实际应用中，事件的独立性常根据事件的实际意义去判断。一般，若由实际情况分析，事件之间没有关联或关联很微弱，即每一个事件发生的概率（几乎）都不受其他事件发生与否的影响，那么可以认为它们是相互独立的。

**【例 5.1.2】**设在每次试验中，事件 $A$ 发生的概率为 $p$（$0<p<1$），且 $p$ 很小（称事件 $A$ 为**小概率事件**）。试求在 $n$ 次独立试验（即各次试验的结果是相互独立的）中，事件 $A$ 发生的概率。

**解**：设 $B_n$ 为事件“在 $n$ 次试验中事件 $A$ 发生”，$A_i$ 为事件“在第 $i$ 次试验中事件 $A$ 发生”，$i=1,2,\cdots,n$，则有

$$B_n=\bigcup_{i=1}^{n}A_i,\ P(A_i)=p\qquad(i=1,\ 2,\ \cdots,\ n)$$

由于 $n$ 次试验独立，因此事件 $A_1,A_2,\cdots,A_n$ 相互独立，则

$$P(B_n)=P\left(\bigcup_{i=1}^{n}A_i\right)=1-P\left(\bigcap_{i=1}^{n}\overline{A_i}\right)=1-\prod_{i=1}^{n}P(\overline{A_i})=1-(1-p)^n$$

由此可得

$$\lim_{n\to\infty}P\left(B_n\right)=1$$

这说明，小概率事件尽管在一次试验中不太可能发生，然而在大量独立试验中几乎必然发生，因此在日常生活和工作中不能轻视小概率事件。例如，一辆行驶在马路上的汽车出事故的可能性较小，但当大量汽车行驶在马路上时出事故的可能性就会显著增加。

对于小概率事件，由于在一次试验中发生的可能性很小，因此，在一次试验中，实际上可把它看成不可能发生，一般称为**小概率事件实际不可能原理**。这个原理在统计推断中具有重要的地位。

**【例 5.1.3】**某接待站在某一周曾接待 12 次来访，已知这 12 次来访都是在周二和周四进行的。问是否可以推断接待时间是有规定的？

**解**：假设接待时间是随机的，即每周中的任意一天是等可能接待来访的，而各来访者在一周中的任意一天来访也是等可能的，则 12 次来访都在周二和周四的概率为

$$\frac{2^{12}}{7^{12}}\approx 3\times 10^{-7}$$

这是一个小概率事件，在一次试验中该事件可以认为是不可能发生的。但是现在这个小概率事件在一次试验中居然发生了，于是有理由怀疑所做假设的正确性。因此可以推断：接

待站不是每天都接待来访者的，而是规定在周二和周四接待的。

# 5.2 随机变量及其分布

为了方便地研究随机试验的各种结果及其发生的概率，我们常把随机试验的结果与实数对应起来，即把随机试验的结果数量化，引入随机变量的概念。

## 5.2.1 随机变量及其分布函数

**定义 5.2.1** 设随机试验的样本空间 $S=\{e\}$，$X=X(e)$ 是定义在样本空间 $S$ 上的实值单值函数，称 $X=X(e)$ 为**随机变量**，简记为 $r.v.X$。

常用大写字母 $X,Y,\cdots$ 或带下标的大写字母 $X_1,X_2,\cdots$ 或希腊字母 $\xi,\eta,\cdots$ 来表示随机变量，其取值用小写字母 $x,y,\cdots$ 或带下标的小写字母 $x_1,x_2,\cdots$ 来表示。

例如，甲、乙两名选手下一盘棋，观察棋赛的结果，则试验的样本空间为{甲负，和棋，甲胜}，若令

$$X=\begin{cases}-1 & (e=\text{甲负})\\ 0 & (e=\text{和棋})\\ 1 & (e=\text{甲胜})\end{cases}$$

则 $X$ 是一个随机变量。

再如，从一批灯泡中任取一只，测试其寿命，则试验的样本空间为 $\{t \mid t \geqslant 0\}$，若令

$$Y=t,\ \text{当}\ e=t \qquad (t \geqslant 0)$$

则 $Y$ 也是一个随机变量。

随机变量概念的产生是概率论发展史上的重大事件，它使概率论的研究对象由事件扩大到随机变量。

随机变量是可以随机地取不同值的变量，其取值随试验的结果而定，而各个结果的出现有一定的概率，因而随机变量的取值有一定的概率。这是随机变量与一般函数的根本区别。

**定义 5.2.2** 设 $X$ 为随机变量，对任意的 $x\in\mathbf{R}$，事件“$X\leqslant x$”发生的概率 $P(X\leqslant x)$ 称为随机变量 $X$ 的**分布函数**，记为 $F_X(x)$，简记为 $F(x)$，即

$$F(x)=P(X\leqslant x) \qquad (-\infty<x<+\infty)$$

随机变量的分布函数是定义在 $\mathbf{R}$ 上的一个实函数，描述了随机变量的统计规律性。通过分布函数，我们就可以利用微积分的方法来研究随机变量。

随机变量 $X$ 的分布函数 $F(x)$ 具有以下基本性质。

（1）$F(x)$ 是一个单调不减函数。

（2）对任意的 $x\in\mathbf{R}$，$0\leqslant F(x)\leqslant 1$，且

$$F(-\infty)=\lim_{x\to-\infty}F(x)=0$$

$$F(+\infty)=\lim_{x\to+\infty}F(x)=1$$

（3）对任意的 $x\in\mathbf{R}$，$F(x+0)=F(x)$（在 $x$ 处右连续），即

$$\lim_{\Delta x\to0^+}F(x+\Delta x)=F(x)$$

（4）对任意的实数 $a$、$b$，且 $a<b$，有

$$P(a<X\leqslant b)=P(X\leqslant b)-P(X\leqslant a)=F(b)-F(a)$$

利用分布函数，可方便地计算出随机变量的许多概率：

$$P(X<b)=F(b-0)，\ P(X>b)=1-F(b)$$

$$P(X\geqslant b)=1-F(b-0)，\ P(X=b)=F(b)-F(b-0)$$

随机变量可以是离散型的或者非离散型的，在非离散型的随机变量中尤以连续型最为常见。下面重点讨论离散型随机变量和连续型随机变量。

## 5.2.2 离散型随机变量及其分布律

**定义 5.2.3** 若随机变量 $X$ 的取值只能是有限个或者可数无限个，则称 $X$ 为**离散型随机变量**，简记为 $d.r.v.X$，$X$ 取每个值的概率

$$P(X=x_k)=p_k\qquad(k=1,2,\cdots)$$

称为离散型随机变量 $X$ 的**概率分布**或**分布律**，常用矩阵表示如下

$$\begin{pmatrix}x_1 & x_2 & \cdots & x_k & \cdots\\ p_1 & p_2 & \cdots & p_k & \cdots\end{pmatrix}$$

或用列表表示，如表 5.2.1 所示。

表 5.2.1

| $X$ | $x_1$ | $\cdots$ | $x_k$ | $\cdots$ |
|---|---|---|---|---|
| $P$ | $p_1$ | $\cdots$ | $p_k$ | $\cdots$ |

离散型随机变量$X$的分布律具有以下基本性质。

（1）非负性：$p_k\geqslant0(k=1,2,\cdots)$。

（2）归一性：$\sum_{k=1}^{+\infty}p_k=1$。

反之，凡满足上述基本性质（1）和（2）的一串数 $p_1,p_2,\cdots,p_k,\cdots$，一定是某离散型随机变量$X$的分布律。

设离散型随机变量 $X$ 的分布律为

$$P(X=x_k)=p_k\qquad(k=1,2,\cdots)$$

则 $X$ 的分布函数为

$$F(x)=P(X\leqslant x)=\sum_{x_k\leqslant x}P(X=x_k)=\sum_{x_k\leqslant x}p_k$$

这里是对所有满足 $x_k\leqslant x$ 的 $k$ 求和。

因此离散型随机变量 $X$ 的分布律可以完全确定其分布函数。

### 5.2.3 连续型随机变量及其概率密度

**定义 5.2.4** 对随机变量$X$，若存在一个非负可积函数 $f(x)$，使对任意的 $x\in\mathbf{R}$，其分布函数为

$$F(x)=\int_{-\infty}^{x}f(t)\mathrm{d}t$$

则称$X$为**连续型随机变量**，简记为 $c.r.v.X$，$f(x)$ 为 $X$ 的**概率密度函数**，简称**概率密度**或**密度**。

概率密度函数具有以下基本性质。

（1）非负性：

$$f(x)\geqslant 0,\ x\in\mathbf{R}$$

（2）归一性：

$$\int_{-\infty}^{+\infty}f(x)\mathrm{d}x=1$$

反之，凡满足上述基本性质（1）和（2）的函数$f(x)$，一定是某连续型随机变量$X$的概率密度。

（3）对任意实数 $a$、$b$，且 $a<b$，有

$$P(a<X\leqslant b)=F(b)-F(a)=\int_{a}^{b}f(x)\mathrm{d}x$$

（4）若$f(x)$在点 $x\in\mathbf{R}$ 处连续，则有 $F'(x)=f(x)$。

由（3）可推得，连续型随机变量取任一指定值的概率为 0。因此，在计算连续型随机变量落在某一区间内的概率时，可以不必区分该区间是开区间、闭区间还是半开区间。

### 5.2.4 随机变量的函数的分布

在实际问题中，常常需要对随机变量的函数的分布进行讨论。

**定义 5.2.5** 如果存在一个连续函数 $g(x)$，使得随机变量 $X$、$Y$ 满足 $Y=g(X)$，即当 $X$ 取值为 $x$ 时，$Y$ 的取值为 $y=g(x)$，则称随机变量 $Y$ 是随机变量 $X$ 的**函数**，并称 $Y$ 的概率分布为随机变量 $X$ 的**函数的分布**。

显然，$X$ 取某值与 $Y$ 取其对应值是两个同时发生的事件，具有相同的概率。

若 $X$ 是离散型随机变量，其分布律为

$$P(X=x_k)=p_k \qquad (k=1,2,\cdots)$$

则 $Y=g(X)$ 的分布律为

$$P(Y=g(x_k))=p_k \qquad (k=1,2,\cdots)$$

其中，如果 $g(x_k)$ 中有一些是相同的，则需将它们做适当并项。

若 $X$ 是连续型随机变量，其密度函数为 $f_X(x)$，设 $Y=g(X)$ 是连续型随机变量，其密度函数为 $f_Y(y)$，则 $Y=g(X)$ 的分布函数为

$$F_Y(y)=P(Y\leqslant y)=P(g(X)\leqslant y)=\int_{g(x)\leqslant y} f_X(x)\mathrm{d}x$$

$Y=g(X)$ 的密度函数为

$$f_Y(y)=\frac{\mathrm{d}F_Y(y)}{\mathrm{d}y}$$

对具体的函数 $g(x)$，在“$g(X)\leqslant y$”中解出 $X$，从而得到一个与“$g(X)\leqslant y$”等价的 $X$ 的不等式，并以后者代替“$g(X)\leqslant y$”。

关于连续型随机变量 $X$ 的函数 $Y=g(X)$ 的分布，如果 $g(x)$ 是严格单调函数，则有以下一般结论。

**定理 5.2.1**　设随机变量 $X$ 的概率密度为 $f_X(x),-\infty<x<+\infty$，函数 $g(x)$ 为处处可导的严格单调函数（即恒有 $g'(x)>0$ 或恒有 $g'(x)<0$），则 $Y=g(X)$ 是连续型随机变量，其概率密度为

$$f_Y(y)=\begin{cases} f_X(h(y))|h'(y)| & (\alpha<y<\beta) \\ 0, & 其他 \end{cases}$$

其中 $\alpha=\min\{g(-\infty),\ g(+\infty)\}$，$\beta=\max\{g(-\infty),g(+\infty)\}$，$h(y)$ 是 $g(x)$ 的反函数。

## 5.2.5　常用的随机变量

### 1. 0–1 分布

**定义 5.2.6**　若随机变量 $X$ 只可能取 0 与 1 两个值，它的分布律为

$$P(X=k)=p^k(1-p)^{1-k}\qquad(k=0,1,\ 0<p<1)$$

则称 $X$ 服从参数为 $p$ 的 **0-1 分布**或**两点分布**。

两点分布虽然简单，但在实际问题中是很有用的分布。如果一个随机试验只有两个对立的结果，或者一个试验虽有多个结果，但只关心其中某个事件是否发生，则可以定义一个服从 0-1 分布的随机变量来描述试验的结果。例如，登记大一新生的性别、检查产品质量是否合格、抛掷硬币试验等都可以用 0-1 分布的随机变量来描述。

### 2. 二项分布

二项分布源于 $n$ 重伯努利（Jacob Bernoulli，1654—1705，瑞士数学家）试验。

**定义 5.2.7**　只有两个可能结果的试验称为**伯努利试验**。将伯努利试验独立重复地进行 $n$ 次，称为 ***n* 重伯努利试验**。

所谓 $n$ 次试验相互独立，是指其中的每一次试验结果出现的概率都不依赖于其他各次试验的结果。

以 $X$ 表示 $n$ 重伯努利试验中事件 $A$ 发生的次数，则 $n$ 次试验中事件 $A$ 发生 $k$ 次的概率为

$$P(X=k)=\mathrm{C}_n^k p^k(1-p)^{1-k}\qquad(k=0,1,2,\cdots,n)$$

**定义 5.2.8** 若随机变量 $X$ 的分布律为

$$P(X=k)=\mathrm{C}_n^k p^k(1-p)^{n-k} \qquad (k=0,1,2,\cdots,n)$$

则称随机变量 $X$ 服从参数为 $n$、$p$ 的**二项分布**，并记为 $X\sim B(n,p)$。

注意到 $\mathrm{C}_n^k p^k(1-p)^{n-k}$ 是二项式 $\left(p+(1-p)\right)^n$ 的展开式中出现 $p^k$ 的那一项，这也是二项分布名称的由来。

显然，当 $n=1$ 时，二项分布为 0-1 分布。

伯努利试验是一种重要的数学模型，不但在理论上有重要意义，而且在实际问题中有广泛应用，如产品的质量检查、"有放回"抽样等都是伯努利试验。对于"无放回"抽样，当整批产品的数量相对抽样个数很大时，也可以近似当作伯努利试验。又如，一个射手射击目标 $n$ 次而每一次是否射中，观察某单位的 $n$ 个同型号设备在同一时刻是否正常工作，等等，都可近似看成 $n$ 重伯努利试验。

**3. 泊松分布**

**定义 5.2.9** 若随机变量 $X$ 的分布律为

$$P(X=k)=\frac{\lambda^k \mathrm{e}^{-\lambda}}{k!} \qquad (\lambda>0,k=0,1,2,\cdots)$$

则称 $X$ 服从参数为$\lambda$的**泊松**（Simeon-Denis Poisson，1781—1840，法国数学家）**分布**，记为 $X\sim\pi(\lambda)$。

实际应用中很多随机变量服从泊松分布。例如，一本书的一页或某几页中的印刷错误数，在一天内到某窗口买票的人数，某医院在一天内的急诊病人数，某地区一个时间间隔内发生交通事故的次数等。

泊松研究指出，$n$ 很大（一般 $n\geqslant 10$）而 $p$ 很小（一般 $p\leqslant 0.01$）的二项分布可以用参数 $\lambda=np$ 的泊松分布近似表达。

**4. 均匀分布**

**定义 5.2.10** 若连续型随机变量 $X$ 具有概率密度

$$f(x)=\begin{cases}\dfrac{1}{b-a} & (a<x<b)\\ 0 & \text{其他}\end{cases}$$

则称 $X$ 在区间 $(a,b)$ 上服从**均匀分布**，记为 $X\sim U(a,b)$。

特别地，若 $X\sim U(0,1)$，则称随机变量 $X$ 为**随机数**，它在蒙特卡洛方法中起着重要的作用。

均匀分布可用来描述在某个区间上具有等可能结果的随机试验的统计规律性。例如，在数值计算中，由于四舍五入，小数点后第一位的数字所引起的误差 $X$ 可认为在区间$(-0.5,0.5)$上服从均匀分布；设某公共汽车站每隔 10 分钟开出一辆公共汽车，则随机到达该站的乘客的候车时间 $T$ 可看作在区间（0,10）上服从均匀分布，等等。

5. **指数分布**

**定义 5.2.11**　若连续型随机变量 $X$ 具有概率密度

$$f(x)=\begin{cases}\lambda e^{-\lambda x} & (x>0)\\ 0 & 其他\end{cases}$$

其中 $\lambda>0$ 为常数，则称 $X$ 服从参数为 $\lambda$ 的**指数分布**，记为 $X\sim E(\lambda)$。

在实际问题中，指数分布可以作为各种“寿命”（包括到某个特定事件发生所需的等待时间）的近似分布。例如，许多电子元件的使用寿命，动物的寿命，旅客在车站售票处购买车票需要等待的时间，电话的通话时间等，都可以看成服从指数分布。

6. **正态分布**

**定义 5.2.12**　若连续型随机变量 $X$ 具有概率密度

$$f(x)=\frac{1}{\sqrt{2\pi}\sigma}e^{-\frac{(x-\mu)^2}{2\sigma^2}}\qquad(-\infty<x<+\infty)$$

其中 $\mu$、$\sigma(\sigma>0)$ 为常数，则称 $X$ 服从参数为 $\mu$、$\sigma^2$ 的**正态分布**或**高斯分布**，记为 $X\sim N\left(\mu,\sigma^2\right)$。

特别地，当 $\mu=0$，$\sigma=1$ 时，称随机变量 $X$ 服从**标准正态分布**，记为 $X\sim N(0,1)$。

若随机变量 $X\sim N\left(\mu,\ \sigma^2\right)$，则随机变量

$$Y=\frac{X-\mu}{\sigma}\sim N(0,1)$$

在概率论与数理统计的理论研究和实际意义中，正态分布占有特别重要的地位。一般来说，一个随机变量如果受到许多随机因素的影响，而其中每一个随机因素都不起主导作用（作用微小），则它服从正态分布。这是在自然现象和社会现象中，大量随机变量都服从或近似服从正态分布的原因。例如，某一人群男性成年人的身高、体重，海洋波浪的高度，半导体器件中的热噪声电流或电压，某地区的每日用水量和用电量，工业产品的尺寸（直径、长度、宽度等）等，都服从正态分布。

# 5.3　多维随机变量及其分布

在实际问题中，有些随机试验的结果需要同时用两个或更多个随机变量来描述。在考虑这些随机变量时，不仅要研究它们各自的概率分布情况，还要将它们作为一个整体来研究，为此引入多维随机变量的概念。

本节假定 $n$ 为大于 1 的整数。

## 5.3.1　*n* 维随机变量及其联合分布

**定义 5.3.1**　将定义在同一个样本空间 $S=\{e\}$ 上的 $n$ 个随机变量 $X_1=X_1(e),X_2=X_2(e),\cdots,$

$X_n = X_n(e)$ 构成的一个 $n$ 维向量 $(X_1,X_2,\cdots,X_n)$ 称为 **$n$ 维随机变量**或**随机向量**。

**定义 5.3.2** 设 $(X_1,X_2,\cdots,X_n)$ 是一个 $n$ 维随机变量，对任意的 $(x_1,x_2,\cdots,x_n)\in \mathbf{R}^n$，$n$ 个事件 $\{X_1 \leqslant x_1\},\{X_2 \leqslant x_2\},\cdots,\{X_n \leqslant x_n\}$ 同时发生的概率

$$F(x_1,x_2,\cdots,x_n) = P(X_1 \leqslant x_1,X_2 \leqslant x_2,\cdots X_n \leqslant x_n)$$

称为 $n$ 维随机变量 $(X_1,X_2,\cdots,X_n)$ 的**分布函数**，或随机变量 $X_1,X_2,\cdots,X_n$ 的**联合分布函数**。

分布函数 $F(x_1,x_2,\cdots,x_n)$ 有下列性质。

（1）对任一 $x_i$（$i=1,2,\cdots,n$），$F(x_1,x_2,\cdots,x_n)$ 关于 $x_i$ 是单调不减的。

（2）对任一 $x_i$（$i=1,2,\cdots,n$），$F(x_1,x_2,\cdots,x_n)$ 关于 $x_i$ 是右连续的。

（3）$F(x_1,\cdots,x_{i-1},-\infty,x_{i+1},\cdots,x_n) = \lim\limits_{x_i \to -\infty} F(x_1,x_2,\cdots,x_n) = 0$

$$F(+\infty,+\infty,\cdots,+\infty) = \lim_{x_1 \to +\infty,\cdots,x_n \to +\infty} F(x_1,x_2,\cdots,x_n) = 1$$

（4）设 $x_i \leqslant y_i$，$i=1,2,\cdots,n$，则

$$\Delta_1\Delta_2\cdots\Delta_n F(x_1,x_2,\cdots,x_n)=P(x_1<X\leqslant y_1,x_2<X\leqslant y_2,\cdots,x_n<X\leqslant y_n)\geqslant 0$$

其中

$$\Delta_i F(x_1,x_2,\cdots,x_n)=F(x_1,\cdots,x_{i-1},y_i,x_{i+1},\cdots,x_n)-F(x_1,x_2,\cdots,x_n)$$

表示对第 $i$ 个变量进行差分运算。

**定义 5.3.3** 若 $n$ 维随机变量 $(X_1,X_2,\cdots,X_n)$ 所有可能的取值只能有有限组或者可数无限组，则称 $(X_1,X_2,\cdots,X_n)$ 为 **$n$ 维离散型随机变量**，将 $(X_1,X_2,\cdots,X_n)$ 取每组值的概率

$$P(X_1 = x_{m_1},X_2 = x_{m_2},\cdots,X_n = x_{m_n}) = p_{m_1m_2\cdots m_n}$$
$$(m_1,m_2,\cdots,m_n = 1,2,\cdots)$$

称为 $n$ 维离散型随机变量 $(X_1,X_2,\cdots,X_n)$ 的**分布律**，或随机变量 $X_1,X_2,\cdots,X_n$ 的**联合分布律**。

联合分布律具有以下两个基本性质。

（1）非负性：

$$p_{m_1m_2\cdots m_n} \geqslant 0 \quad (m_1,m_2,\cdots,m_n = 1,2,\cdots)$$

（2）正则性：

$$\sum_{m_1\geqslant 1}\sum_{m_2\geqslant 1}\cdots\sum_{m_n\geqslant 1} p_{m_1m_2\cdots m_n} = 1$$

离散型随机变量 $(X_1,X_2,\cdots,X_n)$ 的联合分布函数

$$F(x_1,x_2,\cdots,x_n) = \sum_{x_{m_1}\leqslant m_1}\sum_{x_{m_2}\leqslant m_2}\cdots\sum_{x_{m_n}\leqslant m_n} p_{m_1m_2\cdots m_n}$$

其中和式是对一切满足 $x_{m_1} \leqslant m_1,x_{m_2} \leqslant m_2,\cdots,x_{m_n} \leqslant m_n$ 的 $m_1,m_2,\cdots,m_n$ 求和。

**定义 5.3.4** 对 $n$ 维随机变量 $(X_1,X_2,\cdots,X_n)$，若存在一个非负可积函数 $f(x_1,x_2,\cdots,x_n)$，使对任意的 $(x_1,x_2,\cdots,x_n)\in \mathbf{R}^n$，其分布函数为

$$F(x_1,x_2,\cdots,x_n)=\int_{-\infty}^{x_1}\int_{-\infty}^{x_2}\cdots\int_{-\infty}^{x_n}f(t_1,t_2,\cdots,t_n)\mathrm{d}t_n\cdots\mathrm{d}t_2\mathrm{d}t_1$$

则称$\left(X_1,X_2,\cdots,X_n\right)$为 **$n$ 维连续型随机变量**，$f\left(x_1,x_2,\cdots,x_n\right)$为$\left(X_1,X_2,\cdots,X_n\right)$的**概率密度函数**，或 $X_1,X_2,\cdots,X_n$ 的**联合概率密度函数**。

联合概率密度函数具有以下性质。

（1）非负性：

$$f\left(x_1,x_2,\cdots,x_n\right)\geqslant 0,\left(x_1,x_2,\cdots,x_n\right)\in\mathbf{R}^n$$

（2）归一性：

$$\int_{-\infty}^{+\infty}\int_{-\infty}^{+\infty}\cdots\int_{-\infty}^{+\infty}f\left(x_1,x_2,\cdots,x_n\right)\mathrm{d}x_1\mathrm{d}x_2\cdots\mathrm{d}x_n=1$$

反之，具有以上两个性质的 $n$ 元函数，必是某个 $n$ 维连续型随机变量的概率密度函数。

（3）若$f\left(x_1,x_2,\cdots,x_n\right)$在点$\left(x_1,x_2,\cdots,x_n\right)\in\mathbf{R}^n$ 处连续，则有

$$\frac{\partial^n F\left(x_1,x_2,\cdots,x_n\right)}{\partial x_1\partial x_2\cdots\partial x_n}=f\left(x_1,x_2,\cdots,x_n\right)$$

（4）对于任意空间区域$G\subseteq\mathbf{R}^n$，则点$\left(x_1,x_2,\cdots,x_n\right)$落在 $G$ 内的概率为

$$P\left(\left(x_1,x_2,\cdots,x_n\right)\in G\right)=\int\cdots\int_G f\left(x_1,x_2,\cdots,x_n\right)\mathrm{d}x_1\mathrm{d}x_2\cdots\mathrm{d}x_n$$

下面是两个常用的多维连续型随机变量。

设 $G$ 为 $\mathbf{R}^n$ 中的有界区域，其体积为 $V_G$，如果随机变量 $X_1,X_2,\cdots,X_n$ 的联合概率密度为

$$f\left(x_1,x_2,\cdots,x_n\right)=\begin{cases}\dfrac{1}{V_G} & \left(x_1,x_2,\cdots,x_n\right)\in G\\ 0 & \text{其他}\end{cases}$$

则称$\left(X_1,X_2,\cdots,X_n\right)$服从 $G$ 上的 $n$ 维均匀分布，记为

$$\left(X_1,X_2,\cdots,X_n\right)\sim U\left(G\right)$$

若随机变量$(X，Y)$的概率密度为

$$f\left(x,y\right)=\frac{1}{2\pi\sigma_1\sigma_2\sqrt{1-r^2}}\exp\left\{-\frac{1}{2\left(1-r^2\right)}\left[\frac{\left(x-\mu_1\right)^2}{\sigma_1^2}-\frac{2r\left(x-\mu_1\right)\left(y-\mu_2\right)}{\sigma_1\sigma_2}+\frac{\left(y-\mu_2\right)^2}{\sigma_2^2}\right]\right\}$$

式中 $\mu_1$、$\mu_2$、$\sigma_1$、$\sigma_2$、$r$ 均为常数，且$\sigma_1>0$，$\sigma_2>0,\left|r\right|<1$，则称随机变量$(X，Y)$服从参数为 $\mu_1$、$\mu_2$、$\sigma_1^2$、$\sigma_2^2$、$r$ 的二维正态分布，记作

$$(X，Y)\sim N\left(\mu_1,\sigma_1^2;\mu_2,\sigma_2^2;r\right)$$

### 5.3.2 边缘分布

$n$ 维随机变量$\left(X_1,X_2,\cdots,X_n\right)$的分量 $X_1,X_2,\cdots,X_n$ 是一维随机变量，它们各有其分布，称为$\left(X_1,X_2,\cdots,X_n\right)$分别关于 $X_1,X_2,\cdots,X_n$ 的**边缘分布**。

### 1．边缘分布函数

**定义 5.3.5** 设$(X_1,X_2,\cdots,X_n)$为$n$维随机变量，$X_i$的分布函数记为$F_{X_i}(x_i)$，则称$F_{X_i}(x_i)$为随机变量$(X_1,X_2,\cdots,X_n)$关于$X_i$的**边缘分布函数**，$i=1,2,\cdots,n$。

设$(X_1,X_2,\cdots,X_n)$的联合分布函数为$F(x_1,x_2,\cdots,x_n)$，则对$i=1,2,\cdots,n$有

$$F_{X_i}(x_i)=P(X_i\leqslant x_i)$$
$$=P(X_1<+\infty,\cdots,\ X_{i-1}<+\infty,\ X_i\leqslant x_i,\ X_{i+1}<+\infty,\cdots,\ X_n<+\infty)$$
$$=F(+\infty,\cdots,+\infty,x_i,+\infty,\cdots,+\infty)$$

一般地，如果已知$n$维随机变量$(X_1,X_2,\cdots,X_n)$的分布函数为$F(x_1,x_2,\cdots,x_n)$，则要求$(X_1,X_2,\cdots,X_n)$的$k(1\leqslant k<n)$维边缘分布函数，只需在$F(x_1,x_2,\cdots,x_n)$中保留相应位置的$k$个变量，而让其他变量趋向于$+\infty$，并求其极限即可。

### 2．边缘分布律

**定义 5.3.6** 设$(X_1,X_2,\cdots,X_n)$为$n$维离散型随机变量，$X_i$的分布律

$$p_{m_i}=P(X_i=x_{m_i})\qquad(m_i=1,2,\cdots)$$

称为$(X_1,X_2,\cdots,X_n)$关于$X_i$的**边缘分布律**，$i=1,2,\cdots,n$。

由联合分布可以确定边缘分布。

设$(X_1,X_2,\cdots,X_n)$的联合分布律为

$$P(X_1=x_{m_1},X_2=x_{m_2},\cdots,X_n=x_{m_n})=p_{m_1m_2\cdots m_n}\qquad(m_1,m_2,\cdots,m_n=1,2,\cdots)$$

则$(X_1,X_2,\cdots,X_n)$关于$X_i$的边缘分布律为

$$p_{m_i}=P(X_i=x_{m_i})$$
$$=P\left(\begin{array}{l}\bigcup_{m_1=1}^{+\infty}(X_1=x_{m_1}),\cdots,\bigcup_{m_{i-1}=1}^{+\infty}(X_{i-1}=x_{m_{i-1}}),\ X_i=\\ x_{m_i},\bigcup_{m_{i+1}=1}^{+\infty}(X_{i+1}=x_{m_{i+1}}),\cdots,\bigcup_{m_n=1}^{+\infty}(X_n=x_{m_n})\end{array}\right)\qquad(i=1,2,\cdots,n)$$

由此得离散型随机变量$(X_1,X_2,\cdots,X_n)$关于$X_i$的边缘分布函数为

$$F_{X_i}(x_i)=F(+\infty,\cdots,+\infty,x_i,+\infty,\cdots,+\infty)$$
$$=\sum_{m_1=1}^{+\infty}\cdots\sum_{m_{i-1}=1}^{+\infty}\sum_{X_i\leqslant x_i}\sum_{m_{i+1}=1}^{+\infty}\cdots\sum_{m_n=1}^{+\infty}p_{m_1m_2\cdots m_n}$$

**注意：**由边缘分布一般不能确定联合分布。

在$n$次独立重复试验中，每次试验的结果有$r$种：$A_1,A_2,\cdots,A_r$，且每次试验中$P(A_i)=p_i$，$i=1,2,\cdots,r$。记$X_i$为在$n$次独立重复试验中$A_i$出现的次数，则

$$P(X_1=n_1,X_2=n_2,\cdots,X_r=n_r)$$
$$=C_n^{n_1}C_{n-n_1}^{n_2}\cdots C_{n_r}^{n_r}p_1^{n_1}p_2^{n_2}\cdots p_r^{n_r}$$
$$=\frac{n!}{n_1!n_2!\cdots n_r!}p_1^{n_1}p_2^{n_2}\cdots p_r^{n_r}$$

其中$n_1+n_2+\cdots+n_r=n$，称$(X_1,X_2,\cdots,X_r)$服从**多项分布**，记作

$$(X_1,X_2,\cdots,X_r)\sim M(n,p_1,p_2,\cdots,p_r)$$

多项分布的边缘分布为二项分布。

3. **边缘密度函数**

**定义 5.3.7** 设$(X_1,X_2,\cdots,X_n)$为 $n$ 维连续型随机变量，$X_i$的密度函数$f_{X_i}(x_i)$称为$(X_1,X_2,\cdots,X_n)$关于$X_i$的**边缘密度函数**，$i=1,2,\cdots,n$。

边缘密度函数完全由联合密度函数决定。

设 $n$ 维连续型随机变量$(X_1,X_2,\cdots,X_n)$的概率密度函数为$f(x_1,x_2,\cdots,x_n)$，则

$$F_{X_i}(x_i)=F(+\infty,\cdots,+\infty,x_i,+\infty,\cdots,+\infty)$$
$$=\int_{-\infty}^{x_i}\left[\int_{-\infty}^{+\infty}\cdots\int_{-\infty}^{+\infty}f(u_1,u_2,\cdots,u_n)\mathrm{d}u_1\cdots\mathrm{d}u_{i-1}\mathrm{d}u_{i+1}\cdots\mathrm{d}u_n\right]\mathrm{d}u_i$$

从而得到$X_i$的概率密度函数为

$$f_{X_i}(x_i)=\int_{-\infty}^{+\infty}\cdots\int_{-\infty}^{+\infty}f(u_1,u_2,\cdots,u_n)\mathrm{d}u_1\cdots\mathrm{d}u_{i-1}\mathrm{d}u_{i+1}\cdots\mathrm{d}u_n\qquad(i=1,2,\cdots,n)$$

一般地，如果已知 $n$ 维随机变量$(X_1,X_2,\cdots,X_n)$的概率密度为$f(x_1,x_2,\cdots,x_n)$，则要求$(X_1,X_2,\cdots,X_n)$的$k(1\leqslant k<n)$维边缘概率密度，只需在$f(x_1,x_2,\cdots,x_n)$中对相应位置的 $k$ 个变量以外的$n-k$个变量在区间$(-\infty,+\infty)$上求积分即可。

**【例 5.3.1】**设$(X,Y)\sim N(\mu_1,\sigma_1^2;\mu_2,\sigma_2^2;r)$，求$f_X(x)$。

**解**：由边缘密度函数的定义有

$$f_X(x)=\int_{-\infty}^{+\infty}f(x,y)\mathrm{d}y$$
$$=\int_{-\infty}^{+\infty}\frac{1}{2\pi\sigma_1\sigma_2\sqrt{1-r^2}}\exp\left\{-\frac{1}{2(1-r^2)}\left[\frac{(x-\mu_1)^2}{\sigma_1^2}-\frac{2r(x-\mu_1)(y-\mu_2)}{\sigma_1\sigma_2}+\frac{(y-\mu_2)^2}{\sigma_2^2}\right]\right\}\mathrm{d}y$$

令$\dfrac{x-\mu_1}{\sigma_1}=u$，$\dfrac{y-\mu_2}{\sigma_2}=v$，则

$$f_X(x)=\frac{1}{2\pi\sigma_1\sqrt{1-r^2}}\int_{-\infty}^{+\infty}\exp\left\{-\frac{1}{2(1-r^2)}\left[u^2-2ruv+v^2\right]\right\}\mathrm{d}v$$
$$=\frac{1}{\sqrt{2\pi}\sigma_1}\mathrm{e}^{-\frac{u^2}{2}}\int_{-\infty}^{+\infty}\frac{1}{\sqrt{2\pi(1-r^2)}}\exp\left\{-\frac{r^2u^2-2ruv+v^2}{2(1-r^2)}\right\}\mathrm{d}v$$
$$=\frac{1}{\sqrt{2\pi}\sigma_1}\mathrm{e}^{-\frac{u^2}{2}}\int_{-\infty}^{+\infty}\frac{1}{\sqrt{2\pi(1-r^2)}}\exp\left\{-\frac{(v-ru)^2}{2\left(\sqrt{1-r^2}\right)^2}\right\}\mathrm{d}v$$
$$=\frac{1}{\sqrt{2\pi}\sigma_1}\mathrm{e}^{-\frac{u^2}{2}}=\frac{1}{\sqrt{2\pi}\sigma_1}\mathrm{e}^{-\frac{(x-\mu_1)^2}{2\sigma_1^2}}$$

同理有

$$f_Y(y)=\frac{1}{\sqrt{2\pi}\sigma_2}\mathrm{e}^{-\frac{(y-\mu_2)^2}{2\sigma_2^2}}$$

由本例可得出以下结论。

（1）二维正态分布的边缘分布仍为正态分布，即二维正态随机变量的每个分量仍然是正态随机变量。

（2）若边缘分布均为正态分布，则其联合分布未必是正态分布。例如

$$f(x,y)=\frac{1}{2\pi}\mathrm{e}^{-\frac{x^2+y^2}{2}}(1+\sin x\sin y)\qquad (x,y)\in\mathbf{R}^2$$

## 5.3.3 条件分布

由条件概率的定义易引出条件概率分布的概念。

**定义 5.3.8** 设二维离散型随机变量$(X, Y)$的分布律为

$$P(X=x_i,\ Y=y_j)=p_{ij}\qquad (i,j=1,2,\cdots)$$

关于 $X$ 和 $Y$ 的边缘分布律分别为

$$P(X=x_i)=\sum_{j=1}^{\infty}p_{ij}\qquad (i=1,2,\cdots)$$

$$P(Y=y_j)=\sum_{i=1}^{\infty}p_{ij}\qquad (j=1,2,\cdots)$$

（1）对固定的 $j$，若 $\sum_{i=1}^{\infty}p_{ij}>0$，则称

$$P(X=x_i\mid Y=y_j)=\frac{p_{ij}}{\sum_{i=1}^{\infty}p_{ij}}\qquad (i=1,2,\cdots)$$

为在 $Y=y_j$ 的条件下 $X$ 的**条件分布律**。

（2）对固定的 $i$，若 $\sum_{j=1}^{\infty}p_{ij}>0$，则称

$$P(Y=y_j\mid X=x_i)=\frac{p_{ij}}{\sum_{j=1}^{\infty}p_{ij}}\qquad (j=1,2,\cdots)$$

为在 $X=x_i$ 的条件下 $Y$ 的**条件分布律**。

**定义 5.3.9** 设二维连续型随机变量$(X,Y)$的密度函数和边缘密度函数分别为 $f(x,y)$、$f_X(x)$、$f_Y(y)$，

（1）对固定的 $y$，若 $f_Y(y)>0$，则称

$$f_{X|Y}(x\mid y)=\frac{f(x,y)}{f_Y(y)}$$

为在 $Y=y$ 的条件下 $X$ 的**条件密度函数**。

（2）对固定的 $x$，若 $f_X(x)>0$，则称

$$f_{Y|X}(y|x)=\frac{f(x,y)}{f_X(x)}$$

为在 $X=x$ 的条件下 $Y$ 的**条件密度函数**。

**【例 5.3.2】** 设 $(X,Y)\sim N(\mu_1,\sigma_1^2;\mu_2,\sigma_2^2;r)$，求 $f_{X|Y}(x|y)$。

**解**：由例 5.3.1 有

$$f_Y(y)=\frac{1}{\sqrt{2\pi}\sigma_2}\mathrm{e}^{-\frac{(y-\mu_2)^2}{2\sigma_2^2}}$$

又

$$f(x,y)=\frac{1}{2\pi\sigma_1\sigma_2\sqrt{1-r^2}}\exp\left\{-\frac{1}{2(1-r^2)}\left[\frac{(x-\mu_1)^2}{\sigma_1^2}-\frac{2r(x-\mu_1)(y-\mu_2)}{\sigma_1\sigma_2}+\frac{(y-\mu_2)^2}{\sigma_2^2}\right]\right\}$$

于是

$$f_{X|Y}(x|y)=\frac{f(x,y)}{f_Y(y)}$$

$$=\frac{1}{\sqrt{2\pi}\left(\sigma_1\sqrt{1-r^2}\right)}\exp\left\{-\frac{1}{2\left(\sigma_1\sqrt{1-r^2}\right)^2}\left[x-\left(\mu_1+\frac{\sigma_1}{\sigma_2}r(y-\mu_2)\right)\right]^2\right\}$$

因此，在 $Y=y$ 的条件下 $X$ 的条件分布为

$$N\left(\mu_1+\frac{\sigma_1}{\sigma_2}r(y-\mu_2),\sigma_1^2(1-r^2)\right)$$

同样，在 $X=x$ 的条件下 $Y$ 的条件分布为

$$N\left(\mu_2+\frac{\sigma_2}{\sigma_1}r(x-\mu_1),\sigma_2^2(1-r^2)\right)$$

由此可见，二维正态分布的条件分布仍是正态分布。

### 5.3.4 随机变量的独立性

**定义 5.3.10** 若 $n$ 维随机变量 $(X_1,X_2,\cdots,X_n)$ 的分布函数等于 $X_1,X_2,\cdots,X_n$ 的边缘分布函数的乘积，则称随机变量 $X_1,X_2,\cdots,X_n$ 是**相互独立的**。

**定理 5.3.1** 离散型随机变量 $X_1,X_2,\cdots,X_n$ 相互独立的充分必要条件是，$n$ 维离散型随机变量 $(X_1,X_2,\cdots,X_n)$ 的分布律等于 $X_1,X_2,\cdots,X_n$ 的边缘分布律的乘积。

**定理 5.3.2** 连续型随机变量 $X_1,X_2,\cdots,X_n$ 相互独立的充分必要条件是，$n$ 维连续型随机变量 $(X_1,X_2,\cdots,X_n)$ 的概率密度等于 $X_1,X_2,\cdots,X_n$ 的边缘概率密度的乘积。

如果随机变量 $X_1,X_2,\cdots,X_n$ 相互独立，并且 $X_i\sim N(\mu_i,\sigma_i^2)$，$i=1,2,\cdots,n$，则它们的和

$$\sum_{i=1}^{n} X_i \sim N\left(\sum_{i=1}^{n}\mu_i, \sum_{i=1}^{n}\sigma_i^2\right)$$

更一般地，

$$\sum_{i=1}^{n} c_i X_i \sim N\left(\sum_{i=1}^{n}c_i\mu_i, \sum_{i=1}^{n}c_i^2\sigma_i^2\right)$$

其中 $c_i(i=1,2,\cdots,n)$ 为常数。

**【例 5.3.3】** 设 $(X,Y)\sim N\left(\mu_1,\sigma_1^2;\mu_2,\sigma_2^2;r\right)$，证明：$X$、$Y$ 相互独立的充分必要条件是 $r=0$。

**证：** 充分性。若 $r=0$，则

$$f(x,y)=\frac{1}{2\pi\sigma_1\sigma_2}\exp\left\{-\left[\frac{(x-\mu_1)^2}{2\sigma_1^2}+\frac{(y-\mu_2)^2}{2\sigma_2^2}\right]\right\}$$

$$=\frac{1}{\sqrt{2\pi}\sigma_1}\mathrm{e}^{-\frac{(x-\mu_1)^2}{2\sigma_1^2}}\cdot\frac{1}{\sqrt{2\pi}\sigma_2}\mathrm{e}^{-\frac{(y-\mu_2)^2}{2\sigma_2^2}}=f_X(x)\cdot f_Y(y)$$

故 $X$、$Y$ 相互独立。

必要性。因为 $X$、$Y$ 相互独立，且 $f(x,y)$、$f_X(x)$、$f_Y(y)$ 都是连续函数，所以对一切 $x$、$y$ 恒有

$$f(x,y)=f_X(x)\cdot f_Y(y)$$

特别取 $x=\mu_1$，$y=\mu_2$，有

$$f(\mu_1,\mu_2)=f_X(\mu_1)\cdot f_Y(\mu_2)$$

即

$$\frac{1}{2\pi\sigma_1\sigma_2\sqrt{1-r^2}}=\frac{1}{\sqrt{2\pi}\sigma_1}\cdot\frac{1}{\sqrt{2\pi}\sigma_2}$$

从而 $r=0$。

### 5.3.5 n 维随机变量的函数的分布

给定 $n$ 维随机变量 $\boldsymbol{X}=(X_1,X_2,\cdots,X_n)$，将 $\boldsymbol{X}$ 映射为一个新的变量 $\boldsymbol{Y}=(Y_1,Y_2,\cdots,Y_n)$，其中 $Y_1=g_1(X_1,X_2,\cdots,X_n)$，$Y_2=g_2(X_1,X_2,\cdots,X_n)$，$\cdots$，$Y_n=g_n(X_1,X_2,\cdots,X_n)$，若 $g_1,g_2,\cdots,g_n$ 是单值函数，且 $X_1=h_1(Y_1,Y_2,\cdots,Y_n)$，$X_2=h_2(Y_1,Y_2,\cdots,Y_n),\cdots,X_n=h_n(Y_1,Y_2,\cdots,Y_n)$，则 $n$ 维随机变量 $\boldsymbol{Y}$ 的概率密度函数为

$$f_Y(\boldsymbol{y})=f_{\boldsymbol{X}}\left(h(\boldsymbol{y})\right)\left|\frac{\partial \boldsymbol{h}}{\partial \boldsymbol{y}}\right|$$

其中 $h_i$ 是 $g_i$ 的反函数，$i=1,2,\cdots,n$，且

$$\left|\frac{\partial \boldsymbol{h}}{\partial \boldsymbol{y}}\right|=\begin{vmatrix}\frac{\partial h_1}{\partial y_1} & \cdots & \frac{\partial h_1}{\partial y_n}\\ \vdots & & \vdots \\ \frac{\partial h_n}{\partial y_1} & \cdots & \frac{\partial h_n}{\partial y_n}\end{vmatrix}$$

例如，设二维连续型随机变量 $(X,Y)$ 的密度函数为 $f(x,y)$，则 $X+Y$、$X-Y$、$XY$ 和 $X/Y$ 的密度函数分别为

$$f_{X+Y}(z)=\int_{-\infty}^{+\infty} f(x,z-x)\mathrm{d}x \qquad (z\in\mathbf{R})$$

$$f_{X-Y}(z)=\int_{-\infty}^{+\infty} f(x,x-z)\mathrm{d}x \qquad (z\in\mathbf{R})$$

$$f_{XY}(z)=\int_{-\infty}^{+\infty} f\left(x,\frac{z}{x}\right)\frac{1}{|x|}\mathrm{d}x \qquad (z\in\mathbf{R})$$

$$f_{X/Y}(z)=\int_{-\infty}^{+\infty} f(zy,y)|y|\mathrm{d}y \qquad (z\in\mathbf{R})$$

特别地，当 $X$ 和 $Y$ 相互独立时，

$$f_{X+Y}(z)=\int_{-\infty}^{+\infty} f_X(x)f_Y(z-x)\mathrm{d}x \qquad (z\in\mathbf{R})$$

$$f_{X-Y}(z)=\int_{-\infty}^{+\infty} f_X(x)f_Y(x-z)\mathrm{d}x \qquad (z\in\mathbf{R})$$

$$f_{XY}(z)=\int_{-\infty}^{+\infty} f_X(x)f_Y\left(\frac{z}{x}\right)\frac{1}{|x|}\mathrm{d}x \qquad (z\in\mathbf{R})$$

$$f_{X/Y}(z)=\int_{-\infty}^{+\infty} f_X(zy)f_Y(y)|y|\mathrm{d}y \qquad (z\in\mathbf{R})$$

极大值 $M=\max\{X_1,X_2,\cdots,X_n\}$、极小值 $N=\min\{X_1,X_2,\cdots,X_n\}$统称为**随机变量 $X_1,X_2,\cdots,X_n$ 的极值**。

设 $X_1,X_2,\cdots,X_n$ 相互独立，$X_i$ 的分布函数为 $F_i(x)$，$i=1,2,\cdots,n$，则 $M$ 与 $N$ 的分布函数分别为

$$F_M(z)=F_1(z)F_2(z)\cdots F_n(z)$$

$$F_N(z)=1-[1-F_1(z)][1-F_2(z)]\cdots[1-F_n(z)]$$

特别地，当 $X_1,X_2,\cdots,X_n$ 相互独立且同分布，其分布函数为 $F(x)$，密度函数为 $f(x)$时，有

$$F_M(z)=F^n(z)$$

$$F_N(z)=1-[1-F(z)]^n$$

$$f_M(z)=nF^{n-1}(z)f(z)$$

$$f_N(z)=n[1-F(z)]^{n-1}f(z)$$

关于 $n$ 维随机变量的函数的独立性，有以下结论。

**定理 5.3.3** 若随机变量 $X_1,X_2,\cdots,X_n$ 相互独立，则 $X_1,X_2,\cdots,X_n$ 的函数 $g_1(X_1),g_2(X_2),\cdots,g_n(X_n)$ 也相互独立，其中 $g_i(x)$（$i=1,2,\cdots,n$）均为连续函数。

**定理 5.3.4** 若随机变量 $X_1,X_2,\cdots,X_n$和$Y_1,Y_2,\cdots,Y_m$ 相互独立，函数 $g(x_1,x_2,\cdots,x_n)$ 和 $h(y_1,y_2,\cdots,y_m)$ 均连续，则

$$X=g(X_1,X_2,\cdots,X_n),\quad Y=h(Y_1,Y_2,\cdots,Y_m)$$

必是随机变量，并且 $X$、$Y$ 相互独立。

例如，若 $X$、$Y$ 相互独立，则 $X^3$ 与 $\cos Y$ 也相互独立；若 $X_1,X_2,\cdots,X_n$与$X_{n+1},X_{n+2},\cdots,X_{n+m}$ 相互独立，则 $X_1+X_2+\cdots+X_n$ 与 $X_{n+1}+X_{n+2}+\cdots+X_{n+m}$ 也相互独立。

# 5.4 随机变量的数字特征

在许多实际问题中，要确定一个随机变量的概率分布往往比较困难，有时也并不需要知道随机变量完整的性质，而只需要了解随机变量的某些特征就够了。这种刻画随机变量某种特征的量，称为随机变量的**数字特征**。

本节主要介绍随机变量的数学期望、方差、协方差等常用的数字特征。

## 5.4.1 数学期望

在概率论和统计学中，数学期望是试验中每次可能结果的概率乘以其结果的总和。它是最基本的数字特征之一，反映随机变量平均值的大小。

**定义 5.4.1** 设离散型随机变量 $X$ 的分布律为

$$P(X=x_k)=p_k \qquad (k=1,2,\cdots)$$

若级数 $\sum_{k=1}^{+\infty}x_k p_k$ 绝对收敛，则称级数 $\sum_{k=1}^{+\infty}x_k p_k$ 的和为离散型随机变量 $X$ 的**数学期望**，记为

$$E(X)=\sum_{k=1}^{+\infty}x_k p_k$$

设连续型随机变量 $X$ 的概率密度为 $f(x)$，且 $\int_{-\infty}^{+\infty}xf(x)\mathrm{d}x$ 绝对收敛，则称 $\int_{-\infty}^{+\infty}xf(x)\mathrm{d}x$ 为 $X$ 的数学期望，记为

$$E(X)=\int_{-\infty}^{+\infty}xf(x)\mathrm{d}x$$

数学期望简称**期望**或**均值**，由随机变量 $X$ 的概率分布所确定。若 $X$ 服从某一分布，也称 $E(X)$为该分布的数学期望。

**定理 5.4.1** 设 $g(x)$为连续函数，$Y=g(X)$是随机变量 $X$ 的函数。

（1）设 $X$ 是离散型随机变量，其分布律为

$$P(X=x_k)=p_k \qquad (k=1,2,\cdots)$$

若级数 $\sum_{k=1}^{+\infty}g(x_k)p_k$ 绝对收敛，则

$$E(Y)=E(g(X))=\sum_{k=1}^{+\infty}g(x_k)p_k$$

（2）设 $X$ 是连续型随机变量，其密度函数为 $f(x)$，若积分 $\int_{-\infty}^{+\infty}g(x)f(x)\mathrm{d}x$ 绝对收敛，则

$$E(Y)=E(g(X))=\int_{-\infty}^{+\infty}g(x)f(x)\mathrm{d}x$$

定理的意义在于，当我们要求 $E(Y)$时，不必算出 $Y$ 的分布律或概率密度，而只需要利用 $X$ 的分布律或概率密度就可以了。

此定理可以推广到 $n$ 维随机变量的函数的情况。

数学期望具有下列性质。

**定理 5.4.2** 设 $X$、$Y$ 是随机变量，则

（1）$E(c) = c$；

（2）$E(cX) = cE(X)$；

（3）$E(X + Y) = E(X) + E(Y)$；

（4）若 $X$、$Y$ 相互独立，则 $E(XY) = E(X)E(Y)$。

其中 $c$ 为常数，所涉及的数学期望均存在。

**推论 5.4.1** 设 $X_1,X_2,\cdots,X_n$ 是随机变量，则

$$E(c_1X_1 + c_2X_2 + \cdots + c_nX_n + b) = c_1E(X_1) + c_2E(X_2) + \cdots + c_nE(X_n) + b$$

其中 $c_1,c_2,\cdots,c_n,b$ 均为常数。

**推论 5.4.2** 设 $X_1,X_2,\cdots,X_n$ 是随机变量，若 $X_1,X_2,\cdots,X_n$ 相互独立，则

$$E(X_1X_2 \cdots X_n) = E(X_1)E(X_2) \cdots E(X_n)$$

**定义 5.4.2** 设 $X = \left(X_1,X_2,\cdots,X_n\right)$ 是一个 $n$ 维随机变量，若对任意的 $i$，$i = 1,2,\cdots,n$，$E(X_i)$ 都存在，则 $X$ 的**均值**（**阵**）定义为

$$E\left(X\right) = E\left(X_1,X_2,\cdots,X_n\right) = \left(E\left(X_1\right),E\left(X_2\right),\cdots,E\left(X_n\right)\right)$$

**定义 5.4.3** 对任意的常数 $p$，$0 < p < 1$，满足 $P(X \leqslant x) \geqslant p$、$P(X \geqslant x) \leqslant 1-p$ 的 $x$ 称为 $X$ 的 $p$ **分位数**，记为 $x_p$。

特别地，称 $x_{1/2}$ 为 $X$ 的**中位数**。

和数学期望不一定存在不同，分位数 $x_p$ 总是存在的但不一定唯一。

## 5.4.2 方差

概率中，方差用来衡量随机变量与其数学期望之间的偏离程度，即随机变量取值的分散程度。统计中的方差为样本方差，是各个样本数据分别与其平均数之差的平方和的平均数。

**定义 5.4.4** 设 $X$ 是随机变量，若 $E\left\{\left(X - E\left(X\right)\right)^2\right\}$ 存在，则称之为 $X$ 的**方差**，记为 $D(X)$ 或 $\mathrm{Var}(X)$，即

$$D\left(X\right) = E\left\{\left(X - E\left(X\right)\right)^2\right\} = E\left(X^2\right) - \left(E\left(X\right)\right)^2$$

称 $\sqrt{D\left(X\right)}$ 为 $X$ 的**均方差**或**标准差**，记为$\sigma(X)$。

由定义可知，方差实际上是随机变量 $X$ 的函数 $g(X) = (X - E(X))^2$ 的数学期望，因此

（1）若 $X$ 为离散型随机变量，其分布律为

$$P\left(X = x_k\right) = p_k \qquad \left(k = 1,2,\cdots\right)$$

则

$$D(X)=\sum_{k=1}^{\infty}(x_k-E(X))^2 p_k$$

（2）若 $X$ 为连续型随机变量，其密度函数为 $f(x)$，则

$$D(X)=\int_{-\infty}^{+\infty}\left(x-E(X)\right)^2 f(x)\mathrm{d}x$$

方差具有下列性质。

**定理 5.4.3** 设 $X$、$Y$ 是随机变量，则

（1）$D(c)=0$；

（2）$D(cX)=c^2D(X)$，$D(X+c)=D(X)$；

（3）$D(X\pm Y)=D(X)+D(Y)\pm 2E(X-E(X))(Y-E(Y))$；

特别地，若 $X$、$Y$ 相互独立，则 $D(X\pm Y)=D(X)+D(Y)$。

（4）$D(X)=0$ 的充分必要条件是 $X$ 以概率 1 取常数 $E(X)$，即 $P(X=E(X))=1$。

其中 $c$ 为常数，所涉及的方差均存在。

**推论 5.4.3** 设 $X_1,X_2,\cdots,X_n$ 是随机变量，若 $X_1,X_2,\cdots,X_n$ 相互独立，则

$$D\left(c_1X_1+c_2X_2+\cdots+c_nX_n\right)=c_1^2D\left(X_1\right)+c_2^2D\left(X_2\right)+\cdots+c_n^2D\left(X_n\right)$$

其中 $c_1,c_2,\cdots,c_n$ 均为常数，所涉及的方差均存在。

### 5.4.3 协方差与相关系数

对于多维随机变量，我们不仅要知道其每个分量的数字特征（均值、方差等），还需要知道分量之间的联系，为此引入协方差与相关系数等概念。

在概率论和统计学中，协方差被用于衡量两个随机变量 $X$ 和 $Y$ 之间的总体误差。

**定义 5.4.5** 设 $(X,Y)$ 为二维随机变量，若 $E\{(X-E(X))(Y-E(Y))\}$ 存在，则称之为 $X$ 与 $Y$ 的**协方差**，记为 $\mathrm{Cov}(X,Y)$，即

$$\mathrm{Cov}(X,Y)=E\left\{\left(X-E\left(X\right)\right)\left(Y-E\left(Y\right)\right)\right\}=E\left(XY\right)-E\left(X\right)E\left(Y\right)$$

而

$$\rho_{XY}=\frac{\mathrm{Cov}(X,Y)}{\sqrt{D(X)}\sqrt{D(Y)}}\left(D(X)\cdot D(Y)\neq 0\right)$$

称为 $X$ 与 $Y$ 的**相关系数**。

协方差具有下列性质。

**定理 5.4.4** 设 $a$、$b$ 为常数，$X$、$Y$、$Z$ 是随机变量，则

（1）$\mathrm{Cov}(X,X)=D(X)$；

（2）$\mathrm{Cov}(a,X)=0$；

（3）$\mathrm{Cov}(X,Y)=\mathrm{Cov}(Y,X)$；

（4）$\mathrm{Cov}(aX,bY)=ab\mathrm{Cov}(X,Y)$；

（5）$\text{Cov}(X+Y,Z)=\text{Cov}(X,Z)+\text{Cov}(Y,Z)$；

（6）若 $X$、$Y$ 相互独立，则 $\text{Cov}(X,Y)=0$；

（7）$D(X\pm Y)=D(X)+D(Y)\pm 2\text{Cov}(X,Y)$。

相关系数具有下列性质。

**定理 5.4.5**　设 $X$、$Y$ 是随机变量，则

（1）$|\rho_{XY}|\leqslant 1$；

（2）$|\rho_{XY}|=1$ 的充分必要条件是，存在常数 $a$、$b$，使得 $P(Y=a+bX)=1$。

相关系数是两个随机变量间线性关系强弱的一种度量。定理表明，当$|\rho_{XY}|=1$ 时，随机变量 $X$ 与 $Y$ 之间以概率 1 存在线性关系。容易验证，当$\rho_{XY}=1$ 时为正线性相关（即 $a>0$）；当$\rho_{XY}=-1$ 时为负线性相关（即 $a<0$）；当$|\rho_{XY}|<1$ 时，$|\rho_{XY}|$越小，$X$ 与 $Y$ 的线性相关程度就越弱，直到当$|\rho_{XY}|=0$ 时，$X$ 与 $Y$ 之间就不存在线性关系了。

**定义 5.4.6**　若随机变量 $X$ 与 $Y$ 的相关系数为 0，则称 $X$ 与 $Y$ **不（线性）相关**。

**定理 5.4.6**　若随机变量 $X$ 与 $Y$ 相互独立，则 $X$ 与 $Y$ 不相关。

当随机变量 $X$ 与 $Y$ 不相关时，仅仅表明 $X$ 与 $Y$ 之间不存在线性关系，这不等于说 $X$ 与 $Y$ 之间不存在其他形式的关系，也不表明 $X$ 与 $Y$ 一定是相互独立的。例如，设随机变量 $Z\sim U(-\pi,\pi)$，$X=\sin Z$，$Y=\cos Z$，由于

$$E(X)=\frac{1}{2\pi}\int_{-\pi}^{\pi}\sin t\mathrm{d}t=0,\ E(XY)=\frac{1}{2\pi}\int_{-\pi}^{\pi}\sin t\cos t\mathrm{d}t=0$$

因此 $E(XY)=E(X)E(Y)$，即 $X$ 与 $Y$ 不相关。显然 $X^2+Y^2=1$，说明 $X$ 与 $Y$ 之间虽然不存在线性关系，但却存在着其他形式的函数关系。此时可以证明，$X$ 与 $Y$ 不相互独立。

对二维正态分布随机变量$(X,Y)$，$X$ 与 $Y$ 相互独立的充分必要条件是 $X$ 与 $Y$ 不相关。

### 5.4.4　矩和协方差矩阵

**定义 5.4.7**　设 $X$ 是随机变量，若 $E(X^k)$（$k=1,2,\cdots$）存在，则称之为 $X$ 的 ***k* 阶原点矩**。

设 $X$ 是随机变量，且 $E(X)$存在，若 $E(X-E(X))^k$（$k=1,2,\cdots$）存在，则称之为 $X$ 的 ***k* 阶中心矩**。

显然，随机变量 $X$ 的一阶原点矩为 $E(X)$，二阶中心矩为 $D(X)$。

**定义 5.4.8**　设 $n$ 维随机变量$(X_1,X_2,\cdots,X_n)$的任意两个分量存在协方差，则称以 $\text{Cov}(X_i,X_j)$ 为（$i,j$）元的 $n$ 阶矩阵 $\boldsymbol{C}$ 为其**协方差矩阵**，即

$$\boldsymbol{C}=\left(\text{Cov}\left(X_i,X_j\right)\right)_{n\times n}$$

由于 $\text{Cov}(X_i,X_j)=\text{Cov}(X_j,X_i)$，因此协方差矩阵是一个对称矩阵。一般，$n$ 维随机变量的分布是未知的，或者太复杂，以致在数学上不易处理，因此在实际应用中协方差矩阵就显得比较重要了。

如果 $n$ 维随机变量$\left(X_1,X_2,\cdots,X_n\right)$具有密度函数

$$f\left(x_1,x_2,\cdots,x_n\right)=\frac{1}{2\pi^{n/2}\left(\left|\boldsymbol{C}\right|\right)^{1/2}}\exp\left\{-\frac{1}{2}\left(\boldsymbol{x}-\boldsymbol{\mu}\right)^{\mathrm{T}}\boldsymbol{C}^{-1}\left(\boldsymbol{x}-\boldsymbol{\mu}\right)\right\}$$

其中 $\boldsymbol{x}=\left(x_1,x_2,\cdots,x_n\right)^{\mathrm{T}}$，$\boldsymbol{\mu}=\left(\mu_1,\mu_2,\cdots,\mu_n\right)^{\mathrm{T}}$，$\mu_i=E\left(X_i\right)$，$\sigma_i=D\left(X_i\right)$，$i=1,2,\cdots,n$，$\boldsymbol{C}$ 为 $\left(X_1,X_2,\cdots,X_n\right)$ 的协方差矩阵，则称 $\left(X_1,X_2,\cdots,X_n\right)$ 服从参数为 $\mu_1,\mu_2,\cdots,\mu_n$，$\sigma_1,\sigma_2,\cdots,\sigma_n$，$\rho$ 的 **$n$ 维正态分布**，记为

$$\left(X_1,X_2,\cdots,X_n\right)\sim N\left(\mu_1,\mu_2,\cdots,\mu_n,\sigma_1^2,\sigma_2^2,\cdots,\sigma_n^2,\rho\right)$$

引入协方差矩阵的概念，并把矩阵运算引入概率论中，给研究工作带来了许多便利。

# 5.5 大数定律和中心极限定理

## 5.5.1 大数定律

在 5.1.2 小节中我们已经指出，随机事件的频率具有稳定性，大数定律则提供了其理论依据。下面介绍大数定律的最基本情形，首先引入一个重要的不等式。

**定理 5.5.1** 设随机变量 $X$ 的数学期望 $E(X)=\mu$，方差 $D(X)=\sigma^2$，则对任意的 $\varepsilon>0$，有

$$P\left(\left|X-\mu\right|\geqslant\varepsilon\right)\leqslant\frac{\sigma^2}{\varepsilon^2}\text{或}P\left(\left|X-\mu\right|<\varepsilon\right)\geqslant 1-\frac{\sigma^2}{\varepsilon^2}\tag{5.5.1}$$

称式（5.5.1）为**切比雪夫**（P. L. Chebyshev，1821—1894，俄罗斯数学家）**不等式**。

切比雪夫不等式表明，只要知道了随机变量的数学期望和方差，就可以对 $X$ 的概率分布进行估计。若取 $\varepsilon=3\sigma$，则有

$$P\left(\left|X-\mu\right|\geqslant 3\sigma\right)\leqslant\frac{\sigma^2}{9\sigma^2}\approx 0.111\tag{5.5.2}$$

一般地，随机变量序列 $X_1,X_2,\cdots,X_n,\cdots$ 记为 $\{X_n\}$，简称**随机序列**。

**定义 5.5.1** 给定随机序列 $\{X_n\}$ 和随机变量 $X$（或常数 $a$），若对任意的 $\varepsilon>0$，有

$$\lim_{n\to\infty}P\left\{\left|X_n-X\right|<\varepsilon\right\}=1\text{（或}\lim_{n\to\infty}P\left\{\left|X_n-a\right|<\varepsilon\right\}=1\text{）}$$

则称随机序列 $\{X_n\}$ **依概率收敛**于 $X$（或常数 $a$）。

**定理 5.5.2** 设 $\{X_n\}$ 是两两独立的随机序列，且每一个随机变量都有数学期望和方差。若方差一致有上界，即存在 $c>0$，使得

$$D(X_i)\leqslant c\quad(i=1,2,\cdots,n,\cdots)$$

则对任意的 $\varepsilon>0$，有

$$\lim_{n\to\infty}P\left\{\left|\frac{1}{n}\sum_{i=1}^{n}X_i-\frac{1}{n}\sum_{i=1}^{n}E\left(X_i\right)\right|<\varepsilon\right\}=1\tag{5.5.3}$$

此定理称为**切比雪夫大数定律**。

**推论 5.5.1** 若随机序列 $\{X_n\}$ 独立同分布，且存在有限数学期望和方差

$$E(X_i)=\mu,\ D(X_i)=\sigma^2\neq 0\quad(i=1,2,\cdots,n,\cdots)$$

则对任意的$\varepsilon>0$，有

$$\lim_{n\to\infty} P\left\{\left|\overline{X}-\mu\right|<\varepsilon\right\}=1 \tag{5.5.4}$$

其中

$$\overline{X}=\frac{1}{n}\sum_{i=1}^{n}X_i$$

此推论称为**辛钦**（Aleksandr Yakovlevich Khinchin，1894—1959，苏联数学家）**大数定律**。式（5.5.4）表明：$\{\overline{X}\}$依概率收敛于常数$\mu$。

**定理 5.5.3** 设 $n_A$ 是 $n$ 次独立重复试验中事件 $A$ 发生的次数，$p$ 为事件 $A$ 在每次试验中发生的概率，则对任意的$\varepsilon>0$，有

$$\lim_{n\to\infty} P\left\{\left|\frac{n_A}{n}-p\right|<\varepsilon\right\}=1 \tag{5.5.5}$$

此定理称为**伯努利大数定律**。

伯努利大数定律表明：事件 $A$ 发生的频率 $n_A/n$ 依概率收敛于事件 $A$ 发生的概率。这正是用频率作为概率的估计值的理论依据。在实际应用中，通常做多次试验，获得某事件发生的频率，以此作为该事件发生的概率的估计值。

## 5.5.2 中心极限定理

在对大量随机现象的研究中发现，如果一个量受到大量相互独立的随机因素影响，而每一个因素在总影响中所起的作用较小，那么这种量通常都服从或近似服从正态分布。例如测量误差、炮弹的弹着点、人体的体重等都服从正态分布，这种现象就是中心极限定理的客观背景。

**定理 5.5.4** 设随机变量 $X_1,X_2,\cdots,X_n,\cdots$独立同分布，且存在有限数学期望和方差

$$E(X_i)=\mu,D(X_i)=\sigma^2\neq 0 \qquad (i=1,2,\cdots,n,\cdots)$$

记

$$Y_n=\sum_{i=1}^{n}X_i$$

则对任意实数 $x$，有

$$\lim_{n\to\infty} P\left\{\frac{Y_n-n\mu}{\sqrt{n}\sigma}\leqslant x\right\}\leqslant\int_{-\infty}^{x}\frac{1}{\sqrt{2\pi}}\mathrm{e}^{-t^2/2}\mathrm{d}t \tag{5.5.6}$$

此定理称为**独立同分布的中心极限定理**。

定理表明，当 $n$ 充分大时，随机变量

$$\frac{Y_n-n\mu}{\sqrt{n}\sigma}$$

近似地服从标准正态分布 $N(0,1)$，因此 $Y_n$ 近似地服从正态分布 $N(n\mu,n\sigma^2)$。由此可见，正态分布在概率论中占有重要的地位。

**定理 5.5.5** 设 $n_A$ 是 $n$ 次独立重复试验中事件 $A$ 发生的次数，$p$ 为事件 $A$ 在每次试验中

发生的概率，则对任意有限区间[$a$，$b$]，恒有

$$\lim_{n\to\infty} P\left\{a < \frac{n_A - np}{\sqrt{np(1-p)}} \leqslant b\right\} = \int_a^b \frac{1}{\sqrt{2\pi}} \mathrm{e}^{-t^2/2} \mathrm{d}t \tag{5.5.7}$$

此定理称为**德莫佛-拉普拉斯**（Abraham de Moivre，1667—1754，法国数学家；Pierre-Simon Laplace，1749—1827，法国数学家）**中心极限定理**。

# 5.6 统计量与参数的点估计

前面我们初步研究了随机事件和概率、随机变量及其分布、随机变量的数字特征等。在实际问题中，随机现象可以用随机变量来描述。要想比较全面地了解随机变量的规律性，就必须知道它的概率分布，或至少要知道它的一些数字特征，如数学期望、方差等。用什么方法才能确定这个随机变量的概率分布或数字特征呢？由于大量的随机试验必能呈现出随机现象的规律性，因此从理论上说，只要对随机现象进行足够次数的观察，它的规律性一定能清楚地呈现出来。但在实际问题中，我们只能对随机现象进行有限次的观察或试验，以取得有代表性的观察数据，再对这些数据进行分析，从而找出相应的随机变量的概率分布或数字特征，这些就是数理统计的研究内容。

本节主要介绍统计量的概念、参数的矩估计法和最大似然估计法等。

## 5.6.1 统计量的概念

### 1. 总体与样本

在数理统计中，我们把研究对象的全体称为总体，而把组成总体的每一对象称为个体。例如，当要研究某批灯泡的平均寿命（平均耐用时数）时，该批灯泡的全体就组成了总体，而其中每一个灯泡就是个体。

在实际问题中，我们主要关心的常常是研究对象的某个数量指标 $X$（如灯泡的平均寿命等），它是一个随机变量。因此，总体通常是指某个随机变量取值的全体，其中的每一个取值即实数都是一个个体。以后我们就把总体和数量指标 $X$ 可能取值的全体组成的集合等同起来。随机变量 $X$ 的分布就是总体的分布。

从一个总体 $X$ 中随机地抽取 $n$ 个个体 $x_1,x_2,\cdots,x_n$，其中每个 $x_i$ 是一次抽样观察的结果。我们称 $x_1,x_2,\cdots,x_n$ 为总体 $X$ 的一组样本观察值。对某一次抽样结果来说，它是完全确定的一组数。但由于抽样的随机性，因此它又是随每次抽样观察而改变的，这样每个 $x_i$ 都可以看作某一个随机变量 $X_i$（$i$=1,2,$\cdots$,$n$）所取的观察值。我们将 $X_1,X_2,\cdots,X_n$ 称为容量是 $n$ 的样本。$x_1,x_2,\cdots,x_n$ 就是样本 $X_1,X_2,\cdots,X_n$ 的一组观察值，称为样本值。

由于我们抽取样本的目的是对总体 $X$ 的某种特性进行估计、推断，因此要求抽取的样本具有独立性且与总体 $X$ 有相同的分布，这样的样本称为简单随机样本，获得简单随机样本的方法称为简单随机抽样。今后，如不做特殊声明，所提到的样本都是简单随机样本。

综上所述，我们给出以下的定义。

**定义 5.6.1** 设 $X$ 是具有分布函数 $F$ 的随机变量，若 $X_1,X_2,\cdots,X_n$ 是具有同一分布函数 $F$

的、相互独立的随机变量，则称 $X_1,X_2,\cdots,X_n$ 为从分布函数 $F$（或总体 $F$，或总体 $X$）得到的容量为 $n$ 的**简单随机样本**，简称**样本**，它们的观察值称为**样本值**，又称为 $X$ 的 $n$ 个独立的**观察值**。

也可以将样本看成一个随机向量，写成（$X_1,X_2,\cdots,X_n$），此时样本值相应地写成（$x_1,x_2,\cdots,x_n$）。若（$x_1,x_2,\cdots,x_n$）与（$y_1,y_2,\cdots,y_n$）都是对应样本（$X_1,X_2,\cdots,X_n$）的样本值，一般来说它们是不相同的。

由定义得：若 $X_1,X_2,\cdots,X_n$ 为 $F$ 的一个样本，则 $X_1,X_2,\cdots,X_n$ 相互独立，且它们的分布函数都是 $F$，所以（$X_1,X_2,\cdots,X_n$）的分布函数为

$$F^*\left(x_1,x_2,\cdots,x_n\right)=\prod_{i=1}^{n}F\left(x_i\right)$$

若 $X$ 具有概率密度 $f$，则（$X_1,X_2,\cdots,X_n$）的概率密度为

$$f^*\left(x_1,x_2,\cdots,x_n\right)=\prod_{i=1}^{n}f\left(x_i\right)$$

**2. 统计量**

在研究总体的性质时，除了用到样本外，还要针对不同的问题构造样本的适当函数，这种函数在数理统计学中称为统计量。

**定义 5.6.2**　设 $X_1,X_2,\cdots,X_n$ 为总体的一个样本，$g(x_1,x_2,\cdots,x_n)$为一个连续函数，若 $g$ 中不含未知参数，则称 $g(X_1,X_2,\cdots,X_n)$为一个**统计量**。

因为 $X_1,X_2,\cdots,X_n$ 都是随机变量，而统计量 $g(X_1,X_2,\cdots,X_n)$是随机变量的函数，所以统计量是一个随机变量。如果 $x_1,x_2,\cdots,x_n$ 是样本 $X_1,X_2,\cdots,X_n$ 的观察值，则 $g(x_1,x_2,\cdots,x_n)$是 $g(X_1,X_2,\cdots,X_n)$ 的观察值。

例如，若总体 $X\sim N(\mu,\sigma^2)$，其中 $\mu$、$\sigma^2$ 是已知参数，而 $X_1,X_2,\cdots,X_n$ 为来自 $X$ 的样本，则

$$\sum_{i=1}^{n}X_i,\ X_1^2+X_2^2,\ \sum_{i=1}^{n}\left(X_i-\mu\right)^2$$

等都是统计量。

下面列出几个常用的统计量。

设 $X_1,X_2,\cdots,X_n$ 为来自总体 $X$ 的一个样本，称

$$\bar{X}=\frac{1}{n}\sum_{i=1}^{n}X_i$$

为**样本均值**；

$$S^2=\frac{1}{n-1}\sum_{i=1}^{n}\left(X_i-\bar{X}\right)^2=\frac{1}{n-1}\left(\sum_{i=1}^{n}X_i^2-n\bar{X}^2\right)$$

为**样本方差**；

$$S=\sqrt{S^2}=\sqrt{\frac{1}{n-1}\sum_{i=1}^{n}\left(X_i-\bar{X}\right)^2}$$

为**样本标准差**；

$$A_k=\frac{1}{n}\sum_{i=1}^{n}X_i^k \qquad (k=1,2,\cdots)$$

为**样本 $k$ 阶矩**（或 **$k$ 阶原点矩**）；

$$B_k=\frac{1}{n}\sum_{i=1}^{n}\left(X_i-\bar{X}\right)^k \qquad (k=1,2,\cdots)$$

为**样本 $k$ 阶中心矩**。

显然，样本均值、样本方差、样本 $k$ 阶矩、样本 $k$ 阶中心矩都是随机变量。

如果 $x_1,x_2,\cdots,x_n$ 是样本 $X_1,X_2,\cdots,X_n$ 的观察值，则

$$\bar{x}=\frac{1}{n}\sum_{i=1}^{n}x_i$$

$$s^2=\frac{1}{n-1}\sum_{i=1}^{n}(x_i-\bar{x})^2=\frac{1}{n-1}\left(\sum_{i=1}^{n}x_i^2-n\bar{x}^2\right)$$

$$s=\sqrt{\frac{1}{n-1}\sum_{i=1}^{n}(x_i-\bar{x})^2}$$

$$a_k=\frac{1}{n}\sum_{i=1}^{n}x_i^k$$

$$b_k=\frac{1}{n}\sum_{i=1}^{n}(x_i-\bar{x})^k$$

分别是 $\bar{X}$ 、$S^2$、$S$、$A_k$、$B_k$ 的观察值。

可以证明，只要总体 $X$ 的 $k$ 阶矩 $E\left(X_k\right)\triangleq\mu_k$ 存在，则样本 $k$ 阶矩依概率收敛于总体的 $k$ 阶矩 $A_k$，即对任意的 $\varepsilon>0$，有

$$\lim_{n\to+\infty}P\{|A_k-\mu_k|<\varepsilon\}=1$$

进而有 $g(A_1,A_2,\cdots,A_k)$ 依概率收敛于 $g(\mu_1,\mu_2,\cdots,\mu_k)$，其中 $g$ 为连续函数。

### 5.6.2 统计量的分布

在数理统计中，统计量是对总体的分布或数字特征进行推断的基础。因此，求统计量的分布（常称为抽样分布）是数理统计的基本问题之一。当总体的分布函数已知时，抽样分布是确定的，然而要确定一个统计量的精确分布一般是困难的，但对于一些特殊情形，如正态总体，这个问题就有简单的解决方法。下面介绍来自正态总体的几个常用统计量的分布。

1. 正态总体样本的线性函数的分布

设总体 $X\sim N(\mu,\sigma^2)$，$X_1,X_2,\cdots,X_n$ 为来自总体 $X$ 的一个样本，则样本的线性函数

$$Y=a_1X_1+a_2X_2+\cdots+a_nX_n$$

也服从正态分布，且它的数学期望和方差分别为

$$EY=\mu\sum_{i=1}^{n}a_i,\ DY=\sigma^2\sum_{i=1}^{n}a_i^2$$

这里的 $a_1,a_2,\cdots,a_n$ 都是常数。

特别地，当 $a_i=1/n$，$i=1,2,\cdots,n$ 时，有以下的定理。

**定理 5.6.1** 设 $X_1,X_2,\cdots,X_n$ 是来自正态总体 $N(\mu,\sigma^2)$的样本，$\bar{X}$是样本均值，则有

$$\bar{X}\sim N\left(\mu,\frac{\sigma^2}{n}\right)$$

由此可见，$\bar{X}$ 的均值与总体 $X$ 的均值相等，而方差只等于总体方差的 $1/n$。也就是说，$n$ 越大，$\bar{X}$ 越向总体均值$\mu$集中。

2. $\chi^2$ 分布

设 $X_1, X_2,\cdots, X_m$ 相互独立，且都服从 $N(0,1)$，则随机变量

$$\chi^2=\sum_{i=1}^{n}X_i^2$$

的概率密度为

$$f(y)=\begin{cases}\dfrac{1}{2^{n/2}\Gamma(n/2)}y^{n/2-1}\mathrm{e}^{-y/2} & (y>0)\\ 0 & (y\leqslant 0)\end{cases}\qquad(5.6.1)$$

称$\chi^2$服从自由度为 $n$ 的 **$\chi^2$ 分布**，记作 $\chi^2\sim\chi^2(n)$。其中

$$\Gamma(p)=\int_0^{+\infty}\mathrm{e}^{-t}t^{p-1}\mathrm{d}t\quad(p>0)\qquad(5.6.2)$$

且有下列简单性质：

$$\Gamma(p+1)=p\Gamma(p),\ \Gamma(n+1)=n!\ (n\text{为正整数})$$

$$\Gamma(1)=\Gamma(2)=1,\ \Gamma(1/2)=\sqrt{\pi}$$

（1）$\chi^2$ 分布的可加性

设$\chi_1^2\sim\chi^2(n_1)$，$\chi_2^2\sim\chi^2(n_2)$，并且$\chi_1^2$、$\chi_2^2$ 相互独立，则有

$$\chi_1^2+\chi_2^2\sim\chi^2(n_1+n_2)$$

（2）$\chi^2$ 分布的数学期望和方差

若$\chi^2\sim\chi^2(n)$，则有 $E(\chi^2)=n$，$D(\chi^2)=2n$。

3. $t$分布

设 $X\sim N(0,1)$，$Y\sim\chi^2(n)$，且 $X$ 与 $Y$ 相互独立，则随机变量

$$T=\frac{X}{\sqrt{Y/n}}$$

的概率密度为

$$f(t)=\frac{\Gamma\left(\frac{n+1}{2}\right)}{\sqrt{n\pi}\Gamma\left(\frac{n}{2}\right)}\left(1+\frac{t^2}{n}\right)^{-\frac{n+1}{2}} \quad (-\infty<t<+\infty) \tag{5.6.3}$$

称 $T$ 服从自由度为 $n$ 的 $\boldsymbol{t}$ **分布**，记为 $T\sim t(n)$。

4. *F*分布

设 $X\sim\chi^2(n_1)$，$Y\sim\chi^2(n_2)$，且 $X$ 与 $Y$ 相互独立，则随机变量

$$F=\frac{X/n_1}{Y/n_2}$$

的概率密度为

$$f(u)=\begin{cases}\dfrac{\Gamma\left(\frac{n_1+n_2}{2}\right)}{\Gamma\left(\frac{n_1}{2}\right)\Gamma\left(\frac{n_2}{2}\right)}\dfrac{n_1}{n_2}\left(\dfrac{n_1}{n_2}u\right)^{\frac{n_1}{2}-1}\left(1+\dfrac{n_1}{n_2}u\right)^{-\frac{n_1+n_2}{2}} & (u>0)\\ 0 & (u\leqslant 0)\end{cases} \tag{5.6.4}$$

称 $F$ 服从自由度为$(n_1,n_2)$的 $\boldsymbol{F}$ **分布**，记作 $F\sim F(n_1,n_2)$。

由定义可知，若 $F\sim F(n_1,n_2)$，则 $1/F\sim F(n_2,n_1)$。

对正态总体 $N(\mu,\sigma^2)$的样本均值 $\bar{X}$ 和样本方差 $S^2$，有以下两个重要定理。

**定理 5.6.2** 设 $X_1,X_2,\cdots,X_n$ 是来自正态总体 $N(\mu,\sigma^2)$的样本，$\bar{X}$、$S^2$ 分别是样本均值和样本方差，则有

（1）$\dfrac{(n-1)S^2}{\sigma^2}\sim\chi^2(n-1)$；

（2）$\bar{X}$ 与 $S^2$ 相互独立。

**定理 5.6.3** 设 $X_1,X_2,\cdots,X_n$ 是来自正态总体 $N(\mu,\sigma^2)$的样本，$\bar{X}$、$S^2$ 分别是样本均值和样本方差，则有

$$\frac{\bar{X}-\mu}{S/\sqrt{n}}\sim t(n-1)$$

在研究总体的性质时，如果知道总体的分布，则是再好不过了。然而，在许多情况下，对总体的情况知道甚少或只知道部分信息。在这里，假定总体 $X$ 的分布的形式已经知道，未知的仅是其中的一个或几个参数，一旦这些参数确定后，总体 $X$ 的分布就完全确定了。为了寻求这些参数的值，很自然会想到用总体 $X$ 的样本值 $x_1,x_2,\cdots,x_n$ 来估计参数的值，这就是参数的点估计问题（设总体 $X$ 的分布函数的形式已知，但它的一个或多个参数未知，借助于总体 $X$ 的一个样本来估计总体未知参数的值的问题称为参数的**点估计问题**）。下面介绍参数点估计的两种方法。

## 5.6.3 参数的矩估计法

设 $X$ 为连续型随机变量，其概率密度为 $f(x;\theta_1,\theta_2,\cdots,\theta_k)$，或 $X$ 为离散型随机变量，其分布律为 $P(X=x)=p(x;\theta_1,\theta_2,\cdots,\theta_k)$，其中 $\theta_1,\theta_2,\cdots,\theta_k$ 为待估参数，$X_1,X_2,\cdots,X_n$ 是来自 $X$ 的样本。

假设总体 $X$ 的前 $k$ 阶矩

$$\mu_l = E\left(X^l\right) = \int_{-\infty}^{+\infty} x^l f\left(x;\theta_1,\theta_2,\cdots,\theta_k\right)\mathrm{d}x \quad (X\text{为连续型随机变量})$$

或

$$\mu_l = E\left(X^l\right) = \sum_{x\in R_X} x^l p\left(x;\theta_1,\theta_2,\cdots,\theta_k\right) (X\text{为离散型随机变量})$$

存在，其中 $R_X$ 是 $X$ 可能取值的范围，$l=1,2,\cdots,k$。一般来说，它们是 $\theta_1,\theta_2,\cdots,\theta_k$ 的函数。基于样本矩

$$A_l = \frac{1}{n}\sum_{i=1}^{n} X_i^l$$

依概率收敛于相应的总体矩 $\mu_l$（$l=1,2,\cdots,k$），我们用样本矩作为相应的总体矩的估计量，而以样本矩的连续函数作为相应的总体矩的连续函数的估计量。这种估计方法称为**矩估计法**。

矩估计法的具体做法如下。

设

$$\begin{cases} \mu_1 = \mu_1\left(\theta_1,\theta_2,\cdots,\theta_k\right) \\ \mu_2 = \mu_2\left(\theta_1,\theta_2,\cdots,\theta_k\right) \\ \vdots \\ \mu_k = \mu_k\left(\theta_1,\theta_2,\cdots,\theta_k\right) \end{cases} \tag{5.6.5}$$

这是一个包含 $k$ 个未知参数 $\theta_1,\theta_2,\cdots,\theta_k$ 的联立方程组。一般来说，可以从中解出 $\theta_1,\theta_2,\cdots,\theta_k$，得到

$$\begin{cases} \theta_1 = \theta_1\left(\mu_1,\mu_2,\cdots,\mu_k\right) \\ \theta_2 = \theta_2\left(\mu_1,\mu_2,\cdots,\mu_k\right) \\ \vdots \\ \theta_k = \theta_k\left(\mu_1,\mu_2,\cdots,\mu_k\right) \end{cases} \tag{5.6.6}$$

以 $A_i$ 分别代替上式中的 $\mu_i$（$i=1,2,\cdots,k$），就以

$$\hat{\theta}_i = \theta_i\left(A_1,A_2,\cdots,A_k\right) \quad (i=1,2,\cdots,k) \tag{5.6.7}$$

分别作为 $\theta_i$（$i=1,2,\cdots,k$）的估计量，这种估计量称为**矩估计量**。矩估计量的观察值称为**矩估计值**。

### 5.6.4 参数的最大似然估计法

最大似然估计，是在“模型已定，参数 $\theta$ 未知”的情况下，通过观测数据估计未知参数 $\theta$ 的一种思想或方法。其基本思想是：给定样本取值后，该样本最有可能来自参数 $\theta$ 为何值的总体。即：寻找 $\hat{\theta}$ 使得观测到样本数据的概率最大。

若总体 $X$ 是离散型随机变量，其分布律 $P(X=x)=p(x;\theta)$，$\theta\in\Theta$ 的形式已知，$\theta$ 为待估参数，$\Theta$ 是 $\theta$ 可能取值的范围。设 $X_1,X_2,\cdots,X_n$ 是来自 $X$ 的样本，则 $X_1,X_2,\cdots,X_n$ 的联合分布律为

$$\prod_{i=1}^{n} p(x_i;\theta)$$

又设 $x_1,x_2,\cdots,x_n$ 是对应样本 $X_1,X_2,\cdots,X_n$ 的一个样本值。易知样本 $X_1,X_2,\cdots,X_n$ 取到观察值 $x_1,x_2,\cdots,x_n$ 的概率，亦即事件$\{X_1=x_1,X_2=x_2,\cdots,X_n=x_n\}$发生的概率为

$$L(\theta)=L(x_1,x_2,\cdots,x_n;\theta)=\prod_{i=1}^{n} p(x_i;\theta) \qquad (\theta\in\Theta) \tag{5.6.8}$$

这一概率随$\theta$ 的取值而变化，它是$\theta$ 的函数，$L(\theta)$称为样本的**似然函数**（注意，这里是已知的样本值，它们都是常数。）

由费希尔（R.A.Fisher，1890—1962，英国统计学家）引进的**最大似然估计法**，就是固定原本观察值 $x_1,x_2,\cdots,x_n$，在$\theta$ 取值的可能范围$\Theta$ 内挑选使似然函数 $L(x_1,x_2,\cdots,x_n;\theta)$达到最大的参数$\hat{\theta}$，作为参数$\theta$的估计值。即取$\hat{\theta}$使

$$L(x_1,x_2,\cdots,x_n;\hat{\theta})=\max_{\theta\in\Theta} L(x_1,x_2,\cdots,x_n;\theta) \tag{5.6.9}$$

这样得到的$\hat{\theta}$与样本值 $x_1,x_2,\cdots,x_n$ 有关，常记为$\hat{\theta}(x_1,x_2,\cdots,x_n)$，称为参数$\theta$ 的**最大似然估计值**，而相应的统计量$\hat{\theta}(X_1,X_2,\cdots,X_n)$称为参数$\theta$的**最大似然估计量**。

若总体 $X$ 是连续型随机变量，其概率密度 $f(x;\theta)$，$\theta\in\Theta$ 的形式已知，$\theta$ 为待估参数，$\Theta$ 是$\theta$ 可能取值的范围。设 $X_1,X_2,\cdots,X_n$ 是来自 $X$ 的样本，则 $X_1,X_2,\cdots,X_n$ 的联合密度为

$$\prod_{i=1}^{n} f(x_i;\theta)$$

设 $x_1,x_2,\cdots,x_n$ 是对应样本 $X_1,X_2,\cdots,X_n$ 的一个样本值，则随机点$(X_1,X_2,\cdots,X_n)$落在点$(x_1,x_2,\cdots,x_n)$的邻域（边长分别为 $dx_1,dx_2,\cdots,dx_n$ 的 $n$ 维立方体）内的概率近似为

$$\prod_{i=1}^{n} f(x_i;\theta)dx_i \tag{5.6.10}$$

其值随$\theta$的取值而变化。与离散型随机变量的情况一样，我们取$\theta$ 的估计值$\hat{\theta}$使概率（5.6.10）达到最大值，但因子$\prod_{i=1}^{n} dx_i$ 不随$\theta$ 而变，故只需考虑函数

$$L(\theta)=L(x_1,x_2,\cdots,x_n;\theta)=\prod_{i=1}^{n} f(x_i;\theta) \tag{5.6.11}$$

的最大值。这里 $L(\theta)$称为样本的**似然函数**。若

$$L(x_1,x_2,\cdots,x_n;\hat{\theta})=\max_{\theta\in\Theta} L(x_1,x_2,\cdots,x_n;\theta) \tag{5.6.12}$$

则称$\hat{\theta}(x_1,x_2,\cdots,x_n)$为参数$\theta$的**最大似然估计值**，称$\hat{\theta}(X_1,X_2,\cdots,X_n)$为$\theta$的**最大似然估计量**。

这样，确定最大似然估计量的问题就归结为微分学中的求最大值的问题了。

在很多情况下，$p(x;\theta)$和$f(x;\theta)$关于$\theta$可微，这时$\hat{\theta}$常可从方程

$$\frac{\mathrm{d}}{\mathrm{d}\theta}L(\theta)=0 \tag{5.6.13}$$

求得。又因 $L(\theta)$与 $\ln L(\theta)$在同一$\theta$处取得极值，因此，$\theta$ 的最大似然估计$\hat{\theta}$也可从方程

$$\frac{\mathrm{d}}{\mathrm{d}\theta}\ln L(\theta)=0 \tag{5.6.14}$$

求得，而从后一个方程求解往往比较方便。式（5.6.14）称为**对数似然方程**。

如果 $\ln L(\theta)$不存在极值点，比如 $\ln L(\theta)$是$\theta$ 的线性函数，就只有直接求似然函数 $L(\theta)$的极大值。

最大似然估计法也适用于分布中含多个未知参数$\theta_1,\theta_2,\cdots,\theta_k$的情况，这时，似然函数 $L$ 是这些未知参数的函数。分别令

$$\frac{\partial}{\partial\theta_i}L=0 \qquad (i=1,2,\cdots,k) \tag{5.6.15}$$

或令

$$\frac{\partial}{\partial\theta_i}\ln L=0 \qquad (i=1,2,\cdots,k) \tag{5.6.16}$$

解上述由 $k$ 个方程组成的方程组，即可得到各未知参数$\theta_i$的最大似然估计值$\hat{\theta}_i$（$i=1,2,\cdots,k$）。式（5.6.16）称为**对数似然方程组**。

此外，最大似然估计具有下述性质。

设$\theta$的函数 $u=u(\theta)$，$\theta\in\Theta$具有单值反函数$\theta=\theta(u)$，$u\in\mathcal{U}$。又假设$\hat{\theta}$是 $X$的概率分布中参数$\theta$的最大似然估计，则$\hat{u}=u(\hat{\theta})$是 $u(\theta)$的最大似然估计。

这一性质称为**最大似然估计的不变性**。

当总体分布中含有多个未知参数时，也具有上述性质。例如，对于总体 $X\sim N(\mu,\sigma^2)$，已求得$\sigma^2$的最大似然估计为

$$\widehat{\sigma^2}=\frac{1}{n}\sum_{i=1}^{n}\left(x_i-\overline{x}\right)^2$$

函数$u=u\left(\sigma^2\right)=\sqrt{\sigma^2}$ 有单值反函数$\sigma^2=u^2$（$u\geqslant 0$），根据上述性质，得到标准差$\sigma$的最大似然估计为

$$\hat{\sigma}=\sqrt{\widehat{\sigma^2}}=\sqrt{\frac{1}{n}\sum_{i=1}^{n}\left(X_i-\overline{X}\right)^2}$$

**注意：**对数似然方程（5.6.14）或对数似然方程组（5.6.16）除了一些简单的情况外，往往没有有限函数形式的解，这就需要用数值方法求近似解。常用的算法是牛顿算法，对于对数似然方程组（5.6.16）有时也用拟牛顿算法，它们都是迭代算法，这些算法将在 9.3 节中进

行介绍。

在机器学习中也会经常见到最大似然的影子。比如 Logistic 回归（Logistic Regression，LR）算法，其核心就是构造对数损失函数后运用最大似然估计。

最大似然估计也是统计学习中经验风险最小化的例子。如果模型为条件概率分布，损失函数定义为对数损失函数，经验风险最小化就等价于最大似然估计。

### 5.6.5 估计量的评选标准

对于同一参数，用不同的估计方法求出的估计量可能不相同，原则上任何统计量都可以作为未知参数的估计量。但如何选取一个好的估计量呢，下面介绍几个常用的评价估计量的标准。

1. 无偏性

估计量是随机变量，对于不同的样本值会得到不同的估计值，我们希望估计值在未知参数真值附近浮动，而它的期望值等于未知参数的真值，这就导致了无偏性这个标准。

**定义 5.6.3** 若估计量 $\hat{\theta}-\hat{\theta}(X_1, X_2, \cdots, X_n)$ 的数学期望 $E(\hat{\theta})$ 存在，且对任意的 $\theta\in\Theta$ 有 $E(\hat{\theta})=\theta$，则称 $\hat{\theta}$ 是 $\theta$ 的无偏估计。

在科学技术中称 $E(\hat{\theta})-\theta$ 为以 $\hat{\theta}$ 作为 $\theta$ 的估计的**系统误差**，无偏估计意味着无系统误差。

2. 有效性

一个参数的无偏估计往往不止一个，在样本容量相同的情况下，我们要尽可能接近被估计的参数，这就提出了有效性这个标准。

**定义 5.6.4** 设 $\hat{\theta}_1=\hat{\theta}_1\left(X_1,X_2,\cdots,X_n\right)$ 与 $\hat{\theta}_2=\hat{\theta}_2\left(X_1,X_2,\cdots,X_n\right)$ 都是 $\theta$ 的无偏估计量，若有

$$D\left(\hat{\theta}_1\right)<D\left(\hat{\theta}_2\right)$$

则称 $\hat{\theta}_1$ 较 $\hat{\theta}_2$ 有效。

3. 一致性

前面我们从估计量的取值的系统偏差性和稳定性，提出了无偏性和有效性这两个标准。估计量作为样本的函数，是与样本容量 $n$ 相关的。一个好的估计量，随着样本容量的增加应越来越接近于被估参数的真值，这样对估计量又有了一致性的要求。

**定义 5.6.5** 设 $\hat{\theta}\left(X_1,X_2,\cdots,X_n\right)$ 为参数 $\theta$ 的估计量，若对任意的 $\theta\in\Theta$，当 $n\to\infty$ 时 $\hat{\theta}\left(X_1,X_2,\cdots X_n,\right)$ 依概率收敛于 $\theta$，则称 $\hat{\theta}$ 为 $\theta$ 的一致估计量。

显然，样本 $k$（$k\geqslant1$）阶矩是总体 $X$ 的 $k$ 阶矩 $\mu_k=E(X^k)$ 的一致估计量。进而若待估参数 $\theta=g(\mu_1,\mu_2,\cdots,\mu_k)$，其中 $g$ 为连续函数，则 $\theta$ 的矩估计量

$$\hat{\theta}=g\left(\hat{\mu}_1,\hat{\mu}_2,\cdots,\hat{\mu}_k\right)=g\left(A_1,A_2,\cdots,A_k\right)$$

是$\theta$的一致估计量。

由最大似然估计法得到的估计量，在一定条件下也具有一致性。

**注意：**一致估计量要在样本容量很大时才能体现出其优越性，这在很多实际工程问题中是不容易做到的。但一个估计量若不具有一致性，则尽管样本容量很大，也不能保证其估计的精确性，这样的估计是不可取的。

# 5.7 应用实例

## 5.7.1 问题与背景

假设要建立一个分类器，说明文本“a very close game”是否涉及体育运动。训练集有 5 句话（英文文本），如表 5.7.1 所示。

表 5.7.1

| text<br>（文本） | category<br>（分类） |
|---|---|
| a great game<br>（一个伟大的比赛） | sports<br>（体育运动） |
| the election was over<br>（选举结束） | not sports<br>（不是体育运动） |
| very clean match<br>（没内幕的比赛） | sports<br>（体育运动） |
| a clean but forgettable game<br>（一场没内幕且难以忘记的比赛） | sports<br>（体育运动） |
| it was a close election<br>（这是一场势均力敌的选举） | not sports<br>（不是体育运动） |

利用朴素贝叶斯概率分类器，将问题转化为计算文本“a very close game”是体育运动的概率，以及它不是体育运动的概率，即计算

$$P(sports \mid a\ very\ close\ game)，P(not\ sports \mid a\ very\ close\ game)$$

## 5.7.2 模型与求解

贝叶斯公式对条件概率的求解非常有用，因为它提供了一种逆转条件概率的方法：

$$P\left(A|B\right)=\frac{P\left(AB\right)}{P\left(B\right)}=\frac{P\left(B|A\right)\times P\left(A\right)}{P\left(B\right)}\qquad (P\left(B\right)\neq 0)$$

假定 $P(a\ very\ close\ game)\neq 0$，利用贝叶斯公式可得：

$$P(sports|a\ very\ close\ game)=\frac{P(a\ very\ close\ game|sports)\times P(sports)}{P(a\ very\ close\ game)}$$

$$P(not\ sports\mid a\ very\ close\ game)=\frac{P(a\ very\ close\ game|not\ sports)\times P(not\ sports)}{P(a\ very\ close\ game)}$$

对于分类器，只是试图找出哪个类别有更大的概率，所以可以舍弃除数，只比较下面两个式子的大小：

$$P(a\ very\ close\ game|sports)\times P(sports)$$
$$P(a\ very\ close\ game|not\ sports)\times P(not\ sports)$$

为计算 $P(a\ very\ close\ game\mid sports)$，只要计算文本“a very close game”出现在“sports”的训练集中的次数，再将其除以总数即可。但是训练集中并没有出现“a very close game”，所以这个概率是 0。除非我们要分类的每个句子都出现在训练集中，否则模型不会很有用。

假设一个文本中的单词之间相互独立，即每个单词都与其他单词无关，则

$$P(a\ very\ close\ game|sports)$$
$$=P(a\mid sports)\times P(very\mid sports)\times P(close\mid sports)\times P(game\mid sports)$$

计算概率的过程其实只是在训练集中计数的过程。

首先，我们计算每个类别的先验概率：

$$P(sports)=3/5，P(not\ sports)=2/5$$

然后，再计算 $P(a\mid sports),\cdots,P(game\mid sports)$和 $P(a\mid not\ sports),\cdots,P(game\mid not\ sports)$。

比如计算 $P(game\mid sports)$，就是对应类别为“sports”的 3 个文本（共 11 个单词）中“game”出现的次数，然后除以 11，即

$$P(game\mid sports)=2/11$$

但是 $P(close\mid sports)=0$，将导致 $P(a\ very\ close\ game\mid sports)=0$，从而得不到任何信息。

为解决此问题，可以采用一种称为拉普拉斯（Pierre-Simon Laplace，1749—1827，法国数学家）平滑的方法，即为每个单词的计数添加 1（保证不会为 0），将可能的词数加到除数（保证比值不会大于 1）。在我们的案例中，可能的词是“a”“great”“very”“over”“it”“but”“game”“election”“close”“clean”“the”“was”“forgettable”“match”。

由于可能的单词数是 14，应用拉普拉斯平滑方法计算结果如表 5.7.2 所示。

表 5.7.2

| *word* | $P(word\mid sports)$ | $P(word\mid not\ sports)$ |
|---|---|---|
| a | (2 + 1)/(11 + 14) = 3/25 | (1 + 1)/(9 + 14) = 2/23 |
| very | (1 + 1)/(11 + 14) = 2/25 | (0 + 1)/(9 + 14) = 1/23 |
| close | (0 + 1)/(11 + 14) = 1/25 | (1 + 1)/(9 + 14) = 2/23 |
| game | (2 + 1)/(11 + 14) = 3/25 | (0 + 1)/(9 + 14) = 1/23 |

计算可得

$$P(a|sports)\times P(very|sports)\times P(close|sports)\times P(game|sports)\times P(sports)$$

$$= 4.61 \times 10^{-5},$$

$$P(a|not\ sports) \times P(very|not\ sports) \times P(close|not\ sports) \times P(game|not\ sports) \times P(sports)$$
$$= 1.43 \times 10^{-5}$$

分类器给出了“a very close game”是“sport”类。

### 5.7.3　Python 实现

具体代码如下：

```
from numpy import *
import numpy as np

#这个函数用来统计得到一个总体单词向量，即所有的文本一共有多少个不同的单词
#由这些不同的单词组成一个单词向量，向量可以理解为列表
#dataSet：训练数据集
def createVocabList(dataSet):
    #使用 Python 内置 set()函数创建一个空的集合，用来保存数据集的单词向量，集合里面的元素都是独一无二的
    vocabSet = set([])
    #使用 for 循环逐行地读取数据集
    for document in dataSet:
        #set(document) ：将当前这一行数据去重，得到这行数据的单词向量
        #然后通过集合的或运算（和数学的集合或运算一样），把当前行的单词向量保存到集合 vocabSet 中
        #在保存到集合 vocabSet 前，都要把当前的集合 vocabSet 与当前的行的单词向量 set(document)做集合的或
运算处理
        #目的是保证每次最后保存到集合 vocabSet 中的单词都是独一无二的
        vocabSet = vocabSet | set(document)
    #最后将集合 vocabSet 变为列表类型的数据返回
    return list(vocabSet)

#这个函数用来获取训练数据集和标签
def loadDataSet():
    postingList=[['a','great','game'],
                 ['the','election','was','over'],
                 ['very','clean','match'],
                 ['a','clean','but','forgettable','game'],
                 ['it','was','a','close','election']]
    classVec = [1,0,1,1,0]
    return postingList,classVec

dataSet,labels = loadDataSet()

#验证数据集规模和数据集标签
print('训练数据集规模：')
print(np.shape(dataSet))
print('输出训练数据集：')
print(dataSet)
print('输出训练数据集标签：')
print(labels)

#这个函数的作用是将原来文本的一条记录，转变为与单词向量一样长度的、只有 0 和 1 两种值的一条数据记录
#vocabList：原数据集单词向量
#inputSet：数据集的一条文本记录
def setOfWords2Vec(vocabList,inputSet):
    #生成一个长度与单词向量一样的列表，里面的元素默认都是 0
    returnVec = [0]*len(vocabList)
```

```
        #逐个地把每条记录的单词读出来
        for word in inputSet:
            #判断这个单词在单词向量中是否存在
            if word in vocabList:
                #如果这个单词存在单词向量中，就获取这个单词所在单词向量的位置索引 vocabList.index(word)
                #然后根据这个索引，把 returnVec 的对应位置索引的值修改为 1
                returnVec[vocabList.index(word)] = 1
            else:
                #如果这个单词不存在单词向量中，输出一条提示的信息，说明该单词不在单词向量中（向量和列表
是一样的）
                print("the word: %s is not in my Vocabulary!" % word)
        #将这条转换得到的数据返回
        return returnVec

    #这个函数的作用是获取原数据集类别的概率和数据集每种类别对应的特征的概率
    #trainMatrix：转换后的数据集
    #trainCategory：数据集的标签
    def trainNB0(trainMatrix,trainCategory):
        #取得数据集行数
        numTrainDocs = len(trainMatrix)
        #取得数据集列数
        numWords = len(trainMatrix[0])
        #计算标签列为 1 的概率
        pAbusive = sum(trainCategory)/float(numTrainDocs)
        #生成一个变量用来保存属于 0 这个类别的记录的所有特征对应位置累加的结果，现在默认里面的数值都是 1
        p0Num = np.ones(numWords)
        #生成一个变量用来保存属于 1 这个类别的记录的所有特征对应位置累加的结果，现在默认里面的数值都是 1
        p1Num = np.ones(numWords)
        #定义一个变量用来保存属于 0 这个类别的所有记录的所有元素的累加和，默认初始值是 2
        p0Denom = 2.0
        #定义一个变量用来保存属于 1 这个类别的所有记录的所有元素的累加和，默认初始值是 2
        p1Denom = 2.0
        #使用 for 循环按行读取转换后的数据集
        for i in range(numTrainDocs):
            #如果当前行的数据记录是属于 1 这个类别的
            if trainCategory[i] == 1:
                #就把这一条数据记录中的各个元素对应累加到 p1Num 中
                p1Num += trainMatrix[i]
                #把这条数据记录中的所有元素都累加到 p1Denom 中
                p1Denom += sum(trainMatrix[i])
            else:
                #如果当前行的数据记录是属于 0 这个类别的
                #就把这一条数据记录中的各个元素对应累加到 p0Num 中
                p0Num += trainMatrix[i]
                #把这条数据记录中的所有元素都累加到 p0Denom 中
                p0Denom += sum(trainMatrix[i])
        #求得 1 这个类别对应各个特征的概率 p1Num/p1Denom，并且对这个概率取对数，使得每个特征属性对应值的
绝对值不那么小
        p1Vect = np.log(p1Num/p1Denom)
        #求得 0 这个类别对应各个特征的概率 p0Num/p0Denom，并且对这个概率取对数，使得每个特征属性对应值的
绝对值不那么小
        p0Vect = np.log(p0Num/p0Denom)
        #p0Vect：0 这个类别对应每个特征属性的概率取值（使用 log 函数处理了一下）
        #p1Vect：1 这个类别对应每个特征属性的概率取值（使用 log 函数处理了一下）
        #pAbusive：标签列为 1 的概率
```

```
    return p0Vect,p1Vect,pAbusive

#vec2Classify：未知标签的数据记录
#p0Vec：0 标签对应 32 个属性的概率
#p1Vec：1 标签对应 32 个属性的概率
#pClass1：1 标签所占的概率
def classifyNB(vec2Classify,p0Vec,p1Vec,pClass1):
    #vec2Classify* p1Vec：将这个未知标签的记录中每个元素对应乘以一个概率
    #然后再使用 sum()函数求所有乘积的累加和 sum(vec2Classify * p1Vec)
    #之后再加上原数据集 1 这个类别标签概率的对数
    #最后得到的 p1 是：这条 vec2Classify 未知标签数据记录属于 1 这个类别的概率的大小
    p1 = sum(vec2Classify * p1Vec) + np.log(pClass1)
    #vec2Classify* p0Vec：将这个未知标签的记录中每个元素对应乘以一个概率
    #然后再使用 sum()函数求所有乘积的累加和 sum(vec2Classify * p0Vec)
    #之后再加上原数据集 0 这个类别标签概率的对数
    #最后得到的 p0 是：这条 vec2Classify 未知标签数据记录属于 0 这个类别的概率的大小
    p0 = sum(vec2Classify * p0Vec) + np.log(1.0 - pClass1)
    #如果 p1>p0
    if p1 > p0:
        #那么返回这个未知标签的记录的预测标签是 1
        return 1
    else:
        #否则预测标签就是 0
        return 0

#这个函数是用来测试算法的
def testingNB():
    #加载上面的训练数据集，对应的标签列
    listOPosts,listClasses = loadDataSet()
    #根据训练数据集得到数据集的单词向量，里面的每个单词都是独一无二的
    myVocabList = createVocabList(listOPosts)
    #定义一个列表，用来保存将原数据集转换之后的数据记录，然后把这个列表数据集当成训练数据集
    trainMat=[]
    #使用 for 循环逐行地读取原数据集
    for postinDoc in listOPosts:
        #setOfWords2Vec(myVocabList,postinDoc：根据单词向量把当前这条原记录变成另一种数据记录形式
        #然后把这条转换得到的数据集记录保存到 trainMat 中
        trainMat.append(setOfWords2Vec(myVocabList,postinDoc))
    #np.array(trainMat)：将数据集的数据集类型变成数组类型
    #np.array(listClasses)：将数据集的标签类型变成数组类型
    #调用 trainNB0()函数获取新的训练数据集
    #0 这个类别对应每个特征属性的概率取值 p0V（使用 log 函数处理了一下）
    #1 这个类别对应每个特征属性的概率取值 p1V（使用 log 函数处理了一下）
    #标签列为 1 的概率 pAb
    p0V,p1V,pAb = trainNB0(np.array(trainMat),np.array(listClasses))
    #testEntry：一条未知标签的原文本数据
    testEntry = ['a','very','close','game']
    #调用 setOfWords2Vec()函数根据单词列表来对这条测试文本数据的数据形式进行转化
    #最后把得到的这个数据记录再转变成数组类型的数据记录
    thisDoc = np.array(setOfWords2Vec(myVocabList,testEntry))
    #调用 classifyNB()函数来获取该测试数据记录的标签
    #并且输出这条记录数据的最后预测标签类别
    print(testEntry,'classified as: ',classifyNB(thisDoc,p0V,p1V,pAb))
    #这是第二条文本测试记录
```

```
        testEntry = ['a','very','close','election']
        #调用 setOfWords2Vec()函数根据单词列表来对这条测试文本数据的数据形式进行转化
        #最后把得到的这个数据记录再转变成数组类型的数据记录
        thisDoc = np.array(setOfWords2Vec(myVocabList,testEntry))
        #调用 classifyNB()函数来获取该测试数据记录的标签
        #并且输出这条记录数据的最后预测标签类别
        print(testEntry,'classified as: ',classifyNB(thisDoc,p0V,p1V,pAb))

    #调用 testingNB()这个函数，开始测试性预测
    testingNB()
```

运行结果如下：

```
训练数据集规模：
(5,)
输出训练数据集：
[['a','great','game'],['the','election','was','over'],['very','clean','match'],['a','clean','but','forgettable','game'],['it','was','a','close','election']]
输出训练数据集标签：
[1,0,1,1,0]
['a','very','close','game'] classified as:   1
['a','very','close','election'] classified as:   0
```

## 习题 5

求解下列问题。

1. 某机构有一个 9 人组成的顾问小组，若每个顾问贡献正确意见的概率都是 0.7，现在该机构就某事可行与否个别征求每个顾问的意见，并按多数人意见作出决策，求作出正确决策的概率。

2. 一民航送客车载有 20 位旅客自机场开出，沿途有 10 个车站可以下车，到达一个车站时如果没有旅客下车就不停车。假设每位旅客在各车站下车是等可能的，且各旅客是否下车相互独立，求该车停车次数的数学期望。

3. 在一家保险公司里有 10000 人投保，每人每年付 12 元保险费。在一年内一个人死亡的概率为 0.006，死亡时其家属可向保险公司申领 1000 元。问：

（1）保险公司亏本的概率是多少？

（2）保险公司一年的利润不少于 50000 元的概率是多少？

4. 设抽样得到 100 个观测值如下：

| 观测值 $x_i$ | 15.2 | 24.2 | 14.5 | 17.4 | 13.2 | 20.8 |
|---|---|---|---|---|---|---|
| 频数 $n_i$ | 17.9 | 19.1 | 21.0 | 18.5 | 16.4 | 22.6 |

计算样本均值、样本方差和样本二阶中心矩。

# 第 6 章 随机过程

在许多实际问题中，我们不仅需要对随机现象做一次观察，而且需要做多次，甚至需要接连不断地观察它的演变过程，这种需要促进了随机过程理论的诞生。一般来说，**随机过程**是研究随机现象演变过程统计规律性的理论，是概率论的一个重要分支。随机过程产生于 20 世纪初期，它被认为是概率论的"动力学"部分，目前在许多现代科学技术领域中用来建立数学模型。

本章简要介绍随机过程的概念，随机过程的统计描述，以及几个重要的随机过程，即泊松过程、维纳过程和马尔可夫过程等。

## 6.1 随机过程的概念

### 6.1.1 随机过程的定义

随机过程的研究对象是随时间演变的随机现象。对于这些随机现象，人们已不能用随机变量和多维随机变量来合理地表达，而需要用一族（无限多个）随机变量来描述。例如：

（1）某人抛掷一枚硬币，无限制地重复抛掷，记出现正面为 0，反面为 1，$X_n=\{$第 $n$ 次抛掷的结果$\},n=1,2,\cdots$。当 $n$ 确定时，$X_n$ 为一个随机变量。但当 $n$ 变动时，$X_n$ 不再是一个或几个随机变量，而是一族随机变量$\{X_1,X_2,\cdots,X_n,\cdots\}$。

（2）以 $X(t)$表示某手机在时间区间$[0,t)$内接到的呼叫次数，则对每一确定的 $t\in(0,+\infty)$，$X(t)$是一个随机变量。但是当 $t$ 变动时，$X(t)$是一族随机变量。

下面给出随机过程的数学定义。

**定义 6.1.1** 设 $T$ 是实数集 $\mathbf{R}$ 的一个无限子集，如果对每一个 $t\in T$，$X(t)$是一个随机变量，则称随机变量族$\{X(t),t\in T\}$为**随机过程**，简称**过程**，称 $T$ 为**参数集**。常把 $t$ 看作时间，称 $X(t)$为时刻 $t$ 时过程的**状态**，而称 $X(t_0)=x$ 为时刻 $t=t_0$ 时**过程处于状态** $\boldsymbol{x}$。对于一切 $t\in T$，所有过程构成的集合称为过程的**状态空间**。

对随机过程$\{X(t),t\in T\}$进行一次试验（即在 $T$ 上进行一次全程观测），其结果是 $t$ 的函数，

记为 $x(t)$，$t \in T$，称它为随机过程的一个**样本函数**或**样本曲线**。所有不同的试验结果构成一族（可以只包含有限个结果）样本函数。

**注意：**（1）随机过程$\{X(t), t \in T\}$可以看作自变量是 $t$，因变量是随机变量的函数，所以随机过程也称为**随机函数**。

（2）在随机过程$\{X(t), t \in T\}$中，如果随机变量 $X(t)$是随机向量，则称该随机过程为**向量随机过程**或**多维随机过程**。

（3）参数 $t$ 虽然通常解释为时间，但它也可以表示其他的量。

（4）随机过程可以看作多维随机变量的延伸。随机过程与样本函数的关系类似于数理统计中总体与样本的关系。

**【例 6.1.1】**在测量运动目标的距离时存在随机误差，若以 $X(t)$表示在时刻 $t$ 的测量误差，则它是一个随机变量。当目标随时刻 $t$ 按一定规律运动时，测量误差 $X(t)$也随时刻 $t$ 而变化，因此$\{X(t), t \geqslant 0\}$是一个随机过程，其状态空间是$(-\infty, +\infty)$。

**【例 6.1.2】**考虑抛掷一枚骰子的试验。（1）设 $X_n$ 是第 $n$ 次（$n \geqslant 1$）抛掷的点数，对于 $n = 1,2,\cdots$的不同值，$X_n$ 是不同的随机变量，服从相同的分布，$P(X_n = i) = 1/6$，$i = 1,2,\cdots,6$，因而$\{X_n, n \geqslant 1\}$构成一个随机过程，称为**伯努利过程**或**伯努利随机序列**。（2）设 $Y_n$ 是前 $n$ 次抛掷中出现的最大点数，$\{Y_n, n \geqslant 1\}$也是一个随机过程。它们的状态空间都是$\{1,2,3,4,5,6\}$。

**【例 6.1.3】**设

$$X(t) = a\cos(\omega t + \Theta) \quad (t \in (-\infty, +\infty)) \tag{6.1.1}$$

其中 $a$ 和 $\omega$ 是正常数，$\Theta$ 是在$(0,2\pi)$上服从均匀分布的随机变量。显然，对于每一个确定的时刻 $t$，$X(t)$是随机变量 $\Theta$ 的函数，从而也是一个随机变量，因此由式（6.1.1）确定的 $X(t)$是一个随机过程，通常称它为**随机相位正弦波**。它的状态空间是$[-a,a]$。在$(0,2\pi)$内随机地取一数 $\theta$，相应得到这个随机过程的一个样本函数

$$x(t) = a\cos(\omega t + \theta) \quad (\theta \in (0,2\pi)) \tag{6.1.2}$$

在以后的叙述中，为简便起见，常以$\{X(t), t \in T\}$表示随机过程，在上下文不引起混淆的情况下，一般略去表示中的参数集 $T$ 而简记成 $X(t)$。

## 6.1.2 随机过程的分类

随机过程可依其在任一时刻的状态是连续型随机变量还是离散型随机变量分成**连续型随机过程**与**离散型随机过程**两类。例 6.1.1 和例 6.1.3 是连续型随机过程，例 6.1.2 是离散型随机过程。

随机过程还可依时间（参数）是连续或离散进行分类。当时间集 $T$ 是有限或无限区间时，称$\{X(t), t \in T\}$为**连续参数随机过程**（以下如无特别说明，“随机过程”总是相对连续参数而言的），如例 6.1.1 和例 6.1.3。如果 $T$ 是离散集合，例如 $T=\{0,1,2,\cdots\}$，则称$\{X(t), t \in T\}$为**离散参数随机过程**或**随机序列**，此时常记为$\{X_n, n = 0,1,2,\cdots\}$等，如例 6.1.2。

**注意**：为了适应数字化的需要，实际问题中也常将连续参数随机过程转化为随机序列来处理。例如，我们只在时间集 $T=\{\Delta t, 2\Delta t,\cdots,n\Delta t,\cdots\}$ 上观测测量误差 $X(t)$，这时就得到一个随机序列

$$\{X_1,X_2,\cdots,X_n,\cdots\}$$

其中 $X_n=X(n\Delta t)$。显然，当 $\Delta t$ 充分小时，这个随机序列能够近似地描述连续时间情况下的测量误差。

随机过程的以上分类法是比较表面的，更本质的是按随机过程的分布特性分类，具体见 6.2.1 小节。

# 6.2　随机过程的统计描述

随机过程在任一时刻的状态是随机变量，由此可以利用随机变量（一维和多维）的统计描述方法（即分布函数和数字特征）来描述随机过程的统计特性。

## 6.2.1　随机过程的分布函数族

**定义 6.2.1**　给定随机过程 $\{X(t),t\in T\}$，对于每一个确定的 $t\in T$，随机变量 $X(t)$ 的分布函数一般与 $t$ 有关，记为

$$F(x;t)=P(X(t)\leqslant x)\qquad (x\in\mathbf{R})\tag{6.2.1}$$

称为随机过程 $\{X(t), t\in T\}$ 的**一维分布函数**，而 $\{F(x;t),t\in T\}$ 称为**一维分布函数族**。若存在非负函数 $f(x;t)$ 使

$$F(x;t)=\int_{-\infty}^{x} f(u;t)\mathrm{d}u\tag{6.2.2}$$

则称 $f(x;t)$ 为随机过程 $\{X(t),t\in T\}$ 的**一维概率密度**或**一维密度函数**，称 $\{f(x;t),t\in T\}$ 为**一维密度函数族**。

一维分布函数或一维概率密度只能刻画随机过程在各个个别时刻的统计特性，一般不能反映随机过程在不同时刻的状态之间的联系。

**定义 6.2.2**　给定随机过程 $\{X(t),t\in T\}$，当 $t$ 取任意 $n$（$n=1,2,3,\cdots$）个不同的时刻 $t_1,t_2,\cdots,t_n\in T$ 时，$n$ 维随机变量 $(X(t_1),X(t_2),\cdots,X(t_n))$ 的分布函数记为

$$F(x_1,x_2,\cdots,x_n;t_1,t_2,\cdots,t_n)=P(X(t_1)\leqslant x_1,X(t_2)\leqslant x_2,\cdots,X(t_n)\leqslant x_n)$$
$$(t_i\in T,i=1,2,\cdots,n)\tag{6.2.3}$$

称为随机过程 $\{X(t),t\in T\}$ 的 **$n$ 维分布函数**，称 $\{F(x_1,x_2,\cdots,x_n;t_1,t_2,\cdots,t_n),t_i\in T,i=1,2,\cdots,n\}$ 为随机过程 $\{X(t),t\in T\}$ 的 **$n$ 维分布函数族**。若存在非负函数 $f(x_1,x_2,\cdots,x_n;t_1,t_2,\cdots,t_n)$ 使

$$F\left(x_1,x_2,\cdots,x_n;t_1,t_2,\cdots,t_n\right)$$

$$=\int_{-\infty}^{x_1}\int_{-\infty}^{x_2}\cdots\int_{-\infty}^{x_n} f\left(u_1, u_2,\cdots, u_n;t_1, t_2,\cdots, t_n\right)\mathrm{d}u_n\cdots\mathrm{d}u_2\mathrm{d}u_1 \tag{6.2.4}$$

则称 $f(x_1,x_2,\cdots,x_n;\ t_1,t_2,\cdots,t_n)$为随机过程$\{X(t),\ t\in T\}$的 **$n$ 维概率密度**或 **$n$ 维密度函数**，称$\{f(x_1,x_2,\cdots,x_n;\ t_1,t_2,\cdots,t_n),t_i\in T,i=1,2,\cdots,n\}$为随机过程$\{X(t),t\in T\}$的 **$n$ 维密度函数族**。

直观上看，$n$ 取得越大，则 $n$ 维分布函数族描述随机过程的特性也越趋完善。事实上，柯尔莫哥洛夫定理指出，有限维分布函数族，即$\{F(x_1,x_2,\cdots,x_n;\ t_1,t_2,\cdots,t_n),n = 1,2,\cdots,t_i\in T,i = 1,2,\cdots,n\}$，完全地确定了随机过程的统计特性。

**【例 6.2.1】**利用抛掷一枚硬币的试验定义一个随机过程

$$X(t)=\begin{cases}\cos\pi t & (\text{出现正面}H)\\ 2t & (\text{出现反面}T)\end{cases}\quad(-\infty<t<+\infty)$$

假定 $P(H) = P(T) = 1/2$，试确定 $X(t)$的

（1）一维分布函数 $F(x;\ 1/2),F(x;\ 1)$；

（2）二维分布函数 $F(x_1,x_2;\ 1/2,1)$。

**解**：（1）先求 $F(x;\ 1/2)$。因为

$$X\left(\frac{1}{2}\right)=\begin{cases}0 & (\text{出现}H)\\ 1 & (\text{出现}T)\end{cases}$$

所以 $X(1/2)$的概率分布为

| $X(1/2)$ | 0 | 1 |
|---|---|---|
| $p_k$ | 1/2 | 1/2 |

从而 $X(1/2)$的分布函数为

$$F\left(x;\frac{1}{2}\right)=P\left(X(1/2)\leqslant x\right)=\begin{cases}0 & (x<0)\\ 1/2 & (0\leqslant x<1)\\ 1 & (1\leqslant x)\end{cases}$$

再求 $F(x;\ 1)$。因为

$$X(1)=\begin{cases}-1 & (\text{出现}H)\\ 2 & (\text{出现}T)\end{cases}$$

所以 $X(1)$的概率分布为

| $X(1)$ | $-1$ | 2 |
|---|---|---|
| $p_k$ | 1/2 | 1/2 |

从而 $X(1)$的分布函数为

$$F(x;1)=P\left(X(1)\leqslant x\right)=\begin{cases}0 & (x<-1)\\ 1/2 & (-1\leqslant x<2)\\ 1 & (2\leqslant x)\end{cases}$$

（2）由（1）可知$(X(1/2),X(1))$可能的取值为$(0,-1),(0,2),(1,-1),(1,2)$，又 $t = 1/2$ 时硬币出现 $H$ 或 $T$ 与其在 $t=1$ 时硬币出现 $H$ 或 $T$ 互不影响，故 $X(1/2)$与 $X(1)$相互独立，从而$(X(1/2),$

$X(1)$)的联合分布函数为

$$F(x_1,x_2;1/2,1)=F(x_1;1/2)F(x_2;1)$$

$$=\begin{cases}0 & (x_1<0\text{或}x_2<-1)\\ 1/4 & (0\leqslant x_1<1,-1\leqslant x_2<2)\\ 1/2 & (0\leqslant x_1<1,\ x_2\geqslant 2\text{或}x_1\geqslant 1,-1\leqslant x_2<2)\\ 1 & (x_1\geqslant 1,\ x_2\geqslant 2)\end{cases}$$

在 6.1.2 小节，我们曾将随机过程按其状态或时间的连续或离散进行了分类。事实上，随机过程最本质的分类方法是按其分布特性进行分类。即按照随机过程在不同时刻的状态之间的特殊统计依赖方式，抽象出一些不同类型的模型，如二阶矩过程（包括正态过程、平稳过程等）、马尔可夫过程（包括马尔可夫链、泊松过程、维纳过程等）等。

## 6.2.2　随机过程的数字特征

从理论上讲，随机过程的分布函数族能完整地刻画随机过程的统计特性。但在实际问题中，人们根据观察往往只能得到随机过程的部分资料（样本），用它来确定有限维分布函数族是困难的，甚至是不可能的。因此引入随机过程的数字特征。

**1．均值函数和自相关函数**

**定义 6.2.3**　给定随机过程$\{X(t),t\in T\}$，如果对任意的 $t\in T$，随机变量 $X(t)$的均值或数学期望（一般与 $t$ 有关）存在，则有

$$\mu_X(t)=E[X(t)] \tag{6.2.5}$$

称 $\mu_X(t)$为随机过程$\{X(t),t\in T\}$的**均值函数**。

若 $f(x;t)$是 $X(t)$的一维密度函数，则

$$\mu_X(t)=\int_{-\infty}^{+\infty}xf(x;t)\mathrm{d}x$$

根据定义，$\mu_X(t)$可看作随机过程的所有样本函数在时刻 $t$ 的函数值的平均值，通常称这种平均为**集合平均**或**统计平均**。

**定义 6.2.4**　给定随机过程$\{X(t),t\in T\}$，如果对任意的 $t\in T$，随机变量 $X(t)$的二阶原点矩和二阶中心矩（一般与 $t$ 有关）存在，则有

$$\Psi_X^2(t)=E\left[X^2(t)\right] \tag{6.2.6}$$

$$\sigma_X^2(t)=D_X(t)=\mathrm{Var}\left[X(t)\right]=E\left\{\left[X(t)-\mu_X(t)\right]^2\right\} \tag{6.2.7}$$

分别称$\Psi_X^2(t)$和$\sigma_X^2(t)$为随机过程$\{X(t),t\in T\}$的**均方值函数**和**方差函数**。

方差函数的算术平方根 $\sigma_X(t)$称为随机过程$\{X(t),t\in T\}$的**标准差函数**，它表示随机过程$\{X(t),t\in T\}$在时刻 $t$ 对均值 $\mu_X(t)$的平均偏离程度。

随机过程的均值函数和方差函数是刻画随机过程在各个个别时刻统计特性的两个重要的数字特征，为了描述随机过程在两个时刻状态之间的关系还需引入新的数字特征。

**定义 6.2.5** 给定随机过程$\{X(t),t\in T\}$，若对任意的$t_1,t_2\in T$，随机变量$X(t_1)$和$X(t_2)$的二阶混合原点矩和中心矩存在，则有

$$R_{XX}(t_1,t_2)=E[X(t_1)X(t_2)] \tag{6.2.8}$$

$$C_{XX}(t_1,t_2)=\mathrm{Cov}[X(t_1),X(t_2)]=E\{[X(t_1)-\mu_X(t_1)][X(t_2)-\mu_X(t_2)]\} \tag{6.2.9}$$

分别称$R_{XX}(t_1,t_2)$和$C_{XX}(t_1,t_2)$为随机过程$\{X(t),t\in T\}$的**自相关函数**（简称**相关函数**）和**自协方差函数**（简称**协方差函数**）。在不引起混淆的情况下，$R_{XX}(t_1,t_2)$常简记为$R_X(t_1,t_2)$，$C_{XX}(t_1,t_2)$常简记为$C_X(t_1,t_2)$。

式（6.2.5）~式（6.2.9）定义的均值函数、均方值函数、方差函数、相关函数、协方差函数等数字特征之间的关系如下：

$$\begin{cases}\Psi_X^2(t)=R_X(t,t)\\ C_X(t_1,t_2)=R_X(t_1,t_2)-\mu_X(t_1)\mu_X(t_2)\\ \sigma_X^2(t)=C_X(t,t)=R_X(t,t)-\mu_X^2(t)\end{cases} \tag{6.2.10}$$

由式（6.2.10）可知，以上诸数字特征中最主要的是均值函数和自相关函数。

**【例 6.2.2】** 设$A$、$B$是两个随机变量，试求随机过程$X(t)=At+B$，$t\in T=(-\infty,+\infty)$的均值函数和自相关函数。如果$A$、$B$相互独立，且$A\sim N(0,1)$，$B\sim U(0,2)$，问$X(t)$的均值函数和自相关函数又是怎样的？

**解：**（1）$X(t)$的均值函数和自相关函数分别为

$$\mu_X(t)=E[X(t)]=E(At+B)=tE(A)+E(B)$$

$$R_X(t_1,t_2)=E[X(t_1)X(t_2)]=E[(At_1+B)(At_2+B)]=t_1t_2E(A^2)+(t_1+t_2)E(AB)+E(B^2)\quad(t_1,t_2\in T)$$

（2）当$A\sim N(0,1)$时，$E(A)=0$，$E(A^2)=1$。当$B\sim U(0,2)$时，$E(B)=1$，$E(B^2)=4/3$。又因$A$、$B$相互独立，故$E(AB)=E(A)E(B)=0$。因此

$$\mu_X(t)=1$$

$$R_X(t_1,t_2)=t_1t_2+4/3\quad(t_1,t_2\in T)$$

**【例 6.2.3】** 求随机相位正弦波（参见例 6.1.3）的均值函数、方差函数、自相关函数和自协方差函数。

**解：**设$\Theta$的概率密度为

$$f(\theta)=\begin{cases}\dfrac{1}{2\pi} & (0<\theta<2\pi)\\ 0 & 其他\end{cases}$$

则均值函数为

$$\mu_X(t)=E[X(t)]=E[a\cos(\omega t+\Theta)]=\int_0^{2\pi}a\cos(\omega t+\theta)\cdot\frac{1}{2\pi}\mathrm{d}\theta=0$$

而自相关函数为

$$R_X(t_1,\ t_2)=E[X(t_1)X(t_2)]=E[a^2\cos(\omega t_1+\Theta)\cos(\omega t_2+\Theta)]$$

$$=a^2\int_0^{2\pi}\cos\left(wt_1+\theta\right)\cos\left(wt_2+\theta\right)\cdot\frac{1}{2\pi}\mathrm{d}\theta=\frac{a^2}{2}\cos\omega\left(t_2-t_1\right)$$

特别地，令 $t_2=t_1=t$，即得方差函数为

$$\sigma_X^2\left(t\right)=R_X\left(t,t\right)-\mu_X^2\left(t\right)=R_X\left(t,t\right)=\frac{a^2}{2}$$

自协方差函数为

$$C_X\left(t_1,t_2\right)=R_X\left(t_1,t_2\right)-\mu_X\left(t_1\right)\mu_X\left(t_2\right)=\frac{a^2}{2}\cos\omega\left(t_2-t_1\right)$$

**2. 二阶矩过程**

从理论的角度来看，仅仅研究均值函数和自相关函数当然是不能代替对整个随机过程的研究的，但是由于它们确实刻画了随机过程的主要统计特性，而且远比有限维分布函数族易于观察和实际计算，因此对实际应用而言，它们常常能够起到重要作用。下面研究二阶矩过程。

**定义 6.2.6**　给定随机过程$\{X(t),t\in T\}$，如果对每一个 $t\in T$，二阶矩 $E[X^2(t)]$都存在（即均值函数和方差函数都存在），则称它为**二阶矩过程**。

二阶矩过程的相关函数、协方差函数总存在。

事实上，由于 $E[X^2(t_1)]$、$E[X^2(t_2)]$存在，根据柯西-许瓦兹不等式有

$$\{E[X(t_1)X(t_2)]\}^2\leqslant E[X^2(t_1)]E[X^2(t_2)]\quad(t_1,t_2\in T)\tag{6.2.11}$$

即知相关函数 $R_X(t_1,\ t_2)=E[X(t_1)X(t_2)]$存在。

再由式（6.2.10）中第 2 式和二阶矩过程的定义可知，二阶矩过程的协方差函数也存在。

**3. 正态过程**

在实际问题中，常遇到一种特殊的二阶矩过程——正态过程。

**定义 6.2.7**　给定随机过程$\{X(t),\ t\in T\}$，若它的每一个有限维分布都是正态分布，即对任意整数 $n\geqslant 1$ 和任意 $t_1,t_2,\cdots,t_n\in T$，$(X(t_1),X(t_2),\cdots,X(t_n))$服从 $n$ 维正态分布，则称它为**正态过程**或**高斯过程**。

由正态分布的性质可知，正态过程的全部统计特性完全由它的均值函数和自协方差函数（或自相关函数）所确定。

**【例 6.2.4】**设 $X(t)=A\cos\omega t+B\sin\omega t$，$t\in T=(-\infty,+\infty)$，其中 $A$、$B$ 是相互独立且都服从正态分布 $N(0,\sigma^2)$的随机变量，$\omega$ 是实常数。试证明 $X(t)$是正态过程，并求它的均值函数和自相关函数。

**解：**由题设，对任意 $n$ 个时刻 $t_1,t_2,\cdots,t_n\in T$ 和任意一组实数 $u_1,u_2,\cdots,u_n$，和式

$$\sum_{i=1}^{n}u_iX\left(t_i\right)=A\sum_{i=1}^{n}u_i\cos\omega t_i+B\sum_{i=1}^{n}u_i\sin\omega t_i$$

是独立正态变量 $A$、$B$ 的线性组合，故它也是正态变量。于是根据 $n$ 维正态变量的性质，$(X(t_1),X(t_2),\cdots,X(t_n))$服从 $n$ 维正态分布。因为 $n$、$t_i$是任意的，由定义可知，$X(t)$是正态过程。

由题设可知，$E(A)=E(B)=E(AB)=0$，$E(A^2)=E(B^2)=\sigma^2$，由此可计算出 $X(t)$ 的均值函数和自相关函数分别为

$$\mu_X(t)=E(A\cos\omega t+B\sin\omega t)=0$$
$$\begin{aligned}C_X(t_1,t_2)&=R_X(t_1,t_2)\\&=E[(A\cos\omega t_1+B\sin\omega t_1)(A\cos\omega t_2+B\sin\omega t_2)]\\&=\sigma^2(\cos\omega t_1\cos\omega t_2+\sin\omega t_1\sin\omega t_2)\\&=\sigma^2\cos\omega(t_2-t_1)\end{aligned}$$

### *6.2.3 多维随机过程的联合分布和数字特征

实际问题中，我们常常需要同时研究两个或两个以上随机过程及它们之间的统计联系。例如，某证券交易所一只股票每天成交价格的最高值 $X_n$ 与最低值 $Y_n$ 都是随机过程，需要研究它们之间的统计联系；某地在时段 $(0,t]$ 内的最高温度 $X(t)$ 和最低温度 $Y(t)$ 都是随机过程，需要研究它们之间的统计联系；等等。对于这类问题，我们除了对各个随机过程的统计特性加以研究外，还必须将几个随机过程作为整体来研究其统计特性。

**1. 联合分布**

**定义 6.2.8** 设 $X(t)$、$Y(t)$ 是依赖于同一参数空间 $T$ 的随机过程，对于不同的 $t\in T$，$(X(t),Y(t))$ 是不同的二维随机变量，称 $\{(X(t),Y(t)),t\in T\}$ 为**二维随机过程**。

**定义 6.2.9** 给定二维随机过程 $\{(X(t),Y(t)),t\in T\}$，$t_1,t_2,\cdots,t_n$ 与 $t'_1,t'_2,\cdots,t'_m$ 是 $T$ 中任意两组实数，则 $n+m$ 维随机变量

$$\left(X(t_1),X(t_2),\cdots,X(t_n),Y(t'_1),Y(t'_2),\cdots,Y(t'_m)\right)$$

的分布函数

$$\begin{aligned}&F_{XY}(x_1,x_2,\cdots,x_n;t_1,t_2,\cdots,t_n;y_1,y_2,\cdots,y_m;t'_1,t'_2,\cdots,t'_m)\\&=P\left(X(t_1)\leqslant x_1,X(t_2)\leqslant x_2,\cdots,X(t_n)\leqslant x_n,Y(t'_1)\leqslant y_1,Y(t'_2)\leqslant y_2,\cdots,Y(t'_m)\leqslant y_m\right)\end{aligned}\tag{6.2.12}$$

称为二维随机过程 $\{(X(t),Y(t)),t\in T\}$ 的 $n+m$ 维**分布函数**或随机过程 $X(t)$ 与 $Y(t)$ 的 $n+m$ 维**联合分布函数**。

与一维随机过程类似，可定义二维随机过程的 $n+m$ 维分布函数族和有限维分布函数族。同样两个随机变量相互独立的概念也可以推广到两个随机过程间的相互独立。

**定义 6.2.10** 给定二维随机过程 $\{(X(t),Y(t)),t\in T\}$，如果对任意的正整数 $n$、$m$，任意的数组 $t_1,t_2,\cdots,t_n\in T$，$t'_1,t'_2,\cdots,t'_m\in T$，$n$ 维随机变量 $(X(t_1),X(t_2),\cdots,X(t_n))$ 与 $m$ 维随机变量 $(Y(t'_1),Y(t'_2),\cdots,Y(t'_m))$ 相互独立，即

$$\begin{aligned}&F_{XY}(x_1,x_2,\cdots,x_n;t_1,t_2,\cdots,t_n;y_1,y_2,\cdots,y_m;t'_1,t'_2,\cdots,t'_m)\\&=F_X(x_1,x_2,\cdots,x_n;t_1,t_2,\cdots,t_n)F_Y(y_1,y_2,\cdots,y_m;t'_1,t'_2,\cdots,t'_m)\end{aligned}$$

则称随机过程 $X(t)$和 $Y(t)$是**相互独立**的，其中 $F_X$和 $F_Y$分别是 $X(t)$的 $n$ 维分布函数和 $Y(t)$的 $m$ 维分布函数。

2. **数字特征**

关于数字特征，除了 $X(t)$、$Y(t)$各自的均值函数和自相关函数外，在实际应用中感兴趣的是 $X(t)$和 $Y(t)$的二阶混合原点矩，记作

$$R_{XY}(t_1,t_2)=E[X(t_1)Y(t_2)] \quad (t_1,t_2\in T) \tag{6.2.13}$$

并称它为随机过程 $X(t)$和 $Y(t)$的**互相关函数**。

类似地，还有如下定义的 $X(t)$和 $Y(t)$的**互协方差函数**：

$$\begin{aligned}C_{XY}(t_1,t_2)&=E\{[X(t_1)-\mu_X(t_1)][Y(t_2)-\mu_Y(t_2)]\}\\&=R_{XY}(t_1,t_2)-\mu_X(t_1)\mu_Y(t_2) \quad (t_1,t_2\in T)\end{aligned} \tag{6.2.14}$$

**定义 6.2.11** 如果二维随机过程$(X(t),Y(t))$对任意的 $t_1,t_2\in T$ 恒有

$$C_{XY}(t_1,t_2)=0 \tag{6.2.15}$$

则称随机过程 $X(t)$和 $Y(t)$是**不相关的**。

两个随机过程如果是相互独立的，且它们的二阶矩存在，则它们必然不相关。反之，从不相关一般不能判断出它们是相互独立的。

当同时考虑 $n$（$n>2$）个随机过程或 $n$ 维随机过程时，我们可类似地引入它们的多维分布，以及均值函数和两两之间的互相关函数（或互协方差函数）。

在许多应用问题中，经常要研究几个随机过程之和（例如，将信号和噪声同时输入一个线性系统的情形）的统计特性。现考虑 3 个随机过程 $X(t)$、$Y(t)$和 $Z(t)$之和

$$W(t)=X(t)+Y(t)+Z(t)$$

显然，随机过程 $W(t)$的均值函数为

$$\mu_W(t)=\mu_X(t)+\mu_Y(t)+\mu_Z(t)$$

而自相关函数可以根据均值运算规则和相关函数的定义得到

$$\begin{aligned}R_{WW}(t_1,t_2)&=E[W(t_1)W(t_2)]\\&=E\{[X(t_1)+Y(t_1)+Z(t_1)][X(t_2)+Y(t_2)+Z(t_2)]\}\\&=R_{XX}(t_1,t_2)+R_{XY}(t_1,t_2)+R_{XZ}(t_1,t_2)\\&\quad+R_{YX}(t_1,t_2)+R_{YY}(t_1,t_2)+R_{YZ}(t_1,t_2)\\&\quad+R_{ZX}(t_1,t_2)+R_{ZY}(t_1,t_2)+R_{ZZ}(t_1,t_2)\end{aligned} \tag{6.2.16}$$

此式表明：几个随机过程之和的自相关函数可以表示为各个随机过程的自相关函数与各个随机过程的互相关函数之和。

如果上述 3 个随机过程是两两不相关的，且各自的均值函数都为 0，则由式（6.2.13）可知诸互相关函数均等于 0，此时 $W(t)$的自相关函数简单地等于各个随机过程的自相关函数之和，即

$$R_{WW}(t_1,t_2)=R_{XX}(t_1,t_2)+R_{YY}(t_1,t_2)+R_{ZZ}(t_1,t_2) \tag{6.2.17}$$

特别地，令 $t_1=t_2=t$，由式（6.2.17）可得 $W(t)$的方差函数（此处即均方差函数）为

$$\sigma_W^2(t)=\Psi_W^2(t)=\Psi_X^2(t)+\Psi_Y^2(t)+\Psi_Z^2(t) \tag{6.2.18}$$

# 6.3 泊松过程和维纳过程

泊松过程和维纳过程是两个具体而又典型的随机过程，它们在随机过程的理论和应用中都有重要的地位，它们都属于独立增量过程。

## 6.3.1 独立增量过程

**定义 6.3.1** 给定二阶矩过程$\{X(t),t\geqslant 0\}$，称随机变量 $X(t)-X(s)$，$0\leqslant s<t$ 为随机过程在区间$(s, t]$上的**增量**。

如果对任意选定的正整数 $n\geqslant 3$ 和任意的 $0\leqslant t_0<t_1<t_2<\cdots<t_n$，$n$ 个增量

$$X(t_1)-X(t_0),X(t_2)-X(t_1),\cdots,X(t_n)-X(t_{n-1})$$

相互独立，则称$\{X(t),t\geqslant 0\}$为**独立增量过程**或**可加过程**。

直观地说，它具有“在互不相交的区间上，状态的增量是相互独立的”这一特征。

对于随机过程$\{X(t),t\geqslant 0\}$，可以证明以下结论。

（1）$\{X(t),t\geqslant 0\}$为独立增量过程当且仅当对任意的 $t_0\geqslant 0$，$\{X(t)-X(t_0); t\geqslant 0\}$为独立增量过程。

特别地取 $t_0=0$，并令 $Y(t)=X(t)-X(0)$，$t\geqslant 0$，则$\{X(t),t\geqslant 0\}$为独立增量过程当且仅当$\{Y(t),t\geqslant 0\}$为独立增量过程且 $Y(0)=0$。

因此，对于独立增量过程$\{X(t), t\geqslant 0\}$，一般总假定 $X(0)=0$。

（2）$\{X(t),t\geqslant 0\}$为独立增量过程，在 $X(0)=0$ 的条件下，它的有限维分布函数族可以由增量 $X(t)-X(s)$（$0\leqslant s<t$）的分布所确定。

**【例 6.3.1】**以 $X(t)$表示某电话总机在时间区间$[0,t)$内接到的呼叫次数，则$\{X(t),t\geqslant 0\}$是一个独立增量过程，因为它在互不相交的时间区间内发生呼叫的次数可以认为是相互独立的。

**【例 6.3.2】**设 $\xi_0,\xi_1,\xi_2,\cdots$是一个独立随机变量序列，定义

$$X(n)=\sum_{i=0}^{n}\xi_i \qquad (n=0,1,2,\cdots)$$

则$\{X(n)\}$是以 $T=\{0,1,2,\cdots\}$为参数集的独立增量过程。

反之，设$\{X(n), n\geqslant 0\}$是独立增量过程，$X(0)=0$，定义

$$\xi_n=X(n+1)-X(n) \qquad (n=0,1,2,\cdots)$$

则 $\xi_0,\xi_1,\xi_2,\cdots$是一个独立随机变量序列，且

$$X(n)=\sum_{i=0}^{n}\xi_i$$

由此可见，对离散参数集 $T$，任一满足 $X(0)=0$ 的独立增量过程可以表示为独立随机变量序列的部分和。

**【例 6.3.3】** 在 $X(0)=0$ 和方差函数 $D_X(t)$ 已知的条件下，计算独立增量过程 $\{X(t),t\geqslant 0\}$ 的协方差函数 $C_X(s,t)$。

**解：** 记 $Y(t)=X(t)-\mu_X(t)$，则有

（1）当 $X(t)$ 具有独立增量时，$Y(t)$ 也具有独立增量；

（2）$Y(0)=0$，$E[Y(t)]=0$，且方差函数 $D(Y(t))=E[Y^2(t)]=D_X(t)$。

由此，当 $0\leqslant s<t$ 时，便有

$$\begin{aligned}C_Y(s,t)&=E[Y(s)Y(t)]\\&=E\{[Y(s)-Y(0)][(Y(t)-Y(s))+Y(s)]\}\\&=E[Y(s)-Y(0)]E[Y(t)-Y(s)]+E[Y^2(s)]\\&=D_X(s)\end{aligned}$$

于是，对任意 $s,t\geqslant 0$，协方差函数可用方差函数表示为

$$C_X(s,t)=D_X(\min\{s,t\}) \tag{6.3.1}$$

**定义 6.3.2**　若对任意的实数 $h$ 和 $0\leqslant s+h<t+h$，$X(t+h)-X(s+h)$ 与 $X(t)-X(s)$ 具有相同的分布，则称增量具有**平稳性**。这时，增量 $X(t)-X(s)$ 的分布函数实际上只依赖于时间差 $t-s$（$0\leqslant s<t$），而不依赖于 $t$ 和 $s$ 本身（事实上，令 $h=-s$ 即知）。

当增量具有平稳性时，称相应的独立增量过程是**齐次的或时齐的**。

下面介绍两个重要的具有齐次性的独立增量过程：泊松过程和维纳过程。

## 6.3.2　泊松过程

### 1. 泊松过程的概念

**定义 6.3.3**　设 $N(t)$ 表示在时间间隔 $[0,t]$ 内事件（或质点）出现的次数，则称随机过程 $\{N(t),t\geqslant 0\}$ 为**计数过程**。

显然，计数过程 $\{N(t),t\geqslant 0\}$ 满足：

（1）$N(t)$ 是一个非负整数；

（2）若 $s<t$，则 $N(s)\leqslant N(t)$；

（3）对于 $s<t$，$N(t)-N(s)$ 表示时间间隔 $(s,t]$ 内事件出现的次数。

例如，设 $X(t)$ 为在时间间隔 $[0,t]$ 内某电话交换台接到的呼叫次数，$Y(t)$ 为在时间间隔 $[0,t]$ 内要求服务台服务的顾客数，则随机过程 $\{X(t),t\geqslant 0\}$ 和 $\{Y(t),t\geqslant 0\}$ 都是计数过程。

令 $N(t_0,t)=N(t)-N(t_0)$，$0\leqslant t_0<t$，它表示时间间隔 $(t_0,t]$ 内出现的质点数。“在 $(t_0,t]$ 内出现 $k$ 个质点”，即 $(N(t_0,t)=k)$ 是一个事件，其概率记为

$$P_k(t_0,t) = P(N(t_0,t) = k) \qquad (k = 0,1,2,\cdots) \tag{6.3.2}$$

**定义 6.3.4** 若计数过程$\{N(t),t\geqslant 0\}$满足：

（1）$N(0) = 0$；

（2）$\{N(t),\ t\geqslant 0\}$是独立增量过程；

（3）对于充分小的 $\Delta t$，

$$P_1(t,t+\Delta t) = P(N(t,t+\Delta t) = 1) = \lambda\Delta t + o(\Delta t) \qquad (\lambda>0) \tag{6.3.3}$$

其中常数 $\lambda$ 称为 $N(t)$的强度；

（4）对于充分小的 $\Delta t$，

$$\sum_{j=2}^{+\infty} P_j\left(t,\, t+\Delta t\right) = \sum_{j=2}^{+\infty} P\Big(N\big(t,\, t+\Delta t\big) = j\Big) = o\big(\Delta t\big) \tag{6.3.4}$$

则称$\{N(t),\ t\geqslant 0\}$为强度为 $\lambda$ 的**泊松过程**，相应的事件（或质点）出现的随机时刻 $t_1,t_2,\cdots$（或质点流）称为强度为 $\lambda$ 的**泊松流**。

在定义 6.3.4 中，条件（2）说明在互不相交的区间上的增量具有独立性；条件（4）意味着对于充分小的 $\Delta t$，在$(t,\ t+\Delta t]$内出现两个或两个以上质点的概率与出现一个质点的概率相比可以忽略不计。

**2. 泊松过程重要的分布**

下面考虑泊松过程的几个比较重要的分布。

（1）增量的分布

**定理 6.3.1** 泊松过程$\{N(t),t\geqslant 0\}$在时间$(t_0,t]$内事件出现次数的概率分布为

$$P_k(t_0,t) = \frac{[\lambda(t-t_0)]^k}{k!} \mathrm{e}^{-\lambda(t-t_0)} \qquad (t > t_0, k = 0,1,2,\cdots) \tag{6.3.5}$$

即增量 $N(t_0,t)$的概率分布是参数为 $\lambda(t-t_0)$的泊松分布，且只与时间差 $t-t_0$ 有关，所以强度为 $\lambda$ 的泊松过程是一个齐次的独立增量过程。

（2）等待时间的分布

**定理 6.3.2** 设 $s_n$ 表示从时间 $t = 0$ 开始到第 $n$ 次事件出现所需的等待时间，则 $s_n$ 的概率密度为

$$f_{s_n}(t) = \begin{cases} \lambda \mathrm{e}^{-\lambda t} \dfrac{(\lambda t)^{n-1}}{(n-1)!} & (t > 0) \\ 0 & (t < 0) \end{cases} \tag{6.3.6}$$

即等待时间服从参数为 $n$ 和 $\lambda$ 的 $\Gamma$ 分布。

（3）到达时间间隔的分布

**定理 6.3.3** 设 $X_1 = s_1$ 为事件 $A$ 第一次出现的时间间隔，$X_n = s_n - s_{n-1}$（$n > 1$）为事件 $A$ 第 $n$ 次出现与第 $n-1$ 次出现的时间间隔，则$\{X_n,n\geqslant 1\}$是一串均值为 $1/\lambda$ 且相互独立同指数分布的随机变量。

3．泊松过程的数字特征

对于泊松过程$\{N(t),\ t\geqslant 0\}$，由式（6.3.5），$N(t)-N(t_0)\sim\pi(\lambda(t-t_0))\quad(t>t_0\geqslant 0)$，因此

$$E[N(t)-N(t_0)]=\mathrm{Var}[N(t)-N(t_0)]=\lambda(t-t_0)$$

特别地，令 $t_0=0$，由于假设 $N(0)=0$，因此可推知泊松过程的均值函数和方差函数分别为

$$E[N(t)]=\lambda t,\ D_N(t)=\mathrm{Var}[N(t)]=\lambda t \tag{6.3.7}$$

从式（6.3.7）可以看到，$\lambda=E[N(t)/t]$，即泊松过程的强度 $\lambda$（常数）等于单位长时间间隔内出现的质点数目的期望值。

关于泊松过程的协方差函数，则可由式（6.3.1）和式（6.3.7）直接推得

$$C_N(s,t)=\lambda\min\{s,t\}\qquad(s,t\geqslant 0)$$

而相关函数

$$R_N(s,t)=E[N(s)N(t)]=\lambda^2 st+\lambda\min\{s,t\}\qquad(s,t\geqslant 0)$$

### 6.3.3　维纳过程

维纳（Norbert Wiener，1894—1964，美国数学家）过程是布朗（Robert Brown，1773—1858，英国植物学家）运动的数学模型，是布朗运动过程。

**定义 6.3.5**　给定二阶矩过程$\{W(t),\ t\geqslant 0\}$，若它满足：

（1）具有平稳的独立增量；

（2）对任意的 $t>s\geqslant 0$，增量 $W(t)-W(s)\sim N(0,\ \sigma^2(t-s))$，且 $\sigma>0$；

（3）对任意的 $t\geqslant 0$，$E(X(t))=0$；

（4）$W(0)=0$。

则称此过程为**维纳过程**，其中 $\sigma^2$ 为维纳过程的**参数**。

由（1）可知，维纳过程是齐次的独立增量过程，也是正态过程。事实上，对任意正整数 $n$（$n\geqslant 1$）和任意时刻 $0<t_1<t_2<\cdots<t_n$（记 $t_0=0$），把 $W(t_k)$写成

$$W(t_k)=\sum_{i=1}^{k}\left[W(t_i)-W(t_{i-1})\right]\qquad(k=1,2,\cdots,n)$$

根据（1）（2），它们都是独立的正态随机变量的和，由 $n$ 维正态变量的性质推知 $W(t_1)$，$W(t_2),\cdots,W(t_n)$是 $n$ 维正态变量，即$\{W(t),t\geqslant 0\}$是正态过程。因此，其分布完全由它的均值函数和自协方差函数（或自相关函数）所确定。

根据（3）可知，$W(t)\sim N(0,\sigma^2 t)$。由此可得维纳过程的均值函数与方差函数分别为

$$\mu_W(t)=E[W(t)]=0,\ D_W(t)=D[W(t)]=\sigma^2 t$$

其中参数 $\sigma^2$ 可通过实验观察值加以估计。再根据式（6.3.1）求得自协方差函数（自相关函数）为

$$C_W(s,t)=R_W(s,t)=\sigma^2\min\{s,t\}\qquad(s,t\geqslant 0)$$

泊松过程和维纳过程的重要性，不仅是因为实际问题中不少随时间演变的随机现象可以归结为这两个模型，而且在理论与应用中常利用它们构造出一些新的、重要的随机过程模型。

# 6.4 马尔可夫过程

本节首先从随机过程在不同时刻、状态之间的特殊的统计联系，引入马尔可夫（Andrey Andreyevich Markov，1856—1922，俄罗斯数学家）过程的概念，然后，对马尔可夫链（状态、时间都是离散的马尔可夫过程）的两个基本问题，即转移概率的确定和遍历性问题进行介绍。

## 6.4.1 马尔可夫过程的概念

马尔可夫过程的理论在近代物理、生物学、管理科学、经济、信息处理以及数值计算方法等方面都有重要应用。

### 1. 马尔可夫过程的定义

**定义 6.4.1** 设随机过程$\{X(t),t\in T\}$的状态空间为 $I$。如果对时刻 $t$ 的任意 $n$ 个值 $t_1<t_2<\cdots<t_n$，$t_i\in T$，$i=1,2,\cdots,n$，$n\geqslant 3$，在条件 $X(t_1)=x_1,X(t_2)=x_2,\cdots,X(t_{n-1})=x_{n-1}$ 下 $X(t_n)$的条件分布函数恰好等于在条件 $X(t_{n-1})=x_{n-1}$ 下 $X(t_n)$的条件分布函数，即

$$P\{X(t_n)\leqslant x_n \mid X(t_1)=x_1,X(t_2)=x_2,\cdots,X(t_{n-1})=x_{n-1}\}=P\{X(t_n)\leqslant x_n \mid X(t_{n-1})=x_{n-1}\} \tag{6.4.1}$$

则称随机过程$\{X(t),t\in T\}$为**马尔可夫过程**，简称**马氏过程**。

式（6.4.1）常称为**马尔可夫性**（简称**马氏性**），或**无后效性**。如果将时刻 $t_{n-1}$ 作为“现在”，那么时刻 $t_n$ 就表示“将来”，时刻 $t_1,t_2,\cdots,t_{n-2}$ 则表示“过去”，因此马尔可夫性的直观含义是：在已知过程“现在”所处状态的条件下，其“将来”状态的概率分布不依赖于“过去”所处的状态。

**【例 6.4.1】** 设$\{X(t),t\geqslant 0\}$是独立增量过程，且 $X(0)=0$，证明$\{X(t),t\geqslant 0\}$是一个马尔可夫过程。

**证：** 由式（6.4.1）可知，只要证明在已知 $X(t_{n-1})=x_{n-1}$ 的条件下 $X(t_n)$与 $X(t_j)$（$j=1,2,\cdots,n-2$）相互独立即可。由独立增量过程的定义知道，当 $0<t_j<t_{n-1}<t_n$，$j=1,2,\cdots,n-2$ 时，增量

$$X(t_j)-X(0)\text{与 }X(t_n)-X(t_{n-1})$$

相互独立。根据条件 $X(0)=0$ 和 $X(t_{n-1})=x_{n-1}$，即有 $X(t_j)$与 $X(t_n)-x_{n-1}$ 相互独立。因而 $X(t_n)$与 $X(t_j)$（$j=1,2,\cdots,n-2$）相互独立。这表明 $X(t)$具有无后效性，即$\{X(t),t\geqslant 0\}$是一个马尔可夫过程。

由例 6.4.1 可知，泊松过程是时间连续、状态离散的马氏过程；维纳过程是时间和状态都连续的马氏过程。时间和状态都是离散的马尔可夫过程称为**马尔可夫链**，简称**马氏链**，记为$\{X_n=X(n),n=0,1,2,\cdots\}$，它可以看作在时间集 $T_1=\{0,1,2,\cdots\}$上对离散状态的马氏过程相继观察的结果。

约定：马氏链的状态空间记为 $I=\{a_1,a_2,\cdots\}$。

**2. 马氏链的转移概率**

在马氏链中，马尔可夫性通常用条件分布律来表示，即对任意的正整数 $n$、$r$ 和 $0\leqslant t_1<t_2<\cdots<t_r<m$，有

$$
\begin{aligned}
&P\left\{X_{m+n}=a_j|X_{t_1}=a_{i_1},X_{t_2}=a_{i_2},\cdots,X_{t_r}=a_{i_r},X_m=a_i\right\}\\
&=P\left\{X_{m+n}=a_j|X_m=a_i\right\}
\end{aligned}
\tag{6.4.2}
$$

其中 $t_i$（$i=1,2,\cdots,r$），$m,n+m\in T_1$，所有的 $a_k\in I$。记式（6.4.2）右端为 $P_{ij}(m,m+n)$，称条件概率

$$P_{ij}(m,m+n)=P(X_{m+n}=a_j|X_m=a_i) \tag{6.4.3}$$

为马氏链在时刻 $m$ 处于状态 $a_i$ 条件下，在时刻 $m+n$ 转移到状态 $a_j$ 的**转移概率**。由转移概率组成的矩阵 $\boldsymbol{P}(m,m+n)=(P_{ij}(m,m+n))$称为马氏链的**转移概率矩阵**。

由于马氏链在时刻 $m$ 从任何一个状态 $a_i$ 出发，到另一时刻 $m+n$，必然转移到 $a_1,a_2,\cdots$状态中的某一个，因此

$$\sum_{j=1}^{+\infty}P_{ij}(m,m+n)=1 \qquad (i=1,\ 2,\ \cdots) \tag{6.4.4}$$

由式（6.4.4）可知，矩阵 $\boldsymbol{P}(m,m+n)$的每一行元素之和等于 1。

当转移概率 $P_{ij}(m,m+n)$只与 $i$、$j$ 及时间间距 $n$ 有关时，把它记为 $P_{ij}(n)$，即

$$P_{ij}(m,m+n)=P_{ij}(n)$$

并称此转移概率具有**平稳性**。同时也称此马氏链是**齐次的**或**时齐的**。

以下仅讨论齐次马氏链。

**定义 6.4.2** 在马氏链为齐次的情形下，由式（6.4.3）定义的转移概率

$$P_{ij}(n)=P(X_{m+n}=a_j|X_m=a_i) \tag{6.4.5}$$

称为马氏链的 ***n* 步转移概率**，$\boldsymbol{P}(n)=(P_{ij}(n))$为 ***n* 步转移概率矩阵**。

在以下的讨论中特别重要的是一步转移概率

$$P_{ij}(1)=P(X_{m+1}=a_j|X_m=a_i)\triangleq p_{ij}$$

或由它们组成的一步转移概率矩阵

$$
\begin{array}{cc}
 & X_{m+1}\text{的状态} \\
 & \begin{array}{ccccc} a_1 & a_2 & \cdots & a_j & \cdots \end{array} \\
\begin{array}{cc} X_m & a_1 \\ \text{的} & a_2 \\ \text{状} & \vdots \\ \text{态} & a_i \\ & \vdots \end{array} &
\begin{pmatrix}
p_{11} & p_{12} & \cdots & p_{1j} & \cdots \\
p_{21} & p_{22} & \cdots & p_{2j} & \cdots \\
\vdots & \vdots & & \vdots & \\
p_{i1} & p_{i2} & \cdots & p_{ij} & \cdots \\
\vdots & \vdots & & \vdots &
\end{pmatrix}
=\boldsymbol{P}(1)\triangleq\boldsymbol{P}
\end{array}
$$

在上述矩阵的左侧和上边标上状态 $a_1,a_2,\cdots$，是为了显示 $p_{ij}$ 是由状态 $a_i$ 经一步转移到状态 $a_j$ 的概率。

**【例 6.4.2】**（0-1 传输系统）在图 6.4.1 所示的只传输数字 0 和 1 的串联系统中，设每一

级的传真率（输出与输入数字相同的概率称为系统的**传真率**，相反情形称为**误码率**）为 $p$，误码率为 $q=1-p$，并设一个单位时间传输一级，$X_0$ 是第一级的输入，$X_n$ 是第 $n$ 级的输出（$n\geqslant 1$），那么 $\{X_n,n=0,1,2,\cdots\}$ 是一个随机过程，状态空间 $I=\{0,1\}$，而且当 $X_n=i$，$i\in I$ 已知时，$X_{n+1}$ 所处的状态的概率分布只与 $X_n=i$ 有关，而与时刻 $n$ 以前所处的状态无关，所以它是一个马氏链，而且还是齐次的。它的一步转移概率和一步转移概率矩阵分别为

$$p_{ij}=P\left(X_{n+1}=j|X_n=i\right)=\begin{cases}p & (j=i)\\ q & (j\neq i)\end{cases}\qquad (i,j=0,1)$$

和

$$\boldsymbol{P}=\begin{matrix} & \begin{matrix}0 & 1\end{matrix}\\ \begin{matrix}0\\1\end{matrix} & \begin{pmatrix}p & q\\ q & p\end{pmatrix}\end{matrix}$$

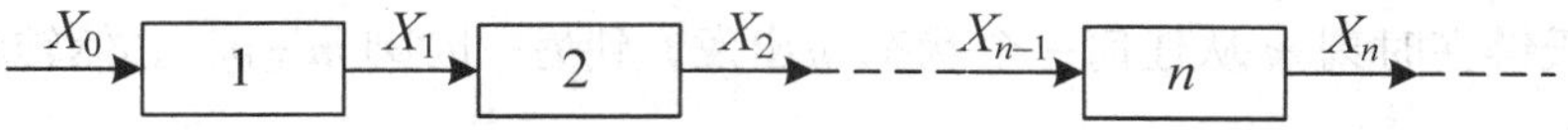


图 6.4.1

**【例 6.4.3】**（一维随机游动问题）设一醉汉 $Q$（或看作一随机游动的质点），在图 6.4.2 所示直线的点集 $I=\{1,2,3,4,5\}$ 上做随机游动，且仅在时刻 1、时刻 2 等时刻发生游动。游动的概率规则是：如果 $Q$ 现在位于点 $i$（$1<i<5$），则下一时刻各以 1/3 的概率向左或向右移动一格，或以 1/3 的概率留在原处；如果 $Q$ 现在位于 1（或 5）这点上，则下一时刻就以概率 1 移动到 2（或 4）这一点。1 和 5 这两点称为**反射壁**。上面这种游动称为带有两个反射壁的**随机游动**。

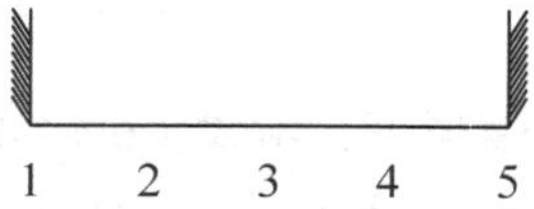


图 6.4.2

若以 $X_n$ 表示时刻 $n$ 时 $Q$ 的位置，不同的位置就是 $X_n$ 的不同状态，那么 $\{X_n,n=0,1,2,\cdots\}$ 是一个随机过程，状态空间就是 $I$，而且当 $X_n=i$，$i\in I$ 已知时，$X_{n+1}$ 所处的状态的概率分布只与 $X_n=i$ 有关，而与 $Q$ 在时刻 $n$ 以前如何到达 $i$ 是完全无关的，所以 $\{X_n,n=0,1,2,\cdots\}$ 是一个马氏链，而且还是齐次的。它的一步转移概率和一步转移概率矩阵分别为

$$p_{ij}=P\left(X_{n+1}=j|X_n=i\right)=\begin{cases}1/3 & (j=i-1,i,i+1,1<i<5)\\ 1 & (i=1,j=2\text{或}i=5,j=4)\\ 0 & (|j-i|\geqslant 2)\end{cases}$$

和

$$\boldsymbol{P}=\begin{matrix} & \begin{matrix}1 & 2 & 3 & 4 & 5\end{matrix}\\ \begin{matrix}1\\2\\3\\4\\5\end{matrix} & \begin{pmatrix}0 & 1 & 0 & 0 & 0\\ 1/3 & 1/3 & 1/3 & 0 & 0\\ 0 & 1/3 & 1/3 & 1/3 & 0\\ 0 & 0 & 1/3 & 1/3 & 1/3\\ 0 & 0 & 0 & 1 & 0\end{pmatrix}\end{matrix}$$

如果把 1 这一点改为吸收壁，就是说 $Q$ 一旦到达 1 这一点，就永远留在点 1 上。此时，相应马氏链的转移概率矩阵只需把 $\boldsymbol{P}$ 中第 1 行改为 $(1,0,0,0,0)$。总之，改变游动的概率规则，就可得到不同方式的随机游动和相应的马氏链。

**【例 6.4.4】**（排队模型）设服务系统由一个服务员和只可以容纳两个人的等候室组成（见图 6.4.3）。服务规则是：先到先服务，后来者需在等候室依次排队。假定一个需要服务的顾客到达系统时发现系统内已有 3 个顾客（一个正在接受服务，两个在等候室排队），则该顾客即离去。设时间间隔 $\Delta t$ 内有一个顾客进入系统的概率为 $q$，有一个原来被服务的顾客离开系统（即服务完毕）的概率为 $p$。又设当 $\Delta t$ 充分小时，在这时间间隔内多于一个顾客进入或离开系统实际上是不可能的。再设有无顾客来到与服务是否完毕是相互独立的。现用马氏链来描述这个服务系统。

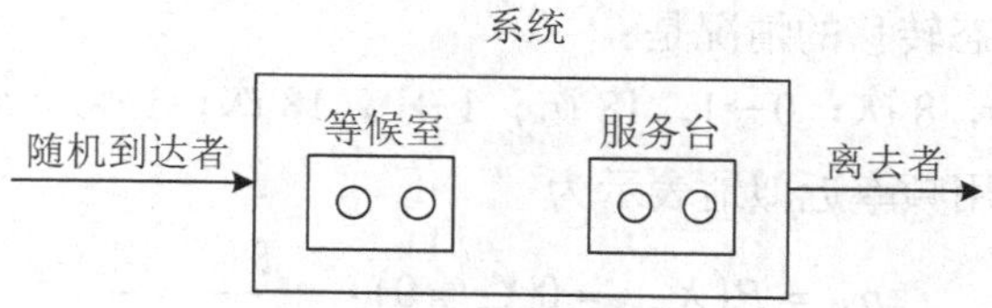


图 6.4.3

设 $X_n=X(n\Delta t)$ 表示时刻 $n\Delta t$ 时系统内的顾客数，即系统的状态。$\{X_n,n=0,1,2,\cdots\}$ 是一个随机过程，状态空间 $I=\{0,1,2,3\}$，而且仿照例 6.4.2、例 6.4.3 的分析，可知它是一个齐次马氏链。下面来计算此马氏链的一步转移概率。

$p_{00}$：系统内没有顾客的条件下，经 $\Delta t$ 后仍没有顾客的概率（此处是条件概率，以下同），$p_{00}=1-q$。

$p_{01}$：系统内没有顾客的条件下，经 $\Delta t$ 后有一个顾客进入系统的概率，$p_{01}=q$。

$p_{10}$：系统内恰有一个顾客正在接受服务的条件下，经 $\Delta t$ 后系统内无人的概率，它等于在 $\Delta t$ 间隔内顾客因服务完毕而离去，且无人进入系统的概率，$p_{10}=p(1-q)$。

$p_{11}$：系统内恰有一个顾客的条件下，在 $\Delta t$ 间隔内，他因服务完毕而离去，而另一个顾客进入系统，或者正在接受服务的顾客要求继续服务，且无人进入系统的概率，$p_{11}=pq+(1-p)(1-q)$。

$p_{12}$：系统内正在接受服务的顾客要求继续服务，且另一个顾客进入系统的概率，$p_{12}=(1-p)q$。

$p_{13}$：系统内正在接受服务的顾客要求继续服务，且在 $\Delta t$ 间隔内有两个顾客进入系统的概率，$p_{13}=0$。由假设，后者实际上是不可能发生的。

类似地，有 $p_{21}=p_{32}=p(1-q)$，$p_{22}=pq+(1-p)(1-q)$，$p_{23}=q(1-p)$，$p_{ij}=0$（$|i-j|\geqslant 2$）。

$p_{33}$：系统内一人因服务完毕而离去且另一人进入系统，或者无人离开系统的概率，$p_{33}=pq+(1-p)$。

于是该马氏链的一步转移概率矩阵为

$$
\boldsymbol{P}=\begin{matrix} \\ 0 \\ 1 \\ 2 \\ 3 \end{matrix}\begin{matrix} \begin{matrix} 0 & & 1 & & 2 & & 3 \end{matrix} \\ \begin{pmatrix} 1-q & q & 0 & 0 \\ p(1-q) & pq+(1-p)(1-q) & q(1-p) & 0 \\ 0 & p(1-q) & pq+(1-p)(1-q) & q(1-p) \\ 0 & 0 & p(1-q) & pq+(1-p) \end{pmatrix} \end{matrix}
$$

在实际问题中，一步转移概率通常可通过统计试验确定。下面再看一个实例。

**【例 6.4.5】**某计算机机房的一台计算机经常出故障，研究者每隔 15 分钟观察一次计算机的运行状态，收集了 24 小时的数据（共进行 97 次观察）。用 1 表示正常状态，用 0 表示不正常状态，所得的数据序列如下：

1110010011111110011110111111001111111110001101101
111011011010111101110111101111110011011111100111

设 $X_n$ 为第 $n$（$n=1,2,\cdots,97$）个时段的计算机状态，可以认为它是一个齐次马氏链，状态空间 $I=\{0,1\}$。96 次状态转移的情况是：

0→0，8 次；0→1，18 次；1→0，18 次；1→1，52 次

因此，一步转移概率可用频率近似地表示为

$$p_{00}=P\left(X_{n+1}=0|X_n=0\right)\approx\frac{8}{8+18}=\frac{4}{13}$$

$$p_{01}=P\left(X_{n+1}=1|X_n=0\right)\approx\frac{18}{8+18}=\frac{9}{13}$$

$$p_{10}=P\left(X_{n+1}=0|X_n=1\right)\approx\frac{18}{18+52}=\frac{9}{35}$$

$$p_{11}=P\left(X_{n+1}=1|X_n=1\right)\approx\frac{52}{18+52}=\frac{26}{35}$$

即

$$\boldsymbol{P}=\begin{pmatrix} \frac{4}{13} & \frac{9}{13} \\ \\ \frac{9}{35} & \frac{26}{35} \end{pmatrix}$$

**【例 6.4.6】**（续例 6.4.5）已知计算机在某一时段（15 分钟）的状态为 0，问在此条件下从此时段起此计算机能连续正常工作 3 刻钟（3 个时段）的条件概率为多少？

**解：**根据题意，某一时段的状态为 0 就是初始状态为 0，即 $X_0=0$，由乘法公式、马氏性和齐次性得，所求条件概率为

$$
\begin{aligned}
&P\left(X_1=1,X_2=1,X_3=1|X_0=0\right)\\
&=P\left(X_0=0,X_1=1,X_2=1,X_3=1\right)/P\left(X_0=0\right)\\
&=P\left(X_0=0\right)P\left(X_1=1|X_0=0\right)P\left(X_2=1|X_0=0,X_1=1\right)\cdot\\
&\quad P\left(X_3=1|X_0=0,X_1=1,X_2=1\right)/P\left(X_0=0\right)\\
&=P\left(X_1=1|X_0=0\right)P\left(X_2=1|X_1=1\right)P\left(X_3=1|X_2=1\right)\\
&=P_{01}(1)P_{11}(1)P_{11}(1)=\frac{9}{13}\cdot\frac{26}{35}\cdot\frac{26}{35}=0.382
\end{aligned}
$$

### 3. 齐次马氏链的有限维分布律

记

$$p_j(0)=P(X_0=a_j)\qquad (a_j\in I,\ j=1,2,\cdots)$$

称它为马氏链的**初始分布律**。

马氏链在任一时刻 $n\in T_1$ 的一维分布律

$$p_j(n)=P(X_n=a_j)\qquad (a_j\in I,\ j=1,2,\cdots)\tag{6.4.6}$$

显然，应有 $\sum_{j=1}^{+\infty}p_j(n)=1$，且

$$P\left(X_n=a_j\right)=\sum_{i=1}^{+\infty}P\left(X_0=a_i,X_n=a_j\right)=\sum_{i=1}^{+\infty}P\left(X_n=a_j\mid X_0=a_i\right)P\left(X_0=a_i\right)$$

即

$$p_j\left(n\right)=\sum_{i=1}^{+\infty}p_i\left(0\right)P_{ij}\left(n\right)\qquad \left(j=1,2,\cdots\right)\tag{6.4.7}$$

一维分布律（6.4.6）也可用行向量表示为

$$\boldsymbol{p}(n)=(p_1(n),p_2(n),\cdots,p_j(n),\cdots)\tag{6.4.6$'$}$$

利用矩阵乘法（$I$ 是可列无限集时，仍用有限阶矩阵乘法的规则确定矩阵之积的元），式（6.4.7）可写成

$$\boldsymbol{p}(n)=\boldsymbol{p}(0)\boldsymbol{P}(n)\tag{6.4.7$'$}$$

此式表明，马氏链在任一时刻 $n\in T_1$ 时的一维分布律由初始分布律 $\boldsymbol{p}(0)$和 $n$ 步转移概率矩阵 $\boldsymbol{P}(n)$所确定。

又对于任意 $n$ 个时刻 $t_1<t_2<\cdots<t_n$，$t_i\in T$ 和状态 $a_{i_1},a_{i_2},\cdots,a_{i_n}\in I$，马氏链的 $n$ 维分布律

$$\begin{aligned}&P\left(X_{t_1}=a_{i_1},X_{t_2}=a_{i_2},\cdots,X_{t_n}=a_{i_n}\right)\\&=P\left(X_{t_1}=a_{i_1}\right)P\left(X_{t_2}=a_{i_2}\mid X_{t_1}=a_{i_1}\right)\cdots P\left(X_{t_n}=a_{i_n}\mid X_{t_1}=a_{i_1},X_{t_2}=a_{i_2},\cdots,X_{t_{n-1}}=a_{i_{n-1}}\right)\\&=P\left(X_{t_1}=a_{i_1}\right)P\left(X_{t_2}=a_{i_2}\mid X_{t_1}=a_{i_1}\right)\cdots P\left(X_{t_n}=a_{i_n}\mid X_{t_{n-1}}=a_{i_{n-1}}\right)\\&=p_{i_1}\left(t_1\right)P_{i_1i_2}\left(t_2-t_1\right)\cdots P_{i_{n-1}i_n}\left(t_n-t_{n-1}\right)\end{aligned}\tag{6.4.8}$$

因此，马氏链的有限维分布律同样完全由初始分布律和转移概率所确定。

总之，转移概率决定了马氏链的统计规律。因此，确定马氏链的任意 $n$ 步转移概率就成为马氏链理论中的重要问题之一。

## 6.4.2 多步转移概率的确定

为了确定齐次马氏链的 $n$ 步转移概率 $P_{ij}(n)$，首先介绍 $P_{ij}(n)$所满足的基本方程。

设$\{X(n),n=0,1,2,\cdots\}$是一个齐次马氏链，则对任意的 $u,v\in T_1$，有

$$P_{ij}\left(u+v\right)=\sum_{k=1}^{+\infty}P_{ik}\left(u\right)P_{kj}\left(v\right)\qquad (i,j=1,2,\cdots)\tag{6.4.9}$$

方程（6.4.9）就是著名的**切普曼**（Sydney Chapman，1888—1970，英国应用数学家）**-柯尔莫哥洛夫**（Chapman-Kolmogorov）**方程**，简称 **C-K 方程**。

C-K 方程基于下述事实，即“从时刻 $s$ 所处的状态 $a_i$，即 $X(s)=a_i$ 出发，经时段 $u+v$ 转移到状态 $a_j$，即 $X(s+u+v)=a_j$”这一事件可分解成“从 $X(s)=a_i$ 出发，先经时段 $u$ 转移到中间状态 $a_k$（$k=1,2,\cdots$），再从 $a_k$ 经时段 $v$ 转移到状态 $a_j$”这样一些事件的和事件（见图 6.4.4）。

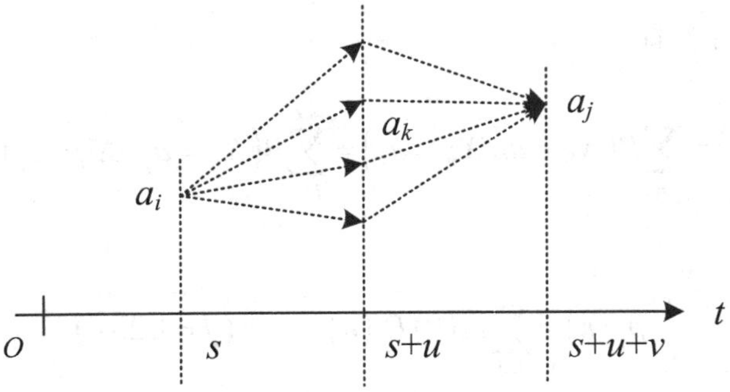


图 6.4.4

方程（6.4.9）的证明如下。

先固定 $a_k\in I$ 和 $s\in T_1$，由条件概率定义和乘法定理，有

$$
\begin{aligned}
&P(X(s+u+v)=a_j,X(s+u)=a_k|X(s)=a_i)\\
&=P(X(s+u)=a_k|X(s)=a_i)P(X(s+u+v)=a_j|X(s+u)=a_k,X(s)=a_i)\\
&=P_{ik}(u)P_{kj}(v)\text{（马氏性和齐次性）}
\end{aligned}
\qquad(6.4.10)
$$

又由于事件组“$X(s+u)=a_k$”，$k=1,2,\cdots$构成一个划分，因此

$$P_{ij}(u+v)=P(X(s+u+v)=a_j|X(s)=a_i)=\sum_{k=1}^{+\infty}P(X(s+u+v)=a_j,\ X(s+u)=a_k\mid X(s)=a_i)$$

将式（6.4.10）代入上式，即得所要证明的 C-K 方程。

C-K 方程也可写成矩阵形式

$$\boldsymbol{P}(u+v)=\boldsymbol{P}(u)\boldsymbol{P}(v)\qquad(6.4.9)'$$

利用 C-K 方程我们容易确定 $n$ 步转移概率。事实上，在式（6.4.9）′中令 $u=1$，$v=n-1$，得递推关系

$$\boldsymbol{P}(n)=\boldsymbol{P}(1)\boldsymbol{P}(n-1)=\boldsymbol{P}\boldsymbol{P}(n-1)$$

从而可得

$$\boldsymbol{P}(n)=\boldsymbol{P}^n\qquad(6.4.11)$$

也就是说，对齐次马氏链而言，$n$ 步转移概率矩阵是一步转移概率矩阵的 $n$ 次方。

进而可知，齐次马氏链的有限维分布可由初始分布与一次转移概率完全确定。

**【例 6.4.7】**设$\{X_n,n\geqslant 0\}$是具有 3 个状态 0、1、2 的齐次马氏链，一步转移概率矩阵为

$$P = \begin{array}{c} \\ 0 \\ 1 \\ 2 \end{array}\overset{\begin{array}{ccc}0 & 1 & 2\end{array}}{\begin{pmatrix} 3/4 & 1/4 & 0 \\ 1/4 & 1/2 & 1/4 \\ 0 & 3/4 & 1/4 \end{pmatrix}}$$

初始分布 $p_i(0) = P(X_0 = i) = 1/3$，$i = 0,1,2$。试求

（1）$P(X_0 = 0, X_2 = 1)$；

（2）$P(X_2 = 1)$。

**解：**先求出二步转移概率矩阵

$$P(2) = P^2 = \begin{array}{c} \\ 0 \\ 1 \\ 2 \end{array}\overset{\begin{array}{ccc}0 & 1 & 2\end{array}}{\begin{pmatrix} 5/8 & 5/16 & 1/16 \\ 5/16 & 1/2 & 3/16 \\ 3/16 & 9/16 & 1/4 \end{pmatrix}}$$

于是

（1）$P(X_0 = 0, X_2 = 1) = P(X_0 = 0)P(X_2 = 1|X_0 = 0) = p_0(0)P_{01}(2) = 1/3 \times (5/16) = 5/48$。

（2）$p_1(2) = P(X_2 = 1) = p_0(0)P_{01}(2) + p_1(0)P_{11}(2) + p_2(0)P_{21}(2) = 1/3 \times (5/16 + 1/2 + 9/16) = 11/24$。

**【例 6.4.8】**在例 6.4.2 中，（1）设 $p = 0.9$，求系统二级传输后的传真率与三级传输后的误码率；（2）设初始分布为 $p_1(0) = P(X_0 = 1) = \alpha$，$p_0(0) = P(X_0 = 0) = 1 - \alpha$。又已知系统经 $n$ 级传输后输出为 1，问原发字符也是 1 的概率是多少？

**解：**先求出 $n$ 步转移概率矩阵 $P(n) = P^n$。由于

$$P = \begin{array}{c} \\ 0 \\ 1 \end{array}\overset{\begin{array}{cc}0 & 1\end{array}}{\begin{pmatrix} p & q \\ q & p \end{pmatrix}} (q = 1 - p)$$

有相异的特征值 $\lambda_1 = 1$，$\lambda_2 = p - q$，由线性代数的知识，可将 $P$ 表示成对角矩阵

$$\Lambda = \begin{pmatrix} \lambda_1 & 0 \\ 0 & \lambda_2 \end{pmatrix} = \begin{pmatrix} 1 & 0 \\ 0 & p - q \end{pmatrix}$$

的相似矩阵。具体做法是：求出 $\lambda_1$、$\lambda_2$ 对应的特征向量

$$e_1 = \begin{pmatrix} 1/\sqrt{2} \\ 1/\sqrt{2} \end{pmatrix}，\quad e_2 = \begin{pmatrix} -1/\sqrt{2} \\ 1/\sqrt{2} \end{pmatrix}$$

令

$$H = (e_1,\ e_2) = \begin{pmatrix} 1/\sqrt{2} & -1/\sqrt{2} \\ 1/\sqrt{2} & 1/\sqrt{2} \end{pmatrix}$$

则 $P = H\Lambda H^{-1}$。于是，容易算得

$$P^n = \left(H\Lambda H^{-1}\right)^n = H\Lambda^n H^{-1} = \begin{array}{c} \\ 0 \\ 1 \end{array}\overset{\begin{array}{cc}0 & 1\end{array}}{\begin{pmatrix} \frac{1}{2} + \frac{1}{2}(p-q)^n & \frac{1}{2} - \frac{1}{2}(p-q)^n \\ \frac{1}{2} - \frac{1}{2}(p-q)^n & \frac{1}{2} + \frac{1}{2}(p-q)^n \end{pmatrix}} \qquad (6.4.12)$$

（1）由式（6.4.12）可知，当 $p = 0.9$ 时，系统经二级传输后的传真率与三级传输后的误码率分别是

$$P_{11}(2) = P_{00}(2) = 1/2 + 1/2 \times (0.9 - 0.1)^2 = 0.820$$

$$P_{10}(3)=P_{01}(3)=1/2-1/2\times(0.9-0.1)^3=0.244$$

（2）根据贝叶斯公式，当已知系统经 $n$ 级传输后输出为 1，原发字符也是 1 的概率为

$$P\left(X_0=1|X_n=1\right)=\frac{P\left(X_0=1\right)P\left(X_n=1|X_0=1\right)}{P\left(X_n=1\right)}$$

$$=\frac{p_1(0)P_{11}(n)}{p_0(0)P_{01}(n)+p_1(0)P_{11}(n)}=\frac{\alpha+\alpha(p-q)^n}{1+(2\alpha-1)(p-q)^n}$$

对于只有两个状态的马氏链，一步转移概率矩阵一般可表示为

$$\boldsymbol{P}=\begin{matrix} & \begin{matrix}0 & 1\end{matrix} \\ \begin{matrix}0\\1\end{matrix} & \begin{pmatrix}1-a & a\\ b & 1-b\end{pmatrix}\end{matrix}\qquad(0<a,b<1)$$

利用类似于例 6.4.8 的方法，可得 $n$ 步转移概率矩阵为

$$\boldsymbol{P}(n)=\boldsymbol{P}^n=\begin{matrix} & \begin{matrix}0 & 1\end{matrix} \\ \begin{matrix}0\\1\end{matrix} & \begin{pmatrix}P_{00}(n) & P_{01}(n)\\ P_{10}(n) & P_{11}(n)\end{pmatrix}\end{matrix}\tag{6.4.13}$$

$$=\frac{1}{a+b}\begin{pmatrix}b & a\\ b & a\end{pmatrix}+\frac{(1-a-b)^n}{a+b}\begin{pmatrix}a & -a\\ -b & b\end{pmatrix}\qquad(n=1,2,\cdots)$$

该公式对解决两个状态的马氏链问题很有用。

### 6.4.3 遍历性与极限分布

对于一般的两个状态的马氏链，由式（6.4.13）可知，当 $0<a$，$b<1$ 时，$P_{ij}(n)$有极限

$$\lim_{n\to+\infty}P_{00}(n)=\lim_{n\to+\infty}P_{10}(n)=\frac{b}{a+b}\triangleq\pi_0$$

$$\lim_{n\to+\infty}P_{01}(n)=\lim_{n\to+\infty}P_{11}(n)=\frac{a}{a+b}\triangleq\pi_1$$

上述极限的意义是：对固定的状态 $j$，不管马氏链在某一时刻从什么状态（$i=0$ 或 1）出发，通过长时间的转移，到达状态 $j$ 的概率都趋近于 $\pi_j$，这就是所谓**遍历性**。又由于 $\pi_0+\pi_1=1$，因此$(\pi_0,\pi_1)\triangleq\boldsymbol{\pi}$构成一分布律，称它为马氏链的**极限分布**。另外，如果我们能用其他简便的方法直接由一步转移概率求得极限分布 $\boldsymbol{\pi}$，那么反过来，当 $n\gg1$ 时就可得到 $n$ 步转移概率的近似值：$P_{ij}(n)\approx\pi_j$。

一般，设齐次马氏链的状态空间为 $I$，若对所有的 $a_i,a_j\in I$，转移概率 $P_{ij}(n)$存在极限

$$\lim_{n\to+\infty}P_{ij}(n)=\pi_j(\text{不依赖于}i)$$

或

$$\boldsymbol{P}(n)=\boldsymbol{P}^n\xrightarrow[(n\to+\infty)]{}\begin{pmatrix}\pi_1 & \pi_2 & \cdots & \pi_j & \cdots\\ \pi_1 & \pi_2 & \cdots & \pi_j & \cdots\\ \vdots & \vdots & & \vdots & \\ \pi_1 & \pi_2 & \cdots & \pi_j & \cdots\\ \vdots & \vdots & & \vdots & \end{pmatrix}$$

则称此马氏链具有**遍历性**。又若 $\sum_j \pi_j = 1$，则同时称 $\boldsymbol{\pi} = (\pi_1, \pi_2, \cdots)$ 为马氏链的**极限分布**。

齐次马氏链在什么条件下才具有遍历性？如何求出它的极限分布？这些问题在理论上已经圆满解决，但叙述它需要较多篇幅。下面仅就只有有限个状态的马氏链，即有限马氏链的遍历性给出一个充分条件。

**定理 6.4.1** 设齐次马氏链 $\{X_n, n \geqslant 1\}$ 的状态空间为 $I = \{a_1, a_2, \cdots, a_N\}$，$\boldsymbol{P}$ 是它的一步转移概率矩阵，如果存在正整数 $m$，使对任意的 $a_i, a_j \in I$，都有

$$P_{ij}(m) > 0 \qquad (i, j = 1, 2, \cdots, N) \tag{6.4.14}$$

则此马氏链具有遍历性，且有极限分布 $\boldsymbol{\pi} = (\pi_1, \pi_2, \cdots, \pi_N)$，它是方程组 $\boldsymbol{\pi} = \boldsymbol{\pi P}$，即

$$\pi_j = \sum_{i=1}^{N} \pi_i p_{ij} \qquad (j = 1, 2, \cdots, N) \tag{6.4.15}$$

的满足条件

$$\pi_j > 0, \qquad \sum_{j=1}^{N} \pi_j = 1 \tag{6.4.16}$$

的唯一解。

依照定理，为证明有限马氏链是遍历的，只需找一正整数 $m$，使 $m$ 步转移概率矩阵 $\boldsymbol{P}^m$ 无零元素。而将求极限分布 $\boldsymbol{\pi}$ 的问题，化为求解式（6.4.15）的问题。注意，式（6.4.15）中仅 $N-1$ 个未知数是独立的，而唯一解可用归一条件 $\sum_{j=1}^{N} \pi_j = 1$ 确定。

在定理的条件下，马氏链的极限分布又是平稳分布，若用 $\boldsymbol{\pi}$ 作为马氏链的初始分布，即 $\boldsymbol{p}(0) = \boldsymbol{\pi}$，则马氏链在任一时刻 $n \in T_1$ 的分布 $\boldsymbol{p}(n)$ 永远与 $\boldsymbol{\pi}$ 一致。事实上，由式（6.4.7）′、式（6.4.11）和式（6.4.15），有

$$\boldsymbol{p}(n) = \boldsymbol{p}(0)\boldsymbol{P}(n) = \boldsymbol{\pi P}^n = \boldsymbol{\pi P}^{n-1} = \cdots = \boldsymbol{\pi P} = \boldsymbol{\pi}$$

**【例 6.4.9】**试说明例 6.4.3 中，带有两个反射壁的随机游动是遍历的，并求其极限分布（平稳过程）。

**解：**为了简便，以符号“×”代表转移概率矩阵的正元素。于是，由例 6.4.3 中的一步转移概率矩阵 $\boldsymbol{P}$，得

$$\boldsymbol{P}(2) = \boldsymbol{P}^2 = \begin{pmatrix} 0 & \times & 0 & 0 & 0 \\ \times & \times & \times & 0 & 0 \\ 0 & \times & \times & \times & 0 \\ 0 & 0 & \times & \times & \times \\ 0 & 0 & 0 & \times & 0 \end{pmatrix}\begin{pmatrix} 0 & \times & 0 & 0 & 0 \\ \times & \times & \times & 0 & 0 \\ 0 & \times & \times & \times & 0 \\ 0 & 0 & \times & \times & \times \\ 0 & 0 & 0 & \times & 0 \end{pmatrix} = \begin{pmatrix} \times & \times & \times & 0 & 0 \\ \times & \times & \times & \times & 0 \\ \times & \times & \times & \times & \times \\ 0 & \times & \times & \times & \times \\ 0 & 0 & \times & \times & \times \end{pmatrix}$$

$$\boldsymbol{P}(4) = \boldsymbol{P}^4 = \begin{pmatrix} \times & \times & \times & 0 & 0 \\ \times & \times & \times & \times & 0 \\ \times & \times & \times & \times & \times \\ 0 & \times & \times & \times & \times \\ 0 & 0 & \times & \times & \times \end{pmatrix}\begin{pmatrix} \times & \times & \times & 0 & 0 \\ \times & \times & \times & \times & 0 \\ \times & \times & \times & \times & \times \\ 0 & \times & \times & \times & \times \\ 0 & 0 & \times & \times & \times \end{pmatrix} = \begin{pmatrix} \times & \times & \times & \times & \times \\ \times & \times & \times & \times & \times \\ \times & \times & \times & \times & \times \\ \times & \times & \times & \times & \times \\ \times & \times & \times & \times & \times \end{pmatrix}$$

即 $\boldsymbol{P}(4)$ 无零元素。由定理可知，马氏链是遍历的。再根据式（6.4.15）和式（6.4.16），写出极限分布 $\boldsymbol{\pi} = (\pi_1, \pi_2, \cdots, \pi_5)$ 满足的方程组

$$\begin{cases}\pi_1=(1/3)\pi_2\\ \pi_2=\pi_1+(1/3)\pi_2+(1/3)\pi_3\\ \pi_3=(1/3)\pi_2+(1/3)\pi_3+(1/3)\pi_4\\ \pi_4=(1/3)\pi_3+(1/3)\pi_4+\pi_5\\ \pi_5=(1/3)\pi_4\\ \pi_1+\pi_2+\pi_3+\pi_4+\pi_5=1\end{cases}$$

先由前 4 个方程，解得 $3\pi_1=\pi_2=\pi_3=\pi_4=3\pi_5$。将它们代入归一条件，即最后一个方程，解之，得唯一解：$\pi_1=\pi_5=1/11$，$\pi_2=\pi_3=\pi_4=3/11$。所以极限分布为 $\boldsymbol{\pi}=(1/11,3/11,3/11,3/11,1/11)$。这个分布表明：经过长时间游动之后，醉汉 $Q$ 位于点 $i$（$1<i<5$）的概率约为 3/11，位于点 1 或 5 的概率约为 1/11。

**【例 6.4.10】**试说明例 6.4.4 中的马氏链是遍历的，并求其极限分布。

**解：**依照例 6.4.9，由例 6.4.4 中的一步转移概率矩阵 $\boldsymbol{P}$，可算得 $\boldsymbol{P}(3)=\boldsymbol{P}^3$ 无零元素。根据定理 6.4.1，马氏链是遍历的，而极限分布 $\boldsymbol{\pi}=(\pi_0,\pi_1,\pi_2,\pi_3)$满足下列方程组：

$$\begin{cases}\pi_0=(1-q)\pi_0+p(1-q)\pi_1\\ \pi_1=q\pi_0+\left[pq+(1-p)(1-q)\right]\pi_1+p(1-q)\pi_2\\ \pi_2=q(1-p)\pi_1+\left[pq+(1-p)(1-q)\right]\pi_2+p(1-q)\pi_3\\ \pi_3=q(1-p)\pi_2+\left[pq+(1-p)\right]\pi_3\\ \pi_0+\pi_1+\pi_2+\pi_3=1\end{cases}$$

解之，得唯一解

$$\pi_0=\frac{p^3(1-q)^3}{C},\quad \pi_1=\frac{p^2q(1-q)^2}{C}$$

$$\pi_2=\frac{pq^2(1-q)(1-p)}{C},\quad \pi_3=\frac{q^3(1-p)^2}{C}$$

其中 $C=p^3(1-q)^3+p^2q(1-q)^2+pq^2(1-q)(1-p)+q^3(1-p)^2$。

假若在此例中，$p=q=1/2$，则可算得 $\pi_0=1/7\approx0.14$，$\pi_1=\pi_2=\pi_3=2/7\approx0.29$，即此时极限分布为 $\boldsymbol{\pi}=(1/7,2/7,2/7,2/7)$。也就是说，经过相当长的时间以后，系统中无人的情形约占 14%的时间，而系统中有 1 人、2 人、3 人的情形约各占 29%的时间。

**【例 6.4.11】**设一马氏链的一步转移概率矩阵为

$$\boldsymbol{P}=\begin{pmatrix}0&1/2&0&1/2\\1/2&0&1/2&0\\0&1/2&0&1/2\\1/2&0&1/2&0\end{pmatrix}$$

试讨论它的遍历性。

**解：**先算得

$$\boldsymbol{P}(2)=\boldsymbol{P}^2=\begin{pmatrix}1/2&0&1/2&0\\0&1/2&0&1/2\\1/2&0&1/2&0\\0&1/2&0&1/2\end{pmatrix}$$

进一步可验证：当 $n$ 为奇数时，$\boldsymbol{P}(n)=\boldsymbol{P}(1)=\boldsymbol{P}$；当 $n$ 为偶数时，$\boldsymbol{P}(n)=\boldsymbol{P}(2)$。这表明对任一固定的 $j$（$j=1,2,3,4$），极限 $\lim\limits_{n\to+\infty}P_{ij}(n)$ 都不存在。按定义，此马氏链不具有遍历性。

马氏过程的内容除了讨论最简情形——马氏链之外，还研究状态离散、时间连续的马氏过程和状态、时间都是连续的马氏过程，它们都有比较完善的理论，而且讨论的主题也都是从各自场合的 C-K 方程出发，研究转移概率的确定方法和性质。除前面介绍的泊松过程和维纳过程这两个具体的马氏过程模型外，本书不再做其他的介绍。

# 6.5　应用实例

## 6.5.1　背景与问题

假设有 4 个盒子，每个盒子里有红、白两种颜色的球，盒子里的红、白球数如表 6.5.1 所示。

表 6.5.1

| 盒子 | 1 | 2 | 3 | 4 |
|---|---|---|---|---|
| 红球数 | 5 | 3 | 6 | 8 |
| 白球数 | 5 | 7 | 4 | 2 |

按照下列规则抽球，产生一个球的颜色的观测序列。首先，从 4 个盒子里以等概率随机抽出 1 个盒子，从这个盒子里随机抽出 1 个球，记录其颜色后，放回。然后，从当前盒子随机转移到下一个盒子，规则是：如果当前盒子是盒子 1，那么下一个盒子一定是盒子 2；如果当前盒子是盒子 2 或 3，那么分别以概率 0.4 和 0.6 转移到左边或右边的盒子；如果当前盒子是盒子 4，那么各以 0.5 的概率停留在盒子 4 或者转移到盒子 3。确定转移的盒子后，再从这个盒子里随机抽出 1 个球，记录其颜色，放回。如此下去，重复进行 5 次，得到一个球的颜色的观测序列

$$O=\{红,红,白,白,红\}$$

试用前向算法计算 $P(O|\lambda)$。

## 6.5.2　模型与求解

在这个过程中，观察者只能观测到球的颜色的序列，观测不到球是从哪个盒子取出的，即观测不到盒子的序列。

根据所给条件，可以明确状态集合、观测集合、序列长度，以及模型的三要素。

盒子对应的状态集合 $Q=\{盒子1,盒子2,盒子3,盒子4\}$，$N=4$。

球的颜色对应的观测集合 $V=\{红，白\}$，$M=2$。

状态序列和观测序列长度 $T=5$。

初始概率分布 $\pi=(0.25,0.25,0.25,0.25)^{\mathrm{T}}$。

状态转移概率分布为

$$A=\begin{pmatrix}0 & 1 & 0 & 0\\0.4 & 0 & 0.6 & 0\\0 & 0.4 & 0 & 0.6\\0 & 0 & 0.5 & 0.5\end{pmatrix}$$

矩阵 $\boldsymbol{A}$ 第 1 行表示选择盒子 1 后，下一步转移到盒子 2；第 2 行表示选择盒子 2 后，分别以 0.4 和 0.6 的概率转移到盒子 1 和盒子 3；第 3 行表示选择盒子 3 后，分别以 0.4 和 0.6 的概率转移到盒子 2 和盒子 4；第 4 行表示选择盒子 4 后，分别以 0.5 和 0.5 的概率转移到盒子 3 和盒子 4。

观测概率分布为

$$B=\begin{pmatrix}0.5 & 0.5\\0.3 & 0.7\\0.6 & 0.4\\0.8 & 0.2\end{pmatrix}$$

矩阵 $\boldsymbol{B}$ 的行和列分别表示盒子和红、白球，行列交叉处的元素分别表示从某个盒子中选择红球和白球的概率，即：在第 1 个盒子里选择红球的概率为 0.5，选择白球的概率为 0.5；在第 2 个盒子里选择红球的概率为 0.3，选择白球的概率为 0.7；在第 3 个盒子里选择红球的概率为 0.6，选择白球的概率为 0.4；在第 4 个盒子里选择红球的概率为 0.8，选择白球的概率为 0.2。

根据马尔可夫模型，可以将一个长度为 $T$ 的观测序列 $O=(o_1,o_2,\cdots,o_T)$生成过程描述如下。

输入：马尔可夫模型 $\lambda=(\boldsymbol{A},\boldsymbol{B},\pi)$，观测序列长度 $T$。

输出：观测序列 $O=(o_1,o_2,\cdots,o_T)$。

（1）按照初始状态分布 $\pi$ 产生初始 $i_1$。

（2）令 $t=1$。

（3）按照状态 $i_t$ 的观测概率分布 $b_{i_t}(k)$ 生成 $o_t$。

（4）按照状态 $i_t$ 的状态转移概率分布 $\{a_{i,i+1}\}$产生状态 $i_{t+1}$，$i_{t+1}=1,2,\cdots,N$。

（5）令 $t=t+1$，如果 $t<T$，则转（3）；否则，终止。

### 6.5.3 Python 实现

程序代码如下：

```
import numpy as np

def forward_HMM(O,PI,A,B):
    """
    已知模型，求解状态序列概率

    :param O: 1D，观测序列（元素为整数）
    :param PI: 1D，初始概率向量
    :param A: 2D，状态转移矩阵
    :param B: 2D，观测生成矩阵
    :return: float，O 的概率
    """
    PI = np.asarray(PI).ravel()
    A = np.asarray(A)
```

```
    B = np.asarray(B)

    # 求解第 1 步的前向概率
    alphas = B[:,O[0]] * PI

    # 求解第 2 步至第 T 步的前向概率
    for index in O[1:]:
        alphas = np.dot(alphas,A) * B[:,index]

    # 累计最后所有隐藏状态的前向概率
    return alphas.sum()

if __name__ == '__main__':
    # 初始概率向量
    PI = [0.25,0.25,0.25,0.25]
    # 状态转移矩阵 N*N，N 个隐含状态
    A = [[0,1,0,0],[0.4,0,0.6,0],[0,0.4,0,0.6],[0,0,0.5,0.5]]
    # 观测概率矩阵 N*M，N 个隐含状态，M 个观测状态
    B = [[0.5,0.5],[0.3,0.7],[0.6,0.4],[0.8,0.2]]
    # 观测序列，0 代表“红”，1 代表“白”
    O = [0,0,1,1,0]

    print(forward_HMM(O,PI,A,B))
```

运行结果为：

```
0.026862016000000002
```

## 习题 6

利用 Python 求解下列问题。

1. 设任意相继的两天中，雨天转晴天的概率为 1/3，晴天转雨天的概率为 1/2，任一天晴或雨互为逆事件，以 0 表示晴天状态，以 1 表示雨天状态，$X_n$ 表示第 $n$ 天的状态（0 或 1）。试写出马氏链$\{X_n,n\geqslant 1\}$的一步转移概率矩阵。又若已知 5 月 1 日为晴天，问 5 月 3 日为晴天、5 月 5 日为雨天的概率各等于多少？

2. 在一计算系统中，每一循环具有误差的概率取决于先前一个循环是否有误差。以 0 表示有误差状态，以 1 表示无误差状态。设状态的一步转移概率矩阵为

$$\boldsymbol{P}=\begin{matrix} & \begin{matrix}0 & \;\;1\end{matrix} \\ \begin{matrix}0\\1\end{matrix} & \begin{pmatrix}0.75 & 0.25\\ 0.5 & 0.5\end{pmatrix}\end{matrix}$$

求其极限分布（平稳分布）。

# 第 7 章 最优化基础

数据科学中的算法之所以有效，是因为数据模型对数据的处理最终都会转化为一系列的最优化问题，而且主要是凸优化问题。例如，LR 和神经网络，都是调整模型参数，使得损失函数最小；支持向量机（Support Vector Machine，SVM）中，调整模型参数，使得划分超平面距离两个类边缘的间隔最大。

本章主要介绍最优化问题的一些基本概念和有关的预备知识，为后面 3 章的学习打下基础。

## 7.1 多元函数分析

在模型训练中常用的梯度下降法等优化方法涉及多元函数的微积分等知识。分析多元函数 $f(\boldsymbol{x})$在点 $\boldsymbol{x}_0$ 附近的特性时，$f(\boldsymbol{x})$在 $\boldsymbol{x}_0$ 处的一阶导数和二阶导数是两个重要的工具。多元函数 $f(\boldsymbol{x})$在 $\boldsymbol{x}_0$ 处的线性近似和二次近似对考虑 $f(\boldsymbol{x})$在 $\boldsymbol{x}_0$ 处的最优性条件也是非常有用的。

### 7.1.1 开集、闭集

**定义 7.1.1** 设 $S$ 为非空实数集合，对任意的 $x \in S$，满足 $y \leqslant x$ 的实数 $y$ 称为 $S$ 的**下界**。显然，若实数 $z < y$，而 $y$ 为 $S$ 的下界，则 $z$ 也是 $S$ 的下界。$S$ 的所有下界中的最大者称为 $S$ 的**最大下界**或**下确界**，记为

$$\inf S = \inf\{x|x \in S\} = \max\{y|y \leqslant x, \forall x \in S\} \tag{7.1.1}$$

类似地，可定义 $S$ 的**最小上界**或**上确界**，记为

$$\sup S = \sup\{x|x \in S\} = \min\{y|y \geqslant x, \forall x \in S\} \tag{7.1.2}$$

**注意：**（1）下确界 $\inf S$ 与上确界 $\sup S$ 不一定存在，若存在则必唯一。

（2）当 $S$ 是有限集合时，$\sup S$ 为 $S$ 中的最大元，$\inf S$ 为 $S$ 中的最小元。

**定义 7.1.2** 设 $\boldsymbol{x} \in \mathbf{R}^n$，$\varepsilon > 0$。

（1）称集合

$$\{\boldsymbol{y} \mid \|\boldsymbol{y} - \boldsymbol{x}\| < \varepsilon, \forall \boldsymbol{y} \in \mathbf{R}^n\} \tag{7.1.3}$$

为以 $\boldsymbol{x}$ 为中心、以$\varepsilon$为半径的**开球**，也称为 $\boldsymbol{x}$ 的**球邻域**，记为$N_{\varepsilon}(\boldsymbol{x})$，也记为$N(\boldsymbol{x},\varepsilon)$。其中$\|\cdot\|$为向量的任意范数，应用中常取为 2-范数。

（2）称集合

$$\{\boldsymbol{y} \mid \|\boldsymbol{y}-\boldsymbol{x}\| \leqslant \varepsilon, \forall \boldsymbol{y} \in \mathbf{R}^n\} \tag{7.1.4}$$

为以 $\boldsymbol{x}$ 为中心、以$\varepsilon$为半径的**闭球**，记为$\bar{N}_{\varepsilon}(\boldsymbol{x})$，也记为$\bar{N}(\boldsymbol{x},\varepsilon)$。

**定义 7.1.3**　设非空集合 $S \subseteq \mathbf{R}^n$，$\boldsymbol{x} \in S$。

（1）若存在$\varepsilon>0$，使得$N_{\varepsilon}(\boldsymbol{x}) \subseteq S$，则称 $\boldsymbol{x}$ 为 $S$ 的一个**内点**。$S$ 的全体内点组成的集合称为 $S$ 的**内部**，记为 $\operatorname{int} S$。

如果$\operatorname{int} S=S$，即 $S$ 的每个点皆为内点，则称 $S$ 为**开集**。方便起见，我们规定空集为开集。

如果 $\mathbf{R}^n-S$ 为开集，则称 $S$ 为**闭集**。

（2）如果对任意的$\varepsilon>0$，都有$S \cap N_{\varepsilon}(\boldsymbol{x})$非空，则称 $\boldsymbol{x}$ 为 $S$ 的**接触点**。$S$ 的全体接触点组成的集合称为 $S$ 的**闭包**，记为 $\operatorname{cl} S$。

如果$\operatorname{cl} S=S$，则称 $S$ 为**闭集**。

（3）如果对任意的$\varepsilon>0$，都有$(S-\{\boldsymbol{x}\}) \cap N_{\varepsilon}(\boldsymbol{x})$非空，则称 $\boldsymbol{x}$ 为 $S$ 的**极限点**或**聚点**。$S$ 的全体聚点组成的集合称为 $S$ 的**导集**，记为 $S'$。

如果$S' \subseteq S$，即 $S$ 的聚点全属于 $S$，则称 $S$ 为**闭集**。

（4）如果对任意的$\varepsilon>0$，$N_{\varepsilon}(\boldsymbol{x})$中既含有属于 $S$ 的点又含有不属于 $S$ 的点，即

$$S \cap N_{\varepsilon}(\boldsymbol{x})\text{非空且}(\mathbf{R}^n-S) \cap N_{\varepsilon}(\boldsymbol{x})\text{非空}$$

则称 $\boldsymbol{x}$ 为 $S$ 的**边界点**。$S$ 的全体边界点组成的集合称为 $S$ 的**边界**，记为$\operatorname{bd} S$。

如果$\operatorname{bd} S \subseteq S$，则称 $S$ 为**闭集**；如果$\operatorname{bd} S \cap S$为空集，则称 $S$ 为**开集**。

例如，设$\boldsymbol{x} \in \mathbf{R}^n$，$\varepsilon>0$，则点 $\boldsymbol{x}$ 的$\varepsilon$邻域$N_{\varepsilon}(\boldsymbol{x})$为开集；集合$\{\boldsymbol{y} \mid \|\boldsymbol{y}-\boldsymbol{x}\| \leqslant \varepsilon, \forall \boldsymbol{y} \in \mathbf{R}^n\}$为闭集，$\{\boldsymbol{y} \mid \|\boldsymbol{y}-\boldsymbol{x}\|=\varepsilon, \forall \boldsymbol{y} \in \mathbf{R}^n\}$是其边界。

对任意非空集合$S \subseteq \mathbf{R}^n$，有

（1）$\operatorname{cl} S$ 和 $S'$ 恒为闭集。

（2）$\operatorname{cl} S=\mathbf{R}^n-\operatorname{int}(\mathbf{R}^n-S)$。

（3）$\operatorname{bd} S=\operatorname{cl} S-\operatorname{int} S$。

**定义 7.1.4**　设非空集合$S \subseteq \mathbf{R}^n$，若 $S$ 内的任意两点皆可由落在 $S$ 内的折线相连接，则称 $S$ 是**连通集**。非空的连通开集称为**开区域**，简称**区域**。开区域的闭包称为**闭区域**。

**定义 7.1.5**　设非空集合$S \subseteq \mathbf{R}^n$,若存在数$r>0$，使 $S$ 中的点全部落在坐标原点的 $r$ 邻域内，则称 $S$ 为**有界区域**，否则称 $S$ 为**无界区域**。

## 7.1.2　梯度

**定义 7.1.6**　设非空集合$S \subseteq \mathbf{R}^n$,函数$f$：$S \rightarrow \mathbf{R}$，$\boldsymbol{x}_0 \in S$,如果对任意的$\varepsilon>0$,存在$\delta>0$，

使得当$\boldsymbol{x}\in S\cap N_{\varepsilon}(\boldsymbol{x}_0)$时，恒有$|f(\boldsymbol{x})-f(\boldsymbol{x}_0)|<\varepsilon$成立，则称函数$f(\boldsymbol{x})$在点$\boldsymbol{x}_0$**连续**。

如果$f(\boldsymbol{x})$在$S$中的每一点都连续，则称$f(\boldsymbol{x})$在$S$上**连续**。

**定义 7.1.7** 设非空集合$S\subseteq\mathbf{R}^n$，函数$f:S\to\mathbf{R}$，$\boldsymbol{x}\in S$，若$f(\boldsymbol{x})$对自变量$\boldsymbol{x}=(x_1,x_2,\cdots,x_n)^{\mathrm{T}}$的各分量$x_i$的偏导数$\dfrac{\partial f(\boldsymbol{x})}{\partial x_i}$（$i=1,2,\cdots,n$）都存在，则称函数$f(\boldsymbol{x})$在$\boldsymbol{x}$处**一阶可导**，并称向量

$$\left(\frac{\partial f(\boldsymbol{x})}{\partial x_1},\frac{\partial f(\boldsymbol{x})}{\partial x_2},\cdots,\frac{\partial f(\boldsymbol{x})}{\partial x_n}\right)^{\mathrm{T}}$$

为函数$f(\boldsymbol{x})$在$\boldsymbol{x}$处的**一阶导数**或**梯度**，记为$\nabla f(\boldsymbol{x})$，即

$$\nabla f(\boldsymbol{x})=\left(\frac{\partial f(\boldsymbol{x})}{\partial x_1},\frac{\partial f(\boldsymbol{x})}{\partial x_2},\cdots,\frac{\partial f(\boldsymbol{x})}{\partial x_n}\right)^{\mathrm{T}} \tag{7.1.5}$$

其中符号“$\nabla$”称为**Nabla 算子**或**算符**，也称为**向量微分算子**。

向量微分算子具有以下性质。

设$f$和$g$是定义在非空集合$S\subseteq\mathbf{R}^n$上的函数，若$f$和$g$在$S$的每一点处一阶可导，而$c$是常数，则

（1）$\nabla(f+g)=\nabla f+\nabla g$；

（2）$\nabla(cf)=c\nabla f$；

（3）$\nabla(fg)=f\nabla g+g\nabla f$。

常用的梯度公式如下，其中向量$\boldsymbol{x}$为自变量。

（1）$\nabla c=\boldsymbol{0}$，其中$c$为常数。

（2）$\nabla\boldsymbol{b}=\boldsymbol{O}$，其中$\boldsymbol{b}$为常向量。

（3）$\nabla\boldsymbol{b}^{\mathrm{T}}\boldsymbol{x}=\boldsymbol{b}$，其中$\boldsymbol{b}$为常向量。

（4）$\nabla\boldsymbol{x}^{\mathrm{T}}\boldsymbol{x}=2\boldsymbol{x}$。

（5）$\nabla\boldsymbol{x}^{\mathrm{T}}\boldsymbol{Q}\boldsymbol{x}=2\boldsymbol{Q}\boldsymbol{x}$，其中$\boldsymbol{Q}$为常数方阵。

（6）$\nabla\boldsymbol{x}=\boldsymbol{I}$，其中$\boldsymbol{I}$为单位矩阵。

（7）$\nabla\boldsymbol{Q}\boldsymbol{x}=\boldsymbol{Q}^{\mathrm{T}}$，其中$\boldsymbol{Q}$为常数矩阵。

**注意：**公式（2）、（6）、（7）中的函数为向量函数。

**定义 7.1.8** 设非空集合$S\subseteq\mathbf{R}^n$，函数$f:S\to\mathbf{R}$，$\boldsymbol{x}\in S$，若$f(\boldsymbol{x})$对自变量$\boldsymbol{x}=(x_1,x_2,\cdots,x_n)^{\mathrm{T}}$的各分量$x_i$的二阶偏导数$\dfrac{\partial^2 f(\boldsymbol{x})}{\partial x_i\partial x_j}=\dfrac{\partial}{\partial x_j}\left(\dfrac{\partial f(\boldsymbol{x})}{\partial x_i}\right)$（$i,j=1,2,\cdots,n$）都存在，则称函数$f(\boldsymbol{x})$在$\boldsymbol{x}$处**二阶可导**，并称矩阵

$$\begin{pmatrix} \frac{\partial^2 f(\boldsymbol{x})}{\partial x_1^2} & \frac{\partial^2 f(\boldsymbol{x})}{\partial x_1 \partial x_2} & \cdots & \frac{\partial^2 f(\boldsymbol{x})}{\partial x_1 \partial x_n} \\ \frac{\partial^2 f(\boldsymbol{x})}{\partial x_2 \partial x_1} & \frac{\partial^2 f(\boldsymbol{x})}{\partial x_2^2} & \cdots & \frac{\partial^2 f(\boldsymbol{x})}{\partial x_2 \partial x_n} \\ \vdots & \vdots & & \vdots \\ \frac{\partial^2 f(\boldsymbol{x})}{\partial x_n \partial x_1} & \frac{\partial^2 f(\boldsymbol{x})}{\partial x_n \partial x_2} & \cdots & \frac{\partial^2 f(\boldsymbol{x})}{\partial x_n^2} \end{pmatrix}$$

为函数 $f(\boldsymbol{x})$ 在 $\boldsymbol{x}$ 处的**二阶导数**或**海森**（Ludwig Otto Hesse，1811—1874，德国数学家）**矩阵**，记为 $\nabla^2 f(\boldsymbol{x})$，也记为 $G(\boldsymbol{x})$，即

$$\nabla^2 f(\boldsymbol{x}) = \left( \frac{\partial^2 f(\boldsymbol{x})}{\partial x_i \partial x_j} \right)_{n \times n} \tag{7.1.6}$$

若 $\boldsymbol{f(x)}$ 在 $\boldsymbol{x}$ 处二阶连续可导（即所有二阶偏导数在 $\boldsymbol{x}$ 处都连续），则有

$$\frac{\partial^2 f(\boldsymbol{x})}{\partial x_i \partial x_j} = \frac{\partial^2 f(\boldsymbol{x})}{\partial x_j \partial x_i}$$

此时 $\nabla^2 f(\boldsymbol{x})$ 为对称矩阵。

海森矩阵被应用于牛顿（Isaac Newton，1643—1727，英国数学家、物理学家）法解决的大规模优化问题（见本书 9.3 节）。

**【例 7.1.1】** 设 $\boldsymbol{A} \in \mathbf{R}^{n \times n}$ 为对称矩阵，$\boldsymbol{b} \in \mathbf{R}^n$，$c \in \mathbf{R}$，求：

（1）线性函数 $f(\boldsymbol{x}) = \boldsymbol{b}^{\mathrm{T}} \boldsymbol{x}$ 的梯度和海森矩阵；

（2）二次函数 $f(\boldsymbol{x}) = \boldsymbol{x}^{\mathrm{T}} \boldsymbol{A} \boldsymbol{x} + \boldsymbol{b}^{\mathrm{T}} \boldsymbol{x} + c$ 的梯度和海森矩阵。

**解：**（1）设 $f(\boldsymbol{x}) = \boldsymbol{b}^{\mathrm{T}} \boldsymbol{x} = b_1 x_1 + b_2 x_2 + \cdots + b_n x_n$，则

$$\frac{\partial f(\boldsymbol{x})}{\partial x_i} = b_i, \frac{\partial^2 f(\boldsymbol{x})}{\partial x_i \partial x_j} = 0$$

因此

$$\nabla f(\boldsymbol{x}) = (b_1, b_2, \cdots, b_n)^{\mathrm{T}} = \boldsymbol{b}$$
$$\nabla^2 f(\boldsymbol{x}) = \boldsymbol{O} \text{（零矩阵）}$$

（2）设

$$f_1(\boldsymbol{x}) = \boldsymbol{x}^{\mathrm{T}} \boldsymbol{A} \boldsymbol{x} = \sum_{i=1}^{n} \sum_{j=1}^{n} a_{ij} x_i x_j$$

则

$$\begin{aligned} \frac{\partial f_1(\boldsymbol{x})}{\partial x_k} &= \frac{\partial}{\partial x_k} \left( \sum_{i=1,\ i \neq k}^{n} \left( \sum_{j=1}^{n} a_{ij} x_i x_j \right) + \sum_{j=1,\ j \neq k}^{n} a_{kj} x_k x_j + a_{kk} x_k^2 \right) \\ &= \sum_{i=1,\ i \neq k}^{n} a_{ik} x_i + \sum_{j=1,\ j \neq k}^{n} a_{kj} x_j + 2 a_{kk} x_k \end{aligned}$$

$$=\sum_{i=1}^{n}a_{ik}x_i+\sum_{j=1}^{n}a_{kj}x_j \qquad (k=1,2,\cdots,n)$$

和

$$\frac{\partial^2 f_1(\boldsymbol{x})}{\partial x_k \partial x_l}=a_{lk}+a_{kl} \qquad (k,l=1,2,\cdots,n)$$

因此梯度为

$$\nabla f_1(\boldsymbol{x})=\begin{pmatrix} a_{11} & a_{21} & \cdots & a_{n1} \\ a_{12} & a_{22} & \cdots & a_{n2} \\ \vdots & \vdots & & \vdots \\ a_{1n} & a_{2n} & \cdots & a_{nn} \end{pmatrix}\begin{pmatrix} x_1 \\ x_2 \\ \vdots \\ x_n \end{pmatrix}+\begin{pmatrix} a_{11} & a_{12} & \cdots & a_{1n} \\ a_{21} & a_{22} & \cdots & a_{2n} \\ \vdots & \vdots & & \vdots \\ a_{n1} & a_{n2} & \cdots & a_{nn} \end{pmatrix}\begin{pmatrix} x_1 \\ x_2 \\ \vdots \\ x_n \end{pmatrix}=\boldsymbol{A}^{\mathrm{T}}\boldsymbol{x}+\boldsymbol{A}\boldsymbol{x}$$

海森矩阵为

$$\nabla^2 f_1(\boldsymbol{x})=\begin{pmatrix} a_{11} & a_{21} & \cdots & a_{n1} \\ a_{12} & a_{22} & \cdots & a_{n2} \\ \vdots & \vdots & & \vdots \\ a_{1n} & a_{2n} & \cdots & a_{nn} \end{pmatrix}+\begin{pmatrix} a_{11} & a_{12} & \cdots & a_{1n} \\ a_{21} & a_{22} & \cdots & a_{2n} \\ \vdots & \vdots & & \vdots \\ a_{n1} & a_{n2} & \cdots & a_{nn} \end{pmatrix}=\boldsymbol{A}^{\mathrm{T}}+\boldsymbol{A}$$

因为 $\boldsymbol{A}$ 为对称矩阵，即 $\boldsymbol{A}^{\mathrm{T}}=\boldsymbol{A}$，所以

$$\nabla f_1(\boldsymbol{x})=2\boldsymbol{A}\boldsymbol{x}$$
$$\nabla^2 f_1(\boldsymbol{x})=2\boldsymbol{A}$$

于是

$$\nabla f(\boldsymbol{x})=2\boldsymbol{A}\boldsymbol{x}+\boldsymbol{b}$$
$$\nabla^2 f(\boldsymbol{x})=2\boldsymbol{A}$$

**注意：**简便起见，一般取二次函数为 $f(\boldsymbol{x})=\frac{1}{2}\boldsymbol{x}^{\mathrm{T}}\boldsymbol{A}\boldsymbol{x}+\boldsymbol{b}^{\mathrm{T}}\boldsymbol{x}+c$，则

$$\nabla f(\boldsymbol{x})=\boldsymbol{A}\boldsymbol{x}+\boldsymbol{b}$$
$$\nabla^2 f(\boldsymbol{x})=\boldsymbol{A}$$

**定义 7.1.9** 设非空集合 $S\subseteq \mathbf{R}^n$，若向量函数 $\boldsymbol{F}(\boldsymbol{x})=\left(f_1(\boldsymbol{x}),f_2(\boldsymbol{x}),\cdots,f_m(\boldsymbol{x})\right)^{\mathrm{T}}$ 的各分量函数 $f_i(\boldsymbol{x})(i=1,2,\cdots,m)$ 都在点 $\boldsymbol{x}_0(\boldsymbol{x}_0\in S)$ 连续，则称 $\boldsymbol{F}(\boldsymbol{x})$ 在点 $\boldsymbol{x}_0$ **连续**。

**定义 7.1.10** 设非空集合 $S\subseteq \mathbf{R}^n$，若向量函数 $\boldsymbol{F}(\boldsymbol{x})=\left(f_1(\boldsymbol{x}),f_2(\boldsymbol{x}),\cdots,f_m(\boldsymbol{x})\right)^{\mathrm{T}}$ 的各分量函数 $f_i(\boldsymbol{x})(i=1,2,\cdots,m)$ 对自变量 $\boldsymbol{x}=(x_1,x_2,\cdots,x_n)^{\mathrm{T}}$ 各分量的偏导数

$$\frac{\partial f_i(\boldsymbol{x})}{\partial x_j} \qquad (i=1,2,\cdots,m;\ j=1,2,\cdots,n)$$

都存在，则称 $\boldsymbol{F}(\boldsymbol{x})$ 在 $\boldsymbol{x}$ 处**一阶可导**，并称矩阵

$$\begin{pmatrix} \frac{\partial f_1(\boldsymbol{x})}{\partial x_1} & \frac{\partial f_1(\boldsymbol{x})}{\partial x_2} & \cdots & \frac{\partial f_1(\boldsymbol{x})}{\partial x_n} \\ \frac{\partial f_2(\boldsymbol{x})}{\partial x_1} & \frac{\partial f_2(\boldsymbol{x})}{\partial x_2} & \cdots & \frac{\partial f_2(\boldsymbol{x})}{\partial x_n} \\ \vdots & \vdots & & \vdots \\ \frac{\partial f_m(\boldsymbol{x})}{\partial x_1} & \frac{\partial f_m(\boldsymbol{x})}{\partial x_2} & \cdots & \frac{\partial f_m(\boldsymbol{x})}{\partial x_n} \end{pmatrix} \qquad (7.1.7)$$

为向量函数 $\boldsymbol{F}(\boldsymbol{x})$ 在 $\boldsymbol{x}$ 处的**雅可比**（Carl Gustav Jacob Jacobi，1804—1851，德国数学家）**矩阵**，记作 $\boldsymbol{F}(\boldsymbol{x})$ 或 $(\nabla\boldsymbol{F}(\boldsymbol{x}))^{\mathrm{T}}$，其中

$$\nabla\boldsymbol{F}(\boldsymbol{x})=(\nabla f_1(\boldsymbol{x}),\nabla f_2(\boldsymbol{x}),\cdots,\nabla f_m(\boldsymbol{x}))$$

【例 7.1.2】设

$$\boldsymbol{F}(\boldsymbol{x})=\begin{pmatrix}f_1(\boldsymbol{x})\\f_2(\boldsymbol{x})\end{pmatrix}=\begin{pmatrix}3x_1+\mathrm{e}^{x_2}x_3\\x_1^3+x_2^2\sin x_3\end{pmatrix}$$

求 $\boldsymbol{F}(\boldsymbol{x})$ 在 $\boldsymbol{x}_0=(1,0,\pi)^{\mathrm{T}}$ 处的雅可比矩阵。

**解：** $\boldsymbol{F}'(\boldsymbol{x})=\begin{pmatrix}3 & \mathrm{e}^{x_2}x_3 & \mathrm{e}^{x_2}\\3x_1^2 & 2x_2\sin x_3 & x_2^2\cos x_3\end{pmatrix}$

代入 $\boldsymbol{x}_0=(1,0,\pi)^{\mathrm{T}}$，得 $\boldsymbol{F}'(\boldsymbol{x}_0)=\begin{pmatrix}3 & \pi & 1\\3 & 0 & 0\end{pmatrix}$。

设有复合函数 $\boldsymbol{h}(\boldsymbol{x})=\boldsymbol{f}(\boldsymbol{g}(\boldsymbol{x}))$，其中向量函数 $\boldsymbol{f}(\boldsymbol{g})$ 和 $\boldsymbol{g}(\boldsymbol{x})$ 均一阶可导，$\boldsymbol{x}\in D^n$，$D^n\subseteq\mathbf{R}^n$，$\boldsymbol{g}$：$D^n\to D_1^m$，$\boldsymbol{f}$: $D_2^m\to\mathbf{R}^p$，其中 $D_1^m\subseteq D_2^m$，$\boldsymbol{h}$：$D^n\to\mathbf{R}^p$。根据复合函数求导数的链式法则，必有

$$\boldsymbol{h}'(\boldsymbol{x})=\boldsymbol{f}'(\boldsymbol{g}(\boldsymbol{x}))\boldsymbol{g}'(\boldsymbol{x}),\quad \boldsymbol{x}\in D^n$$

其中 $\boldsymbol{f}'$ 和 $\boldsymbol{g}'$ 分别为 $p\times m$ 和 $m\times n$ 矩阵，$\boldsymbol{h}'$ 为 $p\times n$ 矩阵。若记

$$\nabla\boldsymbol{f}=(\nabla f_1,\nabla f_2,\cdots,\nabla f_p),\quad \nabla\boldsymbol{g}=(\nabla g_1,\nabla g_2,\cdots,\nabla g_m)$$

由于 $\boldsymbol{h}'=(\nabla\boldsymbol{h})^{\mathrm{T}}$，$\boldsymbol{f}'=(\nabla\boldsymbol{f})^{\mathrm{T}}$，$\boldsymbol{g}'=(\nabla\boldsymbol{g})^{\mathrm{T}}$，因此

$$\nabla\boldsymbol{h}(\boldsymbol{x})=\nabla\boldsymbol{g}(\boldsymbol{x})\nabla\boldsymbol{f}(\boldsymbol{g}(\boldsymbol{x}))$$

式中 $\nabla\boldsymbol{h}$ 为 $n\times p$ 矩阵，第 $j$ 列 $\nabla h_j(\boldsymbol{x})$ 为 $h_j(\boldsymbol{x})$ 的梯度。

【例 7.1.3】设有复合函数 $\boldsymbol{h}(\boldsymbol{x})=\boldsymbol{f}(\boldsymbol{u}(\boldsymbol{x}))$，其中

$$\boldsymbol{f}(\boldsymbol{u})=\begin{pmatrix}f_1(\boldsymbol{u})\\f_2(\boldsymbol{u})\end{pmatrix}=\begin{pmatrix}u_1^2-u_2\\u_1+u_2^2\end{pmatrix},\quad \boldsymbol{u}(\boldsymbol{x})=\begin{pmatrix}u_1(\boldsymbol{x})\\u_2(\boldsymbol{x})\end{pmatrix}=\begin{pmatrix}x_1+x_3\\x_2^2-x_3\end{pmatrix}$$

试求复合函数 $\boldsymbol{h}(\boldsymbol{x})=\boldsymbol{f}(\boldsymbol{u}(\boldsymbol{x}))$ 的导数。

**解：**
$$\begin{aligned}\boldsymbol{h}'(\boldsymbol{x})&=\boldsymbol{f}'(\boldsymbol{u}(\boldsymbol{x}))\boldsymbol{u}'(\boldsymbol{x})\\&=\begin{pmatrix}2u_1 & -1\\1 & 2u_2\end{pmatrix}\begin{pmatrix}1 & 0 & 1\\0 & 2x_2 & -1\end{pmatrix}\\&=\begin{pmatrix}2u_1 & -2x_2 & 2u_1+1\\1 & 4u_2x_2 & 1-2u_2\end{pmatrix}\end{aligned}$$

将 $\boldsymbol{u}$ 用 $\boldsymbol{x}$ 表示，得到

$$\begin{pmatrix}\dfrac{\partial h_1(\boldsymbol{x})}{\partial x_1} & \dfrac{\partial h_1(\boldsymbol{x})}{\partial x_2} & \dfrac{\partial h_1(\boldsymbol{x})}{\partial x_3}\\[2ex]\dfrac{\partial h_2(\boldsymbol{x})}{\partial x_1} & \dfrac{\partial h_2(\boldsymbol{x})}{\partial x_2} & \dfrac{\partial h_2(\boldsymbol{x})}{\partial x_3}\end{pmatrix}=\begin{pmatrix}2(x_1+x_3) & -2x_2 & 2(x_1+x_3)+1\\1 & 4x_2(x_2^2-x_3) & 1-2(x_2^2-x_3)\end{pmatrix}$$

### 7.1.3　方向导数

与导数相关的另一个概念是方向导数，多元函数的方向导数在非线性规划问题的研究中具有非常重要的作用。下面我们借助一元函数的一阶导数和二阶导数，导出 $n$ 元函数的一阶方向导数和二阶方向导数。

首先，根据多元复合函数的求导法则，导出一元函数

$$\varphi(a)=f(\boldsymbol{x}+a\boldsymbol{d}) \qquad \left(a\in\mathbf{R},\boldsymbol{x},\boldsymbol{d}\in\mathbf{R}^n\right)$$

的一阶导数、二阶导数。

令

$$\boldsymbol{u}=\boldsymbol{x}+a\boldsymbol{d}=\left(x_1+ad_1,x_2+ad_2,\cdots,x_n+ad_n\right)^{\mathrm{T}}=\left(u_1,u_2,\cdots,u_n\right)^{\mathrm{T}}$$

则

$$\begin{aligned}\varphi'(a)&=\frac{\partial f(\boldsymbol{u})}{\partial u_1}\frac{\mathrm{d}u_1}{\mathrm{d}a}+\cdots+\frac{\partial f(\boldsymbol{u})}{\partial u_n}\frac{\mathrm{d}u_n}{\mathrm{d}a}=\frac{\partial f(\boldsymbol{u})}{\partial u_1}d_1+\cdots+\frac{\partial f(\boldsymbol{u})}{\partial u_n}d_n\\&=\left(\nabla f(\boldsymbol{u})\right)^{\mathrm{T}}\boldsymbol{d}=\left(\nabla f(\boldsymbol{x}+a\boldsymbol{d})\right)^{\mathrm{T}}\boldsymbol{d}=\boldsymbol{d}^{\mathrm{T}}\nabla f(\boldsymbol{x}+a\boldsymbol{d})\end{aligned}$$

$$\begin{aligned}\varphi''(a)&=\left(\frac{\partial^2 f(\boldsymbol{u})}{\partial u_1^2}\frac{\mathrm{d}u_1}{\mathrm{d}a}+\cdots+\frac{\partial^2 f(\boldsymbol{u})}{\partial u_1\partial u_n}\frac{\mathrm{d}u_n}{\mathrm{d}a}\right)d_1+\cdots+\left(\frac{\partial^2 f(\boldsymbol{u})}{\partial u_n\partial u_1}\frac{\mathrm{d}u_1}{\mathrm{d}a}+\cdots+\frac{\partial^2 f(\boldsymbol{u})}{\partial u_n^2}\frac{\mathrm{d}u_n}{\mathrm{d}a}\right)d_n\\&=\left(d_1,d_2,\cdots,d_n\right)\begin{pmatrix}\frac{\partial^2 f(\boldsymbol{u})}{\partial u_1^2}&\frac{\partial^2 f(\boldsymbol{u})}{\partial u_1\partial u_2}&\cdots&\frac{\partial^2 f(\boldsymbol{u})}{\partial u_1\partial u_n}\\\frac{\partial^2 f(\boldsymbol{u})}{\partial u_2\partial u_1}&\frac{\partial^2 f(\boldsymbol{u})}{\partial u_2^2}&\cdots&\frac{\partial^2 f(\boldsymbol{u})}{\partial u_2\partial u_n}\\\vdots&\vdots&&\vdots\\\frac{\partial^2 f(\boldsymbol{u})}{\partial u_n\partial u_1}&\frac{\partial^2 f(\boldsymbol{u})}{\partial u_n\partial u_2}&\cdots&\frac{\partial^2 f(\boldsymbol{u})}{\partial u_n^2}\end{pmatrix}\begin{pmatrix}d_1\\d_2\\\vdots\\d_n\end{pmatrix}=\boldsymbol{d}^{\mathrm{T}}\nabla^2 f(\boldsymbol{x}+a\boldsymbol{d})\boldsymbol{d}\end{aligned}$$

**定义 7.1.11** 对任意给定的 $\boldsymbol{d}\neq\boldsymbol{0}$，若极限

$$\lim_{a\to0^+}\frac{f(\boldsymbol{x}_0+a\boldsymbol{d})-f(\boldsymbol{x}_0)}{a\|\boldsymbol{d}\|}$$

存在，则称该极限值为函数 $f(\boldsymbol{x})$ 在 $\boldsymbol{x}_0$ 处沿方向 $\boldsymbol{d}$ 的**一阶方向导数**，简称**方向导数**，记为 $\frac{\partial}{\partial\boldsymbol{d}}f(\boldsymbol{x}_0)$，即

$$\frac{\partial}{\partial\boldsymbol{d}}f(\boldsymbol{x}_0)=\lim_{a\to0^+}\frac{f(\boldsymbol{x}_0+a\boldsymbol{d})-f(\boldsymbol{x}_0)}{a\|\boldsymbol{d}\|} \tag{7.1.8}$$

如果按上述定义求方向导数会相当烦琐，下面给出方向导数的另一种表达式。

**定理 7.1.1** 若函数 $f(\boldsymbol{x})$ 一阶连续可导，则它在 $\boldsymbol{x}_0$ 处沿方向 $\boldsymbol{d}$ 的一阶方向导数为

$$\frac{\partial}{\partial\boldsymbol{d}}f(\boldsymbol{x}_0)=\left(\nabla f(\boldsymbol{x}_0),\frac{\boldsymbol{d}}{\|\boldsymbol{d}\|}\right)=\frac{1}{\|\boldsymbol{d}\|}\boldsymbol{d}^{\mathrm{T}}\nabla f(\boldsymbol{x}_0)$$

其中 $\left(\nabla f(\boldsymbol{x}_0),\frac{\boldsymbol{d}}{\|\boldsymbol{d}\|}\right)$ 为向量 $\nabla f(\boldsymbol{x}_0)$ 与 $\frac{\boldsymbol{d}}{\|\boldsymbol{d}\|}$ 的内积。

**证明** 考虑单变量函数 $\varphi(a)=f(\boldsymbol{x}_0+a\boldsymbol{d})$。由定理条件知 $\varphi(a)$ 可导，且

$$\varphi'(a)=\boldsymbol{d}^{\mathrm{T}}\nabla f(\boldsymbol{x}_0+a\boldsymbol{d})$$

当 $a=0$ 时，有 $\varphi'(0)=\boldsymbol{d}^{\mathrm{T}}\nabla f(\boldsymbol{x}_0)$。因此

$$\frac{\partial}{\partial\boldsymbol{d}}f(\boldsymbol{x}_0)=\lim_{a\to0^+}\frac{f(\boldsymbol{x}_0+a\boldsymbol{d})-f(\boldsymbol{x}_0)}{a\|\boldsymbol{d}\|}$$

$$=\frac{1}{\|\boldsymbol{d}\|}\lim_{a\to 0^+}\frac{\varphi(a)-\varphi(0)}{a}=\frac{1}{\|\boldsymbol{d}\|}\varphi'(0)=\frac{1}{\|\boldsymbol{d}\|}\boldsymbol{d}^{\mathrm{T}}\nabla f(\boldsymbol{x}_0)$$

从而定理得证。

定理中 $\frac{\boldsymbol{d}}{\|\boldsymbol{d}\|}$ 表示与 $\boldsymbol{d}$ 同方向的单位向量，若记 $\boldsymbol{d}$ 与 $x_i$ 坐标轴的夹角为 $\theta_i$（$i=1,2,\cdots,n$），则 $\frac{\boldsymbol{d}}{\|\boldsymbol{d}\|}=(\cos\theta_1,\cos\theta_2,\cdots,\cos\theta_n)^{\mathrm{T}}$。

方向导数的几何意义是，函数 $f(\boldsymbol{x})$ 在 $\boldsymbol{x}_0$ 处沿方向 $\boldsymbol{d}$ 的变化率，也是向量 $\nabla f(\boldsymbol{x}_0)$ 在方向 $\boldsymbol{d}$ 上的投影。若 $\frac{\partial f}{\partial \boldsymbol{d}}>0$，则函数 $f(\boldsymbol{x})$ 沿着方向 $\boldsymbol{d}$ 增加，此时称 $\boldsymbol{d}$ 为**上升方向**；若 $\frac{\partial f}{\partial \boldsymbol{d}}<0$，则称 $\boldsymbol{d}$ 为**下降方向**。

由柯西-许瓦兹不等式得到

$$\frac{\partial}{\partial \boldsymbol{d}}f(\boldsymbol{x}_0)=\left(\nabla f(\boldsymbol{x}_0),\frac{\boldsymbol{d}}{\|\boldsymbol{d}\|}\right)\leqslant\|\nabla f(\boldsymbol{x}_0)\|\left\|\frac{\boldsymbol{d}}{\|\boldsymbol{d}\|}\right\|=\|\nabla f(\boldsymbol{x}_0)\|$$

特别地，当 $\boldsymbol{d}=\nabla f(\boldsymbol{x}_0)$ 时，有

$$\frac{\partial}{\partial \boldsymbol{d}}f(\boldsymbol{x}_0)=\|\nabla f(\boldsymbol{x}_0)\|$$

综上所述，$\boldsymbol{d}=\nabla f(\boldsymbol{x}_0)$ 是在 $\boldsymbol{x}_0$ 处使得方向导数达到最大的方向，称其为 $f(\boldsymbol{x})$ 在 $\boldsymbol{x}_0$ 处的**最速上升方向**，即梯度的方向是函数的最速上升方向。

同理可得

$$\frac{\partial}{\partial \boldsymbol{d}}f(\boldsymbol{x}_0)\geqslant-\|\nabla f(\boldsymbol{x}_0)\|$$

当 $\boldsymbol{d}=-\nabla f(\boldsymbol{x}_0)$ 时，有

$$\frac{\partial}{\partial \boldsymbol{d}}f(\boldsymbol{x}_0)=-\|\nabla f(\boldsymbol{x}_0)\|$$

因此，称 $\boldsymbol{d}=-\nabla f(\boldsymbol{x}_0)$ 为 $f(\boldsymbol{x})$ 在 $\boldsymbol{x}_0$ 处的**最速下降方向**，即梯度的负方向是函数的最速下降方向。

下面介绍二阶方向导数。

**定义 7.1.12** 对于任意给定的 $\boldsymbol{d}\neq\boldsymbol{0}$，若极限

$$\lim_{a\to 0^+}\frac{\frac{\partial}{\partial \boldsymbol{d}}f(\boldsymbol{x}_0+a\boldsymbol{d})-\frac{\partial}{\partial \boldsymbol{d}}f(\boldsymbol{x}_0)}{a\|\boldsymbol{d}\|}$$

存在，则称该极限值为函数 $f(\boldsymbol{x})$ 在 $\boldsymbol{x}_0$ 处沿方向 $\boldsymbol{d}$ 的**二阶方向导数**，记为 $\frac{\partial^2}{\partial \boldsymbol{d}^2}f(\boldsymbol{x}_0)$，即

$$\frac{\partial^2}{\partial \boldsymbol{d}^2}f(\boldsymbol{x}_0)=\lim_{a\to 0^+}\frac{\frac{\partial}{\partial \boldsymbol{d}}f(\boldsymbol{x}_0+a\boldsymbol{d})-\frac{\partial}{\partial \boldsymbol{d}}f(\boldsymbol{x}_0)}{a\|\boldsymbol{d}\|}\tag{7.1.9}$$

**定理 7.1.2** 若函数 $f(\boldsymbol{x})$ 二阶连续可导，则它在 $\boldsymbol{x}_0$ 处沿方向 $\boldsymbol{d}$ 的二阶方向导数为

$$\frac{\partial^2}{\partial \boldsymbol{d}^2}f(\boldsymbol{x}_0)=\frac{1}{\|\boldsymbol{d}\|^2}\boldsymbol{d}^{\mathrm{T}}\nabla^2 f(\boldsymbol{x}_0)\boldsymbol{d}$$

**证明** 考虑单变量函数 $\varphi(a)=f(\boldsymbol{x}_0+a\boldsymbol{d})$。由定理条件可知，$\varphi(a)$ 二阶可导且

$$\varphi''(a)=\boldsymbol{d}^{\mathrm{T}}\nabla^2 f(\boldsymbol{x}_0+a\boldsymbol{d})\boldsymbol{d}$$

当 $a=0$ 时，有 $\varphi''(0)=\boldsymbol{d}^{\mathrm{T}}\nabla^2 f(\boldsymbol{x}_0)\boldsymbol{d}$。

根据定理 7.1.1 的证明过程，有

$$\frac{\partial}{\partial \boldsymbol{d}}f(\boldsymbol{x}_0)=\frac{1}{\|\boldsymbol{d}\|}\varphi'(0)$$

$$\frac{\partial}{\partial \boldsymbol{d}}f(\boldsymbol{x}_0+a\boldsymbol{d})=\frac{1}{\|\boldsymbol{d}\|}\varphi'(a)$$

因此

$$\frac{\partial^2}{\partial \boldsymbol{d}^2}f(\boldsymbol{x}_0)=\frac{1}{\|\boldsymbol{d}\|^2}\lim_{a\to0^+}\frac{\varphi'(a)-\varphi'(0)}{a}=\frac{1}{\|\boldsymbol{d}\|^2}\varphi''(0)=\frac{1}{\|\boldsymbol{d}\|^2}\boldsymbol{d}^{\mathrm{T}}\nabla^2 f(\boldsymbol{x}_0)\boldsymbol{d}$$

从而定理得证。

二阶方向导数的几何意义是，描述函数 $f(\boldsymbol{x})$ 在 $\boldsymbol{x}_0$ 处沿方向 $\boldsymbol{d}$ 的凹凸性和弯曲的程度。

### 7.1.4 泰勒展开式

$n$ 元函数的泰勒（Brook Taylor，1685—1731，英国数学家）展开式在非线性规划的理论分析中起着重要的作用。

**定理 7.1.3** （1）设函数 $f(\boldsymbol{x})\colon \mathbf{R}^n\to\mathbf{R}$，若 $f(\boldsymbol{x})$ 在点 $\boldsymbol{x}_0$ 的某个邻域 $N(\boldsymbol{x}_0)$ 内一阶连续可导，则存在 $\theta\in(0,1)$，使得

$$f(\boldsymbol{x})=f(\boldsymbol{x}_0)+(\nabla f(\boldsymbol{x}_0+\theta(\boldsymbol{x}-\boldsymbol{x}_0)))^{\mathrm{T}}(\boldsymbol{x}-\boldsymbol{x}_0)\qquad(\boldsymbol{x}\in N(\boldsymbol{x}_0))$$

（2）设函数 $f(\boldsymbol{x})\colon \mathbf{R}^n\to\mathbf{R}$，若 $f(\boldsymbol{x})$ 在点 $\boldsymbol{x}_0$ 的某个邻域 $N(\boldsymbol{x}_0)$ 内一阶连续可导，则

$$f(\boldsymbol{x})=f(\boldsymbol{x}_0)+(\nabla f(\boldsymbol{x}_0))^{\mathrm{T}}(\boldsymbol{x}-\boldsymbol{x}_0)+o(\|\boldsymbol{x}-\boldsymbol{x}_0\|)\qquad(\boldsymbol{x}\in N(\boldsymbol{x}_0))$$

其中 $o(\|\boldsymbol{x}-\boldsymbol{x}_0\|)$ 是当 $\|\boldsymbol{x}-\boldsymbol{x}_0\|\to0$ 时关于 $\|\boldsymbol{x}-\boldsymbol{x}_0\|$ 的高阶无穷小量。

（3）设函数 $f(\boldsymbol{x})\colon \mathbf{R}^n\to\mathbf{R}$，若 $f(\boldsymbol{x})$ 在点 $\boldsymbol{x}_0$ 的某个邻域 $N(\boldsymbol{x}_0)$ 内二阶连续可导，则存在 $\theta\in(0,1)$，使得

$$f(\boldsymbol{x})=f(\boldsymbol{x}_0)+(\nabla f(\boldsymbol{x}_0))^{\mathrm{T}}(\boldsymbol{x}-\boldsymbol{x}_0)+\frac{1}{2}(\boldsymbol{x}-\boldsymbol{x}_0)^{\mathrm{T}}\nabla^2 f(\boldsymbol{x}_0+\theta(\boldsymbol{x}-\boldsymbol{x}_0))(\boldsymbol{x}-\boldsymbol{x}_0)\quad(\boldsymbol{x}\in N(\boldsymbol{x}_0))$$

（4）设函数 $f(\boldsymbol{x})\colon \mathbf{R}^n\to\mathbf{R}$，若 $f(\boldsymbol{x})$ 在点 $\boldsymbol{x}_0$ 的某个邻域 $N(\boldsymbol{x}_0)$ 内二阶连续可导，则

$$f(\boldsymbol{x})=f(\boldsymbol{x}_0)+(\nabla f(\boldsymbol{x}_0))^{\mathrm{T}}(\boldsymbol{x}-\boldsymbol{x}_0)+\frac{1}{2}(\boldsymbol{x}-\boldsymbol{x}_0)^{\mathrm{T}}\nabla^2 f(\boldsymbol{x}_0)(\boldsymbol{x}-\boldsymbol{x}_0)+$$
$$o(\|\boldsymbol{x}-\boldsymbol{x}_0\|^2)\qquad(\boldsymbol{x}\in N(\boldsymbol{x}_0))$$

其中 $o(\|\boldsymbol{x}-\boldsymbol{x}_0\|^2)$ 是当 $\|\boldsymbol{x}-\boldsymbol{x}_0\|\to0$ 时关于 $\|\boldsymbol{x}-\boldsymbol{x}_0\|^2$ 的高阶无穷小量。

**证明** 结论（1）和（2）留给读者自己证明，下面证明结论（3）和（4）。

（3）当 $\boldsymbol{x}=\boldsymbol{x}_0$ 时，结论显然成立。因此我们仅考虑 $\boldsymbol{x}\neq\boldsymbol{x}_0$ 的情形。

设 $\varphi(a)=f(\boldsymbol{x}_0+a\boldsymbol{d})$，其中 $\boldsymbol{d}=\boldsymbol{x}-\boldsymbol{x}_0$，由一元函数的泰勒展开式有

$$\varphi(a)=\varphi(0)+\varphi'(0)a+\frac{1}{2}\varphi''(\theta)a^2$$

其中 $\theta \in (0,a)$。取 $a=1$ 得

$$\varphi(1)=\varphi(0)+\varphi'(0)+\frac{1}{2}\varphi''(\theta) \tag{7.1.10}$$

显然 $\varphi(1)=f(\boldsymbol{x})$，$\varphi(0)=f(\boldsymbol{x}_0)$，因此

$$\varphi'(0)=\boldsymbol{d}^{\mathrm{T}}\nabla f(\boldsymbol{x}_0)$$

$$\varphi''(\theta)=\boldsymbol{d}^{\mathrm{T}}\nabla^2 f(\boldsymbol{x}_0+\theta\boldsymbol{d})\boldsymbol{d}$$

将以上两式代入式（7.1.10），便得结论。

（4）设 $\varphi(a)=f(\boldsymbol{x}_0+a\boldsymbol{d})$，其中 $a=\|\boldsymbol{x}-\boldsymbol{x}_0\|$，$\boldsymbol{d}=\dfrac{\boldsymbol{x}-\boldsymbol{x}_0}{\|\boldsymbol{x}-\boldsymbol{x}_0\|}$，由一元函数的泰勒展开式有

$$\varphi(a)=\varphi(0)+\varphi'(0)a+\frac{1}{2}\varphi''(0)a^2+o(a^2) \tag{7.1.11}$$

显然 $\varphi(a)=f(\boldsymbol{x})$，$\varphi(0)=f(\boldsymbol{x}_0)$，因此

$$\varphi'(0)a=(\nabla f(\boldsymbol{x}_0))^{\mathrm{T}}(\boldsymbol{x}-\boldsymbol{x}_0)$$

$$\varphi''(0)a^2=(\boldsymbol{x}-\boldsymbol{x}_0)^{\mathrm{T}}\nabla^2 f(\boldsymbol{x}_0)(\boldsymbol{x}-\boldsymbol{x}_0)$$

将以上两式代入式（7.1.11），便得结论。

在结论（2）和结论（4）中，若略去高阶无穷小量，则有近似关系式

$$f(\boldsymbol{x})\approx f(\boldsymbol{x}_0)+(\nabla f(\boldsymbol{x}_0))^{\mathrm{T}}(\boldsymbol{x}-\boldsymbol{x}_0) \qquad (\boldsymbol{x}\in N(\boldsymbol{x}_0))$$

$$f(\boldsymbol{x})\approx f(\boldsymbol{x}_0)+(\nabla f(\boldsymbol{x}_0))^{\mathrm{T}}(\boldsymbol{x}-\boldsymbol{x}_0)+\frac{1}{2}(\boldsymbol{x}-\boldsymbol{x}_0)^{\mathrm{T}}\nabla^2 f(\boldsymbol{x}_0)(\boldsymbol{x}-\boldsymbol{x}_0) \qquad (\boldsymbol{x}\in N(\boldsymbol{x}_0))$$

通常把上面两式的右边分别称为函数 $f(\boldsymbol{x})$ 在点 $\boldsymbol{x}_0$ 处的**线性近似（函数）**和**二次近似（函数）**。

## 7.1.5　微积分中的最优化方法

多元函数的极值分为无条件极值和有条件极值。

### 1．无条件极值

回顾一元函数在其定义域内的无条件极值的求法。对于二阶连续可导的一元函数 $f(x)$，求出 $f'(x)$的零点，即函数 $f(x)$的驻点。因为极值点一定是驻点而驻点不一定是极值点，所以需要借助 $f(x)$在驻点处的二阶导数的符号来进一步判断该驻点是不是极值点。若在驻点处二阶导数为负，则该点为极大值点；若在驻点处二阶导数为正，则该点为极小值点；若在驻点处二阶导数为 0，则还要看更高阶导数。二阶导数在这里的意义就是判断函数局部的凹凸性。

如果函数 $f(\boldsymbol{x}),\boldsymbol{x}=(x_1,x_2,\cdots,x_n)^{\mathrm{T}}\in\mathbf{R}^n$ 在定义域内二阶连续可导，满足 $\nabla f(\boldsymbol{x})=\mathbf{0}$（$n$ 维零向量）的点称为函数 $f(\boldsymbol{x})$的**驻点**或**稳定点**。驻点是否为极值点，需要进一步借助 $f(\boldsymbol{x})$在驻点处的二阶导数 $\nabla^2 f(\boldsymbol{x})$（即海森矩阵）来判定。

下面先介绍一个定理，它在后面的证明中会被多次用到。

**定理 7.1.4**　设函数 $f(\boldsymbol{x})$在点 $\boldsymbol{x}^*$处一阶连续可导，如果存在方向 $\boldsymbol{d}$，使得$(\nabla f(\boldsymbol{x}^*))^{\mathrm{T}}\boldsymbol{d}<0$，则存在数 $\delta>0$，使得当 $\lambda\in(0,\delta)$时，有 $f(\boldsymbol{x}^*+\lambda\boldsymbol{d})<f(\boldsymbol{x}^*)$。

**证明**　函数 $f(\boldsymbol{x}^*+\lambda\boldsymbol{d})$在 $f(\boldsymbol{x}^*)$的一阶泰勒展开式为

$$f(\boldsymbol{x}^*+\lambda\boldsymbol{d})=f(\boldsymbol{x}^*)+\lambda(\nabla f(\boldsymbol{x}^*))^{\mathrm{T}}\boldsymbol{d}+o(\|\lambda\boldsymbol{d}\|)$$

即

$$f(\boldsymbol{x}^*+\lambda\boldsymbol{d})=f(\boldsymbol{x}^*)+\lambda\,[(\nabla f(\boldsymbol{x}^*))^{\mathrm{T}}\boldsymbol{d}+o(\|\lambda\boldsymbol{d}\|)/\lambda] \tag{7.1.12}$$

其中当$\lambda\to 0$时，$o(\|\lambda\boldsymbol{d}\|)/\lambda\to 0$。

由于$(\nabla f(\boldsymbol{x}^*))^{\mathrm{T}}\boldsymbol{d}<0$，当$|\lambda|$充分小时，在式（7.1.12）中

$$(\nabla f(\boldsymbol{x}^*))^{\mathrm{T}}\boldsymbol{d}+o(\|\lambda\boldsymbol{d}\|)/\lambda<0$$

因此，存在$\delta>0$，使得当$\lambda\in(0,\delta)$时，有

$$\lambda\,[(\nabla f(\boldsymbol{x}^*))^{\mathrm{T}}\boldsymbol{d}+o(\|\lambda\boldsymbol{d}\|)/\lambda]<0$$

于是由式（7.1.12）可得

$$f(\boldsymbol{x}^*+\lambda\boldsymbol{d})<f(\boldsymbol{x}^*)$$

从而定理得证。

利用定理 7.1.4 可以证明局部极小点的一阶必要条件。

**定理 7.1.5** 设函数$f(\boldsymbol{x})$在点$\boldsymbol{x}^*$处一阶连续可导，若$\boldsymbol{x}^*$是局部极小点，则梯度$\nabla f(\boldsymbol{x}^*)=\boldsymbol{0}$。

**证明** 用反证法。设$\nabla f(\boldsymbol{x}^*)\neq\boldsymbol{0}$，令方向$\boldsymbol{d}=-\nabla f(\boldsymbol{x}^*)$，则有

$$(\nabla f(\boldsymbol{x}^*))^{\mathrm{T}}\boldsymbol{d}=-(\nabla f(\boldsymbol{x}^*))^{\mathrm{T}}\nabla f(\boldsymbol{x}^*)=-\|\nabla f(\boldsymbol{x}^*)\|^2<0$$

根据定理 7.1.4，必存在$\delta>0$，使得当$\lambda\in(0,\delta)$时，下式成立

$$f(\boldsymbol{x}^*+\lambda\boldsymbol{d})<f(\boldsymbol{x}^*)$$

此与$\boldsymbol{x}^*$是局部极小点矛盾。

定理 7.1.5 的逆命题不成立，即梯度为 0 的点不一定是局部极小点。下面利用函数$f(\boldsymbol{x})$的海森矩阵，给出局部极小点的二阶必要条件。

**定理 7.1.6** 设函数$f(\boldsymbol{x})$在点$\boldsymbol{x}^*$处二阶连续可导，若$\boldsymbol{x}^*$是局部极小点，则梯度$\nabla f(\boldsymbol{x}^*)=\boldsymbol{0}$，并且海森矩阵$\nabla^2 f(\boldsymbol{x}^*)$半正定。

**证明** 根据定理 7.1.5 可知，梯度$\nabla f(\boldsymbol{x}^*)=\boldsymbol{0}$，下面证明$\nabla^2 f(\boldsymbol{x}^*)$半正定。

对任意的$\boldsymbol{d}\neq\boldsymbol{0}$，$\boldsymbol{d}\in\mathbf{R}^n$，由于$f(\boldsymbol{x})$在点$\boldsymbol{x}^*$处二阶连续可导，且$\nabla f(\boldsymbol{x}^*)=\boldsymbol{0}$，因此有

$$f(\boldsymbol{x}^*+\lambda\boldsymbol{d})=f(\boldsymbol{x}^*)+\lambda^2\boldsymbol{d}^{\mathrm{T}}\nabla^2 f(\boldsymbol{x}^*)\boldsymbol{d}/2+o(\|\lambda\boldsymbol{d}\|^2)$$

即

$$[f(\boldsymbol{x}^*+\lambda\boldsymbol{d})-f(\boldsymbol{x}^*)]/\lambda^2=\boldsymbol{d}^{\mathrm{T}}\nabla^2 f(\boldsymbol{x}^*)\boldsymbol{d}/2+o(\|\lambda\boldsymbol{d}\|^2)/\lambda^2 \tag{7.1.13}$$

由于$\boldsymbol{x}^*$是局部极小点，当$|\lambda|$充分小时，必有

$$f(\boldsymbol{x}^*+\lambda\boldsymbol{d})\geqslant f(\boldsymbol{x}^*)$$

因此由式（7.1.13）可得

$$\boldsymbol{d}^{\mathrm{T}}\nabla^2 f(\boldsymbol{x}^*)\boldsymbol{d}\geqslant 0$$

即$\nabla^2 f(\boldsymbol{x}^*)$半正定。

下面给出局部极小点的二阶充分条件。

**定理 7.1.7** 设函数$f(\boldsymbol{x})$在点$\boldsymbol{x}^*$处二阶连续可导，若梯度$\nabla f(\boldsymbol{x}^*)=\boldsymbol{0}$，并且海森矩阵$\nabla^2 f(\boldsymbol{x}^*)$正定，则$\boldsymbol{x}^*$是局部极小点。

**证明** 由于$\nabla f(\boldsymbol{x}^*)=\boldsymbol{0}$，故$f(\boldsymbol{x})$在$\boldsymbol{x}^*$的二阶泰勒展开式为

$$f(\boldsymbol{x})=f(\boldsymbol{x}^*)+(\boldsymbol{x}-\boldsymbol{x}^*)^{\mathrm{T}}\nabla^2 f(\boldsymbol{x}^*)(\boldsymbol{x}-\boldsymbol{x}^*)/2+o(\|\boldsymbol{x}-\boldsymbol{x}^*\|^2) \tag{7.1.14}$$

设$\nabla^2 f(\boldsymbol{x}^*)$的最小特征值为$\lambda_{\min}>0$，由于$\nabla^2 f(\boldsymbol{x}^*)$正定，必有

$$(\boldsymbol{x}-\boldsymbol{x}^*)^{\mathrm{T}}\nabla^2 f(\boldsymbol{x}^*)(\boldsymbol{x}-\boldsymbol{x}^*)\geqslant\lambda_{\min}\|\boldsymbol{x}-\boldsymbol{x}^*\|^2$$

从而由式（7.1.14）可得

$$f(\boldsymbol{x}) \geqslant f(\boldsymbol{x}^*) + [\lambda_{\min}/2 + o(\|\boldsymbol{x}-\boldsymbol{x}^*\|^2)/\|\boldsymbol{x}-\boldsymbol{x}^*\|^2]\|\boldsymbol{x}-\boldsymbol{x}^*\|^2$$

当 $\boldsymbol{x} \to \boldsymbol{x}^*$时，$o(\|\boldsymbol{x}-\boldsymbol{x}^*\|^2)/\|\boldsymbol{x}-\boldsymbol{x}^*\|^2 \to 0$，因此存在 $\boldsymbol{x}^*$的邻域 $N(\boldsymbol{x}^*,\varepsilon)$，当 $x\in N(\boldsymbol{x}^*,\varepsilon)$时，$f(\boldsymbol{x}) \geqslant f(\boldsymbol{x}^*)$，即 $\boldsymbol{x}^*$为局部极小点。

上面介绍的几个极值条件是针对极小化问题给出的，对于极大化问题，可以给出类似的定理。

因为函数$f(\boldsymbol{x})$在定义域内二阶连续可导，所以$\nabla^2 f(\boldsymbol{x}^*)$为对称矩阵。驻点 $\boldsymbol{x}^*$为$f(\boldsymbol{x})$的极小值点（极大值点）的充分条件是$\nabla^2 f(\boldsymbol{x}^*)$正定（负定）。若$\nabla^2 f(\boldsymbol{x}^*)$既非正定又非负定，而是不定，则 $f(\boldsymbol{x})$在点 $\boldsymbol{x}^*$处无极值。

**【例 7.1.4】** 利用极值条件求函数 $f(\boldsymbol{x}) = \frac{1}{3}x_1^3 + \frac{1}{3}x_2^3 - x_2^2 - x_1$ 的极值点。

**解：**

$$\frac{\partial f}{\partial x_1} = x_1^2 - 1, \quad \frac{\partial f}{\partial x_2} = x_2^2 - 2x_2$$

令 $\nabla f(\boldsymbol{x}) = \mathbf{0}$，即

$$\begin{cases} x_1^2 - 1 = 0 \\ x_2^2 - 2x_2 = 0 \end{cases}$$

解此方程组，得到驻点

$$\boldsymbol{x}^{(1)} = (1,0)^{\mathrm{T}},\ \boldsymbol{x}^{(2)} = (1,2)^{\mathrm{T}},\ \boldsymbol{x}^{(3)} = (-1,0)^{\mathrm{T}},\ \boldsymbol{x}^{(4)} = (-1,2)^{\mathrm{T}}$$

函数 $f(\boldsymbol{x})$的海森矩阵

$$\nabla^2 f(\boldsymbol{x}) = \begin{pmatrix} 2x_1 & 0 \\ 0 & 2x_2 - 2 \end{pmatrix}$$

因此

$$\nabla^2 f(\boldsymbol{x}^{(1)}) = \begin{pmatrix} 2 & 0 \\ 0 & -2 \end{pmatrix},\ \nabla^2 f(\boldsymbol{x}^{(2)}) = \begin{pmatrix} 2 & 0 \\ 0 & 2 \end{pmatrix}$$

$$\nabla^2 f(\boldsymbol{x}^{(3)}) = \begin{pmatrix} -2 & 0 \\ 0 & -2 \end{pmatrix},\ \nabla^2 f(\boldsymbol{x}^{(4)}) = \begin{pmatrix} -2 & 0 \\ 0 & 2 \end{pmatrix}$$

由于矩阵$\nabla^2 f(\boldsymbol{x}^{(1)})$和$\nabla^2 f(\boldsymbol{x}^{(4)})$不定，因此 $\boldsymbol{x}^{(1)}$ 和 $\boldsymbol{x}^{(4)}$ 不是极值点；由于矩阵$\nabla^2 f(\boldsymbol{x}^{(3)})$负定，因此 $\boldsymbol{x}^{(3)}$ 是局部极大点；由于矩阵$\nabla^2 f(\boldsymbol{x}^{(2)})$正定，因此 $\boldsymbol{x}^{(2)}$ 是局部极小点。

### 2. 有条件极值

对于一些实际问题，一般还带有等式或者不等式约束条件。对于带等式约束的极值问题，经典的解决方案是拉格朗日（Joseph-Louis Lagrange，1736—1813，法国数学家、物理学家）乘数法。

和一元函数有条件极值一样，要求函数 $f(\boldsymbol{x})$，$\boldsymbol{x}\in\mathbf{R}^n$ 满足 $c_k(\boldsymbol{x}) = 0\,(k = 1,2,\cdots,m)$ 的极值，先构造拉格朗日函数

$$L(\boldsymbol{x},\ \boldsymbol{\lambda}) = f(\boldsymbol{x}) + \sum_{k=1}^{m} \lambda_k c_k(\boldsymbol{x})$$

其中，$\lambda_k\,(k = 1,2,\cdots,m)$是待定系数，称为**拉格朗日乘子**。

在极值点 $\boldsymbol{x}^*$ 处，$L(\boldsymbol{x},\boldsymbol{\lambda})$ 的梯度为 0，即

$$\begin{cases}\dfrac{\partial f}{\partial x_i}+\lambda_1\dfrac{\partial c_1}{\partial x_i}+\lambda_2\dfrac{\partial c_2}{\partial x_i}+\cdots+\lambda_m\dfrac{\partial c_m}{\partial x_i}=0 & (i=1,2,\cdots,n)\\ c_k(\boldsymbol{x})=0 \quad (k=1,2,\cdots,m)\end{cases}$$

解此方程组得到的 $\boldsymbol{x}^*$ 就是函数 $f(\boldsymbol{x})$ 在附加条件 $c_k(\boldsymbol{x})=0\ (k=1,2,\cdots,m)$ 下的可能极值点，至于具体是不是，要根据实际问题本身的性质来判定。

拉格朗日乘数法通过增加变量，将条件极值问题转变为无条件极值问题，所以是升维法。

## 7.2　最优化问题的基本概念

所谓最优化问题，就是在有限种或无限种可行的方案或决策中寻找最优的方案或决策，以达到最优的目标。达到最优目标的方案，称为最优方案。搜索最优方案的方法，称为最优化方法。最优化方法的数学理论，称为最优化理论。

### 7.2.1　最优化问题的数学模型

针对实际的最优化问题，如投资收益最大、生产成本最低、耗能最少等，需要先根据最优化问题的目标，选择合适的决策变量和目标函数，建立相应的最优化模型，再根据模型的具体形式和特征选择适当的最优化方法求解。

最优化问题数学模型的一般形式为

$$\begin{aligned}&\min f(\boldsymbol{x})\\&\text{s.t.}\begin{cases}g_i(\boldsymbol{x})\leqslant 0 & (i=1,2,\cdots,l)\\ h_j(\boldsymbol{x})=0 & (j=1,2,\cdots,m)\end{cases}\end{aligned}\tag{7.2.1}$$

其中，min 表示求极小值或函数极小化；s.t.是 subject to 的缩写，表示受约束于或满足于；$\boldsymbol{x}=(x_1,x_2,\cdots,x_n)^{\mathrm{T}}\in\mathbf{R}^n$ 是 $n$ 维列向量，称为**决策变量**，称 $n$ 为优化问题的**维数**；$f(\boldsymbol{x})$: $\mathbf{R}^n\to\mathbf{R}$ 称为**目标函数**；不等式 $g_i(\boldsymbol{x})\leqslant 0$（$i=1,2,\cdots,l$）称为**不等式约束条件**，对应的函数 $g_i(\boldsymbol{x})$: $\mathbf{R}^n\to\mathbf{R}$（$i=1,2,\cdots,l$）称为**不等式约束函数**；等式 $h_j(\boldsymbol{x})=0$（$j=1,2,\cdots,m$）称为**等式约束条件**，对应的函数 $h_j(\boldsymbol{x})$: $\mathbf{R}^n\to\mathbf{R}$（$j=1,2,\cdots,m$）称为**等式约束函数**。不等式约束条件与等式约束条件统称为**约束条件**；不等式约束函数与等式约束函数统称为**约束函数**。通常要求目标函数和约束函数连续可导。

根据实际问题的不同要求，最优化模型有不同的形式，但经过适当的变换可以转换成上述一般形式。例如，目标函数极大化 $\max f(\boldsymbol{x})$ 可以转换成 $\min(-f(\boldsymbol{x}))$；不等式约束条件 $g_i(\boldsymbol{x})\geqslant 0$ 可以转换成 $-g_i(\boldsymbol{x})\leqslant 0$。

### 7.2.2　最优化问题的解

**定义 7.2.1**　称集合

$$D=\{\boldsymbol{x}\mid g_i(\boldsymbol{x})\leqslant 0,i=1,2,\cdots,l;\ h_j(\boldsymbol{x})=0,\ j=1,2,\cdots,m;\ \boldsymbol{x}\in\mathbf{R}^n\}$$

为问题（7.2.1）的**可行域**或**可行集**。若 $\boldsymbol{x}\in D$，则称 $\boldsymbol{x}$ 为问题（7.2.1）的**可行点**或**可行解**。若 $D$ 非空，则称问题（7.2.1）是**可行的**，否则是**不可行的**。

简言之，可行解就是满足问题（7.2.1）中所有约束条件的点。

如果问题（7.2.1）的可行域是整个空间，那么此问题就是无约束问题。

若 $g_i(\boldsymbol{x})$（$i=1,2,\cdots,l$）和 $h_j(\boldsymbol{x})$（$j=1,2,\cdots,m$）都是连续函数，则 $D$ 是闭集。

**定义 7.2.2** 若存在 $\boldsymbol{x}^*\in D$，使得对任意的 $\boldsymbol{x}\in D$，均有 $f\left(\boldsymbol{x}^*\right)\leqslant f\left(\boldsymbol{x}\right)$ 成立，则称 $\boldsymbol{x}^*$ 为问题（7.2.1）的一个**全局最优解**（**点**）或**全局极小点**，简称**最优解**（**点**）。

若存在 $\boldsymbol{x}^*\in D$，使得对任意的 $\boldsymbol{x}\in D$，$\boldsymbol{x}\neq\boldsymbol{x}^*$，均有 $f\left(\boldsymbol{x}^*\right)<f\left(\boldsymbol{x}\right)$ 成立，则称 $\boldsymbol{x}^*$ 为问题（7.2.1）的一个**严格全局最优解**（**点**）或**严格全局极小点**，简称**严格最优解**（点）。

若存在 $\boldsymbol{x}^*\in D$ 和实数 $\varepsilon>0$，使得对任意的 $\boldsymbol{x}\in D\cap N_\varepsilon\left(\boldsymbol{x}^*\right)$，均有 $f\left(\boldsymbol{x}^*\right)\leqslant f\left(\boldsymbol{x}\right)$ 成立，则称 $\boldsymbol{x}^*$ 为问题（7.2.1）的一个**局部最优解**（**点**）或**局部极小点**。

若存在 $\boldsymbol{x}^*\in D$ 和实数 $\varepsilon>0$，使得对任意的 $\boldsymbol{x}\in D\cap N_\varepsilon\left(\boldsymbol{x}^*\right)$，$\boldsymbol{x}\neq\boldsymbol{x}^*$，均有 $f\left(\boldsymbol{x}^*\right)<f\left(\boldsymbol{x}\right)$ 成立，则称 $\boldsymbol{x}^*$ 为问题（7.2.1）的一个**严格局部最优解**（**点**）或**严格局部极小点**。

最优解（点）$\boldsymbol{x}^*$ 对应的目标函数值 $f\left(\boldsymbol{x}^*\right)$ 称为**最优值**，常用 $f^*$ 表示，即 $f^*=f\left(\boldsymbol{x}^*\right)$。

对于极大化问题，可类似地定义全局极大点和局部极大点。

根据定义 7.2.2 可知，问题（7.2.1）的一个全局最优解也是它的一个局部最优解，但反之不一定。

求解问题（7.2.1），就是求目标函数 $f(\boldsymbol{x})$ 在所有约束条件下的全局最优解，但一般只能求出它的一个局部最优解。

本书介绍的最优化方法主要是求其局部最优解的数值方法。

### 7.2.3 最优化问题的分类

根据问题（7.2.1）中函数的具体性质和复杂程度，最优化问题可以划分为不同的类型。

（1）根据可行域划分

问题（7.2.1）的可行域 $D\subseteq\mathbf{R}^n$。若 $D=\mathbf{R}^n$，则称问题（7.2.1）为**无约束最优化问题**；若 $D\subseteq\mathbf{R}^n$，则称问题（7.2.1）为**约束最优化问题**。

对约束最优化问题，若只有等式约束，则称其为**等式约束最优化问题**；若只有不等式约束，则称其为**不等式约束最优化问题**；若既有等式约束，又有不等式约束，则称其为**一般约束最优化问题**或**混合约束最优化问题**。

（2）根据可行点的个数划分

若可行域 $D$ 内仅含有限个点，则称问题（7.2.1）为**离散优化问题**，也称**组合优化问题**；若可行域 $D$ 内含无穷多个点，且 $D$ 内点可以连续变化，则称问题（7.2.1）为**连续优化问题**。

对离散优化问题，若决策变量均为整数，则称其为**整数规划问题**；若部分决策变量为整数，且其他决策变量连续变化，则称其为**混合整数规划问题**。在整数规划问题中，如果决策变量只能取 0 和 1，则称其为 **0-1 整数规划问题**。

（3）根据函数的线性性质划分

一个函数 $f$: $\mathbf{R}^n \to \mathbf{R}$ 是**线性的**，如果对任意的 $\boldsymbol{x},\boldsymbol{y} \in \mathbf{R}^n$ 和任意的 $\alpha,\beta \in \mathbf{R}$，都有 $f(\alpha\boldsymbol{x} + \beta\boldsymbol{y}) = \alpha f(\boldsymbol{x}) + \beta f(\boldsymbol{y})$。

若目标函数和约束函数都是线性的，则称问题（7.2.1）为**线性规划问题**；若目标函数和约束函数中至少有一个是非线性的，则称问题（7.2.1）为**非线性规划问题**。

对非线性规划问题，若目标函数是二次函数，且约束函数是线性函数，则称其为**二次规划问题**。

（4）根据函数的可导性质划分

若目标函数和约束函数都是连续可导的，则称问题（7.2.1）为**光滑规划问题**；若目标函数和约束函数中至少有一个是非连续可导的，则称问题（7.2.1）为**非光滑规划问题**。

（5）根据目标函数的向量性质划分

若目标函数为向量函数，则称问题（7.2.1）为**多目标规划问题**；若目标函数为数量函数，则称问题（7.2.1）为**单目标规划问题**。

（6）根据规划问题有关信息的确定性划分

若问题（7.2.1）与随机性有关，则称其为**随机规划问题**；否则，称其为**确定性规划问题**。

这里只给出了一些基本的分类，最优化问题还有其他的分类。本书中主要讨论光滑的、单目标的无约束最优化问题和约束最优化问题。

# 7.3 最优化问题的下降算法

求解问题（7.2.1）的基本方法是，选取一个初始可行点 $\boldsymbol{x}_0 \in D$，由 $\boldsymbol{x}_0$ 出发依次产生一个可行点列 $\{\boldsymbol{x}_k\}$，使得某个 $\boldsymbol{x}_k$ 恰好是问题（7.2.1）的一个最优解，或者该点列收敛到问题（7.2.1）的一个最优解 $\boldsymbol{x}^*$。此方法一般称为**迭代算法**。

在迭代算法中，若由点 $\boldsymbol{x}_k$ 迭代产生 $\boldsymbol{x}_{k+1}$ 时要求 $f(\boldsymbol{x}_{k+1}) \leqslant f(\boldsymbol{x}_k)$，则称之为**下降算法**。

在下降算法中需要注意以下几个方面的问题。

## 7.3.1 可行点列的产生

通常在点 $\boldsymbol{x}_k \in D$ 处求得一个方向 $\boldsymbol{p}_k$，以 $\boldsymbol{x}_k$ 为出发点沿着方向 $\boldsymbol{p}_k$ 作射线 $\boldsymbol{x}_k + t\boldsymbol{p}_k$（$t \geqslant 0$），在此射线上求一点 $\boldsymbol{x}_{k+1} = \boldsymbol{x}_k + t_k\boldsymbol{p}_k \in D$，使得 $f(\boldsymbol{x}_{k+1}) \leqslant f(\boldsymbol{x}_k)$，其中 $t_k$ 为步长。

**定义 7.3.1** 在点 $\boldsymbol{x}_k$ 处，对于方向 $\boldsymbol{p}_k \neq \boldsymbol{0}$，若存在实数 $\beta > 0$，使得对任意的 $t \in (0, \beta)$，有 $f(\boldsymbol{x}_k + t\boldsymbol{p}_k) < f(\boldsymbol{x}_k)$，则称 $\boldsymbol{p}_k$ 为函数 $f(\boldsymbol{x})$ 在点 $\boldsymbol{x}_k$ 处的一个**下降方向**或**搜索方向**。

设$f(\boldsymbol{x})$一阶连续可导，令$f(\boldsymbol{x})$在$\boldsymbol{x}_k$处的梯度$\nabla f(\boldsymbol{x}_k)=\boldsymbol{g}_k$，由泰勒展开式有

$$f\left(\boldsymbol{x}_k+t\boldsymbol{p}_k\right)=f\left(\boldsymbol{x}_k\right)+t\boldsymbol{g}_k^{\mathrm{T}}\boldsymbol{p}_k+o\left(t\right)$$

当$\boldsymbol{g}_k^{\mathrm{T}}\boldsymbol{p}_k<0$时，$f\left(\boldsymbol{x}_k+t\boldsymbol{p}_k\right)<f\left(\boldsymbol{x}_k\right)$，所以（$t$充分小）$\boldsymbol{p}_k$是$f(\boldsymbol{x})$在$\boldsymbol{x}_k$处的一个下降方向。反之，当$\boldsymbol{p}_k$是$f(\boldsymbol{x})$在$\boldsymbol{x}_k$处的一个下降方向时，有$\boldsymbol{g}_k^{\mathrm{T}}\boldsymbol{p}_k<0$。

**定义 7.3.2**　已知区域$D\subseteq\mathbf{R}^n$，$\boldsymbol{x}_k\in D$，对于向量$\boldsymbol{p}_k\neq\boldsymbol{0}$，若存在实数$\beta>0$，使得对任意的$t\in(0,\beta)$，有$\boldsymbol{x}_k+t\boldsymbol{p}_k\in D$，则称$\boldsymbol{p}_k$为点$\boldsymbol{x}_k$处关于区域$D$的**可行方向**。

对于$D$的内点，任意方向可行；对于边界点，则有些方向可行，有些方向不可行。

若下降方向关于区域$D$可行，则称为**可行下降方向**。

## 7.3.2　算法的迭代步骤

下降算法的迭代步骤如下。

给定初始点$\boldsymbol{x}_0$，令$k=0$。

（1）确定$\boldsymbol{x}_k$处的可行下降方向$\boldsymbol{p}_k$。

（2）确定步长$t_k>0$，使得$f(\boldsymbol{x}_k+t_k\boldsymbol{p}_k)<f(\boldsymbol{x}_k)$。

（3）令$\boldsymbol{x}_{k+1}=\boldsymbol{x}_k+t_k\boldsymbol{p}_k$。

（4）若$\boldsymbol{x}_{k+1}$满足某种终止准则，则停止迭代，以$\boldsymbol{x}_{k+1}$为近似最优解；或者已经达到最大迭代步数，也可停止迭代。

否则令$k=k+1$，转至步骤（1）重新迭代。

根据不同的原则选取不同的搜索方向，得到不同的算法。

## 7.3.3　算法的终止准则

对于一种算法，应该有某种终止准则，当某次迭代满足终止准则时，就停止迭代。

常用的终止准则如下。

（1）$\|\boldsymbol{x}_{k+1}-\boldsymbol{x}_k\|<\varepsilon$或$\dfrac{\|\boldsymbol{x}_{k+1}-\boldsymbol{x}_k\|}{\|\boldsymbol{x}_k\|}<\varepsilon$。

（2）$\left|f\left(\boldsymbol{x}_{k+1}\right)-f\left(\boldsymbol{x}_k\right)\right|<\varepsilon$或$\dfrac{\left|f\left(\boldsymbol{x}_{k+1}\right)-f\left(\boldsymbol{x}_k\right)\right|}{\left|f\left(\boldsymbol{x}_k\right)\right|}<\varepsilon$。

（3）$\|\nabla f\left(\boldsymbol{x}_k\right)\|=\|\boldsymbol{g}_k\|<\varepsilon$。

（4）上面 3 种准则的组合。

其中$\varepsilon>0$是预先给定的。

## 7.3.4　算法的收敛性

对于任意一个算法，都需要保证其收敛性，否则算法无意义。

**定义 7.3.3**　如果一个算法只有当初始点$\boldsymbol{x}_0$充分接近最优解$\boldsymbol{x}^*$时，产生的点列$\{\boldsymbol{x}_k\}$才收敛于$\boldsymbol{x}^*$，则称该算法为具有**局部收敛**的算法。

如果对任意的$\boldsymbol{x}_0\in D$，由算法产生的点列$\{\boldsymbol{x}_k\}$都收敛于最优解$\boldsymbol{x}^*$，则称该算法为具有**全**

**局收敛**的算法。

由于一般情况下最优解 $\boldsymbol{x}^*$是未知的，因此只有具有全局收敛的算法才有实用意义。但算法的局部收敛性分析，在理论上是重要的，因为它是全局收敛性分析的基础。

**定义 7.3.4** 设序列$\{\boldsymbol{x}_k\}$收敛于 $\boldsymbol{x}^*$，且

$$\lim_{k\to+\infty}\frac{\|\boldsymbol{x}_{k+1}-\boldsymbol{x}^*\|}{\|\boldsymbol{x}_k-\boldsymbol{x}^*\|}=\beta$$

若 $0<\beta<1$，则称$\{\boldsymbol{x}_k\}$为**线性收敛**，称$\beta$为**收敛比**。

若$\beta=0$，则称$\{\boldsymbol{x}_k\}$为**超线性收敛**。

**定义 7.3.5** 设序列$\{\boldsymbol{x}_k\}$收敛于 $\boldsymbol{x}^*$，若存在一个实数 $p\geqslant 1$，使得

$$\lim_{k\to+\infty}\frac{\|\boldsymbol{x}_{k+1}-\boldsymbol{x}^*\|}{\|\boldsymbol{x}_k-\boldsymbol{x}^*\|^p}=\beta \qquad (0<\beta<\infty)$$

则称$\{\boldsymbol{x}_k\}$为 **$p$ 阶收敛**。

特别地，当 $p=2$ 时称其为**二阶收敛**。

当 $p>1$ 时，$p$ 阶收敛必为超线性收敛，但反之不一定成立。

在最优化算法中，通常考虑线性收敛、超线性收敛和二阶收敛。

另外一个评价算法好坏的标准是，其是否具有二次终止性。

**定义 7.3.6** 设 $\boldsymbol{G}$ 是 $n\times n$ 的对称正定矩阵，称函数

$$f(\boldsymbol{x})=\frac{1}{2}\boldsymbol{x}^{\mathrm{T}}\boldsymbol{G}\boldsymbol{x}+\boldsymbol{b}^{\mathrm{T}}\boldsymbol{x}+c$$

为**正定二次函数**。

**定义 7.3.7** 若某个算法对于任意的正定二次函数，从任意的初始点出发，都能经有限步迭代达到其极小点，则称该算法具有**二次终止性**。

我们用算法是否具有二次终止性来作为一个算法好坏的评价标准，即若该算法具有二次终止性，则认为是好算法；否则认为该算法的计算效果较差。后面关于无约束最优化问题的很多算法都是根据二次终止性来设计的。

# 7.4 凸集与凸函数

凸集和凸函数的理论一般称为凸分析，在最优化理论分析中起着重要的作用。本节对凸集和凸函数的定义和基本性质做简要介绍。

## 7.4.1 凸集

**定义 7.4.1** 设非空集合 $S\subseteq\mathbf{R}^n$，如果对任意的 $\boldsymbol{x},\boldsymbol{y}\in S$ 和任意的实数 $\lambda\in[0,1]$，都有

$$\lambda\boldsymbol{x}+(1-\lambda)\boldsymbol{y}\in S \tag{7.4.1}$$

即 $S$ 中任意两点 $\boldsymbol{x}$、$\boldsymbol{y}$ 的直线段也在 $S$ 中，则称 $S$ 是一个**凸集**。

显然，单个点 $\boldsymbol{x}$ 组成的集合 $\{\boldsymbol{x}\}$ 和 $\mathbf{R}^n$ 都是凸集。方便起见，我们规定空集为凸集。

点 $\boldsymbol{x}^*$ 的 $\varepsilon$ 邻域 $N_\varepsilon\left(\boldsymbol{x}^*\right)=\{\boldsymbol{x}\mid \|\boldsymbol{x}-\boldsymbol{x}^*\|<\varepsilon\}$ 也是一个凸集。

图 7.4.1 给出了平面上凸集（图 7.4.1（a）、（b））和非凸集（图 7.4.1（c））的例子。

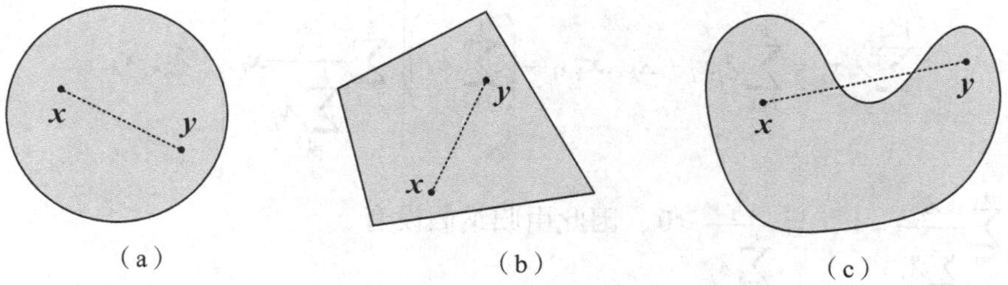


图 7.4.1

【**例 7.4.1**】集合 $H=\{\boldsymbol{x}\mid \boldsymbol{x}\in\mathbf{R}^n,\boldsymbol{c}^{\mathrm{T}}\boldsymbol{x}=b\}$ 称为**超平面**，其中 $\boldsymbol{c}\in\mathbf{R}^n$ 是一个非零的列向量，称为**超平面的法向量**，$b$ 是一个常数。证明 $H$ 是一个凸集。

**证明**　因为对任意的 $\boldsymbol{x},\boldsymbol{y}\in H$，有 $\boldsymbol{c}^{\mathrm{T}}\boldsymbol{x}=b$，$\boldsymbol{c}^{\mathrm{T}}\boldsymbol{y}=b$，所以对任意的 $\lambda\in[0,1]$，总有

$$\boldsymbol{c}^{\mathrm{T}}\left(\lambda\boldsymbol{x}+(1-\lambda)\boldsymbol{y}\right)=\lambda\boldsymbol{c}^{\mathrm{T}}\boldsymbol{x}+(1-\lambda)\boldsymbol{c}^{\mathrm{T}}\boldsymbol{y}=\lambda b+(1-\lambda)b=b$$

即 $\lambda\boldsymbol{x}+(1-\lambda)\boldsymbol{y}\in H$。因此 $H$ 是一个凸集。

根据凸集的定义，可得凸集的性质如下。

**定理 7.4.1**　设集合 $S_1,S_2\subseteq\mathbf{R}^n$ 是凸集，$\alpha\in\mathbf{R}$，则

（1）$S_1\cap S_2=\{\boldsymbol{x}\mid \boldsymbol{x}\in S_1,\boldsymbol{x}\in S_2\}$ 是凸集；

（2）$\alpha S_1=\{\alpha\boldsymbol{x}\mid \boldsymbol{x}\in S_1\}$ 是凸集；

（3）$S_1+S_2=\{\boldsymbol{x}+\boldsymbol{y}\mid \boldsymbol{x}\in S_1,\boldsymbol{y}\in S_2\}$ 是凸集。

**注意**：凸集 $S_1$ 和 $S_2$ 的并集 $S_1\cup S_2$ 未必是凸集。可以考虑 $S_1,S_2\subseteq\mathbf{R}^2$，其中 $S_1=\{(x,0)|x\in\mathbf{R}\}$，$S_2=\{(0,y)|y\in\mathbf{R}\}$。

**定义 7.4.2**　设实数 $\lambda_i\geqslant 0(i=1,2,\cdots,m)$，$\sum\limits_{i=1}^{m}\lambda_i=1$，$\boldsymbol{x}_i\in\mathbf{R}^n(i=1,2,\cdots,m)$，则称 $\boldsymbol{x}_1,\boldsymbol{x}_2,\cdots,\boldsymbol{x}_m$ 的线性组合 $\sum\limits_{i=1}^{m}\lambda_i\boldsymbol{x}_i$ 为点 $\boldsymbol{x}_1,\boldsymbol{x}_2,\cdots,\boldsymbol{x}_m$ 的一个**凸组合**。

**定理 7.4.2**　非空集合 $S\subseteq\mathbf{R}^n$ 是凸集的充分必要条件是，对任意整数 $m\geqslant 2$，任意点 $\boldsymbol{x}_i\in S(i=1,2,\cdots,m)$ 的任意凸组合仍在 $S$ 中。

**证明**　充分性显然成立。下面用数学归纳法证明必要性也成立。

当 $m=2$ 时，由凸集的定义，命题显然成立。

设 $m=k$ 时命题成立，即对任意的 $\boldsymbol{x}_i\in S$ 和实数 $\lambda_i\geqslant 0(i=1,2,\cdots,k;\ \sum\limits_{i=1}^{k}\lambda_i=1)$，均有 $\sum\limits_{i=1}^{k}\lambda_i\boldsymbol{x}_i\in S$。

当$m=k+1$时，对任意的$\boldsymbol{x}_i \in S$和实数$\lambda_i \geqslant 0 (i=1, 2, \cdots, k+1; \sum_{i=1}^{k+1}\lambda_i=1)$，不失一般性，假设$\lambda_{k+1} \neq 1$，即$\sum_{j=1}^{k}\lambda_j = 1-\lambda_{k+1} \neq 0$，则有

$$\sum_{i=1}^{k+1}\lambda_i \boldsymbol{x}_i = \sum_{i=1}^{k}\lambda_i \boldsymbol{x}_i + \lambda_{k+1}\boldsymbol{x}_{k+1} = \left(\sum_{j=1}^{k}\lambda_j\right)\left(\sum_{i=1}^{k}\frac{\lambda_i}{\sum_{j=1}^{k}\lambda_j}\boldsymbol{x}_i\right) + \lambda_{k+1}\boldsymbol{x}_{k+1}$$

由于 $\sum_{i=1}^{k}\frac{\lambda_i}{\sum_{j=1}^{k}\lambda_j}=1$，且$\frac{\lambda_i}{\sum_{j=1}^{k}\lambda_j} \geqslant 0$，因此由归纳假设有

$$\sum_{i=1}^{k}\frac{\lambda_i}{\sum_{j=1}^{k}\lambda_j}\boldsymbol{x}_i \in S$$

注意到$\sum_{j=1}^{k}\lambda_j + \lambda_{k+1} = 1$，因此由凸集的定义可得

$$\sum_{i=1}^{k+1}\lambda_i \boldsymbol{x}_i \in S$$

从而定理得证。

**定义 7.4.3** 设非空集合$S \subseteq \mathbf{R}^n$，如果对任意的$\boldsymbol{x} \in S$和任意的$\alpha \geqslant 0$，都有$\alpha \boldsymbol{x} \in S$，则称$S$是一个**锥**。若一个锥为凸集，则称该锥为**凸锥**。

凸集除了在刻画可行域的特性方面起重要作用外，还在分析非线性规划最优性条件时起重要作用。

**定义 7.4.4** 设$S_1, S_2 \subseteq \mathbf{R}^n$是两个非空凸集，若存在非零向量$\boldsymbol{\alpha} \in \mathbf{R}^n$和实数$\lambda \in \mathbf{R}$，使得

$$S_1 \subseteq H^+ = \{\boldsymbol{x} \mid \boldsymbol{x} \in \mathbf{R}^n, \boldsymbol{\alpha}^{\mathrm{T}}\boldsymbol{x} \geqslant \lambda\}$$

$$S_2 \subseteq H^- = \{\boldsymbol{x} \mid \boldsymbol{x} \in \mathbf{R}^n, \boldsymbol{\alpha}^{\mathrm{T}}\boldsymbol{x} \leqslant \lambda\}$$

则称超平面$H=\{\boldsymbol{x} \in \mathbf{R}^n \mid \boldsymbol{\alpha}^{\mathrm{T}}\boldsymbol{x}=\lambda\}$**分离**了集合$S_1$和$S_2$。进而，若有$S_1 \cup S_2 \not\subseteq H$，则称$H$**正常分离**了$S_1$与$S_2$。若

$$S_1 \subseteq \bar{H}^+ = \left\{\boldsymbol{x} \middle| \boldsymbol{x} \in \mathbf{R}^n, \ \boldsymbol{\alpha}^{\mathrm{T}}\boldsymbol{x} > \lambda\right\}$$

$$S_2 \subseteq \bar{H}^- = \{\boldsymbol{x} \mid \boldsymbol{x} \in \mathbf{R}^n, \ \boldsymbol{\alpha}^{\mathrm{T}}\boldsymbol{x} < \lambda\}$$

则称$H$**严格分离**了$S_1$和$S_2$。其中$\bar{H}^+$、$\bar{H}^-$分别表示集合$H^+$、$H^-$的内部。

为给后面证明凸集分离定理做好准备，我们先给出闭凸集的一个性质。

**定理 7.4.3** 设$S \subseteq \mathbf{R}^n$是非空闭凸集，$\boldsymbol{y} \in \mathbf{R}^n - S$，则

（1）存在唯一的点$\bar{\boldsymbol{x}} \in S$，使得$\bar{\boldsymbol{x}}$是点$\boldsymbol{y}$到集合$S$的距离最小点，即有

$$\|\bar{\boldsymbol{x}}-\boldsymbol{y}\| = \inf_{x \in S}\{\|\boldsymbol{x}-\boldsymbol{y}\|\} > 0$$

（2）$\bar{\boldsymbol{x}} \in S$是点$\boldsymbol{y}$到集合$S$的距离最小点的充分必要条件是

$$(\boldsymbol{x}-\overline{\boldsymbol{x}})^{\mathrm{T}}(\overline{\boldsymbol{x}}-\boldsymbol{y}) \geqslant 0 \qquad (\forall \boldsymbol{x} \in S)$$

此定理称为**投影定理**，利用它可得到点与闭凸集的分离定理。

**定理 7.4.4** 设 $S \subseteq \mathbf{R}^n$ 是非空闭凸集，$\boldsymbol{y} \in \mathbf{R}^n - S$，则存在非零向量 $\boldsymbol{\alpha} \in \mathbf{R}^n$ 和 $\beta \in \mathbf{R}$，满足

$$\boldsymbol{\alpha}^{\mathrm{T}}\boldsymbol{x} \leqslant \beta < \boldsymbol{\alpha}^{\mathrm{T}}\boldsymbol{y} \qquad (\forall \boldsymbol{x} \in S)$$

即存在超平面 $H=\{\boldsymbol{x} \mid \boldsymbol{\alpha}^{\mathrm{T}}\boldsymbol{x}=\beta,\ \boldsymbol{x} \in \mathbf{R}^n\}$ 严格分离点 $\boldsymbol{y}$ 与集合 $S$。

**证明** 由 $S$ 是闭凸集、$\boldsymbol{y} \notin S$ 及定理 7.4.3 可知，存在唯一的最小距离点 $\overline{\boldsymbol{x}} \in S$，满足

$$(\boldsymbol{x}-\overline{\boldsymbol{x}})^{\mathrm{T}}(\overline{\boldsymbol{x}}-\boldsymbol{y}) \geqslant 0 \qquad (\forall \boldsymbol{x} \in S)$$

将此式改写为

$$\boldsymbol{x}^{\mathrm{T}}(\boldsymbol{y}-\overline{\boldsymbol{x}}) \leqslant \overline{\boldsymbol{x}}^{\mathrm{T}}(\boldsymbol{y}-\overline{\boldsymbol{x}}) \qquad (\forall \boldsymbol{x} \in S) \tag{7.4.2}$$

由于

$$\|\boldsymbol{y}-\overline{\boldsymbol{x}}\|^2=(\boldsymbol{y}-\overline{\boldsymbol{x}})^{\mathrm{T}}(\boldsymbol{y}-\overline{\boldsymbol{x}})=\boldsymbol{y}^{\mathrm{T}}(\boldsymbol{y}-\overline{\boldsymbol{x}})-\overline{\boldsymbol{x}}^{\mathrm{T}}(\boldsymbol{y}-\overline{\boldsymbol{x}})$$

因此由式（7.4.2）得

$$\|\boldsymbol{y}-\overline{\boldsymbol{x}}\|^2 \leqslant \boldsymbol{y}^{\mathrm{T}}(\boldsymbol{y}-\overline{\boldsymbol{x}})-\boldsymbol{x}^{\mathrm{T}}(\boldsymbol{y}-\overline{\boldsymbol{x}}) \qquad (\forall \boldsymbol{x} \in S)$$

令 $\boldsymbol{\alpha}=\boldsymbol{y}-\overline{\boldsymbol{x}}$，则 $\boldsymbol{\alpha} \neq \mathbf{0}$, 且

$$0<\|\boldsymbol{\alpha}\|^2 \leqslant \boldsymbol{\alpha}^{\mathrm{T}}\boldsymbol{y}-\boldsymbol{\alpha}^{\mathrm{T}}\boldsymbol{x} \qquad (\forall \boldsymbol{x} \in S)$$

即 $\boldsymbol{\alpha}^{\mathrm{T}}\boldsymbol{x}<\boldsymbol{\alpha}^{\mathrm{T}}\boldsymbol{y},\ \forall \boldsymbol{x} \in S$。令 $\beta=\sup\{\boldsymbol{\alpha}^{\mathrm{T}}\boldsymbol{x} \mid \boldsymbol{x} \in S\}$ 即得

$$\boldsymbol{\alpha}^{\mathrm{T}}\boldsymbol{x} \leqslant \beta < \boldsymbol{\alpha}^{\mathrm{T}}\boldsymbol{y} \qquad (\forall \boldsymbol{x} \in S)$$

即超平面 $H=\{\boldsymbol{x} \mid \boldsymbol{\alpha}^{\mathrm{T}}\boldsymbol{x}=\beta, \boldsymbol{x} \in \mathbf{R}^n\}$ 严格分离点 $\boldsymbol{y}$ 与凸集 $S$。

## 7.4.2 凸函数

**定义 7.4.5** 设 $S \subseteq \mathbf{R}^n$ 是非空凸集，$f$ 是定义在 $S$ 上的实函数。

（1）如果对任意的 $\boldsymbol{x}, \boldsymbol{y} \in S$ 和任意的 $\lambda \in [0,1]$，均有

$$f(\lambda\boldsymbol{x}+(1-\lambda)\boldsymbol{y}) \leqslant \lambda f(\boldsymbol{x})+(1-\lambda)f(\boldsymbol{y})$$

成立，则称 $f$ 为凸集 $S$ 上的**凸函数**。

（2）如果对任意的 $\boldsymbol{x}, \boldsymbol{y} \in S(\boldsymbol{x} \neq \boldsymbol{y})$ 和任意的 $\lambda \in (0,1)$，均有

$$f(\lambda\boldsymbol{x}+(1-\lambda)\boldsymbol{y}) < \lambda f(\boldsymbol{x})+(1-\lambda)f(\boldsymbol{y})$$

成立，则称 $f$ 为凸集 $S$ 上的**严格凸函数**。

（3）若 $-f(\boldsymbol{x})$ 为凸集 $S$ 上的（严格）凸函数，则称 $f(\boldsymbol{x})$ 为 $S$ 上的（**严格**）**凹函数**。

例如，$f(x)=x^2+4$ 是一个一元严格凸函数，而 $g(\boldsymbol{x})=x_1^2-x_2^2$ 是一个二元严格凹函数。

凸函数的几何意义为：如果 $f(\boldsymbol{x})$ 是凸集 $S$ 上的凸函数，则对于 $S$ 上的任意两点 $\boldsymbol{x}$、$\boldsymbol{y}$，连接点 $(\boldsymbol{x},f(\boldsymbol{x}))$ 和点 $(\boldsymbol{y},f(\boldsymbol{y}))$ 之间的直线段位于函数图形（曲线或曲面）的上方。简言之，凸函数的任意两点间的直线段总在弦的下方，而凹函数的任意两点间的直线段总在弦的上方。一元凸函数和凹函数的示意分别如图 7.4.2（a）和图 7.4.2（b）所示。

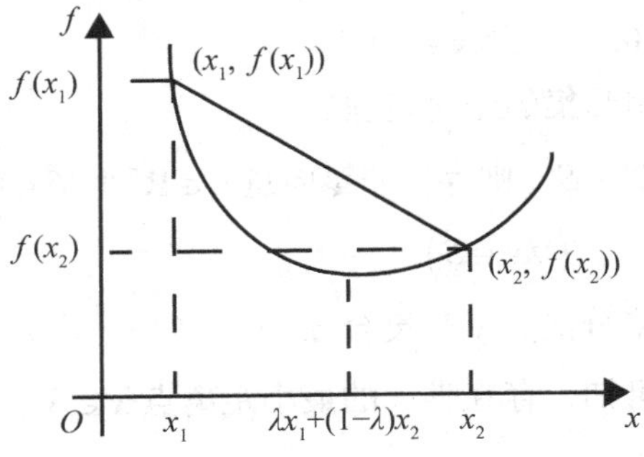


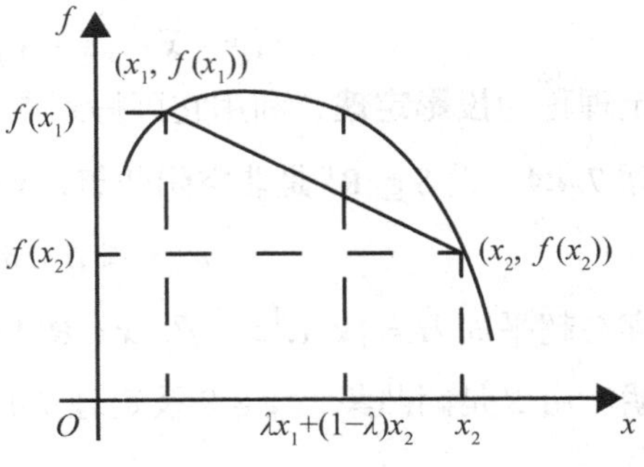


图 7.4.2

**【例 7.4.2】**下列函数均为 $\mathbf{R}^n$ 上的凸函数：

（1）$f(\boldsymbol{x}) = \boldsymbol{c}^{\mathrm{T}}\boldsymbol{x}$；

（2）$f(\boldsymbol{x}) = \|\boldsymbol{x}\|$；

（3）$f(\boldsymbol{x}) = \boldsymbol{x}^{\mathrm{T}}\boldsymbol{A}\boldsymbol{x}$（其中 $\boldsymbol{A}$ 是对称正定矩阵）。

其中函数 $f(\boldsymbol{x}) = \boldsymbol{c}^{\mathrm{T}}\boldsymbol{x}$ 为线性函数，也是凹函数。

下面给出几个凸函数的判别定理。

**定理 7.4.5** 函数 $f(\boldsymbol{x})$是 $\mathbf{R}^n$ 上的凸函数的充分必要条件是，对任意的 $\boldsymbol{x},\boldsymbol{y}\in\mathbf{R}^n$，一元函数 $\varphi(\alpha)=f(\boldsymbol{x}+\alpha\boldsymbol{y})$是关于$\alpha$的凸函数。

**证明** 必要性。设$\alpha_1$、$\alpha_2$是$\alpha$的任意两个值，对任意的$\lambda_1,\lambda_2\in[0,1]$且$\lambda_1+\lambda_2=1$，由$\varphi(\alpha)$的定义和$f(\boldsymbol{x})$的凸性，有

$$
\begin{aligned}
\varphi(\lambda_1\alpha_1+\lambda_2\alpha_2) &= f(\boldsymbol{x}+(\lambda_1\alpha_1+\lambda_2\alpha_2)\boldsymbol{y}) \\
&= f((\lambda_1+\lambda_2)\boldsymbol{x}+(\lambda_1\alpha_1+\lambda_2\alpha_2)\boldsymbol{y}) \\
&= f(\lambda_1(\boldsymbol{x}+\alpha_1\boldsymbol{y})+\lambda_2(\boldsymbol{x}+\alpha_2\boldsymbol{y})) \\
&\leqslant \lambda_1 f(\boldsymbol{x}+\alpha_1\boldsymbol{y})+\lambda_2 f(\boldsymbol{x}+\alpha_2\boldsymbol{y}) \\
&= \lambda_1\varphi(\alpha_1)+\lambda_2\varphi(\alpha_2)
\end{aligned}
$$

由凸函数的定义可知，$\varphi(\alpha)$是关于$\alpha$的凸函数。

充分性。对任意的$\boldsymbol{z}_1,\boldsymbol{z}_2\in\mathbf{R}^n$，设$\boldsymbol{z}_1=\boldsymbol{x}+\alpha_1\boldsymbol{y}$，$\boldsymbol{z}_2=\boldsymbol{x}+\alpha_2\boldsymbol{y}$，则对任意的$\lambda_1,\lambda_2\in[0,1]$且$\lambda_1+\lambda_2=1$，有

$$
\begin{aligned}
f(\lambda_1\boldsymbol{z}_1+\lambda_2\boldsymbol{z}_2) &= f(\lambda_1(\boldsymbol{x}+\alpha_1\boldsymbol{y})+\lambda_2(\boldsymbol{x}+\alpha_2\boldsymbol{y})) \\
&= f(\boldsymbol{x}+(\lambda_1\alpha_1+\lambda_2\alpha_2)\boldsymbol{y}) \\
&= \varphi(\lambda_1\alpha_1+\lambda_2\alpha_2) \\
&\leqslant \lambda_1\varphi(\alpha_1)+\lambda_2\varphi(\alpha_2) \\
&= \lambda_1 f(\boldsymbol{x}+\alpha_1\boldsymbol{y})+\lambda_2 f(\boldsymbol{x}+\alpha_2\boldsymbol{y}) \\
&= \lambda_1 f(\boldsymbol{z}_1)+\lambda_2 f(\boldsymbol{z}_2)
\end{aligned}
$$

因此 $f(\boldsymbol{x})$是 $\mathbf{R}^n$ 上的凸函数。

**定理 7.4.6** 设 $S\subseteq\mathbf{R}^n$ 是非空开凸集，$f: S\to\mathbf{R}$，且 $f(\boldsymbol{x})$在 $S$ 上一阶连续可导，则

（1）$f(\boldsymbol{x})$是 $S$ 上的凸函数的充分必要条件是

$$f(\boldsymbol{y}) \geqslant f(\boldsymbol{x})+\left(\nabla f(\boldsymbol{x})\right)^{\mathrm{T}}(\boldsymbol{y}-\boldsymbol{x}) \qquad (\forall \boldsymbol{x},\boldsymbol{y} \in S) \tag{7.4.3}$$

（2）$f(\boldsymbol{x})$是 $S$ 上的严格凸函数的充分必要条件是

$$f(\boldsymbol{y}) > f(\boldsymbol{x})+\left(\nabla f(\boldsymbol{x})\right)^{\mathrm{T}}(\boldsymbol{y}-\boldsymbol{x}) \qquad (\forall \boldsymbol{x},\boldsymbol{y} \in S，且\boldsymbol{x} \neq \boldsymbol{y}) \tag{7.4.4}$$

**证明**　（1）必要性。设$f(\boldsymbol{x})$是凸集 $S$ 上的凸函数，则对任意的$\boldsymbol{x},\boldsymbol{y} \in S$和任意的$\lambda \in (0,1)$，有

$$f\left(\lambda \boldsymbol{y}+(1-\lambda)\boldsymbol{x}\right) \leqslant \lambda f(\boldsymbol{y})+(1-\lambda) f(\boldsymbol{x})$$

故

$$\frac{f\left(\boldsymbol{x}+\lambda(\boldsymbol{y}-\boldsymbol{x})\right)-f(\boldsymbol{x})}{\lambda} \leqslant f(\boldsymbol{y})-f(\boldsymbol{x}) \tag{7.4.5}$$

由泰勒展开式可知

$$f\left(\boldsymbol{x}+\lambda(\boldsymbol{y}-\boldsymbol{x})\right)-f(\boldsymbol{x})=\lambda\left(\nabla f(\boldsymbol{x})\right)^{\mathrm{T}}(\boldsymbol{y}-\boldsymbol{x})+o(\lambda\|\boldsymbol{y}-\boldsymbol{x}\|)$$

代入式（7.4.5）得

$$\left(\nabla f(\boldsymbol{x})\right)^{\mathrm{T}}(\boldsymbol{y}-\boldsymbol{x})+\frac{o(\lambda\|\boldsymbol{y}-\boldsymbol{x}\|)}{\lambda} \leqslant f(\boldsymbol{y})-f(\boldsymbol{x})$$

两边关于$\lambda \to 0$取极限，有

$$\left(\nabla f(\boldsymbol{x})\right)^{\mathrm{T}}(\boldsymbol{y}-\boldsymbol{x}) \leqslant f(\boldsymbol{y})-f(\boldsymbol{x})$$

（2）充分性。设

$$f(\boldsymbol{y})-f(\boldsymbol{x}) \geqslant \left(\nabla f(\boldsymbol{x})\right)^{\mathrm{T}}(\boldsymbol{y}-\boldsymbol{x}) \qquad (\forall \boldsymbol{x},\boldsymbol{y} \in S)$$

取$\bar{\boldsymbol{x}}=\lambda \boldsymbol{x}+(1-\lambda)\boldsymbol{y}$，$\forall \lambda \in [0,1]$。由于 $S$ 是凸集，因此$\bar{\boldsymbol{x}} \in S$。由式（7.4.3）可知，对$\boldsymbol{x},\bar{\boldsymbol{x}} \in S$和$\boldsymbol{y},\bar{\boldsymbol{x}} \in S$，分别有

$$f(\bar{\boldsymbol{x}})+\left(\nabla f(\bar{\boldsymbol{x}})\right)^{\mathrm{T}}(\boldsymbol{x}-\bar{\boldsymbol{x}}) \leqslant f(\boldsymbol{x}) \qquad (\forall \boldsymbol{x} \in S) \tag{7.4.6}$$

$$f(\bar{\boldsymbol{x}})+\left(\nabla f(\bar{\boldsymbol{x}})\right)^{\mathrm{T}}(\boldsymbol{y}-\bar{\boldsymbol{x}}) \leqslant f(\boldsymbol{y}) \qquad (\forall \boldsymbol{y} \in S) \tag{7.4.7}$$

用$\lambda$乘以式（7.4.6）、$(1-\lambda)$乘以式（7.4.7）后两式再相加得

$$f(\bar{\boldsymbol{x}})+\left(\nabla f(\bar{\boldsymbol{x}})\right)^{\mathrm{T}}\left(\lambda \boldsymbol{x}+(1-\lambda)\boldsymbol{y}-\bar{\boldsymbol{x}}\right) \leqslant \lambda f(\boldsymbol{x})+(1-\lambda) f(\boldsymbol{y})$$

注意到$\bar{\boldsymbol{x}}=\lambda \boldsymbol{x}+(1-\lambda)\boldsymbol{y}$，于是得

$$f\left(\lambda \boldsymbol{x}+(1-\lambda)\boldsymbol{y}\right) \leqslant \lambda f(\boldsymbol{x})+(1-\lambda) f(\boldsymbol{y})$$

上式对任意的$\lambda \in [0,1]$成立，故由凸函数的定义可知，$f(\boldsymbol{x})$是 $S$ 上的凸函数。

类似可证明结论（2）。

若函数$f(\boldsymbol{x})$二阶连续可导，则有下面的判别定理。

**定理 7.4.7**　设$S \subseteq \mathbf{R}^n$是非空开凸集，$f: S \to \mathbf{R}$，且$f(\boldsymbol{x})$在 $S$ 上二阶连续可导，则

（1）$f(\boldsymbol{x})$是 $S$ 上的凸函数的充分必要条件是，$f(\boldsymbol{x})$的海森矩阵$\nabla^2 f(\boldsymbol{x})$在 $S$ 上是半正定的。

（2）如果$f(\boldsymbol{x})$的海森矩阵$\nabla^2 f(\boldsymbol{x})$在 $S$ 上是正定的，则$f(\boldsymbol{x})$是 $S$ 上的严格凸函数。反之，如果$f(\boldsymbol{x})$是 $S$ 上的严格凸函数，则$\nabla^2 f(\boldsymbol{x})$在 $S$ 上是半正定的。

**证明** （1）必要性。任取$\bar{\boldsymbol{x}}\in S$，由$S$是开凸集可知，对任意的$\boldsymbol{x}\in S$，存在$\delta>0$，使对任意的$\alpha\in(0,\delta)$都有$\bar{\boldsymbol{x}}+\alpha\boldsymbol{x}\in S$。由于$f(\boldsymbol{x})$是$S$上的凸函数，因此由定理7.4.6的结论（1）有

$$f(\bar{\boldsymbol{x}})+\alpha\left(\nabla f(\bar{\boldsymbol{x}})\right)^{\mathrm{T}}\boldsymbol{x}\leqslant f(\bar{\boldsymbol{x}}+\alpha\boldsymbol{x})\qquad(\forall\boldsymbol{x}\in S,\ \alpha\in(0,\delta))\tag{7.4.8}$$

又由于$f(\boldsymbol{x})$在$S$上二阶连续可导，因此$f(\bar{\boldsymbol{x}}+\alpha\boldsymbol{x})$在$\bar{\boldsymbol{x}}$处的二阶泰勒展开式为

$$f(\bar{\boldsymbol{x}}+\alpha\boldsymbol{x})=f(\bar{\boldsymbol{x}})+\alpha\left(\nabla f(\bar{\boldsymbol{x}})\right)^{\mathrm{T}}\boldsymbol{x}+\frac{1}{2}\alpha^2\boldsymbol{x}^{\mathrm{T}}\nabla^2 f(\bar{\boldsymbol{x}})\boldsymbol{x}+o\left(\|\alpha\boldsymbol{x}\|^2\right)\tag{7.4.9}$$

将式（7.4.9）代入式（7.4.8）得

$$\frac{1}{2}\alpha^2\boldsymbol{x}^{\mathrm{T}}\nabla^2 f(\bar{\boldsymbol{x}})\boldsymbol{x}+o\left(\|\alpha\boldsymbol{x}\|^2\right)\geqslant 0\qquad(\forall\boldsymbol{x}\in S)$$

两边除以$\alpha^2$，并取$\alpha\to 0$的极限，便得

$$\boldsymbol{x}^{\mathrm{T}}\nabla^2 f(\bar{\boldsymbol{x}})\boldsymbol{x}\geqslant 0\qquad(\forall\boldsymbol{x}\in S)\tag{7.4.10}$$

即$\nabla^2 f(\boldsymbol{x})$在$S$上是半正定的。

充分性。设$\nabla^2 f(\boldsymbol{x})$在$S$上是半正定的。任取$\boldsymbol{x}\in S$，$f(\boldsymbol{x})$在$\bar{\boldsymbol{x}}\in S$处的泰勒展开式为

$$f(\boldsymbol{x})=f(\bar{\boldsymbol{x}})+\left(\nabla f(\bar{\boldsymbol{x}})\right)^{\mathrm{T}}(\boldsymbol{x}-\bar{\boldsymbol{x}})+\frac{1}{2}(\boldsymbol{x}-\bar{\boldsymbol{x}})^{\mathrm{T}}\nabla^2 f(\xi)(\boldsymbol{x}-\bar{\boldsymbol{x}})\tag{7.4.11}$$

其中$\xi=\bar{\boldsymbol{x}}+\theta(\boldsymbol{x}-\bar{\boldsymbol{x}})=\theta\boldsymbol{x}+(1-\theta)\bar{\boldsymbol{x}}(0<\theta<1)$。由于$S$是凸集，因此$\xi\in S$。又由条件知$\nabla^2 f(\xi)$半正定，故有$(\boldsymbol{x}-\bar{\boldsymbol{x}})^{\mathrm{T}}\nabla^2 f(\xi)(\boldsymbol{x}-\bar{\boldsymbol{x}})\geqslant 0$，代入式（7.4.11）可得

$$f(\boldsymbol{x})-f(\bar{\boldsymbol{x}})\geqslant\left(\nabla f(\bar{\boldsymbol{x}})\right)^{\mathrm{T}}(\boldsymbol{x}-\bar{\boldsymbol{x}})$$

由定理7.4.6的结论（1）可知，$f(\boldsymbol{x})$是$S$上的凸函数。

（2）对任意的$\boldsymbol{x},\boldsymbol{y}\in S$，$\boldsymbol{x}\neq\boldsymbol{y}$，$f(\boldsymbol{y})$在$\boldsymbol{x}$处的泰勒展开式为

$$f(\boldsymbol{y})=f(\boldsymbol{x})+\left(\nabla f(\boldsymbol{x})\right)^{\mathrm{T}}(\boldsymbol{y}-\boldsymbol{x})+\frac{1}{2}(\boldsymbol{y}-\boldsymbol{x})^{\mathrm{T}}\nabla^2 f(\xi)(\boldsymbol{y}-\boldsymbol{x})$$

其中$\xi=\boldsymbol{x}+\theta(\boldsymbol{y}-\boldsymbol{x})(0<\theta<1)$。由于$S$是凸集，因此$\xi\in S$。由此，根据$\nabla^2 f(\boldsymbol{x})$在$S$上正定，故

$$(\boldsymbol{y}-\boldsymbol{x})^{\mathrm{T}}\nabla^2 f(\xi)(\boldsymbol{y}-\boldsymbol{x})>0$$

代入泰勒展开式可得

$$f(\boldsymbol{y})-f(\boldsymbol{x})>\left(\nabla f(\boldsymbol{x})\right)^{\mathrm{T}}(\boldsymbol{y}-\boldsymbol{x})$$

由定理7.4.6的结论（2）可知，$f(\boldsymbol{x})$是$S$上的严格凸函数。

当$f(\boldsymbol{x})$是$S$上的严格凸函数时，$f(\boldsymbol{x})$也是$S$上的凸函数，根据本定理的结论（1）可知，$f(\boldsymbol{x})$的海森矩阵$\nabla^2 f(\boldsymbol{x})$在$S$上是半正定的。

**注意：**由$f(\boldsymbol{x})$在$S$上是严格凸函数不能推出$\nabla^2 f(\boldsymbol{x})$在$S$上是正定的。例如，一元函数$f(\boldsymbol{x})=x^4$是严格凸函数，$f''(\boldsymbol{x})=12x^2$，但$f''(0)=0$，即$f''(\boldsymbol{x})$在$x=0$处不是正定的，只是半正定的。

和凸函数密切相关的是水平集。

**定义 7.4.6** 设$f(\boldsymbol{x})$是定义在非空集合$\boldsymbol{D}\subseteq\mathbf{R}^n$上的函数，$\alpha\in\mathbf{R}$，集合

$$D_\alpha=\{\boldsymbol{x}\mid f(\boldsymbol{x})\leqslant\alpha,\boldsymbol{x}\in D\}$$

称为函数 $f(\boldsymbol{x})$的**$\alpha$ 水平集**。

**定理 7.4.8**　若 $S\subseteq\mathbf{R}^n$ 是非空凸集，$f(\boldsymbol{x})$是定义在 $S$ 上的凸函数，则对任意的$\alpha\in\mathbf{R}$，水平集 $S_\alpha$是凸集。

**证明**　对任意的 $\boldsymbol{x},\boldsymbol{y}\in S_\alpha$，即 $f(\boldsymbol{x})\leqslant\alpha$，$f(\boldsymbol{y})\leqslant\alpha$，则对任意的$\lambda\in[0,1]$，有

$$f\left(\lambda\boldsymbol{x}+(1-\lambda)\boldsymbol{y}\right)\leqslant\lambda f\left(\boldsymbol{x}\right)+(1-\lambda)f\left(\boldsymbol{y}\right)\leqslant\lambda\alpha+(1-\lambda)\alpha=\alpha$$

所以 $\lambda\boldsymbol{x}+(1-\lambda)\boldsymbol{y}\in S_\alpha$，从而 $S_\alpha$是凸集。

**【例 7.4.3】** 讨论函数 $f(\boldsymbol{x})=2x_1^2+2x_2^2-2x_1x_2+x_1+1$ 在凸集 $S\subseteq\mathbf{R}^n$ 上是否为严格凸函数。

**解**：因为

$$\nabla^2 f(\boldsymbol{x})=\begin{pmatrix}4 & -2\\ -2 & 4\end{pmatrix}$$

中所有的顺序主子式为

$$4>0,\begin{vmatrix}4 & -2\\ -2 & 4\end{vmatrix}=12>0$$

所以 $f(\boldsymbol{x})$的海森矩阵$\nabla^2 f(\boldsymbol{x})$在 $S$ 上是处处正定的，因此 $f(\boldsymbol{x})$是 $S$ 上的严格凸函数。

# 7.5　凸规划

在最优化问题（7.2.1）

$$\begin{aligned}&\min f(\boldsymbol{x})\\&\text{s.t.}\begin{cases}g_i(\boldsymbol{x})\leqslant 0 & (i=1,2,\cdots,l)\\ h_j(\boldsymbol{x})=0 & (j=1,2,\cdots,m)\end{cases}\end{aligned}$$

中，因为

$$h_j(\boldsymbol{x})=0\text{ 当且仅当}\begin{cases}h_j(\boldsymbol{x})\leqslant 0\\ -h_j(\boldsymbol{x})\leqslant 0\end{cases}$$

即总可以把等式约束 $h_j(\boldsymbol{x})=0$ 改写为不等式约束，所以，不失一般性，我们可以考虑仅含有不等式约束的最优化问题

$$\begin{aligned}&\min f(\boldsymbol{x})\\&\text{s.t. }g_i(\boldsymbol{x})\leqslant 0\qquad(i=1,2,\cdots,l)\end{aligned}\tag{7.5.1}$$

**定义 7.5.1**　在最优化问题（7.5.1）中，若 $f(\boldsymbol{x})$和 $g_i(\boldsymbol{x})$（$i=1,2,\cdots,l$）均为可行域 $D$ 上的凸函数，则称此问题为**凸规划问题**。

按此定义，凸规划问题中可以包含线性等式约束，因为线性函数既是凸函数又是凹函数。

凸规划是非线性规划中的一种重要特殊情形，它具有很好的性质。

**定理 7.5.1**　考虑非空可行域

$$F=\{\boldsymbol{x}\mid c_i(\boldsymbol{x})\leqslant 0\}\qquad(i=1,2,\cdots,m)$$

如果每一个约束函数 $c_i(\boldsymbol{x})(i=1,2,\cdots,m)$ 都是凸函数，则可行域 $F$ 是凸集。

**证明** 对任意的 $\boldsymbol{x},\boldsymbol{y}\in F$，则有

$$c_i(\boldsymbol{x})\leqslant 0,\ c_i(\boldsymbol{y})\leqslant 0 \qquad (i=1,2,\cdots,m)$$

因为约束函数 $c_i(\boldsymbol{x})(i=1,2,\cdots,m)$ 是凸函数，所以对任意的 $\lambda\in[0,1]$，有

$$c_i(\lambda\boldsymbol{x}+(1-\lambda)\boldsymbol{y})\leqslant \lambda c_i(\boldsymbol{x})+(1-\lambda)c_i(\boldsymbol{y})\leqslant 0 \qquad (i=1,2,\cdots,m)$$

因此 $(\lambda\boldsymbol{x}+(1-\lambda)\boldsymbol{y})\in F$ ，即 $F$ 是凸集。

定理表明，凸规划问题（7.5.1）的可行域是凸集。

**定理 7.5.2** 设 $\boldsymbol{x}^*$ 是凸规划问题（7.5.1）的一个局部最优解，则

（1）局部最优解 $\boldsymbol{x}^*$ 也是全局最优解；

（2）全体最优解构成的集合 $S$ 是一个凸集；

（3）如果目标函数是严格凸函数，则 $\boldsymbol{x}^*$ 是唯一全局最优解。

**证明** （1）设 $\boldsymbol{x}^*$ 是凸规划问题（7.5.1）的一个局部最优解，但不是全局最优解，则存在另一可行点，设为 $\boldsymbol{y}$，满足 $f(\boldsymbol{y})<f(\boldsymbol{x}^*)$。由可行集的凸性，对于任意的 $\lambda\in[0,1]$，$\lambda\boldsymbol{x}^*+(1-\lambda)\boldsymbol{y}$ 都是可行点。又根据目标函数的凸性，有

$$f(\lambda\boldsymbol{x}^*+(1-\lambda)\boldsymbol{y})\leqslant \lambda f(\boldsymbol{x}^*)+(1-\lambda)f(\boldsymbol{y})<\lambda f(\boldsymbol{x}^*)+(1-\lambda)f(\boldsymbol{x}^*)=f(\boldsymbol{x}^*)$$

这表明在 $\boldsymbol{x}^*$ 的任意小的邻域内都存在函数值小于 $f(\boldsymbol{x}^*)$ 的可行点，这与 $\boldsymbol{x}^*$ 是局部最优解矛盾。因此函数值小于 $f(\boldsymbol{x}^*)$ 的可行点不存在，$\boldsymbol{x}^*$ 必是一个全局最优解。

（2）由于空集和单元素集合都是凸集，因此不妨设 $S$ 至少含有两个元素。

对任意的 $\boldsymbol{x}^*,\boldsymbol{y}^*\in S$ 和任意的 $\lambda\in[0,1]$，由（1）可知 $f(\boldsymbol{x}^*)=f(\boldsymbol{y}^*)=f^*$，其中 $f^*$ 为凸规划问题的全局最优值。由于 $S\subseteq D$ 而 $D$ 为凸集，因此 $\lambda\boldsymbol{x}^*+(1-\lambda)\boldsymbol{y}^*\in D$ ，于是

$$f^*\leqslant f(\lambda\boldsymbol{x}^*+(1-\lambda)\boldsymbol{y}^*)\leqslant \lambda f(\boldsymbol{x}^*)+(1-\lambda)f(\boldsymbol{y}^*)=\lambda f^*+(1-\lambda)f^*=f^*$$

即 $f(\lambda\boldsymbol{x}^*+(1-\lambda)\boldsymbol{y}^*)=f^*$ ，因此 $\lambda\boldsymbol{x}^*+(1-\lambda)\boldsymbol{y}^*\in S$ ，从而 $S$ 是凸集。

（3）设目标函数 $f(\boldsymbol{x})$ 是严格凸函数，且 $\boldsymbol{x}^*$、$\boldsymbol{y}^*$ 是两个不同的全局最优解，则 $f(\boldsymbol{x}^*)=f(\boldsymbol{y}^*)$。由严格凸函数的定义，对任意的 $\lambda\in(0,1)$，有

$$f(\lambda\boldsymbol{x}^*+(1-\lambda)\boldsymbol{y}^*)<\lambda f(\boldsymbol{x}^*)+(1-\lambda)f(\boldsymbol{y}^*)=\lambda f(\boldsymbol{x}^*)+(1-\lambda)f(\boldsymbol{x}^*)=f(\boldsymbol{x}^*)$$

这与 $\boldsymbol{x}^*$ 是全局最优解矛盾，因此全局最优解唯一。

定理 7.5.2 的重要性在于，它使求解凸规划问题（7.5.1）的全局极值问题与局部极值问题统一了起来，只要求得了凸规划问题（7.5.1）的任一局部最优解，就可以把其当作全局最优解，因而使问题大为简化。另外，定理 7.5.2 还告诉我们，在一般情况下，凸规划问题（7.5.1）的全局最优解不一定是唯一的，但当目标函数为可行域上的严格凸函数时，其全局最优解唯一。

# 7.6　应用实例

## 7.6.1　问题与背景

给定平面上一系列的点

(1,3),(2,4),(3,5),(4,5),(5,2),(6,4),(7,7),(8,8),(9,11),(10,8),(11,12),(12,11),
(13,13),(14,13),(15,16),(16,17),(17,18),(18,17),(19,19),(20,21)

试用梯度下降法拟合出这条直线，即线性回归。

## 7.6.2　模型与求解

给定数据集$\{(\boldsymbol{x}^{(1)},y^{(1)}),(\boldsymbol{x}^{(2)},y^{(2)}),\cdots,(\boldsymbol{x}^{(m)},y^{(m)})\}$，其中$\boldsymbol{x}=(x_1,x_2,\cdots,x_n)^{\mathrm{T}}\in\mathbf{R}^n$为$n$维特征向量（$n$个特征构成的向量），$y$为输出值，$m$是样本个数。

首先定义一个函数

$$h_\theta\left(\boldsymbol{x}^{(i)}\right)=\theta_0+\theta_1x_1^{(i)}+\theta_2x_2^{(i)}+\cdots+\theta_jx_j^{(i)}+\cdots+\theta_nx_n^{(i)}\qquad(i=1,2,\cdots,m)$$

其中，$x_j^{(i)}$中的下标$j$表示向量$\boldsymbol{x}^{(i)}$的第$j$个分量，上标$(i)$表示第$i$个样本。记

$$\boldsymbol{\theta}=(\theta_0,\theta_1,\theta_2,\cdots,\theta_n)^{\mathrm{T}}$$

则$\boldsymbol{\theta}\in\mathbf{R}^{n+1}$。一般称$h$为预测函数，它根据每一个输入$\boldsymbol{x}$和$\boldsymbol{\theta}$，计算得到预测的$y$值。

再定义一个代价函数，这里选用均方误差代价函数

$$J(\boldsymbol{\theta})=\frac{1}{2m}\sum_{i=1}^{m}\left(h_\theta\left(\boldsymbol{x}^{(i)}\right)-y^{(i)}\right)^2$$

其中，1/2 是一个常量（目的是求梯度时的二次方和这里的 1/2 抵销，方便后续的计算，同时对结果不会有影响），$y$是数据集中每个点的真实$y$坐标的值。

梯度下降法的目的是，找到$\boldsymbol{\theta}$，使得代价函数的值最小，从而得到拟合度很好、精确度很高的预测函数。因为代价函数中有$n+1$个变量，所以是一个多变量的梯度下降问题。

求解出代价函数的梯度

$$\nabla J(\boldsymbol{\theta})=\left(\frac{\partial J}{\partial\theta_0},\frac{\partial J}{\partial\theta_1},\ldots,\frac{\partial J}{\partial\theta_n}\right)^{\mathrm{T}}$$

$$\frac{\partial J}{\partial\theta_j}=\frac{1}{m}\sum_{i=1}^{m}\left\{\left[h_\theta\left(x^{(i)}\right)-y^{(i)}\right]x_j^{(i)}\right\}\qquad(j=0,1,2,\cdots,n)$$

其中$x_0^{(i)}=1$。得到更新的$\theta_j$公式如下

$$\theta_j=\theta_j-\alpha\frac{\partial J}{\partial\theta_j}=\theta_j-\alpha\frac{1}{m}\sum_{i=1}^{m}\left\{\left[h_\theta\left(x^{(i)}\right)-y^{(i)}\right]x_j^{(i)}\right\}\qquad(j=0,1,2,\cdots,n)$$

下降的方向由梯度确定，这里的$\alpha$为学习率，用于控制每一次迭代的步长。如果$\alpha$设置过

小，则会增加迭代次数，导致学习变慢；如果$\alpha$设置过大，则可能会导致跨过极值点，产生震荡。当固定$\alpha$时，随着迭代次数的增加每一步的步长也会逐渐变小。对于一般的凸函数，这能保证收敛到全局最小值。

梯度下降法的步骤如下。

首先给定$\boldsymbol{\theta}$一个初始值，有了$\boldsymbol{\theta}$的初始值，就可以得到初始的假设 $h$ 函数（因为 $h$ 函数与输入样本的特征和$\boldsymbol{\theta}$有关），也就得到了初始的输出关于输入的关系函数。这样，对于每一个训练样本，都能计算出估计值与真实值的偏差的平方和，累加就得到当前的目标函数值。

其次，给$\boldsymbol{\theta}$ 赋新值，这一新值是在原来的$\boldsymbol{\theta}$基础上减去函数在那一点的梯度得到的。

最后，计算目标函数值。

不断迭代这一过程，直至目标函数取得局部最小值。

为方便代码的编写，下面将所有的公式都转换为矩阵的形式。记

$$\boldsymbol{X}^{(i)}=\left(x_0^{(i)},x_1^{(i)},x_2^{(i)},\cdots,x_n^{(i)}\right)^{\mathrm{T}},\quad x_0^{(i)}=1$$

则

$$h_\theta\left(\boldsymbol{X}^{(i)}\right)=\theta_0x_0^{(i)}+\theta_1x_1^{(i)}+\theta_2x_2^{(i)}+\cdots+\theta_jx_j^{(i)}+\cdots+\theta_nx_n^{(i)}=\left(\boldsymbol{X}^{(i)}\right)^{\mathrm{T}}\boldsymbol{\theta}$$

若记

$$h_\theta(\boldsymbol{X})=\left(h_\theta\left(\boldsymbol{X}^{(1)}\right),h_\theta\left(\boldsymbol{X}^{(2)}\right),\cdots,\ h_\theta\left(\boldsymbol{X}^{(m)}\right)\right)^{\mathrm{T}}$$

$$\boldsymbol{X}=\left(\boldsymbol{X}^{(1)},\boldsymbol{X}^{(2)},\cdots,\boldsymbol{X}^{(m)}\right)^{\mathrm{T}},\quad \boldsymbol{y}=\left(y^{(1)},y^{(2)},\cdots,y^{(m)}\right)^{\mathrm{T}}$$

则

$$J(\boldsymbol{\theta})=\frac{1}{2m}(\boldsymbol{X\theta}-\boldsymbol{y})^{\mathrm{T}}(\boldsymbol{X\theta}-\boldsymbol{y})$$

$$\nabla J(\boldsymbol{\theta})=\frac{1}{m}\boldsymbol{X}^{\mathrm{T}}(\boldsymbol{X\theta}-\boldsymbol{y})$$

## 7.6.3 Python 实现

用梯度下降法拟合出直线的代码如下：

```
import numpy as np

# 首先，我们需要定义数据集和学习率
# Size of the points dataset.
m = 20
# Points x-coordinate and dummy value (x0,x1).
X0 = np.ones((m,1))
X1 = np.arange(1,m+1).reshape(m,1)
X = np.hstack((X0,X1))
# Points y-coordinate
y = np.array([
    3,4,5,5,2,4,7,8,11,8,12,
    11,13,13,16,17,18,17,19,21
]).reshape(m,1)
# The Learning Rate alpha.
alpha = 0.01
```

```
# 接下来我们以矩阵向量的形式定义代价函数和代价函数的梯度
def error_function(theta,X,y):
        '''Error function J definition.'''
        diff = np.dot(X,theta) - y
        return (1./2*m) * np.dot(np.transpose(diff),diff)
def gradient_function(theta,X,y):
        '''Gradient of the function J definition.'''
        diff = np.dot(X,theta) - y
        return (1./m) * np.dot(np.transpose(X),diff)

# 最后就是算法的核心部分，梯度下降迭代计算
def gradient_descent(X,y,alpha):
        '''Perform gradient descent.'''
        theta = np.array([1,1]).reshape(2,1)
        gradient = gradient_function(theta,X,y)
        while not np.all(np.absolute(gradient) <= 1e-5):
                theta = theta - alpha * gradient
                gradient = gradient_function(theta,X,y)
        return theta

# 当梯度小于 1e-5 时，说明已经进入了比较平滑的状态
# 这时候再继续迭代效果不大，所以可退出循环
optimal = gradient_descent(X,y,alpha)
print('optimal:',optimal)
print('error function:',error_function(optimal,X,y)[0,0])
```

运行结果如下：

```
optimal: [[0.51583286]
 [0.96992163]]
error function: 405.9849624932405
```

## 习题 7

求解下列问题。

1. 某公司可通过电台和报纸两种方式做销售某商品的广告。根据统计资料，销售收入 $R$（万元）与电台广告费用 $x_1$（万元）和报纸广告费用 $x_2$（万元）之间的关系有如下的公式：

$$R = 15 + 14x_1 + 32x_2 - 8x_1x_2 - 2x_1^2 - 10x_2^2$$

（1）在广告费用不限的情况下，求最优广告策略；

（2）若提供的广告费用为 1.5 万元，求相应的最优广告策略。

2. 在经济学中有个柯布-道格拉斯生产函数

$$f(x,y) = cx^{\alpha}y^{1-\alpha}$$

其中，$x$ 代表劳动力的数量，$y$ 代表单位资本的数量，$c$ 与 $\alpha$（$0<\alpha<1$）是常数，由各工厂的具体情况而定，函数值表示生产量。

现有某制造商的柯布-道格拉斯生产函数为 $f(x,y) = 100x^{3/4}y^{1/4}$，每个劳动力与每单位资本的成本分别是 150 元和 250 元。该制造商的总预算为 50000 元。问该制造商该如何分配这笔钱来投入劳动力与资本，以使生产量最高。

# 第8章 线性规划

线性规划是目标函数和约束函数均为决策变量的线性函数的最优化问题，是最优化问题的一种特殊情形，也是最基本的一类最优化问题。由于很多非常重要的问题实际上是线性的，因此线性规划的研究十分必要。与非线性规划相比，线性规划是最优化理论中最成熟、最完整，也是应用最广泛的一个分支。

本章主要讨论线性规划的基本概念、单纯形法、对偶单纯形法和灵敏度分析等。

## 8.1 线性规划的基本概念和定理

### 8.1.1 线性规划问题的标准形式

线性规划问题是求一组非负的决策变量，这组变量在满足一组线性等式或线性不等式约束的条件下，使一个线性目标函数达到最优的问题，即

$$\max\text{（或}\min\text{）} f(x_1,x_2,\cdots,x_n)=c_1x_1+c_2x_2+\cdots+c_nx_n$$

$$\text{s.t.}\begin{cases}a_{11}x_1+a_{12}x_2+\cdots+a_{1n}x_n\leqslant b_1\text{（或}\geqslant b_1\text{，或}=b_1\text{）}\\a_{21}x_1+a_{22}x_2+\cdots+a_{2n}x_n\leqslant b_2\text{（或}\geqslant b_2\text{，或}=b_2\text{）}\\\qquad\vdots\\a_{m1}x_1+a_{m2}x_2+\cdots+a_{mn}x_n\leqslant b_m\text{（或}\geqslant b_m\text{，或}=b_m\text{）}\\x_1,x_2,\cdots,x_n\geqslant 0\end{cases}$$

简写为

$$\max\text{（或}\min\text{）} f(\boldsymbol{x})=\sum_{j=1}^{n}c_jx_j$$

$$\text{s.t.}\begin{cases}\sum_{j=1}^{n}a_{ij}x_j\leqslant b_i & (\text{或}\geqslant b_i,\text{或}=b_i)\ (i=1,2,\cdots,m)\\x_j\geqslant 0 & (j=1,2,\cdots,n)\end{cases}$$

其中，$c_j$、$a_{ij}$、$b_i$均为常数，且$b_i\geqslant 0\ (i=1,2,\cdots,m;\ j=1,2,\cdots,n)$。为了便于研究和求解，我

们把各种形式的线性规划问题化为线性规划的标准形式。

**定义 8.1.1** 所谓线性规划问题的**标准形式**，是指目标函数要求最小，所有约束条件都是等式约束（右端项非负），且所有决策变量都是非负的，即

$$\min f(x_1,x_2,\cdots,x_n)=c_1x_1+c_2x_2+\cdots+c_nx_n$$
$$\text{s.t.}\begin{cases}a_{11}x_1+a_{12}x_2+\cdots+a_{1n}x_n=b_1\\ a_{21}x_1+a_{22}x_2+\cdots+a_{2n}x_n=b_2\\ \vdots\\ a_{m1}x_1+a_{m2}x_2+\cdots+a_{mn}x_n=b_m\\ x_1,x_2,\cdots,x_n\geqslant 0\end{cases}\tag{8.1.1}$$

简写为

$$\min f(\boldsymbol{x})=\sum_{j=1}^{n}c_jx_j$$
$$\text{s.t.}\begin{cases}\sum_{j=1}^{n}a_{ij}x_j=b_i & (i=1,2,\cdots,m)\\ x_j\geqslant 0 & (j=1,2,\cdots,n)\end{cases}$$

其中，$c_j$、$a_{ij}$、$b_i$ 均为常数，且 $b_i \geqslant 0\ \ (i=1,2,\cdots,m;\ j=1,2,\cdots,n)$。

线性规划问题（8.1.1）的**矩阵表示**形式为

$$\min f(\boldsymbol{x})=\boldsymbol{c}^{\mathrm{T}}\boldsymbol{x}$$
$$\text{s.t.}\begin{cases}\boldsymbol{A}\boldsymbol{x}=\boldsymbol{b}\\ \boldsymbol{x}\geqslant\boldsymbol{0}\end{cases}\tag{8.1.2}$$

记

$$\boldsymbol{A}=(\boldsymbol{p}_1,\boldsymbol{p}_2,\cdots,\boldsymbol{p}_n)$$
$$\boldsymbol{p}_j=(a_{1j},a_{2j},\cdots,a_{mj})^{\mathrm{T}}\qquad (j=1,2,\cdots,n)$$

则线性规划问题（8.1.1）的**向量表示**形式为

$$\min f(\boldsymbol{x})=\boldsymbol{c}^{\mathrm{T}}\boldsymbol{x}$$
$$\text{s.t.}\begin{cases}\sum_{j=1}^{n}x_j\boldsymbol{p}_j=\boldsymbol{b}\\ \boldsymbol{x}\geqslant\boldsymbol{0}\end{cases}\tag{8.1.3}$$

其中，向量 $\boldsymbol{c}=(c_1,c_2,\cdots,c_n)^{\mathrm{T}}$ 称为**成本**或**价格系数向量**，矩阵 $\boldsymbol{A}=(a_{ij})_{m\times n}$ 称为**约束矩阵**，线性方程组 $\boldsymbol{Ax}=\boldsymbol{b}$ 称为**约束方程组**，向量 $\boldsymbol{b}=(b_1,b_2,\cdots,b_m)^{\mathrm{T}}$ 称为**资源限制系数向量**，且要求 $\boldsymbol{b}\geqslant\boldsymbol{0}$。

为了方便，除特殊说明外，我们总假定，在线性规划问题（8.1.2）中，$1\leqslant m\leqslant n$；$\boldsymbol{A}$ 是行满秩的，即 $r(\boldsymbol{A})=m$。

按照下面的步骤和方法，任意一个线性规划问题都可以转化为标准形式。

（1）目标函数的转化

若求 $\max f(\boldsymbol{x})$，则只需将 $f(\boldsymbol{x})$ 中所有系数反号，将其转化为求 $\min f(-\boldsymbol{x})$。因为

$$\max f(\boldsymbol{x}) = -\min\left(-f(\boldsymbol{x})\right)$$

所以求出 min $f(-\boldsymbol{x})$的最优解后，将其最优目标函数值反号即得原问题的最优目标函数值，最优解不变。

（2）约束条件的转化

① 若是“≤”不等式，则可在“≤”不等式的左端加上一个非负的新变量（称为**松弛变量**），使其变为等式。

② 若是“≥”不等式，则可在“≥”不等式的左端减去一个非负的新变量（称为**剩余变量**），使其变为等式。

因此，线性不等式约束总可以转化为线性等式约束。引入的松弛变量和剩余变量并不是决策变量，它们在目标函数中对应的系数都为 0。

③ 若线性等式约束条件中常数项为负值，则将该等式两边同时乘以−1，使得常数项为正值。

（3）变量的非负性转化

① 若存在某变量 $x_j < 0$，则引进变量 $x'_j = -x_j$，显然 $x'_j$ 非负，将 $x_j = -x'_j$ 代入目标函数和等式约束中即可。

② 若存在某变量 $x_j$ 除了等式约束外无其他约束条件，此时称该变量为**自由变量**，则可令 $x_j = x'_j - x''_j$，其中 $x'_j$，$x''_j \geqslant 0$，然后将其代入目标函数和等式约束中即可。

③ 若某变量 $x_j$ 有上、下界，也可做变量替换。比如 $x_j \geqslant l_j$，可令 $x'_j = x_j - l_j$，则 $x'_j \geqslant 0$，将 $x_j = x'_j + l_j$ 代入目标函数和等式约束中即可。又如 $x_j \leqslant u_j$，可令 $x'_j = u_j - x_j$，则 $x'_j \geqslant 0$，将 $x_j = u_j - x'_j$ 代入目标函数和等式约束中即可。

**【例 8.1.1】**将下列线性规划问题化为标准形式

$$\max f(\boldsymbol{x}) = 2x_1 - x_2 + 3x_3$$

$$\text{s.t.}\begin{cases} x_1 + x_2 + x_3 \leqslant 7 \\ x_1 - x_2 + x_3 \geqslant 2 \\ -3x_1 + x_2 + 2x_3 = 5 \\ x_1, x_2 \geqslant 0, x_3\text{无约束} \end{cases}$$

**解：**将目标函数变为 $\min\left(-f(\boldsymbol{x})\right)$，令 $x_3 = x_4 - x_5$，其中 $x_4$，$x_5 \geqslant 0$，在第一个约束不等式的左端加上松弛变量 $x_6$，在第二个约束不等式的左端减去剩余变量 $x_7$，则可得标准形式

$$\min\left(-f(\boldsymbol{x})\right) = -2x_1 + x_2 - 3(x_4 - x_5) + 0x_6 + 0x_7$$

$$\text{s.t.}\begin{cases} x_1 + x_2 + (x_4 - x_5) + x_6 = 7 \\ x_1 - x_2 + (x_4 - x_5) - x_7 = 2 \\ -3x_1 + x_2 + 2(x_4 - x_5) = 5 \\ x_1, x_2, x_4, x_5, x_6, x_7 \geqslant 0 \end{cases}$$

线性规划问题的标准形式一般不唯一。

## 8.1.2 线性规划问题的解

考虑线性规划问题（8.1.2），其中 $\boldsymbol{A}$ 为 $m \times n$ 矩阵，$m \leqslant n$，$\boldsymbol{b}$ 是 $m$ 维列向量。总假定 $r(\boldsymbol{A})$

$= m$，因而矩阵 $\boldsymbol{A}$ 存在 $m$ 个线性无关的列向量。

**定义 8.1.2**　在线性规划问题（8.1.2）中，满足约束条件 $\boldsymbol{Ax}=\boldsymbol{b}(\boldsymbol{x}\geqslant\boldsymbol{0})$ 的解称为**可行解**，使目标函数值达到最小值的可行解称为**最优解**。

当线性方程组 $\boldsymbol{Ax}=\boldsymbol{b}$ 有解（即增广矩阵$(\boldsymbol{A}\mid\boldsymbol{b})$的秩 $=r(\boldsymbol{A})=m$）时，若 $m<n$，则其解有无穷多个，因此想要在这无穷多个解中找出最优解是十分困难的，为此引入基可行解。

**定义 8.1.3**　在线性规划问题（8.1.2）中，由矩阵 $\boldsymbol{A}$ 中任意 $m$ 个线性无关的列向量构成的 $m$ 阶非奇异子矩阵 $\boldsymbol{B}$ 称为一个**基矩阵**，简称**基**；由 $\boldsymbol{A}$ 中其余 $n-m$ 个列向量构成的矩阵 $\boldsymbol{N}$ 称为**非基矩阵**。基矩阵 $\boldsymbol{B}$ 的列向量称为**基向量**，非基矩阵 $\boldsymbol{N}$ 的列向量称为**非基向量**，与基向量对应的决策变量称为**基变量**，其余的决策变量称为**非基变量**。当所有非基变量取 0 值时，所得到的 $\boldsymbol{Ax}=\boldsymbol{b}$ 的解称为关于基矩阵 $\boldsymbol{B}$ 的**基解**，当基解又是可行解时称之为**基可行解**，相应的基矩阵 $\boldsymbol{B}$ 称为**可行基矩阵**或**可行基**。当基可行解中非零分量的个数恰好为 $m$ 时，称该基可行解是**非退化的**，否则，称该基可行解是**退化的**。

若线性规划问题（8.1.2）的所有基可行解都是非退化的，则称问题（8.1.2）为**非退化的线性规划问题**，否则，称问题（8.1.2）是**退化的线性规划问题**。

由于 $\boldsymbol{A}$ 的每个基矩阵都对应一个基解，而基矩阵的个数最多有 $\mathrm{C}_n^m$ 个（从 $n$ 列中选取 $m$ 列的组合数），因此线性规划问题（8.1.2）的基解的个数不超过 $\mathrm{C}_n^m$ 个，从而基可行解也是有限个的。

**【例 8.1.2】**对线性规划问题

$$\min f(\boldsymbol{x}) = 4x_1 - 4x_2$$
$$\text{s.t.}\begin{cases} x_1 - x_2 + x_3 = 4 \\ -x_1 + x_2 + x_4 = 2 \\ x_i \geqslant 0 \qquad (i=1,2,3,4) \end{cases}$$

约束矩阵 $\boldsymbol{A}=\begin{pmatrix} 1 & -1 & 1 & 0 \\ -1 & 1 & 0 & 1 \end{pmatrix}$的 4 个列向量分别为

$$\boldsymbol{p}_1=\begin{pmatrix} 1 \\ -1 \end{pmatrix},\ \boldsymbol{p}_2=\begin{pmatrix} -1 \\ 1 \end{pmatrix},\ \boldsymbol{p}_3=\begin{pmatrix} 1 \\ 0 \end{pmatrix},\ \boldsymbol{p}_4=\begin{pmatrix} 0 \\ 1 \end{pmatrix}$$

易求得所有基矩阵为

$$\boldsymbol{B}_1=(\boldsymbol{p}_1,\boldsymbol{p}_3),\ \boldsymbol{B}_2=(\boldsymbol{p}_1,\boldsymbol{p}_4),\ \boldsymbol{B}_3=(\boldsymbol{p}_2,\boldsymbol{p}_3),\ \boldsymbol{B}_4=(\boldsymbol{p}_2,\boldsymbol{p}_4),\ \boldsymbol{B}_5=(\boldsymbol{p}_3,\boldsymbol{p}_4)$$

对基矩阵 $\boldsymbol{B}_1$，$x_1$ 和 $x_3$ 是基变量，$x_2$ 和 $x_4$ 是非基变量，令 $x_2=x_4=0$，有

$$\begin{cases} x_1 + x_3 = 4 \\ -x_1 = 2 \end{cases}$$

求解得到关于 $\boldsymbol{B}_1$ 的基解 $\boldsymbol{x}_1=(-2,0,6,0)^{\mathrm{T}}$，它不是基可行解。

对基矩阵 $\boldsymbol{B}_2$，$x_1$ 和 $x_4$ 是基变量，$x_2$ 和 $x_3$ 是非基变量，令 $x_2=x_3=0$，有

$$\begin{cases} x_1 = 4 \\ -x_1 + x_4 = 2 \end{cases}$$

求解得到关于 $\boldsymbol{B}_2$ 的基解 $\boldsymbol{x}_2=(4,0,0,6)^{\mathrm{T}}$，它是基可行解，也是一个非退化的基可行解。

同理可求得关于 $\boldsymbol{B}_3$、$\boldsymbol{B}_4$、$\boldsymbol{B}_5$ 的基解分别为

$$\boldsymbol{x}_3=(0,2,6,0)^{\mathrm{T}}，\boldsymbol{x}_4=(0,-4,0,6)^{\mathrm{T}}，\boldsymbol{x}_5=(0,0,4,2)^{\mathrm{T}}$$

其中，$\boldsymbol{x}_3$ 和 $\boldsymbol{x}_5$ 都是非退化的基可行解，而 $\boldsymbol{x}_4$ 不是基可行解。

因此，所给问题的所有基可行解为 $\boldsymbol{x}_2$、$\boldsymbol{x}_3$、$\boldsymbol{x}_5$。因为这 3 个基可行解都是非退化的，所以所给问题是非退化的线性规划问题。

### 8.1.3 线性规划的基本定理

下面介绍线性规划问题解的几何性质。

**定理 8.1.1** 线性规划问题（8.1.2）的可行域 $D=\{\boldsymbol{x}|\boldsymbol{A}\boldsymbol{x}=\boldsymbol{b},\ \boldsymbol{x}\geqslant\boldsymbol{0}\}$是凸集，即连接线性规划问题任意两个可行解的线段上的点仍是可行解。

**定理 8.1.2** 线性规划问题（8.1.2）的可行解 $\boldsymbol{x}=(x_1,x_2,\cdots,x_n)^{\mathrm{T}}$ 为基可行解的充分必要条件是，$\boldsymbol{x}$ 的正分量所对应的系数列向量线性无关。

**证明** 由基可行解的定义可知必要性成立。下面证明充分性。

不妨设 $\boldsymbol{x}$ 的前 $k$ 个分量为正分量，若 $\boldsymbol{x}$ 的正分量所对应的系数列向量 $\boldsymbol{p}_1,\boldsymbol{p}_2,\cdots,\boldsymbol{p}_k$ 线性无关，则由 $r(\boldsymbol{A})=m$ 可知，$k\leqslant m$。

当 $k=m$ 时，$\boldsymbol{p}_1,\boldsymbol{p}_2,\cdots,\boldsymbol{p}_k$ 恰好构成一个基矩阵，从而 $\boldsymbol{x}$ 为相应的基可行解。

当 $k<m$ 时，则由 $r(\boldsymbol{A})=m$ 和线性代数的基本知识，可从其余的列向量中取出 $m-k$ 个与 $\boldsymbol{p}_1,\boldsymbol{p}_2,\cdots,\boldsymbol{p}_k$ 构成 $\boldsymbol{A}$ 的列向量组的一个极大线性无关组，其对应的解恰好为 $\boldsymbol{x}$，所以它是基可行解。

**定义 8.1.4** 设 $S\subseteq\mathbf{R}^n$ 为非空凸集，$\boldsymbol{x}\in S$，若找不到 $\boldsymbol{x}_1,\boldsymbol{x}_2\in S$，其中 $\boldsymbol{x}_1\neq\boldsymbol{x}_2$，使 $\boldsymbol{x}=\lambda\boldsymbol{x}_1+(1-\lambda)\boldsymbol{x}_2$（$0<\lambda<1$）成立，即 $\boldsymbol{x}$ 不能表示成 $S$ 的任何两个不同点的凸组合，则称 $\boldsymbol{x}$ 为凸集 $S$ 的一个**极点**或**顶点**。

按此定义，图 8.1.1（a）中多边形的顶点 $\boldsymbol{x}_1$、$\boldsymbol{x}_2$、$\boldsymbol{x}_3$、$\boldsymbol{x}_4$ 都是极点，而 $\boldsymbol{x}_5$ 和 $\boldsymbol{x}_6$ 不是极点；图 8.1.1（b）中圆周上的各点都是极点。

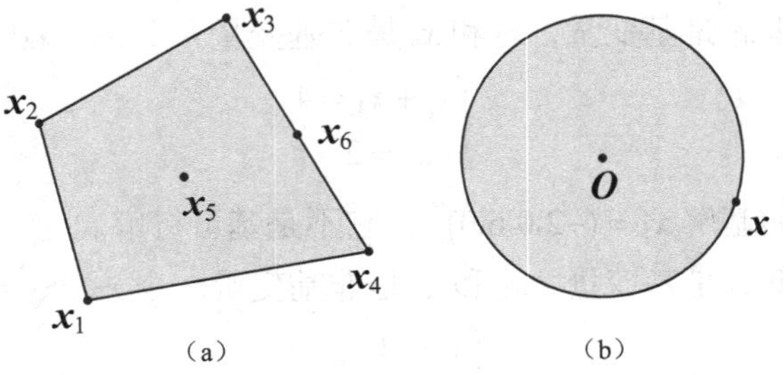


图 8.1.1

**定理 8.1.3** 线性规划问题（8.1.2）的可行域 $D$ 中的点 $\boldsymbol{x}$ 是顶点的充分必要条件是，$\boldsymbol{x}$ 是

问题（8.1.2）的基可行解。

**证明** （1）必要性。不失一般性，假设可行域 $D$ 内的点 $\boldsymbol{x}$ 的前 $k$ 个分量大于 0，则

$$x_1\boldsymbol{p}_1+x_2\boldsymbol{p}_2+\cdots+x_k\boldsymbol{p}_k=\boldsymbol{b} \tag{8.1.4}$$

根据定理 8.1.2，只需证明向量组 $\boldsymbol{p}_1,\boldsymbol{p}_2,\cdots,\boldsymbol{p}_k$ 线性无关即可。假设 $\boldsymbol{p}_1,\boldsymbol{p}_2,\cdots,\boldsymbol{p}_k$ 线性相关，则存在一组不全为 0 的数 $\alpha_1,\alpha_2,\cdots,\alpha_k$，使得

$$\alpha_1\boldsymbol{p}_1+\alpha_2\boldsymbol{p}_2+\cdots+\alpha_k\boldsymbol{p}_k=\boldsymbol{0} \tag{8.1.5}$$

用一个大于 0 的数 $\mu$ 乘式（8.1.5），再分别与式（8.1.4）相加和相减，得到

$$(x_1+\mu\alpha_1)\boldsymbol{p}_1+(x_2+\mu\alpha_2)\boldsymbol{p}_2+\cdots+(x_k+\mu\alpha_k)\boldsymbol{p}_k=\boldsymbol{b}$$
$$(x_1-\mu\alpha_1)\boldsymbol{p}_1+(x_2-\mu\alpha_2)\boldsymbol{p}_2+\cdots+(x_k-\mu\alpha_k)\boldsymbol{p}_k=\boldsymbol{b}$$

令

$$\overline{\boldsymbol{x}}_1=(x_1+\mu\alpha_1,x_2+\mu\alpha_2,\cdots,x_k+\mu\alpha_k,0,\cdots,0)^{\mathrm{T}}$$
$$\overline{\boldsymbol{x}}_2=(x_1-\mu\alpha_1,x_2-\mu\alpha_2,\cdots,x_k-\mu\alpha_k,0,\cdots,0)^{\mathrm{T}}$$

则 $\boldsymbol{x}=(\overline{\boldsymbol{x}}_1+\overline{\boldsymbol{x}}_2)/2$，即 $\boldsymbol{x}$ 是 $\overline{\boldsymbol{x}}_1$、$\overline{\boldsymbol{x}}_2$ 连线的中点。

另一方面，当 $\mu$ 充分小时，可保证

$$x_i\pm\mu\alpha_i\geqslant 0\quad(i=1,2,\cdots,k)$$

即 $\overline{\boldsymbol{x}}_1$、$\overline{\boldsymbol{x}}_2$ 是可行解。因此 $\boldsymbol{x}$ 不是 $D$ 的顶点，从而 $\boldsymbol{p}_1,\boldsymbol{p}_2,\cdots,\boldsymbol{p}_k$ 线性无关。于是，$\boldsymbol{x}$ 一定是问题（8.1.2）的一个基可行解。

（2）充分性。设 $\boldsymbol{x}$ 不是可行域 $D$ 的顶点，下面证明 $\boldsymbol{x}$ 一定不是问题（8.1.2）的基可行解。

因为 $\boldsymbol{x}$ 不是可行域 $D$ 的顶点，所以在 $D$ 中可找到两个不同的点

$$\boldsymbol{x}_1=\left(x_1^{(1)},x_2^{(1)},\cdots,x_n^{(1)}\right)^{\mathrm{T}},\ \boldsymbol{x}_2=\left(x_1^{(2)},x_2^{(2)},\cdots,x_n^{(2)}\right)^{\mathrm{T}}$$

使 $\boldsymbol{x}=\alpha\boldsymbol{x}_1+(1-\alpha)\boldsymbol{x}_2,0<\alpha<1$。

假设 $\boldsymbol{x}$ 是基可行解，对应向量组 $\boldsymbol{p}_1,\boldsymbol{p}_2,\cdots,\boldsymbol{p}_m$ 线性无关。当 $j>m$ 时，有 $x_j=x_j^{(1)}=x_j^{(2)}=0$，由于 $\boldsymbol{x}_1$、$\boldsymbol{x}_2$ 是可行域的两点，应满足

$$\sum_{j=1}^{m}x_j^{(1)}\boldsymbol{p}_j=\boldsymbol{b},\ \sum_{j=1}^{m}x_j^{(2)}\boldsymbol{p}_j=\boldsymbol{b}$$

将这两式相减，得

$$\sum_{j=1}^{m}\left(x_j^{(1)}-x_j^{(2)}\right)\boldsymbol{p}_j=\boldsymbol{0}$$

因 $\boldsymbol{x}_1\neq\boldsymbol{x}_2$，可知上式系数 $\left(x_j^{(1)}-x_j^{(2)}\right)$ 不全为 0，因此向量组 $\boldsymbol{p}_1,\boldsymbol{p}_2,\cdots,\boldsymbol{p}_m$ 线性相关，与假设矛盾，即 $\boldsymbol{x}$ 不是基可行解。因此，$\boldsymbol{x}$ 是 $D$ 的一个顶点。

定理 8.1.3 刻画了线性规划问题（8.1.2）的基可行解与可行域的顶点之间的对应关系。顶点是基可行解，反之，基可行解一定是顶点。但它们并非一一对应，有可能多个基可行解对应同一个顶点（当基可行解为退化的基可行解时）。

**【例 8.1.3】** 对线性规划问题

$$\min f(\boldsymbol{x}) = x_1 - x_2$$

$$\text{s.t.}\begin{cases} x_1 + 2x_2 + x_3 = 2 \\ x_1 + x_4 = 2 \\ x_i \geqslant 0 \qquad (i = 1,2,3,4) \end{cases}$$

约束矩阵的 4 个列向量依次为

$$\boldsymbol{p}_1 = \begin{pmatrix} 1 \\ 1 \end{pmatrix},\ \boldsymbol{p}_2 = \begin{pmatrix} 2 \\ 0 \end{pmatrix},\ \boldsymbol{p}_3 = \begin{pmatrix} 1 \\ 0 \end{pmatrix},\ \boldsymbol{p}_4 = \begin{pmatrix} 0 \\ 1 \end{pmatrix}$$

所有的基矩阵分别是

$$\boldsymbol{B}_1 = (\boldsymbol{p}_1, \boldsymbol{p}_2),\ \boldsymbol{B}_2 = (\boldsymbol{p}_1, \boldsymbol{p}_3),\ \boldsymbol{B}_3 = (\boldsymbol{p}_1, \boldsymbol{p}_4),$$
$$\boldsymbol{B}_4 = (\boldsymbol{p}_2, \boldsymbol{p}_4),\ \boldsymbol{B}_5 = (\boldsymbol{p}_3, \boldsymbol{p}_4)$$

对应于基矩阵 $\boldsymbol{B}_1$、$\boldsymbol{B}_2$、$\boldsymbol{B}_3$、$\boldsymbol{B}_4$、$\boldsymbol{B}_5$ 的基解分别为

$$\boldsymbol{x}_1 = (2,0,0,0)^{\mathrm{T}}$$
$$\boldsymbol{x}_2 = (2,0,0,0)^{\mathrm{T}}$$
$$\boldsymbol{x}_3 = (2,0,0,0)^{\mathrm{T}}$$
$$\boldsymbol{x}_4 = (0,1,0,2)^{\mathrm{T}}$$
$$\boldsymbol{x}_5 = (0,0,2,2)^{\mathrm{T}}$$

其中，$\boldsymbol{x}_1$、$\boldsymbol{x}_2$、$\boldsymbol{x}_3$ 均为退化的基可行解，$\boldsymbol{x}_4$、$\boldsymbol{x}_5$ 为非退化的基可行解。

因此，所给问题是退化的线性规划问题，其可行域有 3 个不同的顶点 $(2,0,0,0)^{\mathrm{T}}$、$(0,1,0,2)^{\mathrm{T}}$、$(0,0,2,2)^{\mathrm{T}}$，且关于 3 个不同的基 $\boldsymbol{B}_1$、$\boldsymbol{B}_2$、$\boldsymbol{B}_3$ 的基可行解对应着同一个顶点 $(2,0,0,0)^{\mathrm{T}}$。

**定理 8.1.4（线性规划基本定理）** 若线性规划问题（8.1.2）的可行域 $D$ 非空且有界，则其目标函数一定可以在 $D$ 的顶点上达到最优。

**证明** 设 $\boldsymbol{x}_1, \boldsymbol{x}_2, \cdots, \boldsymbol{x}_k$ 是可行域 $D$ 的顶点，若 $\boldsymbol{x}_0$ 不是顶点，且目标函数在 $\boldsymbol{x}_0$ 处达到最优 $\boldsymbol{c}^{\mathrm{T}}\boldsymbol{x}_0$（标准形式是 $\min f(\boldsymbol{x}) = \boldsymbol{c}^{\mathrm{T}}\boldsymbol{x}$）。

因为非空且有界凸集中任一点可以表示成其极点的线性组合，所以 $\boldsymbol{x}_0$ 可以用 $D$ 的顶点线性表示为

$$\boldsymbol{x}_0 = \sum_{i=1}^{k} \alpha_i \boldsymbol{x}_i,\quad \alpha_i \geqslant 0,\quad \sum_{i=1}^{k} \alpha_i = 1$$

从而

$$c^{\mathrm{T}}x_0 = c^{\mathrm{T}}\sum_{i=1}^{k}\alpha_i x_i = \sum_{i=1}^{k}\alpha_i c^{\mathrm{T}}x_i \tag{8.1.6}$$

在所有的顶点中必然能找到某一个顶点 $x_m$，使 $c^{\mathrm{T}}x_m$ 是所有 $c^{\mathrm{T}}x_i$ 中的最小值，并且将 $x_m$ 代替式（8.1.6）中的所有 $x_i$，得到

$$\sum_{i=1}^{k}\alpha_i c^{\mathrm{T}}x_i \geqslant \sum_{i=1}^{k}\alpha_i c^{\mathrm{T}}x_m = c^{\mathrm{T}}x_m$$

由此得到

$$c^{\mathrm{T}}x_0 \geqslant c^{\mathrm{T}}x_m$$

根据假设，$c^{\mathrm{T}}x_0$ 是最小值，所以只能有

$$c^{\mathrm{T}}x_0 = c^{\mathrm{T}}x_m$$

即目标函数在顶点 $x_m$ 处也达到最小值。

**推论 8.1.1**　若线性规划问题（8.1.2）的目标函数在可行域 $D$ 的多于一个顶点上达到最优，则在这些顶点的凸组合上也达到最优。此时，线性规划问题（8.1.2）有无穷多个最优解。

定理 8.1.4 告诉我们，若线性规划问题（8.1.2）的可行域非空且有界，则它一定有最优解，且最优解无须在无限多个可行解中去找，只需在有限个基可行解（即可行域的顶点中）去找。当 $m$、$n$ 较小时，可先求出所有的基可行解，然后比较各基可行解对应的目标函数值得到最优解。但当 $m$、$n$ 较大时，这一方法变得不可行，因而需要按照一定的规则从基可行解中找到最优解，这就导致有了求解线性规划问题的单纯形法。

# 8.2　线性规划的单纯形法

单纯形法是求解线性规划问题的一般算法，是由丹齐格（George Bernard Dantzig，1914—2005，美国数学家）在 1947 年提出来的，也是近百年来最成功的 10 个算法之一。大量的实际应用表明，单纯形法是求解线性规划问题的一种行之有效的算法。

## 8.2.1　单纯形法的基本思想

单纯形法是求解线性规划问题（8.1.2）的一个逐步逼近最优解的迭代算法，其基本思想是：从可行域中某个基可行解开始，转换到另一个基可行解，当目标函数达到最优时，基可行解即为最优解。在转换的过程中要求目标函数值一次比一次更优。从几何上，单纯形法是从一个顶点到另一个顶点的有限次迭代；从代数上，单纯形法是从一个基可行解到另一个基可行解的有限次迭代。

要实现这种基本思想，需要解决下面 3 个问题。

（1）初始基可行解的确定。

（2）最优性判定：判别一个基可行解是不是最优解的准则。

（3）基可行解转换：从一个基可行解转换到使目标函数值下降的另一个基可行解的方法。

### 1. 初始基可行解的确定

在线性规划问题（8.1.2）的约束矩阵 $\boldsymbol{A}=(\boldsymbol{p}_1, \boldsymbol{p}_2,\cdots, \boldsymbol{p}_n)$ 中，一般能直接观察得到一个 $m$ 阶单位矩阵作为初始可行基矩阵 $\boldsymbol{B}$，令所有非基变量为 0，可得初始基可行解 $\boldsymbol{x}^0$。

（1）对所有约束条件是"≤"形式的不等式，可以利用转化标准形式的方法，在每个约束条件的左端加上一个松弛变量，得到一个 $m$ 阶单位矩阵作为初始可行基矩阵。

（2）对所有约束条件是"≥"形式的不等式和等式，若不存在单位矩阵时，可采用人造基方法，即对不等式约束条件的左端减去一个非负的剩余变量后，再加上一个非负的人工变量；对等式约束条件的左端加上一个非负的人工变量，总可得到一个单位矩阵作为初始可行基矩阵。但在单纯形法求解过程中，应想办法逐步消去人工变量的影响，最终使所有的人工变量都等于 0，具体见 8.2.3 小节。

### 2. 最优性判别

考虑线性规划问题（8.1.2）

$$\begin{aligned}&\min f(\boldsymbol{x})=\boldsymbol{c}^{\mathrm{T}}\boldsymbol{x}\\&\text{s.t.}\quad \boldsymbol{A}\boldsymbol{x}=\boldsymbol{b}\qquad (\boldsymbol{x}\geqslant \boldsymbol{0})\end{aligned}$$

不妨设 $x_1,x_2,\cdots,x_m$ 为基变量，$x_{m+1},x_{m+2},\cdots,x_n$ 为非基变量，则基矩阵为 $\boldsymbol{B}=(\boldsymbol{p}_1,\boldsymbol{p}_2,\cdots,\boldsymbol{p}_m)$，非基矩阵为 $\boldsymbol{N}=(\boldsymbol{p}_{m+1},\boldsymbol{p}_{m+2},\cdots,\boldsymbol{p}_n)$，其中 $\boldsymbol{p}_j(j=1,2,\cdots,n)$ 为矩阵 $\boldsymbol{A}$ 的第 $j$ 列向量。记

$$\boldsymbol{x}_{\boldsymbol{B}}=(x_1,x_2,\cdots,x_m)^{\mathrm{T}},\ \boldsymbol{x}_{\boldsymbol{N}}=(x_{m+1},x_{m+2},\cdots,x_n)^{\mathrm{T}}$$
$$\boldsymbol{c}_{\boldsymbol{B}}=(c_1,c_2,\cdots,c_m)^{\mathrm{T}},\ \boldsymbol{c}_{\boldsymbol{N}}=(c_{m+1},c_{m+2},\cdots,c_n)^{\mathrm{T}}$$

则

$$\boldsymbol{x}=\begin{pmatrix}\boldsymbol{x}_{\boldsymbol{B}}\\ \boldsymbol{x}_{\boldsymbol{N}}\end{pmatrix},\quad \boldsymbol{c}=\begin{pmatrix}\boldsymbol{c}_{\boldsymbol{B}}\\ \boldsymbol{c}_{\boldsymbol{N}}\end{pmatrix}$$

因此约束方程组 $\boldsymbol{A}\boldsymbol{x}=\boldsymbol{b}$ 可以写成

$$(\boldsymbol{B},\ \boldsymbol{N})\begin{pmatrix}\boldsymbol{x}_{\boldsymbol{B}}\\ \boldsymbol{x}_{\boldsymbol{N}}\end{pmatrix}=\boldsymbol{b}，\text{即}\boldsymbol{B}\boldsymbol{x}_{\boldsymbol{B}}+\boldsymbol{N}\boldsymbol{x}_{\boldsymbol{N}}=\boldsymbol{b}$$

由于 $\boldsymbol{B}$ 非奇异，因此

$$\boldsymbol{x}_{\boldsymbol{B}}=\boldsymbol{B}^{-1}\boldsymbol{b}-\boldsymbol{B}^{-1}\boldsymbol{N}\boldsymbol{x}_{\boldsymbol{N}}$$

目标函数变为

$$\begin{aligned}f(\boldsymbol{x})=\boldsymbol{c}^{\mathrm{T}}\boldsymbol{x}&=\boldsymbol{c}_{\boldsymbol{B}}^{\mathrm{T}}\boldsymbol{x}_{\boldsymbol{B}}+\boldsymbol{c}_{\boldsymbol{N}}^{\mathrm{T}}\boldsymbol{x}_{\boldsymbol{N}}\\&=\boldsymbol{c}_{\boldsymbol{B}}^{\mathrm{T}}\left(\boldsymbol{B}^{-1}\boldsymbol{b}-\boldsymbol{B}^{-1}\boldsymbol{N}\boldsymbol{x}_{\boldsymbol{N}}\right)+\boldsymbol{c}_{\boldsymbol{N}}^{\mathrm{T}}\boldsymbol{x}_{\boldsymbol{N}}\\&=\boldsymbol{c}_{\boldsymbol{B}}^{\mathrm{T}}\boldsymbol{B}^{-1}\boldsymbol{b}+\left(\boldsymbol{c}_{\boldsymbol{N}}^{\mathrm{T}}-\boldsymbol{c}_{\boldsymbol{B}}^{\mathrm{T}}\boldsymbol{B}^{-1}\boldsymbol{N}\right)\boldsymbol{x}_{\boldsymbol{N}}\end{aligned}$$

线性规划问题（8.1.2）可表示为

$$\min f(\boldsymbol{x}) = \boldsymbol{c}_B^{\mathrm{T}} \boldsymbol{B}^{-1} \boldsymbol{b} + \left(\boldsymbol{c}_N^{\mathrm{T}} - \boldsymbol{c}_B^{\mathrm{T}} \boldsymbol{B}^{-1} \boldsymbol{N}\right) \boldsymbol{x}_N$$

$$\text{s.t.} \begin{cases} \boldsymbol{x}_B + \boldsymbol{B}^{-1} \boldsymbol{N} \boldsymbol{x}_N = \boldsymbol{B}^{-1} \boldsymbol{b} \\ \boldsymbol{x} \geqslant \boldsymbol{0} \end{cases}$$

记

$$\boldsymbol{c}_B^{\mathrm{T}} \boldsymbol{B}^{-1} \boldsymbol{b} = f_0$$

$$\boldsymbol{B}^{-1} \boldsymbol{b} = \boldsymbol{b}' = \left(b'_1, b'_2, \cdots, b'_m\right)^{\mathrm{T}}$$

$$\boldsymbol{\sigma}_N = \boldsymbol{c}_N^{\mathrm{T}} - \boldsymbol{c}_B^{\mathrm{T}} \boldsymbol{B}^{-1} \boldsymbol{N} = \left(\sigma_{m+1}, \sigma_{m+2}, \cdots, \sigma_n\right)$$

$$\boldsymbol{B}^{-1} \boldsymbol{N} = \begin{pmatrix} a'_{1,m+1} & \cdots & a'_{1n} \\ \vdots & & \vdots \\ a'_{m,m+1} & \cdots & a'_{mn} \end{pmatrix}$$

则线性规划问题（8.1.2）变为

$$\min f(\boldsymbol{x}) = f_0 + \sum_{j=m+1}^{n} \sigma_j x_j$$

$$\text{s.t.} \begin{cases} x_i + \sum\limits_{j=m+1}^{n} a'_{ij} x_j = b'_i & (i = 1, 2, \cdots, m) \\ x_j \geqslant 0 & (j = 1, 2, \cdots, n) \end{cases} \tag{8.2.1}$$

称线性规划问题（8.2.1）为与基变量 $x_1, x_2, \cdots, x_m$ 相对应的**规范式**或**典式**。

如果基变量不是由前 $m$ 个变量组成，上述过程同样可以进行。假设基变量为 $x_{j_1}, x_{j_2}, \cdots x_{j_m}$，即基变量的下标集为 $S = \{j_1, j_2, \cdots, j_m\}$，则与基变量 $x_{j_1}, x_{j_2}, \cdots, x_{j_m}$ 相对应的规范式为

$$\min f(\boldsymbol{x}) = f_0 + \sum_{j \in T} \sigma_j x_j$$

$$\text{s.t.} \begin{cases} x_i + \sum\limits_{j \in T} a'_{ij} x_j = b'_i & (i \in S) \\ x_j \geqslant 0 & (j = 1, 2, \cdots, n) \end{cases} \tag{8.2.1$'$}$$

其中，$T$ 表示非基变量的下标集，即 $T = \{1,2,\cdots,n\} - S$。

任给一个线性规划问题，首先将它转化为标准形式。若标准形式的系数矩阵中含有一个单位矩阵，则该标准形式是一个规范式。

在与基变量 $x_{j_1}, x_{j_2}, \cdots, x_{j_m}$ 相对应的规范式（8.2.1）$'$中，令非基变量 $x_j = 0$，$j \in T$，得到一个基解

$$\boldsymbol{x}^0 = \left(x_1, x_2, \cdots, x_n\right)^{\mathrm{T}}$$

其中

$$x_j = \begin{cases} b'_j & (j \in S) \\ 0 & (j \in T) \end{cases}$$

若所有的 $b'_j \geqslant 0$，$j \in S$，则 $\boldsymbol{x}^0$ 为基可行解。

在规范式（8.2.1）′中，因为 $\boldsymbol{p}_{j_1},\boldsymbol{p}_{j_2},\cdots,\boldsymbol{p}_{j_m}$ 是单位向量，即基矩阵 $\boldsymbol{B}$ 为单位矩阵，所以当 $j\in S$ 时，$c_j-\boldsymbol{c}_{\boldsymbol{B}}^{\mathrm{T}}\boldsymbol{p}_j=0$。

**定义 8.2.1** 称 $\boldsymbol{\sigma}=\boldsymbol{c}^{\mathrm{T}}-\boldsymbol{c}_{\boldsymbol{B}}^{\mathrm{T}}\boldsymbol{B}^{-1}\boldsymbol{A}$ 为变量 $\boldsymbol{x}$ 的**判别数向量**或**检验数向量**，其中 $\sigma_j=c_j-\sum\limits_{i\in S}c_i a_{ij}$ 称为变量 $x_j$ 的**判别数**或**检验数**。基变量的判别数向量为 $\boldsymbol{\sigma_B}=\boldsymbol{c}_{\boldsymbol{B}}^{\mathrm{T}}-\boldsymbol{c}_{\boldsymbol{B}}^{\mathrm{T}}\boldsymbol{B}^{-1}\boldsymbol{B}$，即 $m$ 维零向量；非基变量的判别数向量为 $\boldsymbol{\sigma_N}=\boldsymbol{c}_{\boldsymbol{N}}^{\mathrm{T}}-\boldsymbol{c}_{\boldsymbol{B}}^{\mathrm{T}}\boldsymbol{B}^{-1}\boldsymbol{N}$。

**定理 8.2.1** 假设 $\boldsymbol{x}^0$ 是线性规划问题（8.1.2）与基变量 $x_{j_1},x_{j_2},\cdots,x_{j_m}$ 相对应的规范式（8.2.1）′中对应于矩阵 $\boldsymbol{B}=\left(\boldsymbol{p}_{j_1},\boldsymbol{p}_{j_2},\cdots,\boldsymbol{p}_{j_m}\right)$ 的基可行解。

（1）若 $\boldsymbol{x}^0$ 的所有判别数非负，即所有的 $\sigma_j\geqslant 0$，$j=1,2,\cdots,n$，则 $\boldsymbol{x}^0$ 是线性规划问题（8.1.2）的一个最优解。

（2）若 $\boldsymbol{x}^0$ 的判别数中有一个小于 0，即存在 $\sigma_k<0$，$k\in T$，并且所有的 $a'_{ik}\leqslant 0$，$i\in S$，则线性规划问题（8.1.2）无最优解。

**证明** （1）由于 $\boldsymbol{x}^0$ 是线性规划问题（8.1.2）与基变量 $x_{j_1},x_{j_2},\cdots,x_{j_m}$ 相对应的规范式（8.2.1）′中对应于矩阵 $\boldsymbol{B}=\left(\boldsymbol{p}_{j_1},\boldsymbol{p}_{j_2},\cdots,\boldsymbol{p}_{j_m}\right)$ 的基可行解，因此 $\boldsymbol{x}^0$ 对应的目标函数值为 $f_0$。于是，对任意的可行点 $\overline{\boldsymbol{x}}=\left(\overline{x}_1,\overline{x}_2,\cdots,\overline{x}_n\right)$，有

$$f\left(\overline{\boldsymbol{x}}\right)=f_0+\sum_{j\in T}\sigma_j\overline{x}_j$$

由于 $\overline{x}_j\geqslant 0$，$\sigma_j\geqslant 0$，有

$$f\left(\overline{\boldsymbol{x}}\right)\geqslant f_0$$

因此，$\boldsymbol{x}^0$ 是线性规划问题（8.1.2）的一个最优解。

（2）不失一般性，假设 $S=\{1,2,\cdots,m\}$。令

$$\boldsymbol{u}=\left(-a'_{1k},\cdots,-a'_{mk},0,\cdots,0,1,0,\cdots,0\right)^{\mathrm{T}}\in\mathbf{R}^n$$

其中 1 为 $\boldsymbol{u}$ 的第 $k$ 个分量（$k=m+1,\cdots,n$）。构造向量

$$\boldsymbol{v}=\boldsymbol{x}^0+t\boldsymbol{u}=(b'_1-ta'_{1k},b'_2-ta'_{2k},\cdots,b'_m-ta'_{mk},0,\cdots,0,t,0,\cdots,0)$$

其中 $t$ 为任意的正实数。

由于所有的 $a'_{ik}\leqslant 0$，$b'_i\geqslant 0$ $\left(i=1,2,\cdots,m\right)$，且 $t>0$，因此 $\boldsymbol{v}\geqslant \boldsymbol{0}$。

对任意的 $i$（$i$=1,2,$\cdots$,$m$），有

$$v_i=b'_i-ta'_{ik}=b'_i-a'_{ik}v_k=b'_i-\sum_{j=m+1}^{n}a'_{ij}v_j$$

这表明，对任意的实数 $t>0$，所构造的向量 $\boldsymbol{v}$ 都是规范式（8.2.1）的可行解，然而它的目标函数值

$$f_0+\sum_{j=m+1}^{n}\sigma_j v_j=f_0+\sigma_k t\rightarrow-\infty\ (t\rightarrow+\infty)$$

即在可行域上目标函数值无下界。因此，线性规划问题（8.1.2）无最优解。

**注意**：定理 8.2.1 不是充分必要条件定理，也就是说，对于某个基可行解 $\boldsymbol{x}$，在它的规范式中，若所有判别数非负，则 $\boldsymbol{x}$ 是最优解；当判别数中出现负数时，对应的基可行解也有可能是最优解，这种情况只在此基可行解为退化的基可行解的特殊时候才可能发生（实际计算中碰到这种情况，可以把这个基可行解不当作最优解，这不影响我们后面的计算）。

**【例 8.2.1】** 给定线性规划问题

$$\min f(\boldsymbol{x}) = 2x_1 + x_2$$

$$\text{s.t.}\begin{cases} x_1 + x_2 + x_3 \quad = 5 \\ -x_1 + x_2 \ \ + x_4 \ = 0 \\ 6x_1 + 2x_2 + x_5 = 21 \\ x_1, x_2, x_3, x_4, x_5 \geqslant 0 \end{cases}$$

考虑基变量 $x_3$、$x_4$、$x_5$ 对应的基可行解 $\boldsymbol{x} = (0,0,5,0,21)^{\mathrm{T}}$，计算得

$$\boldsymbol{\sigma}_N = \boldsymbol{c}_N^{\mathrm{T}} - \boldsymbol{c}_B^{\mathrm{T}}\boldsymbol{B}^{-1}\boldsymbol{N} = (2,1) - (0,0,0)\begin{pmatrix} 1 & 0 & 0 \\ 0 & 1 & 0 \\ 0 & 0 & 1 \end{pmatrix}\begin{pmatrix} 1 & 1 \\ -1 & 1 \\ 6 & 2 \end{pmatrix} = (2,1)$$

因为非基变量 $x_1$、$x_2$ 的判别数 $\sigma_1 = 2 > 0$、$\sigma_2 = 1 > 0$，所以 $\boldsymbol{x}$ 是最优解。

3. **基可行解的转换**

假设

$$\boldsymbol{x}^0 = \left(b'_1, \cdots, b'_m, 0, \cdots, 0\right)^{\mathrm{T}} \qquad (b'_i > 0,\ i = 1,2,\cdots,m)$$

是由线性规划问题（8.1.2）与基变量 $x_1, x_2, \cdots, x_m$ 相对应的规范式（8.2.1）中对应于矩阵 $\boldsymbol{B}$ 所得到的基可行解，$\boldsymbol{\sigma}$ 是 $\boldsymbol{x}^0$ 的判别数向量。若存在某个 $\sigma_j < 0$（$j = m+1, \cdots, n$），且与 $\sigma_j$ 对应的变量 $x_j$ 的系数 $a'_{1j}, \cdots, a'_{mj}$ 中至少有一个大于 0，则此时需要寻找与 $\boldsymbol{x}^0$ 相邻的顶点。具体方法为：在原来的非基变量中选取一个变量，让它变为基变量；再从原来的基变量中选取一个变量，让它变为非基变量，构成一个新的基可行解后，再用定理 8.2.1 判断。那么，应该选取哪个非基变量，使它变为基变量？又应该选取哪个基变量，使它变为非基变量？

**确定进基变量**：任何一个与负判别数相对应的变量都可选为进基变量。一般地，若令

$$\sigma_k = \min\left\{\sigma_j \middle| \sigma_j < 0\right\}（所有负的判别数中的最小值）$$

则选取 $x_k$ 为进基变量，$\boldsymbol{p}_k$ 为进基向量。

**确定出基变量**：假设已确定 $x_k$ 为进基变量，根据规范式（8.2.1），有

$$x_i = b'_i - \sum_{j=m+1}^{n} a'_{ij} x_j \qquad (i = 1,2,\cdots,m)$$

令

$$x_j = 0 \qquad (j = m+1, \cdots, n,\ 但 j \neq k)$$

则有

$$x_i = b'_i - a'_{ik} x_k \qquad (i = 1,2,\cdots,m)$$

对任意的 $i$（$i$=1,2,⋯,$m$），当 $a'_{ik} \leqslant 0$ 时，总有 $x_i \geqslant 0$；当 $a'_{ik} > 0$ 时，记

$$\theta_l = \frac{b'_l}{a'_{lk}} = \min\left\{\theta_i = \frac{b'_i}{a'_{ik}} \middle| a'_{ik} > 0\right\}$$

并取 $x_k = \theta_l$，则 $x_l = 0$，选取 $x_l$ 的出基变量，$\boldsymbol{p}_e$ 为出基向量，并且有

$$x_k = \theta_l \geqslant 0,\ x_i = b'_i - a'_{ik} x_k \qquad (i = 1,2,\cdots,m)$$

于是得到一个新的可行解

$$\bar{\boldsymbol{x}}=\left(x_1,\cdots,x_{l-1},0,x_{l+1},\cdots,x_m,0,\cdots,0,x_k,0,\cdots,0\right)^{\mathrm{T}}\in\mathbf{R}^n \tag{8.2.2}$$

**定理 8.2.2** 由式（8.2.2）给出的$\bar{\boldsymbol{x}}$是线性规划问题（8.1.2）的一个基可行解。

**证明** 由$\bar{\boldsymbol{x}}$的构造可知，$\bar{\boldsymbol{x}}$是线性规划问题（8.1.2）的一个可行解。下面只需证明

$$\bar{\boldsymbol{B}}=\left(\boldsymbol{p}_1,\cdots,\boldsymbol{p}_{l-1},\boldsymbol{p}_k,\boldsymbol{p}_{l+1},\cdots,\boldsymbol{p}_m\right)$$

为线性规划问题（8.1.2）的一个基矩阵即可。

设矩阵 $\bar{\boldsymbol{B}}$ 的列向量组线性相关，则存在一组不全为 0 的数 $\lambda_1,\cdots,\lambda_{l-1},\lambda_k,\lambda_{l+1},\cdots,\lambda_m$，使得

$$\sum_{j=1,\ j\neq l}^{m}\lambda_j\boldsymbol{p}_j+\lambda_k\boldsymbol{p}_k=\boldsymbol{0} \tag{8.2.3}$$

由于 $\boldsymbol{p}_1,\cdots,\boldsymbol{p}_{l-1},\boldsymbol{p}_{l+1},\cdots,\boldsymbol{p}_m$ 线性无关，因此 $\lambda_k\neq 0$，于是由式（8.2.3）可得

$$\boldsymbol{p}_k=-\sum_{j=1,\ j\neq l}^{m}\frac{\lambda_j}{\lambda_k}\boldsymbol{p}_j \tag{8.2.4}$$

又

$$\begin{aligned}\boldsymbol{p}_k&=\boldsymbol{B}\boldsymbol{B}^{-1}\boldsymbol{p}_k=\boldsymbol{B}\boldsymbol{p}'_k\\&=\left(\boldsymbol{p}_1,\ \boldsymbol{p}_2,\cdots,\ \boldsymbol{p}_m\right)\left(a'_{1k},\ a'_{2k},\cdots,\ a'_{mk}\right)^{\mathrm{T}}\\&=\sum_{i=1}^{m}a'_{ik}\boldsymbol{p}_i\end{aligned} \tag{8.2.5}$$

由式（8.2.5）减去式（8.2.4）可得

$$\sum_{i=1,\ i\neq l}^{m}\left(a'_{ik}+\frac{\lambda_j}{\lambda_k}\right)\boldsymbol{p}_i+a'_{lk}\boldsymbol{p}_l=\boldsymbol{0}$$

因为$a'_{lk}>0$，所以 $\boldsymbol{p}_1,\boldsymbol{p}_2,\cdots,\boldsymbol{p}_m$ 线性相关，这与 $\boldsymbol{p}_1,\boldsymbol{p}_2,\cdots,\boldsymbol{p}_m$ 为一组基向量矛盾。故由式（8.2.2）给出的 $\bar{\boldsymbol{x}}$ 是线性规划问题（8.1.2）对应于基矩阵 $\bar{\boldsymbol{B}}$ 的基可行解。

**定理 8.2.3** 设 $\boldsymbol{x}^0$ 为线性规划问题（8.1.2）的一个基可行解，若 $\boldsymbol{x}^0$ 是非退化的，且 $\bar{\boldsymbol{x}}$ 是由式（8.2.2）给出的基可行解，那么 $\boldsymbol{c}^{\mathrm{T}}\bar{\boldsymbol{x}}<\boldsymbol{c}^{\mathrm{T}}\boldsymbol{x}^0$。

**证明** 因为 $\boldsymbol{x}^0$ 是非退化的，所以 $\bar{x}_k=\dfrac{b'_l}{a'_{lk}}>0$。又因为 $\sigma_k<0$，所以

$$\boldsymbol{c}^{\mathrm{T}}\bar{\boldsymbol{x}}=f_0+\sigma_k\bar{\boldsymbol{x}}<f_0=\boldsymbol{c}^{\mathrm{T}}\boldsymbol{x}^0$$

从而定理得证。

由定理 8.2.3 可知，若线性规划问题（8.1.2）的所有基可行解都是非退化的，则每次迭代都使目标函数值有所下降。已经出现过的基可行解在迭代过程中不会再出现，而基可行解只有有限个。因此，经过有限次迭代，一定可以得到一个基可行解 $\boldsymbol{x}$。对于这个 $\boldsymbol{x}$，或者它的全部判别数非负，或者存在负判别数$\sigma_k<0$，但对应的列向量 $\boldsymbol{p}_k$ 中所有分量都小于或等于 0。也就是说，对于非退化的线性规划问题，经过有限步一定可以使迭代停止。上述求解线性规划问题的方法称为**单纯形法**。

**4. 单纯形法的迭代步骤**

设已经确定了 $x_k$ 为进基变量，$x_l$ 为出基变量，得到一组新的基变量。为了对新的基可行

解$\bar{x}$做最优性判别，下面推出如何将原规范式化为新基变量所对应的规范式。

首先，将规范式（8.2.1）′中等式约束的第 $l$ 个方程两端同时乘以 $1/a'_{lk}$，可得

$$\frac{1}{a'_{lk}}x_l=\frac{b'_l}{a'_{lk}}-\sum_{j\in T}\frac{a'_{lj}}{a'_{lk}}x_j=\frac{b'_l}{a'_{lk}}-\sum_{j\in T,\ j\neq k}\frac{a'_{lj}}{a'_{lk}}x_j-x_k$$

于是有

$$x_k=\frac{b'_l}{a'_{lk}}-\sum_{j\in T,\ j\neq k}\frac{a'_{lj}}{a'_{lk}}x_j-\frac{1}{a'_{lk}}x_l \tag{8.2.6}$$

将式（8.2.6）代入规范式（8.2.1）′中的其他等式约束，即对任意的 $i$（$i\in S$ 且 $i\neq l$），有

$$\begin{aligned}x_i&=b'_i-\sum_{j\in T}a'_{ij}x_j=b'_i-\sum_{j\in T,\ j\neq k}a'_{ij}x_j-a'_{ik}x_k\\&=b'_i-\sum_{j\in T,\ j\neq k}a'_{ij}x_j-a'_{ik}\left(\frac{b'_l}{a'_{lk}}-\sum_{j\in T,\ j\neq k}\frac{a'_{lj}}{a'_{lk}}x_j-\frac{1}{a'_{lk}}x_l\right)\\&=\left(b'_i-a'_{ik}\frac{b'_l}{a'_{lk}}\right)-\sum_{j\in T,\ j\neq k}\left(a'_{ij}-a'_{ik}\frac{a'_{lj}}{a'_{lk}}\right)x_j+\frac{a'_{ik}}{a'_{lk}}x_l\end{aligned}$$

将式（8.2.6）代入规范式（8.2.1）′的目标函数中，可得

$$\begin{aligned}f(\boldsymbol{x})&=f_0+\sum_{j\in T}\sigma_jx_j=f_0+\sum_{j\in T,\ j\neq k}\sigma_jx_j+\sigma_kx_k\\&=f_0+\sum_{j\in T,\ j\neq k}\sigma_jx_j+\sigma_k\left(\frac{b'_l}{a'_{lk}}-\sum_{j\in T,\ j\neq k}\frac{a'_{lj}}{a'_{lk}}x_j-\frac{1}{a'_{lk}}x_l\right)\\&=\left(f_0+\sigma_k\frac{b'_l}{a'_{lk}}\right)+\sum_{j\in T,\ j\neq k}\left(\sigma_j-\sigma_k\frac{a'_{lj}}{a'_{lk}}\right)x_j-\frac{\sigma_k}{a'_{lk}}x_l\end{aligned}$$

设迭代前系数矩阵 $\boldsymbol{A}$ 与右端向量 $\boldsymbol{b}$ 中的元素分别为 $a'_{ij}$、$b'_i$，迭代后分别为 $a''_{ij}$、$b''_i$，则得到与新的基变量对应的规范式为

$$\begin{aligned}&\min f(\boldsymbol{x})=f'_0+\sum_{j\in V}\sigma'_jx_j\\&\text{s.t.}\begin{cases}x_i=b''_i-\sum\limits_{j\in V}a''_{ij}x_j & (i\in U)\\x_j\geqslant 0 & (j\in\{1,2,\cdots,n\})\end{cases}\end{aligned} \tag{8.2.7}$$

其中

$$U=S\cup\{k\}-\{l\}$$

$$V=T\cup\{l\}-\{k\}$$

$$f'_0=f_0+\sigma_k\frac{b'_l}{a'_{lk}}$$

可以看出，新规范式与原规范式中各系数和判别数之间的关系为

$$a''_{ij}=\begin{cases}\dfrac{a'_{lj}}{a'_{lk}} & (i=k,j=1,2,\cdots,n)\\ a'_{ij}-a'_{ik}\dfrac{a'_{lj}}{a'_{lk}} & (i\in U-\{k\},\ j=1,2,\cdots,n)\end{cases}$$

$$b''_{i}=\begin{cases}\dfrac{b'_{l}}{a'_{lk}} & (i=k)\\ b'_{i}-a'_{ik}\dfrac{b'_{l}}{a'_{lk}} & (i\in U-\{k\})\end{cases}$$

$$\sigma'_j=\sigma_j-\sigma_k\frac{a'_{lj}}{a'_{lk}} \qquad (j=1,2,\cdots,n)$$

以上各式称为以元素 $a'_{lk}$ 为主元的**旋换变换**或**转轴变换**。因此，基于新的规范式（8.2.7），可使用定理 8.2.1 对新的基可行解 $\bar{\boldsymbol{x}}$ 做最优性判别。

在新规范式的推导过程中，给出了新规范式与原规范式中各系数和判别数之间的关系式，这实际上也给出了得到新的基可行解的迭代公式。以此为基础可以给出求解线性规划问题（8.1.2）的单纯形法的计算步骤。

（1）写出初始基可行解，并计算判别数 $\sigma_j\,(j=1,2,\cdots,n)$。

（2）若所有的判别数 $\sigma_j\geqslant 0$，那么当前的基可行解是线性规划问题（8.1.2）的一个最优解 $\boldsymbol{x}^*=\left(x_1^*,x_2^*,\cdots,x_n^*\right)^{\mathrm{T}}$。其中，若 $j\in S$，则 $x_j^*=b_j$；否则，$x_j^*=0$。输出最优解 $\boldsymbol{x}^*$，算法终止。否则转至步骤（3）。

（3）记 $\sigma_k=\min\{\sigma_j\mid\sigma_j<0\}$。如果对任意的 $i\in S$ 有 $a_{ik}\leqslant 0$，那么输出线性规划问题（8.1.2）无最优解，算法终止。否则转至步骤（4）。

（4）记 $\theta_l=\dfrac{b_l}{a_{lk}}=\min\left\{\dfrac{b_i}{a_{ik}}\middle|a_{ik}>0\right\}$，用 $\boldsymbol{p}_k$ 取代 $\boldsymbol{p}_l$ 得到新基变量。

（5）以 $a_{lk}$ 为主元进行旋转变换，即对任意的 $j=1,2,\cdots,n$，置

$$a_{ij}=\begin{cases}\dfrac{a_{lj}}{a_{lk}} & (i=l)\\ a_{ij}-a_{ik}\dfrac{a_{lj}}{a_{lk}} & (i\in S-\{l\})\end{cases}$$

$$b_{i}=\begin{cases}\dfrac{b_{l}}{a_{lk}} & (i=l)\\ b_{i}-a_{ik}\dfrac{b_{l}}{a_{lk}} & (i\in S-\{l\})\end{cases}$$

$$\sigma_j=\sigma_j-\sigma_k\frac{a_{lj}}{a_{lk}}$$

$$S=S\cup\{k\}-\{l\}$$

$$T=T\cup\{l\}-\{k\}$$

转至步骤（2）。

由定理 8.2.3 可知，如果线性规划问题（8.1.2）是非退化的，那么单纯形法在有限步内终止，或者给出线性规划问题（8.1.2）的一个最优解，或者判断出线性规划问题（8.1.2）无最优解。

若目标函数要求实现最大化，一方面可将最大化转换为最小化，另一方面也可在上述计算步骤中将判定最优解的 $\sigma_j \geqslant 0$ 改为 $\sigma_j \leqslant 0$，将换入变量的条件 $\min\left\{\sigma_j | \sigma_j < 0\right\} = \sigma_k$ 改为 $\max\left\{\sigma_j | \sigma_j > 0\right\} = \sigma_k$。

## 8.2.2 单纯形表

为了便于计算，将单纯形法的迭代过程列成一系列表格，这种表格称为**单纯形表**。为了叙述简洁，不妨假设变量的前 $m$ 个分量为基变量，并且已得到规范式（8.2.1），即

$$\min f(\boldsymbol{x}) = f_0 + \sum_{j=m+1}^{n} \sigma_j x_j$$

$$\text{s.t.} \begin{cases} x_i + \sum\limits_{j=m+1}^{n} a'_{ij} x_j = b'_i & (i = 1,2,\cdots,m) \\ x_j \geqslant 0 & (j = 1,2,\cdots,n) \end{cases}$$

该规范式的信息可反映在表 8.2.1 中，其中，$\boldsymbol{c_B}$ 列中填入基变量的价值系数 $c_1, c_2, \cdots, c_m$；$\boldsymbol{x_B}$ 列中填入基变量 $x_1, x_2, \cdots, x_m$（$\boldsymbol{x_B}$ 列可以用 $\boldsymbol{B}$ 列替代，相应填入基向量 $\boldsymbol{p}_1, \boldsymbol{p}_2, \cdots, \boldsymbol{p}_m$）；$\boldsymbol{b}$ 列中填入约束方程组右端的常数；$\theta_i$ 列中的数字是在确定换入变量后，按 $\theta$ 规则计算填入；最后一行为判别数行，对应各非基变量 $x_j$ 的判别数是 $\sigma_j = c_j - \sum\limits_{i=1}^{m} c_i a_{ij} = c_j - z_j$ ,$j$=$m$+1,⋯,$n$（这里令 $z_j = \sum\limits_{i=1}^{m} c_i a_{ij}$）；$\left[a'_{lk}\right]$ 表示 $a'_{lk}$ 为主元。

表 8.2.1

| $c_j$ | | | $c_1$ | ⋯ | $c_l$ | ⋯ | $c_m$ | $c_{m+1}$ | ⋯ | $c_k$ | ⋯ | $c_n$ | $\theta_i$ |
|---|---|---|---|---|---|---|---|---|---|---|---|---|---|
| $\boldsymbol{c_B}$ | $\boldsymbol{x_B}$ | $\boldsymbol{b}$ | $x_1$ | ⋯ | $x_l$ | ⋯ | $x_m$ | $x_{m+1}$ | ⋯ | $x_k$ | ⋯ | $x_n$ | |
| $c_1$ | $x_1$ | $b'_1$ | 1 | ⋯ | 0 | ⋯ | 0 | $a'_{1,m+1}$ | ⋯ | $a'_{1k}$ | ⋯ | $a'_{1n}$ | $\theta_1$ |
| ⋮ | ⋮ | ⋮ | ⋮ | | ⋮ | | ⋮ | ⋮ | | ⋮ | | ⋮ | |
| $c_l$ | $x_l$ | $b'_l$ | 0 | ⋯ | 1 | ⋯ | 0 | $a'_{l,m+1}$ | ⋯ | $[a'_{lk}]$ | ⋯ | $a'_{ln}$ | $\theta_l$ |
| ⋮ | ⋮ | | ⋮ | | ⋮ | | ⋮ | ⋮ | | ⋮ | | ⋮ | |
| $c_m$ | $x_m$ | $b'_m$ | 0 | ⋯ | 0 | ⋯ | 1 | $a'_{m,m+1}$ | ⋯ | $a'_{mk}$ | ⋯ | $a'_{mn}$ | $\theta_m$ |
| | $\sigma_j$ | | 0 | ⋯ | 0 | ⋯ | 0 | $\sigma_{m+1}$ | ⋯ | $\sigma_k$ | ⋯ | $\sigma_n$ | |

初始基可行解为 $\boldsymbol{x}^0 = (b_1, b_2, \cdots, b_m, 0, \cdots, 0)^{\mathrm{T}}$。

单纯形表实际上是与基矩阵 $\boldsymbol{B}$ 对应的规范式的一种表格表示形式。由这张单纯形表立刻可以写出与基矩阵 $\boldsymbol{B}$ 对应的规范式。

经过基可行解转换后，得到新的规范式（8.2.7），即

$$\min f(\boldsymbol{x})=f'_0+\sum_{j\in V}\sigma'_j x_j$$

$$\text{s.t.}\begin{cases}x_i=b''_i-\sum\limits_{j\in V}a''_{ij}x_j & (i\in U)\\ x_j\geqslant 0 & (j\in\{1,2,\cdots,n\})\end{cases}$$

其中

$$U=\{1,2,\cdots,m\}\cup\{k\}-\{l\}$$

$$V=\{m+1,m+2,\cdots,n\}\cup\{l\}-\{k\}$$

新规范式的信息可反映在表 8.2.2 中。

表 8.2.2

| $c_j$ | | | $c_1$ | ··· | $c_l$ | ··· | $c_m$ | $c_{m+1}$ | ··· | $c_k$ | ··· | $c_n$ | $\theta_i$ |
|---|---|---|---|---|---|---|---|---|---|---|---|---|---|
| $\boldsymbol{c_B}$ | $\boldsymbol{x_B}$ | $\boldsymbol{b}$ | $x_1$ | ··· | $x_l$ | ··· | $x_m$ | $x_{m+1}$ | ··· | $x_k$ | ··· | $x_n$ | |
| $c_1$ | $x_1$ | $b''_1$ | 1 | ··· | $a''_{1l}$ | ··· | 0 | $a''_{1,m+1}$ | ··· | 0 | ··· | $a''_{1n}$ | $\theta'_1$ |
| ⋮ | ⋮ | ⋮ | ⋮ | | ⋮ | | ⋮ | ⋮ | | ⋮ | | ⋮ | ⋮ |
| $c_k$ | $x_k$ | $b''_k$ | 0 | ··· | $a''_{ll}$ | ··· | 0 | $a''_{l,m+1}$ | ··· | 1 | ··· | $a''_{ln}$ | $\theta'_k$ |
| ⋮ | ⋮ | ⋮ | ⋮ | | ⋮ | | ⋮ | ⋮ | | ⋮ | | ⋮ | ⋮ |
| $c_m$ | $x_m$ | $b''_m$ | 0 | ··· | $a''_{ml}$ | ··· | 1 | $a''_{m,m+1}$ | ··· | 0 | ··· | $a''_{mn}$ | $\theta'_m$ |
| $\sigma_j'$ | | | 0 | ··· | $\sigma_l'$ | ··· | 0 | $\sigma'_{m+1}$ | ··· | 0 | ··· | $\sigma'_n$ | |

单纯形法的一次迭代，实际上就是由原规范式经旋转变换转化为新规范式。观察旋转变换的公式可以看出，旋转变换实际上就是做初等行变换，即在表 8.2.1 的增广系数矩阵和判别数所在行中，首先通过行变换将主元转化为 1，然后通过行变换将它所在列的其他元素转化为 0，就得到了表 8.2.2。因此，单纯形表方法可以叙述如下。

第一步，由初始规范式列出表格，即先列出增广系数矩阵；然后按算法中的方法计算判别数和 $\theta_i$ 的值，并将其列在表中的相应位置。若所有的判别数非负，则已得到最优解 $\boldsymbol{x}^*$（即 $\boldsymbol{b}$ 所在列的每个数为 $\boldsymbol{x}^*$对应的分量，且 $\boldsymbol{x}^*$的其他分量为 0）和最优值（即 $\boldsymbol{c}$ 和 $\boldsymbol{b}$ 所在列的对应元素乘积之和）。否则，看每个负判别数对应增广系数矩阵的列中是否每个数均非正。若是，则线性规划问题无最优解；若不是，找出最小的判别数（如在表 8.2.1 中的 $\sigma_k$），计算 $\boldsymbol{b}$ 所在列的元素与最小判别数所在列中的正元素的比值，计算 $\theta_i$ 的值并列在表中最后一列（注意：若最小判别数所在列中出现非正数，那么在它所在列的 $\theta_i$ 位置标记“—”）；找出最小的 $\theta_j$ 值（如在表 8.2.1 中的 $\theta_l$），最小判别数所在列和最小的 $\theta_i$ 所在行的交叉元素为主元，用[·]标出（如在表 8.2.1 中的$\left[a'_{lk}\right]$）。这样就完成了表 8.2.1。

第二步，对增广系数矩阵和判别数所在行进行初等行变换，使得主元变为 1 而主元所在列中的其他元素变为 0，得到新的表（最后一列除外），再根据表中的判别数进行最优性判别。如果既得不到最优解，也不能判别问题无最优解，那么计算 $\theta_i$ 的值并列在表中最后一列，完成表 8.2.2。

不断重复第二步，直到找到最优解或者是判别出问题无最优解为止。

单纯形表方法的计算步骤如下。

（1）找出初始可行基，确定初始基可行解，建立初始单纯形表。

（2）检验各非基变量$x_j$的判别数$\sigma_j = c_j - \sum_{i=1}^{m} c_i a_{ij} = c_j - z_j$（$j=m+1,\cdots,n$）。若所有$\sigma_j \geqslant 0$，则已得到最优解，停止计算。否则转至步骤（3）。

（3）在$\sigma_j < 0 (j = m+1,\cdots,n)$中，若所有$a_{jk} \leqslant 0$，则此问题无最优解，停止计算。否则转至步骤（4）。

（4）根据$\min\left\{\sigma_j | \sigma_j < 0\right\} = \sigma_k$，确定$x_k$为进基变量。按$\theta$规则计算

$$\theta = \min\left\{\frac{b_i}{a_{ik}} \middle| a_{ik} > 0\right\} = \frac{b_l}{a_{lk}}$$

可确定$x_l$为出基变量，转至步骤（5）。

（5）以$a_{lk}$为主元进行迭代（用高斯消元法），对$x_k$所对应的列向量进行初等行变换，即

$$\boldsymbol{p}_k = \begin{pmatrix} a_{1k} \\ \vdots \\ a_{l-1,k} \\ a_{lk} \\ a_{l+1,k} \\ \vdots \\ a_{mk} \end{pmatrix} \xrightarrow{\text{初等行变换}} \begin{pmatrix} 0 \\ \vdots \\ 0 \\ 1 \\ 0 \\ \vdots \\ 0 \end{pmatrix} \leftarrow \text{第}l\text{行}$$

将$\boldsymbol{x_B}$列中的$x_l$换为$x_k$，得到新的单纯形表，重复步骤（2）~步骤（5），直到终止。

**【例 8.2.2】**求解线性规划问题

$$\min f(\boldsymbol{x}) = x_2 - 3x_3 + 2x_5$$

$$\text{s.t.}\begin{cases} x_1 + 3x_2 - x_3 + 2x_5 = 7 \\ -2x_2 + 4x_3 + x_4 = 12 \\ -4x_2 + 3x_3 + 8x_5 + x_6 = 10 \\ x_1, x_2, x_3, x_4, x_5, x_6 \geqslant 0 \end{cases}$$

**解：**所给线性规划问题为标准形式，且变量$x_1$、$x_4$、$x_6$所对应的系数列向量恰好为一个单位矩阵，因此，它是对应基变量的规范式。因而可列单纯形表如表 8.2.3（a）所示。

表 8.2.3（a）

| $c_j$ | | | 0 | 1 | –3 | 0 | 2 | 0 | $\theta_i$ |
|---|---|---|---|---|---|---|---|---|---|
| $\boldsymbol{c_B}$ | $\boldsymbol{x_B}$ | $\boldsymbol{b}$ | $x_1$ | $x_2$ | $x_3$ | $x_4$ | $x_5$ | $x_6$ | |
| 0 | $x_1$ | 7 | 1 | 3 | –1 | 0 | 2 | 0 | – |
| 0 | $x_4$ | 12 | 0 | –2 | [4] | 1 | 0 | 0 | 12/4 |
| 0 | $x_6$ | 10 | 0 | –4 | 3 | 0 | 8 | 1 | 10/3 |
| $\sigma_j$ | | | 0 | 1 | –3 | 0 | 2 | 0 | |

由于表 8.2.3（a）中只有一个判别数小于 0，即$\sigma_3 = -3 < 0$，因此非基变量$x_3$应进基。计

算 $\theta_i$ 的值易知：$\theta_2 = 12/4 < \theta_3 = 10/3$，所以基变量 $x_4$ 应出基。进而，系数矩阵中 $a_{23} = 4$ 为主元。对增广矩阵$(\boldsymbol{A} \mid \boldsymbol{b})$进行初等行变换

$$\left(\begin{array}{cccccc|c} 1 & 3 & -1 & 0 & 2 & 0 & 7 \\ 0 & -2 & [4] & 1 & 0 & 0 & 12 \\ 0 & -4 & 3 & 0 & 8 & 1 & 10 \end{array}\right) \to \left(\begin{array}{cccccc|c} 1 & 5/2 & 0 & 1/4 & 2 & 0 & 10 \\ 0 & -1/2 & 1 & 1/4 & 0 & 0 & 3 \\ 0 & -5/2 & 0 & -3/4 & 8 & 1 & 1 \end{array}\right)$$

可得单纯形表如表 8.2.3（b）所示。

表 8.2.3（b）

| $c_j$ | | | 0 | 1 | −3 | 0 | 2 | 0 | $\theta_i$ |
|---|---|---|---|---|---|---|---|---|---|
| $\boldsymbol{c_B}$ | $\boldsymbol{x_B}$ | $\boldsymbol{b}$ | $x_1$ | $x_2$ | $x_3$ | $x_4$ | $x_5$ | $x_6$ | |
| 0 | $x_1$ | 10 | 1 | [5/2] | 0 | 1/4 | 2 | 0 | 4 |
| −3 | $x_3$ | 3 | 0 | −1/2 | 1 | 1/4 | 0 | 0 | − |
| 0 | $x_6$ | 1 | 0 | −5/2 | 0 | −3/4 | 8 | 1 | − |
| $\sigma_j$ | | | 0 | −1/2 | 0 | 3/4 | 2 | 0 | |

表 8.2.3（b）中仍有一个判别数小于 0，即 $\sigma_2 = -1/2 < 0$，所以非基变量 $x_2$ 应进基。由于 $\sigma_2$ 所在系数矩阵的列中只有一个元素大于 0，即 $a_{12} = 5/2 > 0$，因此 $a_{12}$ 为主元。对增广矩阵（$\boldsymbol{A}|\boldsymbol{b}$）进行初等行变换

$$\left(\begin{array}{cccccc|c} 1 & [5/2] & 0 & 1/4 & 2 & 0 & 10 \\ 0 & -1/2 & 1 & 1/4 & 0 & 0 & 3 \\ 0 & -5/2 & 0 & -3/4 & 8 & 1 & 1 \end{array}\right) \to \left(\begin{array}{cccccc|c} 2/5 & 1 & 0 & 1/10 & 4/5 & 0 & 4 \\ 1/5 & 0 & 1 & 3/10 & 2/5 & 0 & 5 \\ 1 & 0 & 0 & -1/2 & 10 & 1 & 11 \end{array}\right)$$

可得单纯形表如表 8.2.3（c）所示。

表 8.2.3（c）

| $c_j$ | | | 0 | 1 | −3 | 0 | 2 | 0 | $\theta_i$ |
|---|---|---|---|---|---|---|---|---|---|
| $\boldsymbol{c_B}$ | $\boldsymbol{x_B}$ | $\boldsymbol{b}$ | $x_1$ | $x_2$ | $x_3$ | $x_4$ | $x_5$ | $x_6$ | |
| 1 | $x_2$ | 4 | 2/5 | 1 | 0 | 1/10 | 4/5 | 0 | |
| −3 | $x_3$ | 5 | 1/5 | 0 | 1 | 3/10 | 2/5 | 0 | |
| 0 | $x_6$ | 11 | 1 | 0 | 0 | −1/2 | 10 | 1 | |
| $\sigma_j$ | | | 1/5 | 0 | 0 | 4/5 | 12/5 | 0 | |

表 8.2.3（c）中最后一行的判别数均大于等于 0，这表示目标函数值已不可能再减小，于是得到最优解 $\boldsymbol{x}^* = (0,4,5,0,0,11)^{\mathrm{T}}$，最优值 $f(\boldsymbol{x}^*) = -11$。

**【例 8.2.3】**求解线性规划问题

$$\max f(\boldsymbol{x}) = 2x_1 + 3x_2$$
$$\text{s.t.}\begin{cases} x_1 + 2x_2 \leqslant 8 \\ 4x_1 \leqslant 16 \\ 4x_2 \leqslant 12 \\ x_1, x_2 \geqslant 0 \end{cases}$$

**解：**将线性规划问题化为标准形式

$$\min(-f(\boldsymbol{x})) = -2x_1 - 3x_2 + 0x_3 + 0x_4 + 0x_5$$

$$\text{s.t.}\begin{cases} x_1 + 2x_2 + x_3 = 8 \\ 4x_1 + x_4 = 16 \\ 4x_2 + x_5 = 12 \\ x_1, x_2, x_3, x_4, x_5 \geqslant 0 \end{cases}$$

作单纯形表，按单纯形法计算步骤进行迭代，结果如表 8.2.4 所示。

表 8.2.4

（a）

| | $c_j$ | | −2 | −3 | 0 | 0 | 0 | |
|---|---|---|---|---|---|---|---|---|
| $\boldsymbol{c_B}$ | $\boldsymbol{x_B}$ | $\boldsymbol{b}$ | $x_1$ | $x_2$ | $x_3$ | $x_4$ | $x_5$ | $\theta_i$ |
| 0 | $x_3$ | 8 | 1 | 2 | 1 | 0 | 0 | 4 |
| 0 | $x_4$ | 16 | 4 | 0 | 0 | 1 | 0 | – |
| 0 | $x_5$ | 12 | 0 | [4] | 0 | 0 | 1 | 3 |
| | $\sigma_j$ | | −2 | −3 | 0 | 0 | 0 | |

（b）

| | $c_j$ | | −2 | −3 | 0 | 0 | 0 | |
|---|---|---|---|---|---|---|---|---|
| $\boldsymbol{c_B}$ | $\boldsymbol{x_B}$ | $\boldsymbol{b}$ | $x_1$ | $x_2$ | $x_3$ | $x_4$ | $x_5$ | $\theta_i$ |
| 0 | $x_3$ | 2 | [1] | 0 | 1 | 0 | −1/2 | 2 |
| 0 | $x_4$ | 16 | 4 | 0 | 0 | 1 | 0 | 4 |
| −3 | $x_2$ | 3 | 0 | 1 | 0 | 0 | 1/4 | – |
| | $\sigma_j$ | | −2 | 0 | 0 | 0 | 3/4 | |

（c）

| | $c_j$ | | −2 | −3 | 0 | 0 | 0 | |
|---|---|---|---|---|---|---|---|---|
| $\boldsymbol{c_B}$ | $\boldsymbol{x_B}$ | $\boldsymbol{b}$ | $x_1$ | $x_2$ | $x_3$ | $x_4$ | $x_5$ | $\theta_i$ |
| −2 | $x_1$ | 2 | 1 | 0 | 1 | 0 | −1/2 | – |
| 0 | $x_4$ | 8 | 0 | 0 | −4 | 1 | [2] | 4 |
| −3 | $x_2$ | 3 | 0 | 1 | 0 | 0 | 1/4 | 12 |
| | $\sigma_j$ | | 0 | 0 | 2 | 0 | −1/4 | |

（d）

| | $c_j$ | | −2 | −3 | 0 | 0 | 0 | |
|---|---|---|---|---|---|---|---|---|
| $\boldsymbol{c_B}$ | $\boldsymbol{x_B}$ | $\boldsymbol{b}$ | $x_1$ | $x_2$ | $x_3$ | $x_4$ | $x_5$ | $\theta_i$ |
| −2 | $x_1$ | 4 | 1 | 0 | 0 | 1/4 | 0 | |
| 0 | $x_5$ | 4 | 0 | 0 | −2 | 1/2 | 1 | |
| −3 | $x_2$ | 2 | 0 | 1 | 1/2 | −1/8 | 0 | |
| | $\sigma_j$ | | 0 | 0 | 7/2 | 1/8 | 0 | |

于是得到最优解 $\boldsymbol{x}^* = (4,2,0,0,4)^{\mathrm{T}}$，最优值 $f(\boldsymbol{x}^*) = 14$。

## 8.2.3 大 M 法和两阶段法

对线性规划问题（8.1.2）

$$\min f(\boldsymbol{x})=\boldsymbol{c}^{\mathrm{T}}\boldsymbol{x}$$
$$\text{s.t.}\quad \boldsymbol{A}\boldsymbol{x}=\boldsymbol{b}\qquad(\boldsymbol{x}\geqslant\boldsymbol{0})$$

若系数矩阵中不含单位矩阵，没有明显的基可行解时，常采用引入非负人工变量的方法来求初始基可行解。下面分别介绍常用的“大 M 法”和“两阶段法”。

1. 大 M 法

在线性规划问题（8.1.2）的约束条件式中加入人工变量（化标准形式之前，约束条件为“=”和“⩾”的式子中都要引入人工变量，“⩽”的式子中不引入），人工变量在目标函数中的价值系数为 $M$，$M$ 为一个充分大的正数，起“惩罚”作用，以便排除人工变量。在迭代过程中，将人工变量从基变量中逐个换出，如果在最终表中当所有判别数 $\sigma_j\geqslant 0$ 时，基变量中不再含有非零的人工变量，则表示原问题有解，否则表示原问题无可行解。

**【例 8.2.4】**求解线性规划问题

$$\min f(\boldsymbol{x})=-3x_1+x_2+x_3$$
$$\text{s.t.}\begin{cases}x_1-2x_2+x_3\leqslant 11\\-4x_1+x_2+2x_3\geqslant 3\\-2x_1+x_3=1\\x_1,x_2,x_3\geqslant 0\end{cases}$$

**解：**将原问题化为标准形式并引入人工变量，得

$$\min f(\boldsymbol{x})=-3x_1+x_2+x_3+0x_4+0x_5+Mx_6+Mx_7$$
$$\text{s.t.}\begin{cases}x_1-2x_2+x_3+x_4=11\\-4x_1+x_2+2x_3-x_5+x_6=3\\-2x_1+x_3+x_7=1\\x_1,x_2,x_3,x_4,x_5,x_6,x_7\geqslant 0\end{cases}$$

用单纯形法计算，得表 8.2.5。

表 8.2.5

（a）

| $c_j$ | | | −3 | 1 | 1 | 0 | 0 | $M$ | $M$ | $\theta_i$ |
|---|---|---|---|---|---|---|---|---|---|---|
| $c_B$ | $x_B$ | $b$ | $x_1$ | $x_2$ | $x_3$ | $x_4$ | $x_5$ | $x_6$ | $x_7$ | |
| 0 | $x_4$ | 11 | 1 | −2 | 1 | 1 | 0 | 0 | 0 | 11 |
| $M$ | $x_6$ | 3 | −4 | 1 | 2 | 0 | −1 | 1 | 0 | 3/2 |
| $M$ | $x_7$ | 1 | −2 | 0 | [1] | 0 | 0 | 0 | 1 | 1 |
| $\sigma_j$ | | | $-3+6M$ | $1-M$ | $1-3M$ | 0 | $M$ | 0 | 0 | |

（b）

| $c_j$ | | | −3 | 1 | 1 | 0 | 0 | $M$ | $M$ | $\theta_i$ |
|---|---|---|---|---|---|---|---|---|---|---|
| $c_B$ | $x_B$ | $b$ | $x_1$ | $x_2$ | $x_3$ | $x_4$ | $x_5$ | $x_6$ | $x_7$ | |
| 0 | $x_4$ | 10 | 3 | −2 | 0 | 1 | 0 | 0 | −1 | – |
| $M$ | $x_6$ | 1 | 0 | [1] | 0 | 0 | −1 | 1 | −2 | 1 |
| 1 | $x_3$ | 1 | −2 | 0 | 1 | 0 | 0 | 0 | 1 | – |
| $\sigma_j$ | | | −1 | $1-M$ | 0 | 0 | $M$ | 0 | $-1+3M$ | |

续表

（c）

| $c_j$ | | | −3 | 1 | 1 | 0 | 0 | $M$ | $M$ | $\theta_i$ |
|---|---|---|---|---|---|---|---|---|---|---|
| $\boldsymbol{c_B}$ | $\boldsymbol{x_B}$ | $\boldsymbol{b}$ | $x_1$ | $x_2$ | $x_3$ | $x_4$ | $x_5$ | $x_6$ | $x_7$ | |
| 0 | $x_4$ | 12 | [3] | 0 | 0 | 1 | −2 | 2 | −5 | 4 |
| 1 | $x_2$ | 1 | 0 | 1 | 0 | 0 | −1 | 1 | −2 | – |
| 1 | $x_3$ | 1 | −2 | 0 | 1 | 0 | 0 | 0 | 1 | – |
| $\sigma_j$ | | | −1 | 0 | 0 | 0 | 1 | $M$−1 | $M$+1 | |

（d）

| $c_j$ | | | −3 | 1 | 1 | 0 | 0 | $M$ | $M$ | $\theta_i$ |
|---|---|---|---|---|---|---|---|---|---|---|
| $\boldsymbol{c_B}$ | $\boldsymbol{x_B}$ | $\boldsymbol{b}$ | $x_1$ | $x_2$ | $x_3$ | $x_4$ | $x_5$ | $x_6$ | $x_7$ | |
| −3 | $x_1$ | 4 | 1 | 0 | 0 | 1/3 | −2/3 | 2/3 | −5/3 | |
| 1 | $x_2$ | 1 | 0 | 1 | 0 | 0 | −1 | 1 | −2 | |
| 1 | $x_3$ | 9 | 0 | 0 | 1 | 2/3 | −4/3 | 4/3 | −7/3 | |
| $\sigma_j$ | | | 0 | 0 | 0 | 1/3 | 1/3 | $M$−1/3 | $M$−2/3 | |

根据表 8.2.5 的最后一行的判别数均大于等于 0，得最优解 $\boldsymbol{x}^*=(4,1,9,0,0,0,0)^{\mathrm{T}}$，最优值 $f(\boldsymbol{x}^*)=-2$。由于人工变量的值均为 0，因此得原问题的最优解 $\boldsymbol{x}^*=(4,1,9)^{\mathrm{T}}$，最优值 $f(\boldsymbol{x}^*)=-2$。

**2. 两阶段法**

两阶段法是把线性规划问题（8.1.2）的求解过程分为两个阶段。

第一阶段，给原问题加入人工变量，构造仅含价值系数为 1 的人工变量的目标函数，且要求实现最小化，其约束条件与原问题相同，即

$$\min g(\boldsymbol{x})=0x_1+\cdots+0x_n+x_{n+1}+\cdots+x_{n+m}$$

$$\text{s.t.}\begin{cases}a_{11}x_1+\cdots+a_{1n}x_n+x_{n+1}=b_1\\ a_{21}x_1+\cdots+a_{2n}x_n+x_{n+2}=b_2\\ \qquad\vdots\\ a_{m1}x_1+\cdots+a_{mn}x_n+x_{n+m}=b_m\\ x_1,x_2,\cdots,x_{n+m}\geqslant 0\end{cases}$$

显然有初始基可行解$(0,\cdots,0,b_1,\cdots,b_m)^{\mathrm{T}}$，可用单纯形法求解上述问题。若得到 $g(\boldsymbol{x})=0$，则说明原问题存在基可行解，可进入第二阶段计算，否则原问题无可行解，停止计算。

第二阶段，将第一阶段计算得到的最终表，除去人工变量，将目标函数行的系数换为原问题的目标函数系数，作为第二阶段计算的初始单纯形表进行计算。

**【例 8.2.5】**用两阶段法求解线性规划问题

$$\min f(\boldsymbol{x})=4x_1+x_2+x_3$$

$$\text{s.t.}\begin{cases}2x_1+x_2+2x_3=4\\ 3x_1+3x_2+x_3=3\\ x_1,x_2,x_3\geqslant 0\end{cases}$$

**解：**第一阶段，标准化并引入人工变量，得

$$\min g(\boldsymbol{x}) = x_4 + x_5$$
$$\text{s.t.}\begin{cases} 2x_1 + x_2 + 2x_3 + x_4 = 4 \\ 3x_1 + 3x_2 + x_3 + x_5 = 3 \\ x_1, x_2, x_3, x_4, x_5 \geqslant 0 \end{cases}$$

用单纯形法计算，得表 8.2.6。

表 8.2.6

（a）

| $c_j$ | | | 0 | 0 | 0 | 1 | 1 | $\theta_i$ |
|---|---|---|---|---|---|---|---|---|
| $\boldsymbol{c_B}$ | $\boldsymbol{x_B}$ | $\boldsymbol{b}$ | $x_1$ | $x_2$ | $x_3$ | $x_4$ | $x_5$ | |
| 1 | $x_4$ | 4 | 2 | 1 | 2 | 1 | 0 | 2 |
| 1 | $x_5$ | 3 | [3] | 3 | 1 | 0 | 1 | 1 |
| $\sigma_j$ | | | −5 | −4 | −3 | 0 | 0 | |

（b）

| $c_j$ | | | 0 | 0 | 0 | 1 | 1 | $\theta_i$ |
|---|---|---|---|---|---|---|---|---|
| $\boldsymbol{c_B}$ | $\boldsymbol{x_B}$ | $\boldsymbol{b}$ | $x_1$ | $x_2$ | $x_3$ | $x_4$ | $x_5$ | |
| 1 | $x_4$ | 2 | 0 | −1 | [4/3] | 1 | | 3/2 |
| 0 | $x_1$ | 1 | 1 | 1 | 1/3 | 0 | | 3 |
| $\sigma_j$ | | | 0 | 1 | −4/3 | 0 | | |

（c）

| $c_j$ | | | 0 | 0 | 0 | 1 | 1 | $\theta_i$ |
|---|---|---|---|---|---|---|---|---|
| $\boldsymbol{c_B}$ | $\boldsymbol{x_B}$ | $\boldsymbol{b}$ | $x_1$ | $x_2$ | $x_3$ | $x_4$ | $x_5$ | |
| 0 | $x_3$ | 3/2 | 0 | −3/4 | 1 | | | |
| 0 | $x_1$ | 1/2 | 1 | 5/4 | 0 | | | |
| $\sigma_j$ | | | 0 | 0 | 0 | | | |

最优解 $\boldsymbol{x}^* = (1/2, 0, 3/2, 0, 0)^{\mathrm{T}}$，最优值 $g(\boldsymbol{x}^*) = 0$。由于人工变量 $x_4 = x_5 = 0$，因此得原问题的基可行解 $\boldsymbol{x} = (1/2, 0, 3/2)^{\mathrm{T}}$。于是进入第二阶段计算，得表 8.2.7。

表 8.2.7

（a）

| $c_j$ | | | 4 | 1 | 1 | $\theta_i$ |
|---|---|---|---|---|---|---|
| $\boldsymbol{c_B}$ | $\boldsymbol{x_B}$ | $\boldsymbol{b}$ | $x_1$ | $x_2$ | $x_3$ | |
| 1 | $x_3$ | 3/2 | 0 | −3/4 | 1 | – |
| 4 | $x_1$ | 1/2 | 1 | [5/4] | 0 | 2/5 |
| $\sigma_j$ | | | 0 | −13/4 | 0 | |

（b）

| $c_j$ | | | 4 | 1 | 1 | $\theta_i$ |
|---|---|---|---|---|---|---|
| $\boldsymbol{c_B}$ | $\boldsymbol{x_B}$ | $\boldsymbol{b}$ | $x_1$ | $x_2$ | $x_3$ | |
| 1 | $x_3$ | 9/5 | 3/5 | 0 | 1 | |
| 1 | $x_2$ | 2/5 | 4/5 | 1 | 0 | |
| $\sigma_j$ | | | 13/5 | 0 | 0 | |

于是原问题的最优解 $\boldsymbol{x}^*=\left(0,2/5,9/5\right)^{\mathrm{T}}$，最优值 $f\left(\boldsymbol{x}^*\right)=11/5$。

对于任意非退化的线性规划问题，用单纯形法进行计算，经过有限步迭代，算法一定会终止。对于退化的线性规划问题，不能保证单纯形法在有限步内终止，可能会出现循环情况，目前已有不少避免出现循环的方法。常用的方法之一是将右端向量进行一个小的扰动，再用单纯形法求解，即摄动法。由于在用单纯形法求解实际问题所归纳的线性规划时，循环情况是很少出现的，因此这一部分不做介绍。另外，本节只介绍了基本的单纯形法，对于已经出现的很多改进的单纯形法，感兴趣的读者可查阅相关文献。

# 8.3 线性规划的对偶问题与对偶单纯形法

当运用单纯形法求解线性规划问题时，若该问题的初始可行解不好确定，除可以运用大 M 法和两阶段法外，还可以使用对偶单纯形法。下面简要介绍线性规划的对偶理论，并基于对偶理论给出线性规划的对偶单纯形法。

## 8.3.1 对偶问题的概念和关系

对每一个线性规划问题，都伴随着另一个线性规划问题，称为它的对偶问题，且两个问题之间有着非常密切的关系。

**定义 8.3.1** 设有线性规划问题

$$\min f\left(\boldsymbol{x}\right)=\sum_{j=1}^{n}c_j x_j$$

$$\text{s.t.}\begin{cases}\displaystyle\sum_{j=1}^{n}a_{ij}x_j\geqslant b_i & (i=1,2,\cdots,m)\\ x_j\geqslant 0 & (j=1,2,\cdots,n)\end{cases} \tag{8.3.1}$$

与

$$\max g\left(\boldsymbol{y}\right)=\sum_{i=1}^{m}b_i y_i$$

$$\text{s.t.}\begin{cases}\displaystyle\sum_{i=1}^{m}a_{ij}y_i\leqslant c_j & (j=1,2,\cdots,n)\\ y_i\geqslant 0 & (i=1,2,\cdots,m)\end{cases} \tag{8.3.2}$$

称问题（8.3.1）为**原始线性规划问题**，简称**原问题**，变量 $\boldsymbol{x}=(x_1,x_2,\cdots,x_n)^{\mathrm{T}}$ 中的 $x_j$（$x_j\geqslant 0$）（$j=1,2,\cdots,n$）称为**原始变量**；称问题（8.3.2）为问题（8.3.1）的**对偶线性规划问题**，简称**对偶问题**，变量 $\boldsymbol{y}=(y_1,y_2,\cdots,y_m)^{\mathrm{T}}$ 中的 $y_i$（$y_i\geqslant 0$）（$i=1,2,\cdots,m$）称为**对偶变量**。

显然，对偶线性规划问题（8.3.2）的对偶问题是原始线性规划问题（8.3.1）。因此，问题（8.3.1）与问题（8.3.2）互为对偶问题。

若用矩阵形式表示，则原问题和对偶问题分别可写成如下形式。

原问题

$$\begin{aligned} &\min f(\boldsymbol{x})=\boldsymbol{c}^{\mathrm{T}}\boldsymbol{x} \\ &\text{s.t.}\quad \boldsymbol{A}\boldsymbol{x}\geqslant \boldsymbol{b} \qquad (\boldsymbol{x}\geqslant \boldsymbol{0}) \end{aligned} \tag{8.3.3}$$

对偶问题

$$\begin{aligned} &\max\ g(\boldsymbol{y})=\boldsymbol{y}^{\mathrm{T}}\boldsymbol{b} \\ &\text{s.t.}\ \boldsymbol{y}^{\mathrm{T}}\boldsymbol{A}\leqslant \boldsymbol{c}^{\mathrm{T}} \qquad (\boldsymbol{y}\geqslant \boldsymbol{0}) \end{aligned} \tag{8.3.4}$$

原问题与对偶问题的关系如表 8.3.1 所示。

表 8.3.1

| 原问题（对偶问题） | | 对偶问题（原问题） | |
|---|---|---|---|
| min | | max | |
| 目标函数系数<br>约束条件右边常数<br>约束条件系数矩阵 | | 约束条件右边常数<br>目标函数系数<br>系数矩阵的转置 | |
| 约束 | 第 $i$ 个约束条件为“≥”型<br>第 $i$ 个约束条件为“=”型<br>第 $i$ 个约束条件为“≤”型 | 变量 | 第 $i$ 个变量≥0<br>第 $i$ 个变量无约束<br>第 $i$ 个变量≤0 |
| 变量 | 第 $j$ 个变量≥0<br>第 $j$ 个变量无约束<br>第 $j$ 个变量≤0 | 约束 | 第 $j$ 个约束条件为“≤”型<br>第 $j$ 个约束条件为“=”型<br>第 $j$ 个约束条件为“≥”型 |

**【例 8.3.1】**求下面线性规划问题的对偶问题

$$\min f(\boldsymbol{x})=2x_1+3x_2-5x_3+x_4$$

$$\text{s.t.}\begin{cases} x_1+x_2-3x_3+x_4\geqslant 5 \\ 2x_1+2x_3-x_4\leqslant 4 \\ 3x_2+x_3+x_4=6 \\ x_1\leqslant 0,\ x_2,\ x_3\geqslant 0,\ x_4\text{无约束} \end{cases}$$

**解：**根据表 8.3.1 可直接写出上述问题的对偶问题

$$\max g(\boldsymbol{y})=5y_1+4y_2+6y_3$$

$$\text{s.t.}\begin{cases} y_1+2y_2\geqslant 2 \\ y_1+y_3\leqslant 3 \\ -3y_1+2y_2+y_3\leqslant -5 \\ y_1-y_2+y_3=1 \\ y_1\geqslant 0,\ y_2\leqslant 0,\ y_3\text{无非负约束} \end{cases}$$

下面通过一个实际问题来分析线性规划问题与其对偶线性规划问题的经济意义。

**【例 8.3.2】**某工厂计划在下一生产周期生产 3 种产品 $A_1$、$A_2$、$A_3$，这些产品都要在甲、乙、丙、丁 4 种设备上加工，根据设备性能和以往的生产情况可知单位产品的加工工时、各种设备的最大加工工时限制，以及每种产品的单位利润（单位：万元），如表 8.3.2 所示。问如何安排生产计划，才能使工厂得到最大利润？

表 8.3.2

| 设备 \ 产品 | $A_1$ | $A_2$ | $A_3$ | 总工时限制/小时 |
|---|---|---|---|---|
| 甲/小时 | 2 | 1 | 3 | 70 |
| 乙/小时 | 4 | 2 | 2 | 80 |
| 丙/小时 | 3 | 0 | 1 | 15 |
| 丁/小时 | 2 | 2 | 0 | 50 |
| 单位利润/万元 | 8 | 10 | 2 | |

**解：**设 $x_1$、$x_2$、$x_3$ 分别为产品 $A_1$、$A_2$、$A_3$ 的产量，则得线性规划问题为

$$\max f(\boldsymbol{x}) = 8x_1 + 10x_2 + 2x_3$$
$$\text{s.t.}\begin{cases} 2x_1 + x_2 + 3x_3 \leqslant 70 \\ 4x_1 + 2x_2 + 2x_3 \leqslant 80 \\ 3x_1 + x_3 \leqslant 15 \\ 2x_1 + 2x_2 \leqslant 50 \\ x_1, x_2, x_3 \geqslant 0 \end{cases} \tag{8.3.5}$$

现在从另一个角度来讨论该问题。

假设工厂考虑不安排生产，而准备将所有设备出租，收取租金。于是，需要为每种设备的台时进行估价。

设 $y_1$、$y_2$、$y_3$、$y_4$ 分别表示甲、乙、丙、丁 4 种设备的台时估价。由表 8.3.2 可知，生产一件产品 $A_1$ 需用各设备台时分别为 2 小时、4 小时、3 小时、2 小时，如果将 2 小时、4 小时、3 小时、2 小时不用于生产产品 $A_1$，而是用于出租，那么将得到租金 $2y_1 + 4y_2 + 3y_3 + 2y_4$。

当然，工厂为了不至于亏本，在为设备定价时，保证用于生产产品 $A_1$ 的各设备台时得到的租金，不能低于产品 $A_1$ 的单位利润 8 万元，即

$$2y_1 + 4y_2 + 3y_3 + 2y_4 \geqslant 8$$

同样分析，用于生产一件产品 $A_2$ 的各设备台时 1 小时、2 小时、0 小时、2 小时所得的租金，不能低于产品 $A_2$ 的单位利润 10 万元，即

$$y_1 + 2y_2 + 2y_4 \geqslant 10$$

同理，还有

$$3y_1 + 2y_2 + y_3 \geqslant 2$$

另外，价格显然不能为负值，所以

$$y_i \geqslant 0 \quad (i = 1,2,3,4)$$

工厂现在设备的总工时数分别为 70 小时、80 小时、15 小时、50 小时，如果将这些台时都用于出租，工厂的总收入为

$$g(\boldsymbol{y}) = 70y_1 + 80y_2 + 15y_3 + 50y_4$$

工厂为了能够得到租用设备的用户，使出租设备的计划成功，在价格满足上述约束的条件下，应将设备价格定得尽可能低，因此取 $g(\boldsymbol{y})$ 的最小值。综合上述分析，可得到一个与问题（8.3.5）相对应的线性规划问题，即

$$\min g(\boldsymbol{y})=70y_1+80y_2+15y_3+50y_4$$
$$\text{s.t.}\begin{cases}2y_1+4y_2+3y_3+2y_4\geqslant 8\\ y_1+2y_2+2y_4\geqslant 10\\ 3y_1+2y_2+y_3\geqslant 2\\ y_1,y_2,y_3,y_4\geqslant 0\end{cases}\tag{8.3.6}$$

例 8.3.2 是对同一事物从不同的两个角度提出的问题，两者之间有密切的联系。

## 8.3.2 对偶理论

线性规划的对偶理论是研究两个互为对偶的线性规划问题的解之间关系的理论，对偶理论对线性规划问题的求解起着重要的作用。

**定理 8.3.1** 如果线性规划问题（8.3.1）中第 $k$ 个约束条件是等式，那么它的对偶问题（8.3.2）中第 $k$ 个变量 $y_k$ 无非负约束。反之亦然。

**证明** 设线性规划问题（8.3.1）中第 $k$ 个约束条件是等式

$$a_{k1}x_1+a_{k2}x_2+\cdots+a_{kn}x_n=b_k$$

则可将其变成与它等价的两个不等式，即

$$a_{k1}x_1+a_{k2}x_2+\cdots+a_{kn}x_n\geqslant b_k$$
$$-\left(a_{k1}x_1+a_{k2}x_2+\cdots+a_{kn}x_n\right)\geqslant -b_k$$

因此，线性规划问题（8.3.1）等价于

$$\min f(\boldsymbol{x})=c_1x_1+c_2x_2+\cdots+c_nx_n$$
$$\text{s.t.}\begin{cases}a_{11}x_1+a_{12}x_2+\cdots+a_{1n}x_n\geqslant b_1\\ \quad\vdots\\ a_{k1}x_1+a_{k2}x_2+\cdots+a_{kn}x_n\geqslant b_k\\ -\left(a_{k1}x_1+a_{k2}x_2+\cdots+a_{kn}x_n\right)\geqslant -b_k\\ \quad\vdots\\ a_{m1}x_1+a_{m2}x_2+\cdots+a_{mn}x_n\geqslant b_m\\ x_1,x_2,\cdots,x_n\geqslant 0\end{cases}\tag{8.3.7}$$

于是线性规划问题（8.3.1）的对偶问题为

$$\min g(\boldsymbol{y})=b_1y_1+\cdots+b_k\left(y'_k-y''_k\right)+\cdots+b_my_m$$
$$\text{s.t.}\begin{cases}a_{11}y_1+\cdots+a_{k1}\left(y'_k-y''_k\right)+\cdots+a_{m1}y_m\leqslant c_1\\ a_{12}y_1+\cdots+a_{k2}\left(y'_k-y''_k\right)+\cdots+a_{m2}y_m\leqslant c_2\\ \quad\vdots\\ a_{1n}y_1+\cdots+a_{kn}\left(y'_k-y''_k\right)+\cdots+a_{mn}y_m\leqslant c_n\\ y_1,\cdots,y'_k,y''_k,\cdots,y_m\geqslant 0\end{cases}$$

如果令 $y_k=y'_k-y''_k$，代入上式即得

$$\min g(y) = b_1 y_1 + \cdots + b_k y_k + \cdots + b_m y_m$$

$$\text{s.t.}\begin{cases} a_{11}y_1 + \cdots + a_{k1}y_k + \cdots + a_{m1}y_m \leqslant c_1 \\ a_{12}y_1 + \cdots + a_{k2}y_k + \cdots + a_{m2}y_m \leqslant c_2 \\ \vdots \\ a_{1n}y_1 + \cdots + a_{kn}y_k + \cdots + a_{mn}y_m \leqslant c_n \\ y_1,\cdots,y_{k-1} \geqslant 0，y_k\text{无非负约束}，y_{k+1},\cdots,y_m \geqslant 0 \end{cases} \tag{8.3.8}$$

根据互为对偶的关系，用类似上面的推导可证，如果线性规划问题（8.3.1）的第 $k$ 个变量 $x_k$ 无非负约束，那么它的对偶问题（8.3.2）中第 $k$ 个约束条件为等式。

**推论 8.3.1** 标准形式的线性规划问题

$$\min f(\boldsymbol{x}) = \boldsymbol{c}^{\mathrm{T}}\boldsymbol{x}$$
$$\text{s.t.}\ \ \boldsymbol{Ax} = \boldsymbol{b},\ \boldsymbol{x} \geqslant \boldsymbol{0}$$

的对偶问题为

$$\max g(\boldsymbol{y}) = \boldsymbol{y}^{\mathrm{T}}\boldsymbol{b}$$
$$\text{s.t.}\ \boldsymbol{y}^{\mathrm{T}}\boldsymbol{A} \leqslant \boldsymbol{c}^{\mathrm{T}}，\boldsymbol{y}\text{无非负约束} \tag{8.3.9}$$

**证明** 与标准形式的线性规划问题等价的线性规划问题为

$$\min f(\boldsymbol{x}) = \boldsymbol{c}^{\mathrm{T}}\boldsymbol{x}$$
$$\text{s.t.}\begin{cases} \boldsymbol{Ax} \geqslant \boldsymbol{b} \\ -\boldsymbol{Ax} \geqslant -\boldsymbol{b} \\ \boldsymbol{x} \geqslant \boldsymbol{0} \end{cases}$$

其系数矩阵为$\begin{pmatrix} \boldsymbol{A} \\ -\boldsymbol{A} \end{pmatrix}$，改写为

$$\min f(\boldsymbol{x}) = \boldsymbol{c}^{\mathrm{T}}\boldsymbol{x}$$
$$\text{s.t.}\ \begin{pmatrix} \boldsymbol{A} \\ -\boldsymbol{A} \end{pmatrix}\boldsymbol{x} \geqslant \begin{pmatrix} \boldsymbol{b} \\ -\boldsymbol{b} \end{pmatrix}，\boldsymbol{x} \geqslant \boldsymbol{0}$$

其对偶问题为

$$\max g(\boldsymbol{u},\boldsymbol{v}) = (\boldsymbol{u}^{\mathrm{T}},\boldsymbol{v}^{\mathrm{T}})\begin{pmatrix} \boldsymbol{b} \\ -\boldsymbol{b} \end{pmatrix}$$
$$\text{s.t.}\begin{cases} (\boldsymbol{u}^{\mathrm{T}},\boldsymbol{v}^{\mathrm{T}})\begin{pmatrix} \boldsymbol{A} \\ -\boldsymbol{A} \end{pmatrix} \leqslant \boldsymbol{c}^{\mathrm{T}} \\ \boldsymbol{u},\boldsymbol{v} \geqslant \boldsymbol{0} \end{cases}$$

即

$$\max g(\boldsymbol{u},\boldsymbol{v}) = \boldsymbol{u}^{\mathrm{T}}\boldsymbol{b} - \boldsymbol{v}^{\mathrm{T}}\boldsymbol{b}$$
$$\text{s.t.}\begin{cases} \boldsymbol{u}^{\mathrm{T}}\boldsymbol{A} - \boldsymbol{v}^{\mathrm{T}}\boldsymbol{A} \leqslant \boldsymbol{c}^{\mathrm{T}} \\ \boldsymbol{u},\boldsymbol{v} \geqslant \boldsymbol{0} \end{cases}$$

令 $\boldsymbol{u} - \boldsymbol{v} = \boldsymbol{y}$，则得

$$\max g(\boldsymbol{y}) = \boldsymbol{y}^{\mathrm{T}}\boldsymbol{b}$$
$$\text{s.t.}\ \boldsymbol{y}^{\mathrm{T}}\boldsymbol{A} \leqslant \boldsymbol{c}^{\mathrm{T}}，\boldsymbol{y}\text{无非负约束}$$

从而定理得证。

**定理 8.3.2（弱对偶定理）** 若 $\boldsymbol{x}$ 和 $\boldsymbol{y}$ 分别是互为对偶问题（8.3.3）和（8.3.4）的可行解，则它们对应的目标函数值间的关系是：$g(\boldsymbol{y}) \leqslant f(\boldsymbol{x})$。

**证明** 由定理所涉及问题（8.3.3）和问题（8.3.4）容易看出

$$g(\boldsymbol{y})=\boldsymbol{y}^{\mathrm{T}}\boldsymbol{b}\leqslant\boldsymbol{y}^{\mathrm{T}}(\boldsymbol{A}\boldsymbol{x})=(\boldsymbol{y}^{\mathrm{T}}\boldsymbol{A})\boldsymbol{x}\leqslant\boldsymbol{c}^{\mathrm{T}}\boldsymbol{x}=f(\boldsymbol{x})$$

从而定理得证。

定理 8.3.2 的结论对标准形式的线性规划问题及其对偶问题成立。

定理 8.3.2 给出了互为对偶问题目标函数的一个界限。若问题（8.3.3）存在可行解 $\boldsymbol{x}$，则问题（8.3.4）的目标函数有上界 $\boldsymbol{c}^{\mathrm{T}}\boldsymbol{x}$。反之，若问题（8.3.4）存在可行解 $\boldsymbol{y}$，则问题（8.3.3）的目标函数有下界 $\boldsymbol{y}^{\mathrm{T}}\boldsymbol{b}$。由此可得如下推论。

**推论 8.3.2** 若问题（8.3.3）有无下界解，则问题（8.3.4）无可行解；若问题（8.3.4）有无上界解，则问题（8.3.3）无可行解。

**定理 8.3.3** 若 $\boldsymbol{x}^*$和 $\boldsymbol{y}^*$分别是互为对偶问题（8.3.3）和（8.3.4）的可行解，并且 $\boldsymbol{c}^{\mathrm{T}}\boldsymbol{x}^*=(\boldsymbol{y}^*)^{\mathrm{T}}\boldsymbol{b}$，则 $\boldsymbol{x}^*$和 $\boldsymbol{y}^*$分别为问题（8.3.3）和问题（8.3.4）的最优解。

**证明** 由定理 8.3.2，对于问题（8.3.3）的任何可行解 $\boldsymbol{x}$，有

$$\boldsymbol{c}^{\mathrm{T}}\boldsymbol{x}\geqslant(\boldsymbol{y}^*)^{\mathrm{T}}\boldsymbol{b}=\boldsymbol{c}^{\mathrm{T}}\boldsymbol{x}^*$$

所以 $\boldsymbol{x}^*$为问题（8.3.3）的最优解。

同理可证，$\boldsymbol{y}^*$为问题（8.3.4）的最优解。

**定理 8.3.4（强对偶定理）** 假如原问题或对偶问题之一有最优解，则另一问题也有最优解，且两者相应的目标函数值相等。

## 8.3.3 线性规划的对偶单纯形法

在 8.2 节中介绍的单纯形法，是从标准形式的线性规划问题（8.1.2）的一个基可行解（保证基变量 $\boldsymbol{x}_B=\boldsymbol{B}^{-1}\boldsymbol{b} \geqslant \boldsymbol{0}$）开始，检验它的判别数 $\sigma_j$（$j=1,2,\cdots,n$）是否全部非负。如果所有判别数非负，则当前的基可行解就是最优解；如果存在负的判别数，则迭代到另一基可行解，在保证 $\boldsymbol{B}^{-1}\boldsymbol{b} \geqslant \boldsymbol{0}$ 的条件下，使得负的判别数逐步减少，直到所有的判别数非负为止。

求出了线性规划问题的最优解，相当于求出了一个基矩阵 $\boldsymbol{B}$，使得基变量 $\boldsymbol{x}_B=\boldsymbol{B}^{-1}\boldsymbol{b}\geqslant\boldsymbol{0}$，而且判别数向量 $\boldsymbol{c}^{\mathrm{T}}-(\boldsymbol{c}_B)^{\mathrm{T}}\boldsymbol{B}^{-1}\boldsymbol{A}\geqslant\boldsymbol{0}$。满足条件 $\boldsymbol{B}^{-1}\boldsymbol{b}\geqslant\boldsymbol{0}$，说明与基矩阵 $\boldsymbol{B}$ 对应的基解是线性规划问题的可行解；满足条件 $\boldsymbol{c}^{\mathrm{T}}-(\boldsymbol{c}_B)^{\mathrm{T}}\boldsymbol{B}^{-1}\boldsymbol{A}\geqslant\boldsymbol{0}$，说明 $\boldsymbol{y}^{\mathrm{T}}=(\boldsymbol{c}_B)^{\mathrm{T}}\boldsymbol{B}^{-1}$ 是其对偶问题的可行解。单纯形法可以解释为，从一个基解迭代到另一个基解，迭代过程中始终保持基解的可行性，但不保证$(\boldsymbol{c}_B)^{\mathrm{T}}\boldsymbol{B}^{-1}$ 是其对偶问题的可行解，而是逐步满足其对偶问题解$(\boldsymbol{c}_B)^{\mathrm{T}}\boldsymbol{B}^{-1}$ 的可行性。当$(\boldsymbol{c}_B)^{\mathrm{T}}\boldsymbol{B}^{-1}$ 是其对偶问题的可行解时，相应的基可行解就是线性规划问题的最优解。

基于对称的想法，求解线性规划问题的过程也可以按如下方式进行：从线性规划问题的一个基解出发，迭代过程中不要求基解满足可行性（即不保证基变量 $\boldsymbol{x}_B=\boldsymbol{B}^{-1}\boldsymbol{b}\geqslant\boldsymbol{0}$），也就是

允许基解中存在负分量，但是要求始终保持基解的判别数是非负的，即始终保持$(\boldsymbol{c}_B)^{\mathrm{T}}\boldsymbol{B}^{-1}$是其对偶问题的可行解，并且在迭代过程中逐步减少基解（即基变量 $\boldsymbol{x}_B=\boldsymbol{B}^{-1}\boldsymbol{b}$）中的负分量个数，当基解中没有负分量时，就得到了线性规划问题的最优解。这种迭代方法就是**对偶单纯形法**。为了区分，我们称 8.2 节所给出的单纯形法为**原始单纯形法**。这里特别要注意的是，对偶单纯形法并不是求解对偶问题的单纯形法，而是根据对偶理论求解原始线性规划问题的另一种单纯形法。

考虑标准形式的线性规划问题（8.1.2），设

$$\boldsymbol{B}=\left(\boldsymbol{p}_{j_1},\boldsymbol{p}_{j_2},\cdots,\boldsymbol{p}_{j_m}\right)$$
$$\boldsymbol{N}=\left(\boldsymbol{p}_{j_{m+1}},\boldsymbol{p}_{j_{m+2}},\cdots,\boldsymbol{p}_{j_n}\right)$$
$$S=\{j_1,j_2,\cdots,j_m\}$$
$$T=\{1,2,\cdots,n\}-S$$

假设当前基解的所有判别数非负，即 $\boldsymbol{c}^{\mathrm{T}}-(\boldsymbol{c}_B)^{\mathrm{T}}\boldsymbol{B}^{-1}\boldsymbol{A}\geqslant\boldsymbol{0}$。下面介绍对偶单纯形法的迭代过程。

1. **最优性判别**

已知线性规划问题的一个基矩阵 $\boldsymbol{B}$ 和与它对应的基解（其中基变量为 $\boldsymbol{x}_B=\boldsymbol{B}^{-1}\boldsymbol{b}$），并且此基解的所有判别数非负，若 $\boldsymbol{x}_B=\boldsymbol{B}^{-1}\boldsymbol{b}\geqslant\boldsymbol{0}$，则该基解为线性规划问题（8.1.2）的最优解。

2. **确定出基变量**

令 $\min\left\{\left(\boldsymbol{B}^{-1}\boldsymbol{b}\right)_i \middle| \left(\boldsymbol{B}^{-1}\boldsymbol{b}\right)_i<0,\ \forall i\in S\right\}=\left(\boldsymbol{B}^{-1}\boldsymbol{b}\right)_l$，则 $x_l$ 为出基变量，对应的向量 $\boldsymbol{p}_l$ 为出基向量。

若 $x_l$ 所在行的所有系数 $a_{lj}\geqslant0$（$j=1,2,\cdots,n$），则所给线性规划问题没有最优解。若不然，设 $\bar{\boldsymbol{x}}=\left(\bar{x}_1,\bar{x}_2,\cdots,\bar{x}_n\right)^{\mathrm{T}}$ 是问题的可行解，那么 $\bar{\boldsymbol{x}}$ 满足

$$\bar{x}_l=b_l-\sum_{j\in T}a_{lj}\bar{x}_j$$

由 $a_{lj}\geqslant0$、$\bar{x}_j\geqslant0$ 及 $b_l<0$ 可知 $\bar{x}_l<0$。此与 $\bar{\boldsymbol{x}}$ 是可行解矛盾。

3. **确定进基变量**

设进基变量为 $x_k$，用 $x_k$ 替换 $x_l$ 后，规范式中的目标函数为

$$f(\boldsymbol{x})=\left(f_0+\sigma_k\frac{b_l}{a_{lk}}\right)+\sum_{j\in T,\ j\neq k}\left(\sigma_j-\sigma_k\frac{a_{lj}}{a_{lk}}\right)x_j-\frac{\sigma_k}{a_{lk}}x_l$$

为了保持判别数非负，应该有

$$\begin{cases}-\dfrac{\sigma_k}{a_{lk}}\geqslant0 & \\ \sigma_j-\sigma_k\dfrac{a_{lj}}{a_{lk}}\geqslant0 & (j\in T,\ j\neq k)\end{cases}\tag{8.3.10}$$

为了使式（8.3.10）中的第一式成立，要求 $a_{lk}<0$。从而对式（8.3.10）中的第二式，当 $a_{lj}\geqslant0$ 时，此式恒成立；当 $a_{lj}<0$ 时，要求

$$-\frac{\sigma_k}{a_{lk}} \leqslant -\frac{\sigma_j}{a_{lj}} \text{或} \frac{\sigma_k}{a_{lk}} \geqslant \frac{\sigma_j}{a_{lj}}$$

令

$$\min\left\{\frac{\sigma_j}{-a_{lj}} \mid a_{lj} < 0\right\} = \frac{\sigma_k}{-a_{lk}} = \theta_k \text{或} \max\left\{\frac{\sigma_j}{a_{lj}} \mid a_{lj} < 0\right\} = \frac{\sigma_k}{a_{lk}} = \theta_k$$

则 $x_k$ 为进基变量，$\boldsymbol{p}_k$ 为进基向量。

对偶单纯形法的迭代仍然是以 $a_{lk}$ 为主元的旋转变换，只是先确定出基变量 $x_l$，然后确定进基变量 $x_k$，所以对偶单纯形法的迭代仍可以在单纯形表上进行。

（1）找出原问题的一个基矩阵 $\boldsymbol{B}$，得到基解，使其所有判别数 $\sigma_j \geqslant 0$，构成初始对偶单纯形表。

（2）若 $\boldsymbol{B}^{-1}\boldsymbol{b} \geqslant \boldsymbol{0}$，则当前的解是最优解，停止计算。否则计算 $(\boldsymbol{B}^{-1}\boldsymbol{b})_l = \min\{(\boldsymbol{B}^{-1}\boldsymbol{b})_i \mid (\boldsymbol{B}^{-1}\boldsymbol{b})_i < 0\}$，则 $l$ 行为主行，该行对应的基变量为出基变量。

（3）若所有 $a_{lj} \geqslant 0 (j=1,2,\cdots,n)$，则对偶问题无解，原问题无解，停止计算。否则计算

$$\min\left\{\frac{\sigma_j}{-a_{lj}} \mid a_{lj} < 0\right\} = \frac{\sigma_k}{-a_{lk}} = \theta_k$$

则 $k$ 列为主列，该列对应的基变量为进基变量。

（4）以 $a_{lk}$ 为主元进行迭代，然后转至步骤（2）。

**【例 8.3.3】**用对偶单纯形法求解下述线性规划问题

$$\min f(\boldsymbol{x}) = 2x_1 + 3x_2 + 4x_3$$
$$\text{s.t.} \begin{cases} x_1 + 2x_2 + x_3 \geqslant 3 \\ 2x_1 - x_2 + 3x_3 \geqslant 4 \\ x_1, x_2, x_3 \geqslant 0 \end{cases}$$

**解：**首先将“⩾”约束条件两边反号，再加入松弛变量，可得原问题的一个基

$$\min f(\boldsymbol{x}) = 2x_1 + 3x_2 + 4x_3 + 0x_4 + 0x_5$$
$$\text{s.t.} \begin{cases} -x_1 - 2x_2 - x_3 + x_4 = -3 \\ -2x_1 + x_2 - 3x_3 + x_5 = -4 \\ x_i \geqslant 0 \quad (i = 1, 2, 3, 4, 5) \end{cases}$$

建立初始单纯形表，如表 8.3.3（a）所示。

表 8.3.3（a）

| $c_j$ | | | 2 | 3 | 4 | 0 | 0 |
|---|---|---|---|---|---|---|---|
| $\boldsymbol{c_B}$ | $\boldsymbol{x_B}$ | $\boldsymbol{b}$ | $x_1$ | $x_2$ | $x_3$ | $x_4$ | $x_5$ |
| 0 | $x_4$ | –3 | –1 | –2 | –1 | 1 | 0 |
| 0 | $x_5$ | –4 | [–2] | 1 | –3 | 0 | 1 |
| $\sigma_j$ | | | 2 | 3 | 4 | 0 | 0 |
| $\sigma_j/(-a_{lj})$（$a_{lj}$<0） | | | 1 | – | 4/3 | – | – |

从表 8.3.3（a）可以看出，所有判别数 $\sigma_j \geqslant 0$，因为 $\boldsymbol{b}$ 列数字为负，需进行迭代，计算

$$\min\{-3,-4\}=-4$$

所以 $x_5$ 为出基变量。又因为

$$\theta=\min\left\{1,-\frac{4}{3}\right\}=1$$

所以 $x_1$ 为进基变量，以进基、出基变量所在行列交叉处元素“–2”为主元，按单纯形法计算步骤进行迭代，得表 8.3.3（b）。

表 8.3.3（b）

| $c_j$ | | | 2 | 3 | 4 | 0 | 0 |
|---|---|---|---|---|---|---|---|
| $\boldsymbol{c_B}$ | $\boldsymbol{x_B}$ | $\boldsymbol{b}$ | $x_1$ | $x_2$ | $x_3$ | $x_4$ | $x_5$ |
| 0 | $x_4$ | –1 | 0 | [–5/2] | 1/2 | 1 | –1/2 |
| 2 | $x_1$ | 2 | 1 | –1/2 | 3/2 | 0 | –1/2 |
| $\sigma_j$ | | | 0 | 4 | 1 | 0 | 1 |
| $\sigma_j/(-a_{lj})$（$a_{lj}$<0） | | | – | 8/5 | – | – | 2 |

表 8.3.3（c）

| $c_j$ | | | 2 | 3 | 4 | 0 | 0 |
|---|---|---|---|---|---|---|---|
| $\boldsymbol{c_B}$ | $\boldsymbol{x_B}$ | $\boldsymbol{b}$ | $x_1$ | $x_2$ | $x_3$ | $x_4$ | $x_5$ |
| 3 | $x_2$ | 2/5 | 0 | 1 | –1/5 | –2/5 | 1/5 |
| 2 | $x_1$ | 11/5 | 1 | 0 | 7/5 | –1/5 | –2/5 |
| $\sigma_j$ | | | 0 | 0 | 9/5 | 8/5 | 1/5 |

从表 8.3.3（c）可以看出，所有判别数 $\sigma_j \geqslant 0$，且 $\boldsymbol{B}^{-1}\boldsymbol{b}\geqslant\boldsymbol{0}$，故原问题的最优解

$$\boldsymbol{x}^*=(11/5,2/5,0)^{\mathrm{T}}$$

**注意：**从某种意义上讲，对偶单纯形法是单纯形法的一种补充。

（1）对于目标函数求最小值、每个约束方程都是“≥”、决策变量都为非负的线性规划问题，用对偶单纯形法比较方便、合适。

（2）有些线性规划问题，开始不容易把所有判别数变为非负，最好采用单纯形法。

# *8.4　灵敏度分析

在前文讨论的线性规划问题中，系数 $c_j$、$b_i$、$b_{ij}$ 均为常数，但是在建立实际的线性规划模型时，所收集到的数据不是很精确；另一方面在实际应用中，各种信息瞬息万变，已形成的数学模型中的某些数据需要随之而变。对于一个线性规划问题，在求得最优解之后，当这些系数中的某些值发生变化时，最优解是否发生变化？如果发生变化，最优解发生怎样的变化？研究和解决这些问题的内容称为**灵敏度分析**。下面仅介绍价值系数与资源限制系数这两种数据发生变化而导致最优解发生变化的情况。

## 8.4.1　价值系数的变化

假设只有一个系数 $c_k$ 变化，其他系数保持不变，下面分别就 $c_k$ 是非基变量系数和基变量

系数两种情况进行讨论。

**1. $c_k$ 是非基变量系数**

若 $c_k$ 是非基变量系数，因为 $\boldsymbol{c_B}$ 不变，所以价值系数 $c_k$ 的变化只影响与 $c_k$ 有关的一个判别数 $\sigma_k$ 的变化，而对其他判别数 $\sigma_j$ 没有影响。设价值系数从 $c_k$ 变化到 $c_k' = c_k + \Delta c_k$，这时变化后的判别数为

$$\sigma'_k = c_k + \Delta c_k - (\boldsymbol{c_B})^{\mathrm{T}} \boldsymbol{B}^{-1} \boldsymbol{p}_k = \sigma_k + \Delta c_k$$

由此可知，若 $\sigma'_k < 0$，则 $x_k$ 必须引进基，单纯形法继续进行，否则原解仍是 $c_k$ 变化后的新问题的最优解，最优解不变相当于 $c_k$ 变化的界限为

$$c'_k \geqslant c_k - \sigma_k \tag{8.4.1}$$

**2. $c_k$ 是基变量系数**

当 $c_k$ 被 $c'_k = c_k + \Delta c_k$ 所代替时，则有

$$\boldsymbol{c'_B} = \boldsymbol{c_B} + \Delta \boldsymbol{c_B},\ \ \Delta \boldsymbol{c_B} = (0, \cdots, \Delta c_k, \cdots, 0)^{\mathrm{T}}$$

此时影响了所有非基变量的判别数。设

$$\boldsymbol{B}^{-1} \boldsymbol{p}_j = (\bar{a}_{1j}, \bar{a}_{2j}, \cdots, \bar{a}_{mj})^{\mathrm{T}}$$

则非基变量 $x_j$ 的判别数为

$$\sigma'_j = c_j - (\boldsymbol{c'_B})^{\mathrm{T}} \boldsymbol{B}^{-1} \boldsymbol{p}_j = c_j - (\boldsymbol{c_B})^{\mathrm{T}} \boldsymbol{B}^{-1} \boldsymbol{p}_j - (\Delta \boldsymbol{c_B})^{\mathrm{T}} \boldsymbol{B}^{-1} \boldsymbol{p}_j = \sigma_j - \Delta c_k \bar{a}_{kj}$$

当 $\sigma'_j \geqslant 0$，即 $\sigma_j - \Delta c_k \bar{a}_{kj} \geqslant 0$ 时，最优解不变。由此可以得到，会保持最优解不变的 $c'_k$ 的变化界限为

$$c_k + \max_j \left\{ \frac{\sigma_j}{\bar{a}_{kj}} \,|\, \bar{a}_{kj} < 0 \right\} \leqslant c'_k \leqslant c_k + \min_j \left\{ \frac{\sigma_j}{\bar{a}_{kj}} \middle| \bar{a}_{kj} > 0 \right\} \tag{8.4.2}$$

**【例 8.4.1】** 设已知用单纯形法求解线性规划问题

$$\max f(\boldsymbol{x}) = 2x_1 + 3x_2$$

$$\text{s.t.} \begin{cases} x_1 + 2x_2 \leqslant 8 \\ 4x_1 \leqslant 16 \\ 4x_2 \leqslant 12 \\ x_1, x_2 \geqslant 0 \end{cases}$$

的最后的单纯形表如表 8.4.1 所示。试问：价格系数 $c_2$ 在哪个范围内变化时，最优解不变？

表 8.4.1

| $c_j$ | | | $-2$ | $-3$ | 0 | 0 | 0 |
|---|---|---|---|---|---|---|---|
| $c_B$ | $x_B$ | $b$ | $x_1$ | $x_2$ | $x_3$ | $x_4$ | $x_5$ |
| $-2$ | $x_1$ | 4 | 1 | 0 | 0 | 1/4 | 0 |
| 0 | $x_5$ | 4 | 0 | 0 | $-2$ | 1/2 | 1 |
| $-3$ | $x_2$ | 2 | 0 | 1 | 1/2 | $-1/8$ | 0 |
| $\sigma_j$ | | | 0 | 0 | 3/2 | 1/8 | 0 |

**解：** 由表 8.4.1 可知，$x_2$ 是基变量，根据式（8.4.2）

$$c_2+\max_j\left\{\frac{\sigma_j}{\bar{a}_{2j}}\mid \bar{a}_{2j}<0\right\}\leqslant c'_2\leqslant c_2+\min_j\left\{\frac{\sigma_j}{\bar{a}_{2j}}\middle|\bar{a}_{2j}>0\right\}$$

计算得

$$1+\max\left\{\begin{matrix}1/8\\-1/8\end{matrix}\right\}\leqslant c'_2\leqslant 1+\min\left\{\begin{matrix}3/2\\1/2\end{matrix}\right\}$$

即

$$0\leqslant c'_2\leqslant 4$$

由此可知，$x_2$的价值系数$c_2$可以在[0，4]之间变化，而不影响原最优解。

关于价格系数的分析，可供生产单位在遇到某种产品的成本或市场价格发生变化时，考虑原来的最优市场方案是否需要改变。如果$c'_k$超出了式（8.4.1）或式（8.4.2）的范围，则判别数$\sigma'_k$将不满足最优性条件。但是原问题的最优基对应的基解仍是改变了目标函数后的线性规划问题的基可行解，可以由此基可行解出发继续进行单纯形法迭代。

## 8.4.2 资源限制系数的变化

假设资源限制系数$b_k$变化为$b'_k$，其他系数保持不变，$b_k$的变化将会影响解的可行性，但不会引起判别数的符号变化。根据基可行解的矩阵表示可知，$\boldsymbol{x_B}=\boldsymbol{B}^{-1}\boldsymbol{b}$，所以只要$b'_k$变化必定会导致最优解的数值发生变化。最优解的变化分为两类：一类是保持$\boldsymbol{B}^{-1}\boldsymbol{b}\geqslant\boldsymbol{0}$，最优基$\boldsymbol{B}$不变；另一类是$\boldsymbol{B}^{-1}\boldsymbol{b}$中出现负分量，这将使最优基$\boldsymbol{B}$发生变化。若最优基不变，则只需将变化后的$b'_k$代入$\boldsymbol{x_B}$的表达式重新计算即可；若$\boldsymbol{B}^{-1}\boldsymbol{b}$中出现负分量，则要通过迭代求解新的最优基和最优解。

设系数$b'_k$变化到$b'_k=b_k+\Delta b_k$，而其他系数都不变，这样使最终表中原问题的解相应变化为

$$\boldsymbol{x'_B}=\boldsymbol{B}^{-1}\begin{pmatrix}b_1\\\vdots\\b_k+\Delta b_k\\\vdots\\b_m\end{pmatrix}=\boldsymbol{B}^{-1}\boldsymbol{b}+\boldsymbol{B}^{-1}\begin{pmatrix}0\\\vdots\\\Delta b_k\\\vdots\\0\end{pmatrix}=\begin{pmatrix}(\boldsymbol{x_B})_1\\\vdots\\(\boldsymbol{x_B})_m\end{pmatrix}+\begin{pmatrix}\bar{a}_{1k}\\\vdots\\\bar{a}_{mk}\end{pmatrix}\Delta b_k$$

其中$\boldsymbol{x_B}=\boldsymbol{B}^{-1}\boldsymbol{b}$为原最优解，$(\boldsymbol{x_B})_i$为$\boldsymbol{x_B}$的第$i$个分量，$\bar{a}_{ik}$为$\boldsymbol{B}^{-1}$的第$i$行第$k$列元素。为了保持最优基不变，应使$\boldsymbol{x'_B}\geqslant\boldsymbol{0}$，即

$$\begin{pmatrix}(\boldsymbol{x_B})_1\\\vdots\\(\boldsymbol{x_B})_m\end{pmatrix}+\begin{pmatrix}\bar{a}_{1k}\\\vdots\\\bar{a}_{mk}\end{pmatrix}\Delta b_k\geqslant\boldsymbol{0}\tag{8.4.3}$$

由此可得到保持最优基不变时，$b_k$的变化界限为

$$b_k+\max_i\left\{\frac{-(\boldsymbol{x_B})_i}{\bar{a}_{ik}}\mid\bar{a}_{ik}>0\right\}\leqslant b'_k\leqslant b_k+\min_i\left\{\frac{-(\boldsymbol{x_B})_i}{\bar{a}_{ik}}\mid\bar{a}_{ik}<0\right\}\tag{8.4.4}$$

如果 $b'_k$ 没有超出式（8.4.4）的范围，则原来的最优基 $\boldsymbol{B}$ 保持不变。由定理 8.3.4 可知，$\boldsymbol{y} = ((\boldsymbol{c_B})^{\mathrm{T}}\boldsymbol{B}^{-1})^{\mathrm{T}}$ 是对偶问题的最优解，而且目标函数的最优值相等。

令对偶变量 $\boldsymbol{y} = ((\boldsymbol{c_B})^{\mathrm{T}}\boldsymbol{B}^{-1})^{\mathrm{T}} = (y_1,y_2,\cdots,y_m)^{\mathrm{T}}$，则目标函数的增量可表示为

$$\Delta z = \left(\boldsymbol{c_B}\right)^{\mathrm{T}}\left(\bar{a}_{1k},\bar{a}_{2k},\cdots,\bar{a}_{mk}\right)^{\mathrm{T}}\Delta b_k = y_k\Delta b_k$$

由此可以看出，$y_k$ 表示由 $b_k$ 的单位改变量所引起的最优值的改变量。从经济问题的角度可以认为，第 $k$ 种资源多消耗一个单位时，总成本的增量等于对偶变量 $y_k$，因此称 $\boldsymbol{y} = ((\boldsymbol{c_B})^{\mathrm{T}}\boldsymbol{B}^{-1})^{\mathrm{T}}$ 为线性规划的**影子价格向量**，称它的第 $k$ 个分量 $y_k$ 为线性规划关于第 $k$ 种资源的**影子价格**。

如果 $b'_k$ 超出了式（8.4.4）的范围，则由于 $\boldsymbol{y} = ((\boldsymbol{c_B})^{\mathrm{T}}\boldsymbol{B}^{-1})^{\mathrm{T}}$ 为对偶问题的一个可行解，因此可以由此出发，用对偶单纯形法继续迭代。

**【例 8.4.2】**假设由例 8.4.1 所给出的线性规划问题的第二个约束条件中 $b_2$ 变化为 $b_2 + \Delta b_2$，在最优解不变的条件下，求 $\Delta b_2$ 的变化范围。

**解：**由表 8.4.1，并根据式（8.4.3），可得

$$\begin{pmatrix}4\\4\\2\end{pmatrix}+\begin{pmatrix}1/4\\1/2\\-1/8\end{pmatrix}\Delta b_2 \geqslant \begin{pmatrix}0\\0\\0\end{pmatrix}$$

即

$$\Delta b_2 \geqslant -4/\left(1/4\right) = -16$$
$$\Delta b_2 \geqslant -4/\left(1/2\right) = -8$$
$$\Delta b_2 \leqslant -2/\left(-1/8\right) = 16$$

所以 $\Delta b_2$ 的变化范围是（–8,16）。因此 $b_2$ 的变化范围是（8,32）。

如果用单纯形法求出了线性规划问题的最优解，当其中的系数 $a_{ij}$ 发生变化，或者增加一个变量，或者增加一个线性约束时，如何影响已求得的最优解，感兴趣的读者可查阅相关文献。

# 8.5 应用实例

## 8.5.1 问题与背景

某机床厂生产甲、乙两种机床，每台销售后的利润分别为 4000 元与 3000 元。生产甲机床需用 $A$、$B$ 两种机器加工，加工时间分别为每台 2 小时和 1 小时；生产乙机床需用 $A$、$B$、$C$ 3 种机器加工，加工时间为每台各 1 小时。若每天可用于加工的机器时数分别为 $A$ 机器 10 小时、$B$ 机器 8 小时和 $C$ 机器 7 小时，问该机床厂应生产甲、乙机床各多少台，才能使总利润最大？

## 8.5.2 模型与求解

设该机床厂生产 $x_1$ 台甲机床和 $x_2$ 台乙机床，总利润 $z = 4x_1 + 3x_2$（单位：元）最大，则

$x_1$、$x_2$应满足 $2x_1+x_2 \leqslant 10$、$x_1+x_2 \leqslant 8$、$x_2 \leqslant 7$（$x_1,x_2 \geqslant 0$），因此得线性规划问题为

$$\max\ z = 4x_1 + 3x_2$$
$$\text{s.t.}\begin{cases} 2x_1 + x_2 \leqslant 10 \\ x_1 + x_2 \leqslant 8 \\ x_2 \leqslant 7 \\ x_1, x_2 \geqslant 0 \end{cases}$$

对于以上线性规划问题，用图解法求解，如图 8.5.1 所示。

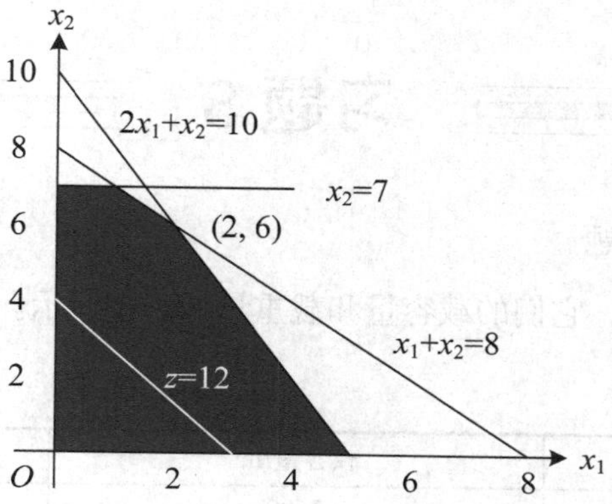


图 8.5.1

可行域为图 8.5.1 中的阴影部分，是一个由约束条件组成的封闭区域。对于每个固定的值 $z$，使目标函数值等于 $z$ 的点构成的直线为目标函数等位线，当 $z$ 变动时，我们得到一组平行直线。对于本题，显然等位线越趋于右上方，其上的点具有越大的目标函数值。当目标函数等位线平移到（2,6）时，目标函数值 $z$ 取得最大值 26。

## 8.5.3 Python 实现

求解问题的代码如下：

```
from scipy.optimize import linprog
# 需要优化的函数对应的参数（min 型）
c = [-4,-3]
# 不等式对应的参数矩阵（“≤”约束）
A = [[2,1],[1,1],[0,1]]
# 不等式对应的上界（“≤”约束）
b = [10,8,7]
#各参数的取值范围
x0_bounds = (0,None)
x1_bounds = (0,None)
# 代入参数，利用 linprog 求解
res = linprog(c,A_ub=A,b_ub=b,bounds=(x0_bounds,x1_bounds), options={"disp": True})
print(res)
```

运行结果如下：

```
Optimization terminated successfully.
```

```
         Current function value: -26.000000
         Iterations: 5
     con: array([],dtype=float64)
     fun: -25.999999999841208
 message: 'Optimization terminated successfully.'
     nit: 5
   slack: array([8.02664601e-11,3.92610389e-11,1.00000000e+00])
  status: 0
 success: True
       x: array([2.,6.])
```

即当决策变量 $x=(2,6)$ 时，目标函数值 $z$ 取得最大值 26。

# 习题 8

用 Python 求解下列问题。

1. 某货轮有 3 个舱口，它们的载容量和载重量如表 1 所示。

表 1

| 舱号 | 载容量/m³ | 载重量/t |
|---|---|---|
| 1 | 3600 | 2800 |
| 2 | 4200 | 3200 |
| 3 | 3000 | 2400 |

待运货物的品种、数量、体积、重量及运费如表 2 所示。

表 2

| 货物种类 | 数量/件 | 体积/（m³/件） | 重量/（t/件） | 运费/（元/件） |
|---|---|---|---|---|
| 1 | 500 | 8 | 6 | 1500 |
| 2 | 1000 | 4 | 3 | 800 |
| 3 | 600 | 5 | 4 | 900 |

为了保证航行的安全，要求各舱基本上按照确定载重量装货，2 号舱对 1 号舱载重量的比重和 2 号舱对 3 号舱载重量的比重，允许在 10%的范围内变动；3 号舱对 1 号舱载重量的比重，允许在 5%的范围内变动。试问，应如何合理的配载才能使总的运费收入达到最大?

2. 用单纯形表的方法求解下列线性规划问题。

（1）

$$\max f(\boldsymbol{x})=5x_1+6x_2+4x_3$$
$$\text{s.t.}\begin{cases}2x_1+2x_2\leqslant 5\\5x_1+3x_2+4x_3\leqslant 15\\x_1+x_2\leqslant 10\\x_i\geqslant 0\quad(i=1,2,3)\end{cases}$$

（2）

$$\min f(\boldsymbol{x}) = 4x_1 - 3x_2 + x_3$$
$$\text{s.t.}\begin{cases} 2x_1 + 2x_2 - x_3 \leqslant 2 \\ -3x_1 - x_2 + 2x_3 \leqslant -2 \\ x_i \geqslant 0 \quad (i = 1,2,3) \end{cases}$$

3. 用对偶单纯形法求解下列线性规划问题。

（1）

$$\min f(\boldsymbol{x}) = 4x_1 + 6x_2 + 18x_3$$
$$\text{s.t.}\begin{cases} x_1 + 3x_3 \geqslant 3 \\ x_2 + 2x_3 \geqslant 5 \\ x_1, x_2, x_3 \geqslant 0 \end{cases}$$

（2）

$$\max f(\boldsymbol{x}) = 3x_1 - 2x_2 - 4x_3 - 8x_4$$
$$\text{s.t.}\begin{cases} -2x_1 + 5x_2 + 5x_3 - 5x_4 \leqslant 3 \\ x_1 + 2x_2 + 5x_3 + 6x_4 \geqslant 8 \\ x_1, x_2, x_3, x_4 \geqslant 0 \end{cases}$$

# 第9章 常用无约束最优化方法

无约束最优化问题是最优化的基础，很多实际的最优化问题本身就是无约束最优化问题。无约束优化理论发展较早，比较成熟，方法也很多，而且新的方法还在陆续出现。把这些方法归纳起来可以分成两类：一类是仅用计算函数值所得到的信息来确定搜索方向，通常称它为直接搜索法，简称为直接法；另一类需要利用计算函数的一阶或二阶导数值所得到的信息来确定搜索方向，这一类方法称为间接法或解析法。直接法不涉及导数和海森矩阵，适应性强，但收敛速度一般较慢；间接法收敛速度一般较快，但需计算梯度，甚至需要计算海森矩阵。一般的经验是，在可能求得目标函数的导数的情况下还是尽可能使用间接法；相反，在不可能求得目标函数的导数或目标函数的导数根本不存在的情况下，就应该使用直接法。

本章讨论常用的无约束最优化问题的求解方法。

## 9.1 一维搜索的最优化方法

### 9.1.1 最优步长的确定

无约束最优化问题

$$\min_{\boldsymbol{x}\in\mathbf{R}^n} f(\boldsymbol{x}) \tag{9.1.1}$$

常常转化为沿搜索方向的一维搜索问题。式中 $f$ 为实值连续函数，且一般假定它具有二阶连续导数。

由第 7 章关于求解最优化问题的一般算法可知，从已知迭代点 $\boldsymbol{x}_k \in \mathbf{R}^n$ 出发按照基本迭代公式

$$\boldsymbol{x}_{k+1} = \boldsymbol{x}_k + t_k \boldsymbol{p}_k$$

来求解最优化问题，其关键在于如何构造一个搜索方向 $\boldsymbol{p}_k \in \mathbf{R}^n$ 和确定一个步长 $t_k \in \mathbf{R}$，使下一迭代点 $\boldsymbol{x}_{k+1}$ 处的目标函数值下降，即 $f(\boldsymbol{x}_{k+1}) < f(\boldsymbol{x}_k)$。

在搜索方向 $\boldsymbol{p}_k$ 已经确定的情况下，如何来确定步长、选取最优的步长呢？

当已知迭代点 $\boldsymbol{x}_k$ 和下一个搜索方向 $\boldsymbol{p}_k$ 时，要确定适当的步长 $t_k$ 使 $f(\boldsymbol{x}_{k+1}) =$

$f(\boldsymbol{x}_k+t_k\boldsymbol{p}_k)$比$f(\boldsymbol{x}_k)$有所下降，即相当于对参变量 $t$ 的函数

$$\varphi(t)=f(\boldsymbol{x}_k+t\boldsymbol{p}_k)$$

要在区间$[0,+\infty)$上选取$t=t_k$使$f(\boldsymbol{x}_{k+1})<f(\boldsymbol{x}_k)$，即

$$\varphi(t_k)=f(\boldsymbol{x}_k+t_k\boldsymbol{p}_k)<f(\boldsymbol{x}_k)=\varphi(0)$$

由于这种从已知点 $\boldsymbol{x}_k$ 出发，沿某一下降的搜索方向 $\boldsymbol{p}_k$ 来确定步长 $t_k$ 的问题，实质上是单变量函数$\varphi(t)$关于变量 $t$ 的一维搜索选取问题，因此通常叫作**一维搜索**或**线搜索**。按这种方法确定的步长 $t_k$ 又称为**最优步长**。这种方法的优点是，它能使目标函数值在搜索方向上下降得最多。

若从点 $\boldsymbol{x}_k$ 出发沿 $\boldsymbol{p}_k$ 方向对目标函数 $f(\boldsymbol{x})$ 做一维搜索所得到的极小点是 $\boldsymbol{x}_{k+1}$，则有

$$\begin{cases} f(\boldsymbol{x}_k+t_k\boldsymbol{p}_k)=\min\limits_t f(\boldsymbol{x}_k+t\boldsymbol{p}_k)=\min\limits_t \varphi(t) \\ \boldsymbol{x}_{k+1}=\boldsymbol{x}_k+t_k\boldsymbol{p}_k \end{cases}$$

且在点 $\boldsymbol{x}=\boldsymbol{x}_{k+1}$ 处的梯度方向 $\nabla f(\boldsymbol{x}_{k+1})$ 与搜索方向 $\boldsymbol{p}_k$ 之间满足

$$\left(\nabla f(\boldsymbol{x}_{k+1})\right)^{\mathrm{T}}\boldsymbol{p}_k=0 \tag{9.1.2}$$

事实上，设$\varphi(t)=f(\boldsymbol{x}_k+t\boldsymbol{p}_k)$，对 $t$ 求导有

$$\varphi'(t)=\left(\nabla f(\boldsymbol{x}_k+t\boldsymbol{p}_k)\right)^{\mathrm{T}}\boldsymbol{p}_k$$

令$\varphi'(t)=0$，即$\left(\nabla f(\boldsymbol{x}_k+t\boldsymbol{p}_k)\right)^{\mathrm{T}}\boldsymbol{p}_k=0$，所以$\left(\nabla f(\boldsymbol{x}_{k+1})\right)^{\mathrm{T}}\boldsymbol{p}_k=0$。

式（9.1.2）指出，梯度方向$\nabla f(\boldsymbol{x}_{k+1})$必与搜索方向 $\boldsymbol{p}_k$ 正交。又因为$\nabla f(\boldsymbol{x}_{k+1})$与目标函数过点 $\boldsymbol{x}_{k+1}$ 的等值面$f(\boldsymbol{x})=f(\boldsymbol{x}_{k+1})$正交，所以搜索方向 $\boldsymbol{p}_k$ 与这个等值面在点 $\boldsymbol{x}_{k+1}$ 处相切，如图 9.1.1 所示。

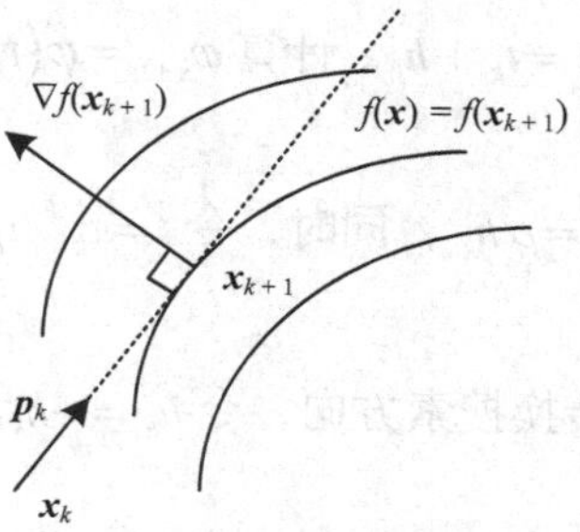


图 9.1.1

## 9.1.2　搜索区间的确定

求解一维最优化问题$\min\varphi(t)$，一般可先确定它的一个有限搜索区间$[a,b]$，把问题化为求解问题$\min\limits_{a\leqslant t\leqslant b}\varphi(t)$，然后通过不断缩小区间$[a,b]$的长度，最后求得最优解。

设一维最优化问题为

$$\min_{0\leqslant t\leqslant t_{\max}}\varphi(t) \tag{9.1.3}$$

为求解问题（9.1.3），引入如下搜索区间的概念。

**定义 9.1.1** 设$\varphi$：$\mathbf{R}\to\mathbf{R}$，$t^*\in[0,+\infty)$（或 $t^*\in[0,t_{\max}]$），并且

$$\varphi(t^*)=\min_{0\leqslant t\leqslant t_{\max}}\varphi(t)$$

若存在闭区间$[a,b]\subseteq[0,+\infty)$（或$[a,b]\subseteq[0,t_{\max}]$），使$t^*\in[a,b]$，则称$[a,b]$是问题（9.1.3）的**搜索区间**。

简言之，一个一维最优化问题的搜索区间，就是包含该问题最优解的一个闭区间。通常，在进行一维搜索时，一般要先确定问题的一个搜索区间，然后在此区间中进行搜索求解。

下面介绍一个确定问题（9.1.3）的搜索区间的简单方法。这个方法的思想如下。首先，选定一个初始点$t_0\in[0,+\infty)$（或$t_0\in[0,t_{\max}]$）和初始步长$h_0>0$。然后，沿着$t$轴的正方向搜索前进一个步长，得到新点$t_0+h_0$。若目标函数在新点处的函数值下降了，即

$$\varphi(t_0+h_0)<\varphi(t_0)$$

则下一步就从新点$t_0+h_0$出发加大步长，再向前搜索；若目标函数在新点处的函数值上升了，即

$$\varphi(t_0+h_0)>\varphi(t_0)$$

则下一步仍以$t_0$为出发点并以原步长开始向$t$轴的负方向搜索。当达到目标函数上升的点时，就停止搜索，这时便得到问题（9.1.3）的一个搜索区间。这种以加大步长进行搜索来寻找搜索区间的方法叫作**加步搜索法**或**进退法**。

加步搜索法的计算步骤如下。

（1）选取初始数据。选取初始点$t_0\in[0,+\infty)$或$t_0\in[0,t_{\max}]$，计算$\varphi_0=\varphi(t_0)$。给出初始步长$h_0>0$，加步系数$\alpha>1$，令$k=0$。

（2）比较目标函数值。令$t_{k+1}=t_k+h_k$，计算$\varphi_{k+1}=\varphi(t_{k+1})$，若$\varphi_{k+1}<\varphi_k$，转至步骤（3），否则转至步骤（4）。

（3）加大搜索步长。令$h_{k+1}=\alpha h_k$，同时，令$t=t_k$，$t_k=t_{k+1}$，$\varphi_k=\varphi_{k+1}$，$k=k+1$，转至步骤（2）。

（4）反向搜索。若$k=0$，转换搜索方向，令$h_k=-h_k$，$t=t_{k+1}$，转至步骤（2），否则，停止迭代，令

$$a=\min\{t,t_{k+1}\}，\ b=\max\{t,t_{k+1}\}$$

输出$[a,b]$。

在加步搜索法中，一般建议$\alpha=2$。若能估计问题（9.1.3）的最优解的大体位置的话，初始点$t_0$要尽量取接近于问题（9.1.3）的最优解。在具体运用上述加步搜索法时，有时还要考虑一些细节问题。例如，当搜索得到新点处的目标函数值和出发点处的目标函数值相同时，初始步长应如何选取等，都需做适当处理。

由于以后要介绍的一维搜索方法，主要适用于问题（9.1.3）在搜索区间中只有唯一的最

优解的情况，因此给出如下单谷区间与单谷函数的概念。

**定义 9.1.2** 设$\varphi$：$\mathbf{R}\to\mathbf{R}$，闭区间$[a,b]\subseteq\mathbf{R}$。若存在点$t^*\in[a,b]$，使得$\varphi(t)$在$[a,t^*]$上严格递减，$\varphi(t)$在$[t^*,b]$上严格递增，则称$[a,b]$是函数$\varphi(t)$的**单谷区间**，$\varphi(t)$是$[a,b]$上的**单谷函数**。

由定义 9.1.2 可知，一个区间是某函数的单谷区间，意味着在该区间中函数只有一个极小值。例如，图 9.1.2 中的$[a,b]$是$\varphi(t)$的单谷区间，$\varphi(t)$是$[a,b]$上的单谷函数。图 9.1.3 中的$[a,b]$不是$\varphi(t)$的单谷区间，即$\varphi(t)$不是$[a,b]$上的单谷函数，此时可考虑把区间分成若干个小区间，在每个小区间上函数是单谷函数，然后在每个小区间上求极小点，选取其中的最小点。

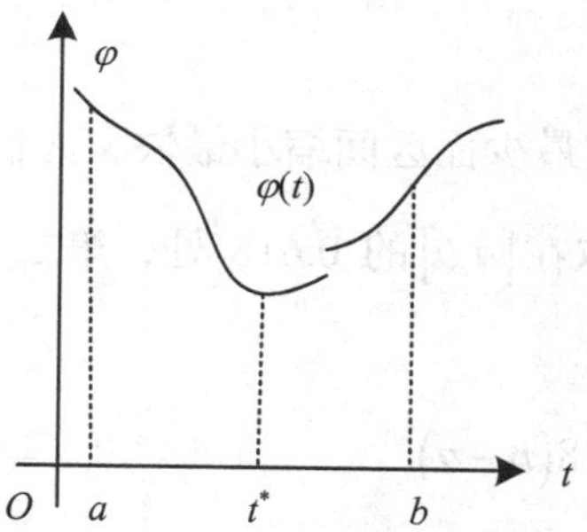

图 9.1.2

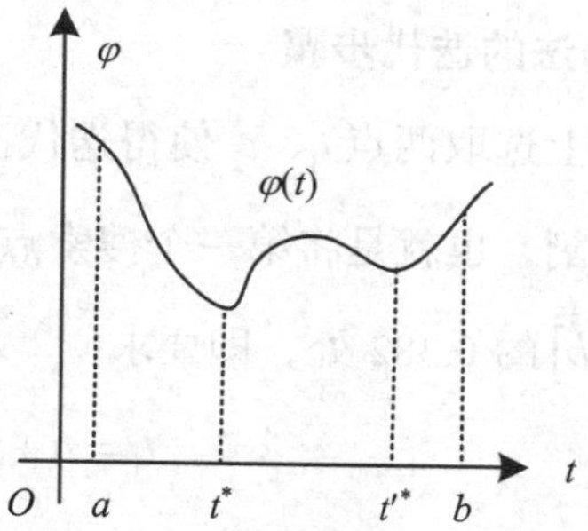

图 9.1.3

另外，由定义 9.1.2 还可知，某区间上的单谷函数在该区间上不一定是连续函数（见图 9.1.2），而凸函数在所给区间上必然是单谷函数。由定义 9.1.1 和定义 9.1.2 可知，函数$\varphi(t)$的单谷区间总是相应问题（9.1.3）的一个搜索区间（见图 9.1.2），但反之不然（见图 9.1.3）。

单谷区间和单谷函数有如下有用的性质。

**定理 9.1.1** 设$\varphi$：$\mathbf{R}\to\mathbf{R}$，$[a,b]$是$\varphi(t)$的单谷区间，任取$t_1$，$t_2\in[a,b]$并且$t_2<t_1$。

（1）若有$\varphi(t_2)\leqslant\varphi(t_1)$，则$[a,t_1]$是$\varphi(t)$的单谷区间。

（2）若有$\varphi(t_2)\geqslant\varphi(t_1)$，则$[t_2,b]$是$\varphi(t)$的单谷区间。

定理 9.1.1 说明，通过对函数值的比较可以把原单谷区间变为一个较小的单谷区间。换句话说，利用这个定理可以把搜索区间无限缩小，从而求出极小点。以下介绍的几种一维搜索方法，都是利用这个定理，通过不断地缩小搜索区间，来求得一维最优化问题的近似最优解。

## 9.1.3 黄金分割法

黄金分割法又称为 0.618 法，适用于单谷函数。

### 1. 黄金分割法的基本原理

所谓黄金分割就是将一线段分为两段时，要求整段长 $L$ 与较长段长 $x$ 的比值正好等于较长段长 $x$ 与较短段长 $L-x$ 的比值，即

$$\frac{L}{x}=\frac{x}{L-x}$$

于是有 $x^2+Lx-L^2=0$，解出其正根

$$x=\frac{\sqrt{5}-1}{2}L\approx 0.618L$$

由此可见，长段的长度应为全长的 0.618 倍，而短段的长度应为全长的 0.382 倍。因为古代的人们认为按 0.618 的比值来分割线段最协调，所以称之为**黄金分割**。

用黄金分割法进行一维搜索，其基本思想是：在单谷区间$[a,b]$内适当插入两点$t_1$、$t_2$，将区间$[a,b]$分为 3 段，通过比较这两点函数值的大小，确定是删去最左段还是最右段，或者同时删去左、右两段而保留中间段。如此继续下去，可将单谷区间无限缩小。

**2. 黄金分割法的迭代步骤**

为了在$[a,b]$上选取两点$t_1$、$t_2$使得迭代次数最少而区间缩小最快，人们想到将区间长度$b-a$进行黄金分割，也就是将第一个搜索点$t_1$取在$[a,b]$的 0.618 处，第二个搜索点$t_2$取成$t_1$的对称点，即$[a,b]$的 0.382 处，即要求

$$t_1=a+0.618(b-a)$$
$$t_2=a+0.382(b-a)$$

然后计算$\varphi(t_1)$与$\varphi(t_2)$的值，并根据$\varphi(t_1)$与$\varphi(t_2)$的值的大小关系分情况进行讨论。

（1）若$\varphi(t_1)<\varphi(t_2)$，说明$t_1$是好点，于是把区间$[a,t_2]$划掉，保留$[t_2,b]$，则$[t_2,b]$内有一保留点$t_1$，重置新的区间$[a_1,b_1]=[t_2,b]$。

（2）若$\varphi(t_1)>\varphi(t_2)$，说明$t_2$是好点，于是把区间$[t_1,b]$划掉，保留$[a,t_1]$，则$[a,t_1]$内有一保留点$t_2$，重置新的区间$[a_1,b_1]=[a,t_1]$。

（3）若$\varphi(t_1)=\varphi(t_2)$，则应具体分析，看极小点可能在哪一边再决定取舍。一般情况下，可同时划掉$[a,t_2]$和$[t_1,b]$，仅保留中间的$[t_2,t_1]$，重置新的区间$[a_1,b_1]=[t_2,t_1]$。

接下来在留下的区间$[a_1,b_1]$内找好点。重复上面的步骤，直到搜索区间$[a_i,b_i]$小于给定的允许误差$\varepsilon>0$为止。

已知$\varphi(t)$，常数$\beta=0.382$，给定允许误差$\varepsilon$，黄金分割法的迭代步骤如下。

（1）确定$\varphi(t)$的初始搜索区间$[a,b]$。

（2）计算$t_2=a+\beta(b-a)$，$\varphi_2=\varphi(t_2)$。

（3）计算$t_1=a+b-t_2$，$\varphi_1=\varphi(t_1)$。

（4）若$|t_1-t_2|<\varepsilon$，则输出$t^*=(t_1+t_2)/2$和$\varphi^*=\varphi(t^*)$，结束；否则转至步骤（5）。

（5）若$\varphi_1<\varphi_2$，则置$a=t_2$，$t_2=t_1$，$\varphi_2=\varphi_1$，然后转至步骤（3）；

若 $\varphi_1 = \varphi_2$，则置 $a = t_2$，$b = t_1$，然后转至步骤（2）；

若 $\varphi_1 > \varphi_2$，则置 $b = t_1$，$t_1 = t_2$，$\varphi_1 = \varphi_2$，$t_2 = a + \beta(b-a)$，$\varphi_2 = \varphi(t_2)$，然后转至步骤（4）。

**【例 9.1.1】** 用黄金分割法求解下列问题

$$\min f(x) = 2x^2 - x - 1$$

初始区间[–1,1]，$\varepsilon = 0.16$。

**解**：计算结果如下。

| $k$ | $a_k$ | $b_k$ | $(x_2)_k$ | $(x_1)_k$ | $f((x_2)_k)$ | $f((x_1)_k)$ |
|---|---|---|---|---|---|---|
| 1 | –1 | 1 | –0.236 | 0.236 | –0.652 | –1.125 |
| 2 | –0.236 | 1 | 0.236 | 0.528 | –1.125 | –0.971 |
| 3 | –0.236 | 0.528 | 0.056 | 0.236 | –1.050 | –1.125 |
| 4 | 0.056 | 0.528 | 0.236 | 0.348 | –1.125 | –1.106 |
| 5 | 0.056 | 0.348 | 0.167 | 0.236 | –1.111 | –1.125 |
| 6 | 0.167 | 0.348 | 0.236 | 0.279 | –1.125 | –1.123 |
| 7 | 0.167 | 0.279 | | | | |

经过 6 次迭代后，$b_7 - a_7 = 0.112 < 0.16$，满足精度要求，极小点 $x^* \in [0.167, 0.279]$，可取 $x^* = (0.167 + 0.279)/2 = 0.223$。实际问题的最优解为 $x^* = 0.25$。

黄金分割法是通过选取搜索点和对函数值进行比较而逐步缩小单谷区间来搜索最优点 $t^*$ 的。该方法适用于单谷区间 $[a,b]$ 上的任何函数，甚至适用于不连续函数，因此这种方法属于直接法，适用范围相当广泛。黄金分割法的收敛速度是线性的，收敛比为 0.618。

与此相类似的另一种方法是斐波那契（Leonardo Fibonacci，1175—1250，意大利数学家）法，感兴趣的读者可查阅相关文献。

### 9.1.4 抛物线插值法

抛物线插值法又称二次插值法，适用于单谷函数。

**1. 抛物线插值法的基本原理**

考虑一维搜索问题

$$\min_{t_1 \leq t \leq t_2} \varphi(t) \tag{9.1.4}$$

其中 $\varphi(t)$ 是定义在区间 $[t_1, t_2]$ 上的单谷函数。

首先用试探法在 $[t_1, t_2]$ 上找一点 $t_0$，使之满足

$$\varphi(t_1) \geqslant \varphi(t_0)，\varphi(t_2) \geqslant \varphi(t_0)$$

通过目标函数曲线上的 3 个点 $(t_1, \varphi(t_1))$、$(t_0, \varphi(t_0))$、$(t_2, \varphi(t_2))$，作它的二次拟合曲线

$$P(t) = a_0 + a_1 t + a_2 t^2$$

由于上述 3 个点既是目标函数曲线 $\varphi(t)$ 上的点，又是二次拟合曲线 $P(t)$ 上的点，因此有方程组

$$\begin{cases} P(t_1) = a_0 + a_1 t_1 + a_2 t_1^2 = \varphi(t_1) \\ P(t_0) = a_0 + a_1 t_0 + a_2 t_0^2 = \varphi(t_0) \\ P(t_2) = a_0 + a_1 t_2 + a_2 t_2^2 = \varphi(t_2) \end{cases} \tag{9.1.5}$$

将方程组（9.1.5）中的 $a_0$ 消去，得

$$\begin{cases} a_1(t_1 - t_0) + a_2(t_1^2 - t_0^2) = \varphi(t_1) - \varphi(t_0) \\ a_1(t_0 - t_2) + a_2(t_0^2 - t_2^2) = \varphi(t_0) - \varphi(t_2) \end{cases} \tag{9.1.6}$$

从方程组（9.1.6）可解出待定系数

$$a_1 = \frac{(t_0^2 - t_2^2)\varphi(t_1) + (t_2^2 - t_1^2)\varphi(t_0) + (t_1^2 - t_0^2)\varphi(t_2)}{(t_1 - t_0)(t_0 - t_2)(t_2 - t_1)} \tag{9.1.7}$$

$$a_2 = \frac{(t_0 - t_2)\varphi(t_1) + (t_2 - t_1)\varphi(t_0) + (t_1 - t_0)\varphi(t_2)}{(t_1 - t_0)(t_0 - t_2)(t_2 - t_1)} \tag{9.1.8}$$

对于二次拟合函数 $P(t) = a_0 + a_1 t + a_2 t^2$，令 $P'(t) = 0$，即 $a_1 + 2a_2 t = 0$，解得

$$\bar{t} = -\frac{a_1}{2a_2} \tag{9.1.9}$$

此即二次拟合函数 $P(t)$ 的极小值点。

将式（9.1.7）与式（9.1.8）代入式（9.1.9）得

$$\bar{t} = -\frac{a_1}{2a_2} = -\frac{1}{2}\frac{(t_0^2 - t_2^2)\varphi(t_1) + (t_2^2 - t_1^2)\varphi(t_0) + (t_1^2 - t_0^2)\varphi(t_2)}{(t_0 - t_2)\varphi(t_1) + (t_2 - t_1)\varphi(t_0) + (t_1 - t_0)\varphi(t_2)} \tag{9.1.10}$$

用区间 $[t_1, t_2]$ 上二次拟合函数 $P(t)$ 的这个极小值点 $\bar{t}$ 作为目标函数 $\varphi(t)$ 在该区间极小值点的一个估计值。若 $\bar{t}$ 和 $t_0$ 已充分接近，即对给定的允许误差 $\varepsilon > 0$，有

$$|t_0 - \bar{t}| < \varepsilon \tag{9.1.11}$$

$\bar{t}$ 就可被看作 $\varphi(t)$ 在区间 $[t_1, t_2]$ 内的近似最优解；否则应缩小区间，按照 $\varphi(t)$ 值保持两头大、中间小的原则构成新的 3 点。继续上述过程，直至不等式（9.1.11）成立为止。

**2. 抛物线插值法的迭代步骤**

下面介绍缩小区间，构成新的 3 点的方法。

在区间 $[t_1, t_2]$ 内，由式（9.1.10）得到的 $\bar{t}$，与 $t_0$ 相比，既可能小于 $t_0$（位于 $t_0$ 的左侧），又可能大于 $t_0$（位于 $t_0$ 的右侧），而比较 $\varphi(\bar{t})$ 和 $\varphi(t_0)$ 的大小，又有 $\varphi(\bar{t}) < \varphi(t_0)$、$\varphi(\bar{t}) > \varphi(t_0)$ 及 $\varphi(\bar{t}) = \varphi(t_0)$ 3 种情形。根据乘法原理，所构成的新的 3 点共有 6 种情况，分别如图 9.1.4（a）~图 9.1.4（f）所示。

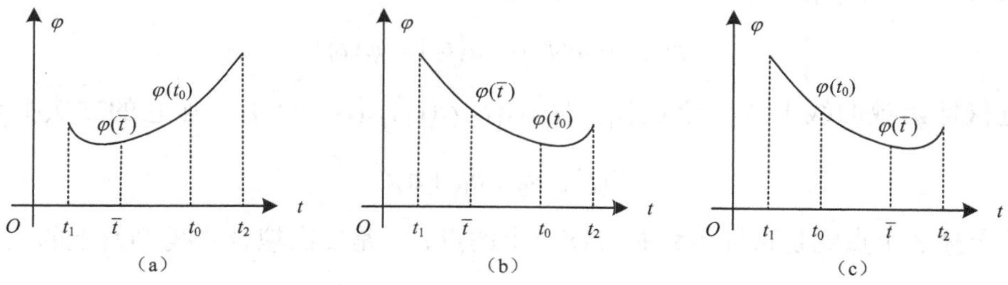


图 9.1.4

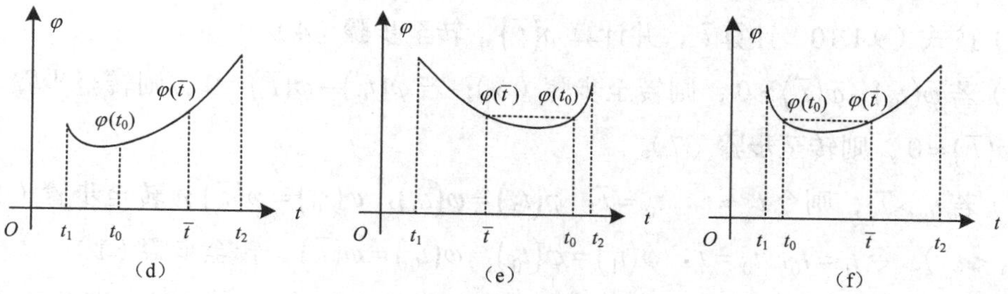

图 9.1.4（续）

对应图 9.1.4（a）：因 $\varphi(\bar{t})<\varphi(t_0)$，故相对 $t_0$ 来说 $\bar{t}$ 是好点，因此划掉区间 $[t_0,t_2]$，保留 $[t_1,t_0]$ 作为新区间，置

$$t_2=t_0,\ \varphi(t_2)=\varphi(t_0),\ t_0=\bar{t},\ \varphi(t_0)=\varphi(\bar{t}),\ t_1\text{保持不变}$$

对应图 9.1.4（b）：因 $\varphi(\bar{t})>\varphi(t_0)$，故相对 $\bar{t}$ 来说 $t_0$ 是好点，因此划掉区间 $[t_1,\bar{t}]$，保留 $[\bar{t},t_2]$ 作为新区间，置

$$t_1=\bar{t},\ \varphi(t_1)=\varphi(\bar{t}),\ t_0\text{与}t_2\text{保持不变}$$

对应图 9.1.4（c）：因 $\varphi(\bar{t})<\varphi(t_0)$，故相对 $t_0$ 来说 $\bar{t}$ 是好点，因此划掉区间 $[t_1,t_0]$，保留 $[t_0,t_2]$ 作为新区间，置

$$t_1=t_0,\ \varphi(t_1)=\varphi(t_0),\ t_0=\bar{t},\ \varphi(t_0)=\varphi(\bar{t}),\ t_2\text{保持不变}$$

对应图 9.1.4（d）：因 $\varphi(\bar{t})>\varphi(t_0)$，故相对 $\bar{t}$ 来说 $t_0$ 是好点，因此划掉区间 $[\bar{t},t_2]$，保留 $[t_1,\bar{t}]$ 作为新区间，置

$$t_2=\bar{t},\ \varphi(t_2)=\varphi(\bar{t}),\ t_0\text{与}t_1\text{保持不变}$$

对应图 9.1.4（e）：可类似于图 9.1.4（a）处理。一般同时划掉区间 $[t_1,\bar{t}]$ 和 $[t_0,t_2]$，仅保留中间的 $[\bar{t},t_0]$ 作为新区间，置

$$t_1=\bar{t},\ \varphi(t_1)=\varphi(\bar{t}),\ t_2=t_0,\ \varphi(t_2)=\varphi(t_0),$$
$$t_0=(t_1+t_2)/2,\ \varphi(t_0)=\varphi((t_1+t_2)/2)$$

对应图 9.1.4（f）：可类似于图 9.1.4（c）处理。一般同时划掉区间 $[t_1,t_0]$ 和 $[\bar{t},t_2]$，仅保留中间的 $[t_0,\bar{t}]$ 作为新区间，置

$$t_1=t_0,\ \varphi(t_1)=\varphi(t_0),\ t_2=\bar{t},\ \varphi(t_2)=\varphi(\bar{t}),$$
$$t_0=(t_1+t_2)/2,\ \varphi(t_0)=\varphi((t_1+t_2)/2)$$

已知 3 点 $t_1<t_0<t_2$，对应的函数值满足 $\varphi(t_1)\geqslant\varphi(t_0)$，$\varphi(t_2)\geqslant\varphi(t_0)$，给定允许误差 $\varepsilon_1$、$\varepsilon_2$，抛物线插值法的迭代步骤如下。

（1）若 $|t_1-t_2|<\varepsilon_1$，则转至步骤（10）；否则转至步骤（2）。

（2）若 $|(t_0-t_2)\varphi(t_1)+(t_2-t_1)\varphi(t_0)+(t_1-t_0)\varphi(t_2)|<\varepsilon_2$，则转至步骤（10）；否则转至步骤（3）。

（3）按式（9.1.10）计算$\bar{t}$，并计算$\varphi(\bar{t})$，转至步骤（4）。

（4）若$\varphi(t_0)-\varphi(\bar{t})>0$，则转至步骤（5）；若$\varphi(t_0)-\varphi(\bar{t})<0$，则转至步骤（6）；若$\varphi(t_0)-\varphi(\bar{t})=0$，则转至步骤（7）。

（5）若$t_0>\bar{t}$，则令$t_2=t_0$，$t_0=\bar{t}$，$\varphi(t_2)=\varphi(t_0)$，$\varphi(t_0)=\varphi(\bar{t})$，转至步骤（1）；否则（即若$t_0<\bar{t}$），令$t_1=t_0$，$t_0=\bar{t}$，$\varphi(t_1)=\varphi(t_0)$，$\varphi(t_0)=\varphi(\bar{t})$，转至步骤（1）。

（6）若$t_0<\bar{t}$，则令$t_2=\bar{t}$，$\varphi(t_2)=\varphi(\bar{t})$，转至步骤（1）；否则（即若$t_0>\bar{t}$），令$t_1=\bar{t}$，$\varphi(t_1)=\varphi(\bar{t})$，转至步骤（1）。

（7）若$t_0<\bar{t}$，则令$t_1=t_0$，$t_2=\bar{t}$，$t_0=\frac{1}{2}(t_1+t_2)$，$\varphi(t_1)=\varphi(t_0)$，$\varphi(t_2)=\varphi(\bar{t})$，计算$\varphi(t_0)$，转至步骤（1）；若$t_0=\bar{t}$，则转至步骤（8）；若$t_0>\bar{t}$，则转至步骤（9）。

（8）令$\bar{t}=\frac{1}{2}(t_1+t_0)$，计算$\varphi(\bar{t})$，

若$\varphi(\bar{t})<\varphi(t_0)$，则$t_2=t_0$，$t_0=\bar{t}$，$\varphi(t_2)=\varphi(t_0)$，$\varphi(t_0)=\varphi(\bar{t})$，转至步骤（1）；

若$\varphi(\bar{t})=\varphi(t_0)$，则$t_1=\bar{t}$，$t_2=t_0$，$t_0=\frac{1}{2}(t_1+t_2)$，$\varphi(t_1)=\varphi(\bar{t})$，$\varphi(t_2)=\varphi(t_0)$，计算$\varphi(t_0)$，转至步骤（1）；

若$\varphi(\bar{t})>\varphi(t_0)$，则$t_1=\bar{t}$，$\varphi(t_1)=\varphi(\bar{t})$，转至步骤（1）。

（9）令$t_1=\bar{t}$，$t_2=t_0$，$t_0=\frac{1}{2}(t_1+t_2)$，$\varphi(t_1)=\varphi(\bar{t})$，$\varphi(t_2)=\varphi(t_0)$，计算$\varphi(t_0)$，转至步骤（1）。

（10）输出$t^*=t_0$，$\varphi(t^*)=\varphi(t_0)$，结束。

抛物线插值法是多项式逼近法的一种。所谓多项式逼近，是利用目标函数在若干点的函数值或导数值等信息，构成一个与目标函数相接近的低次插值多项式，用该多项式的最优解作为目标函数的近似最优解。抛物线插值法的收敛速度比黄金分割法的快，其收敛阶为1.32。与此相类似的另一种方法是3次插值法，感兴趣的读者可查阅相关文献。

## 9.1.5 对分法

### 1. 对分法的基本原理

设$\varphi$：$\mathbf{R}\to\mathbf{R}$在已获得的搜索区间$[a,b]$内具有连续的一阶导数。因为$\varphi(t)$在$[a,b]$上可导，所以$\varphi(t)$在$[a,b]$上连续，因而$\varphi(t)$在$[a,b]$上有最小值。

令$\varphi'(t)=0$，总可求得极小点$t^*$。不妨设$\varphi(t)$在$(a,t^*)$上是单减函数，在$(t^*,b)$上是单增函数。所以当$t\in(a,t^*)$时，$\varphi'(t)<0$；当$t\in(t^*,b)$时，$\varphi'(t)>0$，故$\varphi'(a)<0$，$\varphi'(b)>0$。

对分法每次迭代都取区间的中点，若中点的导数值小于0，说明$\varphi'(t)=0$的根位于右半区间中（见图9.1.5），则去掉左半区间；若中点的导数值大于0，则去掉右半区间；若中点的导数值正好等于0，则该点就是极小点。因为每次迭代都使原区间缩小一半，所以称之为**对分法或二分法**。

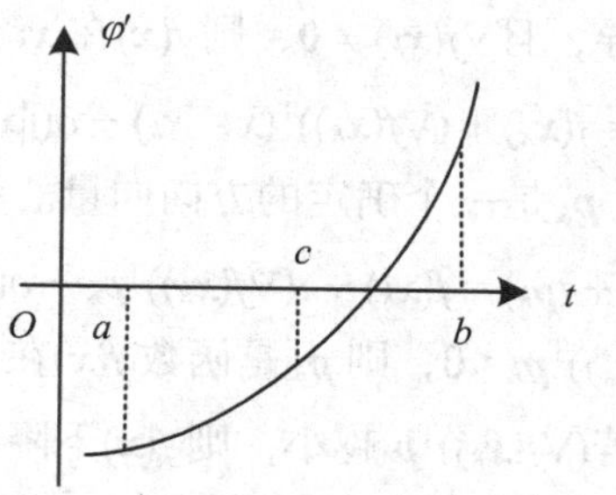


图 9.1.5

2. 对分法的迭代步骤

已知 $\varphi(t)$、$\varphi'(t)$ 表达式，给定允许误差 $\varepsilon$，对分法的迭代步骤如下。

（1）确定初始搜索区间 $[a,b]$，要求 $\varphi'(a)<0$，$\varphi(b)>0$。

（2）计算 $[a,b]$ 的中点 $c=\dfrac{a+b}{2}$。

（3）若 $\varphi'(c)<0$，则 $a=c$，转至步骤（4）；

若 $\varphi'(c)=0$，则 $t^*=c$，转至步骤（5）；

若 $\varphi'(c)>0$，则 $b=c$，转至步骤（4）。

（4）若 $|a-b|<\varepsilon$，则 $t^*=\dfrac{a+b}{2}$，转至步骤（5）；否则转至步骤（2）。

（5）输出 $t^*$，结束。

对分法是线性收敛的，其收敛比是 0.5。

# 9.2 最速下降法

在基本迭代公式

$$\boldsymbol{x}_{k+1}=\boldsymbol{x}_k+t_k\boldsymbol{p}_k$$

中，每次迭代将搜索方向 $\boldsymbol{p}_k$ 取为目标函数 $f(\boldsymbol{x})$ 的负梯度方向，即 $\boldsymbol{p}_k=-\nabla f(\boldsymbol{x}_k)$，而将每次迭代的步长 $t_k$ 取为最优步长，由此所确定的算法称为**最速下降法**。

最速下降法是法国数学家柯西于1874年提出的，是求解无约束最优化问题最早使用的算法之一，也是现代优化算法的基础。本节讨论无约束最优化问题

$$\min_{\boldsymbol{x}\in\mathbf{R}^n} f(\boldsymbol{x}) \tag{9.2.1}$$

其中 $f$ 为实值连续函数，且一般假定它具有一阶连续导数。

## 9.2.1 最速下降法的基本原理

假定在第 $k$ 步迭代得到了一个迭代点 $\boldsymbol{x}_k$，如何选择搜索方向 $\boldsymbol{p}_k$，使目标函数 $f(\boldsymbol{x})$ 在 $\boldsymbol{x}_k$ 附近沿 $\boldsymbol{p}_k$ 方向下降最快？

设$f(\boldsymbol{x})$在点$\boldsymbol{x}_k$附近连续可导，且$\nabla f(\boldsymbol{x}_k)\neq\boldsymbol{0}$，则$f(\boldsymbol{x})$在$\boldsymbol{x}_k$处的泰勒展开式为

$$f(\boldsymbol{x})=f(\boldsymbol{x}_k)+(\nabla f(\boldsymbol{x}_k))^{\mathrm{T}}(\boldsymbol{x}-\boldsymbol{x}_k)+o(\|\boldsymbol{x}-\boldsymbol{x}_k\|) \tag{9.2.2}$$

记$\boldsymbol{x}-\boldsymbol{x}_k=t\boldsymbol{p}_k$，其中$t>0$，$\boldsymbol{p}_k$是一个确定的方向向量。将式（9.2.2）改写为

$$f(\boldsymbol{x}_k+t\boldsymbol{p}_k)=f(\boldsymbol{x}_k)+t(\nabla f(\boldsymbol{x}_k))^{\mathrm{T}}\boldsymbol{p}_k+o(\|t\boldsymbol{p}_k\|) \tag{9.2.3}$$

易知，若向量$\boldsymbol{p}_k$满足$(\nabla f(\boldsymbol{x}_k))^{\mathrm{T}}\boldsymbol{p}_k<0$，则$\boldsymbol{p}_k$是函数$f(\boldsymbol{x})$在$\boldsymbol{x}_k$处的下降方向，并且在所有满足$(\nabla f(\boldsymbol{x}_k))^{\mathrm{T}}\boldsymbol{p}<0$的方向$\boldsymbol{p}$中，若$(\nabla f(\boldsymbol{x}_k))^{\mathrm{T}}\boldsymbol{p}$越小，则$f(\boldsymbol{x})$下降的幅度就越大。

如果将式（9.2.3）写成

$$f(\boldsymbol{x}_k+t\boldsymbol{p}_k)=f(\boldsymbol{x}_k)-t[-(\nabla f(\boldsymbol{x}_k))^{\mathrm{T}}\boldsymbol{p}_k]+o(\|t\boldsymbol{p}_k\|) \tag{9.2.4}$$

可知$-(\nabla f(\boldsymbol{x}_k))^{\mathrm{T}}\boldsymbol{p}_k$越大，则$f(\boldsymbol{x})$下降的幅度就越大。记向量$-(\nabla f(\boldsymbol{x}_k))^{\mathrm{T}}$与向量$\boldsymbol{p}_k$之间的夹角为$\theta_k$，则由

$$-(\nabla f(\boldsymbol{x}_k))^{\mathrm{T}}\boldsymbol{p}_k=\|-(\nabla f(\boldsymbol{x}_k))^{\mathrm{T}}\|\cdot\|\boldsymbol{p}_k\|\cdot\cos\theta_k$$

可知，当$t$固定时，取$\theta_k=0$，即取$\boldsymbol{p}_k=-\nabla f(\boldsymbol{x}_k)$，$-(\nabla f(\boldsymbol{x}_k))^{\mathrm{T}}\boldsymbol{p}_k$达到最大值$\|-(\nabla f(\boldsymbol{x}_k))^{\mathrm{T}}\|\cdot\|\boldsymbol{p}_k\|$。因而$f(\boldsymbol{x})$在$\boldsymbol{x}_k$处下降的幅度最大。故取搜索方向$\boldsymbol{p}_k=-\nabla f(\boldsymbol{x}_k)$，相应的算法就是最速下降法，其迭代公式为

$$\boldsymbol{x}_{k+1}=\boldsymbol{x}_k-t_k\nabla f(\boldsymbol{x}_k) \tag{9.2.5}$$

其中$t_k$按式（9.2.6）确定

$$f(\boldsymbol{x}_k-t_k\nabla f(\boldsymbol{x}_k))=\min_t f(\boldsymbol{x}_k-t\nabla f(\boldsymbol{x}_k)) \tag{9.2.6}$$

显然，令$k$=0,1,2,⋯，就可以得到一个点列$\boldsymbol{x}_0,\boldsymbol{x}_1,\boldsymbol{x}_2,\cdots$，其中$\boldsymbol{x}_0$是初始点（任意选定）。当$f(\boldsymbol{x})$满足一定的条件时，由式（9.2.5）所产生的点列$\{\boldsymbol{x}_k\}$必收敛于$f(\boldsymbol{x})$的极小点$\boldsymbol{x}^*$。

以后为书写方便，记$g(\boldsymbol{x})=\nabla f(\boldsymbol{x})$。因此，$g(\boldsymbol{x}_k)=\nabla f(\boldsymbol{x}_k)$。在不发生混淆时，简记$\boldsymbol{g}_k=g(\boldsymbol{x}_k)=\nabla f(\boldsymbol{x}_k)$。

## 9.2.2 最速下降法的迭代步骤

已知目标函数$f(\boldsymbol{x})$及其梯度$g(\boldsymbol{x})$，给定允许误差$\varepsilon$，最速下降法的迭代步骤如下。

（1）选定初始点$\boldsymbol{x}_0$，置$k=0$。

（2）计算$\boldsymbol{g}_k=g(\boldsymbol{x}_k)$。

（3）若$\|\boldsymbol{g}_k\|<\varepsilon$，则$\boldsymbol{x}^*=\boldsymbol{x}_k$，输出$\boldsymbol{x}^*$，结束；否则，令$\boldsymbol{p}_k=-\boldsymbol{g}_k$，由一维搜索求步长$t_k$，使得

$$f(\boldsymbol{x}_k+t_k\boldsymbol{p}_k)=\min_t f(\boldsymbol{x}_k+t\boldsymbol{p}_k),\ t>0$$

（4）令$\boldsymbol{x}_{k+1}=\boldsymbol{x}_k+t_k\boldsymbol{p}_k$，置$k=k+1$，转至步骤（2）。

**【例 9.2.1】**用最速下降法求函数$f(\boldsymbol{x})=2x_1^2+x_2^2$的极小点。设初始点为$\boldsymbol{x}_0=(1,1)^{\mathrm{T}}$，$\varepsilon=1/10$。

**解：**由于$\nabla f(\boldsymbol{x})=(4x_1,2x_2)^{\mathrm{T}}$，因此$\boldsymbol{g}_0=(4,2)^{\mathrm{T}}$，且$\|\boldsymbol{g}_0\|=2\sqrt{5}>\dfrac{1}{10}$。

由

$$\boldsymbol{x}_1=\boldsymbol{x}_0-t\boldsymbol{g}_0=(1,1)^{\mathrm{T}}-t(4,2)^{\mathrm{T}}=(1-4t,1-2t)^{\mathrm{T}}$$

得

$$f(\boldsymbol{x}_1)=2(1-4t)^2+(1-2t)^2$$

令 $\dfrac{\mathrm{d}f(\boldsymbol{x}_1)}{\mathrm{d}t}=0$，得 $72t-20=0$，求解得 $t=\dfrac{5}{18}$，从而

$$\boldsymbol{x}_1=(-\frac{1}{9},\frac{4}{9})^{\mathrm{T}}$$

计算得

$$\boldsymbol{g}_1=(-\frac{4}{9},\frac{8}{9})^{\mathrm{T}}$$

$$\|\boldsymbol{g}_1\|=\frac{4\sqrt{5}}{9}>\frac{1}{10}$$

$$\boldsymbol{x}_2=\boldsymbol{x}_1-t\boldsymbol{g}_1=\frac{1}{9}\begin{pmatrix}-1+4t\\4-8t\end{pmatrix}$$

令 $\dfrac{\mathrm{d}f(\boldsymbol{x}_2)}{\mathrm{d}t}=0$，求解得 $t=\dfrac{5}{12}$，从而

$$\boldsymbol{x}_2=(\frac{2}{27},\frac{2}{27})^{\mathrm{T}}$$

计算得

$$\boldsymbol{g}_2=(\frac{8}{27},-\frac{4}{27})^{\mathrm{T}}$$

$$\|\boldsymbol{g}_2\|=\frac{4\sqrt{5}}{27}>\frac{1}{10}$$

$$\boldsymbol{x}_3=\boldsymbol{x}_2-t\boldsymbol{g}_2=\frac{2}{27}\begin{pmatrix}1-4t\\1-2t\end{pmatrix}$$

令 $\dfrac{\mathrm{d}f(\boldsymbol{x}_3)}{\mathrm{d}t}=0$，求解得 $t=\dfrac{5}{18}$，从而

$$\boldsymbol{x}_3=(-\frac{2}{243},\frac{8}{243})^{\mathrm{T}}$$

计算得

$$\boldsymbol{g}_3=(-\frac{8}{243},\frac{16}{243})^{\mathrm{T}}$$

$$\|\boldsymbol{g}_3\|=\frac{8\sqrt{5}}{243}<\frac{1}{10}$$

此时已经满足精度要求，得到近似解

$$\boldsymbol{x}^*=\boldsymbol{x}_3=(-\frac{2}{243},\frac{8}{243})^{\mathrm{T}}$$

实际上，问题的最优解 $\boldsymbol{x}^*=(0,0)^{\mathrm{T}}$。

**【例 9.2.2】**将最速下降法应用于正定二次函数

$$f(\boldsymbol{x})=\frac{1}{2}\boldsymbol{x}^{\mathrm{T}}\boldsymbol{G}\boldsymbol{x}+\boldsymbol{b}^{\mathrm{T}}\boldsymbol{x}+c$$

推出其显式迭代公式。

**解：**设第 $k$ 次迭代点为 $\boldsymbol{x}_k$，求 $\boldsymbol{x}_{k+1}$ 的表达式。由于 $\boldsymbol{g}(\boldsymbol{x})=\nabla f(\boldsymbol{x})=\boldsymbol{G}\boldsymbol{x}+\boldsymbol{b}$，因此 $\boldsymbol{g}_k=\boldsymbol{g}(\boldsymbol{x}_k)=\boldsymbol{G}\boldsymbol{x}_k+\boldsymbol{b}$。下面从点 $\boldsymbol{x}_k$ 出发沿 $-\boldsymbol{g}_k$ 进行一维搜索以确定 $\boldsymbol{x}_{k+1}$，即 $\boldsymbol{x}_{k+1}=\boldsymbol{x}_k+t_k\boldsymbol{p}_k$，其中 $t_k$ 是最优步长。

令 $\varphi(t)=f(\boldsymbol{x}_k+t\boldsymbol{p}_k)$，当 $\varphi'(t)=0$ 时，有 $(\boldsymbol{p}_k)^{\mathrm{T}}\boldsymbol{g}(\boldsymbol{x}_k+t\boldsymbol{p}_k)=0$，则

$$(\boldsymbol{p}_k)^{\mathrm{T}}[\boldsymbol{G}\cdot(\boldsymbol{x}_k+t\boldsymbol{p}_k)+\boldsymbol{b}]=0$$

$$(\boldsymbol{p}_k)^{\mathrm{T}}[\boldsymbol{G}\boldsymbol{x}_k+t\boldsymbol{G}\boldsymbol{p}_k+\boldsymbol{b}]=0$$

$$(\boldsymbol{p}_k)^{\mathrm{T}}(\boldsymbol{G}\boldsymbol{x}_k+\boldsymbol{b})+t(\boldsymbol{p}_k)^{\mathrm{T}}\boldsymbol{G}\boldsymbol{p}_k=0$$

所以

$$t=-\frac{\boldsymbol{p}_k^{\mathrm{T}}(\boldsymbol{G}\boldsymbol{x}_k+\boldsymbol{b})}{\boldsymbol{p}_k^{\mathrm{T}}\boldsymbol{G}\boldsymbol{p}_k}=-\frac{\boldsymbol{p}_k^{\mathrm{T}}\boldsymbol{g}_k}{\boldsymbol{p}_k^{\mathrm{T}}\boldsymbol{G}\boldsymbol{p}_k}=\frac{\boldsymbol{p}_k^{\mathrm{T}}\boldsymbol{p}_k}{\boldsymbol{p}_k^{\mathrm{T}}\boldsymbol{G}\boldsymbol{p}_k}=\frac{\boldsymbol{g}_k^{\mathrm{T}}\boldsymbol{g}_k}{\boldsymbol{g}_k^{\mathrm{T}}\boldsymbol{G}\boldsymbol{g}_k}$$

于是

$$\boldsymbol{x}_{k+1}=\boldsymbol{x}_k+\frac{\boldsymbol{p}_k^{\mathrm{T}}\boldsymbol{p}_k}{\boldsymbol{p}_k^{\mathrm{T}}\boldsymbol{G}\boldsymbol{p}_k}\boldsymbol{p}_k\text{或}\boldsymbol{x}_{k+1}=\boldsymbol{x}_k-\frac{\boldsymbol{g}_k^{\mathrm{T}}\boldsymbol{g}_k}{\boldsymbol{g}_k^{\mathrm{T}}\boldsymbol{G}\boldsymbol{g}_k}\boldsymbol{g}_k \quad (9.2.7)$$

这就是最速下降法应用于正定二次函数的显式迭代公式。

最速下降法的优点是算法简单，每次迭代计算量小，占用内存量小，即使从一个不好的初始点出发，往往也能收敛到局部极小点。

沿负梯度方向函数值下降很快的说法，容易使人们产生一种错觉，认为这一定是最理想的搜索方向，沿该方向搜索时收敛速度应该很快。然而事实证明，梯度法的收敛速度并不快。其原因是每次迭代后下一次搜索方向 $\boldsymbol{p}_{k+1}$ 总是与前一次搜索方向 $\boldsymbol{p}_k$ 相互垂直，如此继续下去就产生所谓锯齿现象。直观地看，在远离极小点的地方每次迭代可能使目标函数有较大的下降，但是在接近极小点的地方，由于锯齿现象，从而导致每次迭代行进距离缩短，因此收敛速度不快。最速下降法仅具有线性收敛速度。

# 9.3 牛顿法

由 9.2 节的内容可知，最速下降法因迭代路线呈锯齿形，故收敛速度很慢，这与最速下降法的实质是由线性函数去近似目标函数有关。因此，要想得到收敛速度更快的算法，需要考虑对目标函数的高阶逼近。下面介绍的牛顿法就是由适当的二次函数近似目标函数得到的。

## 9.3.1 牛顿法的基本原理

考虑无约束最优化问题

$$\min_{\boldsymbol{x}\in\mathbf{R}^n} f(\boldsymbol{x}) \quad (9.3.1)$$

其中 $f$ 为实值连续函数，且一般假定它具有二阶连续导数。

牛顿法的基本思想是，利用目标函数 $f(\boldsymbol{x})$ 在迭代点 $\boldsymbol{x}_k$ 处的二次泰勒多项式作为二次函数，并用这个二次函数的极小点序列去逼近目标函数的极小点。

设目标函数 $f(\boldsymbol{x})$ 在 $\mathbf{R}^n$ 上具有连续的二阶导数，其海森矩阵 $\nabla^2 f(\boldsymbol{x})$（简记为 $\boldsymbol{G}(\boldsymbol{x})$）正定。不妨设经过 $k$ 次迭代已获得迭代点 $\boldsymbol{x}_k$，则 $f(\boldsymbol{x})$ 在点 $\boldsymbol{x}_k$ 处的二阶泰勒展开式为

$$f(\boldsymbol{x})\approx q_k(\boldsymbol{x})=\boldsymbol{f}_k+(\boldsymbol{g}_k)^{\mathrm{T}}(\boldsymbol{x}-\boldsymbol{x}_k)+(\boldsymbol{x}-\boldsymbol{x}_k)^{\mathrm{T}}\boldsymbol{G}_k(\boldsymbol{x}-\boldsymbol{x}_k)/2$$

其中 $\boldsymbol{f}_k=f(\boldsymbol{x}_k)$，$\boldsymbol{g}_k=g(\boldsymbol{x}_k)=\nabla f(\boldsymbol{x}_k)$，$\boldsymbol{G}_k=\boldsymbol{G}(\boldsymbol{x}_k)=\nabla^2 f(\boldsymbol{x}_k)$。

显然，$q_k(\boldsymbol{x})$是二次函数。假设 $\boldsymbol{G}_k$ 是正定的，则 $q_k(\boldsymbol{x})$有唯一的极小点，将它取为 $\boldsymbol{x}^*$的下一次近似 $\boldsymbol{x}_{k+1}$，其中 $\boldsymbol{x}^*$为 $f(\boldsymbol{x})$的极小点。由极值点的必要条件可知，$\boldsymbol{x}_{k+1}$应满足$\nabla q_k(\boldsymbol{x}_{k+1})=0$，即 $\boldsymbol{G}_k(\boldsymbol{x}_{k+1}-\boldsymbol{x}_k)+\boldsymbol{g}_k=0$。

令 $\boldsymbol{x}_{k+1}=\boldsymbol{x}_k+\boldsymbol{p}_k$，其中 $\boldsymbol{p}_k$应满足 $\boldsymbol{G}_k\boldsymbol{p}_k=-\boldsymbol{g}_k$，因此

$$\boldsymbol{x}_{k+1}=\boldsymbol{x}_k-(\boldsymbol{G}_k)^{-1}\boldsymbol{g}_k \tag{9.3.2}$$

式（9.3.2）称为**牛顿迭代公式**。

对照基本迭代公式 $\boldsymbol{x}_{k+1}=\boldsymbol{x}_k+t_k\boldsymbol{p}_k$易知，式（9.3.2）中的搜索方向

$$\boldsymbol{p}_k=-(\boldsymbol{G}_k)^{-1}\boldsymbol{g}_k$$

步长 $t_k=1$。换句话说，从点 $\boldsymbol{x}_k$出发，沿搜索方向 $\boldsymbol{p}_k=-(\boldsymbol{G}_k)^{-1}\boldsymbol{g}_k$，并取步长 $t_k=1$，即可得 $q_k(\boldsymbol{x})$的极小点 $\boldsymbol{x}_{k+1}$。因此，$\boldsymbol{p}_k=-(\boldsymbol{G}_k)^{-1}\boldsymbol{g}_k$为点 $\boldsymbol{x}_k$处近似二次函数 $q_k(\boldsymbol{x})$的极小点的方向。此时称 $\boldsymbol{p}_k=-(\boldsymbol{G}_k)^{-1}\boldsymbol{g}_k$为从点 $\boldsymbol{x}_k$出发的**牛顿方向**。

从初始点开始，每一轮从当前迭代点出发，沿牛顿方向，并取步长 $t_k=1$ 的算法称为**牛顿法**。

## 9.3.2　牛顿法的迭代步骤

已知目标函数 $f(\boldsymbol{x})$，给定允许误差$\varepsilon$，牛顿法的迭代步骤如下。

（1）选定初始点 $\boldsymbol{x}_0$，置 $k=0$。

（2）计算 $\boldsymbol{g}_k=\nabla f(\boldsymbol{x}_k)$。

（3）若$\|\boldsymbol{g}_k\|<\varepsilon$，则 $\boldsymbol{x}^*=\boldsymbol{x}_k$，结束；否则，计算 $\boldsymbol{G}_k=\boldsymbol{G}(\boldsymbol{x}_k)=\nabla^2 f(\boldsymbol{x}_k)$。

（4）由方程 $\boldsymbol{G}_k\boldsymbol{p}_k=-\boldsymbol{g}_k$解出 $\boldsymbol{p}_k$。

（5）令 $\boldsymbol{x}_{k+1}=\boldsymbol{x}_k+\boldsymbol{p}_k$，置 $k=k+1$，转至步骤（2）。

**【例 9.3.1】**试用牛顿法求函数 $f(x_1,x_2)=x_1^2+4x_2^2$的极小点，初始点为 $\boldsymbol{x}_0=(1,1)^{\mathrm{T}}$，$\varepsilon=10^{-6}$。

**解：**由于$\nabla f(\boldsymbol{x})=(2x_1,8x_2)^{\mathrm{T}}$，因此 $\boldsymbol{g}_0=(2,8)^{\mathrm{T}}$。显然，$\|\boldsymbol{g}_0\|\gg 10^{-6}$。

海森矩阵为 $\boldsymbol{G}=\begin{pmatrix}2&0\\0&8\end{pmatrix}$，其逆矩阵为 $\boldsymbol{G}^{-1}=\begin{pmatrix}0.5&0\\0&0.125\end{pmatrix}$。因此

$$\boldsymbol{p}_0=-\boldsymbol{G}^{-1}\boldsymbol{g}_0=-\begin{pmatrix}0.5&0\\0&0.125\end{pmatrix}\begin{pmatrix}2\\8\end{pmatrix}=\begin{pmatrix}-1\\-1\end{pmatrix}$$

$$\boldsymbol{x}_1=\boldsymbol{x}_0+\boldsymbol{p}_0=\begin{pmatrix}1\\1\end{pmatrix}+\begin{pmatrix}-1\\-1\end{pmatrix}=\begin{pmatrix}0\\0\end{pmatrix}$$

$$\boldsymbol{g}_1=\nabla f(\boldsymbol{x}_1)=\begin{pmatrix}0\\0\end{pmatrix}$$

由于此时$\|\boldsymbol{g}_1\|=\|\nabla f(\boldsymbol{x}_1)\|=0<10^{-6}$，停止迭代，得 $\boldsymbol{x}^*=\boldsymbol{x}_1=(0,0)^{\mathrm{T}}$，即极小点。

从例 9.3.1 可以看到，用牛顿法求解，只经一次迭代就得到最优解。这一结果并不是偶然的，由于从牛顿方向的构造我们知道，对于正定二次函数，牛顿方向就是指向其极小点的方向。因此，用牛顿法来解目标函数为正定二次函数的无约束最优化问题，只需一次迭代就可得最优解。

对于目标函数是非二次函数的无约束最优化问题，一般来说，用牛顿法通过有限次迭代并不能保证求得最优解。但由于目标函数在最优解附近能近似于二次函数，因此当选取接近于最优解的初始点使用牛顿法求解时，其收敛速度一般是较快的。事实上，可以证明在初始点离最优解不远的条件下，牛顿法是二次收敛的。但是当初始点选得离最优解太远时，牛顿法并不一定是收敛的，甚至连其下降性也很难保证。

牛顿法的优点如下。

（1）如果 $\boldsymbol{G}$ 正定且初始点合适，算法是二阶收敛的。

（2）对于正定二次型，迭代一次就可以得到极小点。

牛顿法的缺点如下。

（1）牛顿法是局部收敛的，对初始点要求严格。一般要求比较接近或有利于接近极值点，而这在实际计算中是比较困难的。

（2）每次迭代需要计算 $\boldsymbol{G}_k$ 及求解 $\boldsymbol{G}_k\boldsymbol{p}_k = -\boldsymbol{g}_k$。如果 $\boldsymbol{G}_k$ 是奇异的，则不能构成牛顿方向 $\boldsymbol{p}_k$，从而使迭代无法进行。

## 9.3.3 修正牛顿法

为了克服牛顿法的缺点，人们保留选取牛顿方向作为搜索方向，摒弃其步长恒取 1，而用一维搜索确定最优步长，由此产生的算法称为**修正牛顿法**或**阻力牛顿法**。

已知目标函数 $f(\boldsymbol{x})$，给定允许误差 $\varepsilon$。修正牛顿法的迭代步骤如下。

（1）选定初始点 $\boldsymbol{x}_0$，置 $k=0$。

（2）计算 $\boldsymbol{g}_k=\nabla f(\boldsymbol{x}_k)$。若 $\|\boldsymbol{g}_k\|<\varepsilon$，则 $\boldsymbol{x}^*=\boldsymbol{x}_k$，结束；否则，转至步骤（3）。

（3）构造牛顿方向。计算 $(\boldsymbol{G}_k)^{-1}=(\nabla^2 f(\boldsymbol{x}_k))^{-1}$，取

$$\boldsymbol{p}_k=-(\boldsymbol{G}_k)^{-1}\boldsymbol{g}_k$$

（4）进行一维搜索。求 $t_k$，使得

$$f(\boldsymbol{x}_k+t_k\boldsymbol{p}_k)=\min_{t\geqslant 0} f(\boldsymbol{x}_k+t\boldsymbol{p}_k)$$

（5）令 $\boldsymbol{x}_{k+1}=\boldsymbol{x}_k+t_k\boldsymbol{p}_k$，置 $k=k+1$，转至步骤（2）。

修正牛顿法克服了牛顿法的缺点。特别是，当迭代点接近于最优解时，此算法具有收敛速度快的优点，对初始点的选择要求不严格。但是，修正牛顿法仍需要计算目标函数的海森矩阵和逆矩阵，所以计算量和存储量同样很大。另外，当目标函数的海森矩阵在某点处出现奇异时，迭代将无法进行，因此修正牛顿法仍有局限性。

## 9.3.4 拟牛顿法

拟牛顿法又称变尺度法，是一种既可以保证牛顿法收敛速度快，又可以摆脱海森矩阵的计算的算法。拟牛顿法是一种非常好的算法，其中的 DFP 算法和 BFGS 算法，是到目前为止在不用海森矩阵的算法中最好的算法。

1. **拟牛顿条件**

在牛顿法的迭代公式

$$\boldsymbol{x}_{k+1}=\boldsymbol{x}_k+t_k\boldsymbol{p}_k$$

中，步长 $t_k=1$，搜索方向 $\boldsymbol{p}_k=-(\boldsymbol{G}_k)^{-1}\boldsymbol{g}_k$，于是有

$$\boldsymbol{x}_{k+1}=\boldsymbol{x}_k-(\boldsymbol{G}_k)^{-1}\boldsymbol{g}_k \tag{9.3.3}$$

其中 $\boldsymbol{x}_0$ 是初始点，$\boldsymbol{g}_k$ 和 $\boldsymbol{G}_k$ 分别是目标函数 $f(\boldsymbol{x})$ 在点 $\boldsymbol{x}_k$ 的梯度和海森矩阵。

为了消除这个迭代公式中的海森逆矩阵 $(\boldsymbol{G}_k)^{-1}$，设想用矩阵 $\boldsymbol{H}_k$ 来替换它，从而在第 $k$ 步，$\boldsymbol{p}_k=-\boldsymbol{H}_k\boldsymbol{g}_k$。此时式（9.3.3）变为 $\boldsymbol{x}_{k+1}=\boldsymbol{x}_k-\boldsymbol{H}_k\boldsymbol{g}_k$。

为了取得更大的灵活性，我们考虑更一般的迭代公式

$$\boldsymbol{x}_{k+1}=\boldsymbol{x}_k-t_k\boldsymbol{H}_k\boldsymbol{g}_k \tag{9.3.4}$$

其中步长 $t_k$ 通过从 $\boldsymbol{x}_k$ 出发沿 $\boldsymbol{p}_k=-\boldsymbol{H}_k\boldsymbol{g}_k$ 进行一维搜索来确定，初始点 $\boldsymbol{x}_0$ 和初始矩阵 $\boldsymbol{H}_0$ 是预先给定的。式（9.3.4）代表很广的一类迭代公式。例如，当 $\boldsymbol{H}_k=\boldsymbol{I}$（单位矩阵）时，它变为最速下降法的迭代公式。$\boldsymbol{H}_k$ 在迭代过程中利用已得的迭代点和目前函数的值，最多再利用一阶导数按某种规则求得。

确定 $\boldsymbol{H}_k$ 的一种自然想法是将 $\boldsymbol{H}_k$ 作为 $(\boldsymbol{G}_k)^{-1}$ 的一种近似来构造。由于 $\boldsymbol{G}_k$ 是对称矩阵，且

$$\boldsymbol{g}_{k-1}=g(\boldsymbol{x}_{k-1})=g(\boldsymbol{x}_k)+G(\boldsymbol{x}_k)(\boldsymbol{x}_{k-1}-\boldsymbol{x}_k)=\boldsymbol{g}_k+\boldsymbol{G}_k(\boldsymbol{x}_{k-1}-\boldsymbol{x}_k)$$

因此

$$\boldsymbol{x}_k-\boldsymbol{x}_{k-1}=(\boldsymbol{G}_k)^{-1}(\boldsymbol{g}_k-\boldsymbol{g}_{k-1})$$

令 $\boldsymbol{\delta}_k=\boldsymbol{x}_k-\boldsymbol{x}_{k-1}$，$\boldsymbol{\gamma}_k=\boldsymbol{g}_k-\boldsymbol{g}_{k-1}$，则 $\boldsymbol{\delta}_k=(\boldsymbol{G}_k)^{-1}\boldsymbol{\gamma}_k$，因此要求 $\boldsymbol{H}_k$ 满足：

（1）对称；

（2）$\boldsymbol{H}_k\boldsymbol{\gamma}_k=\boldsymbol{\delta}_k$。

条件（2）一般称为**拟牛顿条件**。

进一步设想 $\boldsymbol{H}_k$ 是由 $\boldsymbol{H}_{k-1}$ 经过简单修正而得，即设

$$\boldsymbol{H}_k=\boldsymbol{H}_{k-1}+\boldsymbol{E}_k \tag{9.3.5}$$

其中 $\boldsymbol{E}_k$ 称为**校正矩阵**，其应是对称矩阵，式（9.3.5）称为**校正公式**。于是条件（2）变为 $(\boldsymbol{H}_{k-1}+\boldsymbol{E}_k)\boldsymbol{\gamma}_k=\boldsymbol{\delta}_k$ 即

$$\boldsymbol{E}_k\boldsymbol{\gamma}_k=\boldsymbol{\delta}_k-\boldsymbol{H}_{k-1}\boldsymbol{\gamma}_k \tag{9.3.6}$$

因满足式（9.3.6）的对称矩阵有无穷多个，故拟牛顿法是一族算法。下面介绍目前常用的两个算法。

2. **DFP 算法**

DFP 算法首先是由戴维登（William Cooper Davidon，1927—2013，美国数学家）于 1959 年提出来的，1963 年由费莱彻（Roger Fletcher，1939—2016，美国数学家）和鲍威尔（Michael J. D. Powell，1936—2015，英国数学家）改进简化而成，是目前无约束最优化算法中最有效的算法之一。

（1）DFP 算法的基本原理

设校正矩阵的形式为

$$\boldsymbol{E}_k = \alpha_k \boldsymbol{U}_k \boldsymbol{U}_k^{\mathrm{T}} + \beta_k \boldsymbol{V}_k \boldsymbol{V}_k^{\mathrm{T}}$$

其中$\alpha_k$、$\beta_k$是待定参数，$\boldsymbol{U}_k$、$\boldsymbol{V}_k$是待定列向量。

显然，$\boldsymbol{E}_k$是对称矩阵。下面确定$\alpha_k$、$\beta_k$、$\boldsymbol{U}_k$、$\boldsymbol{V}_k$。

由式（9.3.6）可得

$$\alpha_k \boldsymbol{U}_k \boldsymbol{U}_k^{\mathrm{T}} \boldsymbol{\gamma}_k + \beta_k \boldsymbol{V}_k \boldsymbol{V}_k^{\mathrm{T}} \boldsymbol{\gamma}_k = \boldsymbol{\delta}_k - \boldsymbol{H}_{k-1} \boldsymbol{\gamma}_k$$

满足这个方程的待定向量 $\boldsymbol{U}_k$、$\boldsymbol{V}_k$ 有无穷多种取法，下面是其中的一种

$$\alpha_k \boldsymbol{U}_k \boldsymbol{U}_k^{\mathrm{T}} \boldsymbol{\gamma}_k = \boldsymbol{\delta}_k，\ \beta_k \boldsymbol{V}_k \boldsymbol{V}_k^{\mathrm{T}} \boldsymbol{\gamma}_k = -\boldsymbol{H}_{k-1} \boldsymbol{\gamma}_k$$

注意到$\boldsymbol{U}_k^{\mathrm{T}} \boldsymbol{\gamma}_k$和$\boldsymbol{V}_k^{\mathrm{T}} \boldsymbol{\gamma}_k$都是数量，不妨取

$$\boldsymbol{U}_k = \boldsymbol{\delta}_k，\ \boldsymbol{V}_k = -\boldsymbol{H}_{k-1} \boldsymbol{\gamma}_k$$

$$\alpha_k = \frac{1}{\boldsymbol{U}_k^{\mathrm{T}} \boldsymbol{\gamma}_k} = \frac{1}{\boldsymbol{\delta}_k^{\mathrm{T}} \boldsymbol{\gamma}_k}，\quad \beta_k = \frac{1}{\boldsymbol{V}_k^{\mathrm{T}} \boldsymbol{\gamma}_k} = -\frac{1}{\boldsymbol{\gamma}_k^{\mathrm{T}} \boldsymbol{H}_{k-1} \boldsymbol{\gamma}_k}$$

因此 DFP 算法中的校正公式为

$$\boldsymbol{H}_k = \boldsymbol{H}_{k-1} + \boldsymbol{E}_k = \boldsymbol{H}_{k-1} + \frac{\boldsymbol{\delta}_k \boldsymbol{\delta}_k^{\mathrm{T}}}{\boldsymbol{\delta}_k^{\mathrm{T}} \boldsymbol{\gamma}_k} - \frac{\boldsymbol{H}_{k-1} \boldsymbol{\gamma}_k \boldsymbol{\gamma}_k^{\mathrm{T}} \boldsymbol{H}_{k-1}}{\boldsymbol{\gamma}_k^{\mathrm{T}} \boldsymbol{H}_{k-1} \boldsymbol{\gamma}_k} \tag{9.3.7}$$

（2）DFP 算法的迭代步骤

已知目标函数 $f(\boldsymbol{x})$及其梯度 $g(\boldsymbol{x})$，问题的维数 $n$，给定允许误差$\varepsilon$，DFP 算法的迭代步骤如下。

① 选定初始点 $\boldsymbol{x}_0$，置 $\boldsymbol{H}_0=\boldsymbol{I}$。

② 计算 $\boldsymbol{g}_0$，若$\|\boldsymbol{g}_0\| < \varepsilon$，则输出 $\boldsymbol{x}^* = \boldsymbol{x}_0$，结束；否则转至步骤③。

③ 取 $\boldsymbol{p}_0 = -\boldsymbol{H}_0 \boldsymbol{g}_0 = -\boldsymbol{g}_0$，置 $k = 0$，转至步骤④。

④ 一维搜索求 $t_k$，使得 $f(\boldsymbol{x}_k + t_k \boldsymbol{p}_k) = \min\limits_{t\geqslant 0} f(\boldsymbol{x}_k + t\boldsymbol{p}_k)$，令 $\boldsymbol{x}_{k+1} = \boldsymbol{x}_k + t_k \boldsymbol{p}_k$，转至步骤⑤。

⑤ 计算 $\boldsymbol{g}_{k+1}$，若$\|\boldsymbol{g}_{k+1}\| < \varepsilon$，则输出 $\boldsymbol{x}^* = \boldsymbol{x}_{k+1}$，结束；否则转至步骤⑥。

⑥ 若 $k + 1 = n$，令 $\boldsymbol{x}_0 = \boldsymbol{x}_n$，转至步骤③；否则，转至步骤⑦。

⑦ 计算

$$\boldsymbol{\delta}_{k+1} = \boldsymbol{x}_{k+1} - \boldsymbol{x}_k$$

$$\boldsymbol{\gamma}_{k+1} = \boldsymbol{g}_{k+1} - \boldsymbol{g}_k$$

$$\boldsymbol{H}_{k+1} = \boldsymbol{H}_k + \frac{\boldsymbol{\delta}_{k+1} \boldsymbol{\delta}_{k+1}^{\mathrm{T}}}{\boldsymbol{\delta}_{k+1}^{\mathrm{T}} \boldsymbol{\gamma}_{k+1}} - \frac{\boldsymbol{H}_k \boldsymbol{\gamma}_{k+1} \boldsymbol{\gamma}_{k+1}^{\mathrm{T}} \boldsymbol{H}_k}{\boldsymbol{\gamma}_{k+1}^{\mathrm{T}} \boldsymbol{H}_k \boldsymbol{\gamma}_{k+1}}$$

$$\boldsymbol{p}_{k+1} = -\boldsymbol{H}_{k+1} \boldsymbol{g}_{k+1}$$

置 $k = k + 1$，转至步骤④。

在上述算法中，当迭代进行 $n$ 次仍未终止，则要把 $\boldsymbol{x}_n$ 作为初始点重新开始迭代，这是为了减少计算误差的积累而造成的影响。

**【例 9.3.2】**用 DFP 算法求 $\min\left(x_1^2 + 4x_2^2\right)$，取 $\boldsymbol{x}_0 = (1,1)^{\mathrm{T}}$，$\varepsilon = 10^{-6}$。

**解**：取 $\boldsymbol{H}_0=\boldsymbol{I}$，因$\nabla f(\boldsymbol{x})=(2x_1,8x_2)^{\mathrm{T}}$，故 $\boldsymbol{g}_0=(2,8)^{\mathrm{T}}$，$\boldsymbol{p}_0=-\boldsymbol{g}_0=(-2,-8)^{\mathrm{T}}$。

从 $\boldsymbol{x}_0$ 出发沿 $\boldsymbol{p}_0$ 进行一维搜索，即

$$\boldsymbol{x}_1=\boldsymbol{x}_0+t\boldsymbol{p}_0=(1,1)^{\mathrm{T}}+t(-2,-8)^{\mathrm{T}}=(1-2t,1-8t)^{\mathrm{T}}$$

得

$$f(\boldsymbol{x}_1)=(1-2t)^2+4(1-8t)^2$$

令 $\dfrac{\mathrm{d}f(\boldsymbol{x}_1)}{\mathrm{d}t}=0$，得 $520t-68=0$，求解得 $t=0.13076923$，从而

$$\boldsymbol{x}_1=(0.73846,-0.04615)^{\mathrm{T}}$$

计算得

$$\boldsymbol{g}_1=(1.47692,-0.36923)^{\mathrm{T}}$$

进行第二次迭代

$$\boldsymbol{\delta}_1=\boldsymbol{x}_1-\boldsymbol{x}_0=(-0.26154,-1.04615)^{\mathrm{T}}$$
$$\boldsymbol{\gamma}_1=\boldsymbol{g}_1-\boldsymbol{g}_0=(-0.52308,-8.36923)^{\mathrm{T}}$$

因为

$$\boldsymbol{\delta}_1^{\mathrm{T}}\boldsymbol{\gamma}_1=8.89228$$

$$\boldsymbol{\gamma}_1^{\mathrm{T}}\boldsymbol{H}_0\boldsymbol{\gamma}_1=\boldsymbol{\gamma}_1^{\mathrm{T}}\boldsymbol{\gamma}_1=70.31762$$

$$\boldsymbol{\delta}_1\boldsymbol{\delta}_1^{\mathrm{T}}=\begin{pmatrix}0.06840 & 0.27361\\ 0.27361 & 1.09443\end{pmatrix}$$

$$\boldsymbol{H}_0\boldsymbol{\gamma}_1\boldsymbol{\gamma}_1^{\mathrm{T}}\boldsymbol{H}_0=\boldsymbol{\gamma}_1\boldsymbol{\gamma}_1^{\mathrm{T}}=\begin{pmatrix}0.27361 & 4.37778\\ 4.37778 & 70.04401\end{pmatrix}$$

所以

$$\boldsymbol{H}_1=\boldsymbol{H}_0+\frac{\boldsymbol{\delta}_1\boldsymbol{\delta}_1^{\mathrm{T}}}{\boldsymbol{\delta}_1^{\mathrm{T}}\boldsymbol{\gamma}_1}-\frac{\boldsymbol{H}_0\boldsymbol{\gamma}_1\boldsymbol{\gamma}_1^{\mathrm{T}}\boldsymbol{H}_0}{\boldsymbol{\gamma}_1^{\mathrm{T}}\boldsymbol{H}_0\boldsymbol{\gamma}_1}=\begin{pmatrix}1.00380 & -0.03149\\ -0.03149 & 0.12697\end{pmatrix}$$
$$\boldsymbol{p}_1=-\boldsymbol{H}_1\boldsymbol{g}_1=(-1.49416,0.09339)^{\mathrm{T}}$$

从 $\boldsymbol{x}_1$ 出发沿 $\boldsymbol{p}_1$ 进行一维搜索，即

$$\boldsymbol{x}_2=\boldsymbol{x}_1+t\boldsymbol{p}_1=(0.73846,-0.04615)^{\mathrm{T}}+t(-1.49416,0.09339)^{\mathrm{T}}$$

令 $\dfrac{\mathrm{d}f(\boldsymbol{x}_2)}{\mathrm{d}t}=0$，求解得 $t=0.49423$，所以 $\boldsymbol{x}_2=(0,0)^{\mathrm{T}}$。

因为 $\boldsymbol{g}_2=(0,0)^{\mathrm{T}}$，所以迭代终止，$\boldsymbol{x}_2$ 为极小点。

### 3. BFGS 算法

BFGS 算法是由德国数学家布罗伊登于 1969 年和瑞士数学家香农于 1970 年共同研究的结果。

（1）BFGS 算法的基本原理

考虑如下形式的校正公式

$$\begin{aligned}\boldsymbol{H}_{k+1}=\boldsymbol{H}_k&+\frac{\boldsymbol{\delta}_{k+1}\boldsymbol{\delta}_{k+1}^{\mathrm{T}}}{\boldsymbol{\delta}_{k+1}^{\mathrm{T}}\boldsymbol{\gamma}_{k+1}}-\frac{\boldsymbol{H}_k\boldsymbol{\gamma}_{k+1}\boldsymbol{\gamma}_{k+1}^{\mathrm{T}}\boldsymbol{H}_k}{\boldsymbol{\gamma}_{k+1}^{\mathrm{T}}\boldsymbol{H}_k\boldsymbol{\gamma}_{k+1}}\\&+\beta\left(\boldsymbol{\delta}_{k+1}^{\mathrm{T}}\boldsymbol{\gamma}_{k+1}\right)\left(\boldsymbol{\gamma}_{k+1}^{\mathrm{T}}\boldsymbol{H}_k\boldsymbol{\gamma}_{k+1}\right)\boldsymbol{W}_{k+1}\boldsymbol{W}_{k+1}^{\mathrm{T}}\end{aligned}\tag{9.3.8}$$

式（9.3.8）中

$$\boldsymbol{W}_{k+1}=\frac{\boldsymbol{\delta}_{k+1}}{\boldsymbol{\delta}_{k+1}^{\mathrm{T}}\boldsymbol{\gamma}_{k+1}}-\frac{\boldsymbol{H}_k\boldsymbol{\gamma}_{k+1}}{\boldsymbol{\gamma}_{k+1}^{\mathrm{T}}\boldsymbol{H}_k\boldsymbol{\gamma}_{k+1}}$$

这时校正矩阵为

$$\boldsymbol{E}_{k+1}=\frac{\boldsymbol{\delta}_{k+1}\boldsymbol{\delta}_{k+1}^{\mathrm{T}}}{\boldsymbol{\delta}_{k+1}^{\mathrm{T}}\boldsymbol{\gamma}_{k+1}}-\frac{\boldsymbol{H}_k\boldsymbol{\gamma}_{k+1}\boldsymbol{\gamma}_{k+1}^{\mathrm{T}}\boldsymbol{H}_k}{\boldsymbol{\gamma}_{k+1}^{\mathrm{T}}\boldsymbol{H}_k\boldsymbol{\gamma}_{k+1}}+\beta\left(\boldsymbol{\delta}_{k+1}^{\mathrm{T}}\boldsymbol{\gamma}_{k+1}\right)\left(\boldsymbol{\gamma}_{k+1}^{\mathrm{T}}\boldsymbol{H}_k\boldsymbol{\gamma}_{k+1}\right)\boldsymbol{W}_{k+1}\boldsymbol{W}_{k+1}^{\mathrm{T}}$$

式（9.3.8）中有一个参数$\beta$，它可以取任何实数，每取一个实数就对应一种拟牛顿算法。容易验证，当$\beta=0$时式（9.3.8）就是 DFP 校正公式。

令

$$\beta=\frac{1}{\boldsymbol{\delta}_{k+1}^{\mathrm{T}}\boldsymbol{\gamma}_{k+1}}$$

式（9.3.8）就转变为著名的 BFGS 校正公式

$$\boldsymbol{H}_{k+1}=\boldsymbol{H}_k+\frac{\boldsymbol{\delta}_{k+1}\boldsymbol{\delta}_{k+1}^{\mathrm{T}}}{\boldsymbol{\delta}_{k+1}^{\mathrm{T}}\boldsymbol{\gamma}_{k+1}}\left(1+\frac{\boldsymbol{\gamma}_{k+1}^{\mathrm{T}}\boldsymbol{H}_k\boldsymbol{\gamma}_{k+1}}{\boldsymbol{\delta}_{k+1}^{\mathrm{T}}\boldsymbol{\gamma}_{k+1}}\right)-\frac{\boldsymbol{\delta}_{k+1}\boldsymbol{\gamma}_{k+1}^{\mathrm{T}}\boldsymbol{H}_k}{\boldsymbol{\delta}_{k+1}^{\mathrm{T}}\boldsymbol{\gamma}_{k+1}}-\frac{\boldsymbol{H}_k\boldsymbol{\gamma}_{k+1}\boldsymbol{\delta}_{k+1}^{\mathrm{T}}}{\boldsymbol{\delta}_{k+1}^{\mathrm{T}}\boldsymbol{\gamma}_{k+1}} \tag{9.3.9}$$

（2）BFGS 算法的迭代步骤

已知目标函数$f(\boldsymbol{x})$及其梯度$g(\boldsymbol{x})$，问题的维数$n$，给定允许误差$\varepsilon$，BFGS 算法的迭代步骤如下。

① 选定初始点$\boldsymbol{x}_0$，置$\boldsymbol{H}_0=\boldsymbol{I}$。

② 计算$\boldsymbol{g}_0$，若$\|\boldsymbol{g}_0\|<\varepsilon$，则输出$\boldsymbol{x}^*=\boldsymbol{x}_0$，结束；否则转至步骤③。

③ 取$\boldsymbol{p}_0=-\boldsymbol{H}_0\boldsymbol{g}_0=-\boldsymbol{g}_0$，置$k=0$，转至步骤④。

④ 一维搜索求$t_k$，使得$f(\boldsymbol{x}_k+t_k\boldsymbol{p}_k)=\min\limits_{t\geqslant 0}f(\boldsymbol{x}_k+t\boldsymbol{p}_k)$，令$\boldsymbol{x}_{k+1}=\boldsymbol{x}_k+t_k\boldsymbol{p}_k$，转至步骤⑤。

⑤ 计算$\boldsymbol{g}_{k+1}$，若$\|\boldsymbol{g}_{k+1}\|<\varepsilon$，则输出$\boldsymbol{x}^*=\boldsymbol{x}_{k+1}$，结束；否则转至步骤⑥。

⑥ 若$k+1=n$，令$\boldsymbol{x}_0=\boldsymbol{x}_n$，转至步骤③；否则，转至步骤⑦。

⑦ 计算

$$\boldsymbol{\delta}_{k+1}=\boldsymbol{x}_{k+1}-\boldsymbol{x}_k$$

$$\boldsymbol{\gamma}_{k+1}=\boldsymbol{g}_{k+1}-\boldsymbol{g}_k$$

$$\boldsymbol{H}_{k+1}=\boldsymbol{H}_k+\frac{\boldsymbol{\delta}_{k+1}\boldsymbol{\delta}_{k+1}^{\mathrm{T}}}{\boldsymbol{\delta}_{k+1}^{\mathrm{T}}\boldsymbol{\gamma}_{k+1}}\left(1+\frac{\boldsymbol{\gamma}_{k+1}^{\mathrm{T}}\boldsymbol{H}_k\boldsymbol{\gamma}_{k+1}}{\boldsymbol{\delta}_{k+1}^{\mathrm{T}}\boldsymbol{\gamma}_{k+1}}\right)-\frac{\boldsymbol{\delta}_{k+1}\boldsymbol{\gamma}_{k+1}^{\mathrm{T}}\boldsymbol{H}_k}{\boldsymbol{\delta}_{k+1}^{\mathrm{T}}\boldsymbol{\gamma}_{k+1}}-\frac{\boldsymbol{H}_k\boldsymbol{\gamma}_{k+1}\boldsymbol{\delta}_{k+1}^{\mathrm{T}}}{\boldsymbol{\delta}_{k+1}^{\mathrm{T}}\boldsymbol{\gamma}_{k+1}}$$

$$\boldsymbol{p}_{k+1}=-\boldsymbol{H}_{k+1}\boldsymbol{g}_{k+1}$$

置$k=k+1$，转至步骤④。

拟牛顿法中的两个重要算法 DFP 算法和 BFGS 算法，它们的迭代过程相同，区别仅在于校正矩阵$\boldsymbol{E}_k$选取不同。对于 DFP 算法，由于一维搜索的不精确和计算误差的积累可能导致某一次迭代的$\boldsymbol{H}_k$奇异；而 BFGS 算法对一维搜索的精度要求不高，并且由它产生的$\boldsymbol{H}_k$不易变为奇异矩阵。BFGS 算法比 DFP 算法更具有好的数值稳定性，也比 DFP 算法更具有实用性。

# 9.4　共轭梯度法

共轭梯度法最早是由赫斯特尼斯和施蒂费尔在 1952 年提出来的，用于求解正定系数矩阵的线性方程组。在此基础之上，弗莱彻和里夫斯于 1964 年首先提出了求解非线性最优化问题的共轭梯度法。共轭梯度法是介于最速下降法与牛顿法之间的一个算法。它仅需利用一阶导数信息，但其既克服了最速下降法收敛慢的缺点，又避免了牛顿法需要存储和计算海森矩阵并求逆矩阵的缺点。由于共轭梯度法不需要矩阵存储，且有较快的收敛速度和二次终止性等优点，现在共轭梯度法不仅是求解大型线性方程组最有用的方法之一，也是求解大型非线性最优化问题最有效的算法之一。

## 9.4.1　共轭方向法

共轭梯度法是共轭方向法的一种。所谓共轭方向法，就是其所有的搜索方向都是相互共轭的方法。为此先引入共轭方向的概念。

**定义 9.4.1**　设 $\boldsymbol{G}$ 是 $n$ 阶对称正定矩阵，若 $\mathbf{R}^n$ 中的两个方向 $\boldsymbol{p}_1$、$\boldsymbol{p}_2$ 满足

$$\boldsymbol{p}_1^{\mathrm{T}}\boldsymbol{G}\boldsymbol{p}_2=0 \tag{9.4.1}$$

则称这两个方向为 **$G$-共轭的**或 **$G$-正交的**，简称**共轭的**。

**定义 9.4.2**　设 $\boldsymbol{G}$ 是 $n$ 阶对称正定矩阵，若 $\mathbf{R}^n$ 中的 $m$ 个方向 $\boldsymbol{p}_1,\boldsymbol{p}_2,\cdots,\boldsymbol{p}_m$ 两两 $G$-共轭，即满足

$$\boldsymbol{p}_i^{\mathrm{T}}\boldsymbol{G}\boldsymbol{p}_j=0 \qquad (i\neq j,\ i,j=1,2,\cdots,m) \tag{9.4.2}$$

则称这组方向为 **$G$-共轭的**或 **$G$-正交的**，也称它们是一组 **$G$-共轭方向**。

在上述定义中，如果 $\boldsymbol{G}=\boldsymbol{I}$（单位矩阵），则有 $\boldsymbol{p}_1^{\mathrm{T}}\boldsymbol{G}\boldsymbol{p}_2=\boldsymbol{p}_1^{\mathrm{T}}\boldsymbol{p}_2$。因此两个方向 $G$-共轭实质上是两个向量正交，即共轭是正交概念的推广。事实上，对一般正定矩阵 $\boldsymbol{G}$，将 $\boldsymbol{G}$ 进行分解 $\boldsymbol{G}=\boldsymbol{Q}^{\mathrm{T}}\boldsymbol{Q}$，则有

$$\boldsymbol{p}_1^{\mathrm{T}}\boldsymbol{G}\boldsymbol{p}_2=\left(\boldsymbol{Q}\boldsymbol{p}_1\right)^{\mathrm{T}}\left(\boldsymbol{Q}\boldsymbol{p}_2\right)=\boldsymbol{y}_1^{\mathrm{T}}\boldsymbol{y}_2$$

因而，$\boldsymbol{y}_1=\boldsymbol{Q}\boldsymbol{p}_1$ 与 $\boldsymbol{y}_2=\boldsymbol{Q}\boldsymbol{p}_2$ 是正交向量。

下面的定理及推论描述了共轭向量的性质。

**定理 9.4.1**　设 $\boldsymbol{G}$ 是 $n$ 阶对称正定矩阵，若非零向量组 $\{\boldsymbol{p}_1,\boldsymbol{p}_2,\cdots,\boldsymbol{p}_m\}$ 关于 $G$-共轭，则此向量组线性无关。

**证明**　若存在一组实数 $\lambda_1,\lambda_2,\cdots,\lambda_m$，使得

$$\lambda_1\boldsymbol{p}_1+\lambda_2\boldsymbol{p}_2+\cdots+\lambda_m\boldsymbol{p}_m=\mathbf{0}$$

则依次以 $\boldsymbol{p}_i^{\mathrm{T}}\boldsymbol{G}$（$i=1,2,\cdots,m$）左乘上式，得

$$\sum_{j=1}^{m}\lambda_j\boldsymbol{p}_i^{\mathrm{T}}\boldsymbol{G}\boldsymbol{p}_j=0$$

即

$$\lambda_i \boldsymbol{p}_i^{\mathrm{T}} \boldsymbol{G} \boldsymbol{p}_i = 0 \quad (i=1, 2, \cdots, m)$$

由于 $\boldsymbol{G}$ 是正定的，$\boldsymbol{p}_i \neq 0$，故 $\boldsymbol{p}_i^{\mathrm{T}} \boldsymbol{G} \boldsymbol{p}_i > 0$，$\lambda_i = 0$（$i=1,2,\cdots,m$），因此向量组$\{\boldsymbol{p}_1,\boldsymbol{p}_2,\cdots,\boldsymbol{p}_m\}$是线性无关的。

**推论 9.4.1** 设 $\boldsymbol{G}$ 是 $n$ 阶对称正定矩阵，若非零向量组$\{\boldsymbol{p}_1,\boldsymbol{p}_2,\cdots,\boldsymbol{p}_n\}$关于 $G$-共轭，则此向量组是 $n$ 维向量空间 $\mathbf{R}^n$ 的一组基。

**推论 9.4.2** 设 $\boldsymbol{G}$ 是 $n$ 阶对称正定矩阵，若非零向量组$\{\boldsymbol{p}_1,\boldsymbol{p}_2,\cdots,\boldsymbol{p}_n\}$关于 $G$-共轭且向量 $\boldsymbol{v}$ 与 $\boldsymbol{p}_1,\boldsymbol{p}_2,\cdots,\boldsymbol{p}_n$ 关于 $G$-共轭，则 $\boldsymbol{v} = \boldsymbol{0}$。

考虑以二次函数为目标函数的无约束最优化问题

$$\min_{\boldsymbol{x} \in \mathbf{R}^n} f(\boldsymbol{x}) = \frac{1}{2} \boldsymbol{x}^{\mathrm{T}} \boldsymbol{G} \boldsymbol{x} + \boldsymbol{b}^{\mathrm{T}} \boldsymbol{x} + c \tag{9.4.3}$$

其中 $\boldsymbol{G} \in \mathbf{R}^{n \times n}$ 是对称正定矩阵，$\boldsymbol{b} \in \mathbf{R}^n$，$c \in \mathbf{R}$。

设 $\boldsymbol{p}_0, \boldsymbol{p}_1, \cdots, \boldsymbol{p}_{n-1}$ 是 $G$-共轭的，它们构成 $\mathbf{R}^n$ 的一组基。又设 $\boldsymbol{x}^*$ 是问题（9.4.3）的最优解，$\boldsymbol{x}_0$ 为任一初始点，则向量 $\boldsymbol{x}^* - \boldsymbol{x}_0$ 可由 $\boldsymbol{p}_0,\boldsymbol{p}_1,\cdots,\boldsymbol{p}_{n-1}$ 线性表示。设

$$\boldsymbol{x}^* - \boldsymbol{x}_0 = \lambda_0 \boldsymbol{p}_0 + \lambda_1 \boldsymbol{p}_1 + \cdots + \lambda_{n-1} \boldsymbol{p}_{n-1}$$

则

$$\boldsymbol{x}^* = \boldsymbol{x}_0 + \lambda_0 \boldsymbol{p}_0 + \lambda_1 \boldsymbol{p}_1 + \cdots + \lambda_{n-1} \boldsymbol{p}_{n-1} \tag{9.4.4}$$

这样，求问题（9.4.3）的最优解 $\boldsymbol{x}^*$ 就转化为求式（9.4.4）的 $n$ 个组合系数 $\lambda_0,\lambda_1,\cdots,\lambda_{n-1}$ 了。

设 $\boldsymbol{x}_k$ 为一个迭代点，令 $\boldsymbol{x}_{k+1} = \boldsymbol{x}_k + t_k \boldsymbol{p}_k$，则 $\varphi(t) = f(\boldsymbol{x}_k + t\boldsymbol{p}_k)$。由 $\varphi'(t_k) = 0$ 有 $(\nabla f(\boldsymbol{x}_k + t_k \boldsymbol{p}_k))^{\mathrm{T}} \boldsymbol{p}_k = 0$，即

$$\left(\boldsymbol{G}\left(\boldsymbol{x}_k + t_k \boldsymbol{p}_k\right) + \boldsymbol{b}\right)^{\mathrm{T}} \boldsymbol{p}_k = \left(\boldsymbol{G}\boldsymbol{x}_k + \boldsymbol{b}\right)^{\mathrm{T}} \boldsymbol{p}_k + t_k \boldsymbol{p}_k^{\mathrm{T}} \boldsymbol{G} \boldsymbol{p}_k = \boldsymbol{0}$$

从而得

$$t_k = -\frac{\left(\boldsymbol{G}\boldsymbol{x}_k + \boldsymbol{b}\right)^{\mathrm{T}} \boldsymbol{p}_k}{\boldsymbol{p}_k^{\mathrm{T}} \boldsymbol{G} \boldsymbol{p}_k} = -\frac{\left(\nabla f\left(\boldsymbol{x}_k\right)\right)^{\mathrm{T}} \boldsymbol{p}_k}{\boldsymbol{p}_k^{\mathrm{T}} \boldsymbol{G} \boldsymbol{p}_k}$$

由于 $\boldsymbol{x}^*$ 是问题（9.4.3）的最优解，因此 $\nabla f(\boldsymbol{x}^*) = \boldsymbol{0}$，即 $\boldsymbol{G}\boldsymbol{x}^* + \boldsymbol{b} = \boldsymbol{0}$。在式（9.4.4）的两端同时左乘 $\boldsymbol{p}_0^{\mathrm{T}} \boldsymbol{G}$ 有

$$\boldsymbol{p}_0^{\mathrm{T}} \boldsymbol{G} \boldsymbol{x}^* = \boldsymbol{p}_0^{\mathrm{T}} \boldsymbol{G} \boldsymbol{x}_0 + \lambda_0 \boldsymbol{p}_0^{\mathrm{T}} \boldsymbol{G} \boldsymbol{p}_0$$

因此

$$\lambda_0 \boldsymbol{p}_0^{\mathrm{T}} \boldsymbol{G} \boldsymbol{p}_0 = \boldsymbol{p}_0^{\mathrm{T}} \left(\boldsymbol{G}\boldsymbol{x}^* + \boldsymbol{b}\right) - \boldsymbol{p}_0^{\mathrm{T}} \left(\boldsymbol{G}\boldsymbol{x}_0 + \boldsymbol{b}\right) = \boldsymbol{p}_0^{\mathrm{T}} \nabla f\left(\boldsymbol{x}^*\right) - \boldsymbol{p}_0^{\mathrm{T}} \nabla f\left(\boldsymbol{x}_0\right) = -\boldsymbol{p}_0^{\mathrm{T}} \nabla f\left(\boldsymbol{x}_0\right)$$

从而

$$\lambda_0 = -\frac{\boldsymbol{p}_0^{\mathrm{T}} \nabla f\left(\boldsymbol{x}_0\right)}{\boldsymbol{p}_0^{\mathrm{T}} \boldsymbol{G} \boldsymbol{p}_0}$$

同理，记 $\boldsymbol{x}_k = \boldsymbol{x}_0 + \lambda_0 \boldsymbol{p}_0 + \lambda_1 \boldsymbol{p}_1 + \cdots + \lambda_{k-1} \boldsymbol{p}_{k-1}$，则 $\boldsymbol{x}^* = \boldsymbol{x}_k + \lambda_k \boldsymbol{p}_k + \cdots + \lambda_{n-1} \boldsymbol{p}_{n-1}$，两端同时左乘 $\boldsymbol{p}_k^{\mathrm{T}} \boldsymbol{G}$ 可得

$$\lambda_k = -\frac{\boldsymbol{p}_k^{\mathrm{T}} \nabla f\left(\boldsymbol{x}_k\right)}{\boldsymbol{p}_k^{\mathrm{T}} \boldsymbol{G} \boldsymbol{p}_k} = t_k \qquad \left(k = 0,1,2,\cdots,n-1\right)$$

即式（9.4.4）的组合系数$\lambda_k$是从迭代点$\boldsymbol{x}_k$出发，沿方向$\boldsymbol{p}_k$求问题（9.4.3）极小点的步长。

因此，有了$n$个彼此共轭的方向后，无论初始点$\boldsymbol{x}_0$是如何选取的，从该初始点$\boldsymbol{x}_0$出发，依次沿着这$n$个共轭方向最多做$n$次一维搜索，便可得到问题（9.4.3）的最优解。

对于$n$元正定二次函数，如果从任意初始点出发，经过有限次迭代就能够求得极小点，则称这种算法具有**二次终止性**。例如，牛顿法对于二次函数只需经过一次迭代就可以求得极小点，因此它具有二次终止性；最速下降法不具有二次终止性；共轭方向法（包括共轭梯度法、拟牛顿法等）具有二次终止性。一般来说，具有二次终止性的算法，在用于一般函数时，收敛速度较快。

已知目标函数$f(\boldsymbol{x})$，给定允许误差$\varepsilon$，求解二次函数的共轭方向法的迭代步骤如下。

（1）给出初始点$\boldsymbol{x}_0$和初始下降方向$\boldsymbol{p}_0$，置$k=0$。

（2）计算$\boldsymbol{g}_k=\nabla f(\boldsymbol{x}_k)$，若$\|\boldsymbol{g}_k\|<\varepsilon$，则输出$\boldsymbol{x}_k$，结束；否则，转至步骤（3）。

（3）一维搜索求$t_k$，使得$f(\boldsymbol{x}_k+t_k\boldsymbol{p}_k)=\min\limits_{t\geqslant 0} f(\boldsymbol{x}_k+t\boldsymbol{p}_k)$，令$\boldsymbol{x}_{k+1}=\boldsymbol{x}_k+t_k\boldsymbol{p}_k$。

（4）采用某种共轭方向法计算$\boldsymbol{p}_{k+1}$，使得

$$\boldsymbol{p}_{k+1}^{\mathrm{T}}\boldsymbol{G}\boldsymbol{p}_j=\boldsymbol{0}\qquad (j=0,1,2,\cdots,k)$$

（5）令$k=k+1$，转至步骤（2）。

上述步骤的关键在于如何选取$\boldsymbol{p}_k$，不同的选法会产生不同的共轭方向。

上述算法针对二次函数，但也可用于一般的非二次函数。

## 9.4.2　共轭梯度法

如果在共轭方向法中初始的共轭向量$\boldsymbol{p}_0$恰好取为初始点$\boldsymbol{x}_0$处的负梯度$-\boldsymbol{g}_0=-\nabla f(\boldsymbol{x}_0)$，而以下各共轭方向$\boldsymbol{p}_{k+1}$由迭代点$\boldsymbol{x}_{k+1}$处的负梯度$-\boldsymbol{g}_{k+1}$与已经得到的共轭向量$\boldsymbol{p}_k$的线性组合来确定，就构成了一种具体的共轭方向法。因为每个共轭向量都是依赖于迭代点处的负梯度而构造出来的，所以称之为**共轭梯度法**。

设从任意点$\boldsymbol{x}_0$出发，第一个搜索方向取为$\boldsymbol{x}_0$处的负梯度方向$\boldsymbol{p}_0=-\nabla f(\boldsymbol{x}_0)$。

当搜索得到点$\boldsymbol{x}_{k+1}$后，设以下按

$$\boldsymbol{p}_{k+1}=-\nabla f(\boldsymbol{x}_{k+1})+\beta_k\boldsymbol{p}_k\qquad (k=0,1,\cdots,n-2)$$

来产生搜索方向。为了使选择$\beta_k$所产生的$\boldsymbol{p}_{k+1}$和$\boldsymbol{p}_k$是$G$-共轭的，以$\boldsymbol{G}\boldsymbol{p}_k$右乘上式的两边，于是有

$$(\boldsymbol{p}_{k+1})^{\mathrm{T}}\boldsymbol{G}\boldsymbol{p}_k=-(\nabla f(\boldsymbol{x}_{k+1}))^{\mathrm{T}}\boldsymbol{G}\boldsymbol{p}_k+\beta_k(\boldsymbol{p}_k)^{\mathrm{T}}\boldsymbol{G}\boldsymbol{p}_k$$

因为要使$\boldsymbol{p}_{k+1}$和$\boldsymbol{p}_k$是$G$-共轭的，应有$(\boldsymbol{p}_{k+1})^{\mathrm{T}}\boldsymbol{G}\boldsymbol{p}_k=\boldsymbol{0}$，所以由上式得

$$\beta_k=\frac{\left(\nabla f\left(\boldsymbol{x}_{k+1}\right)\right)^{\mathrm{T}}\boldsymbol{G}\boldsymbol{p}_k}{\boldsymbol{p}_k^{\mathrm{T}}\boldsymbol{G}\boldsymbol{p}_k}\qquad (k=0,1,\cdots,n-2)$$

综上所述，可以产生$n$个共轭方向

$$\begin{cases}\boldsymbol{p}_0=-\nabla f\left(\boldsymbol{x}_0\right)\\ \boldsymbol{p}_{k+1}=-\nabla f\left(\boldsymbol{x}_{k+1}\right)+\beta_k\boldsymbol{p}_k\qquad (k=0,1,\cdots,n-2)\\ \beta_k=\dfrac{\left(\nabla f\left(\boldsymbol{x}_{k+1}\right)\right)^{\mathrm{T}}\boldsymbol{G}\boldsymbol{p}_k}{\boldsymbol{p}_k^{\mathrm{T}}\boldsymbol{G}\boldsymbol{p}_k}\qquad (k=0,1,\cdots,n-2)\end{cases}\qquad (9.4.5)$$

式（9.4.5）中含有问题（9.4.3）的目标函数系数矩阵 $\boldsymbol{G}$，这对于目标函数是非二次函数的问题是不方便的。为将算法推广到一般的目标函数中，需要设法消去表达式中的 $\boldsymbol{G}$。

弗莱彻和里夫斯于 1964 年提出，利用目标函数的梯度信息来产生 $n$ 个共轭方向

$$\begin{cases} \boldsymbol{p}_0 = -\nabla f(\boldsymbol{x}_0) \\ \boldsymbol{p}_{k+1} = -\nabla f(\boldsymbol{x}_{k+1}) + \beta_k \boldsymbol{p}_k \quad (k = 0, 1, \cdots, n-2) \\ \beta_k = \dfrac{\|\boldsymbol{g}_{k+1}\|^2}{\|\boldsymbol{g}_k\|^2} \quad (k = 0, 1, \cdots, n-2) \end{cases} \tag{9.4.6}$$

由此得到的共轭梯度法称为 **FR 算法**。

已知目标函数 $f(\boldsymbol{x})$，结定允许误差 $\varepsilon$，问题的维数 $n$，求解二次函数的 FR 算法的迭代步骤如下。

（1）给出初始点 $\boldsymbol{x}_0$，计算 $\boldsymbol{g}_0 = \nabla f(\boldsymbol{x}_0)$，若 $\|\boldsymbol{g}_0\| < \varepsilon$，则 $\boldsymbol{x}^* = \boldsymbol{x}_0$，结束；否则，转至步骤（2）。

（2）取 $\boldsymbol{p}_0 = -\boldsymbol{g}_0$，置 $k = 0$。

（3）一维搜索求 $t_k$，使得 $f(\boldsymbol{x}_k + t_k\boldsymbol{p}_k) = \min\limits_{t\geqslant 0} f(\boldsymbol{x}_k + t\boldsymbol{p}_k)$，令 $\boldsymbol{x}_{k+1} = \boldsymbol{x}_k + t_k\boldsymbol{p}_k$。

（4）计算 $\boldsymbol{g}_{k+1} = \nabla f(\boldsymbol{x}_{k+1})$，若 $\|\boldsymbol{g}_{k+1}\| < \varepsilon$，则输出 $\boldsymbol{x}^* = \boldsymbol{x}_{k+1}$，结束；否则，转至步骤（5）。

（5）若 $k+1 = n$，令 $\boldsymbol{x}_0 = \boldsymbol{x}_n$，转至步骤（2）；否则，转至步骤（6）。

（6）计算共轭方向 $\boldsymbol{p}_{k+1} = -\boldsymbol{g}_{k+1} + \beta_k\boldsymbol{p}_k$，其中

$$\beta_k = \frac{\|\boldsymbol{g}_{k+1}\|^2}{\|\boldsymbol{g}_k\|^2}$$

（7）令 $k = k+1$，转至步骤（3）。

**【例 9.4.1】** 用 FR 算法求

$$\min f(\boldsymbol{x}) = \frac{3}{2}x_1^2 + \frac{1}{2}x_2^2 - 2x_1 - x_1x_2$$

其中初始点为 $\boldsymbol{x}_0 = (0,0)^{\mathrm{T}}$，$\varepsilon = 10^{-6}$。

**解**：因为 $\nabla f(\boldsymbol{x}) = \begin{pmatrix} 3x_1 - x_2 - 2 \\ x_2 - x_1 \end{pmatrix}$，所以

$$\boldsymbol{p}_0 = -\nabla f(\boldsymbol{x}_0) = \begin{pmatrix} 2 \\ 0 \end{pmatrix}$$

从 $\boldsymbol{x}_0$ 出发，沿 $\boldsymbol{p}_0$ 进行一维搜索

$$\boldsymbol{x}_1 = \boldsymbol{x}_0 + t\boldsymbol{p}_0 = \begin{pmatrix} 0 \\ 0 \end{pmatrix} + t\begin{pmatrix} 2 \\ 0 \end{pmatrix} = \begin{pmatrix} 2t \\ 0 \end{pmatrix}$$

$$f(\boldsymbol{x}_1) = 6t^2 - 4t$$

令 $\dfrac{\mathrm{d}f(\boldsymbol{x}_1)}{\mathrm{d}t} = 0$，求得 $t = 1/3$，故

$$\boldsymbol{x}_1 = \begin{pmatrix} \frac{2}{3} \\ 0 \end{pmatrix}, \quad \nabla f(\boldsymbol{x}_1) = \begin{pmatrix} 0 \\ -\frac{2}{3} \end{pmatrix}$$

由 FR 公式得

$$\beta_0 = \frac{\left\|\nabla f\left(\boldsymbol{x}_1\right)\right\|^2}{\left\|\nabla f\left(\boldsymbol{x}_0\right)\right\|^2} = \frac{1}{9}$$

所以新的搜索方向

$$\boldsymbol{p}_1 = -\nabla f\left(\boldsymbol{x}_1\right) + \beta_0 \boldsymbol{p}_0 = -\begin{pmatrix} 0 \\ -\dfrac{2}{3} \end{pmatrix} + \frac{1}{9} \cdot \begin{pmatrix} 2 \\ 0 \end{pmatrix} = \begin{pmatrix} \dfrac{2}{9} \\ \dfrac{2}{3} \end{pmatrix}$$

从 $\boldsymbol{x}_1$ 出发，沿 $\boldsymbol{p}_1$ 进行一维搜索

$$\boldsymbol{x}_2 = \boldsymbol{x}_1 + t\boldsymbol{p}_1 = \begin{pmatrix} \dfrac{2}{3} + \dfrac{2t}{9} \\ \dfrac{2t}{3} \end{pmatrix}$$

$$f\left(\boldsymbol{x}_2\right) = \frac{4}{27}t^2 - \frac{4}{9}t + \frac{2}{3}$$

令 $\dfrac{\mathrm{d}f\left(\boldsymbol{x}_2\right)}{\mathrm{d}t} = 0$，求得 $t = \dfrac{3}{2}$，故得下一迭代点

$$\boldsymbol{x}_2 = \begin{pmatrix} 1 \\ 1 \end{pmatrix},\ \nabla f\left(\boldsymbol{x}_2\right) = \begin{pmatrix} 0 \\ 0 \end{pmatrix}$$

由于 $\|\nabla f(\boldsymbol{x}_2)\| = 0 < \varepsilon$，因此停止迭代，输出

$$\boldsymbol{x}^* = \boldsymbol{x}_2 = \begin{pmatrix} 1 \\ 1 \end{pmatrix}$$

由于 $\mathbf{R}^n$ 中共轭方向最多有 $n$ 个，因此在用 FR 算法求解目标函数为非二次函数时，在 $n$ 步之后构造的搜索方向不再是共轭的，从而降低了收敛速度。克服的办法是重设初始点，即把经过 $n$ 次迭代得到的 $\boldsymbol{x}_n$ 作为新的初始点重新迭代。另外，当令 $\beta_k = 0$ 时，共轭梯度法就变为最速下降法，因此可以把共轭梯度法看作最速下降法的一种改进。

# 9.5 最小二乘法

在某些最优化问题中，比如曲线拟合问题，目标函数由若干个函数的平方和构成。一般可以写成

$$F\left(\boldsymbol{x}\right) = \sum_{i=1}^{m} f_i^2\left(\boldsymbol{x}\right) \tag{9.5.1}$$

其中 $\boldsymbol{x} \in \mathbf{R}^n$，$m \geqslant n$。将极小化这类函数的问题

$$\min F\left(\boldsymbol{x}\right) = \sum_{i=1}^{m} f_i^2\left(\boldsymbol{x}\right) \tag{9.5.2}$$

称为**最小二乘问题**。特别地，当每个 $f_i(\boldsymbol{x})$都为 $\boldsymbol{x}$ 的线性函数时，称式（9.5.2）为**线性最小二乘问题**，否则称为**非线性最小二乘问题**。

由于目标函数具有若干个函数平方和这种特殊形式，因此给问题的求解带来了某种方便。对于这类问题，除了能够运用前面介绍的一般解法外，还可以给出一些更为简便、有效的解法。

## 9.5.1 线性最小二乘问题

假设式（9.5.1）中的每个 $f_i(\boldsymbol{x})$都为 $\boldsymbol{x}$ 的线性函数，即

$$f_i(\boldsymbol{x}) = \boldsymbol{p}_i^{\mathrm{T}}\boldsymbol{x} - b_i \quad (i = 1,2,\cdots,m) \tag{9.5.3}$$

其中 $\boldsymbol{p}_i$ 是 $n$ 维列向量，$b_i$ 是实数。下面用矩阵乘积形式表达式（9.5.1）。令

$$\boldsymbol{A} = \begin{pmatrix} \boldsymbol{p}_1^{\mathrm{T}} \\ \vdots \\ \boldsymbol{p}_m^{\mathrm{T}} \end{pmatrix}, \quad \boldsymbol{b} = \begin{pmatrix} b_1 \\ \vdots \\ b_m \end{pmatrix}$$

则

$$F(\boldsymbol{x}) = \sum_{i=1}^{m} f_i^2(\boldsymbol{x}) = \begin{pmatrix} f_1(\boldsymbol{x}) & \cdots & f_m(\boldsymbol{x}) \end{pmatrix} \begin{pmatrix} f_1(\boldsymbol{x}) \\ \vdots \\ f_m(\boldsymbol{x}) \end{pmatrix} = (\boldsymbol{A}\boldsymbol{x} - \boldsymbol{b})^{\mathrm{T}}(\boldsymbol{A}\boldsymbol{x} - \boldsymbol{b})$$

即

$$F(\boldsymbol{x}) = \boldsymbol{x}^{\mathrm{T}}\boldsymbol{A}^{\mathrm{T}}\boldsymbol{A}\boldsymbol{x} - 2\boldsymbol{b}^{\mathrm{T}}\boldsymbol{A}\boldsymbol{x} + \boldsymbol{b}^{\mathrm{T}}\boldsymbol{b} \tag{9.5.4}$$

假定 $\boldsymbol{A}$ 为列满秩矩阵，则 $\boldsymbol{A}^{\mathrm{T}}\boldsymbol{A}$ 为 $n$ 阶对称正定矩阵，令

$$\nabla F(\boldsymbol{x}) = 2\boldsymbol{A}^{\mathrm{T}}\boldsymbol{A}\boldsymbol{x} - 2\boldsymbol{A}^{\mathrm{T}}\boldsymbol{b} = \boldsymbol{0}$$

得目标函数 $F(\boldsymbol{x})$的驻点满足

$$\boldsymbol{A}^{\mathrm{T}}\boldsymbol{A}\boldsymbol{x} = \boldsymbol{A}^{\mathrm{T}}\boldsymbol{b}$$

由此得目标函数 $F(\boldsymbol{x})$的驻点为

$$\boldsymbol{x}^* = \left(\boldsymbol{A}^{\mathrm{T}}\boldsymbol{A}\right)^{-1}\boldsymbol{A}^{\mathrm{T}}\boldsymbol{b} \tag{9.5.5}$$

由于 $F(\boldsymbol{x})$为凸函数，因此 $\boldsymbol{x}^*$必是全局极小点。这个极小点也称为**最小二乘解**。

对于线性最小二乘问题，只要 $\boldsymbol{A}^{\mathrm{T}}\boldsymbol{A}$ 非奇异，就可以用式（9.5.5）来求解。

## 9.5.2 非线性最小二乘问题

非线性最小二乘问题不能套用式（9.5.5）求解，一般通过一系列线性最小二乘问题求解。

设 $\boldsymbol{x}_k$ 是解的第 $k$ 次近似，在点 $\boldsymbol{x}_k$ 处将函数 $f_i(\boldsymbol{x})$（$i = 1,2,\cdots,m$）线性化，即把原问题转化为线性最小二乘问题，运用式（9.5.5）求出这个问题的极小点 $\boldsymbol{x}_{k+1}$，以此作为非线性最小二乘问题的第 $k$+1 次近似。继续从 $\boldsymbol{x}_{k+1}$ 出发，重复以上过程。下面推导其迭代公式。令

$$g_i(\boldsymbol{x}) = f_i(\boldsymbol{x}_k) + \left(\nabla f_i(\boldsymbol{x}_k)\right)^{\mathrm{T}}(\boldsymbol{x} - \boldsymbol{x}_k)$$

即函数 $f_i(\boldsymbol{x})$在点 $\boldsymbol{x}_k$ 处的一阶泰勒展开式，化简得

$$g_i(\boldsymbol{x}) = \left(\nabla f_i(\boldsymbol{x}_k)\right)^{\mathrm{T}}\boldsymbol{x} - \left(\left(\nabla f_i(\boldsymbol{x}_k)\right)^{\mathrm{T}}\boldsymbol{x}_k - f_i(\boldsymbol{x}_k)\right) \quad (i = 1,2,\cdots,m) \tag{9.5.6}$$

令

$$G(\boldsymbol{x}) = \sum_{i=1}^{m} g_i^2(\boldsymbol{x}) \tag{9.5.7}$$

用 $G(\boldsymbol{x})$近似 $F(\boldsymbol{x})$，从而用 $G(\boldsymbol{x})$的极小点作为目标函数 $F(\boldsymbol{x})$的极小点的估计。下面讨论求解线性最小二乘问题

$$\min G(\boldsymbol{x}) = \sum_{i=1}^{m} g_i^2(\boldsymbol{x}) \tag{9.5.8}$$

记

$$\boldsymbol{A}_k = \begin{pmatrix} \left(\nabla f_1(\boldsymbol{x}_k)\right)^{\mathrm{T}} \\ \vdots \\ \left(\nabla f_m(\boldsymbol{x}_k)\right)^{\mathrm{T}} \end{pmatrix} = \begin{pmatrix} \dfrac{\partial f_1(\boldsymbol{x}_k)}{\partial x_1} & \cdots & \dfrac{\partial f_1(\boldsymbol{x}_k)}{\partial x_n} \\ \vdots & & \vdots \\ \dfrac{\partial f_m(\boldsymbol{x}_k)}{\partial x_1} & \cdots & \dfrac{\partial f_m(\boldsymbol{x}_k)}{\partial x_n} \end{pmatrix}$$

$$\boldsymbol{b}=\begin{pmatrix}(\nabla f_1(\boldsymbol{x}_k))^{\mathrm{T}}\boldsymbol{x}_k-f_1(\boldsymbol{x}_k)\\ \vdots\\ (\nabla f_m(\boldsymbol{x}_k))^{\mathrm{T}}\boldsymbol{x}_k-f_m(\boldsymbol{x}_k)\end{pmatrix}=\boldsymbol{A}_k\boldsymbol{x}_k-\boldsymbol{f}_k$$

其中

$$\boldsymbol{f}_k=\begin{pmatrix}f_1(\boldsymbol{x}_k)\\ \vdots\\ f_m(\boldsymbol{x}_k)\end{pmatrix}$$

将式（9.5.7）改写成

$$G(\boldsymbol{x})=(\boldsymbol{A}_k\boldsymbol{x}-\boldsymbol{b})^{\mathrm{T}}(\boldsymbol{A}_k\boldsymbol{x}-\boldsymbol{b}) \tag{9.5.9}$$

再将 $\boldsymbol{A}_k$ 和 $\boldsymbol{b}$ 代入式（9.5.5），可得 $G(\boldsymbol{x})$的极小点

$$\boldsymbol{x}_{k+1}=\boldsymbol{x}_k-\left(\boldsymbol{A}_k^{\mathrm{T}}\boldsymbol{A}_k\right)^{-1}\boldsymbol{A}_k^{\mathrm{T}}\boldsymbol{f}_k \tag{9.5.10}$$

作为 $F(\boldsymbol{x})$的极小点的第 $k$+1 次近似。其中假定每个矩阵 $\boldsymbol{A}_k^{\mathrm{T}}\boldsymbol{A}_k$ 可逆。

计算可得

$$\nabla F(\boldsymbol{x}_k)=\begin{pmatrix}2\sum_{i=1}^{m}\left(\dfrac{\partial f_i(\boldsymbol{x}_k)}{\partial x_1}f_i(\boldsymbol{x}_k)\right)\\ \vdots\\ 2\sum_{i=1}^{m}\left(\dfrac{\partial f_i(\boldsymbol{x}_k)}{\partial x_m}f_i(\boldsymbol{x}_k)\right)\end{pmatrix}=2\begin{pmatrix}\dfrac{\partial f_1(\boldsymbol{x}_k)}{\partial x_1} & \cdots & \dfrac{\partial f_1(\boldsymbol{x}_k)}{\partial x_n}\\ \vdots & & \vdots\\ \dfrac{\partial f_m(\boldsymbol{x}_k)}{\partial x_1} & \cdots & \dfrac{\partial f_m(\boldsymbol{x}_k)}{\partial x_n}\end{pmatrix}\begin{pmatrix}f_1(\boldsymbol{x}_k)\\ \vdots\\ f_m(\boldsymbol{x}_k)\end{pmatrix}=2\boldsymbol{A}_k^{\mathrm{T}}\boldsymbol{f}_k$$

记 $\boldsymbol{H}_k=2\boldsymbol{A}_k^{\mathrm{T}}\boldsymbol{A}_k$，则式（9.5.10）写作

$$\boldsymbol{x}_{k+1}=\boldsymbol{x}_k-\boldsymbol{H}_k^{-1}\nabla F(\boldsymbol{x}_k) \tag{9.5.11}$$

显然，式（9.5.11）与牛顿迭代公式类似，差别只在于 $\boldsymbol{H}_k$ 是逼近函数 $G(\boldsymbol{x})$的海森矩阵，而不是目标函数 $F(\boldsymbol{x})$的。通常称式（9.5.10）或式（9.5.11）为**高斯-牛顿公式**，向量

$$\boldsymbol{d}_k=-\left(\boldsymbol{A}_k^{\mathrm{T}}\boldsymbol{A}_k\right)^{-1}\boldsymbol{A}_k^{\mathrm{T}}\boldsymbol{f}_k \tag{9.5.12}$$

称为在点 $\boldsymbol{x}_k$ 处的**高斯-牛顿方向**。

为保证每次迭代能使目标函数值下降（至少不能上升），在求出方向 $\boldsymbol{d}_k$ 后，不直接用 $\boldsymbol{x}_k+\boldsymbol{d}_k$ 作为第 $k+1$ 次近似，而是从 $\boldsymbol{x}_k$ 出发，沿这个方向进行一维搜索

$$\min_{\lambda}F(\boldsymbol{x}_k+\lambda\boldsymbol{d}_k)$$

求出步长 $\lambda_k$ 后，令

$$\boldsymbol{x}_{k+1}=\boldsymbol{x}_k+\lambda_k\boldsymbol{d}_k$$

将 $\boldsymbol{x}_{k+1}$ 作为第 $k+1$ 次近似。以此类推，直至得到满足要求的解。

求解非线性最小二乘问题的计算步骤如下。

（1）给定初始点 $\boldsymbol{x}_1$，给定允许误差 $\varepsilon>0$，置 $k=1$。

（2）计算函数值 $f_i(\boldsymbol{x}_k)$（$i=1,2,\cdots,m$），得到向量

$$\boldsymbol{f}_k=\begin{pmatrix}f_1(\boldsymbol{x}_k)\\ \vdots\\ f_m(\boldsymbol{x}_k)\end{pmatrix}$$

再计算一阶偏导数

$$a_{ij}=\frac{\partial f_i\left(\boldsymbol{x}_k\right)}{\partial x_j}\qquad (i=1,2,\cdots,m;\ j=1,2,\cdots,n)$$

得到 $m\times n$ 矩阵 $\boldsymbol{A}_k=(a_{ij})_{m\times n}$。

（3）解方程组

$$\boldsymbol{A}_k^{\mathrm{T}}\boldsymbol{A}_k\boldsymbol{d}=-\boldsymbol{A}_k^{\mathrm{T}}\boldsymbol{f}_k$$

求得高斯-牛顿方向 $\boldsymbol{d}_k$。

（4）从 $\boldsymbol{x}_k$ 出发，沿 $\boldsymbol{d}_k$ 进行一维搜索，求步长 $\lambda_k$，使得

$$F\left(\boldsymbol{x}_k+\lambda_k\boldsymbol{d}_k\right)=\min_{\lambda}F\left(\boldsymbol{x}_k+\lambda\boldsymbol{d}_k\right)$$

令

$$\boldsymbol{x}_{k+1}=\boldsymbol{x}_k+\lambda_k\boldsymbol{d}_k$$

（5）若 $\left\|\boldsymbol{x}_{k+1}-\boldsymbol{x}_k\right\|<\varepsilon$，输出 $\boldsymbol{x}^*=\boldsymbol{x}_{k+1}$，结束；否则，置 $k=k+1$，转至步骤（2）。

必须注意，在此算法中，有时会出现 $\boldsymbol{A}_k^{\mathrm{T}}\boldsymbol{A}_k$ 奇异或接近奇异的情形，这时求 $\left(\boldsymbol{A}_k^{\mathrm{T}}\boldsymbol{A}_k\right)^{-1}$ 会遇到很大困难，甚至根本不能进行。因此，人们对最小二乘法做了进一步修正。所用的基本技巧是把一个对称正定矩阵加到 $\boldsymbol{A}_k^{\mathrm{T}}\boldsymbol{A}_k$ 上，改变原矩阵的特征值结构，使其变成条件数较好的对称正定矩阵，从而给出行之有效的修正的最小二乘法。

## 9.6 应用实例

### 9.6.1 背景与问题

从未知真假的钞票样本中提取图像，使用 LR 算法对该图像进行判断，该钞票是真钞还是假钞。数据集来自 UCI 机器学习库上的钞票数据集（Banknote Dataset），数据集中共有 1372 条数据，每条数据由 5 个数值型变量构成，4 个输入变量和 1 个输出变量。小波变换工具用于从图像中提取特征，这是一个二分类问题。

每一行的 5 个（列）变量含义如下：

第 1 列：图像经小波变换后的方差（variance）。

第 2 列：图像经小波变换后的偏态（skewness）。

第 3 列：图像经小波变换后的峰度（kurtosis）。

第 4 列：图像的熵（entropy）。

第 5 列：钞票所属的类别。

前 4 列为浮点型数据，且有符号（由于重点为 LR 算法，因此不对这 4 列数据的获取过程进行详细描述），最后 1 列为整型数据，值为 0 或 1（0 为真钞，1 为假钞）。该数据集前 8 行的实例如下。

第 1 行：3.6216，8.6661，−2.8073，−0.44699，0。

第 2 行：4.5459，8.1674，−2.4586，−1.4621，0。

第 3 行：3.866，−2.6383，1.9242，0.10645，0。

第 4 行：3.4566，9.5228，−4.0112，−3.5944，0。

第 5 行：0.32924，−4.4552，4.5718，−0.9888，0。

第 6 行：4.3684，9.6718，−3.9606，−3.1625，0。

第 7 行：3.5912，3.0129，0.72888，0.56421，0。

第 8 行：2.0922，−6.81，8.4636，−0.60216，0。

## 9.6.2　模型与求解

LR 算法名为回归算法，实质上是一种分类算法，它使用 sigmoid 函数，将输出的值域限制为(0,1)。因此最基本的 LR 算法适用于二分类问题，给出检测样本属于某一类的概率。sigmoid 函数如式（9.6.1）所示

$$g(z)=\frac{1}{1+\mathrm{e}^{-z}} \tag{9.6.1}$$

假设类别为 1 和 0 的事件发生的概率如式（9.6.2）所示

$$p_1=P(Y=1|\boldsymbol{X})=\frac{1}{1+\mathrm{e}^{-\boldsymbol{\theta}^{\mathrm{T}}\boldsymbol{x}}}=\frac{\mathrm{e}^{\boldsymbol{\theta}^{\mathrm{T}}\boldsymbol{x}}}{1+\mathrm{e}^{\boldsymbol{\theta}^{\mathrm{T}}\boldsymbol{x}}}$$

$$p_0=P(Y=0|\boldsymbol{X})=\frac{\mathrm{e}^{-\boldsymbol{\theta}^{\mathrm{T}}\boldsymbol{x}}}{1+\mathrm{e}^{-\boldsymbol{\theta}^{\mathrm{T}}\boldsymbol{x}}}=\frac{1}{1+\mathrm{e}^{\boldsymbol{\theta}^{\mathrm{T}}\boldsymbol{x}}} \tag{9.6.2}$$

由此可得，$Y=1$ 的对数概率如式（9.6.3）所示

$$\ln\frac{p_1}{p_0}=\boldsymbol{\theta}^{\mathrm{T}}\boldsymbol{x}=\theta_0+\theta_1x_1+\theta_2x_2+\cdots+\theta_nx_n \tag{9.6.3}$$

由此式可以看出 $Y=1$ 的对数概率是由输入 $\boldsymbol{x}$（本例中是一个 4 维向量）的线性函数表示的模型，这就是 LR 模型。该模型可用极大似然估计方法来求解。

假设一个样本 $(\boldsymbol{x}_i,y_i)(i=1,2,\cdots,m)$ 出现的概率如式（9.6.4）所示

$$P(y_i,\boldsymbol{x}_i)=P(y_i=1|\boldsymbol{x}_i)^{y_i}\left(1-P(y_i=1|\boldsymbol{x}_i)\right)^{1-y_i} \tag{9.6.4}$$

首先构建似然函数，得到式（9.6.5）

$$L(\theta)=\prod P(y_i=1|\boldsymbol{x}_i)^{y_i}\left(1-P(y_i=1|\boldsymbol{x}_i)\right)^{1-y_i} \tag{9.6.5}$$

对似然函数取对数，得到对数似然函数，将式（9.6.2）、式（9.6.3）代入，整理得到最终的结果如式（9.6.6）所示

$$\ln L(\theta)=\sum_{i=1}^{n}y_i\left(\boldsymbol{\theta}^{\mathrm{T}}\boldsymbol{x}_i\right)-\sum_{i=1}^{n}\ln\left(1+\mathrm{e}^{\boldsymbol{\theta}^{\mathrm{T}}\boldsymbol{x}_i}\right) \tag{9.6.6}$$

上述公式对 $\boldsymbol{\theta}$ 求偏导，并用梯度下降法对参数进行迭代求解（迭代更新公式如式（9.6.7）所示），即可完成整个 LR 模型。

$$\theta_j=\theta_j-\alpha\frac{\partial\ln L(\boldsymbol{\theta})}{\partial\theta_j}=\theta_j-\alpha\frac{1}{n}\sum_{i=1}^{n}\left(y_i-P(y_i=1|\boldsymbol{x}_i)\right)x_i^{(j)} \tag{9.6.7}$$

式中 $i$ 表示第 $i$ 个统计样本，$j$ 表示第 $j$ 个属性，$\alpha$ 为学习率，一般也称之为步长。按照上式迭代一定的步数后就可以得到最优解。

### 9.6.3 Python 实现

求解问题的代码如下：

```
import numpy as np
'''通过路径读取数据。
先生成两个空的 NumPy 数组，再往里面添加每条数据，其中 dataMat 中的前一项 1.0 是常数项，后 4 个是特征项，labelMat 中存储的是每条数据对应的类别 1 或者 0，append()函数中的参数 0 是指在列方向上添加。'''
def loadDataSet(data_dir):
    dataMat = np.zeros((0,5))
    labelMat =np.zeros((0,1))
    fr = open(data_dir)   # data_dir 是数据文件的存储路径
    for line in fr.readlines():
        lineArr = line.strip().split(',')
        dataMat=np.append(dataMat,[[1.0,float(lineArr[0]),float(lineArr[1]),float(lineArr[2]),float(lineArr[3])]],0)
        labelMat=np.append(labelMat,[[int(lineArr[4])]],0)
    return dataMat,labelMat

# 构造 sigmoid 函数
def sigmoid(x):
    return 1.0/(1+np.exp(-x))

'''定义一个梯度下降函数来求解参数，其中 m、n 分别是数据 data 的行数和列数，a 是梯度下降的学习率，times 是迭代的次数。
首先初始化权值矩阵，生成一个大小为 n×1 的元素值全为 1 的数组，通过每次迭代更新权重，最终返回。
这里要特别注意的是，要分清是矩阵乘法还是对应元素相乘，以及两个矩阵的维数是否满足矩阵相乘的条件，即对应的行、列数要相等，故有 np.dot 和 T（即转置）等操作。'''
def grad_des(dataMat,labelMat):
    m,n = np.shape(dataMat)
    a=0.001
    times=40
    weight = np.ones((n,1))
    for i in range(times):
        h= sigmoid(np.dot(dataMat,weight))
        error = h-labelMat
        weight = weight-a*np.dot(dataMat.T,error)
    return weight

# 随机梯度下降函数
def  random_grad_desc(dataMat,labelMat):
    a=0.001
    times = 90
    m,n = np.shape(dataMat)
    weight=np.ones((n,1))
    for i in range(times):
        for j in range(m):
            h=sigmoid(sum(np.dot(dataMat[j,:],weight)))
            error=h-labelMat[j]
            weight = weight-a*dataMat[j,:]*error
    return weight
```

```
'''LR 分类器
当概率大于 0.5 时返回 1，即表明该条数据是属于类别 1 的特征，否则返回 0。'''
def LR_classify(x,weight):
    prob = sigmoid(sum(np.dot(x,weight)))
    if prob > 0.5:
        return 1
    else:
        return 0

'''对该分类器进行测试。
初始化错误的个数 errorCount 和测试数据量 numTest 为 0，每测一条数据 numTest 加 1。若该条数据经分类器判断的结果与它的标签不符，则判定该条数据测试错误，errorCount 加 1。错误率即 errorCount 除以总的测试数据量 numTest，并返回。'''
def LR_test(dataMat,labelMat,weight):
    errorCount = 0
    numTest = 0
    for i in range(dataMat.shape[0]):
        numTest += 1
        if LR_classify(dataMat[i,:],weight) != labelMat[i]:
            errorCount += 1
    errorRate = (float(errorCount)/numTest)
    return errorRate

# 定义 main()函数
if __name__ == '__main__':
    data_dir='data_banknote_authentication.txt'
    dataMat,labelMat = loadDataSet(data_dir)
    dataMat_train = dataMat[0:int(.8*dataMat.shape[0]),:]
    dataMat_test = dataMat[int(.8*dataMat.shape[0]):,:]
    labelMat_train = labelMat[0:int(.8*labelMat.shape[0])]
    labelMat_test = labelMat[int(.8*labelMat.shape[0]):]

    weights=grad_desc(dataMat_train,labelMat_train)
    #weights=random_grad_desc(dataMat_train,labelMat_train)
    errorRate=LR_test(dataMat_test,labelMat_test,weights)
    print ("the error rate of this test is :",errorRate)
```

首先调用 loadDataSet()函数获取数据，并取数据的前 80%作为训练集，后 20%作为测试集。然后调用 grad_desc()和 LR_test()函数获取参数值和错误率，此处 grad_desc()函数也可换为 random_grad_desc()函数来更换梯度下降法。

两个梯度下降法运行得到的结果分别为：前者的错误率是 0.0073，而后者的错误率是 0.2909，反而随机梯度下降法的错误率更高。因为我们的数据集很小，无法体现出随机梯度下降法的优点，甚至反而体现出了它的缺点。在随机梯度中，学习率对所有参数的特征都是一样的，但是事实上特征的下降应该是有快慢的。另外，随机梯度也容易陷入不太好的局部最小点。

# 习题 9

用 Python 求解下列问题。

1. 用牛顿法求解问题：

$$\min f(\boldsymbol{x})=\frac{1}{2}x_1^2+\frac{9}{2}x_2^2$$

初始点 $\boldsymbol{x}_0=(9,1)^{\mathrm{T}}$，$\varepsilon=0.1$。

2. 用 DFP 方法求解问题：

$$\min f(\boldsymbol{x})=x_1^2+3x_2^2$$

取初始点及初始矩阵为

$$\boldsymbol{x}_0=\begin{pmatrix}1\\-1\end{pmatrix},\ \boldsymbol{H}_0=\begin{pmatrix}2&1\\1&1\end{pmatrix}$$

3. 用 FR 法极小化问题：

$$f(\boldsymbol{x})=\frac{1}{2}x_1^2+x_2^2$$

初始点 $\boldsymbol{x}_0=(4,4)^{\mathrm{T}}$。

# 第 10 章 常用约束最优化方法

约束最优化问题是实际应用中经常遇到的一类数学规划问题。一般来讲，求解约束最优化问题比求解无约束最优化问题和线性规划问题要困难、复杂得多。到目前为止，还没有一个对所有问题都普遍有效的方法，而且求得的解多是局部最优解。求解约束最优化问题的方法也可分为直接法和间接法两大类。间接法的基本思想是，将约束最优化问题首先转换为一系列的无约束最优化问题，然后利用无约束最优化方法来求解，以逐渐逼近约束问题的最优解。这些方法一般比较复杂，但由于它们可以采用计算效率高、稳定性好的无约束最优化方法，因此可用于求解高维的优化问题。直接法的基本思想是，构造一迭代过程，使每次迭代点都在可行域中，且一步一步地降低目标函数值，直到求得最优解。这类方法一般较简单，对目标函数和约束函数无特殊要求，但计算量大，耗时较多，不适用维数较多的问题，而且一般用于求解只含不等式约束的优化问题。

本章主要讨论一般的约束最优化问题的求解方法。

## 10.1 约束最优化问题的最优性条件

考虑约束最优化问题

$$\min f(\boldsymbol{x})$$
$$\text{s.t.}\begin{cases} g_i(\boldsymbol{x}) \leqslant 0 & (i=1,2,\cdots,l) \\ h_j(\boldsymbol{x})=0 & (j=1,2,\cdots,m) \end{cases} \tag{10.1.1}$$

其中$f$、$g_i$（$i=1,2,\cdots,l$）、$h_j$（$j=1,2,\cdots,m$）均为实值函数，且一般假定具有解法所要求的各阶连续导数。

求解约束最优化问题（10.1.1），就是要在可行域

$$D=\{\boldsymbol{x} \mid g_i(\boldsymbol{x}) \leqslant 0,\ i=1,2,\cdots,l;\ h_j(\boldsymbol{x})=0,\ j=1,2,\cdots,m\}$$

中找一个可行点$\boldsymbol{x}^*$，使目标函数$f(\boldsymbol{x})$取得最小值。

本节将给出约束最优化问题（10.1.1）局部最优解所满足的最优性条件。

### 10.1.1 等式约束最优化问题的最优性条件

一般的等式约束最优化问题为

$$\begin{aligned} &\min f(\boldsymbol{x}) \\ &\text{s.t. } h_j(\boldsymbol{x})=0 \qquad (j=1,2,\cdots,m) \end{aligned} \tag{10.1.2}$$

其中$f$、$h_j$（$j=1,2,\cdots,m$）均为实值函数。

**定义 10.1.1** 函数

$$L(\boldsymbol{x},\boldsymbol{\mu})=f(\boldsymbol{x})+\sum_{j=1}^{m}\mu_j h_j(\boldsymbol{x})=f(\boldsymbol{x})+\boldsymbol{\mu}^{\mathrm{T}}\boldsymbol{h}(\boldsymbol{x})$$

称为问题（10.1.2）的**拉格朗日函数**，其中$\boldsymbol{\mu}=(\mu_1,\mu_2,\cdots,\mu_m)^{\mathrm{T}}$称为**拉格朗日乘子**，$\boldsymbol{h}(\boldsymbol{x})=(h_1(\boldsymbol{x}),h_2(\boldsymbol{x}),\cdots,h_m(\boldsymbol{x}))^{\mathrm{T}}$。

**定理 10.1.1** 对问题（10.1.2），若$f$、$h_j$（$j=1,2,\cdots,m$）在点$\boldsymbol{x}^*$处的某个邻域内连续可导，且$\nabla h_1(\boldsymbol{x}^*)$，$\nabla h_2(\boldsymbol{x}^*),\cdots,\nabla h_m(\boldsymbol{x}^*)$线性无关，则$\boldsymbol{x}^*$是最优解的必要条件是：存在相应的拉格朗日乘子$\boldsymbol{\mu}^*=\left(\mu_1^*,\mu_2^*,\cdots,\mu_m^*\right)^{\mathrm{T}}$，使得

$$\nabla_{\boldsymbol{x}}L\left(\boldsymbol{x}^*,\boldsymbol{\mu}^*\right)=\nabla f\left(\boldsymbol{x}^*\right)+\sum_{j=1}^{m}\mu_j^*\nabla h_j\left(\boldsymbol{x}^*\right)=\boldsymbol{0} \tag{10.1.3}$$

### 10.1.2 一般约束最优化问题的最优性条件

对于一般的约束最优化问题（10.1.1）

$$\begin{aligned} &\min f(\boldsymbol{x}) \\ &\text{s.t.}\begin{cases} g_i(\boldsymbol{x})\leqslant 0 & (i=1,2,\cdots,l) \\ h_j(\boldsymbol{x})=0 & (j=1,2,\cdots,m) \end{cases} \end{aligned}$$

其中$f$、$g_i$（$i=1,2,\cdots,l$）、$h_j$（$j=1,2,\cdots,m$）均为实值函数。

构造拉格朗日函数

$$L(\boldsymbol{x},\boldsymbol{\mu})=f(\boldsymbol{x})+\sum_{i=1}^{l}\lambda_i g_i(\boldsymbol{x})+\sum_{j=1}^{m}\mu_j h_j(\boldsymbol{x})=f(\boldsymbol{x})+\boldsymbol{\lambda}^{\mathrm{T}}\boldsymbol{g}(\boldsymbol{x})+\boldsymbol{\mu}^{\mathrm{T}}\boldsymbol{h}(\boldsymbol{x})$$

其中$\boldsymbol{\lambda}=\left(\lambda_1,\lambda_{2,}\cdots,\lambda_l\right)^{\mathrm{T}}$，$\boldsymbol{g}(\boldsymbol{x})=(g_1(\boldsymbol{x}),g_2(\boldsymbol{x}),\cdots g_l(x))^{\mathrm{T}}$。

**定理 10.1.2** 对问题（10.1.1），若$f$、$g_i$（$i=1,2,\cdots,l$）、$h_j$（$j=1,2,\cdots,m$）在点$\boldsymbol{x}^*$处的某个邻域内可导，且$\nabla g_i\left(\boldsymbol{x}^*\right)\left(i\in I\left(\boldsymbol{x}^*\right)\right)$、$\nabla h_j\left(\boldsymbol{x}^*\right)(j=1,2,\cdots,m)$线性无关，则$\boldsymbol{x}^*$是最优解的必要条件是：存在相应的拉格朗日乘子$\boldsymbol{\lambda}^*=\left(\lambda_1^*,\lambda_2^*,\cdots,\lambda_l^*\right)^{\mathrm{T}}$和$\boldsymbol{\mu}^*=\left(\mu_1^*,\mu_2^*,\cdots,\mu_m^*\right)^{\mathrm{T}}$，使得

$$\nabla_{\boldsymbol{x}}L\left(\boldsymbol{x}^*,\boldsymbol{\lambda}^*,\boldsymbol{\mu}^*\right)=\nabla f\left(\boldsymbol{x}^*\right)+\sum_{i=1}^{l}\lambda_i^*\nabla g_i(\boldsymbol{x}^*)+\sum_{j=1}^{m}\mu_j^*\nabla h_j(\boldsymbol{x}^*)=\boldsymbol{0} \tag{10.1.4}$$

$$\lambda_i^* g_i\left(\boldsymbol{x}^*\right)=0 \qquad (i=1,2,\cdots,l) \tag{10.1.5}$$

$$\lambda_i^*\geqslant 0 \qquad (i=1,2,\cdots,l) \tag{10.1.6}$$

其中$I(\boldsymbol{x}^*)=\{i|g_i(\boldsymbol{x}^*)=0\}$。

称 $I(\boldsymbol{x}^*)$为 $\boldsymbol{x}^*$的**有效约束指标集**，对应的约束 $g_i(\boldsymbol{x}) \leqslant 0$ 称为在点 $\boldsymbol{x}^*$处的**紧约束**或**起作用约束**，最优性条件（10.1.4）~条件（10.1.6）称为库恩-塔克（Kuhn-Tucker）条件（或 Karush-Kuhn-Tucker 条件），简称 **KT 条件**（或 **KKT 条件**），是库恩和塔克于 1951 年提出的。今后把满足 KT 条件的可行点称为 **KT 点**。最优性条件表明在梯度线性无关的条件下，最优点必定是 KT 点。

在实际应用中，很难验证所得点是否为问题（10.1.1）的最优解，若能验证其为 KT 点，就已经足够了。有时构造算法也是以得到 KT 点为目标的。

**【例 10.1.1】**给定约束最优化问题

$$\min f(\boldsymbol{x}) = (x_1-2)^2 + x_2^2$$
$$\text{s.t.}\begin{cases} x_1 - x_2^2 \geqslant 0 \\ -x_1 + x_2 \geqslant 0 \end{cases}$$

验证点 $\boldsymbol{x}_1 = (0,0)^{\mathrm{T}}$ 和 $\boldsymbol{x}_2 = (1,1)^{\mathrm{T}}$ 是不是 KT 点。

**解：**将原问题化为标准形式

$$\min f(\boldsymbol{x}) = (x_1-2)^2 + x_2^2$$
$$\text{s.t.}\begin{cases} -x_1 + x_2^2 \leqslant 0 \\ x_1 - x_2 \leqslant 0 \end{cases}$$

记 $g_1(\boldsymbol{x}) = -x_1 + x_2^2$，$g_2(\boldsymbol{x}) = x_1 - x_2$，则有

$$\nabla f(\boldsymbol{x}) = \begin{pmatrix} 2(x_1-2) \\ 2x_2 \end{pmatrix},\ \nabla g_1(\boldsymbol{x}) = \begin{pmatrix} -1 \\ 2x_2 \end{pmatrix},\ \nabla g_2(\boldsymbol{x}) = \begin{pmatrix} 1 \\ -1 \end{pmatrix}$$

（1）验证 $\boldsymbol{x}_1 = (0,0)^{\mathrm{T}}$。将 $x_1 = x_2 = 0$ 代入条件（10.1.4）

$$\begin{pmatrix} 2(x_1-2) \\ 2x_2 \end{pmatrix} + \lambda_1 \begin{pmatrix} -1 \\ 2x_2 \end{pmatrix} + \lambda_2 \begin{pmatrix} 1 \\ -1 \end{pmatrix} = \begin{pmatrix} 0 \\ 0 \end{pmatrix}$$

得

$$\begin{pmatrix} -4 \\ 0 \end{pmatrix} + \lambda_1 \begin{pmatrix} -1 \\ 0 \end{pmatrix} + \lambda_2 \begin{pmatrix} 1 \\ -1 \end{pmatrix} = \begin{pmatrix} 0 \\ 0 \end{pmatrix}$$

即

$$\begin{cases} -4 - \lambda_1 + \lambda_2 = 0 \\ -\lambda_2 = 0 \end{cases}$$

求解得 $\lambda_1 = -4$，$\lambda_2 = 0$。

由于 $\lambda_1 = -4 < 0$，因此 $\boldsymbol{x}_1$ 不是 KT 点。

（2）验证 $\boldsymbol{x}_2 = (1,1)^{\mathrm{T}}$。将 $x_1 = x_2 = 1$ 代入条件（10.1.4）

$$\begin{pmatrix} 2(x_1-2) \\ 2x_2 \end{pmatrix} + \lambda_1 \begin{pmatrix} -1 \\ 2x_2 \end{pmatrix} + \lambda_2 \begin{pmatrix} 1 \\ -1 \end{pmatrix} = \begin{pmatrix} 0 \\ 0 \end{pmatrix}$$

得

$$\begin{pmatrix} -2 \\ 2 \end{pmatrix} + \lambda_1 \begin{pmatrix} -1 \\ 2 \end{pmatrix} + \lambda_2 \begin{pmatrix} 1 \\ -1 \end{pmatrix} = \begin{pmatrix} 0 \\ 0 \end{pmatrix}$$

即

$$\begin{cases}-2-\lambda_1+\lambda_2=0\\ 2+2\lambda_1-\lambda_2=0\end{cases}$$

求解得 $\lambda_1=0$，$\lambda_2=2$，满足条件（10.1.6）。又因为满足条件（10.1.5），所以 $\boldsymbol{x}_2=(1,1)^{\mathrm{T}}$ 是 KT 点。

**【例 10.1.2】** 求以下约束最优化问题的 KT 点

$$\min f(\boldsymbol{x})=x_1^2+x_2$$
$$\text{s.t.}\begin{cases}-x_1^2-x_2^2+9\geqslant 0\\ -x_1-x_2+1\geqslant 0\end{cases}$$

**解**：将原问题化为标准形式

$$\min f(\boldsymbol{x})=x_1^2+x_2$$
$$\text{s.t.}\begin{cases}x_1^2+x_2^2-9\leqslant 0\\ x_1+x_2-1\leqslant 0\end{cases}$$

令 $g_1(\boldsymbol{x})=x_1^2+x_2^2-9$，$g_2(\boldsymbol{x})=x_1+x_2-1$，约束最优化问题的 KT 条件（10.1.4）~条件（10.1.6）在这里分别为

$$\begin{pmatrix}2x_1\\1\end{pmatrix}+\lambda_1\begin{pmatrix}2x_1\\2x_2\end{pmatrix}+\lambda_2\begin{pmatrix}1\\1\end{pmatrix}=\begin{pmatrix}0\\0\end{pmatrix}，即\begin{cases}(2+2\lambda_1)x_1+\lambda_2=0\\ 1+2\lambda_1x_2+\lambda_2=0\end{cases} \tag{10.1.7}$$

$$\lambda_1\left(x_1^2+x_2^2-9\right)=0 \tag{10.1.8}$$

$$\lambda_2\left(x_1+x_2-1\right)=0 \tag{10.1.9}$$

$$\lambda_1\geqslant 0，\lambda_2\geqslant 0 \tag{10.1.10}$$

为求出满足条件（10.1.7）~条件（10.1.10）和约束条件

$$x_1^2+x_2^2-9\leqslant 0 \tag{10.1.11}$$

$$x_1+x_2-1\leqslant 0 \tag{10.1.12}$$

的解，下面分 3 种情况讨论。

（1）若式（10.1.11）等式不成立，则由条件（10.1.8）有 $\lambda_1=0$，代入条件（10.1.7）得 $\lambda_2=-1$，此与条件（10.1.10）矛盾。因此式（10.1.11）等号必成立。

（2）若式（10.1.12）等式不成立，则由条件（10.1.9）有 $\lambda_2=0$，代入条件（10.1.7）得

$$\begin{pmatrix}2x_1\\1\end{pmatrix}+\lambda_1\begin{pmatrix}2x_1\\2x_2\end{pmatrix}=\begin{pmatrix}0\\0\end{pmatrix}，即\begin{cases}(1+\lambda_1)x_1=0\\ 1+2\lambda_1x_2=0\end{cases} \tag{10.1.13}$$

由条件（10.1.10）中 $\lambda_1\geqslant 0$ 和式（10.1.13）中第一式，有 $x_1=0$，故由假设式（10.1.12）等式不成立有 $x_2<1$。将 $x_1=0$ 代入式（10.1.11）（等式成立）中并结合式（10.1.13）中第二式，得 $\lambda_1=1/6$，$x_2=-3$。

（3）若式（10.1.12）等式成立，则由式（10.1.11）、式（10.1.12）两个等式解得

$$\boldsymbol{x}=\left(\frac{1+\sqrt{17}}{2},\frac{1-\sqrt{17}}{2}\right)^{\mathrm{T}}\text{和}\boldsymbol{x}=\left(\frac{1-\sqrt{17}}{2},\frac{1+\sqrt{17}}{2}\right)^{\mathrm{T}}$$

注意到条件（10.1.10），由条件（10.1.7）中第一行等式，知 $x_1\neq\frac{1+\sqrt{17}}{2}$，而若 $x_1=\frac{1-\sqrt{17}}{2}$，

则 $x_2=\dfrac{1+\sqrt{17}}{2}$，这使得条件（10.1.7）中第二行等式不成立。

综上所述，所求约束最优化问题有唯一的 KT 点

$$\boldsymbol{x}=(0,-3)^{\mathrm{T}}$$

# 10.2　罚函数法与乘子法

对于约束最优化问题，一类重要的求解方法是用一个或一系列的无约束最优化问题逼近原约束最优化问题，通过一系列无约束最优化问题的最优解逼近原约束最优化问题的最优解。采用此类方法求解约束最优化问题时，不仅要考虑使目标函数值下降，同时还需要考虑迭代点的可行性。具体来说，就是根据约束最优化问题中的约束特性（等式或不等式约束），构造某种“惩罚”函数作为无约束最优化问题的目标函数。

本节介绍 3 种方法，外点罚函数法、内点罚函数法及乘子法。

## 10.2.1　外点罚函数法

外点罚函数法又称为外点法，其基本思想是，迭代点在可行域外部移动，随着迭代次数的增加，“惩罚”的力度也加大，以迫使迭代点向可行域靠近。

对于约束最优化问题（10.1.1）

$$\begin{aligned}&\min f(\boldsymbol{x})\\&\text{s.t.}\begin{cases}g_i(\boldsymbol{x})\leqslant 0 & (i=1,2,\cdots,l)\\h_j(\boldsymbol{x})=0 & (j=1,2,\cdots,m)\end{cases}\end{aligned}$$

构造辅助函数

$$F(\boldsymbol{x},\mu)=f(\boldsymbol{x})+\mu p(\boldsymbol{x})$$

其中参数$\mu$是一个充分大的正数，称为**惩罚因子**或**罚参数**；函数 $F(\boldsymbol{x},\mu)$称为**增广目标函数**或**惩罚函数**；$p(\boldsymbol{x})$是定义在 $\mathbf{R}^n$ 上的函数，$\mu p(\boldsymbol{x})=F(\boldsymbol{x},\mu)-f(\boldsymbol{x})$称为**惩罚项**。

在惩罚项中，所构造的函数 $p(\boldsymbol{x})$一般具有下列性质：

（1）函数 $p(\boldsymbol{x})$为关于变量 $\boldsymbol{x}$ 的连续函数；

（2）对任意的 $\boldsymbol{x}\in\mathbf{R}^n$，都有 $p(\boldsymbol{x})\geqslant 0$；

（3）$\boldsymbol{x}\in D$ 当且仅当 $p(\boldsymbol{x})=0$，其中 $D$ 为约束最优化问题（10.1.1）的可行域。

下面根据约束最优化问题（10.1.1）的 3 种情况，讨论函数 $p(\boldsymbol{x})$具体的一些表达形式。

（1）对等式约束最优化问题

$$\begin{aligned}&\min f(\boldsymbol{x})\\&\text{s.t. } h_j(\boldsymbol{x})=0 \quad (j=1,2,\cdots,m)\end{aligned}\tag{10.2.1}$$

构造函数 $p(\boldsymbol{x})$具有如下形式

$$p(\boldsymbol{x})=\sum_{j=1}^{m}\left|h_j(\boldsymbol{x})\right|^{\beta}\ (\beta \geqslant 1)$$

相应的惩罚函数为

$$F(\boldsymbol{x},\mu)=f(\boldsymbol{x})+\mu\sum_{j=1}^{m}\left|h_j(\boldsymbol{x})\right|^{\beta}\ (\beta \geqslant 1)$$

容易看出，“惩罚项”符合我们的“惩罚”策略：当 $\boldsymbol{x}$ 为可行解时，$p(\boldsymbol{x})=0$，$F(\boldsymbol{x},\mu)=f(\boldsymbol{x})$，不受惩罚；当 $\boldsymbol{x}$ 不是可行解时，$p(\boldsymbol{x})>0$，$\mu$越大，惩罚越重。

（2）对不等式约束最优化问题

$$\begin{aligned}&\min f(\boldsymbol{x})\\&\text{s.t. } g_i(\boldsymbol{x})\leqslant 0 \qquad (i=1,2,\cdots,l)\end{aligned} \tag{10.2.2}$$

构造函数 $p(\boldsymbol{x})$具有如下形式

$$p(\boldsymbol{x})=\sum_{i=1}^{l}\left[\max\left\{0,\ g_i(\boldsymbol{x})\right\}\right]^{\alpha}\ (\alpha \geqslant 1)$$

相应的惩罚函数为

$$F(\boldsymbol{x},\mu)=f(\boldsymbol{x})+\mu\sum_{i=1}^{l}\left[\max\left\{0, g_i(\boldsymbol{x})\right\}\right]^{\alpha}\ (\alpha \geqslant 1)$$

显然，“惩罚项”也符合上述“惩罚”策略：当 $\boldsymbol{x}$ 为可行解时，$p(\boldsymbol{x})=0$，$F(\boldsymbol{x},\mu)=f(\boldsymbol{x})$，不受惩罚；当 $\boldsymbol{x}$ 不是可行解时，$p(\boldsymbol{x})>0$，$\mu$越大，惩罚越重。

（3）对一般的约束最优化问题（10.1.1）

$$\begin{aligned}&\min f(\boldsymbol{x})\\&\text{s.t.}\begin{cases}g_i(\boldsymbol{x})\leqslant 0 & (i=1,2,\cdots,l)\\ h_j(\boldsymbol{x})=0 & (j=1,2,\cdots,m)\end{cases}\end{aligned}$$

综合（1）和（2），构造惩罚函数具有如下形式

$$F(\boldsymbol{x},\mu)=f(\boldsymbol{x})+\mu\sum_{i=1}^{l}\left[\max\left\{0, g_i(\boldsymbol{x})\right\}\right]^{\alpha}+\mu\sum_{j=1}^{m}\left|h_j(\boldsymbol{x})\right|^{\beta}\ (\alpha, \beta \geqslant 1)$$

通常可取$\alpha=\beta=2$。

显然，当 $\boldsymbol{x}$ 为可行解时，$p(\boldsymbol{x})=0$，$F(\boldsymbol{x},\mu)=f(\boldsymbol{x})$，不受惩罚；当 $\boldsymbol{x}$ 不是可行解时，$p(\boldsymbol{x})>0$，$\mu$越大，惩罚越重。

于是，原优化目标 $\min f(\boldsymbol{x})$变为

$$\min F(\boldsymbol{x},\mu) \tag{10.2.3}$$

惩罚函数中惩罚项的存在是对脱离可行域的点的一种惩罚，其作用是在优化过程中迫使迭代点靠近可行域，这样求解问题（10.2.3）便能得到约束最优化问题的近似最优解。罚参数$\mu$的选择非常重要，$\mu$太大，会给问题（10.2.3）的求解带来困难；$\mu$太小，则惩罚力度不够，使问题（10.2.3）的解与原约束最优化问题的解之间的误差达不到精度要求。因此，应用中的

罚参数取为递增且趋于无穷大的正数列$\{\mu_k\}$，如取初始罚参数$\mu_0>0$和增大系数$\lambda \geqslant 2$，则$\mu_k=\lambda\mu_{k-1}=\cdots=\lambda^k\mu_0$，迭代的终止条件可取为$\|x_k-x_{k-1}\|<\varepsilon$或$\mu_k p(x_k)<\varepsilon$。

在用外点法求解问题（10.1.1）时，首先构造惩罚函数$F(\boldsymbol{x},\mu)$，然后按照无约束最优化方法求解。如果求出$F(\boldsymbol{x},\mu)$的最优解在可行域$D$内，则该最优解也是问题（10.1.1）的最优解。如果不是问题（10.1.1）的最优解，则说明原来的罚参数取小了，需增大罚参数，使得$\mu_{k+1}>\mu_k$，然后再重新计算$F(\boldsymbol{x},\mu)$的最优解。

**定理 10.2.1** 设$f$、$g_i$（$i=1,2,\cdots,l$）、$h_j$（$j=1,2,\cdots,m$）均为连续函数，且约束最优化问题（10.1.1）存在最优解，若$\{\boldsymbol{x}_k\}$是由外点法产生的无穷点列，$\boldsymbol{x}^*$为其极限点，则$\boldsymbol{x}^*$是问题（10.1.1）的最优解。

已知函数$f(\boldsymbol{x})$、$g_i(\boldsymbol{x})$（$i=1,2,\cdots,l$）、$h_j(\boldsymbol{x})$（$j=1,2,\cdots,m$），给定允许误差$\varepsilon$和罚参数增大系数$\lambda \geqslant 2$（可取$\varepsilon=10^{-6}$，$\lambda=10$），则外点法求解问题（10.1.1）的迭代步骤如下。

（1）选定初始点$\boldsymbol{x}_0$（可以不是可行点），初始罚参数$\mu_1>0$（可取$\mu_1=1$），置$k=1$。

（2）构造惩罚函数$F(\boldsymbol{x},\mu_k)$。

（3）用某种无约束最优化方法，以$\boldsymbol{x}_{k-1}$为初始迭代点，求解无约束最优化问题$\min F(\boldsymbol{x},\mu_k)$，得极小点$\boldsymbol{x}_k$。

（4）若$\boldsymbol{x}_k$满足终止条件，则$\boldsymbol{x}_k$就是所求的最优解，输出$\boldsymbol{x}_k$，结束；否则，令$\mu_{k+1}=\lambda\mu_k$，$k=k+1$，转至步骤（2）。

**【例 10.2.1】**用外点法求解

$$\min f(\boldsymbol{x})=\frac{x_1^2}{2}+\frac{x_2^2}{6}$$
$$\text{s.t. } h(\boldsymbol{x})=x_1+x_2-1=0$$

**解：**该问题的最优解为

$$\boldsymbol{x}^*=(0.25,0.75)^{\mathrm{T}}$$

下面用外点法求解。构造惩罚函数

$$F(\boldsymbol{x},\mu_k)=\frac{x_1^2}{2}+\frac{x_2^2}{6}+\mu_k(x_1+x_2-1)^2$$

由此解

$$\frac{\partial F}{\partial x_1}=0,\ \frac{\partial F}{\partial x_2}=0$$

得

$$\boldsymbol{x}_k=\left(\frac{2\mu_k}{1+8\mu_k},\frac{6\mu_k}{1+8\mu_k}\right)^{\mathrm{T}}$$

给定一个罚参数$\mu_k$，即可求得极小点$\boldsymbol{x}_k$，可以看出$\boldsymbol{x}_k$不是可行点，且有

$$\lim_{\mu_k\to+\infty}\boldsymbol{x}_k=\boldsymbol{x}^*=(0.25,0.75)^{\mathrm{T}}$$

现取罚参数$\mu_{k+1}=4\mu_k$（$\mu_1=0.1$），求解得到相应的罚参数$\mu_k$，以及迭代点$\boldsymbol{x}_k$的数值结果，

如表 10.2.1 所示。

表 10.2.1

| $k$ | $\mu_k$ | $\boldsymbol{x}_k$ |
|---|---|---|
| 1 | 0.1 | $(0.11111111，0.33333333)^{\mathrm{T}}$ |
| 2 | 0.4 | $(0.19047619，0.57142857)^{\mathrm{T}}$ |
| 3 | 1.6 | $(0.23188406，0.69565217)^{\mathrm{T}}$ |
| 4 | 6.4 | $(0.24521073，0.73563218)^{\mathrm{T}}$ |
| 5 | 25.6 | $(0.24878523，0.74635569)^{\mathrm{T}}$ |
| 6 | 102.4 | $(0.24969520，0.74908559)^{\mathrm{T}}$ |
| 7 | 409.6 | $(0.24992373，0.74977119)^{\mathrm{T}}$ |
| 8 | 1638.4 | $(0.24998093，0.74994278)^{\mathrm{T}}$ |
| 9 | 6553.6 | $(0.24999523，0.74998570)^{\mathrm{T}}$ |
| 10 | 26214.4 | $(0.24999881，0.74999642)^{\mathrm{T}}$ |

由例 10.2.1 可知，随着罚参数$\mu$的不断增大，$F(\boldsymbol{x},\mu)$的极小点 $\boldsymbol{x}(\mu)$无限逼近原约束最优化问题的最优解 $\boldsymbol{x}^*$。但是，不管$\mu$取多大，对应无约束最优化问题的最优解 $\boldsymbol{x}(\mu)$往往都不满足原约束最优化问题的约束条件，即落在可行域 $D$ 的外部。由此称惩罚函数 $F(\boldsymbol{x},\mu)$为**外罚函数**，相应的方法称为**外点罚函数法**，简称**外点法**。另外，从例题也可以看出，给定罚参数$\mu$的一个值，也就对应一个无约束最优化问题 $\min\limits_{\boldsymbol{x}\in\mathbf{R}^n} F\left(\boldsymbol{x},\mu\right)$，于是求解一个约束最优化问题可等价转化为求解一系列的无约束最优化问题。因此，外点罚函数法又称为**序列无约束极小化技术**（Sequential Unconstrained Minimization Technique，SUMT）**外点法**。

既然$\mu$越大越好，那么迭代一开始就把$\mu$取得很大，似乎求解一次无约束最优化问题就可以求到约束最优化问题的最优解，可以少解几次无约束最优化问题。但是（可以证明），$\mu$越大，惩罚函数 $F(\boldsymbol{x},\mu)$的海森矩阵的条件数越“坏”，提高了无约束最优化问题求解的困难程度，甚至导致无法求解。因此，在迭代开始时又不得不把$\mu$取得小一些。无疑，这增加了计算量，这正是外点罚函数法的缺点。此外，当 $f(\boldsymbol{x})$在 $D$ 外无定义时，$F(\boldsymbol{x},\mu)$的性质变得很复杂。而且，由于外点法是从 $D$ 外迭代点逼近 $D$ 内最优解，因此在寻优的过程中不能直接观察到 $D$ 内点的变化情况，也无法求得近似最优解。

### 10.2.2 内点罚函数法

内点罚函数法又称为内点法，该方法的基本思想是，从满足约束条件的可行域内开始迭代，当迭代点在可行域的内部时，惩罚函数中的惩罚项取非常小的值，不起到惩罚作用，而当迭代点越接近可行域的边界，“惩罚”的力度就越大，从而保证迭代点的可行性。此时，惩罚函数中惩罚项的作用相当于在可行域的边界设置障碍，不让迭代点穿越到可行域之外。因此，内点罚函数法又称为**障碍函数法**。由于内点法使所有的迭代点始终在可行域的内部，因此该方法只适用于不等式约束的非线性最优化问题。

按照这种想法，对于问题（10.2.2）

$$\begin{aligned}&\min f(\boldsymbol{x})\\&\text{s.t. } g_i(\boldsymbol{x})\leqslant 0 \quad (i=1,2,\cdots,l)\end{aligned}$$

构造如下函数

$$B(\boldsymbol{x},r)=f(\boldsymbol{x})+rb(\boldsymbol{x})$$

其中参数 $r$ 为充分小的正数，称为**障碍因子**，也称为**罚因子**；$B(\boldsymbol{x},r)$称为**内罚函数**或**障碍函数**；$rb(\boldsymbol{x})$仍称为**惩罚项**。

记问题（10.2.2）的可行域 $D$ 的内部为 int$D$，即

$$\text{int}D=\{\boldsymbol{x}|g_i(\boldsymbol{x})<0，i=1,2,\cdots,l，\boldsymbol{x}\in\mathbf{R}^n\}$$

常用的障碍函数有以下两种（$\boldsymbol{x}\in\text{int}D$）。

（1）倒数型障碍函数

$$B(\boldsymbol{x},r)=f(\boldsymbol{x})+rb(\boldsymbol{x})=f(\boldsymbol{x})-r\sum_{i=1}^{l}\frac{1}{g_i(\boldsymbol{x})}$$

（2）对数型障碍函数

$$B(\boldsymbol{x},r)=f(\boldsymbol{x})+rb(\boldsymbol{x})=f(\boldsymbol{x})-r\sum_{i=1}^{l}\ln(-g_i(\boldsymbol{x}))$$

由障碍函数 $B(\boldsymbol{x},r)$的定义可知，$r$ 值越小，对应优化问题

$$\begin{aligned}&\min B(\boldsymbol{x},r)=f(\boldsymbol{x})+rb(\boldsymbol{x})\\&\text{s.t. } \boldsymbol{x}\in\text{int}D\end{aligned} \qquad (10.2.4)$$

的最优解越接近于问题（10.2.2）的最优解。类似于外点罚函数法的情况，若 $r$ 值越小，则为问题（10.2.4）的求解带来的困难越大。这里仍采用序列无约束极小化技术取一个严格单调递减趋于 0 的罚因子数列$\{r_k\}$。对每个罚因子 $r_k$，从可行域 $D$ 的内部 int$D$ 出发，求解优化问题

$$\begin{aligned}&\min B(\boldsymbol{x},r_k)=f(\boldsymbol{x})+r_kb(\boldsymbol{x})\\&\text{s.t. } \boldsymbol{x}\in\text{int}D\end{aligned}$$

当 $r_k\to 0$ 时，上述优化问题的最优解会一直逼近于问题（10.2.2）的最优解 $\boldsymbol{x}^*$。因此，内点罚函数法又称为**序列无约束极小化技术内点法**。

应用中罚因子 $r$ 取严格单调递减的正数列$\{r_k\}$，常取 $r_0>0$，$\beta\in(0,1)$，$r_k=\beta r_{k-1}=\cdots=\beta^k r_0$，初始点 $\boldsymbol{x}_0\in\text{int}D$，终止条件可取为 $r_kb(\boldsymbol{x}_k)<\varepsilon$或$\|\boldsymbol{x}_k-\boldsymbol{x}_{k-1}\|<\varepsilon$。

对问题（10.2.2），内点罚函数法的迭代步骤如下。

已知函数 $f(\boldsymbol{x})$、$g_i(\boldsymbol{x})$（$i$=1,2,⋯,$l$），给定允许误差$\varepsilon$（可取$\varepsilon=10^{-6}$）和罚因子缩小系数$\beta\in(0,1)$（可取$\beta=0.1$）。

（1）选定初始点 $\boldsymbol{x}_0\in\text{int}D$，初始罚因子 $r_1>0$，置 $k=1$。

（2）以 $\boldsymbol{x}_{k-1}$ 为初始点，求解 $\min B(\boldsymbol{x},r_k)=f(\boldsymbol{x})+r_kb(\boldsymbol{x})$，使得 $\boldsymbol{x}\in\text{int}D$，设其最优解为 $\boldsymbol{x}_k$。

（3）若 $r_kb(\boldsymbol{x}_k)<\varepsilon$，则 $\boldsymbol{x}_k$ 是问题（10.2.2）的最优解，输出 $\boldsymbol{x}_k$，结束；否则，令 $r_{k+1}=\beta r_k$，

$k=k+1$，转至步骤（2）。

【例 10.2.2】用内点罚函数法求

$$\min f(\boldsymbol{x})=x_1+x_2$$
$$\text{s.t. } g_1(\boldsymbol{x})=x_1^2+x_2^2-4\leqslant 0$$

**解**：构造障碍函数

$$B(\boldsymbol{x},r_k)=x_1+x_2-\frac{r_k}{x_1^2+x_2^2-4}$$

由

$$\frac{\partial B}{\partial x_1}=0,\frac{\partial B}{\partial x_2}=0$$

解得

$$\boldsymbol{x}_k=\left(\frac{r_k-\sqrt{r_k^2+8}}{2},\frac{r_k-\sqrt{r_k^2+8}}{2}\right)^{\mathrm{T}}$$

随着 $r_k$ 逐渐逼近于 0，$\boldsymbol{x}_k$ 逐渐逼近理论最优点 $\boldsymbol{x}^*=\left(-\sqrt{2},-\sqrt{2}\right)^{\mathrm{T}}$。

在内点罚函数法中，障碍函数的定义域是 int$D$。因此，在求 $B(\boldsymbol{x},r_k)$的最优解时，并不是求它在整个 $n$ 维欧氏空间 $\mathbf{R}^n$ 中的最优解，而是求 $B(\boldsymbol{x},r_k)$在 int$D$ 上的极小点。这是因为障碍函数$\left(-\sum_{i=1}^{l}\frac{1}{g_i(x)}\right)$在 $D$ 的边界上无定义，而在 $D$ 的外部某些项为负，并且可取绝对值任意大的负值，从而使 $B(\boldsymbol{x},r_k)$趋于$-\infty$，所以 $B(\boldsymbol{x},r_k)$在全空间 $\mathbf{R}^n$ 内的极小点是不存在的。因此，在用无约束最优化方法求 $B(\boldsymbol{x},r_k)$的最优解时，要防止越过 $D$ 的边界而搜索到非可行域中。这就要求在进行一维搜索时，要适当控制步长，保证搜索在可行域内进行。

内点罚函数法仅限于求解不等式约束最优化问题，且初始点的选取必须在可行域的内部。而外点罚函数法可适用于求解一般约束最优化问题，初始点可以是可行域外部的点，但是得到的近似最优解往往是不可行的。鉴于上述情况，对一般约束最优化问题的求解，可以把外点罚函数法和内点罚函数法联合起来，形成所谓混合罚函数法，其适用范围更为广泛。感兴趣的读者可查阅相关文献。

### 10.2.3 乘子法

利用罚函数法求解约束最优化问题时，随着罚参数$\mu_k$的增大和罚因子 $r_k$ 的减小，对应惩罚函数的海森矩阵越来越“病态”，使无约束最优化方法的计算难以进行，而乘子法可以克服该弊端。

乘子法的基本思想是，根据惩罚函数和拉格朗日函数的特点，将这两类函数结合起来，构造出更合适的辅助函数，并借助拉格朗日乘子的迭代逐步达到原约束最优化问题的最优解。

**1. 等式约束最优化问题的乘子法**

等式约束最优化问题的乘子法是由鲍威尔和赫斯特尼斯于1969年几乎同时各自独立提出

来的，又称 **P-H 乘子法**。考察等式约束最优化问题（10.2.1）

$$\begin{aligned}&\min f(\boldsymbol{x})\\&\text{s.t. } h_j(\boldsymbol{x})=0 \qquad (j=1,2,\cdots,m)\end{aligned}$$

其中 $f$、$h_j$（$j=1,2,\cdots,m$）为二阶连续可导函数。

设$\boldsymbol{\lambda}=(\lambda_1,\lambda_2,\cdots,\lambda_m)^{\mathrm{T}}$为相应的拉格朗日乘子向量，则对应问题（10.2.1）的拉格朗日函数为

$$L(\boldsymbol{x},\boldsymbol{\lambda})=f(\boldsymbol{x})+\sum_{j=1}^{m}\lambda_j h_j(\boldsymbol{x})=f(\boldsymbol{x})+\boldsymbol{\lambda}^{\mathrm{T}}\boldsymbol{h}(\boldsymbol{x})$$

其中 $\boldsymbol{h}(\boldsymbol{x})=(h_1(\boldsymbol{x}),h_2(\boldsymbol{x}),\cdots,h_m(\boldsymbol{x}))^{\mathrm{T}}$。

构造辅助函数

$$F(\boldsymbol{x},\boldsymbol{\lambda},\mu)=f(\boldsymbol{x})+\sum_{j=1}^{m}\lambda_j h_j(\boldsymbol{x})+\frac{\mu}{2}\sum_{j=1}^{m}h_j^2(\boldsymbol{x})=L(\boldsymbol{x},\boldsymbol{\lambda})+\frac{\mu}{2}(\boldsymbol{h}(\boldsymbol{x}))^{\mathrm{T}}\boldsymbol{h}(\boldsymbol{x}) \qquad (10.2.5)$$

其中$\mu>0$。称函数 $F(\boldsymbol{x},\boldsymbol{\lambda},\mu)$为问题（10.2.1）的**增广拉格朗日函数**。

增广拉格朗日函数 $F(\boldsymbol{x},\boldsymbol{\lambda},\mu)$与拉格朗日函数 $L(\boldsymbol{x},\boldsymbol{\lambda})$的区别在于增加了惩罚项 $\frac{\mu}{2}(\boldsymbol{h}(\boldsymbol{x}))^{\mathrm{T}}\boldsymbol{h}(\boldsymbol{x})$，而与惩罚函数的区别在于增加了乘子项 $\boldsymbol{\lambda}^{\mathrm{T}}\boldsymbol{h}(\boldsymbol{x})$，这种区别使得 $F(\boldsymbol{x},\boldsymbol{\lambda},\mu)$与拉格朗日函数、惩罚函数具有不同的性态，而且只需要取足够大的罚参数$\mu$，不必令$\mu\to+\infty$就可通过极小化 $F(\boldsymbol{x},\boldsymbol{\lambda},\mu)$求得问题（10.2.1）的局部最优解。

**定理 10.2.2** 若 $\boldsymbol{x}^*$为问题（10.2.1）的局部最优解，$\boldsymbol{\lambda}^*$是相应的最优拉格朗日乘子，且对每个满足 $\boldsymbol{d}^{\mathrm{T}}\nabla h_j(\boldsymbol{x}^*)=0$（$j=1,2,\cdots,m$）的非零向量 $\boldsymbol{d}$，均有二阶充分条件成立，即

$$\boldsymbol{d}^{\mathrm{T}}\nabla_{xx}^2 L(\boldsymbol{x}^*,\boldsymbol{\lambda}^*)\boldsymbol{d}>0$$

则存在$\mu_0\geqslant 0$，使得对所有的$\mu>\mu_0$，$\boldsymbol{x}^*$是 $F(\boldsymbol{x},\boldsymbol{\lambda}^*,\mu)$的严格局部极小点。

反之，若存在 $\bar{\boldsymbol{x}}$ 满足 $h_j(\bar{\boldsymbol{x}})=0(j=1,2,\cdots,m)$，且对某个 $\bar{\boldsymbol{\lambda}}$，$\bar{\boldsymbol{x}}$ 为 $F(\boldsymbol{x},\bar{\boldsymbol{\lambda}},\mu)$ 的无约束极小点，又满足二阶充分条件，则 $\bar{\boldsymbol{x}}$ 是问题（10.2.1）的严格局部最优解。

对等式约束最优化问题（10.2.1），设 $\boldsymbol{x}^*$为该问题的最优解。由最优性条件可知，存在拉格朗日乘子向量$\boldsymbol{\lambda}^*$，使得点对$(\boldsymbol{x}^*,\boldsymbol{\lambda}^*)$为拉格朗日函数的稳定点，即$\nabla_x L(\boldsymbol{x}^*,\boldsymbol{\lambda}^*)=\boldsymbol{0}$，而附加的惩罚项 $\frac{\mu}{2}(\boldsymbol{h}(\boldsymbol{x}))^{\mathrm{T}}\boldsymbol{h}(\boldsymbol{x})$ 在点 $\boldsymbol{x}^*$处的梯度为 $\boldsymbol{0}$，由此

$$\nabla_x F(\boldsymbol{x}^*,\boldsymbol{\lambda}^*\mu,)=\nabla_x L(\boldsymbol{x}^*,\boldsymbol{\lambda}^*)+\mu\sum_{j=1}^{m}h_j(\boldsymbol{x}^*)\nabla h_j(\boldsymbol{x}^*)=\boldsymbol{0}$$

这说明 $\boldsymbol{x}^*$是增广拉格朗日函数 $F(\boldsymbol{x},\boldsymbol{\lambda}^*,\mu)$的稳定点。另外，也可证明：当$\mu$取适当大的数值时，$\boldsymbol{x}^*$将是增广拉格朗日函数 $F(\boldsymbol{x},\boldsymbol{\lambda}^*,\mu)$的极小值点。因而，对问题（10.2.1）的求解可等价转化为对某个$\boldsymbol{\lambda}^*$值，求解增广拉格朗日函数 $F(\boldsymbol{x},\boldsymbol{\lambda}^*,\mu)$的极小值点。但$\boldsymbol{\lambda}^*$一般难以获得。应用中，先给定充分大的罚参数$\mu$和初始估计$\boldsymbol{\lambda}$，然后在迭代过程中逐步修正$\boldsymbol{\lambda}$，使其逼近$\boldsymbol{\lambda}^*$。修正的公式不难给出。假设在第 $k$ 次迭代中，拉格朗日乘子向量的估计值为$\boldsymbol{\lambda}_k$，罚参数取$\mu$，得 $F(\boldsymbol{x},\boldsymbol{\lambda}_k,\mu)$的极小值点为 $\boldsymbol{x}_k$，则此时有

$$\nabla_x F(\boldsymbol{x}_k,\boldsymbol{\lambda}_k,\mu)=\nabla_x f(\boldsymbol{x}_k)+\sum_{j=1}^{m}\left[(\lambda_j)_k+\mu h_j(\boldsymbol{x}_k)\right]\nabla h_j(\boldsymbol{x}_k)=\boldsymbol{0}$$

若$\nabla h_1(\boldsymbol{x}_k),\nabla h_2(\boldsymbol{x}_k),\cdots,\nabla h_m(\boldsymbol{x}_k)$线性无关，则$\boldsymbol{x}_k$为问题（10.2.1）的最优解，就应有KT条件成立，即

$$\nabla_x f(\boldsymbol{x}_k)+\sum_{j=1}^{m}\lambda_j^*\nabla h_j(\boldsymbol{x}_k)=\boldsymbol{0}$$

比较两式的结果得

$$\lambda_j^*=(\lambda_j)_k+\mu h_j(\boldsymbol{x}_k)\qquad(j=1,2,\cdots,m)$$

所以有迭代公式

$$\boldsymbol{\lambda}_{k+1}=\boldsymbol{\lambda}_k+\mu\boldsymbol{h}(\boldsymbol{x}_k)$$

这样就有$\boldsymbol{\lambda}_k\to\boldsymbol{\lambda}^*$且$\boldsymbol{x}_k\to\boldsymbol{x}^*$。若$\{\boldsymbol{\lambda}_k\}$不收敛或收敛太慢，则增大罚参数$\mu$，再继续迭代。收敛的快慢常用$\dfrac{\|\boldsymbol{h}(\boldsymbol{x}_k)\|}{\|\boldsymbol{h}(\boldsymbol{x}_{k-1})\|}$来判断。

对问题（10.2.1），乘子法的迭代步骤如下。

已知函数$f(\boldsymbol{x})$、$h_j(\boldsymbol{x})$（$j=1,2,\cdots,m$），给定允许误差$\varepsilon$（可取$\varepsilon=10^{-6}$）。

（1）选定初始点$\boldsymbol{x}_0$，拉格朗日乘子向量的初始估计$\boldsymbol{\lambda}_1$，罚参数$\mu>0$，增大系数$\alpha>1$，常数$\beta\in(0,1)$，置$k=1$。

（2）以$\boldsymbol{x}_{k-1}$为初始点，求解无约束最优化问题$\min F(\boldsymbol{x},\boldsymbol{\lambda}_k,\mu)$，设其最优解为$\boldsymbol{x}_k$。

（3）若$\|\boldsymbol{h}(\boldsymbol{x}_k)\|<\varepsilon$，则$\boldsymbol{x}_k$是问题（10.2.1）的最优解，输出近似解$\boldsymbol{x}^*=\boldsymbol{x}_k$，结束；否则转至步骤（4）。

（4）若$\dfrac{\|\boldsymbol{h}(\boldsymbol{x}_k)\|}{\|\boldsymbol{h}(\boldsymbol{x}_{k-1})\|}<\beta$，转至步骤（5）；否则，令$\mu=\alpha\mu$，转至步骤（5）。

（5）计算$\boldsymbol{\lambda}_{k+1}=\boldsymbol{\lambda}_k+\mu\boldsymbol{h}(\boldsymbol{x}_k)$，$k=k+1$，转至步骤（2）。

**【例 10.2.3】**用乘子法求解

$$\min f(\boldsymbol{x})=\frac{x_1^2}{2}+\frac{x_2^2}{6}$$
$$\text{s.t. } h(\boldsymbol{x})=x_1+x_2-1=0$$

**解：**构造增广拉格朗日函数

$$F(\boldsymbol{x},\lambda_k,\mu_k)=\frac{x_1^2}{2}+\frac{x_2^2}{6}+\lambda_k(x_1+x_2-1)+\frac{\mu_k}{2}(x_1+x_2-1)^2$$

由此得

$$\frac{\partial F}{\partial x_1}=x_1+\lambda_k+\mu_k(x_1+x_2-1)$$
$$\frac{\partial F}{\partial x_2}=\frac{x_2}{3}+\lambda_k+\mu_k(x_1+x_2-1)$$

令

$$\frac{\partial F}{\partial x_1}=0,\ \frac{\partial F}{\partial x_2}=0$$

用解析方法求解无约束最优化问题

$$\min F(\boldsymbol{x},\lambda_k,\mu_k)$$

得最优解为

$$\boldsymbol{x}_k=\left(\frac{\mu_k-\lambda_k}{1+4\mu_k},\frac{3(\mu_k-\lambda_k)}{1+4\mu_k}\right)^{\mathrm{T}}$$

乘子迭代公式为

$$\lambda_{k+1}=\lambda_k+\mu_k h(\boldsymbol{x}_k)=\frac{\lambda_k}{1+4\mu_k}-\frac{\mu_k}{1+4\mu_k}$$

显然，当$\mu_k>0$时，数列$\{\lambda_k\}$都收敛，且$\mu_k$值越大收敛速度越快。若令$\mu_k\to+\infty$时，$\lambda_k\to\lambda^*$，则得$\lambda^*=-\dfrac{1}{4}$。

对$\boldsymbol{x}_k$取极限$\mu_k\to+\infty$，将$\lambda^*=-\dfrac{1}{4}$代入，可得原问题的最优解为

$$\lim_{\mu_k\to+\infty}\boldsymbol{x}_k=\boldsymbol{x}^*=(0.25,0.75)^{\mathrm{T}}$$

现取$\lambda_1=0$，罚参数$\mu_{k+1}=4\mu_k$（$\mu_1=0.1$），求解得到相应的罚参数$\mu_k$、拉格朗日乘子$\lambda_k$，以及迭代点$\boldsymbol{x}_k$的数值结果，如表 10.2.2 所示。

表 10.2.2

| $k$ | $\mu_k$ | $\lambda_k$ | $\boldsymbol{x}_k$ |
|---|---|---|---|
| 1 | 0.1 | 0 | $(0.07142857, 0.21428571)^{\mathrm{T}}$ |
| 2 | 0.4 | −0.07142857 | $(0.18131868, 0.54395604)^{\mathrm{T}}$ |
| 3 | 1.6 | −0.18131868 | $(0.24071874, 0.72215622)^{\mathrm{T}}$ |
| 4 | 6.4 | −0.24071874 | $(0.24965108, 0.74895324)^{\mathrm{T}}$ |
| 5 | 25.6 | −0.24965108 | $(0.24999663, 0.74998988)^{\mathrm{T}}$ |
| 6 | 102.4 | −0.24999663 | $(0.24999999, 0.74999998)^{\mathrm{T}}$ |

与例 10.2.1 的计算结果比较，乘子法只需迭代 6 次就能得到外点法迭代 10 次的计算结果。

**2. 不等式约束最优化问题的乘子法**

考虑不等式约束最优化问题（10.2.2）

$$\begin{aligned}&\min f(\boldsymbol{x})\\&\text{s.t. } g_i(\boldsymbol{x})\leqslant 0\quad (i=1,2,\cdots,l)\end{aligned}$$

为了利用等式约束最优化问题所得的结果，引入辅助变量$y_i$（$i=1,2,\cdots,l$），把不等式约束最优化问题（10.2.2）化为等式约束最优化问题

$$\begin{aligned}&\min f(\boldsymbol{x})\\&\text{s.t. } g_i(\boldsymbol{x})+y_i^2=0\quad (i=1,2,\cdots,l)\end{aligned}\tag{10.2.6}$$

此时，问题（10.2.6）对应的增广拉格朗日函数为

$$F(\boldsymbol{x},\boldsymbol{y},\lambda,\mu)=f(\boldsymbol{x})+\sum_{i=1}^{l}\lambda_i\left[g_i(\boldsymbol{x})+y_i^2\right]+\frac{\mu}{2}\sum_{i=1}^{l}\left[g_i(\boldsymbol{x})+y_i^2\right]^2\tag{10.2.7}$$

将式（10.2.7）配方

$$F(\boldsymbol{x},\boldsymbol{y},\boldsymbol{\lambda},\mu)=f(\boldsymbol{x})+\sum_{i=1}^{l}\left\{\frac{\mu}{2}\left[y_i^2+\frac{1}{\mu}\left(\mu g_i(\boldsymbol{x})+\lambda_i\right)\right]^2-\frac{\lambda_i^2}{2\mu}\right\}$$

由此可知，要使 $F(\boldsymbol{x},\boldsymbol{y},\lambda,\mu)$ 取极小值，$y_i^2$ 的取值必为

$$y_i^2=\frac{1}{\mu}\max\left\{0,-\left[\mu g_i(\boldsymbol{x})+\lambda_i\right]\right\}$$

再代入式（10.2.7）中并消去 $y_i$，得问题（10.2.2）的增广拉格朗日函数为

$$F(\boldsymbol{x},\boldsymbol{\lambda},\mu)=f(\boldsymbol{x})+\frac{1}{2\mu}\sum_{i=1}^{l}\left[\left(\max\left\{0,\mu g_i(\boldsymbol{x})+\lambda_i\right\}\right)^2-\lambda_i^2\right] \tag{10.2.8}$$

将问题（10.2.2）转化为无约束最优化问题

$$\min F(\boldsymbol{x},\boldsymbol{\lambda},\mu) \tag{10.2.9}$$

应用中，乘数因子常取为 $(\lambda_i)_{k+1}=\max\left\{0,\ \mu g_i(\boldsymbol{x}_k)+(\lambda_i)_k\right\}$，$i=1,2,\cdots,l$，终止条件取为

$$\left[\sum_{i=1}^{l}\left(\max\left\{g_i(\boldsymbol{x}_k),-\frac{(\lambda_i)_k}{\mu}\right\}\right)^2\right]^{1/2}<\varepsilon \text{ 或 } \|\boldsymbol{x}_k-\boldsymbol{x}_{k-1}\|<\varepsilon$$

**3. 一般约束最优化问题的乘子法**

对于一般约束最优化问题（10.1.1）

$$\min f(\boldsymbol{x})$$
$$\text{s.t.}\begin{cases}g_i(\boldsymbol{x})\leqslant 0 & (i=1,2,\cdots,l)\\ h_j(\boldsymbol{x})=0 & (j=1,2,\cdots,m)\end{cases}$$

构造增广拉格朗日函数为

$$\begin{aligned}F(\boldsymbol{x},\ \boldsymbol{\lambda},\ \mu,\ \boldsymbol{r})=&f(\boldsymbol{x})+\frac{1}{2\mu}\sum_{i=1}^{l}\left\{\left[\max\left\{0,\ \mu g_i(\boldsymbol{x})+\lambda_i\right\}\right]^2-\lambda_i^2\right\}\\&+\sum_{j=1}^{m}r_j h_j(\boldsymbol{x})+\frac{\mu}{2}\sum_{j=1}^{m}h_j^2(\boldsymbol{x})\end{aligned} \tag{10.2.10}$$

其中 $\boldsymbol{r}=(r_1,r_2,\cdots,r_m)^{\mathrm{T}}$。

迭代过程中，取充分大的 $\mu$，并不断地修正乘子 $\lambda_k$ 和 $r_k$，修正公式为

$$(\lambda_i)_{k+1}=\max\left\{0,\ \mu g_i(\boldsymbol{x}_k)+(\lambda_i)_k\right\} \quad (i=1,2,\ldots,l)$$
$$(r_j)_{k+1}=(r_j)_k+\mu h_j(\boldsymbol{x}_k) \quad (j=1,2,\cdots,m)$$

终止条件取为

$$\left[\sum_{i=1}^{l}\left(\max\left\{g_i(\boldsymbol{x}_k),-\frac{(\lambda_i)_k}{\mu}\right\}\right)^2+\sum_{j=1}^{m}h_j^2(\boldsymbol{x}_k)\right]^{1/2}<\varepsilon \text{ 或 } \|\boldsymbol{x}_k-\boldsymbol{x}_{k-1}\|<\varepsilon$$

应用中，罚参数也可取为不断增加的数列 $\{\mu_k\}$。

**【例 10.2.4】**用乘子法求解

$$\min f(\boldsymbol{x})=x_1^2+2x_2^2$$
$$\text{s.t. } x_1+x_2\geqslant 1$$

**解**：此问题的增广拉格朗日函数为

$$F(\boldsymbol{x},\lambda,\mu)=x_1^2+2x_2^2+\frac{1}{2\mu}\left[\left(\max\left\{0,\ \lambda-\mu(x_1+x_2-1)\right\}\right)^2-\lambda^2\right]$$

$$=\begin{cases}x_1^2+2x_2^2+\dfrac{1}{2\mu}\left[\left(\lambda-\mu(x_1+x_2-1)\right)^2-\lambda^2\right], & x_1+x_2-1\leqslant\dfrac{\lambda}{\mu}\\ x_1^2+2x_2^2-\dfrac{\lambda^2}{2\mu}, & x_1+x_2-1>\dfrac{\lambda}{\mu}\end{cases}$$

$$\frac{\partial F}{\partial x_1}=\begin{cases}2x_1-\left(\lambda-\mu(x_1+x_2-1)\right), & x_1+x_2-1<\dfrac{\lambda}{\mu}\\ 2x_1, & x_1+x_2-1>\dfrac{\lambda}{\mu}\end{cases}$$

$$\frac{\partial F}{\partial x_2}=\begin{cases}4x_2-\left(\lambda-\mu(x_1+x_2-1)\right), & x_1+x_2-1<\dfrac{\lambda}{\mu}\\ 4x_2, & x_1+x_2-1>\dfrac{\lambda}{\mu}\end{cases}$$

当 $x_1+x_2-1>\dfrac{\lambda}{\mu}$ 时，令 $\nabla_x F(\boldsymbol{x},\lambda,\mu)=\mathbf{0}$，得

$$\boldsymbol{x}=(x_1,x_2)^{\mathrm{T}}=(0,0)^{\mathrm{T}}$$

当$\lambda$充分大时，此点不满足 $x_1+x_2-1>\dfrac{\lambda}{\mu}$，即 $(0,0)^{\mathrm{T}}$ 不是 $F(\boldsymbol{x},\lambda,\mu)$ 的极小值点。

当 $x_1+x_2-1<\dfrac{\lambda}{\mu}$ 时，令 $\nabla_x F(\boldsymbol{x},\lambda,\mu)=\mathbf{0}$，得到 $F(\boldsymbol{x},\lambda,\mu)$ 的无约束极小值点

$$\boldsymbol{x}=(x_1,x_2)^{\mathrm{T}}=\left(\frac{2(\lambda+\mu)}{4+3\mu},\frac{\lambda+\mu}{4+3\mu}\right)^{\mathrm{T}}$$

取$\mu=2$，$\lambda_1=1$，得到 $F(\boldsymbol{x},\lambda_1,\mu)$的极小值点

$$\boldsymbol{x}_1=\left(\frac{3}{5},\frac{3}{10}\right)^{\mathrm{T}}$$

修正$\lambda_1$，令

$$\lambda_2=\max\left\{0,1-2\left(\frac{3}{5}+\frac{3}{10}-1\right)\right\}=\frac{6}{5}$$

得到 $F(\boldsymbol{x},\lambda_2,\mu)$的极小值点

$$\boldsymbol{x}_2=\left(\frac{16}{25},\frac{8}{25}\right)^{\mathrm{T}}$$

以此类推，设在第 $k$ 次迭代取乘子$\lambda_k$，得到 $F(\boldsymbol{x},\lambda_k,\mu)$的极小值点

$$\boldsymbol{x}_k=\left(\frac{1}{5}(2+\lambda_k),\frac{1}{10}(2+\lambda_k)\right)^{\mathrm{T}}$$

修正$\lambda_k$，令

$$\lambda_{k+1}=\max\left\{0,\ \lambda_k-2\left((x_1)_k+(x_2)_k-1\right)\right\}=\frac{1}{5}(2\lambda_k+4)$$

显然，按上式迭代得到的序列$\{\lambda_k\}$是收敛的。令 $k\to+\infty$，则

$$\lambda_k \to \frac{4}{3},\ \boldsymbol{x}_k \to \left(\frac{2}{3},\frac{1}{3}\right)^{\mathrm{T}}$$

在乘子法中，由于参数$\mu$不必趋向无穷大就能求得约束最优化问题的最优解，因此不会出现罚函数法中的病态性质。数值经验表明，乘子法比罚函数法优越，收敛速度快得多，至今仍是求解约束最优化问题的最好方法之一，受到人们的广泛重视和使用者的欢迎。

# 10.3 应用实例

## 10.3.1 背景与问题

如图 10.3.1 所示，这是某一桁架的一部分，杆 2 距离 $O$ 点 30cm 处有一支点 $C$。为了固定桁架，现在想在杆 1 和杆 2 上设置支点 $A$ 和支点 $B$，用来连接杆 3（可拆卸）。已知当桁架固定时，杆 1 和杆 2 成直角；而且，杆 1 右边有一段长为 20cm 的重要部位，不能设置支点。卸去杆 3、收起桁架时，支点 $A$ 的位置不能高于 $BC$ 段的中点 $D$。求取支点 $A$ 和支点 $B$ 的位置，使得杆 3 的长度尽量小，以节省材料。

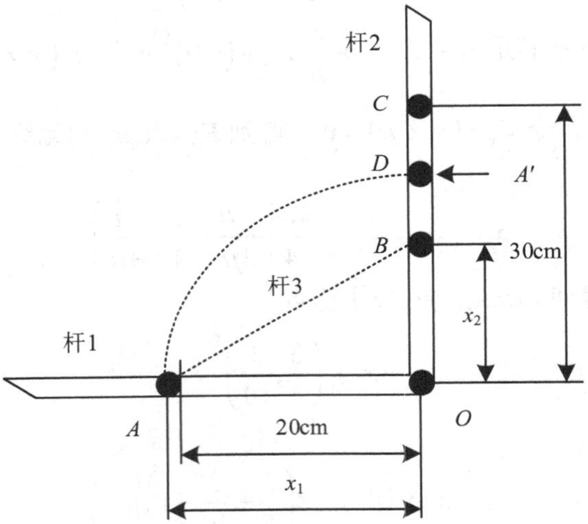


图 10.3.1

## 10.3.2 模型与求解

设 $A$、$B$ 两点距离 $O$ 点的长度分别为 $x_1$、$x_2$，由于桁架固定时杆 1 和杆 2 成直角，因此杆 3 的长度为 $l_3=\sqrt{x_1^2+x_2^2}$ 。

由图 10.3.1 可知，$x_1 \geqslant 20$ 且 $x_1 \leqslant \dfrac{x_2+30}{2}$，即 $-x_1+20 \leqslant 0$ 且 $2x_1-x_2-30 \leqslant 0$ 。设 $\boldsymbol{x}=(x_1,x_2)^{\mathrm{T}}$，取 $f(\boldsymbol{x})=l_3^2=x_1^2+x_2^2$，将问题转化为极小化目标函数 $f(\boldsymbol{x})=x_1^2+x_2^2$，因此得约

束最优化问题为

$$\min f(\boldsymbol{x}) = x_1^2 + x_2^2$$
$$\text{s.t.}\begin{cases} g_1(\boldsymbol{x}) = -x_1 + 20 \leqslant 0 \\ g_2(\boldsymbol{x}) = 2x_1 - x_2 - 30 \leqslant 0 \\ x_1, x_2 \geqslant 0 \end{cases}$$

构造外罚函数

$$\varphi\left(\boldsymbol{x}, M^{(k)}\right) = x_1^2 + x_2^2 + M^{(k)}\left\{\left[\max(20 - x_1, 0)\right]^2 + \left[\max(2x_1 - x_2 - 30, 0)\right]^2\right\}$$

计算步骤如下。

（1）选择适当的初始惩罚因子 $M^{(0)}$、初始点$x^{(0)}$、给定允许误差 $\varepsilon$ 和惩罚因子增大系数 $c$。在本问题中分别取 $M^{(0)}=1$，$x^{(0)}=(20,20)$，$\varepsilon=10^{-6}$，$c$=8。令迭代步长 $k$=0。

（2）采用牛顿法求无约束最优化问题 $\min\varphi\left(\boldsymbol{x}, M^{(k)}\right)$，得极值点 $\boldsymbol{x}^*\left(M^{(k)}\right)$。

（3）检验迭代终止准则，若满足

$$\left\|\boldsymbol{x}^*\left(M^{(k)}\right) - \boldsymbol{x}\left(M^{(k-1)}\right)\right\| < \varepsilon \text{ 和 } \left|\frac{f\left[\boldsymbol{x}^*\left(M^{(k)}\right)\right] - f\left[\boldsymbol{x}^*\left(M^{(k-1)}\right)\right]}{f\left[\boldsymbol{x}^*\left(M^{(k-1)}\right)\right]}\right| < \varepsilon$$

则停止迭代，输出最优点 $\boldsymbol{x}^* = \boldsymbol{x}^*\left(M^{(k)}\right)$；否则，转至步骤（4）。

（4）取 $M^{(k+1)} = cM^{(k)}$，$x^{(0)} = \boldsymbol{x}^*\left(M^{(k)}\right)$，$k$=$k$+1，转至步骤（2）继续迭代。

经过以上步骤，得到 $A$、$B$ 两支点与 $O$ 点的距离分别为 20cm、10cm，杆 3 的最小长度为$10\sqrt{5}$ cm。

## 10.3.3 Python 实现

求取满足条件的支点 $A$ 和支点 $B$ 的位置的代码如下：

```
import numpy as np
from functools import partial

def phi(x,M=1):
    #print(x)
    res = 0
    res += x[0]**2 + x[1]**2
    #print(res,"res")
    term1 = (np.max((20 - x[0],0)))**2
    #print(term1)
    term2 = (np.max((2*x[0] - x[1] - 30,0)))**2
    #print(term2)
    res += M*(term1 + term2)
    #print(res,"res")
    return res

def phi_g(x,M=1):
```

```
        res = np.zeros(2)

        res[0] = 2*x[0]
        if 20 - x[0] > 0:
            res[0] += 2 * M * (20 - x[0]) * (-1)
        else:
            res[0] += 0
        #print(res,"res")
        if 2*x[0] - x[1] - 30 > 0:
            res[0] += 2 * M * (2*x[0] - x[1] - 30) * 2
        else:
            res[0] += 0
        #print(res,"res")

        res[1] = 2*x[1]
        if 2*x[0] - x[1] - 30 > 0:
            res[1] += 2 * M * (2*x[0] - x[1] - 30) * (-1)
        else:
            res[1] += 0

        return res

    def phi_gg(x,M=1):
        res = np.zeros((2,2))

        res[0,0] = 2
        res[1,1] = 2

        if 20 - x[0] > 0:
            res[0,0] += 2*M

        if 2*x[0] - x[1] - 30 > 0:
            res[0,0] += 2*M*2*2
            res[0,1] += -2*M*2
            res[1,1] += 2*M
            res[1,0] += -2*M*2

        return res

    def newton(f,f_g,f_gg,x,epsilon=0.001):
        for i in range(20):
            g = f_g(x)
            gg = f_gg(x)
            if np.dot(g,g) < epsilon:
                return x
            else:
                p = np.linalg.solve(gg,-g)
                x = x + p

        print("Warning: iteration max reached!")
        return x

    def optimize_structure():

        M = 1   # 惩罚因子
        x = np.array([20,20])
        epsilon = 10e-6   # 给定的允许误差
        c = 8   # 增大系数

        for i in range(20):
            f_g = partial(phi_g,M=M)
```

```
            f_gg = partial(phi_gg,M=M)

            x_n = newton(None,f_g,f_gg,x)

            if np.dot(x_n - x,x_n - x) <= epsilon \
                and np.abs((np.dot(x_n,x_n) - np.dot(x,x))/np.dot(x,x)) <= epsilon:
                  return x_n
            else:
                  x = x_n
                  M = c*M

if __name__ == "__main__":
      print("The optimal position of A,B are {}.".format(optimize_structure()))
```

运行结果如下：

```
The optimal position of A,B are [19.99999762    9.99999464].
```

支点 $A$、支点 $B$ 与 $O$ 点的距离分别为 20cm 和 10cm，使得杆 3 的最小长度为$10\sqrt{5}$cm。

下面讨论惩罚因子增大系数 $c$ 对外点罚函数法的影响。程序中，$c$ 取值为 8，迭代步长 $k=11$。若取 $c=4$，则迭代步长 $k=16$；若取 $c=16$，则迭代步长 $k=9$；若取 $c=32$，则迭代步长 $k=8$；若取 $c=64$，则迭代步长 $k=7$。由此可知，惩罚因子增大系数 $c$ 的大小会影响程序的迭代步长 $k$。$c$ 的值取得越大，迭代步长 $k$ 越小，程序收敛速度越快，效率越高。但对于 $c$ 的其他一些取值，如 5、7、9 等，会导致惩罚函数性态变坏，使迭代出现问题，导致程序运行失败。因此，需选取合适的惩罚因子增大系数 $c$。

## 习题 10

用 Python 求解下列问题。

1. 用外点法求解下列问题。

（1）

$$\begin{aligned}&\min f(\boldsymbol{x})=-x_1-x_2\\&\text{s.t. } h(\boldsymbol{x})=1-x_1^2-x_2^2=0\end{aligned}$$

（2）

$$\begin{aligned}&\min f(\boldsymbol{x})=x_1^2+x_2^2\\&\text{s.t. }\begin{cases}g_1(\boldsymbol{x})=2x_1+x_2-2\leqslant 0\\g_2(\boldsymbol{x})=x_2-1\geqslant 0\end{cases}\end{aligned}$$

（3）

$$\begin{aligned}&\min f(\boldsymbol{x})=x_1^2+x_2^2\\&\text{s.t. }\begin{cases}g(\boldsymbol{x})=x_1-1/2\leqslant 0\\h(\boldsymbol{x})=x_1+x_2-1=0\end{cases}\end{aligned}$$

2. 用内点法求解下列问题。

（1）

$$\begin{aligned}&\min f(\boldsymbol{x})=x\\&\text{s.t. } g(\boldsymbol{x})=x-1\geqslant 0\end{aligned}$$

（2）

$$\begin{aligned}&\min f(\boldsymbol{x})=(x+1)^2\\&\text{s.t. } g(\boldsymbol{x})=x\geqslant 0\end{aligned}$$

（3）

$$\min f(\boldsymbol{x})=\frac{1}{12}(x_1+1)^3+x_2$$

$$\text{s.t. } \begin{cases}g(\boldsymbol{x})=x_1-1\geqslant 0\\h(\boldsymbol{x})=x_2\geqslant 0\end{cases}$$

3. 用乘子法求解下列问题。

（1）

$$\begin{aligned}&\min f(\boldsymbol{x})=2x_1^2+x_2^2-2x_1x_2\\&\text{s.t. } x_1+x_2-1=0\end{aligned}$$

（2）

$$\begin{aligned}&\min f(\boldsymbol{x})=x_1^2+x_2^2\\&\text{s.t. } x_1\geqslant 1\end{aligned}$$

（3）

$$\min f(\boldsymbol{x})=x_1+\frac{1}{3}(x_2+1)^2$$

$$\text{s.t. } \begin{cases}x_1\geqslant 0\\x_2\geqslant 0\end{cases}$$

# 第 11 章 综合案例

本章综合利用第 1 章到第 10 章的知识，讨论两个实际应用问题，并利用 Python 编程实现。

## 11.1 基于 HMM 的中文分词

### 11.1.1 背景与问题

汉语自动分词是中文信息处理的基础与关键。汉语自动分词不同于英语中的分词，汉语文本是大字符集上的连续字符串，以字为单位，句子中所有的字连起来才能描述一个意思。中文语句和段落可以通过明显的分界符来简单划界，而句中词与词之间并没有明显的界限标志，因此在分词时尤为困难。

基于隐马尔可夫模型（Hidden Markov Model，HMM）的中文分词算法是一种字标注法，将分词任务看作一个序列标注任务，即对给定的待分词中文语句，给出“BMES”标注，再根据标注结果对原语句进行分词。例如，

原句：小明硕士毕业于中国科学院计算技术研究所
　　BEBEBMEBEBMEBES
分词后：小明/硕士/毕业于/中国/科学院/计算/技术/研究/所
　　BE/BE/BME/BE/BME/BE/BE/BE/S

其中，B 代表该字是词语中的起始字，M 代表该字是词语中的中间字，E 代表该字是词语中的结束字，S 则代表该字是单字词。中文字符序列对应 HMM 的观测序列，标记序列对应 HMM 的状态序列。

### 11.1.2 模型与求解

马尔可夫过程是具有马尔可夫性质的离散随机过程。在该过程中，每个状态的转移只依赖于其之前的 $n$ 个状态，这个过程被称为一个 $n$ 阶的模型，其中 $n$ 是影响转移状态的数目。最简单的马尔可夫过程是一阶过程，即每个状态的转移只依赖于其之前的那一个状态，如图 11.1.1 所示。

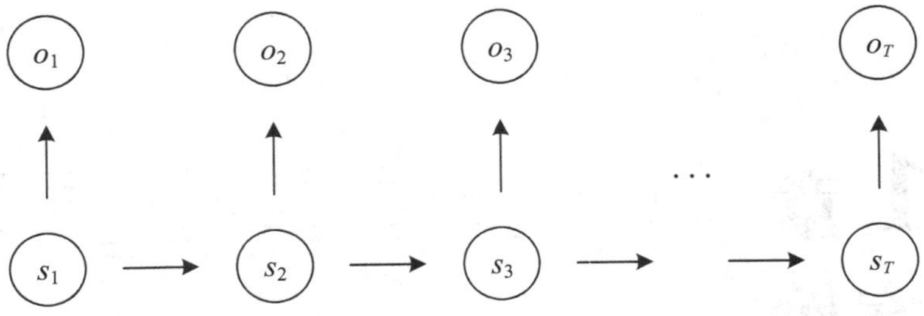


图 11.1.1

HMM 是统计模型，用来描述一个含有隐含未知参数的一阶马尔可夫过程。HMM 的三元组（$\boldsymbol{\pi}, \boldsymbol{A}, \boldsymbol{B}$）如下。

$\boldsymbol{\pi}$：隐状态的初始概率矩阵（大小为 $N\times 1$），其元素为句子的第一个字属于{B,E,M,S}这 4 种状态的概率，取对数，示例如表 11.1.1 所示。

表 11.1.1

| | $P$ |
|---|---|
| B | –0.263 |
| E | –3.14e+100 |
| M | –3.14e+100 |
| S | –1.465 |

$\boldsymbol{A}$：隐状态的转移概率矩阵（大小为 $N\times N$），其元素为从一种状态到另一种状态的概率，取对数，示例如表 11.1.2 所示。

表 11.1.2

| | B | E | M | S |
|---|---|---|---|---|
| B | –3.14e+100 | –0.511 | –0.916 | –3.14e+100 |
| E | –0.590 | –3.14e+100 | –3.14e+100 | –0.809 |
| M | –3.14e+100 | –0.333 | –1.260 | –3.14e+100 |
| S | –0.721 | –3.14e+100 | –3.14e+100 | –0.666s |

$\boldsymbol{B}$：隐状态到观测的发射概率矩阵（大小为 $N\times M$），其元素为某种状态下观测值为某字的概率，取对数，示例如表 11.1.3 所示。

表 11.1.3

| | 耀 | 涉 | 谈 | … |
|---|---|---|---|---|
| B | –10.460 | –8.766 | –8.039 | … |
| E | –9.267 | –9.096 | –8.436 | … |
| M | –8.476 | –10.560 | –8.345 | … |
| S | –10.006 | –10.523 | –15.269 | … |

**注意：**$N$ 等于隐状态集大小，$M$ 等于所有观测字符集的大小。示例数值是对概率值取对数之后的结果，为了将概率相乘的计算变成对数相加，其中–3.14e＋100 作为负无穷，对应的概率值是 0。

对 HMM 来说，有如下两个重要假设。

假设 1：齐次马尔可夫性假设，即假设隐藏的马尔可夫链在任意时刻 $t$ 的状态只依赖于其前一时刻的状态，与其他时刻的状态和观测无关，也与时刻 $t$ 无关。

$$P\left(s_t \mid s_{t-1},o_{t-1},\cdots,s_1,o_1\right)=P\left(s_t \mid s_{t-1}\right) \quad \left(t=1,2,\cdots,T\right)$$

假设 2：观测独立性假设，即假设任意时刻 $t$ 的观测只依赖于该时刻的马尔可夫链的状态，与其他时刻的状态和观测无关。

$$P(s_t \mid s_T,o_T,s_{T-1},o_{T-1},\cdots,s_{t+1},o_{t+1},s_{t-1},o_{t-1},\cdots,s_1,o_1)=P\left(s_t \mid s_{t-1}\right) \quad \left(t=1,2,\cdots,T\right)$$

根据贝叶斯公式

$$P\left(S \mid O\right)=\frac{P\left(O \mid S\right)P\left(S\right)}{P\left(O\right)}（P\left(O\right)\neq 0）$$

由于对于给定的观测序列 $P(O)$是固定不变的，因此我们可以省略分母。其次，在贝叶斯公式中 $P(O|S)$被称为似然函数，$P(S)$被称为先验概率。对应到我们的任务，$P(O|S)$是“已知状态序列 $S$ 求观测序列 $O$ 的概率”，$P(S)$则是状态序列本身的概率，因此任务变成了：

$$S=\text{argmax}P\left(S \mid O\right)=\text{argmax}P\left(O \mid S\right)P\left(S\right)$$

其中，argmax($f(x)$)是使函数 $f(x)$取得最大值所对应的自变量 $x$。

由齐次马尔可夫性假设，当前状态只与前一个状态有关，$P(s_i \mid s_{i-1})$是状态转移概率，其中$P(s_1 \mid s_0)$指的是初始状态$s_1$的概率。计算公式如下

$$P\left(S\right)=P\left(s_1,s_2,s_3,\cdots,s_T\right)=\prod_{i=1}^{T}P(s_i \mid s_{i-1})$$

由观测独立性假设，当前的观测 $o_i$ 只与当前状态 $s_i$ 有关，$P(o_i|s_i)$是发射概率。计算公式如下

$$P\left(O \mid S\right)=\prod_{i=1}^{T}P(o_i \mid s_i)$$

因此

$$S=\text{argmax}P\left(S \mid O\right)=\arg\max_{S}\prod_{i=1}^{T}P\left(s_i|s_{i-1}\right)P(o_i \mid s_i)$$

取对数得

$$S=\text{argmax }\log P\left(S \mid O\right)=\arg\max_{S}\sum_{i=1}^{T}[\log P\left(s_i|s_{i-1}\right)+\log P(o_i \mid s_i)]$$

其中 $P\left(s_i|s_{i-1}\right)$ 对应状态转移概率矩阵 $\boldsymbol{A}$ 中相应的元素值，$P(o_i \mid s_i)$ 对应发射概率矩阵 $\boldsymbol{B}$ 中相应的元素值，初始时刻状态概率对应初始状态概率矩阵 $\boldsymbol{\pi}$ 中相应的元素值。

**1．模型参数的确定**

利用大数定律“频率的极限是概率”，可通过统计训练集中各状态值和观测值的频率，近

似求解模型参数 $\boldsymbol{\pi}$、$\boldsymbol{A}$、$\boldsymbol{B}$。

（1）状态转移概率 $a_{ij}$ 的估计

设样本在时刻 $t$ 处于状态 $i$，时刻 $t+1$ 转移到状态 $j$ 的频数为 $A_{ij}$，则

$$a_{ij}=\frac{A_{ij}}{\sum_{j=1}^{N}A_{ij}}\qquad(i,j=1,2,\cdots,N)$$

（2）发射概率 $b_j(o_k)$的估计

设样本在状态为 $j$ 并观测为 $k$ 的频数是 $B_{jk}$，则

$$b_j(o_k)=\frac{B_{jk}}{\sum_{k=1}^{M}B_{jk}}\qquad(j=1,2,\cdots,N;\ k=1,2,\cdots,M)$$

（3）初始状态概率 $\pi_i$ 的估计

$\pi_i$ 为样本在初始状态为 $q_i$ 的概率，$i=1,2,\cdots,N$。

**2. 维特比算法求解最优状态序列**

**维特比**（Andrew Viterbi）算法实际是用动态规划来求解 HMM 预测问题，即用动态规划求解概率最大路径。一条路径对应一个状态序列。

为了记录中间变量，引入变量 $\delta$ 和 $\varphi$。定义在时刻 $t$ 状态为 $i$ 的所有单个路径中，概率最大值为

$$\delta_t(i)=\max_S P(s_t=i,s_{t-1},\cdots,s_1,o_t,\cdots,o_1\mid\lambda)\qquad(i=1,2,\cdots,N)$$

依据上式可以得出变量 $\delta$ 的递推式

$$\delta_{t+1}(i)=\max_{1\leqslant j\leqslant N}\left[\delta_t(j)a_{ji}\right]b_i(o_{t+1})$$

$$(i=1,2,\cdots,N;\ t=1,2,\cdots,T-1)$$

定义 $\varphi_t(i)$ 为时刻 $t$ 状态为 $i$ 的概率最大路径的前一个时刻对应的节点，即它保存了最短路径所经过的节点

$$\varphi_t(i)=\arg\max_{1\leqslant j\leqslant N}\left[\delta_{t-1}(j)a_{ji}\right]\qquad(i=1,2,\cdots,N)$$

维特比算法如下。

输入：模型 $\lambda=(\boldsymbol{\pi},\boldsymbol{A},\boldsymbol{B})$ 和观测 $O=(o_1,o_2,o_3,\cdots,o_T)$。

输出：最优路径 $S^*=(s_1^*,s_2^*,\cdots,s_T^*)$。

（1）初始化

$$\delta_1(i)=\pi_i b_i(o_1)\qquad(i=1,2,\cdots,N)$$

$$\varphi_1(i)=0\qquad(i=1,2,\cdots,N)$$

（2）递推。对 $t=2,3,\cdots,T$

$$\delta_t(i)=\max_{1\leqslant j\leqslant N}\left[\delta_{t-1}(j)a_{ji}\right]b_i(o_t)\qquad(i=1,2,\cdots,N)$$

$$\varphi_t(i)=\arg\max_{1\leqslant j\leqslant N}\left[\delta_{t-1}(j)a_{ji}\right]\qquad(i=1,2,\cdots,N)$$

（3）终止

$$P^* = \max_{1 \leqslant i \leqslant N} \delta_T(i)$$

$$s_T^* = \arg\max_{1 \leqslant i \leqslant N} \delta_T(i)$$

（4）最优路径回溯。对 $t = T-1, T-2, \cdots, 1$，

$$s_t^* = \varphi_{t+1}\left(s_{t+1}^*\right)$$

### 11.1.3 Python 实现

实现代码如下：

```
from numpy import *

# B：标记词的开头；E：标记词的结尾；M：标记词的中间部分；S：标记单字词
STATES = ['B','M','E','S']
array_A = {}        # 状态转移概率矩阵
array_B = {}        # 发射概率矩阵
array_Pi = {}       # 初始状态概率矩阵
count_dic = {}      # "B,M,E,S"每个状态在训练集中出现的次数
line_num = 0        # 训练集语句数量

# 初始化所有概率矩阵和状态计数数组
def Init_Array():
    for state0 in STATES:
        array_A[state0] = {}
        for state1 in STATES:
            array_A[state0][state1] = 0.0
    for state in STATES:
        array_Pi[state] = 0.0
        array_B[state] = {}
        count_dic[state] = 0

"""
获取词语 word 的状态标签，eg:word="天安门",得到 tag=[B M E]
输入：
    word——待标记词语
输出：
    tag——word 对应的状态标记
"""
def get_tag(word):
    tag = []
    if len(word) == 1:
        tag = ['S']
    elif len(word) == 2:
        tag = ['B','E']
    else:
        num = len(word) - 2
        tag.append('B')
        tag.extend(['M'] * num)
        tag.append('E')
    return tag

"""
计算 array_Pi、array_A、array_B 的各项概率的对数值
使用概率的对数，是为了将概率的乘积转换为对数概率的和，防止下溢
```

```
对于概率为 0 的项，以-3.14e+100 表示其对数概率值
"""
def Prob_Array():
    for key in array_Pi:
        if array_Pi[key] == 0:
            array_Pi[key] = -3.14e+100
        else:
            array_Pi[key] = log(array_Pi[key] / line_num)
    for key0 in array_A:
        for key1 in array_A[key0]:
            if array_A[key0][key1] == 0.0:
                array_A[key0][key1] = -3.14e+100
            else:
                array_A[key0][key1] = log(array_A[key0][key1] / count_dic[key0])
    for key in array_B:
        for word in array_B[key]:
            if array_B[key][word] == 0.0:
                array_B[key][word] = -3.14e+100
            else:
                array_B[key][word] = log(array_B[key][word] / count_dic[key])
    # 对于训练集中未出现过的观测字符，以'other'表示
    # 并将其发射概率对数值设为当前状态所有观测字符的发射概率对数值的平均值
    for key in array_B:
        Sum = sum(list(array_B[key].values()))
        array_B[key]['other'] = Sum / len(array_B[key])

"""
通过维特比算法求测试集最优状态序列
输入：
    sentence——待分词句子
    array_pi——训练好的初始状态概率矩阵
    array_a——训练好的状态转移概率矩阵
    array_b——训练好的发射概率矩阵
输出：
    已分词语句
"""
def Viterbi(sentence,array_pi,array_a,array_b):
    tab = [{}]  # 动态规划表
    path = {}

    # 若训练集中没有以当前句子第一个字符为首的词，则视其为单字词，并调整相应发射概率
    if sentence[0] not in array_b['B']:
        for state in STATES:
            if state == 'S':
                array_b[state][sentence[0]] = 0  # 等价于发射概率为 1
            else:
                array_b[state][sentence[0]] = -3.14e+100  # 等价于发射概率为 0
    # 计算
    for state in STATES:
        tab[0][state] = array_pi[state] + array_b[state][sentence[0]]
        path[state] = [state]
    for i in range(1,len(sentence)):
        tab.append({})
        new_path = {}
        for state_cur in STATES:
            items = []
            for state_pre in STATES:
                if sentence[i] not in array_b[state_cur]:  # 所有在测试集中出现但没有在训练集中出现的字符
                    prob = tab[i - 1][state_pre] + array_a[state_pre][state_cur] + array_b[state_cur]['other']
```

```
                else:   # 计算每个字符对应 STATES 的概率
                    prob = tab[i - 1][state_pre] + array_a[state_pre][state_cur] + array_b[state_cur][sentence[i]]
                items.append((prob,state_pre))
            # 计算当前时刻 i、当前状态 state_cur 下，概率 prob 最大路径的概率值，以及此路径前一时刻的状态
            best = max(items)
            # 记录当前时刻 i、当前状态 state_cur 下，概率 prob 最大路径的概率值
            tab[i][state_cur] = best[0]
            # 记录当前时刻 i、当前状态 state_cur 下，概率 prob 最大路径
            new_path[state_cur] = path[best[1]] + [state_cur]
        path = new_path

    prob,state = max([(tab[len(sentence) - 1][state],state) for state in STATES])
    return path[state]

"""
根据状态序列进行分词
输入：
    sentence——待分词句子
    tag——待分词句子对应的状态标签
输出：
    sentence——分词得到的词语列表
"""
def tag_seg(sentence,tag):
    word_list = []
    start = -1
    started = False
    if len(tag) != len(sentence):
        return None
    if len(tag) == 1:
        word_list.append(sentence[0])   # 语句只有一个字，直接输出
    else:
        if tag[-1] == 'B' or tag[-1] == 'M':   # 最后一个字状态不是'S'或'E'则修改
            if tag[-2] == 'B' or tag[-2] == 'M':
                tag[-1] = 'E'
            else:
                tag[-1] = 'S'

        for i in range(len(tag)):
            if tag[i] == 'S':
                if started:
                    started = False
                    word_list.append(sentence[start:i])
                word_list.append(sentence[i])
            elif tag[i] == 'B':
                if started:
                    word_list.append(sentence[start:i])
                start = i
                started = True
            elif tag[i] == 'E':
                started = False
                word = sentence[start:i + 1]
                word_list.append(word)
            elif tag[i] == 'M':
                continue
    return word_list

if __name__ == '__main__':
    trainset = open('CTBtrainingset.txt',encoding='utf-8')        # 读取训练集
    testset = open('myTest.txt',encoding='utf-8')                 # 读取测试集
```

```
Init_Array()  # 初始化所有概率矩阵和状态计数数组

"""
逐行处理训练语料
按行读取训练数据，并去除每行的首尾空格
例如读取第一行句子，“上海浦东开发与法制建设同步”
"""
for line in trainset:
    line = line.strip()
    line_num += 1

    # 将当前句子处理成字符列表存入 word_list
    word_list = []
    for k in range(len(line)):
        if line[k] == ' ':
            continue
        word_list.append(line[k])  #  [上海浦东开发与法制建设同步]

    line = line.split(' ')     #  [上海浦东开发与法制建设同步]
    line_state = []            #  这句话的状态序列

    for i in line:
        line_state.extend(get_tag(i))   # [B E B E B E S B E B E B E]
    array_Pi[line_state[0]] += 1   # array_Pi 用于计算初始概率

    for j in range(len(line_state) - 1):
        array_A[line_state[j]][line_state[j + 1]] += 1   # array_A 用于计算状态转移概率

    for p in range(len(line_state)):
        count_dic[line_state[p]] += 1   # 记录每一个状态的出现次数
        for state in STATES:
            if word_list[p] not in array_B[state]:
                array_B[state][word_list[p]] = 0.0        # 保证每个字都在 STATES 的字典中
        array_B[line_state[p]][word_list[p]] += 1         # array_B 用于计算发射概率
Prob_Array()     # 对概率取对数保证精度

outputfile = open('output.txt',mode='w',encoding='utf-8')   # 分词结果输出文件
# 逐行读取测试文本进行分词
for line in testset:
    line = line.strip()
    # 根据维特比算法，预测当前句子的 BMES 标签
    tag = Viterbi(line,array_Pi,array_A,array_B)
    # 根据标签状态对当前句子进行分词，获得分词列表
    seg = tag_seg(line,tag)
    # 将分词列表中的词语，依序用空格拼接成字符串，并追加到结果文件末尾
    output_line = ''
    for i in range(len(seg)):
        output_line = output_line + seg[i] + ' '
    output_line = output_line + '\n'
    outputfile.write(output_line)
    print(output_line)
# 关闭打开的文件
trainset.close()
testset.close()
outputfile.close()
```

代码说明如下。

（1）通过 Init_Array()函数初始化 array_A、array_B、array_Pi、count_dic 字典矩阵。

（2）逐行读取 CTBtrainingset.txt 训练集样本，利用 get_tag()函数提取标注序列，通过 Prob_Array()函数统计得到 array_A、array_B、array_Pi、count_dic 字典矩阵，即得到模型参数 $\lambda = (\boldsymbol{\pi}, \boldsymbol{A}, \boldsymbol{B})$。

（3）逐行读取 myTest.txt 测试数据，调用 Viterbi()函数，通过维特比算法，利用动态规划得到最优状态路径，即最优 BMES 标注序列。

（4）利用 tag_seg()函数根据 Viterbi()函数标注结果，对样本数据进行切词，并写入 output.txt 结果文件。

其中，CTBtrainingset.txt 训练集含约 6 万行样本，为已分词文本，其中一部分如下。

```
    上海 浦东 开发 与 法制 建设 同步
    新华社 上海 二月 十日 电 （ 记者 谢金虎 、 张持坚 ）
    上海 浦东 近年 来 颁布 实行 了 涉及 经济 、 贸易 、 建设 、 规划 、 科技 、 文教 等 领域 的 七十一 份 法规性 文件 ， 确保 了 浦东 开发 的 有序 进行 。 浦东 开发、开放 是 一 项 振兴 上海 ， 建设 现代化 经济 、 贸易 、 金融 中心 的 跨世纪 工程 ， 因此 出现 了 大量 以前 不 曾 遇到 过 的 新 情况 、 新 问题 。
    对 此 ， 浦东 不 是 简单 地 采取 “ 干 一 段 时间 ， 等 积累 了 经验 以后 再 制定 法规 条例 ” 的 做法 ， 而 是 借鉴 发达 国家 和 深圳 等 特区 的 经验 教训 ， 聘请 国内外 有关 专家 学者 ， 积极 、 及时 地 制定 和 推出 法规性 文件 ， 使 这些 经济 活动 一 出现 就 被 纳入 法制 轨道 。
```

测试数据 myTest.txt 中是用来测试模型效果的自定义待分词文本，其中一部分如下。

```
    在钢铁工业上，人们开始用超低温处理钢铁制品。经过处理后，钢的强度可以提高 1.5 倍，铁的强度可以提高两倍。

    在农业上，人们利用超低温来锻炼种子，增强它们的耐寒本领。在国外，农业科学家利用逐渐降低温度的办法，对醋栗种子进行低温处理。他们每天把温度降低 10 摄氏度，从室温慢慢下降到零下 200 多摄氏度，结果使本来在零下十几摄氏度就会冻死的醋栗种子，能够经受住零下 200 多摄氏度超低温的考验。采用这种办法锻炼种子，许多果树和庄稼的耐寒本领大大增强。

    目前超低温技术最主要应用在液态空气工业上。人们把空气温度降低到超低温，一加压力，便变成水一样的液态空气。然后，慢慢蒸发液态空气，进行分馏，可以把空气中各种不同的气体分开，制得纯净的氧气、氮气、二氧化碳、氦气、氖气、氩气等。
```

在医学上，人们利用超低温技术，保存一些贵重药品，防止变质。最近几年，我国试制成功一种“冷刀”。这种刀是空心的，里面不断流过液态氮或液态空气。用冷刀开刀，可起麻醉、止血作用，能够减少病人的痛苦。

在宇宙航行中，宇宙飞船或人造卫星将会遇到零下 200 多摄氏度的超低温。因此，使用的材料事先都要用超低温进行检验，合格后才允许上天。

在科学研究中，超低温也是人们很重要的助手。像物理学上著名的“宇称守恒定律”被推翻，就是以零下 270 摄氏度的超低温实验结果作为依据的。

分词测试结果如下。

在 钢铁 工业 上 ， 人们 开始 用 超低 温处 理钢 铁 制品 。 经过 处理 后 ， 钢的 强度 可以 提高 1.5 倍 ， 铁 的 强度 可以 提高 两 倍 。

在 农业 上 ， 人们 利用 超低 温来 锻炼 种子 ， 增强 它们 的 耐寒 本领 。 在国外 ， 农业 科学家 利用 逐渐 降低 温度 的 办法 ， 对 醋栗 种子 进行 低温 处理 。 他们 每 天 把 温度 降低 10 摄氏度 ， 从室 温慢 慢下 降到 零下 200 多 摄氏度 ， 结果 使本 来 在 零下 十几 摄氏度 就 会 冻死 的 醋栗 种子 ，能 够 经受 住零下 200 多 摄氏度 超低 温 的 考验 。 采用 这 种 办法 锻炼 种子 ， 许多果 树 和庄稼 的 耐寒 本 领大 大 增强 。

目前 超低 温技术 最 主要 应用 在 液态 空气 工业 上 。 人们 把 空气 温度 降低 到 超低 温 ， 一加 压力 ， 便变 成水 一样 的 液态 空气 。 然后 ， 慢慢 蒸发液态 空气 ， 进行 分馏 ， 可以 把 空气 中 各 种 不 同 的 气 体分开 ， 制得 纯净的 氧气 、 氮气 、 二氧 化碳 、 氦气 、 氖气 、 氩气 等 。

在 医学 上 ， 人们 利用 超低 温技术 ， 保存 一些 贵重 药品 ， 防止 变质 。最近 几年 ， 我国 试制 成功 一 种 “ 冷刀 ” 。 这 种 刀 是 空心 的 ， 里面 不断 流过 液态 氮或液态 空气 。 用 冷刀 开刀 ， 可起 麻醉 、 止血 作用 ， 能够 减少 病人 的 痛苦 。

在 宇宙 航行 中 ， 宇宙 飞船 或 人造 卫星 将 会 遇到 零下 200 多 摄氏度 的超低 温 。 因此 ， 使用 的 材料 事先 都 要 用 超低 温进行 检验 ， 合格 后 才 允许 上天 。

在 科学 研究 中 ， 超低 温 也 是 人们 很 重要 的 助手 。 像 物理 学上 著名的 “ 宇称 守恒 定律 ” 被 推翻 ， 就 是 以零下 270 摄氏度 的 超低 温实验 结果作为 依据 的 。

训练样本的容量大小和标注质量对 HMM 分词效果有很大影响，若要提高 HMM 分词性能，需通过大量的标注样本训练，并可配以相应领域词典来提高分词性能。

# 11.2 协同过滤

## 11.2.1 背景与问题

基于项目的协同过滤（Collaborative Filtering）算法大量应用在电子商务推荐系统上，传统的基于项目的协同过滤算法对物品的相似度计算方式单一，难以排除对用户评分标准、项目流行度、项目品质的影响。

我们也可以运用协同过滤算法到一些应用上，比如阅读类 App 可以根据一个用户对自己观看过的书籍的评分记录，来了解他喜欢或者讨厌哪一类书籍，然后根据这些记录给他推荐相关的书籍。

协同过滤，从字面上分析，协同就是寻找共同点，过滤就是筛选出优质的内容。

本实例将采用交替最小二乘法（Alternating Least Square，ALS）来实现协同过滤。

## 11.2.2 模型与求解

一般来讲，协同过滤推荐分为 3 类。

（1）根据模型的推荐。使用聚类算法或者神经网络相关的算法对现有数据生成相关模型，根据模型来实现推荐。

（2）根据主体的推荐。这里的主体一般指在推荐算法中的用户，根据用户行为之间的相似度来实现推荐。

（3）根据客体的推荐。这里的客体一般指与用户对象相关联的目标，比如电影评分网站的电影、电商网站的商品等，根据商品之间的相似度来实现推荐。

在本实例中我们将模拟电影评分网站做一个用户推荐，根据用户和用户对电影的评分来实现对该用户的电影推荐。

实现过程中运用到的知识点有：矩阵分解和交替最小二乘法。

假设用户为 $a$，电影为 $b$，评分矩阵为 $\boldsymbol{R}(m,n)$，可分解为用户矩阵 $\boldsymbol{U}(k,m)$和电影矩阵 $\boldsymbol{G}(k,n)$，其中 $m$、$n$、$k$ 代表矩阵的维数。

（1）根据矩阵分解的定义，有

$$\boldsymbol{R}=\boldsymbol{U}^{\mathrm{T}}\boldsymbol{G}$$

（2）用均方误差（Mean Squared Error，MSE）作为损失函数，为了方便化简，求和符号左侧的常数改为 $-\frac{1}{2}$：

$$L=-\frac{1}{2}\sum_{i=0}^{n}\left((\boldsymbol{R}_a)_i-(\boldsymbol{U}_a)^{\mathrm{T}}\boldsymbol{G}_i\right)^2$$

（3）对损失函数求 $\boldsymbol{U}_a$ 的一阶偏导数：

$$\frac{\mathrm{d}L}{\mathrm{d}\boldsymbol{U}_a}=\left(\boldsymbol{R}_a-\left(\boldsymbol{U}_a\right)^{\mathrm{T}}\boldsymbol{G}\right)\boldsymbol{G}^{\mathrm{T}}，即\frac{\mathrm{d}L}{\mathrm{d}\boldsymbol{U}_a}=\boldsymbol{G}\left(\left(\boldsymbol{R}_a\right)^{\mathrm{T}}-\boldsymbol{G}^{\mathrm{T}}\boldsymbol{U}_a\right)$$

（4）令一阶偏导数等于 0 得

$$\boldsymbol{G}\left(\boldsymbol{R}_a\right)^{\mathrm{T}}=\boldsymbol{G}\boldsymbol{G}^{\mathrm{T}}\boldsymbol{U}_a$$

$$\boldsymbol{U}_a=\left(\boldsymbol{G}\boldsymbol{G}^{\mathrm{T}}\right)^{-1}\boldsymbol{G}\left(\boldsymbol{R}_a\right)^{\mathrm{T}}$$

（5）同理，可证

$$\boldsymbol{G}_b=\left(\boldsymbol{U}\boldsymbol{U}^{\mathrm{T}}\right)^{-1}\boldsymbol{U}\left(\boldsymbol{R}_b\right)^{\mathrm{T}}$$

矩阵 $\boldsymbol{R}$ 是已知的，我们随机生成用户矩阵 $\boldsymbol{U}$。

步骤 1：利用（5）、$\boldsymbol{R}$ 和 $\boldsymbol{U}$ 求出 $\boldsymbol{G}$。

步骤 2：利用（4）、$\boldsymbol{R}$ 和 $\boldsymbol{I}$ 求出 $\boldsymbol{U}$。

如此交替地执行步骤 1 和步骤 2，直到算法收敛或者迭代次数超过最大限制。

### 11.2.3 Python 实现

实现步骤如下。

（1）从准备好的 CSV 文件中读取用户-电影-评分的数据，创建 ALS 类。

（2）数据预处理。对数据进行处理，得到用户 ID、电影 ID、用户 ID 与用户矩阵列号的对应关系、电影 ID 与电影矩阵列号的对应关系、评分矩阵的大小、评分矩阵及评分矩阵的转置。

（3）实现稠密矩阵与稀疏矩阵的矩阵乘法，得到用户矩阵与评分矩阵的乘积。

（4）实现稠密矩阵与稀疏矩阵的矩阵乘法，得到项目（电影）矩阵与评分矩阵的乘积。

（5）生成随机矩阵。

（6）训练模型，迭代生成。

（7）推荐电影，生成推荐数据。

实现代码如下：

```
# -*- coding: utf-8 -*-

from collections import defaultdict
from itertools import product,chain
from random import random

from random import randint
from time import time

def load_movie_ratings():
    """读取电影数据
    Returns:
        list —— userId,movieId,rating
    """

    file_name = "movie_ratings.csv"
```

```
    with open(file_name) as f:
        lines = iter(f)
        col_names = ",".join(next(lines)[:-1].split(",")[:-1])
        print("读取数据列: %s..." % col_names)
        data = [[float(x) if i == 2 else int(x)
                 for i,x in enumerate(line[:-1].split(",")[:-1])]
                for line in lines]

    return data

def run_time(fn):
    """计算程序运行时间
    Arguments:
        fn {function}
    Returns:
        function
    """

    def inner():
        start = time()
        fn()
        ret = time() - start
        if ret < 1e-6:
            unit = "ns"
            ret *= 1e9
        elif ret < 1e-3:
            unit = "us"
            ret *= 1e6
        elif ret < 1:
            unit = "ms"
            ret *= 1e3
        else:
            unit = "s"
        print("Total run time is %.1f %s\n" % (ret,unit))
    return inner

class ALS(object):
    """交替最小二乘法类
    Attributes:
        user_ids {tuple}——Look up user id by matrix column number.
        item_ids {tuple}——Look up item id by matrix column number.
        user_ids_dict {dict}——Look up matrix column number by user id.
        item_ids_dict {dict}——Look up matrix column number by item id.
        user_matrix {Matrix}——k * m matrix,m equals number of user_ids
        item_matrix {Matrix}——k * n matrix,n equals number of item_ids
        user_items {dict}——Store what items has been viewed by users
        shape {tuple}——Dimension of ratings matrix
        rmse {float}——Square root of mse
        (Sum((R - U_T * I)) ^ 2 / n_elements) ^ 0.5
    """

    def __init__(self):
        self.user_ids = None
        self.item_ids = None
        self.user_ids_dict = None
        self.item_ids_dict = None
        self.user_matrix = None
        self.item_matrix = None
        self.user_items = None
```

```
        self.shape = None
        self.rmse = None

    def _process_data(self,X):
        """将电影评分数据转换为稀疏矩阵
        Arguments:
            X {list}——2d list with int or float(user_id,item_id,rating)
        Returns:
            dict——The items ratings by users. {user_id: {item_id: rating}}
            dict——The items ratings by users. {item_id: {user_id: rating}}
        """

        # 处理用户 id
        self.user_ids = tuple((set(map(lambda x: x[0],X))))
        self.user_ids_dict = dict(map(lambda x: x[::-1],enumerate(self.user_ids)))

        # 处理项目 id
        self.item_ids = tuple((set(map(lambda x: x[1],X))))
        self.item_ids_dict = dict(map(lambda x: x[::-1],enumerate(self.item_ids)))

        # 项目评分数据矩阵的大小
        self.shape = (len(self.user_ids),len(self.item_ids))

        # 评分数据稀疏矩阵及其逆矩阵
        ratings = defaultdict(lambda: defaultdict(int))
        ratings_T = defaultdict(lambda: defaultdict(int))
        for row in X:
            user_id,item_id,rating = row
            ratings[user_id][item_id] = rating
            ratings_T[item_id][user_id] = rating

        # 结果验证
        err_msg = "Length of user_ids %d and ratings %d not match!" % (
            len(self.user_ids),len(ratings))
        assert len(self.user_ids) == len(ratings),err_msg

        err_msg = "Length of item_ids %d and ratings_T %d not match!" % (
            len(self.item_ids),len(ratings_T))
        assert len(self.item_ids) == len(ratings_T),err_msg
        return ratings,ratings_T

    def _users_mul_ratings(self,users,ratings_T):
        """将稠密矩阵（用户矩阵）与稀疏矩阵（评分矩阵）相乘。结果（项）是k * n矩阵，n代表item_id的数量
        Arguments:
            users {Matrix}——k * m matrix,m stands for number of user_ids
            ratings_T {dict}——The items ratings by users
            {item_id: {user_id: rating}}
        Returns:
            Matrix——Item matrix
        """

        def f(users_row,item_id):
            user_ids = iter(ratings_T[item_id].keys())
            scores = iter(ratings_T[item_id].values())
            col_nos = map(lambda x: self.user_ids_dict[x],user_ids)
            _users_row = map(lambda x: users_row[x],col_nos)
            return sum(a * b for a,b in zip(_users_row,scores))

        ret = [[f(users_row,item_id) for item_id in self.item_ids]
```

```
            for users_row in users.data]
        return Matrix(ret)

    def _items_mul_ratings(self,items,ratings):
        """将稠密矩阵（电影矩阵）与稀疏矩阵（评分矩阵）相乘。结果（用户）是 k * m 矩阵，m 代表 user_id 的数量

        Arguments：
            items {Matrix} ——k * n matrix,n stands for number of item_ids
            ratings {dict} ——The items ratings by users
            {user_id: {item_id: rating}}
        Returns：
            Matrix ——User matrix
        """

        def f(items_row,user_id):
            item_ids = iter(ratings[user_id].keys())
            scores = iter(ratings[user_id].values())
            col_nos = map(lambda x: self.item_ids_dict[x],item_ids)
            _items_row = map(lambda x: items_row[x],col_nos)
            return sum(a * b for a,b in zip(_items_row,scores))

        ret = [[f(items_row,user_id) for user_id in self.user_ids]
            for items_row in items.data]
        return Matrix(ret)

    def _gen_random_matrix(self,n_rows,n_colums):
        """使用随机数生成 n_rows * n_columns 矩阵
        Arguments：
            n_rows {int} ——The number of rows
            n_colums {int} ——The number of columns
        Returns：
            Matrix
        """

        data = [[random() for _ in range(n_colums)] for _ in range(n_rows)]
        return Matrix(data)

    def _get_rmse(self,ratings):
        """计算 RMSE
        Arguments：
            ratings {dict} ——The items ratings by users
        Returns：
            float
        """

        m,n = self.shape
        mse = 0.0
        n_elements = sum(map(len,ratings.values()))
        for i in range(m):
            for j in range(n):
                user_id = self.user_ids[i]
                item_id = self.item_ids[j]
                rating = ratings[user_id][item_id]
                if rating > 0:
                    user_row = self.user_matrix.col(i).transpose
                    item_col = self.item_matrix.col(j)
                    rating_hat = user_row.mat_mul(item_col).data[0][0]
                    square_error = (rating - rating_hat) ** 2
                    mse += square_error / n_elements
```

```
        return mse ** 0.5

    def fit(self,X,k,max_iter=10):
        """建立 ALS 模型
        Suppose the rating matrix R can be decomposed as U * I
        U stands for User and I stands for Item
        R(m,n) = U(k,m)_transpose * I(k,n)
        Use MSE as loss function
        Loss(U,I) = sum((R_ij - U_i_transpose * I_j) ^ 2)
        Take the partial of the function
        dLoss(U,I) / dU = -2 * sum(I_j *
        (R_ij - U_i_transpose * I_j)_transpose)
        Let dLoss(U,I) / dU = 0,then
        I * R_transpose - I * I_transpose * U = 0
        U = (I * I_transpose) ^ (-1) * I * R_transpose
        Same logic
        I = (U * U_transpose) ^ (-1) * U * R
        Arguments:
            X {list} ——2d list with int or float(user_id,item_id,rating)
            k {int} ——The rank of user and item matrix.
        Keyword Arguments:
            max_iter {int} ——Maximum numbers of iteration. (default: {10})
        """

        # 处理项目评分数据
        ratings,ratings_T = self._process_data(X)
        # 储存用户已观察的项目
        self.user_items = {k: set(v.keys()) for k,v in ratings.items()}
        # 参数验证
        m,n = self.shape
        error_msg = "Parameter k must be less than the rank of original matrix"
        assert k < min(m,n),error_msg
        # 初始化用户矩阵和项目矩阵
        self.user_matrix = self._gen_random_matrix(k,m)
        # 根据 EM 算法最小化 RMSE
        for i in range(max_iter):
            if i % 2:
                # U = (I * I_transpose) ^ (-1) * I * R_transpose
                items = self.item_matrix
                self.user_matrix = self._items_mul_ratings(
                    items.mat_mul(items.transpose).inverse.mat_mul(items),
                    ratings
                )
            else:
                # I = (U * U_transpose) ^ (-1) * U * R
                users = self.user_matrix
                self.item_matrix = self._users_mul_ratings(
                    users.mat_mul(users.transpose).inverse.mat_mul(users),
                    ratings_T
                )
            rmse = self._get_rmse(ratings)
            #print("Iterations: %d,RMSE: %.6f" % (i + 1,rmse))
        # Final RMSE
        self.rmse = rmse

    def _predict(self,user_id,n_items):
        """根据用户推荐
        Arguments:
            user_id {int}
        Returns:
```

```
            list ——[(item_id,score),...,(item_id,score)]
        """

        # 获取用户矩阵的列
        users_col = self.user_matrix.col(self.user_ids_dict[user_id])
        users_col = users_col.transpose
        # 将项目矩阵与用户列相连
        items_col = enumerate(users_col.mat_mul(self.item_matrix).data[0])
        # 由列序号获得项目 id
        items_scores = map(lambda x: (self.item_ids[x[0]],x[1]),items_col)
        # 过滤用户已观察的项目
        viewed_items = self.user_items[user_id]
        items_scores = filter(lambda x: x[0] not in viewed_items,items_scores)
        # 按项目评分获得前 n 个多分项
        return sorted(items_scores,key=lambda x: x[1],reverse=True)[:n_items]

    def predict(self,user_ids,n_items=10):
        """根据用户推荐电影
        Arguments：
            user_ids {list} ——1d list with int
        Keyword Arguments：
            n_items {int} ——Number of items. (default: {10})
        Returns：
            list ——2d list with item_id and score
        """

        return [self._predict(user_id,n_items) for user_id in user_ids]

class Matrix:
    """
    稀疏矩阵类
    """
    def __init__(self,data):
        self.data = data
        self.shape = (len(data),len(data[0]))

    def row(self,row_no):
        """获取矩阵的行
        Arguments：
            row_no {int} ——Row number of the matrix
        Returns:
            Matrix
        """

        return Matrix([self.data[row_no]])

    def col(self,col_no):
        """获得矩阵的列
        Arguments：
            col_no {int} -- Column number of the matrix
        Returns：
            Matrix
        """
        m = self.shape[0]
        return Matrix([[self.data[i][col_no]] for i in range(m)])

    @property
    def is_square(self):
        """检查矩阵是否为方阵
```

```
        Returns:
            bool
        """

        return self.shape[0] == self.shape[1]

    @property
    def transpose(self):
        """找到原始矩阵的转置

        Returns:
            Matrix
        """

        data = list(map(list,zip(*self.data)))
        return Matrix(data)

    def _eye(self,n):
        """获得 n 阶单位矩阵
        Arguments:
            n {int} ——Rank of unit matrix
        Returns:
            list
        """

        return [[0 if i != j else 1 for j in range(n)] for i in range(n)]

    @property
    def eye(self):
        """获得具有相同形状的单位矩阵
        Returns:
            Matrix
        """

        assert self.is_square,"The matrix has to be square!"
        data = self._eye(self.shape[0])
        return Matrix(data)

    def _gaussian_elimination(self,aug_matrix):
        """简化增广矩阵的左方矩阵作为单位对角矩阵
        Arguments:
            aug_matrix {list} ——2d list with int or float
        Returns:
            list ——2d list with int or float
        """

        n = len(aug_matrix)
        m = len(aug_matrix[0])

        # 从上到下
        for col_idx in range(n):
            # 检验对角元素是否为 0
            if aug_matrix[col_idx][col_idx] == 0:
                row_idx = col_idx
                # 查找其元素与对角元素有相同列序号的行
                while row_idx < n and aug_matrix[row_idx][col_idx] == 0:
                    row_idx += 1
                #结论行添加到对角之所在的行
                for i in range(col_idx,m):
```

```
                aug_matrix[col_idx][i] += aug_matrix[row_idx][i]

            # 消去非零元素
            for i in range(col_idx + 1,n):
                # 跳过为零元素
                if aug_matrix[i][col_idx] == 0:
                    continue
                # 消去非零元素
                k = aug_matrix[i][col_idx] / aug_matrix[col_idx][col_idx]
                for j in range(col_idx,m):
                    aug_matrix[i][j] -= k * aug_matrix[col_idx][j]

        # 自下而上
        for col_idx in range(n - 1,-1,-1):
            # 消去非零元素
            for i in range(col_idx):
                # 跳过为零元素
                if aug_matrix[i][col_idx] == 0:
                    continue
                # 消去非零元素
                k = aug_matrix[i][col_idx] / aug_matrix[col_idx][col_idx]
                for j in chain(range(i,col_idx + 1),range(n,m)):
                    aug_matrix[i][j] -= k * aug_matrix[col_idx][j]

        # 计算对角元素
        for i in range(n):
            k = 1 / aug_matrix[i][i]
            aug_matrix[i][i] *= k
            for j in range(n,m):
                aug_matrix[i][j] *= k

        return aug_matrix

    def _inverse(self,data):
        """求矩阵的逆矩阵

        Arguments:
            data {list} ——2d list with int or float

        Returns:
            list ——2d list with int or float
        """

        n = len(data)
        unit_matrix = self._eye(n)
        aug_matrix = [a + b for a,b in zip(self.data,unit_matrix)]
        ret = self._gaussian_elimination(aug_matrix)
        return list(map(lambda x: x[n:],ret))

    @property
    def inverse(self):
        """求逆矩阵

        Returns:
            Matrix
        """

        assert self.is_square,"The matrix has to be square!"
        data = self._inverse(self.data)
        return Matrix(data)

    def _row_mul(self,row_A,row_B):
```

```
        """将两个数组中具有相同索引的元素相乘
        Arguments:
            row_A {list} ——1d list with float or int
            row_B {list} ——1d list with float or int
        Returns:
            float or int
        """

        return sum(x[0] * x[1] for x in zip(row_A,row_B))

    def _mat_mul(self,row_A,B):
        """mat_mul()函数的辅助函数
        Arguments:
            row_A {list} ——1d list with float or int
            B {Matrix}
        Returns:
            list ——1d list with float or int
        """

        row_pairs = product([row_A],B.transpose.data)
        return [self._row_mul(*row_pair) for row_pair in row_pairs]

    def mat_mul(self,B):
        """矩阵乘法
        Arguments:
            B {Matrix}
        Returns:
            Matrix
        """

        error_msg = "A's column count does not match B's row count!"
        assert self.shape[1] == B.shape[0],error_msg
        return Matrix([self._mat_mul(row_A,B) for row_A in self.data])

    def _mean(self,data):
        """计算所有样本的平均值
        Arguments:
            X {list} -- 2d list with int or float
        Returns:
            list -- 1d list with int or float.
        """

        m = len(data)
        n = len(data[0])
        ret = [0 for _ in range(n)]
        for row in data:
            for j in range(n):
                ret[j] += row[j] / m
        return ret

    def mean(self):
        """计算所有样本的平均值
        Returns:
            Matrix
        """

        return Matrix(self._mean(self.data))
def format_prediction(item_id,score):
```

```
        return "movie_id:%d score:%.2f" % (item_id,score)

@run_time
def main():
    # 读取数据
    X = load_movie_ratings()
    # 训练模型
    model = ALS()
    model.fit(X,k=3,max_iter=10)

    print("协同过滤用户电影推荐...")
    # 推荐结果
    user_ids = range(1,5)
    predictions = model.predict(user_ids,n_items=2)
    for user_id,prediction in zip(user_ids,predictions):
        _prediction = [format_prediction(item_id,score)
                       for item_id,score in prediction]
        print("User id:%d   推荐: %s" % (user_id,_prediction))

if __name__ == "__main__":
    main()
```

运行结果如下：

```
读取数据列: userId,movieId,rating...
协同过滤用户电影推荐...
User id:1   推荐: ['movie_id:589 score:3.48','movie_id:380 score:3.01']
User id:2   推荐: ['movie_id:7153 score:0.59','movie_id:5952 score:0.56']
User id:3   推荐: ['movie_id:457 score:0.11','movie_id:480 score:0.11']
User id:4   推荐: ['movie_id:858 score:1.82','movie_id:1208 score:1.82']
Total run time is 47.5 s
```

运行结果展示了前 4 个用户的推荐内容，运行时间约 47.5 秒。

# 参考文献


[1] 欧高炎，朱占星，董彬，等. 数据科学导引[M]. 北京：高等教育出版社，2017.

[2] 薛志东. 大数据技术基础[M]. 北京：人民邮电出版社，2018.

[3] 周志华. 机器学习[M]. 北京：清华大学出版社，2016.

[4] Mehryar Mohri，Afshin Rostamizadeh，Ameet Talwalkar. Foundations of Machine Learning [M]. 2th ed. MIT Press，2018.

[5] 尼克. 人工智能简史[M]. 北京：人民邮电出版社，2017.

[6] 同济大学数学系. 工程数学：线性代数[M]. 6 版. 北京：高等教育出版社，2014.

[7] David C Lay，Steven R Lay，Judi J McDonald. Linear Algebra and Its Applications [M]. 5th ed. Pearson，2015.

[8] Gilbert Strang. Introduction to Linear Algebra [M]. 4th ed. Wellesley Cambridge Press，2009.

[9] 张贤达. 矩阵分析与应用[M]. 2 版. 北京：清华大学出版社，2013.

[10] Roger A. Horn，Charles R. Johnson. Matrix Analysis [M]. 2th ed. Cambridge University Press,2012.

[11] 陈希孺. 概率论与数理统计[M]. 合肥：中国科学技术大学出版社，2009.

[12] 孔告化，何铭，胡国雷. 概率统计与随机过程[M]. 北京：人民邮电出版社，2011.

[13] Sheldon Ross. A First Course in Probability [M]. 8th ed. Pearson，2009.

[14] 同济大学数学系. 高等数学（上下册）. 7 版. 北京：高等教育出版社，2014.

[15] Finney Weir Giordano. Thomas' CALCULUS[M]. Tenth ed. 叶其孝，王耀东，唐兢，译. 北京：高等教育出版社，2003.

[16] 袁亚湘，孙文瑜. 最优化理论与方法[M]. 北京：科学出版社，1997.

[17] 黄正海，苗新河. 最优化计算方法[M]. 北京：科学出版社，2015.

[18] Stephen Boyd，Lieven Vandenberghe. Convex Optimization [M]. Cambridge University Press，2004.

[19] 潘中强，薛燚. Python 3.7 编程快速入门[M]. 北京：清华大学出版社，2019.

[20] 刘宇宙，刘艳. Python 3.7 从零开始学[M]. 北京：清华大学出版社，2018.